"101 计划"核心教材

U0740173

计算机网络

吴建平 徐明伟 崔 勇 主编

清华大学出版社

北京

内 容 简 介

本书是教育部"101计划"的"计算机网络"课程建设配套教材,主要介绍计算机网络基本技术原理和网络协议。全书共9章,第1章主要介绍计算机网络的功能、组成及其发展历史;第2章深入阐述网络体系结构的设计原则、功能划分,以及分层协作等关键问题;第3章详解数据通信基本原理与物理层技术;第4章深入介绍数据链路层的主要功能、实现机制和典型协议;第5章专注于介绍介质访问控制子层的基本原理及局域网协议;第6章详细阐述网络层核心协议和路由算法;第7章深入探讨传送层的机制、协议和端到端通信;第8章概述网络应用层的基本概念和典型应用;第9章介绍网络空间安全的关键技术。每章末尾均配有习题,便于读者进行深入学习。

本书可作为计算机、软件工程、网络空间安全、电子工程、通信和自动化等信息类相关专业的"计算机网络"课程教材,也可供信息领域的工程技术人员参考使用。

图书在版编目(CIP)数据

计算机网络/吴建平,徐明伟,崔勇主编. --北京:清华大学出版社,
2025.6. -- ("101计划"核心教材). --ISBN 978-7-302-69549-3

Ⅰ. TP393

中国国家版本馆 CIP 数据核字第 2025NJ9916 号

责任编辑: 龙启铭　王玉梅
封面设计: 刘　键
责任校对: 王勤勤
责任印制: 沈　露

出版发行: 清华大学出版社
　　　　网　　址: https://www.tup.com.cn, https://www.wqxuetang.com
　　　　地　　址: 北京清华大学学研大厦 A 座　　**邮　　编:** 100084
　　　　社 总 机: 010-83470000　　**邮　　购:** 010-62786544
　　　　投稿与读者服务: 010-62776969, c-service@tup.tsinghua.edu.cn
　　　　质量反馈: 010-62772015, zhiliang@tup.tsinghua.edu.cn
　　　　课件下载: https://www.tup.com.cn, 010-83470236
印 装 者: 三河市铭诚印务有限公司
经　　销: 全国新华书店
开　　本: 185mm×260mm　　**印　　张:** 26.25　　**字　　数:** 585 千字
版　　次: 2025 年 7 月第 1 版　　**印　　次:** 2025 年 7 月第 1 次印刷
定　　价: 69.00 元

产品编号:105653-01

出版说明

  为深入实施新时代人才强国战略,加快建设世界重要人才中心和创新高地,教育部在 2021 年底正式启动实施计算机领域本科教育教学改革试点工作(简称"101 计划")。"101 计划"以计算机专业教育教学改革为突破口与试验区,从教学教育的基本规律和基础要素着手,充分借鉴国际先进资源和经验,首批改革试点工作以 33 所计算机类基础学科拔尖学生培养基地建设高校为主,探索建立核心课程体系和核心教材体系,提高课堂教学质量和效果,引领带动高校人才培养质量的整体提升。

  核心教材体系建设是"101 计划"的重要组成部分。"101 计划"系列教材基于核心课程体系的建设成果,以计算概论(计算机科学导论)、数据结构、算法设计与分析、离散数学、计算机系统导论、操作系统、计算机组成与系统结构、编译原理、计算机网络、数据库系统、软件工程、人工智能引论等 12 门核心课程的知识点体系为基础,充分调研国际先进课程和教材建设资源和经验,汇聚国内具有丰富教学经验与较高学术水平的教师,成立本土化"核心课程建设及教材写作"团队,由 12 门核心课程负责人牵头,组织教材调研、确定教材编写方向以及把关教材内容,工作组成员高校教师协同分工、一体化建设教材内容、课程教学资源和实践教学内容,打造一批具有"中国特色、世界一流、101 风格"的精品教材。

  在教材内容上,"101 计划"系列教材确立了如下的建设思路和特色:坚持思政元素的原创性,积极贯彻《习近平新时代中国特色社会主义思想进课程教材指南》;坚持知识体系的系统性,构建专业课程体系知识图谱;坚持融合出版的创新性,规划"新形态教材+网络资源+实践平台+案例库"等多种出版形态;坚持能力提升的导向性,以提升专业教师教学能力为导向,借助"虚拟教研室"组织形式、"导教班"培训方式等多渠道开展师资培训;坚持产学协同的实践性,遴选一批领军企业参与,为教材的实践环节及平台建设提供技术支持。总体而言,"101 计划"系列教材将探索适应专业知识快速更新的融合教材,在体现爱国精神、科学精神和创新精神的同时,推进教学理念、教学内容和教学手段方面的有效提升,为构建高质量教材体系提供建设经验。

  本系列教材是在教育部高等教育司的精心指导下,由高等教育出版社牵头,联合清华大学出版社、机械工业出版社、北京大学出版社等共同完成系列教材出版任务。"101 计划"工作组从项目启动实施至今,联合参与高校、教材编写组、参与出版社,经过多次协调研讨,确定了教材出版规划和出版方案。同时,为保障教材质量,工作组邀请 23 所高校的 33 位院士和资深专家完成了规划教材的编写方案评审工作,并由 21 位院士、专家组成了教材主审专家组,对每本教材的撰写质量进行把关。

  感谢"101 计划"工作组 33 所成员高校的大力支持,感谢教育部高等教育司的悉心指导,感谢北京大学郝平书记、龚旗煌校长和学校教师教学发展中心、教务部等相关部门对"101 计划"从酝酿、启动到建设全过程给予的悉心指导和大力支持。感谢各参与出版社在教材申报、立项、评审、撰写、试用整个出版流程中的大力投入与支持。也特别感谢12位课程建设负责人和各位教材编写教师的辛勤付出。

　　"101计划"是一个起点,其目标是探索适合中国本科教育教学的新理念、新体系和新方法。"101计划"系列教材将作为计算机专业12门核心课程建设的一个里程碑,与"101计划"建设中的课程体系、知识点教案、课堂提升、师资培训等环节相辅相成,有力推动我国计算机领域本科教育教学改革,全面促进课堂教学效果的进一步提升。

"101计划"工作组

前　言

　　以互联网为代表的计算机网络技术应用已深入渗透到社会、经济和人们日常生活的各个领域,并已成为关系国民经济和社会发展的重要基础设施,深刻影响着全球经济格局、利益格局和安全格局。作为计算机科学与技术等信息类专业的核心课程,"计算机网络"课程涵盖的知识范围广、技术更新快、体系性强,需要一本重原理、强实践、与时俱进的教材。

　　为了让读者全面系统地理解和掌握计算机网络的基本原理和关键技术,本书分为9章,以总分结构,自底向上逐层介绍。第1章主要介绍计算机网络的功能、组成及其发展历史;第2章深入阐述网络体系结构的设计原则、功能划分,以及分层协作等关键问题;第3章详解数据通信基本原理与物理层技术;第4章深入介绍数据链路层的主要功能、实现机制和典型协议;第5章专注于介绍介质访问控制子层的基本原理及局域网协议;第6章详细阐述网络层核心协议和路由算法;第7章深入探讨传送层的机制、协议和端到端通信;第8章概述网络应用层的基本概念和典型应用;第9章介绍网络空间安全的关键技术。

　　本书内容全面且实用,涵盖从基本的网络概念和原理到网络各层技术与协议的知识,并结合实际网络场景,全面介绍诸如 QUIC 协议和数据中心网络等新技术。本书注重创新能力培养,引导读者深入思考前人如何解决技术问题,以便更深入理解技术的发展脉络。同时,本书注重理论技术与实际应用相结合,通过提供典型网络场景的实例,如家庭网络、校园网络和数据中心网络等,帮助读者更准确地了解身边的网络和应用,使所学知识更加具象化。

　　本书由吴建平、徐明伟、崔勇主编。清华大学计算机系网络所和网络科学与网络空间研究院的不少师生为本书的资料收集和整理做了重要贡献。同时,感谢清华大学出版社的编辑团队,他们辛勤编校,使本书得以面世。特别感谢"101 计划"工作组对教材出版的大力支持。

　　本书可作为计算机、软件工程、网络空间安全、电子工程、通信和自动化等信息类相关专业的"计算机网络"课程教材,也可供信息领域的工程技术人员参考使用。我们诚挚希望,在阅读过程中,读者能够提出宝贵的意见和建议,以便编者能够不断完善本书,更好地为读者服务。

编　者

2025 年 4 月

目 录

第 1 章 引言   1

   1.1   计算机网络简介   1

   1.2   计算机网络组成   2

     1.2.1   硬件及软件组成   2

     1.2.2   网络边缘   3

     1.2.3   网络核心   6

   1.3   计算机网络历史   9

     1.3.1   国际计算机网络发展历史   9

     1.3.2   中国计算机网络发展历史   12

   1.4   互联网治理   16

     1.4.1   互联网治理体系   16

     1.4.2   中国互联网治理情况   17

   1.5   计算机网络未来   18

   1.6   本章总结   19

   习题 1   19

第 2 章 计算机网络体系结构   21

   2.1   计算机网络的功能和体系结构   21

     2.1.1   计算机网络的功能分层   21

     2.1.2   计算机网络体系结构的概念   24

   2.2   互联网体系结构设计目标和原则   25

     2.2.1   互联网体系结构设计目标   25

     2.2.2   互联网体系结构设计原则   27

   2.3   典型的计算机网络参考模型   32

     2.3.1   ISO OSI 参考模型   32

     2.3.2   TCP/IP 参考模型   36

     2.3.3   OSI 和 TCP/IP 的历史经验与教训   37

   2.4   其他网络体系结构   38

     2.4.1   X.25 分组交换数据网   38

     2.4.2   帧中继   39

     2.4.3   ATM   40

     2.4.4   MPLS   41

     2.4.5   SDN   42

2.5　计算机网络的标准化　45

　　2.5.1　互联网标准化组织　45

　　2.5.2　其他标准化组织　47

2.6　本章总结　48

习题2　49

第3章　数据通信基本原理与物理层　51

3.1　数据通信的理论基础　51

　　3.1.1　傅里叶分析　51

　　3.1.2　有限带宽信号　52

　　3.1.3　信道的最大数据传输速率　54

3.2　数据通信技术　55

　　3.2.1　数据通信系统的基本结构　55

　　3.2.2　数据编码技术　56

　　3.2.3　多路复用技术　58

　　3.2.4　交换技术　59

3.3　物理层的功能与特性　62

3.4　传输介质　63

　　3.4.1　同轴电缆　63

　　3.4.2　双绞线　64

　　3.4.3　光纤　65

　　3.4.4　无线信号　68

3.5　物理层数据传输技术　69

　　3.5.1　光传输　69

　　3.5.2　无线传输　71

　　3.5.3　卫星传输　73

3.6　物理层设备　76

　　3.6.1　中继器　76

　　3.6.2　集线器　76

3.7　本章总结　77

习题3　78

第4章　点到点无差错传输和数据链路层　79

4.1　数据链路层的定义和功能　79

　　4.1.1　成帧　81

　　4.1.2　检错　84

　　4.1.3　纠错　86

　　4.1.4　流量控制　89

4.2　基本数据链路层协议　90

　　4.2.1　无约束单工协议　90

　　　4.2.2　单工停等协议　90
　　　4.2.3　有噪声信道的单工协议　91
　4.3　滑动窗口协议　92
　　　4.3.1　滑动窗口设计原理　93
　　　4.3.2　1 比特滑动窗口协议　94
　　　4.3.3　回退 N 帧协议　94
　　　4.3.4　选择重传协议　96
　4.4　典型链路层协议　98
　　　4.4.1　高级数据链路控制协议　98
　　　4.4.2　点对点协议　100
　4.5　本章总结　101
　习题 4　102

第 5 章　介质访问控制和局域网　105

　5.1　信道分配问题　105
　5.2　多路访问协议　106
　　　5.2.1　ALOHA 协议　106
　　　5.2.2　载波监听多路访问协议　109
　　　5.2.3　无冲突协议　110
　　　5.2.4　有限竞争协议　112
　5.3　IEEE 802.3 协议和以太网　113
　　　5.3.1　以太网简介　113
　　　5.3.2　经典以太网 MAC 子层协议　114
　　　5.3.3　经典以太网帧结构　115
　　　5.3.4　以太网标准的演进与创新探索　117
　5.4　IEEE 802.11 协议和无线局域网　121
　　　5.4.1　无线局域网简介　121
　　　5.4.2　IEEE 802.11 介质访问控制　122
　　　5.4.3　IEEE 802.11 帧结构　126
　　　5.4.4　无线局域网构建与管理　128
　　　5.4.5　新技术探索：无线局域网 Wi-Fi 6(IEEE 802.11ax)　130
　　　5.4.6　无线局域网应用　131
　5.5　蓝牙和 ZigBee　132
　　　5.5.1　蓝牙技术　132
　　　5.5.2　ZigBee 技术　136
　5.6　网桥技术和交换机　139
　　　5.6.1　数据链路层交换原理　139
　　　5.6.2　生成树网桥　141
　　　5.6.3　链路层交换机　144
　　　5.6.4　虚拟局域网　145

5.7　本章总结　148

习题 5　149

第 6 章　路由选择和网络层　153

6.1　网络层概述　154

6.1.1　基于存储转发的分组交换模型　154

6.1.2　网络层提供的服务　154

6.2　路由算法　157

6.2.1　最优化原则　158

6.2.2　最短路径路由算法　160

6.2.3　泛洪路由算法　162

6.2.4　静态路由　163

6.2.5　距离向量路由算法　163

6.2.6　链路状态路由算法　166

6.2.7　组播路由算法　169

6.3　流量管理与服务质量　171

6.3.1　网络拥塞概述　171

6.3.2　拥塞控制的基本原理　172

6.3.3　虚电路交换网络的流量管理　173

6.3.4　分组交换网络的流量管理　173

6.3.5　网络服务质量　176

6.4　网络互连　177

6.4.1　网络互连概述　178

6.4.2　级联虚电路　179

6.4.3　无连接网络互连　179

6.4.4　隧道技术与虚拟网络　180

6.4.5　分片和重组技术　181

6.4.6　分层路由与互联网路由　182

6.4.7　移动主机的路由　184

6.5　网络层协议　185

6.5.1　IPv4 和 IPv4 地址　186

6.5.2　IPv6 和 IPv6 地址　194

6.5.3　IPv4 至 IPv6 的过渡　198

6.5.4　网络层控制协议　200

6.5.5　互联网路由协议　204

6.6　路由器体系结构和关键技术　213

6.6.1　路由器概述　213

6.6.2　路由器体系结构的发展历程　216

6.6.3　路由器关键技术　218

6.7　软件定义网络　221

　　　　6.7.1　SDN 的基本思想　222
　　　　6.7.2　典型的 SDN 技术　223
　　6.8　本章总结　223
　　习题 6　225

第 7 章　端到端访问和传送层　229

　　7.1　传送层概述　229
　　　　7.1.1　传送层的功能和提供的服务　230
　　　　7.1.2　传输服务原语　231
　　　　7.1.3　传输编址　232
　　7.2　连接管理　233
　　　　7.2.1　建立连接　233
　　　　7.2.2　释放连接　235
　　7.3　可靠传输　237
　　　　7.3.1　流控制和缓冲　237
　　　　7.3.2　数据重传机制　240
　　7.4　拥塞控制　241
　　　　7.4.1　拥塞原因与代价　241
　　　　7.4.2　拥塞检测　243
　　　　7.4.3　拥塞控制分析　244
　　7.5　UDP　247
　　　　7.5.1　UDP 概述　247
　　　　7.5.2　UDP 数据报格式　248
　　　　7.5.3　实时传输协议　249
　　7.6　TCP　251
　　　　7.6.1　TCP 概述　252
　　　　7.6.2　TCP 段格式　252
　　　　7.6.3　TCP 连接管理　254
　　　　7.6.4　TCP 可靠传输　257
　　　　7.6.5　TCP 流量控制　258
　　　　7.6.6　TCP 拥塞控制　259
　　7.7　QUIC 协议　260
　　　　7.7.1　QUIC 协议概述　261
　　　　7.7.2　QUIC 协议结构设计　262
　　　　7.7.3　QUIC 协议的连接建立　265
　　　　7.7.4　QUIC 协议的多路复用　267
　　　　7.7.5　用户态协议　268
　　　　7.7.6　QUIC 协议的其他优势与设计　268
　　7.8　MPTCP　270
　　　　7.8.1　MPTCP 概述　270

7.8.2　MPTCP 设计目标　271

7.8.3　MPTCP 连接管理　271

7.8.4　MPTCP 数据调度与拥塞控制　272

7.9　数据中心网络传输协议　273

7.9.1　数据中心网络概述　273

7.9.2　数据中心拥塞控制　275

7.9.3　传输开销优化　277

7.10　本章总结　279

习题 7　279

第 8 章　网络应用　283

8.1　应用层基本模式　283

8.1.1　网络应用程序体系结构　283

8.1.2　网络应用需求与传输协议选择　285

8.1.3　数据传输与应用层协议　287

8.1.4　套接字编程　288

8.2　域名服务　290

8.2.1　域名服务概述　291

8.2.2　DNS 工作原理　292

8.2.3　域名的层次结构　294

8.2.4　DNS 记录和报文　296

8.3　电子邮件　298

8.3.1　电子邮件概述　298

8.3.2　消息格式　299

8.3.3　电子邮件协议　300

8.4　WWW 与 HTTP　303

8.4.1　Web 的历史发展及其结构概述　303

8.4.2　Web 文档　306

8.4.3　HTTP　310

8.4.4　Web 缓存技术和 Web 代理　318

8.4.5　内容分发网络　319

8.4.6　典型 Web 应用　321

8.5　搜索引擎　323

8.5.1　搜索引擎的发展历史　323

8.5.2　搜索引擎的基本原理　324

8.5.3　作用和意义　326

8.6　流式音视频　326

8.6.1　流媒体概述　326

8.6.2　流媒体压缩技术　327

8.6.3　流式存储媒体　329

8.6.4　直播与实时流媒体　330

8.6.5 流媒体动态自适应传输 331

8.6.6 流媒体应用发展 333

8.7 网络管理 334

8.7.1 网络管理概述 334

8.7.2 简单网络管理协议 335

8.7.3 管理信息结构 337

8.7.4 管理信息库 338

8.7.5 SNMP 的协议数据单元和报文 340

8.8 本章总结 342

习题 8 342

第 9 章 网络空间安全 347

9.1 网络空间安全体系 347

9.1.1 网络空间安全基础 348

9.1.2 密码学及应用 348

9.1.3 系统安全 349

9.1.4 网络安全 350

9.1.5 应用安全 352

9.2 密码学基础 353

9.2.1 对称加密 354

9.2.2 公钥加密 357

9.2.3 消息认证 360

9.2.4 数字签名 363

9.3 源地址验证 366

9.3.1 接入网源地址验证 366

9.3.2 域内源地址验证 369

9.3.3 域间源地址验证 371

9.4 路由安全 375

9.4.1 路由威胁 376

9.4.2 路由异常预防 378

9.4.3 路由异常检测 383

9.4.4 路由异常缓解 383

9.5 DNS 安全 384

9.5.1 DNS 威胁 384

9.5.2 域名系统安全扩展 390

9.5.3 加密 DNS 394

9.6 防火墙和入侵检测系统 394

9.6.1 防火墙 395

9.6.2 入侵检测系统 399

9.7 本章总结 401

习题 9 402

第 1 章

引　言

计算机网络(computer network)已渗透到社会经济和日常生活的方方面面,对人类社会发展产生了深远的影响。计算机网络将海量信息及计算资源聚集在一起,构建了一个庞大的人类信息基础设施。通过计算机网络,我们可以获取、共享丰富的数字资源,进行远程通信、远程教育、电子商务、社交互动,并依托其开展远程医疗、增强现实和虚拟现实,以及各种智能化创新应用。

计算机网络与人类社会的发展互为影响、互为依存。它不仅极大地拓宽了人类获取信息的范围,也塑造了新型的社会结构和生活方式。人们越来越依赖其提供的便利,难以想象一个没有网络的世界。与此同时,计算机网络的演进也反映着人类需求和社会状况的变迁。

本章将简要介绍计算机网络的基本概况、工作原理和发展历史。通过学习本章,读者可以初步了解计算机网络的基本概念、组成结构、发展历史和未来趋势。让我们开始网络之旅,领略这个连接世界的奇妙网络吧!

1.1　计算机网络简介

计算机网络是一批独立自治的计算机系统的互连集合体。多台具有独立功能、位于不同地理位置的计算机遵循统一的网络协议,通过通信线路互连起来,构成计算机网络,实现资源共享和信息传递。计算机网络的规模可大可小,简单的计算机网络可以是一个办公室的网络或者一个家庭的网络,多个计算机网络可以相互连接形成更大规模的网络,例如全球互联网。

计算机网络在现代生活和工作中应用广泛,即时消息、网上购物、在线游戏等应用都是基于网络实现的。计算机网络最基本的作用是实现信息传递,但是不同应用所需要的网络服务并不相同,例如,远程医疗需要网络时延的精准控制;无人码头的远程操控需要高可靠性;井下通信需要无线信号具备抗干扰和抗衰减的特性以及事故中的应急组网功能;而天地一体化网络则需要几千颗卫星和地面网络构建一个具有动态拓扑、大时延特性的天地一体通信系统。

互联网(Internet)是连接全球网络的网络,是规模最大的计算机网络。以互联网为基础的信息基础设施对人类社会的运行和发展发挥着关键作用。终端设备和服务器通过光纤/电缆等有线通信技术或 3G/4G/5G 和 Wi-Fi 等无线通信技术连接在一起,形成一个网络,再通过网络互联协议和路由技术与其他独立自治的网络互联,共同构成了互联网。互联网把各种网络资源、计算资源和存储资源互联起来,构建了云计算、大数据、人工智能等互联网应用支撑平台。工业互联网、金融互联网、能源互联网等各个行业应用都是建立在互联网基础设施和应用支撑平台之上的。今天,互联网已发展成为继陆、海、空、太空之后的人类第五疆域,被称为网络空间。图 1.1 给出了网络空间的基本结构。

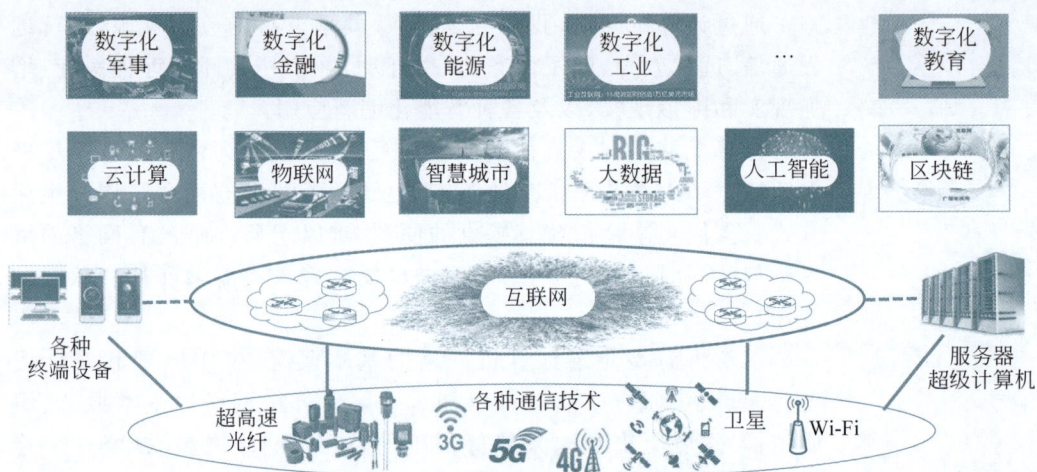

图 1.1　网络空间的基本结构

1.2　计算机网络组成

计算机网络的组成决定了它能够实现的功能。研究计算机网络组成对理解计算机网络工作原理具有重要意义。本节我们将从硬件和软件角度,以互联网为例,由表及里地分析计算机网络组成结构。硬件部分构成了计算机网络的物理基础,软件部分为计算机网络运行提供了规范框架。二者缺一不可,相互配合。通过学习本节内容,你将对计算机网络框架有一个直观感受,这是对计算机网络知识进行全面学习的基础。

1.2.1　硬件及软件组成

互联网由一系列基本的硬件和软件组成。硬件部分包括端系统、通信链路和分组交换设备等,而软件部分主要是指一系列的协议软件实现。

互联网连接了全球数以百万计的计算设备,这些设备包括传统的个人计算机、工作站和服务器等,也包括智能手机、家用电器、汽车、环境传感器和安防系统等。这些计算设备通常被称为主机(host)或端系统(end system)。

端系统通过通信链路(communication link)和分组交换(packet switch)设备连接

到一起。通信链路有多种类型,包括同轴电缆、双绞线、光纤和无线电等不同的物理介质。不同通信链路的数据传输速率不同,通常以 b/s(比特/秒)为单位。分组交换设备也有多种类型,其中路由器(router)和交换机(switch)是目前广泛使用的设备,它们的主要功能是将数据转发到目的地。

当一个端系统需要向另一个端系统发送数据时,发送端系统将数据分割成有长度限制的若干片段,并给每段加上头部控制信息,由此形成的数据单元被称为分组(packet)。这些分组通过网络传输到接收端系统,然后在那里去掉头部控制信息后重新组装成原始数据。分组交换设备通过通信链路接收并转发分组。从发送端系统到接收端系统,分组经过的一系列通信链路和分组交换设备构成了路径(route 或path)。

在通信过程中,单凭上述这些硬件是不足以满足需求的。端系统、分组交换设备以及其他互联网部件都需要运行一系列的协议(Protocol)来控制信息的发送和接收。传输控制协议(Transmission Control Protocol,TCP)和互联网协议(Internet Protocol,IP)是互联网中最为重要的两个协议。TCP 是一种面向连接的、可靠的、端到端协议,而 IP 定义了端系统和分组交换设备中发送和接收的分组格式。互联网的主要协议被统称为 TCP/IP 协议栈。

在计算机网络中,连通是目标。互联网连接着全球数十亿台计算机,以及打印机和网络摄像头等相关设备。随着物联网的不断发展,千亿台设备将通过互联网连接起来。显然,用专用链路连接每一对设备是不可行的。为降低实现主机互联的成本,所有这些主机共享通信链路。例如,同一个社区的多个用户可能通过同一对光纤连接到互联网。由于主机并非一直在传输数据,在某个时刻,可能只有少部分主机处于活跃状态,因此共享链路和分组交换设备不会导致数据传输发生严重冲突。相较于主机间的两两连接,这种共享链路的组织方式大大减少了链路资源开销。

在互联网中,端系统通过互联网服务提供商(Internet Service Provider,ISP)接入网络,ISP 可能是住宅区 ISP、公司 ISP、大学 ISP,以及在公共场所提供无线接入的ISP。每个 ISP 网络都由多台分组交换设备和多段通信链路组成。不同的 ISP 为端系统提供了不同的网络接入方式,如数字用户线(Digital Subscriber Line,DSL)宽带接入、高速局域网接入和无线接入等。ISP 除了为个人提供接入服务之外,也为内容提供者提供接入服务,例如将网络服务器和视频服务器接入互联网。为了实现全球通信,地区 ISP 则是通过国家或国际 ISP 实现相互连接。

1.2.2　网络边缘

网络边缘是我们相对熟悉的网络部分,包括端系统和接入网。下面我们将从网络边缘向网络核心推进,深入探讨计算机网络的组成。

1. 端系统

端系统位于网络边缘,如图 1.2 所示。端系统种类繁多,包括数据中心服务器、个人计算机、手机、打印机、物联网设备等。任何具有向其他设备发送或从其他设备接收数据功能但不具有转发数据功能的设备都可以被视为端系统。

根据功能的不同,端系统可以被分为客户(client)和服务器(server)两类。客户通常是较小的端系统,如普通个人计算机和笔记本计算机等,而服务器通常是更强大的

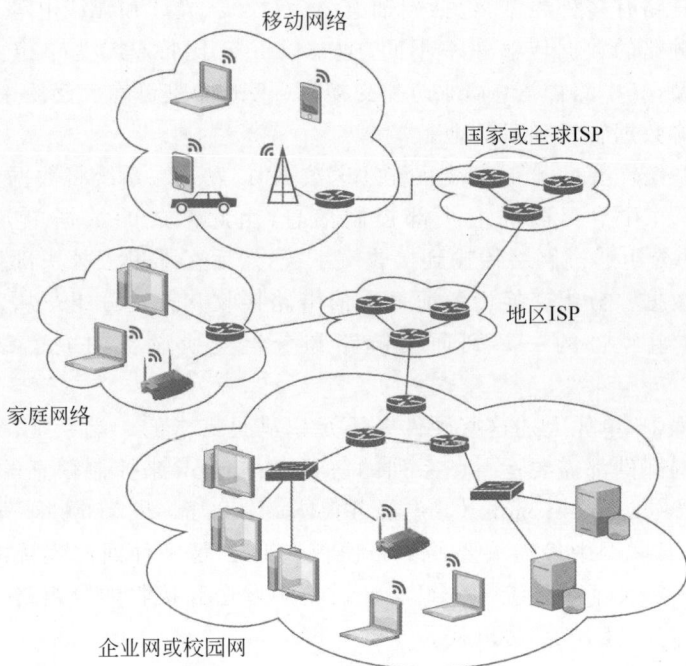

图 1.2　网络边缘

计算机,用于存储和发布 Web 页面、传输流视频、存储和传输文件、转发电子邮件等。

端系统上运行着各种程序,这些程序可以与其他端系统上的程序相互通信,例如 Web 浏览器程序、Web 服务器程序、电子邮件代理程序和电子邮件服务器程序等。通常我们所说的"主机与主机通信",实际上是指"运行在两个端系统上的程序之间进行通信"。端系统上运行的程序之间通信模式通常可以分为两种:**客户/服务器**(client/server)模式和**对等**(peer-to-peer,P2P)模式。

在客户/服务器模式中,服务器程序提供服务,客户程序向服务器程序发送请求,获得服务。客户程序和服务器程序通常运行在不同的端系统上,也可以运行在同一个端系统上,是分布式应用程序,通过网络发送和接收分组进行交互。这种通信模式是最常用的传统模式。Web 服务、电子邮件和文件传输等应用程序都是基于客户/服务器模式的。

在对等模式中,没有固定的服务器或者客户。端系统上运行着对等程序,这些程序具有客户程序和服务器程序的双重功能,可以进行对等通信。在运行对等程序的所有端系统中,当一个端系统向另一个端系统发送服务请求时,它起着客户的作用;当它响应其他端系统的服务请求时,它则起着服务器的作用。

2. 接入网

接入网(access network),是指将端系统连接到其所对应**边缘路由器**(edge router)的网络。边缘路由器是端系统到任何其他远程端系统的路径上的第一台路由器。图 1.3 展示了端系统接入网络的几种方式。从接入场景来分,端系统接入网络的方式主要包括以下三种。

- **家庭接入**:将家庭中的设备接入网络。
- **园区接入**:将企业、校园等园区中的设备接入网络。

- **广域无线接入**：通过 4G/5G 等无线技术将移动设备接入网络。

1）家庭接入

家庭接入技术常见的有数字用户线接入、电缆接入和光纤接入。

数字用户线（DSL）接入通常是指用户通过本地电话公司提供的本地电话接入获得互联网服务。每个用户的 DSL 调制解调器利用现有的电话线（即双绞线）与位于电话公司本地中心局的数字用户线接入复用器（Digital Subscriber Line Access Multiplexer，DSLAM）进行数据交换。在家庭端，DSL 调制解调器将数字数据转换为高频音信号，通过电话线传输至本地中心局，而来自多个家庭的模拟信号在 DSLAM 处被转换回数字形式。家庭电话线同时传输数据和传统电话信号，它们采用不同的频率编码：高速下行信道位于 50kHz～1MHz 频段，中速上行信道位于 4～50kHz 频段，而常规的双向电话信道则位于 0～4kHz 频段。这种方法模拟出了三条独立线路的效果，使电话呼叫和网络连接能够同时共享 DSL 链路。在用户侧，分配器将传输至家庭的数据信号和电话信号分离，并将数据信号传递给 DSL 调制解调器。在电话公司侧，在本地中心局中，DSLAM 将数据和电话信号分离，并将数据发送至互联网。一个 DSLAM 可以连接数百甚至上千个家庭。DSL 标准规定了多种传输速率，包括 12Mb/s 下行和 1.8Mb/s 上行传输速率，以及 55Mb/s 下行和 15Mb/s 上行传输速率。由于上行速率和下行速率不同，因此这种接入方式被称为不对称接入。

电缆接入利用有线电视公司现有的同轴电缆（cable）基础设施，与 DSL 利用电话公司现有的本地电话基础设施不同。家庭住宅利用传统有线电视信号线（同轴电缆）接入头端连接到互联网。多个家庭共享同一有线电视的头端，每个地区的枢纽通常支持 500～5000 个家庭。一般而言，家庭先通过同轴电缆接入光纤节点，再通过光纤连接到头端。由于该系统同时应用了光纤和同轴电缆，因此经常被称为混合光纤同轴电缆（Hybrid Fiber/Coax，HFC）系统。电缆接入需要使用特殊的调制解调器，即电缆调制解调器（cable modem）。在电缆头端，电缆调制解调器端接系统（Cable Modem Termination System，CMTS）与 DSL 网络中的 DSLAM 具有相似的功能，即把来自许多下行家庭的电缆调制解调器发送的模拟信号转换为数字形式。电缆调制解调器将 HFC 网络划分为下行和上行两个信道。与 DSL 类似，接入通常是不对称的，下行信道的传输速率通常高于上行信道。此外，电缆互联网接入的一个重要特征是共享广播媒体。由头端发送的每个分组都会经过每段链路传输至每个家庭；而每个家庭发送的每个分组都会通过上行信道传输至头端。

光纤接入即光纤到户（Fiber To The Home，FTTH），是一种提供更高速率的新兴技术，它提供了一条直接从本地中心局到达家庭的光纤路径。FTTH 是我国及全球先进地区普遍采用的光纤通信传输方法。截至 2024 年，我国 FTTH 用户已接近 5 亿。FTTH 可分为两类：有源光纤网络（Active Optical Network，AON）和无源光纤网络（Passive Optical Network，PON）。AON 本质上是交换互联网，这里简要讨论 PON。在 PON 体系结构中，每个家庭都有一个光纤网络终端（Optical Network Terminal，ONT），它通过一个或多个无源分光器（类似于电缆头端）连接到局端的光纤线路终端（Optical Line Terminal，OLT）。该 OLT 提供了光信号和电信号之间的转换，并通过本地电话公司的路由器连接至互联网。在家庭中，用户将一台家庭路由器（通常是无线路由器）与 ONT 相连，并通过这台家庭路由器接入互联网。所有从

OLT 发送到分光器的分组都会在分光器处被复制。

2）园区接入：以太网和 Wi-Fi

在公司和大学校园以及越来越多的家庭环境中，使用局域网（Local Area Network，LAN）将端系统连接到边缘路由器。尽管有许多不同类型的局域网技术可供选择，但截至目前，以太网仍是公司、大学等园区网络中最为流行的接入技术。以太网用户使用双绞线连接至一台以太网交换机，并由该交换机连接至更大的互联网。使用以太网接入，用户通常可以以 100Mb/s 或 1Gb/s 的速率接入以太网交换机，而服务器可能具有 1Gb/s 或 10Gb/s 的接入速率。

如今，越来越多的人使用便携式计算机、智能手机、平板电脑和其他设备通过无线方式接入网络。在无线 LAN 环境中，无线用户与连接到园区网络（很可能包括有线以太网）的接入点之间互相收发数据，而园区网络又连接到互联网。一个无线 LAN 用户通常需要位于接入点的几十米范围内才能连接。基于 IEEE 802.11 技术的无线 LAN 接入通常被称为 Wi-Fi（以太网的无线版本），它已经几乎无所不在，例如在大学、商业办公室、咖啡厅、机场、家庭，甚至在飞机上。在许多城市，人们站在街头时，可能会位于 10 个接入点的覆盖范围之内。

尽管以太网和 Wi-Fi 最初是在园区（公司或大学）环境中设置的，但是它们现在已经成为家庭网络中相当常见的组成部分。如今，许多家庭将宽带住宅接入技术，例如 DSL，与价格实惠的无线局域网技术相结合，以建立更方便的家庭网络。

3）广域无线接入

在广域无线接入网中，无线用户端系统（如智能手机）与用于蜂窝通信的无线基站连接，从而实现数据的发送和接收。这些基站由电信公司提供，覆盖区域半径可达数万米。

目前，广域无线接入网采用的是移动电话基础设施。电信公司在第三代（3G）无线技术中投入了大量资金，3G 为分组交换广域无线接入网提供了超过 1Mb/s 的速率。WiMAX 是 IEEE 802.11 的一种长距离变种协议，也被称为 IEEE 802.16。WiMAX 是一种独立于移动电话网络运行的协议，承诺可跨越数万米的距离，并提供 5~10Mb/s 或更高的传输速率。

移动电话网络注定要在未来的网络中扮演重要的角色。如今，移动宽带应用已经远远超越了语音通话的范畴。21 世纪初的后期，4G LTE 迅速成为移动互联网接入的主流模式，并超过了 WiMAX 等竞争者。而 5G 技术则可以提供更快的速率（达到 10Gb/s），目前也已得到了广泛的应用部署。这些技术的一个主要差异在于它们所依赖的频谱不同。以 4G 为例，它使用的频段达到了 20MHz，而 5G 则运行在更高的频段中，可达到 6GHz。但高频率带来了新的挑战，高频信号并不像低频信号那样传播得远，在技术上必须要考虑通过新的算法和技术来解决信号衰减、干扰和错误问题。此外，这个频率上的短微波也容易被水吸收，因此必须进行专门的优化以保证在下雨天等复杂环境下也能正常工作。

1.2.3　网络核心

在对网络边缘进行分析后，我们进一步深入研究网络核心。网络核心是指由分组交换设备和通信链路将多个接入网络互联起来的网状网络。如图 1.3 所示，网络核心用灰色阴影突出显示。

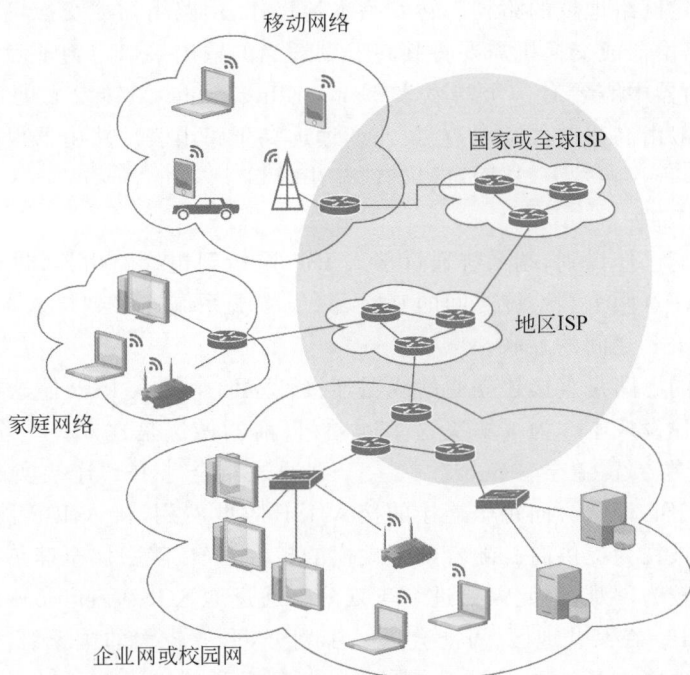

图 1.3　网络核心

1. 分组交换

网络核心的目标是将多个接入网络互联起来,构建一个高效可靠的主干网络。网络核心由各类交换机、路由器和链路构成,承担着数据传输和路由选择的重要任务。互联网采用一种被称为分组交换(packet switching)的通信方式,数据被划分为较小的数据分组(或称为数据包),数据分组从一台路由器被转发到下一台路由器,经过从源节点到目的地节点的多条链路,逐跳传输抵达目的地。

路由器和交换机等分组交换设备采用存储转发机制。分组交换设备先完整地接收整个分组,再向输出链路转发该分组。由于采用存储转发机制,分组在分组交换设备上被延迟转发,即存在存储转发时延。每台分组交换设备都有多条链路与之相连。对于每条输出链路,路由器会使用输出缓存(也称输出队列)来存储准备发送到该链路的分组。输出缓存在分组交换中起着重要的作用,分组即使完整到达分组交换设备,也不一定能立即被发送出去。分组交换设备需要确认分组对应的输出链路是否空闲,如果输出链路正在传输其他的分组,则该到达分组需要在缓存中排队等待。因此,除了存储转发时延,分组在经过分组交换设备时,还有排队时延。这些时延是变化的,时间长短与网络的拥塞状况有关。由于缓存空间有限,因此并非所有到达的分组都可以被缓存起来。当缓存空间被填满时,如果有新分组到达,就会出现分组丢失(也叫丢包)。

网络核心具有两大核心功能,即路由和转发。这些功能的实现对于网络的正常运行和数据的高效传输至关重要。路由是全局操作,它的任务是确定数据分组从源节点到目的地节点所使用的路径。为了实现路由功能,网络核心依赖路由协议和路由算法,并通过这些协议和算法生成路由表。路由表(routing table)也称作路由信息库

（Routing Information Base，RIB），是一个存储在路由器的电子表格或类数据库，其中存储着去往特定网络地址的路径。转发是本地操作，由路由器或交换机负责。当接收到数据包时，路由器或交换机需要将其转发到适当的输出接口。为了确定合适的输出接口，每台路由器中需要有一个转发表（forwarding table）。转发表的信息来自路由表。转发表一般由高速硬件实现，查找速度远远高于路由表。路由器根据收到分组头中的目的地址，查找转发表，从而可以确定输出接口。

2. 网络的互联

在前面我们已经提到，端系统通过接入 ISP 连接到边缘路由器，进而实现连接到网络。要实现任意两个端系统之间的互联，除了将端系统连接到接入 ISP 外，还需要实现不同接入 ISP 之间的互联。

一种直观的思路是直接建立通信线路连接任意两个接入 ISP，但这样的设计会带来巨大的网络建设成本。为了解决这个问题，目前的做法是建立一些全球传输 ISP，它们之间相互连接，覆盖全球范围。接入 ISP 通过与全球 ISP 连接实现彼此间的互联。全球传输 ISP 通常会向每个连接的接入 ISP 收取费用，接入 ISP 被视为客户，而全球传输 ISP 被视为提供商。随着网络规模的扩大，仅依赖一层全球传输 ISP 来连接所有接入 ISP 较为困难，因此需要进一步划分。通过地区 ISP（regional ISP）来连接区域内的接入 ISP。在某些地区，可能会进一步划分，形成较大的国家级的地区 ISP，以及更小的省级地区 ISP，这样就形成了层级的 ISP 互联结构。

如图 1.4 所示，接入 ISP 位于层级结构的最底层，全球 ISP 位于最顶层，是第一层 ISP（tier-1 ISP）。第一层 ISP 直接与其他第一层 ISP 相连，并且与大量第二层 ISP 和其他客户网络相连，在第一层 ISP 中，路由器通常以极高的速率转发分组。第二层 ISP 具有国家性或区域性覆盖范围，其与少数第一层 ISP 相连，通过第一层 ISP，第二层 ISP 可以将数据流量传送到全球各地。对于相连的不同层次 ISP，较高层的 ISP 为提供商（provider），较低层的 ISP 为客户（customer）。提供商向客户提供转发服务并收取费用。在这种层级结构中，每个接入 ISP 向其连接的地区 ISP 支付费用，每个地区 ISP 向其连接的第一层 ISP 支付费用。接入 ISP 也可以直接连接到第一层 ISP，从而向第一层 ISP 支付费用。

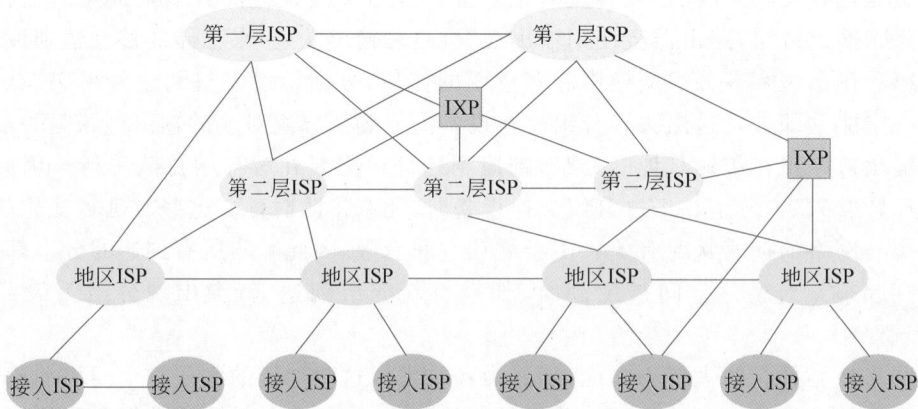

图 1.4   ISP 互联

为了减少客户 ISP 向提供商 ISP 支付的费用，位于相同层级结构层次的邻近一对

ISP 可以进行对等连接,使它们之间的所有流量都经过直接连接而不是通过上游的中间 ISP 传输。当两个 ISP 进行对等连接时,通常不会进行费用结算,即任何一方 ISP 不会向对等方支付费用。正如前面提到的,第一层 ISP 之间也会进行对等连接,它们之间没有费用结算。在这些相同的路线上,第三方公司可以创建一个互联网交换点(Internet Exchange Point,IXP),IXP 是一个集合点,多个 ISP 可以在这里进行对等连接。截至 2023 年,全球已有超过 1000 个 IXP,其中美国的互联网交换点数量占全球的 20%,位居榜首。在我国,中国教育和科研计算机网(China Education and Research Network,CERNET)管理运营的 CNGI-6IX 是一个具有代表性的互联网交换中心,它高速连接了中国科技网、中国电信、中国联通、中国移动等国内主要网络,以及下一代互联网试验网,同时在北京和香港设立了两个互联节点,实现了与美国 Internet2、欧洲 GEANT2 和亚太地区 APAN 等国际主要学术网的高速互联。

1.3 计算机网络历史

计算机网络的发展历程蕴含着人类社会进步的印记。从最初几台计算机的简单连接,到规模复杂的全球互联网,每一次网络的演进都推动着人类生产生活的变革,网络与社会发展并驾齐驱。本节将全面梳理计算机网络发展的历史脉络:从分组交换概念的提出,到计算机网络诞生,再到 TCP/IP 标准的确立,每一个关键节点都标志着网络发展的重要进展。读者将窥见网络先驱们的创新思维,感受一次次技术突破背后的探索精神。

同时,我国计算机网络发展历程也蕴藏着奋斗智慧。本节还将重点回顾我国互联网的创立过程、高校科研网络的建设历程,以及下一代互联网技术的自主创新。这是一段奋力赶超的历史,见证着中国在信息化领域的崛起与辉煌。让我们一同探寻,感受网络发展的波澜壮阔,共同迈向数字化时代。

1.3.1 国际计算机网络发展历史

1. 初始的创新思想:分组交换

互联网的诞生可以追溯到 20 世纪 60 年代初,那时电话网是世界上占统治地位的通信网络。随着计算机的重要性越来越大,如何将计算机连接在一起就成为一个需要研究的问题。

当时全世界有 3 个研究组首先发明了分组交换技术,以作为电路交换的一种有效的、健壮的替代技术。1961 年,美国麻省理工学院(MIT)的伦纳德·克兰罗克(Leonard Kleinrock)发表了第一篇关于分组交换的论文。1964 年,美国兰德公司承担了美国国防部的任务,希望建造一套能够承受核攻击的健壮的通信系统,保罗·巴兰(Paul Baran)提出了基于分组交换技术的抗毁网络,旨在保证遭受核攻击后还能控制核导弹的发射,以确保二次打击能力。1965 年,英国国家物理实验室(National Physical Laboratory,NPL)的唐纳德·戴维斯(Donald Davies)也提出了分组交换的概念和术语,其目标是振兴英国计算机行业和商业应用。1967 年,劳伦斯·罗伯茨(Lawrence Roberts)加入美国高级研究计划署(Adranced Research Project Agency,ARPA),发表了 ARPANET 计划书。

与此同时,苏联也开始相关研究。1962 年,苏联的维克多·格卢什克夫(Viktor Glushkov)提出了**苏联计算机网(OGAS)**项目,旨在为苏联经济建立全国统一的数据获取、计算机建模和指令性调度系统,并为之设计建立统一的国家计算机网络(包括 1 个国家计算中心、200 个地区计算中心和 2 万个基层计算中心)。OGAS 采用传统电信网络(例如电话网)的集中式设计理念,基于电路交换技术构建网络。OGAS 最终未能大规模成功使用。

可以看出,美国 ARPANET 采取的是分布式技术路线,苏联 OGAS 采取的是集中式技术路线。1969 年,ARPANET 的四个节点(加州大学洛杉矶分校、斯坦福研究所(Stanford Research Institute,SRI)、加州大学圣巴巴拉分校和犹他大学)运行成功,世界上第一个采用分组交换技术的分布式网络正式投入运行,标志着分布式的技术路线取得了成功,成为目前互联网的最早雏形。互联网和苏联计算机网的比较如表 1.1 所示。

表 1.1　互联网与苏联计算机网的比较

比 较 项 目	互联网(Internet)	苏联计算机网(OGAS)
网络性质	分布式开放网络	集中式管制网络
网络拓扑	网状结构	树状结构
网络应用	平等协作	指令和控制
通信交换	分组交换	电路交换

创新思想往往源于新的需求,分组交换技术也不例外。当然,人们对分组交换技术的革命性程度也存在不同看法。美国计算机科学家约翰·戴(John Day)认为:"从传统电话网络的角度看,无连接分组交换无疑是一个极其巨大的创新;但从计算机的角度看,数据在缓存里,无连接分组交换只是把数据从一个缓存移到另一个缓存中,分组交换是一个非常自然的推论。"

2. 革命性的创造:无连接分组交换

无连接和面向连接是网络为承载业务提供数据传输的两种服务方式。传统电信网络采用面向连接的电路交换技术。分组交换技术问世以后,出现了无连接分组交换技术和虚电路分组交换技术。

1972 年,负责 ARPANET 的罗伯特·E.卡恩(Robert E. Kahn)在国际计算机通信大会(International Conference on Computer and Communications,ICCC)上组织了一次非常成功的 ARPANET 演示,首次向公众公开展示了这种新的网络技术。同年,路易斯·普赞(Louis Pouzin)主持法国分组交换网络(CYCLADES)。CYCLADES 是第一个不依赖网络本身,而是让主机负责可靠传输数据的网络。路易斯·普赞提出了**无连接的数据报和端到端协议机制**的概念。他认为,用户终端不应该相信网络是可靠的,同时网络本身也不可能是可靠的,这在当时是一个非常激进的想法。

ARPANET 最初采用的协议是网络控制协议(Network Control Protocol,NCP),但是该协议并不成熟。罗伯特·E.卡恩在进行 ARPANET 卫星分组网络和地面无线分组网络项目的过程中,认为需要开发开放式架构网络模型,使任何网络都可以与任何其他独立的硬件和软件配置进行通信。为此,他设定了以下四个目标:

(1) 网络连接,任何网络都可以通过网关连接到另一个网络;

(2) 分权,没有中央的网络管理或控制;

(3) 错误恢复,丢失的分组将被重传;

(4) 黑盒设计,连接到其他网络时不必对网络进行内部更改。

1973 年,温顿·瑟夫(Vinton Cerf)加入了罗伯特·E.卡恩的项目,他们共同创建了传输控制协议(TCP)。在该技术的早期版本中,只有一个核心协议。在 TCP 的开发过程中,温顿·瑟夫和罗伯特·E.卡恩使用了 CYCLADES 的概念。

分组交换的研究也形成了国际化的合作项目,以美国 ARPANET、英国 NPL 和法国 CYCLADES 项目成员为主,成立了**国际网络工作组**(International Network Working Group,INWG)。1974 年,INWG 形成了两个主要提案,一个是以美国 ARPANET 为主的 INWG 39,另一个是以欧洲 CYCLADES 和 NPL 为主的 INWG 61。这两个方案都是基于无连接的分组交换技术。1975 年,INWG 形成了统一美国方案和欧洲方案的 INWG 96,并正式提交给当时的国际电报电话咨询委员会(International Telegraph and Telephone Consultative Committee,CCITT,1993 年,CCITT 改组为国际电信联盟电信标准化部门(International Telecommunications Union Telecommunication Standardization Sector,ITU-T)),但遭到了拒绝。CCITT 的主要意见是分组交换虽然可以接受,但必须采用**虚电路**(Virtual Circuit,VC)。虚电路分组交换是 CCITT 在 1976 年发布的 X.25 标准中提出的。此外,当时国际计算机工业巨头 IBM 公司推出的系统网络体系结构(Systems Network Architecture,SNA)分组交换网络也采用了虚电路方案。

传统电信界和大型计算机公司尽管已经看到了 ARPANET 分组交换技术的成功,但是仍然采用了电路交换技术,因此产生了面向连接的虚电路技术。从那以后,**无连接分组交换网络**(例如互联网)与面向连接的虚电路分组交换网络(例如 X.25、ATM)的技术纷争一直延续 20 世纪 90 年代。与无连接分组交换不同,虚电路分组交换技术追求保证服务质量,并且把传输控制等服务质量保障机制放置在网络核心,这就导致其在大规模扩展性和互联互通上比无连接分组交换技术更加困难。而无连接分组交换技术尽力而为地提供网络服务,其将复杂的状态维护和传输控制等机制放在端系统执行,使其能够以较低开销支持大规模连接,实现更大范围的互联互通。

最终,无连接分组交换技术取得了成功,采用无连接分组交换技术的互联网协议(IP)成为互联网的核心协议。表 1.2 为互联网与 X.25、ATM 的比较。

表 1.2   互联网与 X.25、ATM 的比较

比 较 项 目	互联网(Internet)	X.25、ATM
通信交换方式	无连接分组交换	虚电路分组交换
复杂度分布	网络边缘——端系统	网络核心
网络服务保障	尽力而为	保证服务质量
互联互通	容易	困难

3. 系统化、完备化:TCP/IP

1977 年,美国国防部高级研究计划署(Defense Advanced Research Project

Agency,DARPA)与 BBN 科技公司、斯坦福大学和伦敦大学学院签订合同,在不同的硬件平台上开发 TCP 的验证版本。在开发过程中,为了使网络不仅能够支持文件传输类的应用,还能够支持对时延敏感但对丢包不敏感的语音通信等应用,1978 年,温顿·瑟夫、丹尼·科恩(Danny Cohen)和乔纳森·波斯塔尔(Jonathan Postel)将 **TCP** 的功能分解为两个协议,即 **TCP** 和 **IP**,形成了互联网体系结构的基本分层模型,该模型可用图 1.5 所示的沙漏模型表示。

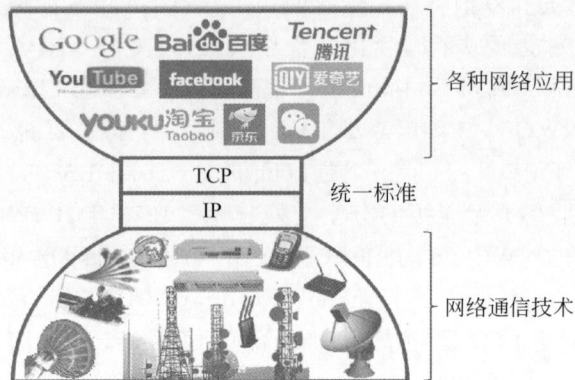

图 1.5　TCP/IP 的沙漏模型

1978—1983 年,多个研究中心开发并实现了 TCP/IP 原型系统。1982 年 3 月,美国国防部宣布 TCP/IP 为所有军用计算机网络的标准。1983 年 1 月 1 日,ARPANET 从 NCP 到 TCP/IP 的迁移正式完成。同年,美国国家科学基金会网(National Science Foundation Network,NSFNET)决定采用 TCP/IP,ARPANET 重组为两个网络:ARPANET 和纯军事的 MILNET。1984 年,国际标准化组织(International Organization Standardization,ISO)正式承认 TCP/IP 与开放式系统互联(Open System Interconnect,OSI)原则相符,TCP/IP 成为事实上的国际标准。1985 年,TCP/IP 成为 UNIX 操作系统的组成部分,此后几乎所有的操作系统都逐渐支持 TCP/IP。随着 NSFNET 等网络规模的扩大,ARPANET 在 1990 年停止运行。1995 年,面向科研的 NSFNET 也逐步停止运行,互联网进入了蓬勃发展的商业化发展阶段。

温顿·瑟夫总结了互联网体系结构的优势,如下所述。

(1) 不针对任何特定的应用进行设计,仅传递数据报文;

(2) 可运行在任何通信技术之上;

(3) 允许边缘进行任何创新;

(4) 具有强大的可扩展性;

(5) 对任何新协议、新技术、新应用开放。

这一结构为 1989 年诞生的万维网(World Wide Web,WWW)等应用提供了技术支撑。

1.3.2　中国计算机网络发展历史

1. 中国互联网的起步与发展

1)起步阶段

1986 年,北京计算机应用技术研究所与德国卡尔斯鲁厄大学合作的国际联网项目——**中国学术网**(Chinese Academic Network,**CANET**)启动。1987年9月,中国学术网正式建成中国第一个国际互联网电子邮件节点。当月,CANET发出了中国第一封电子邮件"Across the Great Wall we can reach every corner in the world."(越过长城,走向世界),这标志着中国正式接入国际互联网。

1994年4月20日,**中国国家计算机与网络设施**(The National Computing and Networking Facility of China,**NCFC**)工程通过美国Sprint公司连入互联网的64Kb/s国际专线开通,实现了与互联网的全功能连接。中国成为国际互联网协会(Internet Society,ISOC)的第77个成员,从此中国被国际正式承认为真正拥有全功能互联网的国家。这一历史性的事件入选1994年中国十大科技新闻和1994年中国重大科技成就。

2)规模化发展

经过近40年的发展,我国的网络规模发生了翻天覆地的变化,如今已具有五大网络,包括中国电信(CHINANET)、中国联通(UNINET)、中国移动(CMNET)、中国教育和科研计算机网(CERNET)、中国科技网(CSTNET),其中前三个是商业网络,后两个是学术网络。截至2022年底,我国网民规模已达到10.67亿,互联网普及率达75.6%。同时,国际出口带宽超过了11Tb/s,4G基站高达551万个(全球4G基站总数不超过900万个),5G基站达231万个(占全球比例近60%),IPv4地址3.8亿个,IPv6地址50903块/32,居世界第二。

2. 中国教育和科研计算机网

中国教育和科研计算机网(CERNET)是由国家投资建设,教育部管理,清华大学等高校承担建设和运行的全国学术性计算机互联网络,也是我国第一个全国互联网主干网。CERNET已经成为世界最大规模的国家学术互联网之一,是国家教育现代化重大基础设施、互联网人才培养高地,也是互联网关键核心技术研发创新基地。

CERNET拥有长达3万千米干线光纤,建设了容量为40×100Gb/s的光纤传输网络,为CERNET/CERNET2/FITI主干网提供传输资源。CERNET建成了国内国际互联中心,实现了与国内、国际学术网及公共互联网的高速互联。

CERNET主干网以100Gb/s和10Gb/s的速率连接了全国36座城市的41个核心节点,接入超过2000所单位和超过2000万用户,为多项国家教育和科研重大应用提供了强有力的支持。

3. 下一代互联网发展历程

针对互联网IPv4地址空间耗尽问题,国际互联网标准化组织互联网工程任务组(Internet Engineering Task Force,IETF)于1998年正式发布新的数据包格式,即IPv6,由此提出了下一代互联网的概念,引发了全球互联网技术的重大变革。我国是世界上较早开展下一代互联网IPv6试验和应用的国家,在技术研发、网络建设、应用创新方面取得了重要成果。随着2012年IPv4地址的消耗殆尽,全球互联网进入下一代互联网IPv6的快速发展阶段,下一代互联网IPv6已经成为互联网发展的必经之路。我国IPv6技术研究与试验始于20多年前,主要经历了**中国下一代互联网**(China's Next Generation Internet,**CNGI**)示范工程(2001—2016年)和IPv6行动计划(2017年至今)两个发展阶段。

1）CNGI 示范工程

2001 年，在国家自然科学基金委的支持下，在北京建成我国第一个下一代互联网地区试验网 NFCNET。为加快我国下一代互联网的研究与建设，中国下一代互联网（CNGI）示范工程项目由国家发展改革委等八个部委联合发起并经国务院批准于 2003 年启动，全国上百所高校和研究单位，包括网络运营、设备制造、软件开发、终端开发、安全产品开发、信息服务等相关产业在内的上百家企业，参加了 CNGI 示范工程，分阶段取得了如下重要成果，标志着我国下一代互联网由此正式进入了大规模研究与发展阶段。

2003—2008 年，部署示范网络建设项目，建成当时世界上最大规模的 IPv6 示范网络，包括 6 个核心网和 273 个驻地网，其中第二代中国教育和科研计算机网（CERNET2）是全球最大规模纯 IPv6 下一代互联网主干网，成为我国研究下一代互联网技术、开发重大应用、推动产业发展的重要基础试验设施。部署设备研发及产业化项目，国产 IPv6 核心路由器用于构建 CNGI 核心网，改变了我国网络关键设备依赖进口的局面。开展技术试验和应用示范项目，基于 CNGI 示范工程网络开展了智能交通、数字家电等示范应用，开通了基于 IPv6 的 2008 年北京奥运官方网站；突破真实源地址验证、下一代互联网过渡等关键技术，形成系列化 IETF 国际标准，在国际上取得初步话语权。

2008—2012 年，部署下一代互联网试商用项目，高校示范先行，实现了 100 所高校校园网 IPv6 全面升级和普遍覆盖，IPv6 用户规模超过 200 万，为园区网 IPv6 升级及培育 IPv6 用户提供了宝贵经验。自主研发 IPv6 网络运行管理与服务支撑系统，实现了规模应用，为公众互联网 IPv6 升级改造及规模商用进行了技术准备。实现了高等学校网上招生等 20 个教育科研 IPv6 重大应用，在 100 个校园网上实现了累计 1300 多个应用系统的技术升级，为网站系统 IPv6 升级改造及 IPv6 应用服务进行了有益尝试。

2012—2014 年，部署了下一代互联网规模商用项目，实现运营商骨干网和约 10% 城域网支持 IPv6；制定大规模公众网络由 IPv4 向 IPv6 平滑演进过渡方案，实现 IPv4 和 IPv6 网页浏览业务互通；IPv6 宽带接入用户数超过 800 万。国内具有重要影响力的 100 家商业网站支持 IPv6，推动部分政府机关及企事业单位网站、城市政府网站支持 IPv6，电信运营企业新开展的业务基本支持 IPv6，新增上网固定终端和移动终端基本支持 IPv6。

2014—2016 年，部署了 CNGI 示范城市项目，着力探索解决我国下一代互联网发展遇到的突出矛盾和问题；创新发展模式，突出特色应用，树立样板工程，形成有利于更大规模应用的示范效应。

CNGI 示范工程取得的重要成果，为中国下一代互联网更大范围的规模部署打下了坚实的基础。

2）IPv6 行动计划

面对 2012 年 IPv4 地址消耗殆尽以来全球 **IPv6 下一代互联网**快速发展、我国 IPv6 普及率与发达国家相比存在明显差距的严峻形势，中共中央办公厅、国务院办公厅于 2017 年联合发布《推进互联网协议第六版（IPv6）规模部署行动计划》（简称"IPv6 行动计划"）。目的是形成我国下一代互联网自主技术体系和产业生态，建成全球最大规模的 IPv6 商业应用网络,实现下一代互联网在经济社会各领域深度融合应用,成为全球下一代互联网发展的重要主导力量。2021 年以来,相关单位加快全面建成领先的 IPv6 技术、产业、设施、应用和安全体系,推进我国 IPv6 网络规模、用户规模、流量规模,完成向 IPv6 单栈的演进过渡,实现 IPv6 与经济社会各行业各部门全面深度融合应用。

3)"宽带中国"的国家战略

2013 年,中国国务院发布了"宽带中国"战略,旨在加快我国宽带建设。实施方案分为全面提速、推广普及和优化升级三个阶段。在全面提速阶段(至 2013 年底),重点加强光纤网络和 3G 网络建设,提高宽带网络接入速率,改善和提升用户上网体验。在推广普及阶段(2014—2015 年),重点在继续推进宽带网络提速的同时,加快扩大宽带网络覆盖范围和规模,深化应用普及。在优化升级阶段(2016—2020 年),重点推进宽带网络优化和技术演进升级,宽带网络服务质量、应用水平和宽带产业支撑能力达到世界先进水平。

在经过三个阶段的建设之后,我国宽带网络基础设施得到了快速改造升级,并经历了从拨号上网,到双绞线上网,再到光纤入户的技术变革。截至 2020 年,我国城市宽带接入能力大于 100Mb/s,超过 300 个城市已经部署了千兆光纤,固定宽带接入用户 4.65 亿,固定宽带家庭普及率大于 90%。

4. 下一代互联网发展现状

1)核心技术创新不断突破

我国不断在下一代互联网关键核心技术上获得突破,推动 IETF 国际标准制定,重要创新科技成果工程化和产业化应用,促进建设开放创新的技术体系、自主可控的安全体系,不断提升国际话语权。例如,提出了系列化 IETF 国际标准 4over6 和 IVI 过渡技术,攻克了高性能分布式 IPv4 和 IPv6 互联互通难题,为过渡到纯 IPv6 下一代互联网奠定了重要的技术基础;提出了下一代互联网真实源地址验证体系结构 SAVA 和关键技术,形成系列化 IETF 国际标准和行业标准,实现产业化和规模应用,为构建安全可信的下一代互联网奠定了重要技术基础。

2)核心设备研制逐步追赶

20 世纪 90 年代我国大量采用进口核心路由器,自主研制需求迫切。2004 年,国内研制成功 IPv4/IPv6 双栈核心路由器,填补了国内空白,并带动国内企业共同加快核心路由器国产化的进程。经过华为、中兴等一批企业二十多年的努力,我国互联网核心设备研制逐步追赶发达国家,中国的网络设备商始终活跃在科技创新的前沿,专利申请量位居全球第一,而且在 3GPP、ITU-T、IETF 等标准的制定方面也扮演着主要贡献者的角色。中国的网络设备商正逐渐在国际舞台上扮演着越来越重要的角色。

3)试验平台建设并跑领跑

我国 1994 年才开始规模接入国际互联网。1995 年,中国教育和科研计算机网(CERNET)的建设成功填补了国内空白,满足了国家急需;2004 年,我国抓住机遇实施 CNGI 示范工程,建成世界上最大的纯 IPv6 互联网;2018 年,国家重大科技基础设施——未来网络试验设施开始建设,其中未来互联网试验设施 FITI 采用纯 IPv6 网络技术,是目前全球拥有自治系统数量和地址空间最多的试验网络,为我国在互联网体系结构方面的技术创新准备好了大型试验场。

1.4　互联网治理

互联网是连接全球网络的网络,是网络空间的重要基础。网络空间治理是人类社会发展面临的重大问题,互联网治理是其中基础性、全球性的重要焦点问题,涉及互联网体系结构设计、技术标准和运行规则制定、互联网关键资源分配、网络安全管控、公共政策及法律法规制定等内容。几十年来互联网的演进发展历程表明,互联网治理需要从互联网体系结构及运行体系的视角出发,平衡政府、组织、企业、民众之间的利益和关系,才能达到保证全球互联网稳定可靠运行、健康持续发展的治理目的。

1.4.1　互联网治理体系

1. 互联网体系结构的关键控制点

互联网体系结构及运行体系是互联网治理的重要基础,其关键控制点是号码、域名、协议的控制管理机制。

互联网号码资源:包括 IP 地址和网络自治系统(AS)编号,具有全球唯一性。IP地址是实现全球互联网上不同设备之间互操作的唯一标识符。AS 编号是实现全球互联网上由不同主体管理运行的网络之间互操作的唯一标识符,通过域间路由协议实现全球网络互联。这些资源由区域性互联网注册机构(**Regional Internet Registry,RIR**)管理,包括 ARIN(北美)、RIPE NCC(欧洲、中东、中亚)、APNIC(亚太)、LACNIC(拉美)和 AFRINIC(非洲)。

互联网域名系统(Domain Name System,DNS)是互联网上的关键基础设施,将便于记忆的域名与 IP 地址映射,方便用户访问。互联网名称与数字地址分配机构(**The Internet Corporation for Assigned Names and Numbers,ICANN**)是负责全球域名系统管理的非营利组织,掌管根域名服务器。自商业化以来,根域名管理一直是全球互联网治理的争议点。

互联网协议标准:互联网的体系结构、设计原则、技术原理通过协议标准来体现,要求参与全球互联网构建和运行的设备制造商、网络运营商、信息服务商等都遵从相关的协议标准。负责协议标准制定的国际组织是国际**互联网工程任务组**(**IETF**),其研究互联网运行与技术问题,确定体系结构及协议的解决方案。IETF 是全球互联网最具权威的技术标准化组织,在互联网治理中扮演重要角色。

2. 关键互联网资源的安全管控

网络空间安全与互联网治理密不可分,关键互联网资源是互联网体系结构的控制点,也是安全管控的焦点。

IP 地址的真实性是网络空间安全的关键基础。我国在国际上首次提出"互联网真实源地址验证体系结构"(**Source Address Validation Architecture,SAVA**),并在互联网运行体系上建立自律和防止 IP 地址假冒的技术体系和管理机制。这一体系得到了IETF 的认可,并促成了专门工作组的成立,进而形成了系列化国际标准。

路由信息的可信性是全球互联网运行安全的重要基石。针对全球互联网不同AS 之间进行路由信息交换的安全问题,IETF 提出了专用技术框架——互联网号码资源公钥基础设施(**Resource Public Key Infrastructure,RPKI**),为网络实体持有确指的 IP 地址块及 AS 编号的合法性提供验证机制。

域名解析的可信性是互联网普遍可用的重要支撑。针对 DNS 大规模分布式系统和运行体系中域名解析信息交换的安全问题,IETF 成立专门工作组,提出 DNS 安全扩展(DNS Security Extensions,DNSSEC)协议,通过数字签名技术建立 DNS 解析应答的可信任机制。

3. 互联网体系结构影响下的政策法规

互联网体系结构及运行体系直接影响与互联网治理相关的公共政策及法律法规制定。

主干网网间互联是构成互联网"核心"的不同 AS 之间的相互连接,涉及技术、经济、政策等多方面问题,是互联网监管的关键环节。由于互联网运营商之间的互联合约属于私有化的互联网治理范畴,但发生合约争议有可能引发大面积的网络中断,给用户带来严重损失,因此需要政府干预,提高网络配置透明度、公众监督力。

网络中立性涉及网络接入和市场竞争问题。根据对互联网体系结构遵从的"端到端"设计原则的不同态度,可区分出网络中立性的支持派与反对派。美国关于网络中立法的立法过程几经波折、争议不断,反映的是以 Google 公司为代表的互联网服务商与以 AT&T 公司为代表的互联网运营商之间的博弈,对全球的互联网产业格局产生了重要影响。

网络信息中介是在互联网端到端技术框架下出现的第三方机构,在应用层为用户提供信息内容的中介服务,包括搜索引擎、社交平台、金融中介等,给互联网治理带来新的挑战。网络信息中介在数据安全、隐私保护、言论自由、名誉管理等方面承担越来越重要的社会责任,在公共政策中扮演重要角色。

网络知识产权保护的立法与执法面临新的挑战,针对互联网上的侵权盗版问题,由互联网基础设施及信息中介代理执法的执行机制成为治理的争议焦点。特别是执法手段中包括域名重定向,使 DNS 超出了地址解析的主要功能范畴,破坏了域名空间的一致性,有可能导致全球互联网转变为割据状态。

互联网治理研究的关注点是互联网体系结构与社会政策的相互关系。在互联网治理中发挥重要作用的国际组织是 IETF、ICCAN 和 RIR。研究制定全球互联网治理规则,需要积极参与这些重要国际组织的工作,发挥政府、国际组织、互联网企业、技术社群、民间机构、公民个人等各个主体作用,共同推动互联网健康发展。

1.4.2　中国互联网治理情况

1. 中国参与全球互联网治理

中国作为世界上最大的互联网用户国家之一,一直以来积极参与全球互联网治理体系改革和建设。政府层面,中国政府积极参与联合国网络空间治理进程,深度参与联合国互联网治理论坛(Internet Governance Forum,IGF),中国代表积极参与联合国互联网治理论坛领导小组、多利益相关方咨询专家组,连续多年在联合国互联网治理论坛主办开放论坛、研讨会等活动。此外,中国搭建世界互联网大会交流平台,2014 年以来,中国连续举办世界互联网大会,搭建中国与世界互联互通的国际平台和国际互联网共享共治的中国平台,不断深化网络空间国际交流合作,促进互联网普惠包容发展,与国际社会携手推动构建网络空间命运共同体。

在技术层面,自20世纪90年代开始,中国的研究人员逐步认识到互联网的重要性,逐步参与IETF的工作。目前,由中国科技人员牵头的标准有100多个,在IPv6过渡技术、真实源地址验证技术等方面,中国作者起到主导性的作用。

2. 中国互联网治理相关政策法规

网络空间安全方面,中国坚持网络安全和信息化是相辅相成的理念,安全是发展的前提,发展是安全的保障,安全和发展要同步推进。此外,中国制定一系列法律和规则政策,提升网络安全保障能力,例如制定了《网络安全法》《数据安全法》和《个人信息保护法》等法律,出台了《关键信息基础设施安全保护条例》,加强个人信息保护,提高数据安全保障能力,强化关键信息基础设施安全保护。在人才培养方面,中国增设网络空间安全一级学科,推动网络安全教育、技术、产业融合发展。

在互联网的平台、内容和应用的管理方面,中国制定《国务院反垄断委员会关于平台经济领域的反垄断指南》和《网络交易监督管理办法》等政策法规,开展反垄断审查和监管;制定"数据二十条"和《生成式人工智能服务管理暂行办法》等,不断完善适应人工智能、大数据、云计算等新应用技术的制度规则,推进"清朗"系列专项行动,规范网上内容生产、信息发布和传播流程,加强网络文明建设。

1.5 计算机网络未来

1969年,最早的计算机网络ARPANET诞生。1983年,ARPANET全部采用TCP/IP,这标志着计算机网络成为互联网。1986年,ARPANET被NSFNET所取代,并发展成连接世界各国的国际互联网。1996年,IETF针对IPv4地址空间不足的问题,推出了IPv6,由此提出了下一代互联网。

从计算机网络到互联网,到下一代互联网,随着网络规模的扩大和网络应用的发展,互联网在可扩展性、安全性、高性能、移动性、实时性、可管理性等方面面临着许多技术挑战。多年来,凭借自身体系结构的技术优势和不断的创新,这些在发展过程中面临的挑战得以不断地被解决,同时又会有新的挑战。计算机网络技术在螺旋式上升。

互联网体系结构的技术优势主要体现在两方面:第一,它采用无连接分组交换技术,向下能够使用和兼容各种通信介质、通信技术和通信网络;第二,它能够提供端到端的传输服务,向上可以支持用户开发各种灵活的创新应用。这些技术优势为互联网的创新发展奠定了坚实的基础。

然而,随着互联网发展逐渐进入深水区,针对不断出现的重大技术挑战,互联网体系结构存在两条创新路线:演进式和革命式。

演进式路线:在互联网体系结构现有技术优势的基础上创新,继续采用以IP为核心的网络体系结构,兼容各种通信网络,支撑用户开发创新应用,在IPv6新的技术平台上更好地解决互联网所面临的重大技术挑战。

革命式路线:其出发点是不受现有互联网体系结构的约束,不以与现有互联网的后向兼容性为目的,基于Clean Slate理念,即从一张"白纸"出发,重新设计面向未来15年甚至更长远的互联网。

面对这两条路线的选择,我们需要考虑到互联网早已不再是一个单纯的技术概念,而是一个由多个利益攸关方竞争博弈、共治共管的人类社会基础设施。政治、经济、技术等多种因素交织在一起,共同推动互联网的演进。互联网发展到目前的规模,其巨大的惯性对技术创新造成相当的阻碍。因此,研究人员在探索未来互联网的新技术时,对可部署性的考虑变得越来越重要。对于革命性路线而言,其困境在于,要想取代现有互联网体系结构,将面临巨大的部署挑战。

全球互联网发展技术趋势表明,互联网的各个管理域之间的根本需求是互联互通,技术的进步遵循演进式原则;管理域内则以综合效益优化为根本目的,可以推进技术革命。从 IPv6 向未来互联网演进目前看来是主流的技术路线。目前,IPv6 技术已被世界各国政府和运营商广泛接受,并成为下一代互联网的支撑技术。在 IPv6 新的技术平台上更好地解决互联网面临的重大技术挑战,可能是未来的发展方向。

1.6　本章总结

在本章中,我们首先对计算机网络进行了简单介绍,包括其功能、组成、协议以及为人们提供的服务,旨在让读者对计算机网络有一种感性的认识。接着,分别从网络边缘和网络核心两个角度介绍了计算机网络的内在架构,以便让读者对网络连接以及其运作有一定的认识。随后,介绍了计算机网络历史、互联网历史以及计算机网络在中国的发展状况,以便读者了解计算机网络的发展过程和现状。最后,对计算机网络的未来发展趋势进行了简要探讨。

本章内容主要为背景介绍,目的是让读者对计算机网络有一个整体的认识,其中涉及的一些概念,将在后文进行详细阐述。

习题 1

1. 什么是计算机网络?
2. 互联网的主要组成部分是什么? 如何将终端系统连接到边缘路由器? 网络核心的两大功能是什么?
3. 分组交换和电路交换的区别是什么? 各有哪些利弊?
4. 计算机网络的硬件都包括哪些部分? 什么是互联网的软件?
5. 第一层 ISP 和第二层 ISP 的关键区别是什么? IXP 是什么?
6. 接入网可以分成几类? 各自采用了哪些技术?
7. 互联网发展过程中有哪些经验和教训?
8. 互联网技术的创新都有哪些技术路线? 其主要思想是什么?

第 2 章

计算机网络体系结构

计算机网络体系结构是构建全球性计算机通信网络的关键基石。本章将深入介绍计算机网络体系结构相关知识，让您了解网络体系结构设计中的功能模块划分、分布和对接、设计原则等关键问题。在探索互联网这一超大规模系统的内在构造时，您将学习网络功能模块如何合理分层，以及著名的 OSI 参考模型和 TCP/IP 参考模型在网络发展中的历史印记。同时，本章将展示计算机网络技术发展历史中若干典型网络体系结构的特点，以及阐述网络协议标准化在网络技术发展中的重要性。通过对本章内容的学习，您将形成对计算机网络学科背后设计思想、整体技术框架和标准的体系化认识，为未来的计算机网络技术学习奠定基础。让我们踏上探索计算机网络奥秘的旅程吧！

2.1 计算机网络的功能和体系结构

在第 1 章对计算机网络的初步介绍中，我们看到计算机网络包含主机、服务器、交换机、路由器等多种不同的设备，不同的设备各自完成不同的功能，同时作为一个整体，又实现了端系统之间的互联和通信。那么这些设备各自实现了什么功能？这些功能又是如何组织的呢？答案是分层。

2.1.1 计算机网络的功能分层

计算机网络的主要功能就是把数据从网络中的某台设备传输到另一台设备。为了更好地理解计算机网络的功能分层，在此之前，我们首先了解一下数据在网络中的传输方式。

在计算机网络之前，人们通过电话网络进行通信。在传统电话网络中，一个端系统（电话）要和另一个端系统通信的时候，网络需要为它们创建一条专用的端到端连接信道，我们把这种网络通信方式称为**电路交换**（circuit switching），如图 2.1(a)所示。我们可以看到电路交换具有如下一些特点。电路交换通常采用面向连接的方式进行通信。在通信之前，首先呼叫建立连接，预留端到端通话路径上的带宽等资源,电路交换连接建立后,通路被通话双方独占。通话结束后,释放连接,把专用的物理通路的资源还给网络。在电路交换中,由于通话双方独占通路,因此即使通路空闲,资源也不能与其他连接共享。这造成电路交换不能充分利用网络资源。由于建立连接并且预留资源,因此电路交换能够在一定程度上提供较好的通信质量,但是在通信过程中,如果中间设备发生故障,则连接会被迫中断。如需继续通话,就要寻找一条通路重新建立连接。因此电路交换抗毁性不够强。

是否有办法在通路空闲时,让其他通信双方的数据也能复用空闲通路?与传统的电话网络不同,早期的电报通信网络使用报文交换(message switching)进行电报的传输。报文交换如图 2.1(b)所示,要传输的数据封装成报文进行传送,中间交换设备存储和转发报文,因此中间设备具有较大的缓存空间来暂存接收到的整个报文。存储转发过程带来报文的传输时延。每个中间节点接收到整个报文之后,再根据目的地址信息把报文传送给下一个节点。发送报文之前,网络不需要提前建立连接,端到端发送报文不会独占通路资源,每个报文都可以选择合适的空闲线路传输到目的端。相比于传统电话网络的电路交换,报文交换在传输数据时能够更好地利用空闲通路资源;在中间节点出现故障时,能够选择和迅速切换到其他可用的传输路径。但是报文交换在传送报文时也引入了较大的存储转发时延。

电路交换存在资源利用率低、抗毁性弱的问题。在 20 世纪 60 年代设计计算机网络之初,为了实现网络较高的抗毁性和可靠性这个重要的设计目标,设计者们没有选择电路交换,而是采用了类似报文交换的**分组交换**(packet switching)技术。报文交换的数据比较长,需要较大的缓存空间,增加了传输时延。分组交换把报文分成较短的数据段,每个数据段添加一个头部构成分组。分组头部含有目的地址等信息。中间交换机、路由器设备对分组进行存储转发。这称为分组交换,如图 2.1(c)所示。分组交换和报文交换类似,在发送分组之前网络不需要提前建立连接,因此称分组交换提供的是无连接的通信服务。分组交换的每个分组可以在网络中独立地选择传输路径,支持灵活的多路复用。分组交换同样能够更好地利用网络资源,抗毁性高。分组交换不像电报的报文交换那样等待整个报文接收完毕再转发,分组长度小于报文长度,因此分组交换具有更小的缓存,缩减了存储转发时延,也具有更好的灵活性。

分组交换具有许多优点,可以支持更多的用户同时使用网络,不需要提前建立连接,独占资源,具有更高的灵活性和抗毁性。但是在分组交换网络中,分组会造成网络拥塞,进而导致传输时延增加,甚至导致分组丢失。在电路交换网络中,由于资源预留和独占,因此网络通路具有较好的传输性能。如何在分组交换网络中提高传输性能,提供带宽保障是网络需要解决的重要问题。随着各种网络应用对传输性能、资源的需求的不断提升,分组交换网络对资源分配和分组传输的控制复杂性也随之提高了。

计算机网络因选择了分组交换技术而得到了快速发展,这得益于该技术所具有优点。

我们将网络功能划分为多个层次,形成一个垂直的层次关系。每台设备从最底层开始,向上选取它所需要实现的功能层次。最底层是最基础的一层,每台设备都必须实现。最上层是最高层次的功能,只在一些设备上实现。同时,每一层又包含多种功能,各台设备可以有选择地去实现。我们把下层为其上一层提供的功能称为服务(service),把服务的调用规范称为接口(interface)。上一层的功能依赖下一层提供的

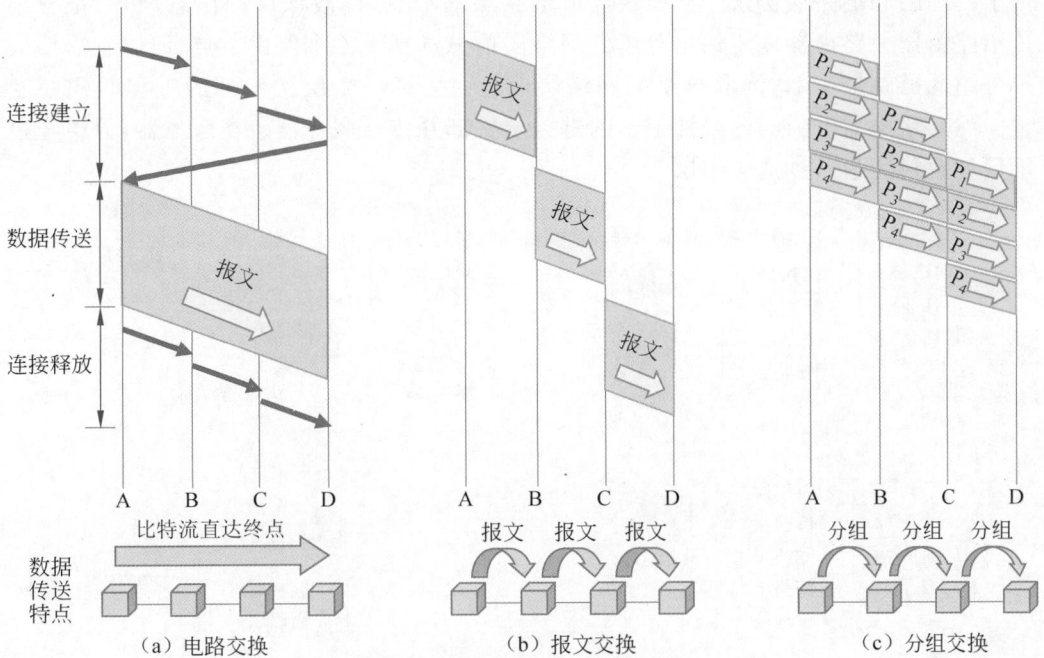

图 2.1　数据在网络中的传输方式

服务。另外,为实现不同网络设备同层同一功能模块之间的交互,我们需要定义它们的信息交换规则,这套规则叫作协议(protocol)。协议定义了在两个或多个通信实体之间为完成一个目标所需要交换的报文的格式和次序,以及在报文传输和接收,或者某些事件发生时所要采取的动作。

现在的互联网协议可以看作有五层结构。

- **应用层**:网络应用程序及其应用层协议(比如 HTTP、FTP 等)所在的层次。
- **传送层**:为两个端系统提供传输应用层数据的服务。传送层有两个主要的协议,即 TCP 和 UDP。TCP 向应用程序提供了面向连接的服务,并提供了拥塞控制和差错重传机制;UDP 向应用程序提供无连接的数据报传输服务。
- **网络层**:负责将称为数据报的网络层分组从一台主机移动到另一台主机。网络层包括了 IP 和路由协议。
- **链路层**:链路层的分组称为一个帧(frame),网络层依赖链路层将一个帧从一台网络设备传送到相邻的下一台网络设备。
- **物理层**:物理层的任务是将帧中的每个比特从一台网络设备传送到相邻的下一台网络设备,这层的协议与实际传输介质密切相关。

我们以图 2.2 为例来说明这种协议的分层结构。源端主机的一个应用需要向服务器发送一个报文。主机需要实现上述的五个层次的功能。M 块代表原始数据。该数据从源端主机的应用层开始,从上层传到下层。传送层把数据封装成报文,并添加一个传送层头部(H_t)。网络层把传送层的数据封装成报文,并添加一个网络层头部(H_n)。链路层把来自网络层的数据封装成报文,并添加一个链路层头部(H_l)。总结来说,每一层在把报文交给下层处理前都给报文加上本层的头部,这一操作叫作报文封装。这些头部包含了该层处理报文所需的信息。分组随后到达交换机。交换机实现了物理层和链路层协议。交换机读取链路层的信息,修改该层的信息,然后把分组传给路由器。路由器需要根据分组的网络层信息选择下一个路由节点,所以它需要去掉分组的链路层头部,读取分组的网络层信息。去掉一个层次头部的过程叫作解封装。然后路由器重新给分组加上新的链路层头部并传给服务器。在服务器,分组经过层层的解封装最后到达应用层。

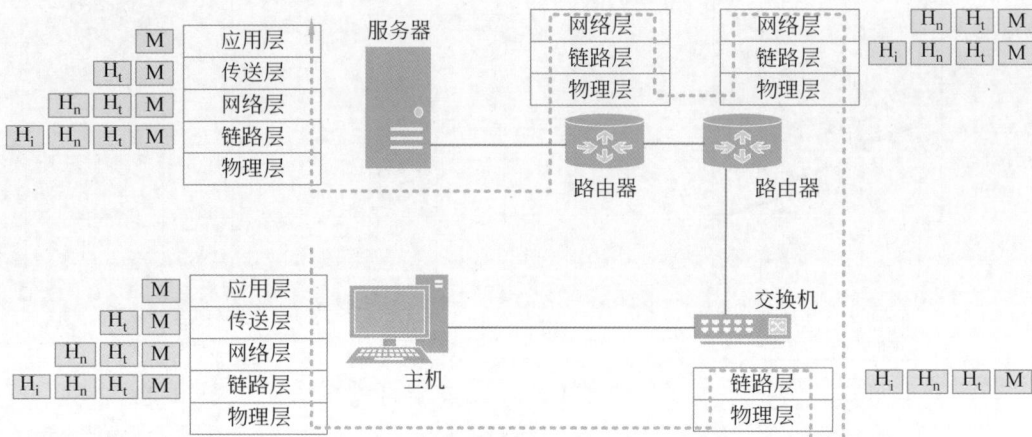

图 2.2　网络协议分层:数据由一台主机的应用层产生,最后到达服务器的应用层,
虚线标明了报文经过的设备和这些设备上的协议层

2.1.2　计算机网络体系结构的概念

体系结构的概念源于建筑领域。我们可以从建筑的结构出发,来理解计算机网络体系结构的含义。例如,中国古代建筑和现代办公大楼有着不同的用途和体系结构。当准备建造一个建筑的时候,人们根据需求和目标设计出它的体系结构,包括功能部件,以及这些部件按照什么样的关系构建成建筑。类似地,当认识或者设计一个计算机网络的体系结构时,我们重点关注组成计算机网络的基础功能模块,以及这些功能模块之间的作用关系。构成计算机网络的体系结构的基础模块是网络所连接的计算机系统之间交互的协议,因此计算机网络的体系结构是指计算机网络中协议的集合及其层次关系。构成一个计算机网络的协议及其层次关系刻画了某种计算机网络的体系结构。

计算机网络多种多样,有些网络分类不同,但是具有相同的体系结构,例如现在常见的校园网、企业园区网、城域网、广域网,以及石油、军事等行业类的专网,这些网络虽然用途和要求有所差异,但是它们大多数采用 TCP/IP 模型的计算机网络体系结构。还有些计算机网络有着非 TCP/IP 的体系结构。例如采用无限带宽技术(InfiniBand)组网的高性能数据中心网络、X.25 网络、异步传输模式(Asynchronous Transfer Mode,ATM)网络、4G/5G 技术的移动通信网络,这些计算机网络的体系结构与 TCP/IP 模型不同。现在世界上规模最大的计算机网络是 Internet,中文也称为互联网、因特网。它的体系结构是典型的、广泛使用的 TCP/IP 模型。互联网取得了巨大成功,已经成为地球上重要的通信基础设施。

2.2　互联网体系结构设计目标和原则

2.1节介绍了计算机网络功能分层和体系结构的概念。互联网作为世界上最大的计算机网络,连接了数以亿计的计算机、手持终端设备、传感器、摄像头,以及其他各种各样的家用电器和电子设备,并且其连接数量在不断地增长中。显然,互联网设计取得了巨大的成功。为什么这样的设计会在之后取得巨大的成功?这其中的秘密包含在了互联网体系结构的设计目标和设计原则中。下面对互联网体系结构的设计目标和设计原则进行具体介绍。

2.2.1　互联网体系结构设计目标

互联网早期设计的目标与当时的社会背景有一定的关系。在20世纪60年代,世界处于冷战时期,通信网络面对攻击的脆弱性成为美国安全关注的重点。1961年,Leonard Kleinrock在博士论文研究中提出最初的分组交换网络设计思想,即网络节点存储和转发分组。随后在1964年,兰德公司的Paul Baran发表了学术论文 *On Distributed Communications*,研究了分组交换通信网络的可生存性(survivability),其中的思想被美国国防部高级研究计划署(DARPA)于1969年正式建立的ARPANET网络所采纳。在20世纪70年代,ARPANET进行试验,同时TCP/IP标准成型,之后商用互联网开始快速发展,最终发展成全球互联网。1986年,互联网标准化组织IETF成立,David D. Clark任互联网体系结构设计师。Clark在1988年发表了重要的学术论文 *The Design Philosophy of DARPA Internet Protocols*,总结了早期互联网协议的设计理念。从这些设计理念中,我们可以了解到互联网体系结构的设计目标,以及后来成为互联网成功关键的设计抉择。

DARPA互联网体系结构的首要目标(或者称为基本目标)是"互连已有网络"(interconnecting existing networks),复用已有网络。起初的目标是把ARPA packet radio网络与ARPANET主干网连接在一起。虽然当时局域网还没有出现,但是设计中假设了未来将会出现其他种类的网络,并与之互连。出于多种因素的考虑,复用已有网络的技术采用了分组交换而不是电路交换,作为互联网体系结构的内在基础。之所以采用分组交换,一方面是因为需要支持的应用,例如远程登录,天然适应于分组交换模式;另一方面当时组成互联网的网络大部分是分组交换网络。最后,为了实现互连已有网络的基本目标。还有一个非常重要的设计是为此专门设立特定的互连层,各种网络通过这一层互连起来,这是互联网体系结构中最早出现的分层设计思想。

除去前面的基本目标,其余的目标被看作次要的(但也是重要的)目标,它们包括:

(1) 当网络或网关故障时,互联网通信必须能继续工作(Internet communication must continue despite loss of networks or gateways)。因为最初ARPANET是为满足军事需求而设计的。在对抗的环境中,网络的可生存性就成了首要目标。这个目标在当前环境下仍然很重要。当前互联网承载了大量的各种各样的商业应用服务,在发生故障的情况下要求互联网能够继续提供通信服务。任何短暂的网络通信断连问题都将会带来巨大的商业损失。在这个目标下,通信双方传输状态同步的信息应该被保护,以防止丢失。如果状态信息保存在中间节点上,需要多处备份,故障时仍可能丢失而难以恢复。还有一个方案是把状态信息带到并汇集保存在网络的端点,即使用网络服务的实体。这样不仅有利于在任意中间节点故障时避免状态信息丢失,而且容易实现。这个设计选择被称为"命运共享"(fate-sharing)模型。但是,这个选择也存在其他问题,这就需要为这个目标对多种因素进行权衡。

(2)互联网必须支持多种类型的通信服务(The Internet must support multiple types of communications service)。这个目标要求互联网能够在传输服务层次提供多种多样的服务类型。服务类型的差异主要体现在不同的带宽、时延和可靠性等服务需求上。远程交互类应用需要低时延的分组传输,而文件传输更需要高带宽,而非低时延。ARPANET 最初设计的时候,开发了一种用于在分组交换网络之间通信的协议,当时就被称为 **TCP**,该协议包含了相当于后来的 TCP 和 IP 的功能。之后考虑到支持语音传输等多类型服务,1978 年,Vinton Cerf 和 Jonathan Postel 决定把 TCP 和 IP 分离为两个不同层次。这种分割使得两者可以独立发展,允许其他不同于 TCP 的协议存在。IPv4 的雏形就此出现,这在互联网的发展历史中具有重要的意义。TCP 提供可靠、有序的数据流服务,而 IP 为多种服务类型提供基本的服务构建模块:**尽力而为**(best effort)的分组传输。传送层的**用户数据报协议**(User Datagram Protocol, UDP)即为应用提供互联网基本服务(IP 尽力而为的分组转发)的接口。

(3)互联网体系结构必须能容纳各种各样的网络(The Internet architecture must accommodate a variety of networks)。能够纳入并利用各种各样的网络技术,对互联网体系结构的成功非常重要。几十年来,越来越多不同类型的网络在互联网体系结构下互连起来,包括军事或者商用网络。能达到这样的灵活性是因为互联网体系结构对网络提供的基础功能做了一个最小集合的假设:尽力而为的分组传输。在此基础上,更多种类的服务在主机端构建起来,而不用在每个网络内实现一遍。

(4)互联网体系结构必须允许资源的分布式管理(The Internet architecture must permit distributed management of its resources)。互联网支持分布式管理,例如域内和域间的分布式路由控制。但是网络状态的感知和管理仍然缺乏足够有效的工具。

(5)互联网体系结构必须具有成本效益(The Internet architecture must be cost effective)。需要保证网络的运行效率高以及资源使用合理,不能出现巨大的资源浪费。例如巨大的包头会占用较多的带宽。

(6)互联网体系结构必须能够较容易地实现主机连接(The Internet architecture must permit host attachment with a low level of effort)。在前面更重要的设计目标权衡下,支持多种服务类型的复杂机制在主机端实现。主机连到互联网的开销可能会比其他特定的体系结构大。但是在今天,主机和移动终端的计算资源和性能显著提升,连接开销并不那么重要。随着连接到互联网的设备数量增长,设备软件的异常行为给网络鲁棒性带来损失。

(7)互联网体系结构中使用的资源必须是可审计的(The resources used in the internet architecture must be accountable)。相比于互联网设计初期,今天广泛商业应用环境下,互联网资源使用的核算和收费更为重要。

这些设计目标的排列顺序非常重要。不同的排列顺序可能会导致完全不同的互联网体系结构设计。这些设计目标体现出了当时互联网的设计思想,时至今日,大部分仍然具有重要的参考价值。今天的互联网,体系结构整体上和设计之初相比没有基本结构的改变,仍然是以 IP 为核心的分层结构。但是当前互联网的规模和重要性都是初期建立时不曾想象的,并且出现了许多新应用、新需求、新问题。例如,海量设备接入互联网,大量手持移动设备的使用,以及层出不穷的隐私泄露和安全攻击问题。这些体系结构的安全性、可扩展性和移动性的问题在早期的设计中难以预料。体系结构的问题是互联网的核心问题和核心技术。然而改变互联网体系结构非常困难,其中面临的难题需要学术界和工业界长期的努力。

2.2.2　互联网体系结构设计原则

互联网的体系结构在设计上遵循两个基本原则:分层原则和端到端原则。这些原则对构建可靠、灵活和可扩展的网络架构至关重要。

分层原则是将网络功能划分为多个层次,并形成垂直结构。每个层次负责特定的功能,且每层都依赖下一层提供的服务。这种分层的设计使得网络结构更加清晰,各层之间的接口定义明确,便于实现和维护。同时,分层原则也带来了模块化的好处,允许不同层次的技术独立发展和演进,而不会对整个系统产生过大的影响。

端到端原则强调网络核心只负责将数据从一个端系统传输到另一个端系统,而不必关心传输的内容和高层的功能。按照端到端原则,端系统需要实现网络的各个层次,从应用层到传送层再到网络层,以确保数据的正确传输和处理。这种原则强调网络的复杂功能应该分布在网络边缘的端系统(聪明的终端)上,而不是集中在网络核心设备上。这使得网络更加灵活和可适应各种不同的应用需求,同时降低了网络核心设备的复杂性和负担。

通过分层原则和端到端原则的应用,互联网的设计体现了高度的灵活性、可扩展性和互操作性。这样的设计理念不仅使得互联网成了全球范围内的通信基础设施,也为新的网络技术和应用的发展提供了强大的支持。但是随着互联网的发展,这两个原则在某些方面出现改变。例如快速 UDP 互联网连接(Quick UDP Internet Connection,QUIC)协议跨越传送层和应用层,模糊了分层边界;许多中间盒(middlebox)设备在网络中增加复杂的功能,改变转发的数据包,在一定程度上弱化了端到端原则。

下面对分层和端到端这两个原则进行具体描述。

1. 分层原则

在日常生活中,我们会遇见各种各样的复杂系统。我们用一个生活中会遇到的例子与互联网类比来描述一下复杂系统里存在的分层概念。例如,我们乘火车去目的地旅行,我们将会使用铁路传输网络系统提供的交通服务。该系统的组成部分包括票务代理、行李检查、站台人员、驾驶人员、火车、铁路线路调度管控和国家范围内的导航系统。描述这种系统的流程,即描述搭乘某个时间的火车时,客户将采取的一系列动作。客户需要购买机票,托运行李,寻找站台乘车,并最终登上这次火车。该火车出发,行驶到目的地。当该火车抵达终点车站后,客户从站台口下车并认领行李。如果这次行程不理想,则客户向票务机构反馈和投诉铁路服务。

从这个例子,我们能够看出铁路网络系统与计算机网络的类似之处:铁路公司把客户从源送到目的地;互联网把数据分组从源主机送到目的主机。观察图 2.3,可注意到起始端和终点端都有票务功能;对已经检票的乘客执行行李检查托运功能,对已经检票的并已经检查托运行李的乘客执行站台乘车功能。对那些已经通过站台乘车的乘客（即已经经过检票、行李检查托运和通过登记的乘客），执行出发驶离站台和抵达目的地入站的功能，并且在行驶过程中，执行火车按预定路线行驶的功能。所以，我们可以垂直的方式看待这些功能之间的关系。

图 2.4 将铁路旅行功能划分为多个层次，为我们提供了讨论铁路旅行系统的整体框架。在这里我们可以注意到每个层次与下面的层次关联在一起，实现了某些功能和服务。在票务

票务（购买）　　票务（投诉）
行李（托运）　　行李（认领）
站台（乘车）　　站台（下车）
从轨道驶离　　从轨道入站
按路线行驶　　按路线行驶
按路线行驶

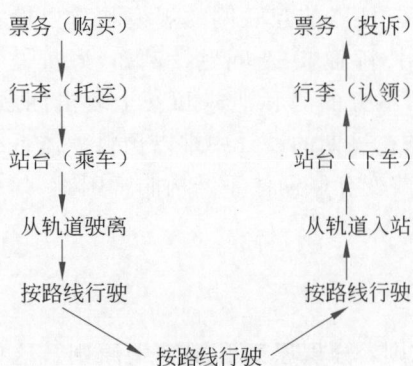

图 2.3　乘火车旅行的过程

层及以下，完成一个人从票务柜台到票务柜台的转移。在行李层及以下，完成某人的行李检查到行李认领，以及手提行李的转移。此时，行李层的功能是对已经完成票务的人进行的。在站台层，完成让手提行李离开出发站台到达目的地站台的转移。在驶离/入站层，完成一个人及其行李的轨道到轨道的转移。每个层次通过以下方式提供它的服务：在这层中执行该层提供的功能和服务（例如，在站台层，某铁路线路乘客的登机和离机）；使用相邻下层提供的服务（例如，在站台层，使用驶离/入站层的轨道到轨道的旅客转移服务）。

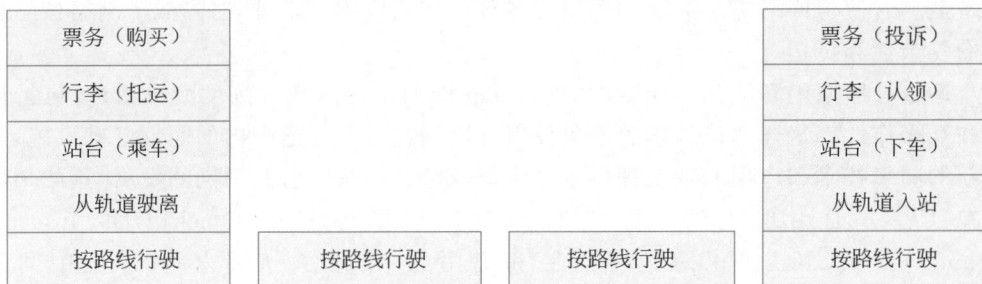

图 2.4　铁路旅行功能的分层

计算机网络是一个非常复杂的计算机系统，存在着大量的应用程序和协议。为了降低网络协议设计的复杂性，互联网也采用分层的体系结构，每层都建立在它的相邻下层提供的服务的基础上。对于不同的网络参考模型，分层的数量、每层的名字、内容和功能不尽相同，但所有网络中，每层的目的都是向它的上一层提供一定的服务，并且把如何实现这一服务的细节对上一层加以屏蔽。一台机器上的第 n 层与另一台机器上的第 n 层进行对话。在分层原则中，每一层的设计都要考虑如下一些问题。

1）发送方和接收方的识别机制

因为网络中通常有很多计算机，其中一些有多个进程。某台机器上需要建立连接的进程必须能有某种手段来指定想和谁通信。由于有多个目标，因此需要有某种寻址手段来指明特定的目标。

2）数据传输规则

在某些系统中，数据仅在一个方向上传输，即单工通信；在另一些系统中，数据能在任意一个方向上传输，但不是同时传输，即半双工通信；还有一些系统，数据能同时

双向传输,即全双工通信。

3）差错控制

由于物理通信电路并非是完全可靠的,因此还需要考虑差错控制。已知的检错和纠错代码有多种,连接的双方必须一致同意使用哪一种。另外,接收方还应该通知发送方哪些报文已经被正确地收到了,哪些还没有收到。

4）乱序问题

由于并不是所有的信道都能保持报文发送的先后顺序,因此还要解决乱序问题。协议必须明确地保证接收方能够把各报文按原来的顺序重新组合在一起。这就还需要对发送的信息进行编号。

5）流量控制

流量控制也是一个需要解决的问题。需要避免出现高速发送方发送数据过快,而低速接收方难以应付的局面。人们已经提出了各种方案,一些方案要求接收方向发送方直接或间接地反馈接收方的当前状态,另一些方案是限制发送方以商定的速率发送。

6）报文分段

还有一个必须在好几层中都解决的问题是,所有的进程都应该能接收任意长的报文。这一特性要求我们能把报文分割、传输和重新组装。与之相关的一个问题是:当进程要传输的数据单元太小时,传输效率太低。这里的解决方案是把几个传向同一目标的短报文收集成一个长报文,然后在接收方再分解为原报文。

7）多路复用

当每一对通信进程建立一个独立的连接不方便或不合算时,可以利用下一层的同一连接为多个无关的对话服务。只要这种多路复用和解多路复用是透明的,任意一层都可以采用这种方法。

8）路由选择

当源端和目的端有多条通路时,必须进行路由选择。有时,路由选择需要由两层或更多层来决定。比如,从伦敦向罗马发送数据,上层根据自己的原则,决定途经法国还是德国。下层则根据当前的通信状况,在多条可供选择的线路中选择一条。

计算机网络体系结构的分层原则使得计算机网络系统具有结构化和模块化的特点。分层提供了一种结构化方式来讨论计算机网络系统的组件。模块化使得构建和更新同一个功能组件更加容易,各层可以独立地更新和发展。然而,也有某些研究人员和网络工程师激烈反对分层。分层的一个潜在缺点是某层可能重复其较低层的功能。例如,许多协议栈都在基于链路和基于端到端这两种情况下提供了差错恢复。另一个潜在缺点是某层的功能可能需要仅在其他某层才出现的信息,这又违背了层次分离的目标。

2. 端到端原则

端到端原则是计算机网络系统中采用的一个重要设计思想。在计算机系统的设计中,如何恰当地选择功能模块之间的边界是一个很重要的行为。对于通信系统来说,经常需要确定通信子系统的功能边界,并且在通信子系统和系统的其他部分之间定义一个确定的接口。所有的功能都可能以以下一些方式来实现:由通信子系统实现,由客户端实现,由通信子系统和客户端联合实现,或者由通信子系统和客户端分别各自独立地实现（这种情况下会有功能冗余）。

1984 年，Jerome H. Saltzer、David P. Reed 以及 David D. Clark 发表了题为 *End-To-End Arguments in System Design* 的重要论文，提出了有助于指导分布式计算机系统的模块功能摆放（placement）设计原则，该原则被称为端到端原则（end-to-end arguments），其思想在论文中的描述如下：所考虑的功能只有在通信系统终端的应用程序的知识和帮助下才能完全和正确地实现，因此，该功能应该完全放在通信系统的客户端由应用程序帮助完成，而不能把该功能作为通信系统本身的一个特征（尽管有时候这些功能部分放在通信系统中可能提高通信系统的性能）。端到端原则表明"与在低层次提供这些功能的成本相比，放在系统低层次的功能可能是多余的，或者没有什么价值"。端到端原则与"低层次实现"的思想是对立的。

下面我们首先通过一个典型的实例来具体阐述端到端原则的思想——这个要考虑的功能是可靠的数据传输，然后进一步讨论端到端原则对应用程序性能的影响。

1）可靠数据传输中的端到端问题

考虑可靠数据传输的问题。假设一个文件用文件系统存储在计算机 A 的磁盘中，计算机 A 通过数据传输网络与计算机 B 连接，而计算机 B 同样拥有文件系统和磁盘存储。在已知通信路径上的任意一个点都可能发生错误的情况下，我们的目标是把计算机 A 中的这个文件完整地移动到计算机 B 中。在这里，应用程序是运行在计算机 A 和计算机 B 上的文件传输程序。为了讨论这一传输过程中可能影响文件完整性的问题，我们考虑以下具体步骤。

步骤 1：在计算机 A 上，文件传输程序调用文件系统从磁盘读取文件。这个文件可能存储在许多不同的磁道上，文件系统要将一些与磁盘格式无关的固定大小的块返回文件传输程序。

步骤 2：计算机 A 的文件传输程序请求数据通信系统通过某个通信协议传输这个文件，包括把传输数据分割成许多分组。分组大小一般情况下与文件块大小和磁盘磁道大小不同。

步骤 3：数据传输网络把分组从计算机 A 传送到计算机 B。

步骤 4：计算机 B 上的数据通信程序把通过数据通信协议接收到的分组转交给运行在计算机 B 上的文件传输程序。

步骤 5：计算机 B 上的文件传输程序请求文件系统把接收到的数据写到磁盘上。

在这一过程中，可能影响文件传输完整性的威胁包括：

威胁 1：存储在计算机 A 上的文件本身被读取时可能包含错误数据，这可能是因为磁盘存储系统的硬件故障。

威胁 2：计算机 A 或计算机 B 上的文件系统、文件传输程序、数据通信系统等软件可能存在问题，比如缓存或数据复制故障等。

威胁 3：在缓存或复制过程中，计算机 A 或计算机 B 上的硬件处理器或本地内存可能出现暂时错误。

威胁 4：通信系统可能丢掉或者改变分组中的比特信息，或者丢掉分组，或者多次传输同一个分组。

威胁 5：文件传输过程中，在执行了一部分（或者全部）操作后，计算机 A 或者计算机 B 可能崩溃。

一个严谨的文件传输程序应该如何应对这些潜在的威胁呢？一个方法是在每一个步骤上都进行重复复制、超时重试、错误检测、故障恢复等操作。其目的是把每一步骤中的错误威胁都降低到最小。然而不幸的是，上面提到的威胁 2 实际上是很难解决的。就算在最理想的情况下，假设以上提到的这些威胁都可以得到解决，那么把这一威胁重复解决很多遍也是一种很不经济的做法。

另一个方法是"端到端的检测和重试"。假设作为解决上述威胁 1 的一个辅助手段，每个文件都存储一个冗余的校验和，以把文件中可能出现未检测到的错误的概率降低到几乎可以忽略。应用程序按照上面所述的简单步骤把文件从计算机 A 传到计算机 B。然后，作为最后一个附加的步骤，计算机 B 上的文件传输程序把收到的文件从磁盘读取到内存中，重新计算校验和，并且把结果返回计算机 A。计算机 A 把收到的校验和与本机上的校验和值进行比较，如果结果相等，则文件传输程序认为传输过程成功完成，否则说明出现了某个故障，需要从头开始进行重传。如果错误很少发生，那么这一技术在通常情况第一次传输就可以成功；有时需要进行第二次甚至第三次传输才能成功。

一个通信系统要实现可靠的数据传输，它可以通过提供冗余的分组校验和、序号检查和内部重传机制来实现。通过这些设计和检查，比特位错误几乎都能被检查出来。一个问题是通信系统中进行的努力对可靠的文件传输应用程序是否真的有用呢？答案是上面的威胁 4 可能被消除，但文件传输程序仍然要处理其他威胁，所以它还是要提供自身的基于端到端文件校验和的重传机制。如果这样做的话，在通信系统中所进行的这些实现数据传输可靠性的努力仅仅降低了文件传输程序进行重传操作的频繁程度而已；它对结果的正确性没有任何影响，因为不管通信系统是否可靠，都要靠文件传输程序的端到端校验和重传机制来保证文件传输的正确性。

因此，为了实现可靠的文件传输，应用程序必须提供一个针对文件传输的端到端可靠性保障机制，即一个检测错误的校验和以及重传机制。而数据传输系统在此之外所做的保障可靠性的所有努力并不能减轻应用程序为确保数据可靠性所承载的负担。

2）端到端原则对应用程序性能的影响

从上面的例子中得出系统低层不需要进行可靠性保证的结论是比较容易的。然而，考虑一个不可靠的网络，每发送一百条消息就会丢失一条，上面所述的只进行文件传输然后进行端到端校验的方式，在文件长度增加的情况下，应用程序的性能会越来越差。文件的所有分组都正确到达目的端的概率随着文件长度的增加而指数级地下降，因此正确传输文件的时间期望值也随着文件长度的增加而指数级地增加。显然，对低层通信系统进行改进以提高网络可靠性可以大大提高应用程序性能。但这里的关键思想在于低层不需要提供"完全"的可靠性。

因此在数据传输系统中所做的确保可靠性的努力可以被看作基于应用程序性能的工程实践上的折中，而不仅仅是传输正确性的需求。注意这里所说的性能包括几方面。如果通信系统非常不可靠，那么文件传输应用程序的性能将会大大下降，因为端到端校验将会引起频繁重传。如果通信系统内实现一些可靠性保证功能，那么这些机制也会耗用一定的代价，表现在冗余数据占用的网络带宽和传输系统进行内部一致性检测所增加的传输时延。没有必要在通信系统内实现太复杂的可靠性保证功能，因为不管通信系统有多么可靠，文件传输程序的端到端的检查总是必须实现的。

需要仔细评估在低层实现复杂功能对应用程序性能的影响。有时,在高层实现同样的功能可以取得同样的甚至更好的性能。如果所实现的功能能够使低层子系统中极少地发生错误,那么在低层实现这些功能可能效率更高;然而相反的情况也可能发生,那就是在低层实现这些功能可能带来更高的开销,这是由于两个原因:第一,由于低层子系统被许多应用程序所共用,其他的应用程序可能并不需要低层所提供的这些功能;第二,低层子系统所掌握的信息可能不如高层应用程序多。

通常情况下,这种性能上的折中是比较复杂的。回到上面提到的在不可靠的网络上进行文件传输的例子。通常情况下采用的提高分组传输可靠性的技术是对每个分组进行错误校验并对错误分组进行重传。这一机制既可以被用在通信子系统中,也可以被用在文件传输程序中。比如,文件传输程序中的接收方可以周期性地对目前所接收到的所有文件片的校验和进行计算,并且把结果返回发送方。发送方可以再对任何发生错误的文件片进行重传。

端到端原则并没有告诉我们在哪里进行早期的检查,因为任何一个层次都可以进行这样的性能改进。把早重传机制放到文件传输程序中可以简化通信系统,但可能增加了总体开销,因为通信系统也被其他应用程序共享而每个应用程序必须提供自身的可靠性优化机制。把早重传机制放到通信系统中可能效率更高,因为它可以在网络内部进行逐跳检查,减少了修改错误所花费的时间。但同时,有些应用程序可能会发现改进通信系统的开销并不值得,但却没有办法再做改变。要准确地做出这样一个决策,需要了解大量的系统配置信息。

2.3 典型的计算机网络参考模型

2.2 节介绍了互联网的设计目标和计算机网络体系结构的重要设计原则,在这些目标和原则下,有两个重要的计算机网络体系结构参考模型被提出,即 OSI 参考模型和 TCP/IP 参考模型。本节将对这两个计算机网络模型进行介绍。

2.3.1 ISO OSI 参考模型

OSI 参考模型是基于国际标准化组织(ISO)的建议,作为各层使用的协议国际标准化的第一步而发展起来的。这一模型被称作 ISO 开放系统互连参考模型(Open Systems Interconnection Reference Model,OSI-RM),它描述了如何把开放式系统(即为了与其他系统通信而相互开放的系统)连接起来,简称 **OSI 参考模型**。OSI 参考模型如图 2.5 所示。

OSI 参考模型一共有七层,其分层原则如下:

(1) 根据不同层次的抽象分层。

(2) 每层应当实现一个定义明确的功能。

(3) 每层功能的选择应该有助于制定网络协议的国际标准。

(4) 各层边界的选择应尽量减少跨过接口的通信量。

(5) 层数应足够多,以避免不同的功能混杂在同一层中,但也不能太多,否则体系结构会过于庞大。

下面从底层开始分别介绍 OSI 参考模型七层的功能。

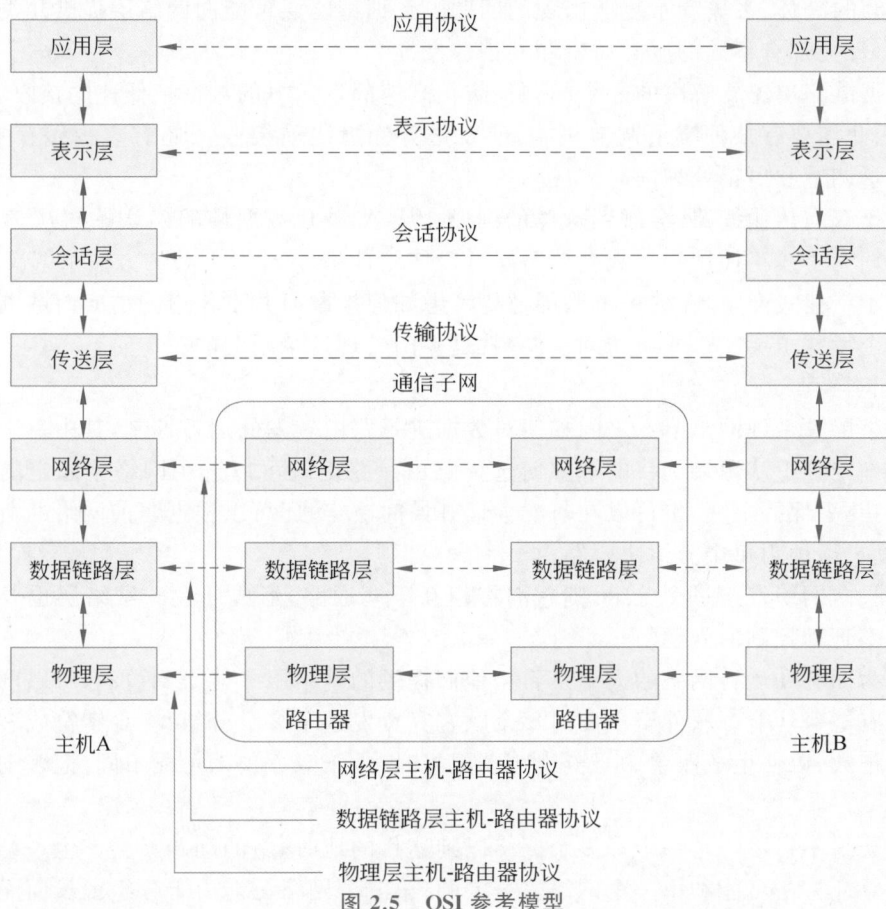

图 2.5　OSI 参考模型

1. 物理层

物理层涉及通信在信道上传输的原始比特流。设计上必须保证一方发出二进制"1"时，另一方收到的也是"1"而不是"0"。这里的典型问题是用多少伏特电压表示"1"，多少伏特电压表示"0"；一比特持续多少微秒；传输是否在两个方向上同时进行；最初的连接如何建立和完成通信后如何终止；网络接插件（connector）有多少针以及各针的用途。这里的设计主要是处理机械的、电气的和过程的接口，以及物理层下的物理传输介质等问题。

2. 数据链路层

数据链路层的主要任务是加强物理层传输原始比特的功能，使之对网络层显现为一条无错线路。发送方把输入数据分装在数据帧（典型的帧为几百字节或几千字节）里，按顺序传送各帧，并处理接收方回送的确认帧。因为物理层仅仅接收和传送比特流，并不关心它的意义和结构，所以只能依赖链路层来产生和识别帧边界。可以通过在帧的前面和后面附加上特殊的二进制编码模式来达到这一目的。如果这些二进制编码偶然在数据中出现，则必须采取特殊措施以避免混淆。

传输线路上突发的噪声干扰可能把帧完全破坏掉。在这种情况下，发送方机器上的数据链路软件必须重传该帧。然而，相同帧的多次重传也可能使对方收到重复帧，比如接收方给发送方的确认帧丢失以后，接收方就可能收到重复帧。数据链路层要解决由于帧的破坏、丢失和重复所出现的问题。数据链路层可能向网络层提供几类不同的服务,每类都有不同的服务质量和开销。

数据链路层还要解决的一个问题是防止高速的发送方的数据把低速的接收方"淹没"。因此需要有某种流量调节机制,使发送方知道当前接收方还有多少缓存空间。通常流量调节和出错处理同时完成。

对于双向传输线路,会碰到这样的问题:从 A 到 B 数据帧的确认帧与从 B 到 A 的数据帧竞争线路使用权。数据链路层可以使用捎带(piggyback)的方法来解决它。

对于广播式网络,在数据链路层还要考虑如何控制对共享信道的访问。数据链路层的一个特殊子层——介质访问子层,就是专门处理这个问题的。

3. 网络层

网络层关系到网络节点之间如何对数据进行路由转发的运行控制,其中一个关键问题是确定分组从源端到目的端如何选择路由。路由既可以选用网络中固定的静态路由表,几乎保持不变,也可以在每次会话开始时决定,还可以根据当前网络的负载状况,高度灵活地为每个分组决定路由。

如果向网络发送过多分组,则它们将相互阻塞通路,形成瓶颈。网络层也要解决流量拥塞管理控制的问题。

因为拥有和运行网络的人总是希望他们提供的网络服务能得到盈利,所以网络层常常设有记账功能。软件至少要对每个顾客究竟发送了多少分组、多少字符或多少比特进行记数,以便生成账单。当分组跨越国界时,由于双方税率可能不同,记账则更加复杂。

当分组不得不跨越一个和多个网络以到达目的地时,新的问题又会产生。第二个网络的寻址方法可能和第一个网络完全不同;第二个网络可能由于分组太长而无法接收;两个网络使用的协议也可能不同等。网络层必须解决这些问题,以便异构网络能够互联。

在广播网络中,解决路由选择问题很简单。因此网络层的功能很弱,甚至不存在。

4. 传送层

传送层的基本功能是从会话层接收数据,并在必要时把它分成较小的单元,传输给网络层,并确保到达对方的各段信息正确无误,而且,这些任务都必须高效率地完成。从某种意义上讲,传送层使会话层不受硬件技术变化的影响。

通常,会话层每请求建立一个传输连接,传送层就为其创建一个独立的网络连接。如果传输连接需要较高的信息吞吐量,传送层也可以为之创建多个网络连接,让数据在这些网络连接上分流,以提高吞吐量。如果创建或维持一个网络连接不合算,传送层可以将几个传输连接复用到一个网络连接上,以降低开销。在任何情况下,都要求传送层能使多路复用对会话层透明。

传送层也要决定向会话层,以及最终向网络用户提供什么样的服务。最流行的传输连接是一条无错的、按发送顺序传输报文或字节的点到点信道。但是,有的传输服务是不能保证传输次序的,如独立报文传输和多目标报文广播。采用哪种服务是在建立连接时确定的。

传送层是真正的从源到目标"端到端"的一层。也就是说,源端主机上的某程序,利用报文头部和控制报文与目标主机上的类似程序进行对话。在传送层以下的各层中,协议是每台机器和它直接相邻的机器间的协议,而不是最终的源端与目的端之间的协议,在它们之间可能还有多台路由器。

很多主机都有多个程序在运行,这意味着这些主机有多条连接进出,因此需要有某种方式来区别报文属于哪条连接。识别这些连接的信息可以放入传送层的报文头部。

传送层还必须解决跨网络连接的建立和拆除问题。这需要某种命名机制,使机器内的进程可以讲明它希望与谁会话。另外,还需要一种机制以调节通信量,使高速主机不会发生过快地向低速主机传输数据的现象。这样的机制称为流量控制,在传送层中扮演着关键角色。

5. 会话层

会话层允许不同机器上的用户建立会话关系。会话层允许进行类似传送层的普通数据的传输,并提供了对某些应用有用的增强服务会话,也可被用于远程登录到分时系统或在两台机器间传递文件。

会话层服务之一是管理对话。会话层允许信息同时双向传输,或任一时刻只能单向传输。若属于后者,则类似单线铁路,会话层将记录此时该轮到哪一方了。

一种与会话有关的服务是令牌管理。有时协议保证双方不能同时进行同样的操作,这一点很重要。为了管理这些活动,会话层提供了令牌。令牌可以在会话双方之间交换,只有持有令牌的一方可以执行某种关键操作。

另一种与会话有关的服务是同步。如果网络平均每小时出现一次大故障,而两台计算机之间要进行长达两小时的文件传输时该怎么办呢?每次传输中途失败后,都不得不重新传输这个文件。而当网络再次出现故障时,可能又半途而废了。为了解决这个问题,会话层提供了一种方法,即在数据流中插入检查点。每次网络崩溃后,仅需要重传最后一个检查点以后的数据。

6. 表示层

表示层完成某些特定的功能,由于这些功能经常被用到,因此人们希望找到通用的解决办法,而不是让每个用户各自实现。值得一提的是,表示层以下的各层只关心可靠地传输比特流,而表示层关心的是所传输的信息的语法和语义。

表示层服务的一个典型例子是用一种大家一致同意的标准方法对数据编码。大多数用户程序之间并不是交换随机的比特流,而是诸如人名、日期、货币数量和发票之类的信息。这些对象以字符串、整型、浮点数的形式存在,同时包括由几种简单类型组成的数据结构。不同的机器采用不同的编码来表示字符串、整型等数据。为了让采用不同表示法的计算机之间进行通信,交换中使用的数据结构可以用抽象的方式来定义,并且使用标准的编码方式。表示层管理这些抽象数据结构,并且在计算机内部表示法和网络的标准表示法之间进行转换。

7. 应用层

应用层包含大量人们普遍使用的协议。例如,世界上有上百种不兼容的终端型号。如果希望一个全屏幕编辑程序能工作在网络中许多不同的终端类型上,每个终端都有不同的屏幕格式、插入和删除文本的换码序列、光标移动等,其困难可想而知。

解决这一问题的方法之一是定义一个抽象的网络虚拟终端,编辑程序和其他所有程序都面向该虚拟终端。而对每种终端类型,都写一段软件来把网络虚拟终端映射到实际的终端。例如,当把虚拟终端的光标移动到屏幕左上角时,该软件必须发出适当的命令使真正的终端的光标移动到同一位置。所以虚拟终端软件都位于应用层。

文件传输也是应用层的一个功能。不同的文件系统有不同的文件命名原则,文本行有不同的表示方式等。处理不同系统间文件传输时遇到的各种不兼容问题,也是应用层的工作。此外应用层还有电子邮件、远程作业输入、名录查询和其他各种通用和专用的功能。

2.3.2 TCP/IP 参考模型

TCP/IP 参考模型是计算机网络的前身 ARPANET 和从其发展为今天的互联网所使用的参考模型。ARPANET 是由美国国防部赞助的学术研究网络。随着更多的网络接入,它通过租用的线连接了数百所大学和政府部门。能够广泛地连接不同网络是 ARPANET 从一开始就确定的主要设计目标。随着建设和使用,这个体系结构在两个主要协议出现之后,被称为 TCP/IP 参考模型。TCP/IP 参考模型的结构如图 2.6 所示。

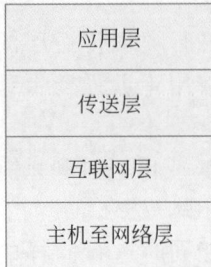

| 应用层 |
| 传送层 |
| 互联网层 |
| 主机至网络层 |

图 2.6 TCP/IP 参考模型

TCP/IP 参考模型一共分为四层,下面分别介绍每层的功能。

1. 主机至网络层

TCP/IP 参考模型并没有真正描述互联网层下面的部分,只是指出主机必须使用某种协议与网络连接,以便能在其上传递 IP 分组。这里包括了物理层和数据链路层。因此,有些关于计算机网络的介绍也认为 TCP/IP 参考模型具有五层。

2. 互联网层

TCP/IP 参考模型的设计需求导致了基于无连接的分组交换网络的出现。这一层被称作互联网层(Internet layer),或者国际互联层,它是整个体系结构的关键部分。它的功能是使主机可以把分组发往任何网络并使分组独立地传向目标(可能经由不同的网络)。这些分组到达的顺序和发送的顺序可能不同,因此如果需要按顺序发送及接收,则高层必须对分组排序。

网络层定义了正式的分组格式和协议,即 IP。互联网层的功能就是把 IP 分组发送到目的地。分组路由和避免阻塞是设计该层时需要考虑的问题。由于这些原因,TCP/IP 互联网层和 OSI 网络层在功能上非常相似。

3. 传送层

传送层在 TCP/IP 参考模型中位于互联网层之上。与 OSI 参考模型中的传送层一样,它的功能是使源端和目的端主机上的对等实体进行会话。在 TCP/IP 参考模型中定义了两个端到端的传送层协议。

一个是传输控制协议(TCP)。TCP 是一个面向连接的协议,允许从一台主机发出的字节流无丢失无差错地被互联网上的其他主机所接收。它把输入的字节流分成报文段并传送到互联网层。在接收端,TCP 接收进程把收到的报文再组装成输出的字节流。为了避免发送方向接收方发送过多的报文而使接收方无法及时处理,TCP 还要具备流量控制的功能。

另一个协议是用户数据报协议(UDP)。正如前文所述,UDP 主要是为了给应用提供互联网的尽最大努力传输报文的基本服务。因此,UDP 设计为一个不可靠的、无连接协议。它被广泛地应用于只有一次的、客户/服务器模式的请求—应答查询,以及快速递交比准确递交更重要的应用程序,如传输语音或视频。

4. 应用层

传送层的上面是应用层。应用层包含所有高层协议。应用层最早引入的是远程终端协议(TELNET)、文件传输协议(File Transfer Protocol,FTP)和简单邮件传输协议(Simple Mail Transfer Protocol,SMTP)。远程终端协议允许一台主机上的用户登录到远程主机并且进行工作。文件传输协议提供了有效地把文件从一台主机移动到另一台主机的方法。简单邮件传输协议最初仅用于简单文本邮件消息传输,后来提出了协议的增强版本,可以支持文本、图片、视频等类型的信息传输。此后出现了更多的各种各样的应用层协议,比如域名系统(DNS)、网络新闻传送协议(Network News Transfer Protocol,NNTP)、超文本传输协议(Hyper Text Transfer Protocol,HTTP),甚至最近流行的许多 P2P 协议等。

2.3.3　OSI 和 TCP/IP 的历史经验与教训

OSI 参考模型自从被提出以来,一直有许多的批评意见。它最终未能取代 TCP/IP 等其他模型。相关的教训包括:

(1) 糟糕的提出时机。一个标准建立的时间对它的成功极为重要。一般来说,标准的提出时间应该在该主题首次被提出和大规模商用之前。而在 OSI 参考模型出现时,TCP/IP 已经被广泛地应用于大学科研。当大量投资浪潮还未出现时,学院市场已经如此庞大,很多开发商已经在谨慎地交付 TCP/IP 产品。当 OSI 参考模型出现时,他们不愿意支持第二种协议栈,除非不得不这么做,因为没有最初的回报。这样,OSI 参考模型就从来没有被真正实现过。

(2) 糟糕的技术。OSI 参考模型的会话层对大多数应用都没有用,表示层几乎是空的。与这两层相比,数据链路层和网络层功能太多。还有一个问题是把某些特性放在特定的层并不总是显而易见的。虚拟终端处理在标准发展的大部分时期都在表示层(现在在应用层)。它之所以被移到应用层是因为委员会在判断表示层到底有什么好处时出现了麻烦。在数据安全和加密问题上也有很多争论,以致无法决定把它们放在哪一层,因此就放在了一边。由于同样的原因,网络管理也没有出现在模型中。还有一个重要问题是:模型是由通信方面的人主持制定的,计算和通信的关系几乎没有提及,而某些决定对于计算机和软件的工作方式来说完全不合适。

(3) 糟糕的实现。由于 OSI 参考模型及其协议太复杂了,因此最初的实现又大、又笨拙,并且很慢。这一点也不奇怪。任何尝试过的人都遇到过麻烦。不久以后,人们就把 OSI 和"低质量"联系起来。虽然随着时间的推移,产品有了改进,但它以前的印象还在人们的心里。

虽然 TCP/IP 参考模型在实际中得到了广泛使用,但实际上 TCP/IP 参考模型也有自身的许多缺点。

(1) 该模型没有明显区分服务、接口和协议的概念。因此,对于使用新技术来设计新网络来说,TCP/IP 参考模型不是一个太好的模板。

(2) TCP/IP 参考模型完全不是通用的,并且不适合描述除 TCP/IP 参考模型之外的任何协议栈。

（3）主机至网络层在分层协议中根本不是通常意义下的层。它是一个接口,处于网络层和数据链路层之间。接口和层间的区别是很关键的。

（4）TCP/IP 参考模型不区分物理层和数据链路层。这两层完全不同。物理层必须处理铜缆、光纤和无线通信的传输特点。而数据链路层的工作是区分帧头和帧尾,并且以通信需要的可靠性把帧从一端发到另一端。好的模型应把它们作为分离的层,而 TCP/IP 参考模型并没有这么做。

（5）虽然 IP 和 TCP 被详细地设计,并且被很好地实现了,但许多其他协议却实现得并不是很理想,比如 TELNET 协议仅支持每秒 10 字符的机械式电传终端。但这些未曾良好实现的协议被免费发送,造成大量应用扎下根来,很难被替换。

把 OSI 参考模型与 TCP/IP 参考模型相比较,可以发现,除了本身的一些问题之外,OSI 参考模型（去掉会话层和表示层）对于讨论计算机网络特别有用。OSI 参考模型能够全面地描述计算机网络体系结构从底层物理介质到最上层网络应用的层次关系,因此常被用作研究和对比不同网络体系结构的统一参照对象。但是 OSI 参考模型相关协议在实际网络建设中并未流行。TCP/IP 参考模型正好相反,模型实际上不存在,但协议被广泛使用。

2.4　其他网络体系结构

本节介绍一些影响计算机网络体系结构的其他技术,主要包括 X.25 分组交换数据网、帧中继、ATM 和 MPLS。它们有些仍在使用,有些曾经在过去使用。也可以把它们看成一些数据通信的服务实例。本节还介绍近些年来出现的 SDN 架构。

2.4.1　X.25 分组交换数据网

X.25 是一套用于广域网的分组交换网络协议簇,由国际电报电话咨询委员会（CCITT）于 20 世纪 70 年代制定,主要用于建立分组交换的公共数据网（Public Data Network,PDN）。很多以前的公用网,尤其在美国之外的公用网,都遵循 X.25 标准。X.25 基本上对应 7 层的 OSI 参考模型的较低三层,如图 2.7 所示。这三个协议层从下往上分别是物理层、数据链路层和分组层。

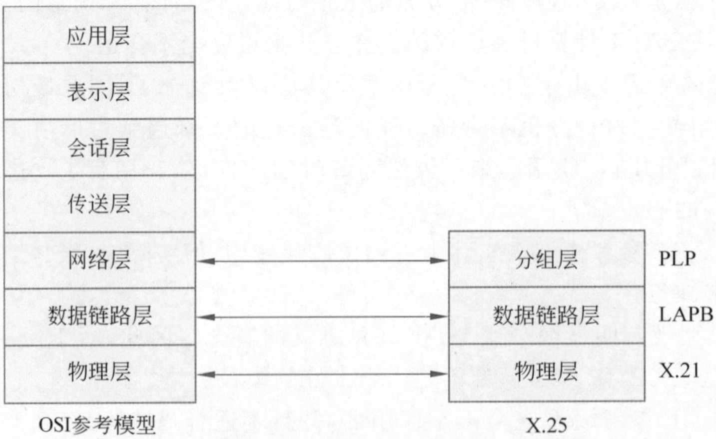

图 2.7　X.25 和 OSI 参考模型的对应关系

物理层协议被称为 X.21,用于定义主机(也被称为数据终端设备(Data Terminal Equipment,DTE))和网络设备(也称为数据通信设备(Data Communication Equipment,DCE))之间物理的、电子的和程序上的接口。实际上,极少的公用网支持此标准,因为它要求电话线上使用数字信号而不是模拟信号。于是定义了与 RS-232 标准相似的模拟接口以作为中间过渡。

数据链路层的协议被称为链路访问过程平衡(Link Access Procedure Balanced, LAPB)。它定义了帧封装和差错校验方法,为两个物理连接节点提供无差错的通信链路和传输。该层是 X.25 中最重要的部分之一。此外,数据链路层标准还有多个其他的变种。它们都被设计来处理用户设备(主机或终端)和公用网(路由器)之间的电话线上的传输错误。

分组层的协议被称为 X.25 的分组层协议(Packet Layer Protocol,PLP)。该层通常负责各种 DTE 之间的端到端通信,处理路由寻址、流量控制、传送确认、中断和相关问题。基本上,它允许用户建立虚拟电路,然后在上面发送不超过 128 字节的分组。这些分组被可靠地和有序地递交。大多数 X.25 网络工作在 64kb/s。

X.25 是**面向连接的网络**,支持交换虚电路和永久虚电路。**交换虚电路**(Switched Virtual Circuit,SVC)在一台计算机向网络发送分组要求与远程计算机通话时建立。一旦建立好连接,分组就可以在上面发送,通常按次序到达。X.25 提供流量控制服务,以避免快速发送方淹没低速或繁忙的接收方。**永久虚电路**(Permanent Virtual Circuit,PVC)在用法上和前者相同,但是它根据客户和运载方达成的协议提前建立连接,它一直存在,不需要在使用时设置,它与租用线路相似。

2.4.2 帧中继

帧中继(Frame Relay,FR)是一种分组交换网络协议,对应 OSI 参考模型的数据链路层。它的存在是因为过去几十年来的技术变化。早期使用电话线的通信很慢,是模拟的,而且不可靠,而计算机则又慢又贵。因此,复杂的协议被用来屏蔽错误,用户的计算机太贵而不适合做这项工作。随后这种情况发生了根本变化。租用的电话线路速度很快,是数字化的,并且可靠,而计算机很快且不贵。这导致了使用简单的协议,让用户的计算机来完成大多数工作而不是让网络来完成。

帧中继可为局域网之间,以及端点之间提供速率高、价格低的分组交换广域网服务,如图 2.8 所示。它是一种运行在低传输差错的链路上的快速分组交换技术。帧中继提供最少的服务,基本上是判断帧的开始和结束,以及检测传输错误。如果收到损坏的帧,帧中继服务仅仅简单地丢弃它。连接的端点必须自己判断帧是否丢失并进行必要的重传。因此,帧中继网络比 X.25 传输效率更高,可以支持 T-1 线路(1.544Mb/s)和 T-3 线路(45Mb/s)的数据速率。和 X.25 不同,帧中继不提供确认或通常的流量控制机制。但是,帧中继网络实现了简单的拥塞控制机制,它在帧头中存在一些 1 比特的拥塞通知标记位,可用于指示网络中是否出现了突发数据造成的拥塞问题。

帧中继以面向连接的方式在两点之间传输数据,支持两种类型的虚电路(virtual circuit):交换虚电路(SVC)和永久虚电路(PVC)。每个虚电路被称为数据链路连接标识符(Data Link Connection Identifier,DLCI)的数字所标识。交换虚电路是短期虚电路,当有数据需要传输时,建立交换虚电路,数据传输结束后,交换虚电路关闭。与

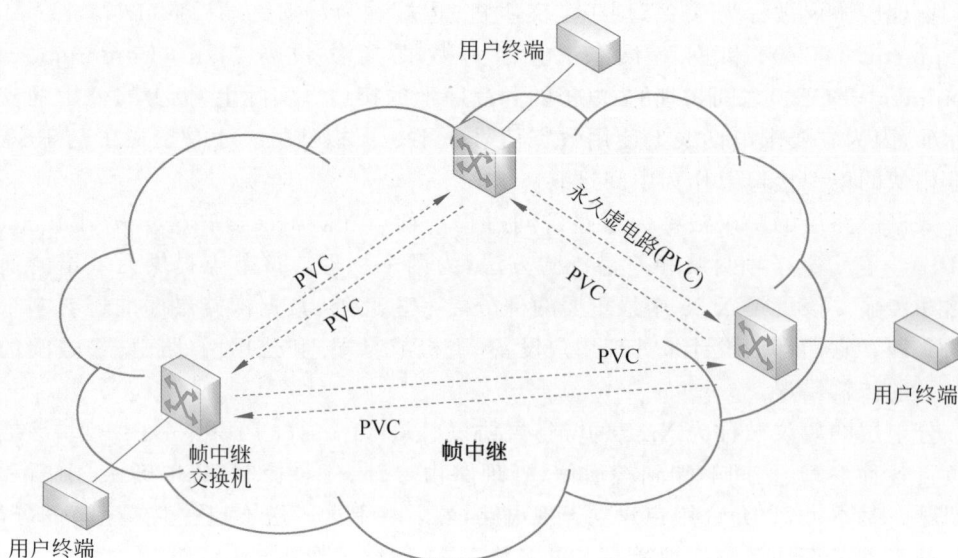

图 2.8   帧中继网络

交换虚电路不同,永久虚电路是一种端点之间的永久连接。

帧中继网络设备的数据链路层协议称为高级数据链路控制(High Level Data Link Control,HDLC),将传输数据封装成可变长度的帧。帧中继支持的帧长度至少 1600 字节,最多 4096 字节。因此帧中继服务的一个独特之处在于它支持可变大小的分组。每个帧上,DLCI 的长度是 10 比特,指明使用哪条虚电路。

帧中继可以被认为是虚拟的租用线路。用户在两点之间租用一条永久的虚电路,然后可以在两点之间以不高于每帧 1600 字节的速率发送帧。也可以在一个指定地点和多个其他地点间租用永久虚电路,实际的租用线路和虚拟的租用线路之间的差别是:前者允许用户全天以最高速率发送信息;后者对突发数据能够以全速发送,但长期的平均速率必须低于预先确定的水平。

2.4.3   ATM

异步传输模式(ATM)是 20 世纪 80 年代宽带综合业务数字网(Integrated Service Digital Network,ISDN)发展中引入的一项重要网络技术。ATM 的基本思想是以固定长度的小的数据单元来传输信息。这些固定长度的数据单元被称为信元(cell)。每个信元的长度为 53 字节,其中 5 字节为信元头,48 字节用于有效载荷。ATM 技术在用户层面上具备透明性,同时也作为一种潜在的服务提供给用户。有时候这种服务被称为信元中继(cell relay),与帧中继类似。

信元交换技术是对电话系统的电路交换的巨大突破。选择信元交换的原因有很多。首先,信元交换很灵活,它可以轻松地处理固定速率流量(如声音、视频)和变化速率流量(如数据);其次,信元交换被认为在高速率传输方面(如 Gb/s 级别)比传统的多路复用技术容易得多,尤其是在使用光纤时;最后,对于电视转播和广播等应用来说,信元交换是必不可少的,因为它能够提供广播功能,而电路交换无法做到这一点。

ATM 网络是面向连接的分组交换技术。ATM 终端进行会话,首先需要发出报文以建立连接。随后,所有信元沿相同的路径传输到目标。虽然信元并不能保证一定会被传输到目标,但它们会按照顺序递交。例如,按信元 1 和信元 2 的顺序发送,那么如果两个信元都到达目标,它们将按顺序到达,绝不会是信元 2 先于信元 1 到达。

　　ATM 的组织方式像传统的广域网(Wide Area Network,WAN),有传输线路和交换机(路由器)。ATM 的目标是以 155Mb/s 和 622Mb/s 的速率运行,以后可能达到吉比特级别的速率。选择 155Mb/s 的原因是它大致满足高清晰电视传输所需的速率,其准确的速率是 155.52Mb/s,这样可以与 AT&T 的同步光网络(Synchronous Optical Network,SONET)传输系统兼容。选择 622Mb/s 的原因是可以在上面传输 4 条 155Mb/s 的通道。

　　使用 ATM 技术的宽带 ISDN 的参考模型由三层组成,即物理层、ATM 层和 ATM 适配层,如图 2.9 所示。

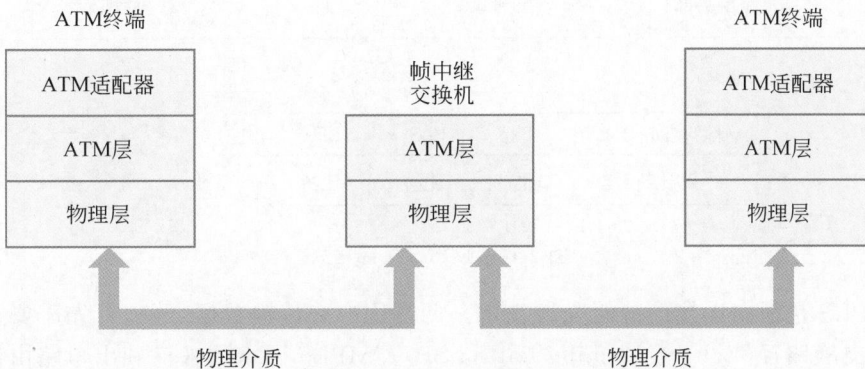

图 2.9　使用 ATM 技术的宽带 ISDN 的参考模型

　　物理层负责处理物理介质相关的问题,例如电压、比特定时和其他问题。ATM 没有规定特定的规则集,ATM 信元可以自己在导线或光纤上发送,也可以封装在其他传输系统的有效载荷里发送。也就是说,ATM 被设计成与传输介质无关。

　　ATM 层负责处理信元格式和传输。它定义信元的格式以及头部字段的含义。它还处理建立和释放连接的过程。此外,它还负责拥塞控制。

　　为了方便应用程序的使用,ATM 层之上定义了 ATM 适配层(ATM Adaptation Layer,AAL),允许用户发送比信元更大的分组。ATM 接口将这些分组进行分解,单独传输每个信元,并在接收端重新组装它们。

　　ATM 提供动态带宽分配的能力,可以处理恒定速率和可变速率的流量,因此可以承载多种类型的业务,并具有端到端的服务质量。ATM 是独立于传输介质的,它可以自己通过电线或光纤进行发送,也可以作为其他载波系统的有效载荷进行传输。这种灵活性使得 ATM 成为一种广泛应用于各种通信网络中的技术。

2.4.4　MPLS

　　多协议标签交换(Multi-Protocol Label Switching,MPLS)最早由一些路由器厂商在 IETF 提出,用以加快报文的转发速度。相关的 IETF 工作组和请求评论(Request For Comment,RFC)诞生于 20 世纪 90 年代末期。后来的实践表明它的主要优势不在于加快转发速度,而在于能够方便地建立虚拟专用网(Virtual Private Network,VPN)和能够更为方便地进行网络流量管理。

MPLS 的基本思想是根据报文中的标签(label)而非 IP 地址来进行转发。标签的取值空间比 IP 地址小,用标签可以在路由器内存的一个表格中快速查找转发接口,不必像 IP 地址那样需要用最长前缀匹配的方法来查找转发接口。如图 2.10 所示,MPLS 的标签放在第 2 层数据链路层(例如以太网,点对点协议(Point-to Point Protocol,PPP))和第 3 层网络层(例如 IP)的头部之间。因此,MPLS 也被认为是一个 2.5 层协议。MPLS 头部有 20 比特的标签字段。3 比特的 Exp 字段用于支持服务质量(Quality of Service,QoS),8 比特的生存时间(Time To Live,TTL)字段用于防止转发循环。MPLS 标签可以堆叠在一起,形成标签栈;头部 1 比特栈底(Bottom of Stack,BoS)位表示该标记是否在堆栈的底部(即最后一个标记)。

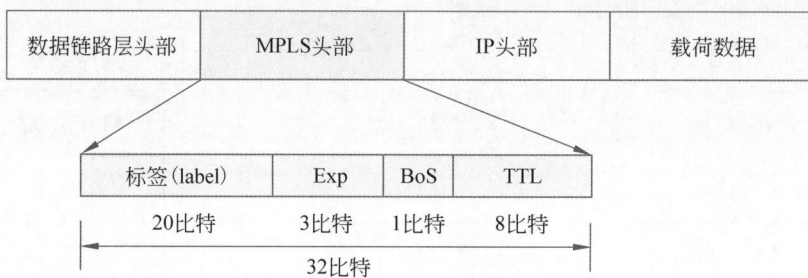

图 2.10 MPLS 头部格式

MPLS 是面向连接的分组交换技术。两端用户在传输数据之前,首先需要建立一条标签交换路径(Label Switching Path,LSP)。MPLS 网络的入口和出口路由器需要做些额外的工作。在入口,路由器需要根据 IP 地址为报文分配一个标签;在出口,标签需要被去除。中间的每台标签交换路由器在收到一个报文后,通过表格查找,除了找到转发接口外,还找到一个新的标签,这个标签用于替换现有的标签。

2.4.5 SDN

计算机网络可以承载多种类型的业务,不同应用和用户的传输服务要求也会不同。随着提供网络服务类型的增多,网络控制逐渐变得复杂。针对不同的用户和应用,可能出现多种不同的选路要求,单一的路由协议难以实现。为了满足这些要求,直观的想法是为每种路由要求定制专用的路由协议。然而,这会使路由器之间的分布式路由信息交互过程变得异常复杂。为了降低多种路由交互的复杂性,一种方式是把网络设备的路由控制和转发功能进行分离解耦,路由控制不再位于每个网络设备,而是逻辑上集中起来。网络设备不再交互路由信息,而是专注于转发,为路由提供统一的灵活的转发抽象接口。不同的路由应用有不同的路由控制逻辑,它们在网络拓扑上计算出不同的路由表,并通过设备接口下发到网络设备,以实现对数据包的转发。通过这种路由和转发分离,以及集中控制,降低了网络控制复杂性,提高了网络灵活性。这就是下面将要介绍的软件定义网络(Software Defined Network,SDN)架构的主要思想。

SDN 起源于 2006 年斯坦福大学的 Clean Slate 研究计划。该计划的领导者斯坦福大学 Nick McKeown 教授和研究团队在 2008 年提出 OpenFlow 交换机原型,随后发展出 SDN 概念和思想。这是一种与传统计算机网络组织方式不同的新型网络架构范式(paradigm)。

　　SDN 并没有一个严格的定义。作为 SDN 架构的一种具体实例,早期 OpenFlow 架构如图 2.11 所示。远程控制器和 OpenFlow 交换机建立安全套接层(Secure Sockets Layer,SSL)安全通道,控制器和交换机之间通过 OpenFlow 协议提供的开放和标准的接口进行交互,控制和管理交换机流表。当一条流的第一个数据包到达 OpenFlow 交换机时,如果查找不到匹配的流表,通常 OpenFlow 交换机会把数据包头上报到控制器,控制器根据应用需求计算出合适的流表,通过 OpenFlow 协议下发到交换机。之后到达的数据包按照该流表进行转发。

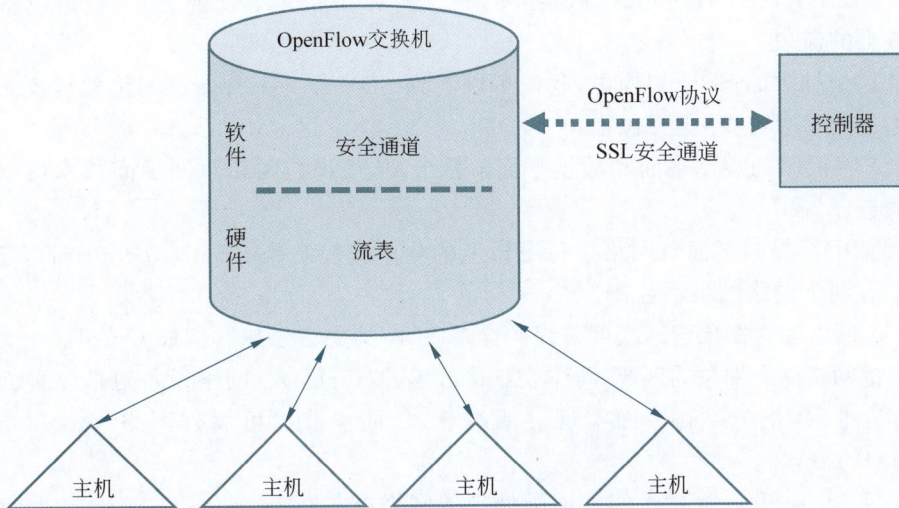

图 2.11　早期 OpenFlow 架构

图 2.12 展示了抽象的 SDN 架构。

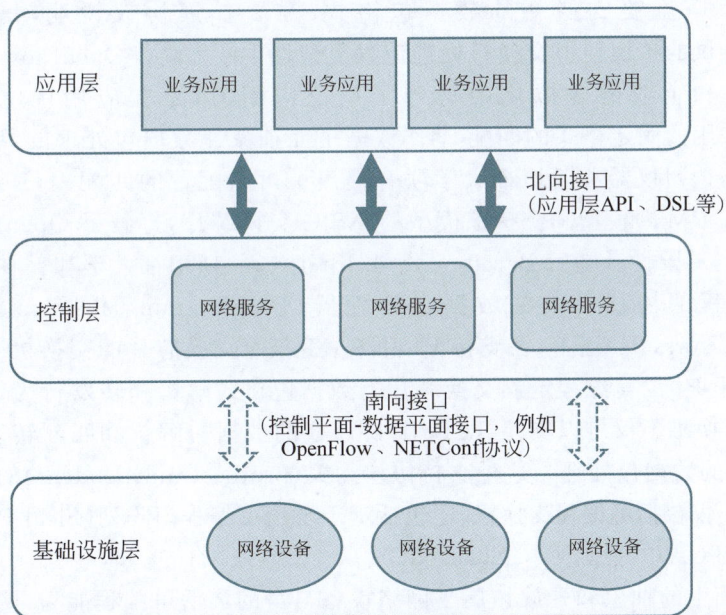

图 2.12　SDN 架构

在这个抽象的 SDN 架构中,底层基础设施层代表交换机、路由器等网络硬件设备的集合,为上层提供网络交换转发、ACL 过滤、隧道封装解封装等基础的网络数据包处理能力。中间控制层表示由控制器组成的软件系统,提供对底层网络设备的控制操作和管理服务。最上层是应用层,代表运行在控制层之上的具体网络业务应用,例如负载均衡、路由优化、安全防御等。这些网络应用通过控制器系统提供的应用程序接口(Application Program Interface,API),或者用户自定义的领域特定语言(Domain Specific Language,DSL)和控制层交互,这些应用层和控制层交互的接口称为北向接口(Northbound Interface)。而控制层通过南向接口(Southbound Interface),例如 OpenFlow、NETCONF、BGP Flowspec 协议等,和底层网络设备交互,控制设备运行在硬件上的流表。

从这个抽象的 SDN 架构中,我们可以看到 SDN 作为一种新型网络架构模式在组网架构上的显著特点,主要包括:

(1) 将网络的控制平面和数据平面解耦分离,使得控制和数据平面技术可以快速独立演进。

(2) SDN 控制平面对网络进行逻辑上的集中式控制(centralized control),在一定程度上有利于网络的灵活控制。

(3) 网络能力抽象、开放、可编程。这是 SDN 的关键思想。例如 OpenFlow 交换机的流表把网络能力抽象为匹配-动作表(match-action table)。网络设备对控制平面开放网络能力抽象,并在控制平面实现灵活编程,从而发展出可编程网络(programmable network)的概念。

早期 OpenFlow 交换机能够匹配处理的网络报文格式,包括 TCP/IP 数据包和以太网帧的主要字段。随着 OpenFlow 协议版本改进,支持的流表字段不断扩增,但是每个版本流表格式支持匹配的数据包字段是预先定义的若干固定的字段。如果用户希望 OpenFlow 流表支持新的数据包格式,需要扩展协议说明,增加新特性。OpenFlow 协议的扩展使得交换机处理流程复杂性不断提高。OpenFlow 交换机在数据中心网络和企业网虚拟化中得到了广泛应用,但是在应用中,人们也发现 OpenFlow 采用的固定格式的匹配-动作数据平面抽象使数据包处理的灵活性非常局限。2013 年,德州仪器和斯坦福大学联合提出了可重配置的匹配表(Reconfigurable Match Table,RMT)模型和支持该模型的 ASIC 交换芯片,打破了 OpenFlow 固定报文格式处理的局限性。随后 Barefoot 公司、Intel 公司、斯坦福大学和普林斯顿大学联合提出可编程的协议无关的数据包处理器(Programming Protocol-Independent Packet Processors,P4)语言,在支持 P4 和 RMT 模型交换芯片的交换机上,用户能够根据需求使用 P4 语言编程定制交换芯片上数据包格式解析和转发行为等处理流程。支持 P4 的交换机不仅可以支持 TCP/IP 协议栈的数据包解析和匹配转发,也可以支持非 IP 格式的数据包处理。这种支持协议无关(protocol-independent)的可编程网络硬件的发展不仅包括可编程交换机,还包括基于现场可编程门阵列(Field Programmable Gate Array,FPGA)的智能网卡(SmartNIC)。

硬件层面上的抽象和开放拓展了网络设备自身的灵活可编程能力,网络设备从传统网络设备封闭固定的黑盒,转变为开放可编程的白盒设备,使得人们在网络设备上的创新变得容易可行,随后激发了多种多样的网络创新研究。除了通常的转发行为,网络设备还可以对数据包完成其他增量的计算功能,例如可编程的网络测量能够在数据平面对流动的数据包直接进行实时分析统计和异常检测,带内网络遥测(In-band Network Telemetry,INT)把数据包粒度的网络状态加载在报文头部上报到控制器,此外还有研究在智能网卡上实现 TCP 灵活的拥塞控制,在可编程交换机实现数据缓存和机器学习参数聚合计算,加快数据中心网络里的分布式计算速度。在这些研究趋势下,互联网研究任务组(Internet Research Task Force,IRTF)在 2019 年成立了在网计算研究组(Computing in the Network Research Group,COINRG),关注和探索可编程数据平面方面的应用创新。

SDN 是一种新型的网络体系结构,但并不是互联网体系结构(网络协议及其层次)。在 SDN 体系结构中,控制平面和数据平面具有抽象、开放、可编程的特点。但是 SDN 本身在网络的传输格式、转发方式和路由控制方面没有明确且具体的定义,并没有定义不同于 IP 的寻址模型、路由和转发方式,而后者在 TCP/IP 的互联网体系结构中则有明确的定义。因此,可以把 SDN 看作一种新型的网络组织架构。在这个架构下,可以支持 TCP/IP 体系结构,也可以支持其他非 IP 的互联网体系结构创新。

2.5 计算机网络的标准化

计算机网络的协议运行在分布于不同地理位置的设备上。各设备的协议模块彼此合作,完成端到端的数据通信。这些设备通常由不同国家的不同厂商生产制造。在同一个网络中合作运行需要遵守统一的互操作规范。这些互操作规范的制定将通过标准化工作来完成。计算机网络的标准化工作所形成的标准并不是定义如何实现某个协议,而是定义网络协议的互操作性所需要的内容。在本节,我们将简要介绍与互联网有关的国际标准化的组织机构。

2.5.1 互联网标准化组织

在 ARPANET 建立的早期,人们认识到为了各种不同的网络设备和协议能够统一开发和合作运行,需要遵循相同的规范和标准。这就是互联网标准化早期的需求。随着互联网的发展,逐渐出现多个组织机构部门,负责全球互联网各方面的协调管理和标准制定。

同时,在 APRANET 建立的早期,美国国防部建立了信息委员会来管理它。1983 年,这个委员会重新命名为互联网活动委员会(Internet Activities Board,IAB),随后又演变为**互联网架构委员会**(Internet Architecture Board,IAB),并且沿用至今。

IAB 大约由十位成员组成,他们负责研究和解决一些重要问题。IAB 每年开会若干次来讨论并给美国国防部(Department of Defense,DoD)以及美国国家科学基金会(National Science Foundation,NSF)反馈,后者是经费的提供者。当需要制定一个标准(例如新的路由协议)时,IAB 成员经过反复研究后制定出标准,然后将其告知研究人员(当时是软件部门的核心),由他们负责具体开发实现。两个部门之间的通信通过一系列技术报告(称为 RFC)实现。RFC 被公开在网络上,任何感兴趣的人都可以下载和查阅。它们按照创建的先后顺序编号,如今 RFC 编号已经超过 9000。

1989 年,互联网的规模迅速扩大,以前的管理模式已经不再适用。许多商不想因为少数研究者产生新的想法而立刻改变实现。1989 年夏天,IAB 进行了重新组织,研究人员和工程技术人员被分成两个独立的机构,分别是互联网研究任务组(IRTF)和互联网工程任务组(IETF)。它们都附属于 IAB。因此 IAB 变成了更高层的组织管理机构。IAB 的成员任期为 2 年,每年更替一批新成员。随后,1992 年,互联网协会 Internet Society(缩写为 ISOC)成立,由对互联网有兴趣的人组成。ISOC 是与计算机协会(Association for Computing Machinery,ACM)或电气电子工程师学会(Institute of Electrical and Electronics Engineers,IEEE)类似的组织机构。它被选举出来委任 IAB 的成员所管理。ISOC 通过各种计划支持 IAB、IETF 和 IRTF 这些团体的工作。

这些 RFC 涵盖了互联网工程技术的各方面,构成了互联网体系结构的基础,人们通过 RFC 标准的制定,实际推动互联网体系结构的发展。

IRTF 的任务聚焦于长期的研究方向,而 IETF 重点制定适合在短期内实现的工程技术标准,例如网络协议标准。IETF 又划分为若干工作组(working group)。每个工作组针对解决一个特定的问题。当前活跃的工作组主题包括新应用、用户信息、网络传输、路由和寻址、安全、网络测量等工作组。起初工作组的主席(chair)作为指导委员会(steering committee)管理工程努力的方向。但是随着工作组增多(当前已超过 100 个),这些工作组又划分为若干领域(area),每个领域的主席(Area Director,AD)由提名委员会选举,任期两年。领域主席组成了互联网工程指导委员会(Internet Engineering Steering Group,IESG),该组织负责 IETF 活动和互联网标准制定过程的技术管理。

将某一领域的解决方案变成 IETF 的标准 RFC,首先需要按照 IETF 规定的格式要求撰写为文档,作为互联网草案(Internet-draft)提交给 IETF 相关的工作组进行评审。任何人都可以撰写和提交草案。草案的作者通过工作组邮件列表和参加 IETF 大会,与工作组内其他成员交流讨论和修订草案。在讨论过程中,个人提交的草案如果被工作组采纳,这个草案就得到了工作组的认可,成为工作组草案文稿,进而成为工作组主要推进的标准。为了从工作组文稿成为最终的 RFC 标准,还要进行工作组讨论,不断修改,并且完成可以工作的原型和验证测试。这个过程往往会经历多年。当工作组确定标准草案准备发布时,工作组会对该标准草案发出 Last Call 邮件,在工作组内收集最后的意见。在没有严重异议后,工作组把草案文档提交给 IESG。经过 IESG 评审通过后,草案文档获得一个编号,发布为 RFC。每个 RFC 有一个状态,说明是哪种类型的 RFC。正如 RFC 2026 中说明的,IETF 标准序列(standards track)RFC 的状态表明了技术成熟级别,包括:

(1) 提案标准(proposed standard)。提案标准一般来说是稳定的,得到社区的评论和一致性认可。

(2) 草案标准(draft standard)。草案标准的方案必须得到更深入的理解,相当稳定。推动标准达到这个状态,不仅需要可靠的方案实现,还要经过多方严格的长期测试。

(3) 互联网标准(Internet standard)。互联网标准具有高度的技术成熟度,该协议或者服务的作用得到互联网社区更广泛的认可。后来草案标准合并到互联网标准中(参见 RFC 6410)。有一部分标准序列 RFC 是最佳实践(Best Current Practice,BCP)类。BCP 文档遵循与标准序列文档相同的基本流程。通过 BCP 文档,IETF 社区可以定义和批准社区在原则声明方面的最佳想法,以及执行某些操作或 IETF 流程功能的最佳方式。非标准序列的 RFC 状态主要包括报告性质(informational)的 RFC 和实验性质(experimental)的 RFC 文档。

伴随着互联网从雏形到快速发展而成长起来的互联网标准化组织 IETF,在制定互联网标准的过程中,也形成了自己特有的文化。互联网早年先驱,被称为体系结构设计师的 David D. Clark 在 1992 年 IETF 大会的报告中提出应对互联网及其社区变化和增长过程的方式。这些方式包括:

(1) 开放的过程,让所有的声音都被听到。

(2) 封闭的过程,向前推进。

(3) 快速的过程,跟上现实,与时俱进。

(4) 慢速的过程,留出时间思考。

(5) 市场驱动的过程,未来是商业化的。

(6) 扩展的过程,未来属于互联网。

此外 Clark 在报告中还提到:"我们拒绝国王、总统和投票;我们相信大致的共识(rough consensus)和可运行的代码(running code)"。如今这些经典论述已经成为参与 IETF 工作的群体的文化特点。

2.5.2 其他标准化组织

此外,还有一些重要的标准化组织涉及计算、网络通信和互联网技术应用等,与计算机网络技术领域存在着密切关联。为了让读者对这些组织有初步的了解和认识,下面简要介绍这些标准化组织。

(1) 国际电信联盟(International Telecommunications Union,ITU)。ITU 的职责是标准化国际电信领域技术,例如早期的电报、电话网络。ITU 拥有 200 多个政府成员,包括几乎美国所有的州。ITU 也有超过 700 个分支和联盟成员。它们包括电话公司(例如 AT&T、Sprint),电信设备生产商(例如华为、诺基亚、爱立信),计算机系统生产商(例如微软、Dell、东芝),芯片制造商(例如 Intel),其他公司(例如 VeriSign、Boeing)等。

ITU 包括三个主要部门。ITU-T 是电信标准化部门,主要关注电话和数据通信系统的标准化工作。ITU-T 的任务是制定关于电话、电报,以及数据通信接口的技术推荐标准,开发国际标准,这些标准被称为 ITU-T 建议(ITU-T Recommendations)。1993 年之前,该部门称为 CCITT。ITU-R 是无线电通信部门,聚焦于协调管理世界无线电频率的使用,ITU-R 负责制定无线电通信方面的国际规定和标准,以确保不同国家和地区之间的无线电通信能够互相协调和兼容。ITU-D 是开发部门,主要推动信息和通信技术的开发,缩小各个国家之间的数字鸿沟(digital divide)。

(2) 国际标准化组织(ISO)。ISO 是一个独立的非政府的国际性组织,发布的标准主题范围非常广泛。ISO 的成员是每个国家的最重要的标准化机构,是该国家的 ISO 代表。ISO 最初成立于 1946 年,来自 25 个国家的代表讨论国际标准化的未来工作。到 1947 年,ISO 成立了 67 个技术委员会(Technical Committee,TC),每个 TC 由特定技术领域的专家组成。目前它拥有 200 多个技术委员会,其成员是来自 167 个成员国家的国家标准化实体。每个技术委员会包含多个子委员会(subcommittee),其中又划分为多个工作组。1987 年成立的 ISO/IEC JTC1 技术委员会由 ISO 和国际电工委员会(International Electrotechnical Commission,IEC)合作建立,是第一个联合技术委员会,负责信息技术标准的制定,其中包括计算机通信网络技术。ISO 有一个国际标准分类(International Classification for Standards,ICS)目录用来为标准建立分类结构。例如,ISO 制定的计算机网络体系结构"OSI 参考模型"的相关标准属于ICS 编号 35.100 的分类。

ISO 的标准工作实际主要由各个工作组完成。当某成员国家标准化组织认为需要为某领域制定国际标准的时候,将会成立一个工作组并产生委员会草案(Committee Draft,CD),在各成员实体间流通评阅。如果获得大多数认同,一个被称为草案标准的修订版本将会生成,用于评审和投票。有些 CD 或者草案标准会经过多轮修改评审。最后的文本经过准备、批准和发布,形成国际标准。一项 ISO 国际标准形成的整个过程可能会持续若干年。

(3) **电气电子工程师学会(IEEE)**。IEEE 是一个国际性的电子技术与信息科学工程师的学会,总部位于美国。1963 年,IEEE 由美国电气工程师协会(American Institute of Electrical Engineers,AIEE)和无线电工程师协会(Institute of Radio Engineers,IRE)合并成立。现在 IEEE 是全球最大的非营利性专业技术组织,会员是由工程师、科学家和相关专业人员组成的。除了发行专业学术期刊和组织学术会议,IEEE 标准化协会(Standards Association)负责制定电气工程和计算领域的标准。例如,常用的 IEEE 802 标准是关于局域网技术的一系列标准,包含以太网和无线局域网 Wi-Fi 标准;IEEE 754 是一种二进制浮点数算术标准。

(4) **万维网联盟(World Wide Web Consortium,W3C)**。W3C 由万维网发明人英国计算机科学家 Tim Berners-Lee 于 1994 年在麻省理工学院创立。该组织的工作主要是制定 Web 标准,对 Web 技术进行标准化,例如超文本标记语言(Hyper Text Markup Language,HTML)、层叠样式表(Cascading Style Sheets,CSS)、可扩展标记语言(Extensible Markup Language,XML)等 Web 技术。W3C 标准被称为 W3C 推荐(W3C Recommendations)。W3C 也与 IETF 等标准化组织协同工作。

(5) **中国通信标准化协会(China Communications Standards Association,CCSA)**。CCSA 于 2002 年 12 月在北京成立。协会经过 20 多年的发展,已经成为中国国内权威、国际知名的信息通信专业标准化组织。CCSA 主要开展国内外信息通信技术与标准化的交流合作,积极参与国际标准化组织的活动和国际标准制定。CCSA的技术工作主要是通过技术委员会(TC)来开展的。CCSA 的组织结构中包括 10 余个 TC。例如,TC1 是互联网与应用技术委员会,TC3 是网络与业务能力技术委员会,TC8 是网络与信息安全技术委员会等。每个 TC 根据技术需求成立和解散。

2.6 本章总结

计算机网络的体系结构是指计算机网络中协议的集合及其层次关系。通信网络中数据的传输方式有电路交换、报文交换和分组交换。计算机网络采用分组交换方式传输数据。计算机网络的功能以分层方式组织。下层为相邻上层提供的功能称为服务,服务的调用规范称为接口。协议定义了不同网络设备同层同一功能模块之间交互的报文的格式和次序。

在互联网设计和建设的过程中,互联网体系结构的首要目标是互连已有的网络。其他重要的目标还包括:在网络发生故障时互联网通信必须能继续工作,能够支持多种类型的通信服务,能够容纳各种各样的网络等。分层和端到端原则是计算机网络体系结构的两个主要原则。分层具有结构化和模块化的特点。分层使得各层可以独立地更新和发展。端到端原则的思想是当网络功能只有在通信终端的知识和帮助下才能完全和正确地实现时,该功能应该完全放在通信终端完成。在实际中,有两个重要的计算机网络体系结构参考模型被提出,分别是 OSI 参考模型和 TCP/IP 参考模型。OSI 参考模型由 ISO 提出,共有七层,从底向上分别为物理层、数据链路层、网络层、传送层、会话层、表示层、应用层。TCP/IP 参考模型是 ARPANET 和从其发展为今天的互联网所使用的参考模型,可以划分为四层,从底向上包括主机至网络层、互联网层、传送层、应用层。工程上的实用决定了 TCP/IP 参考模型相对于 OSI 参考模型的成功。OSI 参考模型由于包含了计算机网络体系结构从底层物理介质到最上层网络应用的层次关系,常被用作研究计算机网络体系结构的统一参照对象。但是 OSI 相关协议在实际网络建设中并未流行。TCP/IP 参考模型实际上不存在,但协议在实际中被广泛使用。

最后介绍了包括 X.25 分组交换数据网络、帧中继、ATM、MPLS 和 SDN 在内的计算机网络技术发展过程中曾经出现过的多种典型网络体系结构。有些早期的网络采用了面向连接的分组交换技术。SDN 是与传统计算机网络组织方式不同的新型网络架构范式,对计算机网络技术发展产生了深远影响。通过了解这些计算机网路体系结构,我们可以感受到不同体系结构的技术优势及其适用局限性。

习题 2

1. 在传统电话网络中的通信方式是什么?计算机网络采用的通信方式与它有什么不同?

2. 计算机网络设备上的功能是以什么方式组织起来的?

3. 帧中继、X.25 分组交换数据网络、TCP/IP 互联网,这些网络哪些采用了面向连接的分组交换技术?

4. 请列举若干种具有 OSI 参考模型中网络层的网络体系结构。

5. 体系结构(architecture)一词发源于建筑领域,后被广泛用于计算机软硬件、网络信息系统及系统工程等领域。计算机网络体系结构的概念包含哪些内容?设计计算机网络体系结构时要考虑哪些因素?

6. 根据 ARPANET 建设经验,互联网体系结构的主要设计目标有哪些?其中首要目标是什么?

7. 互联网体系结构设计中有什么设计要素使得它能够容纳各种各样的网络,并得到快速扩展?

8. 互联网体系结构在设计上有哪两个重要的基本原则?这两个原则在互联网体系结构设计上有什么优点和潜在的缺点?

9. 为什么传输的可靠性(例如差错校验)要实现在端系统上?

10. ISO 指定网络 OSI 参考模型时,采用了哪些分层原则?

11. OSI 参考模型的数据链路层需要考虑和解决数据帧传送过程中的哪些问题?

12. OSI 参考模型中的哪些层考虑流控(flow control)的问题?

13. 网络层需要管理控制拥塞吗? 网络层对拥塞的控制和流控有什么不同?

14. OSI 参考模型没有得到实现和应用,其中的可能原因是什么?

15. 为什么 TCP/IP 参考模型得到了广泛应用? TCP/IP 参考模型存在什么缺陷?

16. 在 TCP/IP 参考模型中的传送层,TCP 和 UDP 有什么不同? 为什么需要 UDP?

17. IP 层的主要作用是什么? 为什么 IP 层和传送层要分为两个不同层次? (可以参考 ARPANET 互联网设计的思想)

18. 考虑一个分组从源主机传输到目的主机,在 TCP/IP 参考模型中需要经过哪些步骤?

19. TCP/IP 互联网上有两台主机之间通信,分组从一台源主机传输到目的主机的端到端时延主要包含哪些部分? 哪些因素会导致时延增大?

20. 如果一个网络体系结构有 N 个协议层次。应用层有一个长度为 M 字节的数据文件,每次发出 K 字节的数据分组。在每一层,h 字节的头部被添加到分组里。哪些因素影响网络带宽中头部占用的比例? 如果该数据文件是从 A 点发送到 B 点,传输速率是 R b/s,K 的取值会对数据文件从 A 到 B 的移动时延有怎样的影响?

21. 在 IP 层,路由器把一个分组传输到目的主机的过程中,哪些因素会导致分组丢弃,网络层和传送层怎样做可以减少分组丢弃的机会和影响?

22. ATM 的固定长度的分组有什么优点和缺点?

23. SDN 这种体系架构和 TCP/IP 参考模型的互联网体系结构有什么不同? 前者可以取代后者吗? SDN 的优势带来深远影响的同时,它有什么局限性和适用范围?

24. 为什么协议标准化是重要的? 如果想了解计算机网络通信协议标准化,需要关注的相关标准化国际组织有哪些?

第 3 章

数据通信基本原理与物理层

本章将首先介绍数据通信的理论基础,包括傅里叶分析、有限带宽信号、信道的最大数据传输速率等;然后介绍数据通信技术,包括数据通信系统的基本结构、数据编码技术、通信制式等,为读者理解数据通信的原理提供背景知识。

在介绍完数据通信的基本原理之后,本章将引出四种不同的数据传输介质:同轴电缆、双绞线、光纤以及无线信号,这些都是计算机网络中重要的底层通信介质;接下来将介绍不同的传输技术,包括光传输、无线传输以及卫星传输技术;此外,本章还进一步给出了不同的接入模式,包括电话线接入、有线电视接入,以及移动通信接入。特别地,随着移动通信网络已经成为当前互联网的关键技术,本章还介绍了无线通信技术的发展,从传统的第一代通信网络到当前广泛使用的第五代无线通信技术,引导读者深入了解移动互联网的发展历程。在学习这一章的过程中,读者可以思考如下问题:

(1) 计算机网络中的底层通信介质之间的区别有哪些?

(2) 计算机网络中不同通信技术的特点和联系是什么?

(3) 物理层在计算机网络体系结构中的作用是什么?

3.1 数据通信的理论基础

一般来说,数据通信基本原理在于规律性地改变电路信号如电压、电流或者电磁波等物理特性,从而在电线或空间中传输信息。首先假设电路的信号变化为一随时间 t 变化的函数 $f(t)$,那么通过对信号变化进行建模就可以从数学上揭示信号变化的规律。下面将介绍一种常见的分析方法——傅里叶分析。

3.1.1 傅里叶分析

傅里叶分析,又称调和分析,是一种对信号的行为建模的常见分析方法。傅里叶分析主要研究如何将一个函数或者信号表达为基本波形的叠加。它研究并扩展了傅里叶级数和傅里叶变换的概念。基本波形称为调和函数,调和分析因此得名。在过去两个世纪中，它已成为一个广泛的主题，并在诸多领域得到广泛应用。傅里叶级数是指任何正常的周期为 T 的函数 $g(t)$，都可以由无限个正弦和余弦函数的组合来表示：

$$g(t) = \frac{1}{2}c + \sum_{n=1}^{\infty} a_n \sin(2\pi nft) + \sum_{n=1}^{\infty} b_n \cos(2\pi nft) \tag{3.1}$$

此处 $f = 1/T$ 是基频，a_n 和 b_n 是正弦和余弦函数的 n 次谐波的振幅。这种分解叫作傅里叶级数。通过傅里叶级数可以重新合成原始函数，即已知周期 T 和振幅，通过上述公式求和能够得到时间函数 $g(t)$。

可以把一个持续时间有限的数据信号（所有的信号都是如此），想象成它在一遍又一遍地无限重复整个模式（即区间 T 到 $2T$ 的 0 模式等同于区间 0 到 T，以此类推）。

对任何给定的 $g(t)$，通过对式（3.1）两边同乘 $\sin(2\pi kft)$，然后从 0 到 T 积分，可得到振幅 a_n，因为

$$\int_0^T \sin(2\pi kft)\sin(2\pi nft)\mathrm{d}t = \begin{cases} 0, & k \neq n \\ T/2, & k = n \end{cases}$$

该式中只剩下项 a_n，而 b_n 被消掉。类似地，用 $\cos(2\pi kft)$ 乘以式（3.1）两边，然后从 0 到 T 积分，可得到 b_n。另外，直接对式（3.1）两边积分，即可得到 c。执行这些运算的结果如下：

$$a_n = \frac{2}{T}\int_0^T g(t)\sin(2\pi nft)\mathrm{d}t$$

$$b_n = \frac{2}{T}\int_0^T g(t)\cos(2\pi nft)\mathrm{d}t$$

$$c = \frac{2}{T}\int_0^T g(t)\mathrm{d}t$$

3.1.2 有限带宽信号

为了理解上述推导与数据通信的关系，我们考虑一个特定的例子：传输一个 8 比特字节编码的 ASCII 字符 b，待传输的位模式为 01100010。对计算机发送该字符时输出的电压进行傅里叶变换得到以下系数：

$$a_n = \frac{1}{\pi n}\big[\cos(\pi n/4) - \cos(3\pi n/4) + \cos(6\pi n/4) - \cos(7\pi n/4)\big]$$

$$b_n = \frac{1}{\pi n}\big[\sin(3\pi n/4) - \sin(\pi n/4) + \sin(7\pi n/4) - \sin(6\pi n/4)\big]$$

$$c = 3/8$$

几个低次振幅的平方根 $\sqrt{a_n^2 + b_n^2}$，其值参见图 3.1(a) 的右部。我们对它感兴趣，是因为它们的平方与相应频率处所传输的能量成正比。

所有的传输设备在传输信号的过程中都要损失一些能量。如果所有傅里叶分量被等量衰减，那么结果信号虽然在振幅上有所衰减，但没有畸变（即与图 3.1(a) 完全相同的标准方波）。然而，所有的传输设备对不同的傅里叶分量的衰减程度不同，因而输出信号发生畸变。通常，频率 $0 \sim f_c$（以 Hz 为单位）范围内的谐波在传输过程中无衰减，而在此截止频率以上的所有谐波在传输过程中衰减极大。发生这种现象，既可能是由于传输介质的物理特性，也可能是由于人们故意在线路中安装了一个滤波器，以限制每个用户可使用的带宽。

现在考虑下面的问题,如果带宽低到仅允许最低几次谐波通过(即式(3.1)取前几项作为近似值),图 3.1(a)中的信号将呈现什么样子。图 3.1(b)画出了信道仅允许一次谐波通过时的情形。类似地,图 3.1(c)~图 3.1(e)为信道带宽较宽时得到的频谱及合成函数。谐波越多,信号精度越高,但是谐波数量达到一定程度后,就已经可以体现出高精度的信号了。

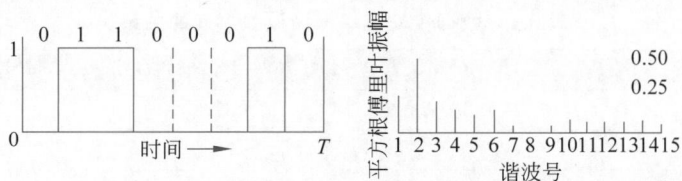

（a）一个二进制信号和它的平方根傅里叶振幅

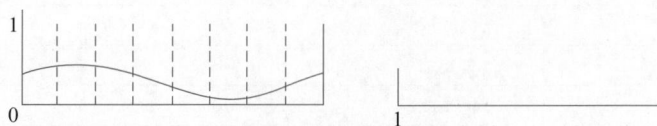

（b）接近原始信号的1个谐波

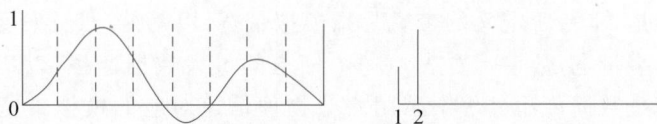

（c）连续的接近原始信号的2个谐波

（d）连续的接近原始信号的4个谐波

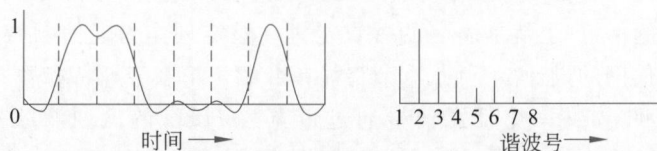

（e）连续的接近原始信号的8个谐波

图 3.1　一个二进制信号和它的平方根傅里叶振幅以及几个连续的接近原始信号的谐波

发送字符所需的时间 T 取决于编码方法和信号频率(每秒信号值(比如电压)改变的次数)。每秒变化的次数用波特(baud)度量。一个 b 波特的线路传输信号的速率不一定是每秒 b 比特,因为每个信号可以运载几比特。如果电压 0、1、2、3、4、5、6 和 7 都被使用,那么每个信号值可以代表 3 比特,因而比特率是波特率的 3 倍。

假设比特率为每秒 b 位,发送 8 比特信息所需要的时间为 $8/b$ 秒。因而一次谐波的频率为 $b/8$ Hz。普通的电话线路被称为话音级线路,设置的截止频率大约为 3000Hz。这个限制意味着所允许通过的最高谐波次数大约为 $3000/(b/8)$ 次,即 $24000/b$ 次。

对一些常用的数据传输速率,这些数字间的关系如表 3.1 所示。从这些数字可以看出,如果在一条话音级线路上以 9600b/s 的速率传输数据,图 3.1(a)所示的波形将变为图 3.1(c)所示的波形,不可能精确地收到原位串。显然,即使传输设备完全没有噪声,数据传输速率高于 38.4kb/s 时,也根本不可能得到二进制信号。换言之,限制带宽就是限制数据传输速率,即使对理想的信道也是如此。不过存在多电平的负载编码法,用它可以得到较高的数据传输速率。

表 3.1   数据传输速率与谐波数之间的关系

数据传输速率/(b/s)	T/ms	第一个谐波/Hz	发生的谐波数/个
300	26.67	37.5	80
600	13.33	75	40
1200	6.67	1500	20
2400	3.33	300	10
4800	1.67	600	5
9600	0.83	1200	2
19200	0.422	400	1
38400	0.21	4800	0

值得注意的是,本节所定义的带宽是指模拟带宽,以赫兹(Hz)来度量。并非后续章节中所说的数字带宽,数字带宽表示一个信道的最大数据速率,以比特/秒(b/s)来度量。数据速率是数据传输过程中采用一个物理信道对应的模拟带宽获得的速率上的结果,注意这二者的关系和区别。

3.1.3   信道的最大数据传输速率

早在 1924 年,来自著名通信公司 AT&T 的工程师哈里·奈奎斯特(Harry Nyquist)认识到了信道传输数据的最大速率限制,并推导出一个有限带宽无噪声信道的最大数据传输速率的表达式。1948 年,通信理论之父香农进一步把奈奎斯特的结论扩展到随机(动态)噪声影响的信道,也就是著名的香农定理。该定理作为通信领域的经典结论,一直以来指导着通信网的设计。下面,本节将简单介绍一下奈奎斯特和香农定理。

奈奎斯特证明,如果一个任意信号通过带宽为 H Hz 的低通滤波器,那么每秒采样 $2H$ 次就可以完整地重现通过这个被滤波的信号。以每秒高于 $2H$ 次的速率对此线路采样是无意义的,因为高频分量已经被滤波器滤掉无法再恢复了。如果被传信号电平分为 V 级,奈奎斯特定理为

$$最大数据传输速率 = 2H\log_2 V \text{b/s}$$

例如,一个无噪声的 2000Hz 信道不能以高于 4000b/s 的速率传输二进制信号。上述定理说明了在理想情况下,信道所能达到的最大传输速率。然而,在实际中,没有噪声的信道实际上是不存在的,因此仅仅分析无噪声信道是不够的。如果有噪声存在,传输速率会急剧下降。为了表示噪声的影响,热噪声以信号功率与噪声功率之比来度量,这个比值叫作信噪比。如果用 S 表示信号功率,N 表示噪声功率,则信噪比为 S/N。通常人们并不使用信噪比本身,而是使用 $10\log_{10} S/N$,其单位为分贝。

香农关于噪声信道的主要结论是,任何带宽为 H Hz,信噪比为 S/N 的信道,其最大数据传输速率(在通信领域也被称为信道容量,capacity)为

$$最大数据传输速率 = H\log_2(1+S/N)\,\mathrm{b/s}$$

这个公式被称为香农公式。利用这个公式,我们可以得出对于一条带宽为 3000Hz,信噪比为 30 分贝的信道(模拟电话系统的典型参数),不管使用多少信号级电平,也不管采用多大的采样频率,绝不能以大于 30000b/s 的速率传输数据。香农的结论是基于信息论导出的,其主要意义在于,只要信息传输速率低于信道的极限速率,就有可能找到某种方法来实现传输。值得注意的是,这个结论仅仅是个上限,实际系统要达到这个上限是非常困难的,在现实的信道中,信号会受到其他的损伤。所以,实现接近极限速率的传输方法还需要通信专家进一步研究。

3.2 数据通信技术

本节将重点介绍数据通信系统的基本结构。我们将深入探讨数据编码、多路复用和交换等关键技术,包括模拟通信与数字通信,以及分组交换的应用。通过抽样、量化、编码,模拟信号转换为数字信号,提升通信质量。多路复用技术实现资源共享,交换技术在节点间建立通路。这些核心概念将加深读者对数据通信系统及其与计算机网络的理解。

3.2.1 数据通信系统的基本结构

按照现代通信理论,一个数据通信系统的基本结构如图 3.2 所示。

图 3.2 数据通信系统的基本结构

(1) 信源:消息的发送方,在通信系统中,信源产生并发送消息。

(2) 变换器:将信源发送的消息进行处理并放入信道,处理后的消息一般称为信号。信号可以理解为一个以时间为自变量,以表示消息(或数据)的某个参数(如频率、相位、振幅)为因变量的函数。

(3) 信道:承载信号的发送的载体,一般根据载体的形式可以分为无线信道和有线信道。信道的主要参数有信道的通频带 f、可用时间 t、信噪比 S/N、有限带宽(波特率)和最大传输速率(信道容量,用比特率表示)等。

(4) 反变换器:将信号转换为可读取的消息的模块,一般和变换器配套使用。

(5) 信宿:消息的接收方,在通信系统中,信宿接收来自信源的消息。

根据上述描述,通信可以定义为消息的信号从发送方(信源)传递到接收方(信宿),由于一般将信号分为模拟信号和数字信号,因此相应的通信也分为模拟通信和数字通信。

一般来说,根据信号变化为离散或者连续,可以将信号分为模拟信号和数字信号。模拟信号是因变量是完全随连续消息的变化而变化的连续的信号。数字信号:信号表示的消息的因变量是离散的,自变量的取值也是离散的信号。

在传送数字信号时,信道上传送的信号还可分为基带信号和带通信号。其中,基带信号将数字信号 1 或 0 直接用两种不同的电压来表示,然后送到线路上去传输;而带通信号则是将基带信号进行调制后形成的频分复用模拟信号。基于信号种类的不同,通信可以分为模拟通信和数字通信。

模拟通信:利用模拟信号来传递消息,如普通电话、电视和广播等,如图 3.3 所示。其中,噪声源包括了系统中所有的噪声,包括脉冲噪声和随机噪声。

图 3.3   模拟通信系统结构

数字通信:利用数字信号来传递消息,如计算机通信、数字电话和数字电视等,如图 3.4 所示。

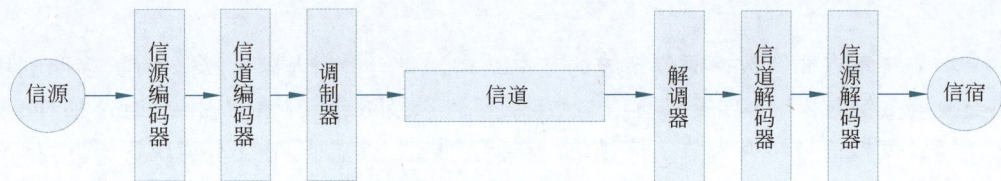

图 3.4   数字通信系统结构

数字通信的优点:抗干扰能力强,可实现高质量的远距离通信,适合各种通信业务和消息(如电报、电话、图像和数据等);便于数据加密,可实现高保密通信;还适合与计算机结合,让计算机处理信号,使通信系统变得更通用、更灵活。

当然,数字通信也有缺点,缺点之一是占用频带宽。以电话业务为例,一路模拟电话的占用带宽为 4kHz,而一路数字电话的带宽为 64kb/s。但是随着信道带宽较为充裕的微波通信、卫星通信和光纤通信等系统的利用,以及数字频带压缩技术的发展,数字通信占用频带宽的问题正逐步被解决。

3.2.2   数据编码技术

数据的传输方式分为 4 种:模拟数据采用模拟信号传输(比如电话),数字数据采用模拟信号传输(比如调制解调器),模拟数据采用数字信号传输(比如编解码器),数字数据采用数字信号传输(比如数字传输)。前面两种称为模拟通信,后面两种称为数字通信。

对于模拟通信,需要经过调制和解调过程。调制可分为两大类:基带调制和带通调制。基带调制是对基带信号(来自信源)的波形进行变换,变换后仍是基带信号。而带通调制就复杂一些了,需要把基带信号的频率范围搬到较高的频段以便在模拟信道中传输。调制后的信号叫带通信号。目前最基本的带通调制方法有调频(FSK)、调幅(ASK)和调相(PSK)。

调频(FSK),即载波的频率随基带数字信号而变化,采用两个或者更多的频率,不同的消息对应不同的频率。

调幅(ASK),即载波的振幅随基带数字信号而变化,通过两个不同的振幅分别表示 0 和 1。

调相(PSK),即载波的初始相位随基带数字信号而变化,如 0 对应载波相位 0°,1 对应相位 180°,由于只有两种相位,因此这种调制方法也被称为二进制调相。

根据奈奎斯特定理,可以通过提高 V 值,来得到更高的数据传输速率。即提高一个信号码元所代表的比特数,来提高传输速率。于是就出现了多相位调制和混合调制技术。如图 3.5 所示。在图 3.5(a)中,采用的是 4 相位调制技术,即 $V=4$,因此数据传输速率等于 2 倍的波特率。对于混合调制技术,由于频率和相位有关,因此不能同时调制频率和相位。一般来讲,可以调制振幅和相位。在图 3.5(b)中,采用的是正交调幅调制技术,采用不同的相位和振幅来组成 16 个不同的点,每个点的相位以它为起点到原点的线与正轴之间的角度表示,一个点的振幅则是该点到原点的距离。这 16 个点就可以用来表示 16 种不同的码元。

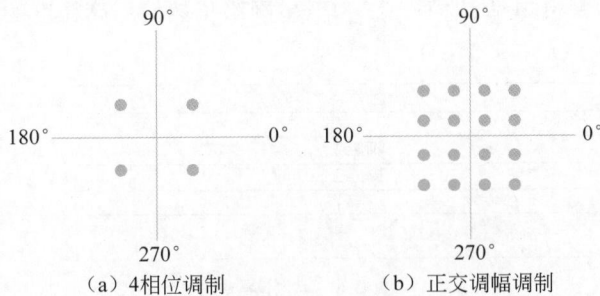

(a) 4 相位调制　　　　　(b) 正交调幅调制

图 3.5　4 相位调制和正交调幅调制技术

数字信号指自变量是离散的、因变量也是离散的信号,这种信号的自变量用整数表示,因变量用有限数字中的一个数字表示。在计算机中,数字信号的大小常用有限位的二进制数表示,例如,字长为 2 位的二进制数可表示 4 种数字信号,它们是 00、01、10 和 11。

由于数字信号是用两种物理状态来表示 0 和 1 的,故其抵抗材料本身干扰和环境干扰的能力都比模拟信号强很多;在现代技术的信号处理中,数字信号发挥的作用越来越大,几乎复杂的信号处理都离不开数字信号;或者说,只要能把解决问题的方法用数学公式表示,就能用计算机来处理代表物理量的数字信号。在数字电路中,由于数字信号只有 0、1 两个状态,它的值是通过中央值来判断的,在中央值以下规定为 0,以上规定为 1,因此即使混入了其他干扰信号,只要干扰信号的值不超过阈值范围,就可以再现出原来的信号。即使因干扰信号的值超过阈值范围而出现了误码,只要采用一定的编码技术,也很容易将出错的信号检测出来并加以纠正。因此,与模拟信号相比,数字信号在传输过程中具有更高的抗干扰能力、更远的传输距离,且失真幅度小。

数字信号在传输过程中不仅具有较高的抗干扰性,还可以通过压缩,占用较少的带宽,实现在相同的带宽内传输更多、更高音频、视频等数字信号的效果。此外,数字信号还可用半导体存储器来存储,并可直接用计算机处理。若将电话、传真、电视所处理的音频、文本、视频等数据及其他各种不同形式的信号都转换成数字脉冲来传输,则有利于组成统一的通信网。

从原始信号转换到数字信号一般要经过抽样、量化和编码这样三个过程。抽样是指每隔一小段时间,取原始信号的一个值。间隔时间越短,单位时间内取的样值也越多,这样取出的一组样值也就越接近原来的信号。抽样以后要进行量化,量化就是把取出的各种各样的样值仅用我们指定的若干值来表示。最后就是编码,把量化后的值分别编成仅由 0 和 1 这两个数字组成的序列,由脉冲信号发生器生成相应的数字信号。这样就可以用数字信号进行传送了。

3.2.3 多路复用技术

在同一个传输媒体上,同时传输多个有限带宽(这里的"带宽"是指频率带宽而不是数据的发送速率)的方法,称为多路复用(multiplexing)。常见的多路复用技术有频分复用、波分复用、时分复用和码分复用。

频分复用是将传输信号的带宽划分为若干子带,然后不同的信号在各个子带中以不同的频率来传输。换言之,使用频分复用的不同用户在同一个时间占用不同的带宽,如图 3.6 所示。目前,蜂窝电话、地面无线和卫星网络仍然使用高粒度的频分复用技术。

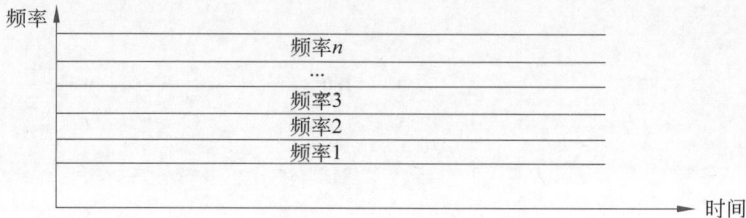

图 3.6   频分复用

波分复用是在光纤信道使用的频分复用技术的一种变种。光纤技术的应用使得传输速率空前提高,对于光通信而言,由于受到光电转换速度等的影响,对于带宽为 25000GHz 的光纤,目前的传输速率只有 10Gb/s。若采用波分复用技术,则可在一根光纤上发送多个不同的波长的光波,使得最大传输速率成倍增长。随着技术的进步,能够在一根光纤上复用的光信号越来越多。在一根光纤上复用 80 路以上的光信号已经可以实现。

时分复用是将物理信道分成若干时隙,轮流分配多个信源使用的多路复用技术,也就是说使用信道的用户在不同的时间占用的带宽相同。时分复用又可分为同步时分复用(每个信源分配一个不变的时隙)和统计时分复用(根据时隙使用情况随时分配)。同步时分复用被广泛用于电话网络和蜂窝网络,而基于分组交换的 IP 网络采用的是统计时分复用技术。同步时分复用的基本原理如图 3.7 所示。

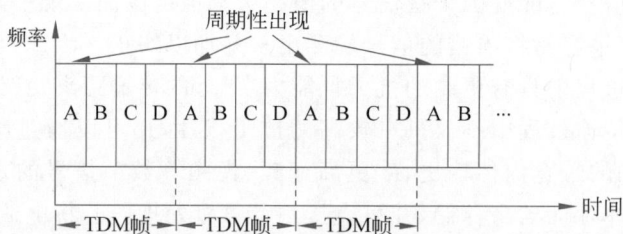

图 3.7   同步时分复用的基本原理

码分复用技术又称为码分多址,每个用户可以在相同的时间内使用相同的频率通信,但是要求每个用户使用经过特殊挑选的不同码型,这样,不同的信源之间的信号不会造成影响。系统发出的信号类似白噪声,因此具有很强的抗干扰能力。目前该技术在移动通信中已经得到广泛使用。采用码分复用可以提高通信的话音质量和数据传输的可靠性。

近年来,正交频分多址(Orthogonal Frequency-Division Multiple Access,OFDMA)技术作为第四代无线通信的关键技术被广泛采用。OFDMA 将整个频带分割成许多子载波,将频率选择性衰落信道转换为若干平坦衰落子信道,从而能够有效地抵抗无线移动环境中的频率选择性衰落。由于子载波重叠占用频谱,因此 OFDMA 能够提供较高的频谱利用率和较高的信息传输速率。通过给不同的用户分配不同的子载波,OFDMA 提供了天然的多址方式,并且由于占用不同的子载波,因此用户间满足相互正交条件,没有小区内干扰。同时,OFDMA 可支持两种子载波分配模式:分布式和集中式。在子载波分布式分配的模式中,可以利用不同子载波的频率选择性衰落的独立性而获得分集增益。目前,OFDMA 已被广泛研究,并已成为 3GPP LTE 的下行链路的主流多址方案。用户可以选择条件较好的子载波进行数据传输,一个用户在整个频带内发送,从而保证了子载波都被对应信道条件较优的用户使用,获得了频率上的分集增益。在 OFDMA 中,一组用户可以同时接入某一子载波。

3.2.4　交换技术

在实际网络中,主机和主机之间的通信往往是通过许多中间节点来进行传输,这就涉及通信交换技术。所谓交换技术,就是在通信系统中,在通信双方之间动态分配传输线路的资源建立一条物理的或逻辑的通道,然后进行数据传输的过程。目前,计算机网络中普遍使用分组交换来实现通信,分组交换的功能由中间节点实现。为了能够更好地理解分组交换的优点,首先介绍电路交换和报文交换。

1. 电路交换

电路交换方式,就是通过网络中的节点在两个用户之间建立一条专用的通信信道,也就是说通信节点之间要构建实际的物理连接。当这种物理连接建立后,在网络中两个用户之间也就有了一条通信节点的序列。电路交换方式在电话通信中得到普遍使用。在电话业务的环境下,通信节点为电话交换机。电路交换方式包括三个过程:建立连接阶段、传输数据阶段和释放电路连接阶段。

第 1 步:建立连接。在电路交换中,用户在传输任何数据之前必须建立一条到目的节点的通信路径。以图 3.8 为例,A 站发送一个请求到节点 4,请求与 E 站建立一个连接。一般地,A 站到节点 4 的线路是一条专用信道,这部分连接已存在。然后节点 4 会进行路径选择,根据得到的信息,节点 4 选择到节点 5 的信道,并发一个报文请求连接到 E 站,然后就建立了一条节点 4 到节点 5 的专用通路。与此方式类似,节点 5 会建立与节点 6 的信道。而节点 6 到 E 站是专线连接,这样便建立了 A 站到 E 站的连接。在 E 站准备就绪后,A 站与 E 站之间可以开始发送数据。

第 2 步:传输数据。当连接建立后,就要通过网络把信号从 A 站传送到 E 站。数据是按照建立的物理连接传输的。一般来讲,这种连接是双向的,可在两个方向同时进行数据传输。

第 3 步:释放电路连接。当数据传输完毕后,需要释放系统的资源。这个过程需要由通信双方中的一个来完成。

虽然电路交换能够在用户之间建立一条专有通信链路来实现通信,很容易保证用户的通信质量和满足用户不同的数据交付需求,但是电路交换也存在以下问题:

(1)建立电路连接时,对于请求的物理连接涉及的通信节点,如果有两个任意节点之间的通道处于非空闲状态,电路交换就无法实现。

(2)通信节点内部掌握着网络的有效路径的相关信息。

(3)电路交换的通信面向物理连接,想要通信首先要建立物理连接。一旦连接建

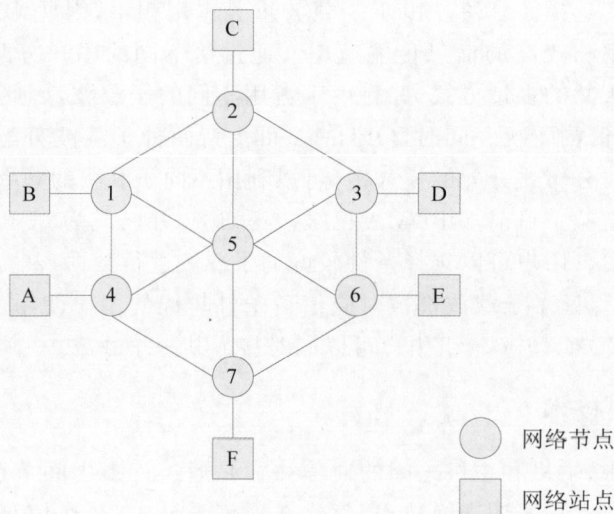

图 3.8 交换网络图示

立,即使通道是空闲的,其他用户也不能使用这条连接的资源。

2. 报文交换

报文交换与电路交换不同,它不需要在两个想要通信的用户之间建立一条专用的物理信道,而是将用户需要传输的数据进行分割,以报文为单位在网络中传输。发送工作站将目的地址附加在报文上,然后报文在网络上从一个节点发送到另一个节点。在一个通信节点收到传输给自己的报文时就接收,如果不是发给自己的就检查通往目的节点的通道是否空闲。如果空闲,就发向下一通信节点,否则将该报文存储在节点的存储器中进行暂时存储,等到该节点至报文终点地址的路径空闲时,再传输。目的工作站将收到的报文重新组合,还原成发送工作站所发送的数据,并且在整合过程中,目的工作站接收报文的顺序不要求和发送工作站发送报文的顺序相同,不同的报文传输的路径也可不相同。

第一个使用报文交换的业务是电报。报文在发送电报局被穿孔在纸带上,然后在通信线路上被读入并且传输到下一个局,在该局中它又被穿孔在纸带上。该局中的某个操作员将纸带撕下来,根据报文的目的站点地址,送到相应的发报机转发出去。

这种存储-转发报文交换的方式具有如下优点:

(1) 信道利用率高。没有单一通信占用物理链路的情况。

(2) 为同时向多个目的站点发送同一报文提供可能。

(3) 能够在传输过程中实现报文的差错控制和纠错处理。

(4) 接收方和发送方无须同时工作,在接收方忙时,可暂时存储报文。

当然由于数据在传输过程中,需要在每个站停留处理,因此很难保证数据传输的实时性,进而很难适应流媒体等实时性要求高的业务。

3. 分组交换

分组交换也称为包交换。它非常像报文交换,但它要限制所传输数据单位的长度。它将用户要传输的报文分成若干固定长度的分组,以分组为单位在网络中传输。每个分组中包含数据和目的地址,到达目的节点后再将一个报文的所有分组重新汇集成完整的报文。报文是面向用户的,而分组是面向网络的,将报文拆分是为了传输方便而采取的措施。无论什么用户,在同一计算机网络中,分组的格式是一样的。

分组交换与电路交换相比有很大不同。关键之处在于电路交换静态地保留了需要的带宽,而分组交换在需要的时候才申请带宽并随后释放它。换言之,分组交换的路径不是专用的。但是,由于没有专用电路,不被约束的输入流量可能会充满路由器,使其耗光存储空间而丢失分组。

与电路交换相比,在使用分组交换时,网络中的通信节点(路由器)显然可以提供高速度以及完成代码转换,甚至还可以提供错误纠正服务。在某些分组交换网中,分组可以按错误的顺序发往目的地。而在电路交换中绝不可能出现分组的重新排序。

电路交换和分组交换的最后一点区别在于收费方法的不同,分组交换常常按流量以及连接时间收费。而在电路交换中,收费仅基于距离和时间,与流量无关。

电路交换和分组交换之间的对比如表 3.2 所示。

表 3.2　电路交换和分组交换之间的对比

对 比 项 目	分 组 交 换	电 路 交 换
建立连接时延	不存在	存在
带宽申请	按需申请	通信期间静态保留
数据传输特点	存储转发	比特流直达
转发顺序	可以乱序	不会出现乱序情况
传输信号	数字信号	数字、模拟都可以
收费方法	流量、时间	距离、时间

在分组交换网络中,管理分组有两种方法:数据报和虚电路。

4. 数据报分组交换

数据报分组交换中,每个分组独立处理,发送端将报文进行分组,每个分组以存储、选路、转发的方式,被传输到目的端。每个分组的路径可以不相同,各分组到达目的站点的次序也可不按发送次序,在目的站点再将各分组重新组装成报文。

5. 虚电路分组交换

在虚电路分组交换中,在发送任何分组之前,类似电路交换,要先建立一条逻辑连接。在发送分组的时候,每个分组按照事先建立好的路径发送出去,分组上有虚电路号。任何一个通信节点和其他节点可以建立多条虚电路,每个节点中都有缓冲存储器,在通信节点将按缓冲存储器中分组队列的排列顺序发送分组。报文分组到达目的站点后,重新组合成原报文。数据报网络和虚电路网络之间的对比如表 3.3 所示。

表 3.3　数据报网络和虚电路网络之间的对比

对 比 项 目	数据报网络	虚电路网络
电路建立	不需要	需要
寻址	每个包包含全部的源和目标地址	每个包包含简短的 VC 号
状态信息	路由器不保留连接状态	针对每个连接,每条 VC 都需要路由器保持其状态

续表

对 比 项 目	数据报网络	虚电路网络
路由方式	每个数据报被单独路由	建立 VC 时选择路由,所有包遵循该路由
路由器失效的影响	没影响,除了那些路由器崩溃期间丢失的包	穿过故障路由器的所有 VC 都将中断
服务质量	困难	容易,如果在预先建立每条 VC 时有足够的资源可分配
拥塞控制	困难	容易,如果在预先建立每条 VC 时有足够的资源可分配

3.3 物理层的功能与特性

物理层位于 OSI 参考模型的最底层,它直接面向实际承担数据传输的物理媒体(即通信通道),物理层的传输单位为比特(bit),即一个二进制位(0 或 1)。实际的比特流传输必须依赖传输设备和物理媒体,但是,物理层不是指具体的物理设备,也不是指信号传输的物理媒体,而是指在物理媒体之上为上一层(数据链路层)提供一个传输原始比特流的物理连接。

OSI 参考模型关于物理层功能的定义:物理层提供机械的、电气的、功能的和规程的特性,目的是启动、维护和关闭数据链路实体之间进行比特流传输的物理连接。这种连接可能通过中继系统,在中继系统内的传输也是在物理层的。物理层为任意两台网络设备之间通信提供透明的比特流传输。物理层关心的内容就是物理连接的启动和关闭,正常数据的传输,以及维护管理。

网络节点的物理层控制网络节点与物理通信通道之间的物理连接。物理层上的协议有时也称为接口。物理层仅单纯关心比特流信息的传输,而不涉及比特流中各比特之间的关系(包括信息格式及其含义),对传输差错也不做任何控制,这就像装卸工只管装或卸货物,但并不关心货物为何物和作何用一样。

物理层从连接方式来说,可以分为点到点和点到多点;按照通信方式可以分为单工、半双工和全双工等;按照比特位传输方式来说,可以分为串行和并行。

物理层有四个重要特性:机械特性、电气特性、功能特性和规程特性。

(1) 机械特性主要定义物理连接的边界点,即接插装置,并规定物理连接时所采用的规格、引脚的数量和排列情况。

物理连接常用标准接口如表 3.4 所示。

表 3.4 物理连接常用标准接口

标 准	说 明	接 口
ISO2110	25 芯连接器	EIA RS-233.C、EIA RS-366-A
ISO2593	34 芯连接器	V.35 宽带调制解调器
ISO902	37 芯和 9 芯连接器	EIA RS-449
ISO4903	15 芯连接器	X.20、X.21、X.22

（2）电气特性规定传输二进制位时，线路上信号的电压高低、阻抗匹配、传输速率和距离限制。早期的标准是在边界点定义电气特性，例如 EIA RS-233.C、V.28；最近的标准则说明了发送器和接收器的电气特性，而且给出了有关对连接电缆的控制。

CCITT 标准化的电气特性标准共有如下几种：以传输速率而言，V.28 ＜V.10 ＜V.11。V.10 和 V.11 在接收端均采用差动输入。V.10 的发送端是非平衡输出。V.11 是一种平衡接口，具体说明如表 3.5 所示。

表 3.5　CCITT 标准化的电气特性标准

标　　准	说　　明	接　　口
CCITT V.28	非平衡型电气特性	EIA RS-233.C
CCITT V.11/X.27	新的平衡型电气特性	EIA RS-423.A
CCITT V.10/X.26	新的非平衡型电气特性	EIA RS-449

（3）功能特性主要定义各条物理线路的功能，比如线路的功能分为四大类：数据、控制、定时和地线。与功能特性有关的国际标准主要有 CCITT V.24 和 X.24，其中 X.24 适用于公共数据网。

（4）规程特性主要定义各条物理线路的工作规程和时序关系。

3.4　传输介质

传输介质可以是有导向和无导向的。常见的有导向介质包括同轴电缆、双绞线和光纤等，无导向介质包括无线电、微波、红外线和激光等。

3.4.1　同轴电缆

同轴电缆是由一根空心的外圆柱导体和一根位于中心轴线的内导线组成。内导线和圆柱导体及外界之间用绝缘材料隔开。这层绝缘材料用密织的网状导体环绕，网外又覆盖一层保护性材料。有两种广泛使用的同轴电缆。一种是 50Ω 电缆，用于数字传输，由于多用于基带传输，也叫基带同轴电缆；另一种是 75Ω 电缆，用于模拟传输，也叫作宽带同轴电缆。这种区别是由历史原因造成的，而不是由于技术原因或生产厂家。

同轴电缆的这种结构，使它具有高带宽和极好的噪声抑制特性。同轴电缆的带宽取决于电缆长度。1km 的电缆可以达到 1～2Gb/s 的数据传输速率。还可以使用更长的电缆，但是传输速率要降低或使用中间放大器。目前，同轴电缆虽然大量被光纤取代，但仍广泛应用于有线电视和某些局域网。

使用有线电视电缆进行模拟信号传输的同轴电缆系统被称为宽带同轴电缆。"宽带"这个词来源于电话业，指比 4kHz 宽的频带。然而在计算机网络中，"宽带电缆"却指任何使用模拟信号进行传输的电缆网。

由于宽带网使用标准的有线电视技术，可使用的频带高达 300MHz（常常到450MHz）；由于使用模拟信号，需要在接口处安放一台电子设备，用以把进入网络的比特流转换为模拟信号，并把网络输出的信号再转换成比特流。宽带系统又分为多个信道，电视广播通常占用 6MHz 信道。每个信道可用于模拟电视、CD 质量声音（1.4Mb/s）或 3Mb/s 的数字比特流。电视和数据可在一条电缆上混合传输。

宽带系统和基带系统的一个主要区别是，宽带系统由于覆盖的区域广，因此，需要模拟放大器周期性地加强信号。这些放大器仅能单向传输信号，因此，如果计算机间有放大器，则报文分组就不能在计算机间逆向传输。为了解决这个问题，人们已经开发了两种类型的宽带系统：双缆系统和单缆系统。

双缆系统有两条并排敷设的完全相同的电缆。为了传输数据，计算机通过电缆 1 将数据传输到顶端器（head-end），随后顶端器通过电缆 2 将信号沿电缆往下传输。所有的计算机都通过电缆 1 发送，通过电缆 2 接收。

单缆系统是在每根电缆上为内、外通信分配不同的频段。低频段用于计算机到顶端器的通信，顶端器收到的信号移到高频段，向计算机广播。在子分段（subsplit）系统中，5～30MHz 频段用于内向通信，40～300MHz 频段用于外向通信。在中分（midsplit）系统中，内向频段是 5～116MHz，而外向频段为 168～300MHz。这一选择是由历史原因造成的。

此外，同轴电缆根据其直径大小可以分为粗同轴电缆与细同轴电缆。粗同轴电缆适用于比较大型的局部网络，它的标准距离长，可靠性高，由于安装时不需要切断电缆，因此可以根据需要灵活调整计算机的入网位置，但粗同轴电缆网络必须安装收发器电缆，安装难度大，所以总体造价高。相反，细同轴电缆安装则比较简单，造价低，但由于安装过程要切断电缆，两头须装上基本网络连接头（BNC），然后接在 T 型连接器两端，因此当接头多时容易产生隐患。

同轴电缆均为总线拓扑结构，即一根电缆上接多部机器，这种拓扑适用于机器密集的环境，但是当一触点发生故障时，故障会串联影响到整根电缆上的所有机器。故障的诊断和修复都很麻烦，因此，现在已经逐步被光缆取代。然而，同轴电缆仍然广泛应用在有线电视和城域网中。

3.4.2　双绞线

一种最老式，但至今仍很常用的传输介质是双绞线，如图 3.9 所示，它由两根具有绝缘保护层的铜导线组成。把两根绝缘的铜导线按一定密度互相绞在一起，可降低信号干扰的程度，每根导线在传输中辐射的电波会被另一根线上发出的电波抵消。双绞线一般由两根 22～26 号绝缘铜导线相互缠绕而成，如果把一对或多对双绞线放在一个绝缘套管中便成了双绞线电缆。与其他传输介质相比，双绞线在传输距离、信道宽度和数据传输速率等方面均受到一定限制，但价格较为低廉。

双绞线最常见的应用是电话系统。几乎所有的电话都是通过双绞线连接到电话公司交换局的。双绞线可以延伸几千米而不需要放大，但是如果距离再远的话，就需要中继器了。当

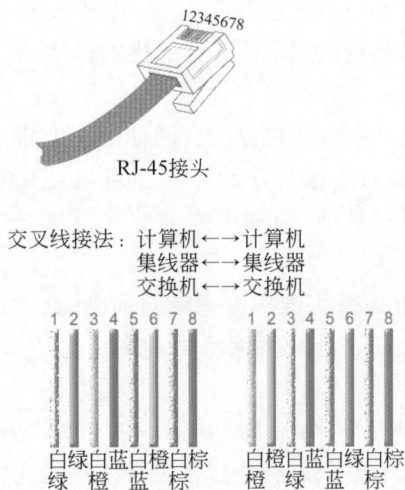

图 3.9　双绞线

很多双绞线并行在一起经过一定距离时,比如所有的双绞线都从一个公寓楼连接到电话公司交换局,那么它们应该捆成一束,再加上一层保护套。这些被捆起来的双绞线如果不拧起来的话,它们会互相干扰。在有的地区,电话线经过电线杆,所以常常可以看到直径为几厘米的电话线束。

虽然双绞线主要是用来传输模拟声音信息的,但同样适用于数字信号的传输,特别适用于较短距离的信息传输。在传输期间,信号的衰减比较大,并且产生波形畸变。采用双绞线的局域网的带宽取决于所用导线的质量、长度及传输技术。只要精心选择和安装双绞线,就可以在有限距离内达到每秒几百万位的可靠传输速率。当距离很短,并且采用特殊的电子传输技术时,传输速率可达 $100\sim155\text{Mb/s}$。由于利用双绞线传输信息时要向周围辐射,信息很容易被窃听,因此要花费额外的代价加以屏蔽。屏蔽双绞线电缆的外层由铝箔包裹,以减小辐射,但并不能完全消除辐射。屏蔽双绞线价格相对较高,安装时要比非屏蔽双绞线电缆困难。类似同轴电缆,它必须配有支持屏蔽功能的特殊连接器和相应的安装技术。但它有较高的传输速率,100m 内可达到 155Mb/s。

EIA/TIA 为双绞线电缆定义了不同质量的型号。计算机网络综合布线使用第三、四、五类。这五类型号如下:

第一类:主要用于传输语音(一类标准主要用于 20 世纪 80 年代初之前的电话线缆),不用于数据传输。

第二类:传输频率为 1MHz,用于语音传输和最高传输速率为 4Mb/s 的数据传输,常见于使用 4Mb/s 规范令牌传递协议的旧的令牌网。

第三类:指目前在 ANSI 和 EIA/TIA568 标准中指定的电缆。该电缆的传输频率为 16MHz,用于语音传输及最高传输速率为 10Mb/s 的数据传输,主要用于 10base-T 网络。

第四类:该类电缆的传输频率为 20MHz,用于语音传输和最高传输速率为 16Mb/s 的数据传输,主要用于基于令牌的局域网和 10base-T/100base-T 网络。

第五类:该类电缆增加了绕线密度,外套一种高质量的绝缘材料,传输频率为 100MHz,用于语音传输和最高传输速率为 100Mb/s 的数据传输,主要用于 100base-T 和 10base-T 网络,这是最常用的以太网电缆。

超五类:超五类衰减小,串扰少,并且具有更高的衰减与串扰的比值和信噪比、更小的时延误差,性能得到很大提高。

第六类:传输频率为 250MHz,传输速率为 1Gb/s,标准外径为 6mm。

扩展六类(CAT-6A):传输频率为 500MHz,传输速率为 10Gb/s,标准外径为 9mm。

扩展六类(CAT-6e):传输频率为 500MHz,传输速率为 10Gb/s,标准外径为 6mm。

第七类:传输频率为 600MHz,传输速率为 10Gb/s,单线标准外径为 8mm,多芯线标准外径为 6mm。

3.4.3　光纤

光传输系统由三部分组成,即光源、传输介质和检测器。习惯上,一个光脉冲表示比特 1,而无光脉冲则表示比特 0。传输介质是极细的玻璃纤维。当光照到检测器时,它产生一个电脉冲。在光纤的一端放上电源,另一端放上检测器,我们就有了一个单向传输系统,它接收一个电信号,转换成光脉冲并传输出去,然后接收端再把光脉冲转换为电信号。

这里利用了一个物理原理。当光通过一种介质转入另一种介质时会发生折射,例如,从二氧化硅到空气。当入射角小于一个临界值的时候,光纤会从二氧化硅中射出到空气,但是当光线的入射角大于临界值的时候,光线将完全反射回二氧化硅,而不会漏入空气中。利用这个原理,我们可以将光线完全限制在光纤中无损耗地传播几千米。

光纤和同轴电缆相似,只是没有网状屏蔽层。中心是光传播的玻璃芯。在多模光纤中,芯的直径是 $15\sim50\mu m$,大致与人的头发的粗细相当。而单模光纤芯的直径为 $8\sim10\mu m$。芯外面包围着一层折射率比芯低的玻璃封套,以使光纤保持在芯内。再外面是一层薄的塑料外套,用来保护封套。光纤通常被扎成束,外面有外壳保护。纤芯通常是由石英玻璃制成的横截面积很小的双层同心圆柱体,它质地脆,易断裂,因此需要外加保护层。

任何以大于临界值的角度入射的光线,在介质边界都将被完全反射回介质,因而不同的光线在介质内部以不同的反射角传播,可认为每一束光线有一个不同的模式,具备这种特性的光纤称为多模光纤。多模光纤中心玻璃芯较粗($50\mu m$ 或 $62.5\mu m$),可传播多种模式的光。但其模间色散较大,这就限制了传输数字信号的频率,而且随着距离的增加,这种限制会变得更加严重。例如,600MB/km 的光纤在 2km 时则只有 300MB 的带宽了。因此,多模光纤传输的距离就比较近,一般只有几千米。

但是如果光纤的直径被减少到一个光波波长,则光纤就如同一个波导,光在其中没有反射,而是沿直线传播,这就是单模光纤。单模光纤的纤芯直径很小,传输频带宽,传输容量大。单模光线适用于长距离传输。单模光纤中心玻璃芯很细(芯径一般为 $8\mu m$ 或 $10\mu m$),只能传播一种模式的光。因此,其模间色散很小,适用于远程通信,但还存在着材料色散和波导色散,这样单模光纤对光源的谱宽和稳定性有较高的要求,即谱宽要窄,稳定性要好。后来又发现在 $1.31\mu m$ 波长处,单模光纤的材料色散和波导色散一为正、一为负,大小也正好相等。这就是说在 $1.31\mu m$ 波长处,单模光纤的总色散为零。从光纤的损耗特性来看,$1.31\mu m$ 处正好是光纤的一个低损耗窗口。这样,$1.31\mu m$ 波长区就成了光纤通信的一个很理想的工作窗口,也是现在实用光纤通信系统的主要工作波段。

单模光纤和多模光纤比较如表 3.6 所示。

表 3.6   单模光纤和多模光纤比较

比 较 项 目	单 模 光 纤	多 模 光 纤
纤芯特征	小芯($10\mu m$ 或更小)	大芯($50\mu m$、$65.5\mu m$ 或更大)
散射特征	很少散射	允许散射,存在信号丢失
距离特征	支持长距离	支持短距离
光源	用激光作光源,适用于构建骨干网,传输距离达几千米	用发光二极管作光源,适用于构建局域网和园区网传输距离达数百米

　　光纤的常用工作波长有短波长 $0.85\mu m$、长波长 $1.31\mu m$ 和 $1.55\mu m$。光纤损耗一般是随波长加长而减小,如图 3.10 所示。$0.85\mu m$ 波长,衰减大,传输速率和距离受限制,但价格便宜;$1.30\mu m$ 波长,衰减小,在无色散补偿、功率放大的情况下,最大传输距离为 40km(最坏情况下);$1.55\mu m$ 波长,衰减小,在无色散补偿、功率放大的情况下,最大传输距离为 80km(最坏情况下)。

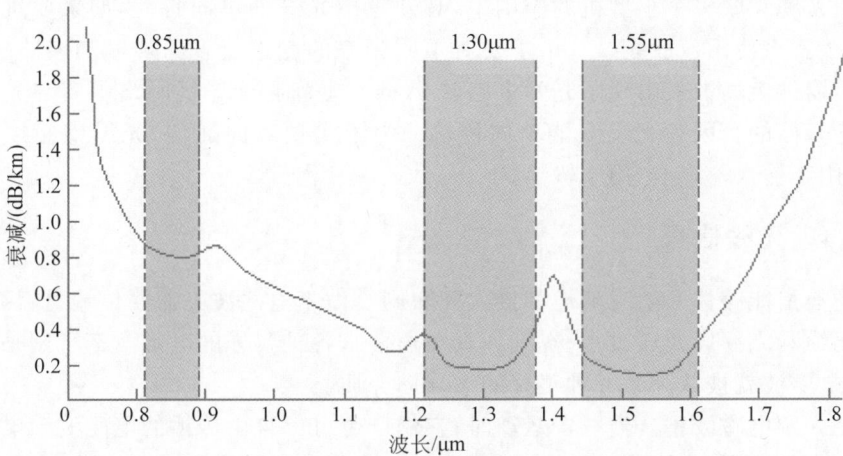

图 3.10　光纤衰减

　　有两种光源可被用作信号源:发光二极管(Light Emitting Diode,LED)和注入式激光二极管(Injection Laser Diode,ILD)。它们有着不同的特性,如表 3.7 所示。

表 3.7　发光二极管和注入式激光二极管的特性

特　　　　性	LED	ILD
数据速率	低	高
模式	多模	多模或单模
距离	短	长
生命期	长	短
温度敏感性	较小	较敏感
造价	低造价	昂贵

　　光纤的接收端由光电二极管构成,在遇到光时,它给出一个点脉冲。光电二极管的响应时间一般为 1ns,这就是把数据传输速率限制在 1Gb/s 内的原因。热噪声也是个问题,因此光脉冲必须具有足够的能量以便被检测到。如果脉冲能量足够强,则出错率可以降到非常低的水平。

　　光导纤维是一种传输光束的细微而柔韧的媒质。光导纤维电缆由一捆纤维组成,简称光缆。光缆是数据传输中最有效的一种传输介质,它有以下几个优点。

　　(1)频带较宽。

　　(2)电磁绝缘性能好。光纤电缆中传输的是光束,由于光束不受外界电磁干扰与影响,而且本身也不向外辐射信号,因此它适用于长距离的信息传输以及要求高度安全的场合。当然,抽头困难是它固有的难题,因为割开的光缆需要再生和重发信号。

（3）衰减较小。可以说在较长距离和范围内信号是一个常数。

（4）中继器的间隔较大，因此可以减少整个通道中继器的数目，可降低成本。根据贝尔实验室的测试，当数据的传输速率为 420Mb/s 且距离为 119km，无中继器时，其误码率为 8%～10%，可见其传输质量很好。而同轴电缆和双绞线每隔几千米就需要接一台中继器。

使用光缆互联多个小型机的应用中，必须考虑光纤的单向特性，如果要进行双向通信，那么就应使用双股光纤。由于要对不同频率的光进行多路传输和多路选择，因此在通信器件市场上又出现了光学多路转换器。在普通计算机网络中安装光缆是从用户设备开始的。因为光缆只能单向传输。为了实现双向通信，光缆就必须成对出现，一个用于输入，另一个用于输出。

3.4.4   无线信号

无线通信能够让人随时随地都接入互联网。由于电磁波不需要传输材料介质（包括通过铜缆和光纤以及通过水、空气和真空通信），各种各样的电磁波都可用来携带信号，因此电磁波就被认为是一种很好的无导向介质。

首先介绍电磁波谱。当电子运动时，它们产生可以自由传播的电磁波。电磁波每秒振动的次数称为频率，单位为赫兹（Hz）。两个相邻的波峰间的距离称为波长。在电路上加入适当大小的天线，电磁波便可有效传播，并被相距一段距离的接收器收到。所有的无线通信都是基于这个原理来实现的。电磁波的整个频率（或波长）范围，又称频谱。电磁波包括的范围很广，从无线电波、微波、红外线、可见光、紫外线、X 射线到 g 射线都是电磁波。不同的电磁波产生的机理不同。无线电波是人工制造的，是振荡电路中自由电子的周期性运动产生的。无线系统在无线电通信、微波和红外线范围中使用各自特定的频带。该频谱的分配由政府和国际组织制定。在美国，美国联邦通信委员会（Federal Communications Commission，FCC）分配频谱并以拍卖的形式将其出售给想要在指定的市场中从事通信业务的公司。分配频谱的主要目的是防止信号重叠和干扰。但事实上，仍会有干扰发生。例如，微波炉、无线 LAN 和移动电话等设备就工作在同一频率。这里列出一些常见的频率分配。

电磁波频谱 10kHz～1GHz 为无线电频率，它包含的广播频道被分为短波无线频带、甚高频电视及调频无线电频带、超高频无线电及电视频带。无线电波很容易产生，可以传播很远，轻易穿过建筑物，因此被广泛用于通信，无论室内还是室外。无线电波同时还是全方向传播的，也就是它能从源向任意方向传播，因此发射和接收装置不必在物理上很准确地对准。但是无线电有时候会受到干扰。无线电的特性和频率有关。在较低的频率上，无线电能够轻易地通过障碍物，但是能量随着信号源距离的增大而急剧减小，大致为 $1/r^3$（r 为距离）。在高频上，无线电波趋于直线传播并受障碍物的阻挡，它们还会被雨水吸收。在所有的频率上，无线电波易受到发动机和其他电子设备的干扰。

电磁波频谱在 100MHz 以上称为微波。微波沿着直线传播，可以集中于一点。通过抛物状天线（像常见的卫星电视接收器）把所有的能量集中于一小束，便可以获得极高的信噪比，但是发射天线和接收天线必须精确地对准。除此以外，这种方向性可以使成排的多台发射设备和成排的多台接收设备通信而不会发生串扰。在光纤出现以前,几十年来这种微波构成了远距离电话传输系统的核心。由于微波沿直线传播,因此如果微波塔相距太远,地表就会挡住去路。因此,隔一段距离就需要一个中继站,微波塔越高,传输距离越远。中继站之间的距离大概与塔高的平方成正比。对于100m高的塔,中继站可以相距80km。和低频的无线电不一样,微波不能很好地穿越建筑物。除此以外,虽然微波在发射器处可以很好地集中,但在传输中还是会发散。某些微波可能被较低的大气层折射,从而比直线传播的微波多走一段距离。它们到达目标时的相位可能不对,从而消除了信号。这种效果被称为多路减弱,这是一个很严重的问题,它和天气及频率有关。

还有一种无线传输介质是建立在红外线基础之上的。红外系统采用**发光二极管**(LED)、注入式激光二极管(ILD)来进行站与站之间的数据交换。红外设备发出的光,非常纯净,一般只包含电磁波或小范围电磁频谱中的光子。传输信号可以直接或经过墙面、天花板反射后,被接收装置收到。红外信号没有能力穿透墙壁和一些其他固体,每次反射都要衰减一半左右,同时红外线也容易被强光源给盖住。红外波的高频特性可以支持高速率的数据传输,它一般可分为点到点与广播式两类。点到点红外系统是我们大家最熟悉的,如大家常用的遥控器。红外传输器使用光频(100GHz~1000THz)的最低部分。除高质量的大功率激光器较贵以外,一般用于数据传输的红外装置都非常便宜。然而它的安装必须精确到绝对点对点。目前它的传输速率一般为几千比特每秒,根据发射光的强度、纯度和大气情况,衰减有较大的变化,一般距离为几米到几千米不等。聚焦传输具有极强的抗干扰性。广播式红外系统是把集中的光束,以广播或扩散方式向四周散发。这种方法也常用于遥控和其他一些消费设备上。利用这种设备,一台收发设备可以与多台设备同时通信。

光波传输也是一种很重要的传输方式。无导向的光信号已经使用了几个世纪。比如可以通过装在楼顶的激光来连接两栋建筑物里的LAN。激光的连续光信号当然是单向的,因为每栋楼房都有自己的激光以及测光装置。这种方法可以用极低的成本提供极高的带宽。无线激光通信有以下优点:通信容量大;频率自由;安装简便、灵活性强;误码性能好、抗干扰性强。在具有优点的同时,无线激光通信也具有一些弱势:无线激光通信的传输距离近;误码性能不及光纤通信;受天气影响,应用区域受限制。

3.5 物理层数据传输技术

本节介绍三种典型的物理层传输技术:光传输、无线传输和卫星传输。

3.5.1 光传输

1985年,Bellcore提出同步光纤网(Synchronous Optical Network,SONET)标准,美国国家标准学会(American National Standards Institute,ANSI)通过一系列有关SONET的标准。1989年,国际电报电话咨询委员会(CCITT)接受SONET概念,制定了同步数字系列(Synchronous Digital Hierarchy,SDH)标准,使之成为不仅适用于光纤也适用于微波和卫星传输的通用技术体制,与SONET有细微差别,SDH/SONET定义了一组在光纤上传输光信号的速率和格式,通常统称为光同步数字传输网,是宽带综合数字网的基础之一。SDH/SONET采用时分复用(Time Division

Multiplexing，TDM）技术，是同步系统，由主时钟控制，精度为 10^{-9}。两者都用于骨干网传输，是对沿袭应用的准同步数字系列（Plesiochronous Digital Hierarchy，PDH）的一次革命。

SONET 是一种用于高速数据通信的光纤传输系统。SONET 被电话公司和公用通信公司部署，其速率从 51Mb/s 直到几千兆比特每秒。SONET 是一种提供先进网络管理和标准光纤接口的智能系统。它采用自恢复环结构，如果一条线路发生故障，它能够改道传输。SONET 干线广泛用于汇集低速 T1 和 T3 线路。而欧洲相应的标准是 SDH。SONET 多用于北美和日本，SDH 多用于中国和欧洲。

SDH/SONET 作为一种传输技术，其优点是传输速率高，传输时延小，可组成自愈环网络，使网上传输的业务得到充分保护，在传输网上被大量采用，成为目前光纤网上的骨干传输设备。

（1）SONET 必须使不同线路能够互相连接工作，这正是制定 SONET 标准的初衷。

（2）统一美国、欧洲和日本的数字系统，它们都是基于 64kb/s 的脉冲编码调制（Pulse Code Modulation，PCM）信道。SONET 以不同（且不兼容）的方式合并这些信道。

（3）SONET 必须以某种方式将多个数字信道复用到一起。在设计 SONET 时，美国实际上广泛使用的最高速数字线路是 T3（44.76Mb/s）。T4 已经定义好，但是还很少使用。而 T4 以上没有定义。SONET 的部分任务是继续 Gb/s 以上线路的定义。同时还需要一种标准方式把多个低速信道复用到一个 SONET 信道。

（4）SONET 必须支持操作（Operation）、管理（Administration）和维护（Maintenance），即 OAM。

SONET 最初的目的是整合传统的 TDM 系统，整个光纤的带宽被一个信道占用，该信道为多个子信道分配占用时隙。与之相对应的允许不规则信元的事实使它被称为异步传输模式（Asynchronous Transfer Mode，ATM）。

SONET 不仅适用于光纤，也可用于微波、电缆和卫星的传输系统。

SONET 系统由交换机、多路复用设备和中继器构成，相互之间都由光纤连接。图 3.11 是有一台中间多路复用设备和两台中间中继器的从源到目的地的路径。在 SONET 中，直接从一台设备到另一台设备，中间没有其他设备而直接由光纤相连，称为段。两台多路复用设备之间（中间可能还有一台或多台中继器）的线路称为一条线路。源和目的之间的连接（可能有一台或多台多路复用设备和中继器）称为通路或路径。

SONET 帧长 810B，每 125μs 发送一次，即 1s 发送 8000 次。由于 SONET 是同步的，因此不论是否有数据，帧都被发送出去。这与 PCM 每秒采样 8000 次是一致的。速率是 $810×8×8000=51.84$Mb/s，这就是基本的 SONET 信道，称为同步传输信号-1（Synchronous Transport Signal-1，STS-1）。所有的 SONET 干线都是由多条 STS-1 构成的，如 STS-3（3 个 STS-1）、STS-12（4 个 STS-3）等。SONET 使用的多路复用方法是 TDM。具体来说，是按字节来进行多路复用的。例如，当 3 条 51.84Mb/s 支流的 STS-1 被多路复用成 STS-3 时，多路复用设备首先输出支流 1 的 1B，然后是支流 2 的 1B，最后是支流 3 的 1B，接下来再从支流 1 开始。

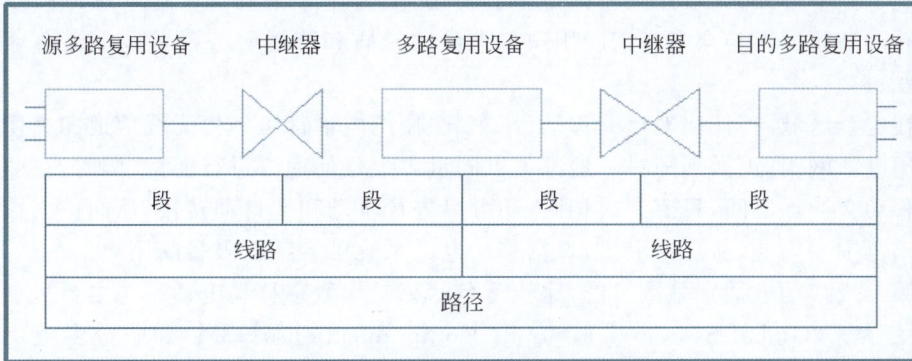

图 3.11　SONET 设备间路径

另外,干线命名还有 OC-n、OC-nc(c 表示没有被多路复用,是从 OC-n 传输过来的数据)。其中 OC-3c 最有名,其速率为 155.52Mb/s。后来 OC-3c 干线被 ATM 使用传输其信元。

3.5.2　无线传输

比较著名的无线传输技术就是移动电话系统。模拟移动电话系统主要采用模拟和频分多址(Frequency-Division Multiple Access,FDMA)技术,属于第一代移动通信技术。模拟蜂窝移动电话通过电波所传输的信号模拟人讲话声音的高低起伏,因此这种通信方式被称为"模拟方式"。模拟移动电话系统的质量完全可以与固定电话媲美,使通话双方能够清晰地听出对方的声音。但模拟移动通信与数字移动通信相比保密性较差,极易被并机盗打;只能实现话音业务,无法提供丰富多彩的增值业务;网络覆盖范围小且漫游功能差;模拟手机体积大、质量大、样式陈旧,加之手机供应商早已停止生产模拟手机,使模拟手机的维修与更新受到严重制约。

模拟移动电话系统主要是蜂窝式的结构,如图 3.12 所示。20 世纪 70 年代初,贝尔实验室提出蜂窝系统的覆盖小区概念和相关理论后,这一技术立即得到迅速发展,很快进入了实用阶段。在蜂窝式的网络中,每一个地理范围(通常是一座大中城市及其郊区)都有多个基站,并受一台移动电话交换机的控制。

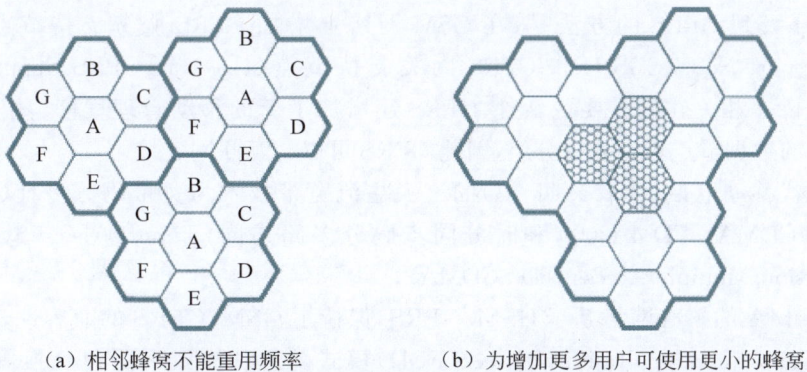

(a) 相邻蜂窝不能重用频率　　　(b) 为增加更多用户可使用更小的蜂窝

图 3.12　模拟移动电话系统结构

在建筑学上,蜂巢是经济高效的结构方式,移动网络是否可以采取同样的方式,然后在相邻的小区使用不同的频率,在相距较远的小区就采用相同的频率。这样既有效地避免了频率冲突，又可让同一频率多次使用，节省了频率资源。这一理论巧妙地解决了有限高频频率与众多高密度用户需求量的矛盾和跨越服务覆盖区信道自动转换的问题。

在这个区域内，任何地点的移动台、车载、便携电话都可经由无线信道和交换机连接公用电话网，真正做到随时随地都可以同世界上任何地方进行通信，同时，在两个或多个移动交换局之间，只要制式相同，还可以进行自动和半自动转接，从而扩大移动台的活动范围。因此，从理论上讲，蜂窝移动电话系统可容纳无限多的用户。

第二代移动电话则是数字的，比较著名的第二代数字移动电话系统主要是全球移动通信系统(Global System for Mobile Communications，GSM)和码分多址(Code-Division Multiple Access，CDMA)。GSM 是一个蜂窝网络，也就是说移动电话要连接到它能搜索到的最近的蜂窝单元区域。GSM 网络运行在多个不同的无线电频率上。

CDMA 给每个用户分配一个唯一的码序列(扩频码)，并用它对承载信息的信号进行编码。知道该码序列用户的接收机对收到的信号进行解码，并恢复出原始数据，这是因为该用户码序列与其他用户码序列的互相关性是很弱的。由于码序列的带宽远大于所承载信息的信号的带宽，编码过程扩展了信号的频谱，因此也称为扩频调制，其所产生的信号也称为扩频信号。CDMA 通常也用扩频多址(Spread Spectrum Multiple Access，SSMA)来表征。对所传信号频谱的扩展给予 CDMA 以多址能力。

与 FDMA 和时分多址(Time-Division Multiple Access，TDMA)相比，CDMA 具有许多独特的优点，其中一部分是扩频通信系统所固有的，另一部分则是由软切换和功率控制等技术所带来的。CDMA 移动通信网由扩频、多址接入、蜂窝组网和频率再用等几种技术结合而成，实现了频域、时域和码域三维信号的协作处理，因此它具有抗干扰性好、抗多径衰落、保密安全性高、同频率可在多个小区内重复使用、所要求载波信号和干扰强度比(C/I)小于 1、容量和质量之间可做权衡取舍等属性。这些属性使 CDMA 比其他系统有非常重要的优势。

在 2G 向 3G 过渡的时候出现了通用分组无线业务(General Packet Radio Service，GPRS)技术。GPRS 是在 GSM 的网络上增加了基于 IP 的分组交换网络，从而得到更高的数据传输速率。3G 的核心网是基于 IP，使得 GPRS 再向 3G 过渡时可以改动更少。将 GSM 升级到 GPRS 的方法是，在 GSM 网络上增加 GPRS 服务支持节点(Serving GPRS Support Node，SGSN)和 GPRS 网关支持节点(Gateway GPRS Support Node，GGSN)。除了相关软件需要更新外，GPRS 还增加了新的移动管理程序。由于 GGSN 与 SGSN 的数据节点可以处理分组，因此 GPRS 可以与互联网连接。

第三代移动电话(或者又叫 3G)的三大主流宽带技术为宽带码分多址(Wideband CDMA，WCDMA)、CDMA2000 和时分同步码分多路访问(Time Division-Synchronous Code Division Multiple Access，TD-SCDMA)。

WCDMA 的核心网络基于 GSM/GPRS，保持了 GSM/GPRS 的兼容性，使用的是频分双工(Frequency-Division Duplex，FDD)模式。这种模式采用包交换等技术，来提高频谱的利用率，实现高速的带宽。CDMA2000 可以分为 1× 和 3× 两种系统。它具有多种信道带宽，可以支持多种射频。与 WCDMA 类似，它也是频分双工(FDD)模式。TD-SCDMA 采用的是时分双工(Time-Division Duplex，TDD)模式，可以很好地利用频率资源。

当手机发生移动时，WCDMA 和 CDMA2000 的切换方式为"软切换"。即并不先中断手机与原基站的联系，先让手机连接新的基站，再切断与原有基站的连接。这种方式对信道的资源占用较大。而 TD-SCDMA 使用另外一种切换方式，叫作"越区切换"技术。当用户进入切换区时，基站控制器会通知另一基站做好切换准备，然后先与元基站进行切换，再与新的基站进行连接。

4G 使用了与 3G 不同的技术，以长期演进技术（Long Term Evolution，LTE）为例。它在下行频道上结合频分复用和时分复用的相关技术。这个技术就是正交频分复用（Orthogonal Frequency Division Multiplexing，OFDM）技术。在 LTE 中，每一个活跃的移动节点在一个或多个信道频段中分配了一个或多个 0.5ms 时间的时间槽。图 3.13 给出了一个在四个频段分配八个时间槽的示意图。一个移动节点可以通过分配更多的时间槽来得到更大的数据传输速率。时间槽的分配或重新分配往往可以每毫秒执行一次。在使用了多输入多输出（Multiple-Input Multiple-Output，MIMO）通信技术后，使用 20MHz 的无线频谱的 LTE 用户的最大传输速率达到了上行 50Mb/s，下行 100Mb/s。移动节点特定时间槽的分配并不被 LTE 标准强制规定。相反地，在给定频率的给定时间槽上，哪一个移动节点可以用来传输是被一个调度算法决定的。这个调度算法是由 LTE 设备提供商和网络运营商提供的。这种调度还可以和物理层的信道状态关联起来，为更好地利用无线媒体提供条件。同样，用户在下行传输中的优先级也是可以通过这种调度算法实现的。

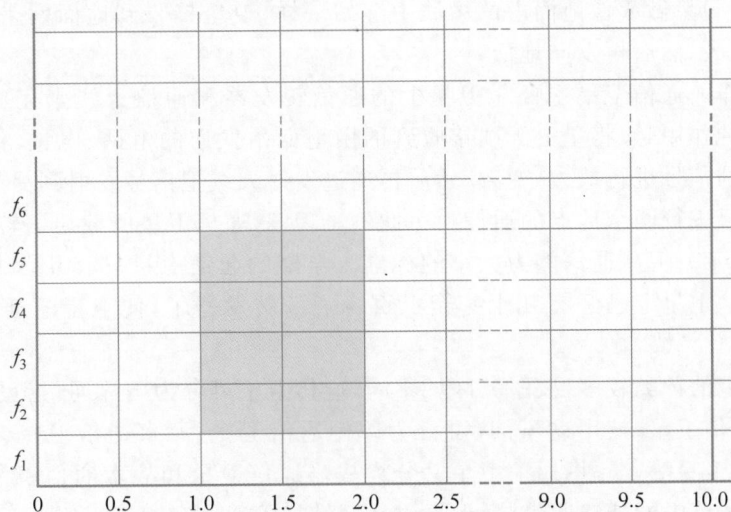

图 3.13   在四个频段分配八个时间槽的示意图

3.5.3   卫星传输

卫星传输是基于通信卫星的通信方式。在通信卫星出现之前，地球上远距离的两地之间要进行通信有两种方法：一种是利用电缆，另一种是利用地面无线电设备。用电缆进行通信，保密性好，传输也比较稳定，但是敷设和维护电缆的成本昂贵。用无线电进行通信，按照无线电波波长的不同，可以分为三种。最早使有的是长波波段（波长从 1000m 到 10000m）。这种波主要是沿地面传播，由于大地对电波的吸收作用，电波强度随传播距离的增加而迅速衰减。为了弥补这种衰减损失,发射机的发射功率必须高达几千瓦,还要把天线架设在几百米高的塔上,所以长波通信工程巨大。此外,长波传输的信息容量很小,还会产生严重失真,因此,现在已经很少采用无线电长波进行通信。后来人们利用无线电短波(波长从 10m 到 100m)进行通信,这种电波是依靠地球上空的电离层的反射进行传播的。可是,电离层随昼夜、季节和地理位置而变化;另外,电离层还受到太阳活动的影响,因此,短波通信很不稳定。最近几十年来,人们开始广泛采用无线电微波进行通信。无线电微波能传输的信息容量很大,又比较稳定。但是,这种电波像光线一样只能在视距范围里直线传播,地球上两地相隔很远,不在视距范围里,就无法利用无线电微波进行直接通信。为了克服这种弱点,人们想出了像接力赛跑那样的中继方法,每隔 50km 左右设立一个中继站,中继站接收到前一站发来的无线电信号后,进行放大,然后再发向下一站,这样,可以把信息传到很远的地方。但是,设置许多中继站,也要耗费巨大的资金,特别是要在崇山峻岭和浩瀚的大洋上建立中继站,就更加困难了。

　　20 世纪 50 年代末,人造地球卫星上天以后,人们很快就想到,在远距离通信中可以利用人造卫星。美国于 1960 年 8 月发射了第一颗这样的卫星。这颗卫星直径是30m,取名"回声 1 号"。实际上它是一个镀铝塑料薄膜制成的气球。由于从这颗卫星反射回地面的无线电波仍然很微弱,要接收这样微弱的无线电波,要求地面接收站设有高灵敏度的接收机,或者要求地面发射站设有大功率的发射机。所以用卫星来反射无线电波进行远距离通信仍然有很大困难。为了加强从卫星上反射回地面的无线电波,人们就把卫星做成像地面上的微波中继站一样,卫星接收到地面发来的无线电波以后,进行放大,然后再发向地面。

　　目前工作的通信卫星主要靠卫星上的通信转发器和通信天线来完成通信任务。通信转发器的作用是,将星上天线接收到的由地面站发送的电话、电报、传真、数据和图像等微弱的信号进行放大、变频,然后再通过发射天线把信号发射到另外的地点,以实现通过卫星进行两个地点的通信。由此不难理解,通信卫星所载通信转发器数量的多少,是衡量某一卫星通信能力大小的标准。早期的通信卫星只有几台通信转发器,而在当代通信卫星上已经有几十甚至上百台通信转发器了,使卫星的通信能力大大提高。

　　通信卫星的种类较多,按服务区域不同,通信卫星可分为国际通信卫星、国内通信卫星、区域通信卫星;按用途不同,可分为军用通信卫星、海事通信卫星、电视广播卫星、数据中继卫星等。军用通信卫星又分为战略通信卫星和战术通信卫星,前者提供远程直至全球范围的战略通信,后者提供地区性战术通信和舰艇、飞机、车辆乃至单兵的移动通信。目前国外已经建立军用通信卫星系统的国家和国际组织有美国、俄罗斯、英国、法国和北约组织。

　　构建卫星互联网的通信卫星可以根据其所在轨道高度进行分类,包括静止轨道卫星(地球静止轨道卫星)和非静止轨道卫星(中地球轨道卫星,以及低地球轨道卫星)。下面简单介绍不同种类的卫星。

　　1. 地球静止轨道卫星以及倾斜地球同步轨道卫星

　　地球静止轨道(Geostationary Earth Orbit,GEO)卫星为位于赤道上方 35800km的地球同步卫星。在这个高度上,一颗卫星的通信范围几乎可以覆盖整个半球,形成一个区域性通信系统,该系统可以为其卫星覆盖范围内的任何地点提供服务,例如一颗 GEO 卫星可以覆盖美洲大陆的连续部分。

然而,GEO 卫星与地球的距离遥远,需要使用较大口径的通信天线,同时会给信号传输带来上百毫秒的时延,难以满足部分实时应用的需求。此外,GEO 卫星所在的轨道只有一条,且轨道上相邻卫星的间隔不能过小,否则地面站将受到天线口径的制约而无法分辨出邻近的 GEO 卫星。例如,在 Ka 频段(17~30GHz)为了能够分出 2° 间隔的 GEO 卫星,地面站天线口径的合理尺寸应不小于 66cm。在这种条件下,只能容纳 180 颗 GEO 卫星。

倾斜地球同步轨道(Inclined Geo Synchronous Orbit,IGSO)也被称为 GIO (Geosynchronous Inclined Orbit)。轨道高度约为 35700km。GEO 的轨道倾角为 0°, 而 IGSO 的轨道倾角大于 0°。例如,我国北斗卫星导航系统部分卫星就用该轨道,轨道高度约为 35786km,倾角为 55°。

2. 中地球轨道卫星

中地球轨道(Medium Earth Orbit,MEO)卫星主要是指卫星轨道距离地球表面 2000~20000km 的地球卫星。相比于地球静止轨道卫星。MEO 卫星具有时延小、发射成本低等优势,因此更适用于满足卫星互联网服务需求。然而,由于 MEO 卫星的覆盖范围有限,需要多个 MEO 卫星组成星座来实现泛在的网络接入,因此整体维护开销更大。此外,MEO 卫星与地面始终处于相对运动中,给组网技术和切换设计带来了一定困难。

运行于中地球轨道的卫星大都是导航卫星,例如全球定位系统(Global Positioning System,GPS,20200km)、格洛纳斯系统(19100km)、北斗卫星导航系统(21500km)以及伽利略卫星导航系统(23222km)。部分跨越南北极的通信卫星也使用中地球轨道。此外,比较典型的中地球轨道卫星互联网系统有 O3b。O3b 名字的含义是"其他 30 亿"(Other 3 billion),表示为了解决全球剩余 30 亿由于地理、经济等因素而未能接入互联网的人群的上网问题。O3b 网络公司由互联网巨头谷歌公司、媒体巨头 John Malone 旗下的海外有线电视运营商 Liberty Global 以及汇丰银行联合组建,从 2013 年 6 月开始陆续成功部署了 12 颗 MEO 卫星,共覆盖 7 个区域,采用 Ka 频段,单星吞吐量约为 12Gb/s。

3. 低地球轨道卫星

低地球轨道(Low Earth Orbit,LEO)卫星利用运行在 200~2000km 轨道高度的卫星群向地面提供宽带互联网接入服务,通过多颗卫星组网实现全球覆盖。相比于上述两种卫星,LEO 卫星在提供互联网服务时有很多优点。LEO 卫星的轨道高度仅是 GEO 卫星的 1/80~1/20,所以其信号衰减通常比 GEO 卫星低很多,所需要的发射功率是 GEO 卫星的 1/2000~1/200,传播时延仅为 GEO 卫星的 1/75,这对支持大规模的实时业务是十分必要的。

然而,由于运转周期短和轨道倾角大等原因,LEO 卫星相对于地球上的观察者的运动速度更快。因此,为了保证在地球上任一点均可以实现 24 小时不间断通信,必须精心配置多条轨道及一大群 LEO 卫星,称为 LEO 星座或巨型星座(megaconstellation)。这样一个庞大而复杂的空间系统如何实现稳定可靠的运转,涉及技术上和经济上的一系列问题。各种卫星的对比如表 3.8 所示。

表 3.8　各种卫星的对比

对 比 项 目	低地球轨道卫星	中地球轨道卫星	地球静止轨道卫星
运行轨道	200～2000km	2000～20000km	35800km
覆盖范围	小	较小	大
传输时延	小	较小	大
部署开销	大	中	小
拓扑动态性	高	较高	低
星座大小	大	中	小
应用系统	Starlink、OneWeb、Globalstar、ORBCOMM、Iridium	O3b、GPS、北斗卫星导航系统	IPSTAR、宽带全球区域网络、Spaceway-3、北斗卫星导航系统部分卫星

3.6　物理层设备

工作在物理层的设备主要包括中继器和集线器。下面是两种设备的详细介绍。

3.6.1　中继器

中继器是典型的物理层设备之一。它是用来处理自己连接的线缆上的信号的模拟设备。其主要功能为将所连接线缆上的信号清理、放大,然后再放到另一个线缆上。需要注意的是,它并不考虑信号的种类,无论是数字信号还是模拟信号,中继器的功能就是将信号放大以补偿信号的衰减,从而增加数据的传输距离。中继器所解决的问题是在传输过程中,在线缆上传输的信号会随着传输的过程其功率会逐渐衰减。衰减到一定程度就会造成信号失真,因此就会导致接收错误。中继器可以重新放大衰减的信号,以确保有效传输。因此,从中继器的功能可以看出,中继器可以用于连接同一个网络的两个或多个网段。例如,在常用的以太网中,中继器可以用于扩展总线的电缆长度,标准细缆以太网的每段长度最大 185m,最多可有 5 段,在增加中继器后,最大网络电缆长度则可扩展到 925m,从而扩大了通信距离。总的来说,中继器的优点包括:

(1) 增加通信距离;

(2) 连接不同网段;

(3) 安装简单,无须配置;

(4) 可以连接不同网络介质。

当然中继器也存在一定缺陷,由于需要对信号进行放大处理,因此增加了时延。此外,中继器负载很高时可能会发生帧丢失现象,且出现故障时会影响连接的网络。

3.6.2　集线器

集线器是一台具有多条输入线路的设备,它将这些线路连接在一起。类似一个多接口的转发器,它会将从一条线路上接收到的帧转发到其他线路上。然而,当两个帧同时到达时,会发生碰撞冲突的现象。尽管集线器可以与以太网配合使用,但它并不会检查链路层地址,也不使用该地址。集线器工作在物理层,其主要功能是简单地转发比特,而不进行碰撞检测。与中继器类似的是,集线器也会对收到的信号进行再生或放大,来支持远距离传输,不同的是集线器的目的是将一个端口传来的信号复制转发到其他所有端口。此外,集线器还采用了带冲突检测的载波监听多路访问(Carrier Sense Multiple Access With Collision Detection,CSMA/CD)协议。集线器的工作流程如下:

(1) 节点发信号到线路,集线器接收该信号;

(2) 因信号在电缆传输中有衰减,集线器接收信号后将衰减的信号整形放大;

(3) 集线器将放大的信号广播转发给其他所有端口。

在局域网场景中,当维护局域网的环境是总线状或环状结构时,完全可以用集线器建立一个物理上的星状或树状网络结构。在这方面,集线器所起的作用相当于多端口的中继器。

3.7 本章总结

本章主要介绍了物理层的技术以及数据通信的基本原理。数据通信原理属于通信范畴的知识,点对点之间的通信构建了整个计算机网络数据传输的基础。

本章首先介绍了傅里叶分析和傅里叶变换是数据通信的重要理论基础。还介绍了一些通信理论中的基本概念,包括有限带宽信号以及信道的最大数据传输速率,并介绍了两个最重要的通信领域公式——奈奎斯特公式和香农公式,这两个公式给出了信道上的数据传输速率上界,给物理层的设计奠定了理论基础。

本章介绍了数据通信的基本定义,具体来说包括模拟通信和数字通信两部分。还介绍了多种编码技术,物理层通过调制方法将信号比特转换为物理介质上的载波。在数据通信中常常用到多路复用技术,这是因为通信线路的带宽往往大于单一业务需求且一条链路可能被多个终端共享使用,那么需要通过多路复用技术在一条通信线路上传输多路信号,以提高通信线路利用率。具体来说,多路复用技术从复用方式的不同可以分为频分复用、波分复用、时分复用和码分复用。为了能进一步支持数据在网络中的传输,计算机网络采用了交换技术来将数据发送到目的地。根据交换方式的不同,计算机网络中的数据交换方式可分为电路交换、报文交换和分组交换。

物理层是 OSI 参考模型的最底层,为数据的传输提供了通信介质,建立了通信设备之间的物理连接,这些介质可以是电缆、光纤、无线电、激光等(取决于通信场景)。同时,物理层的主要功能是将上层交付下来的数字信号转换为物理介质能传播的信号,并在对端将该信号转换为上层能够理解的数字信号。此外,物理层是所有网络的基础,物理层提供机械的、电气的、功能的和规程的特性,目的是启动、维护和关闭数据链路实体之间进行比特流传输的物理连接。

物理层的传输介质可以是有导向和无导向的。常见的有导向介质包括同轴电缆、双绞线和光纤,无导向介质包括无线电、微波、红外线和激光。从大类来看,上述传输介质可以分为有线和无线两大类。

基于不同的介质,物理层的数据传输方式也有所不同,而现有常见的技术有光传输、无线传输和卫星传输,这些传输适用于不同的网络场景,并且在制式、标准、协议、容量上都有所不同,读者在学习该章时要重点理解这些传输方式的异同点。

最后,本章介绍了物理层设备,主要包括中继器和集线器两种,这两种设备对放大物理层信号、连通网络具有重要作用。

习题 3

1. 请计算 $f(t) = t(0 < t < 1)$ 的傅里叶系数。

2. 一条 b 波特的线路,如果电压 0、1、2、3 被使用,那么线路的比特率为多少?

3. 若一信道宽 5MHz。如果使用 4 级信号,每秒最多可以发送多少比特?

4. 在一条信噪比为 50dB 的信道上发送一个 4GHz 的二进制信号,则根据香农定理最大数据传输速率是多少?

5. 奈奎斯特定理对单模光纤和铜线都成立吗?

6. 假设需要一根光纤来发送数据在计算机屏幕上呈现。已知屏幕的分辨率为 1920×1080,每个像素为 24 位,每秒需要产生 60 帧的画面图像,则需要多大的数据传输速率?

7. 请给出数据通信系统的结构,并说明主要部分的作用。

8. 在一个星座图中,所有的点都位于水平坐标轴上,这是哪一种调制解调方案?

9. 数据在信道中的传输速率受哪些因素的限制? 香农公式在数据通信中的意义是什么?

10. 用香农公式计算一下,假定信道带宽为 3100Hz,最大信道传输速率为 33kb/s,那么若想使最大信道传输速率增加 30%,则信噪比 S/N 应增大到多少倍?

11. 使用多路复用技术的原因是什么? 常见的多路复用技术有哪些?

12. 请对比电路交换、报文交换和分组交换三种交换技术。

13. 数字信号和模拟信号的区别是什么?

14. 双绞线和同轴电缆的优势和劣势分别是什么?

15. 使用光纤作为传输介质的优点有哪些?

16. 卫星网络中根据所在的轨道位置不同,有几种不同的通信卫星?

17. LTE 和 Mobile WiMAX 的第一个版本是否严格属于 4G 技术? 为什么?

18. 请解释集线器的功能。

19. 请简述中继器和集线器的区别。

第 4 章

点到点无差错传输和数据链路层

本章将详细介绍网络模型的第二层：数据链路层。与物理层不同，物理层仅关注单个比特的传输，而数据链路层则专注于两台相邻计算机之间如何通过可靠且高效的方式传递完整的信息单元（帧）。由于相邻计算机之间的网络可以采用多种不同的物理层技术，例如双绞线、光纤、无线局域网、5G 网络、卫星链路等，因此数据链路层需要考虑复杂的物理层特性，并为网络层提供统一的服务。

本章将详细介绍数据链路层协议的主要功能和实现机制，同时也将介绍几种典型的链路层协议，以便读者能够全面了解。

4.1 数据链路层的定义和功能

数据链路层利用物理层提供的信道（可能是不可靠的信道）进行数据传输，因此其主要任务是解决在不可靠线路上实现无差错数据帧传输的问题，为网络层提供服务。

在实际网络中，存在两种截然不同类型的数据链路层信道。第一种是**点对点通信链路**，例如非对称数字用户线（Asymmetric Digital Subscriber Line，ADSL）与业务路由器之间的通信链路，以及互联网中两台路由器之间的通信链路。在这种链路上，需要解决的关键问题包括成帧、差错控制和流量控制等。第二种类型是**广播信道**，许多网络设备（如主机）连接到同一个通信信道上。在这种情况下，需要额外的机制来协调多台设备的传输，避免碰撞，实现共享介质的多路复用。这种功能通常称为介质访问控制（Medium Access Control，MAC）。本章将重点介绍第一种链路层信道。

首先，明确几个重要的概念。如图 4.1 所示，网络中的通信实体，例如**主机**、**交换机**和**路由器**，被称为**节点**（node）。连接相邻节点的通信信道在通信路径上被称为**链路**（link）。数据链路层协议定义了在一条链路上两个节点之间交换的数据单元格式，以及节点发送和接收数据单元的动作。这里需要区分与链路相关的两个概念，即**点到点**（point-to-point）通信和**端到端**（end-to-end）通信。点到点通信是指在一条链路上的两个相邻节点之间的通信。

而端到端通信是指从源节点（source node）到目的节点（destination node）的通信，这种通信路径可能由经过多个转发节点的多段链路组成。需要注意的是，本章后面经常使用的术语站点（station）与这里的节点类似，但站点更侧重于数据链路层帧的收发，而节点是一个更抽象的概念。

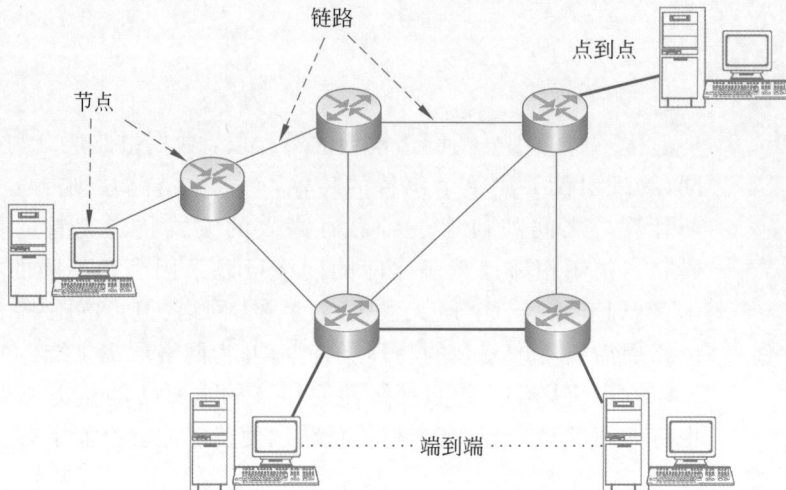

图 4.1 节点、链路及点到点、端到端的概念

国际标准化组织（ISO）对数据链路层给出了以下定义：数据链路层的目的是提供功能和规程的方法，以建立、维护和释放网络实体之间的数据链路。从协议参考模型的角度来看，数据链路层位于物理层和网络层之间，利用物理层提供的服务向网络层提供服务。对于网络层而言，只需将要发送的分组交给数据链路层即可，具体的通信过程似乎在数据链路层中发生。实际上，数据链路层需要进一步调用物理层的比特流传输功能来完成通信，只是向网络层屏蔽了物理通信的细节。图 4.2 对比了物理层的实际数据通路和数据链路层的虚拟数据通路。

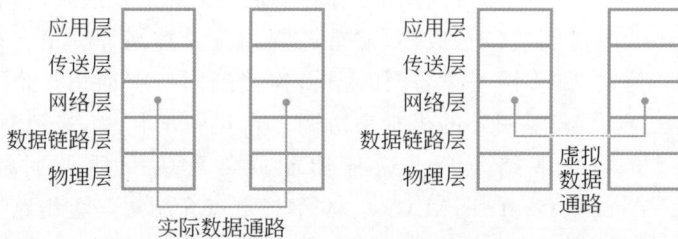

图 4.2 物理层的实际数据通路和数据链路层的虚拟数据通路

数据链路层提供了三种不同类型的服务，以满足网络层的通信需求。这三种服务分别是无确认的无连接服务、有确认的无连接服务和有确认的面向连接服务。

无确认的无连接服务指的是源主机向目的主机发送独立的数据帧，而目的主机不对这些帧进行确认。在这种服务中，接收方不会确认接收到的帧，通信开始前无须建立连接，通信结束后也无须释放连接。由于该服务没有实现错误处理机制，如果由于链路噪声导致数据帧丢失，数据链路层将无法检测或恢复该帧。这种服务具有高处理效率和简单操作的特点，因此在链路传输错误率较低的情况下非常适用，例如以太网。此外，该服务还适用于对数据传输错误不敏感的实时语音和视频通信，因为少量数据丢失对于传输时延的影响较小。

有确认的无连接服务指的是源主机向目标主机发送独立的数据帧,目标主机会对接收到的帧进行确认。这种服务可以提高数据传输的可靠性。在这种服务中,没有建立逻辑连接,但接收方会对每一帧进行确认。这样,发送方可以确定每一帧是否已正确到达目的地,或者是否丢失。如果某一帧在规定的时间内未到达,发送方将重新发送该帧。这种服务特别适用于不可靠的信道,例如无线信道。

有确认的面向连接服务是数据链路层提供的最可靠的数据传输服务。在这种服务中,发送方和接收方在传输数据之前需要建立一个逻辑连接。每一帧都被编号,并按照编号顺序发送,要求接收方按正确的顺序接收。如果链路上发生帧丢失现象,发送方可以通过确认机制识别并重新发送丢失的帧,以确保每一帧都被正确接收。这种服务相当于为网络层提供了可靠的数据流。这是数据链路层提供的最复杂的服务,因为它需要在数据传输之前建立逻辑连接,并在传输过程中分配和管理各种资源,最后在数据传输完成后释放资源并断开逻辑连接。

接下来,将介绍数据链路层的基本功能:成帧、检错、纠错和流量控制。

4.1.1 成帧

前面的章节详细介绍了物理层的基本功能:从一个节点传输比特流到另一个节点。然而,物理层并不关心传输的数据内容,只关注比特流本身。在存在较多噪声的信道中,例如无线网络,物理层可能会通过添加冗余比特来降低错误率,但无法保证数据的完整性和正确性,可能会出现比特错误、丢失或重复的情况。因此,在物理层之上定义数据链路层是必要的,用于检测和纠正这些错误,并提供数据的控制功能。

为了实现这些目标,通常将比特流分割为多个独立的帧,并逐帧进行控制和传输。帧的划分方法有多种,但良好的设计应该使发送端能够方便地构建帧,接收端能够轻松识别帧,并尽可能节省带宽。下面将探讨一些常见的帧划分方法。

- 字符计数法:通过在每个帧的开头或结尾处添加字符计数字段来标识帧的长度。这种方法简单直观,但需要额外的计数字段,可能会浪费一些带宽。
- 字节填充的标志定界法:使用特定的标志字节作为帧的起始和结束标记,同时在帧内部遇到标志字节时进行字节填充。这种方法易于实现和识别,但可能会引入额外的字节开销。
- 比特填充的标志定界法:类似字节填充的标志定界法,但是使用比特填充来处理帧内部的标志比特。这种方法可以更有效地利用带宽,但在接收端需要进行比特解 stuffing 操作。
- 物理层编码违例法:利用特定的编码规则,将帧的起始和结束位置定义为物理层编码违例。这种方法允许帧的定界与物理层编码相结合,提高了传输的可靠性。

这些帧划分方法各有优劣,具体选择取决于应用的需求和实际情况。在接下来内容中,将进一步探讨成帧方法和实现细节。

1. 字符计数法

字符计数法是一种简单的成帧方法,它在帧的开头添加一个计数字段,表示帧的长度。发送方在发送帧之前,先计算帧的长度,然后将这个长度写入计数字段,再将帧发送出去。接收方收到帧后,先读取计数字段,然后读取相应长度的数据。图 4.3(a)给出了一段字节流的例子,其中有 4 个帧,每个帧的长度分别为 5 字节、6 字节、7 字节、8 字节。

这种方法看起来简单且有效,然而对物理信号导致的差错非常敏感和脆弱。如果接收方收到的帧长度不正确,那么接收方就会收到一个错误的帧,后续数据都会连带着出错。图 4.3(b)给出了有一个差错的例子,其中第二个帧的长度出错,导致后续的数据都无法正确接收。因此,目前这种方法很少被使用。

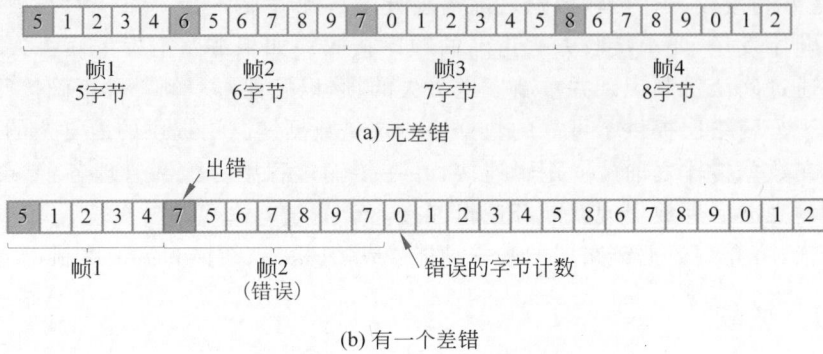

(a) 无差错

(b) 有一个差错

图 4.3　字符计数法的字节流

2. 字节填充的标志定界法

在字符计数法中,一旦发生错误,通信双方便会完全失去对数据流的同步能力。为了解决这个问题,人们考虑在每个帧的开头和结尾添加特殊的字节来表示帧的起始和结束。起始符号和结束符号可以相同,也可以不同。当传输中发生错误时,接收方可以跳过该帧,搜索下一个起始定界符来重新进行同步。

相较于字符计数法,字节填充的标志定界法更为健壮,但也存在其独特的问题。当需要传输的数据流中出现与定界符相同的比特串时,这些比特串会干扰帧同步,该怎么办呢? 为了解决这个问题,一种解决方案是在这些比特串前后填充特殊的比特串,以标识这些比特串是数据而不是定界符。接收方通过检查这些特殊的比特串来区分是否为真正的数据载荷,然后去除填充部分以还原原始的数据载荷。

这里介绍一种简单的字节填充的标志定界法应用。该方法使用标志字节(flag byte)作为帧的起始和结束标识。在数据内部出现的标志字节之前插入特殊的转义字符(ESC)来区分真正的定界符。图 4.4 展示了这种方法的示例,用 FLAG 来表示帧的起始和结束。

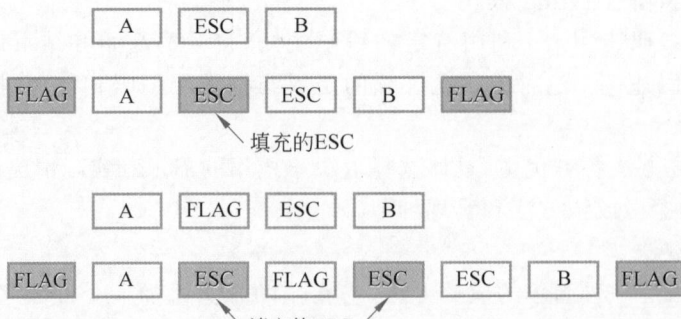

图 4.4　字节填充的标志定界法

　　发送方在数据流的开头和结尾添加 FLAG 定界符,并在数据流中的每个 FLAG 和 ESC 之前添加 ESC 转义字符。接收方在接收到数据流后,首先去除两端的 FLAG 定界符,然后去除数据部分中填充的 ESC 转义字符,以还原原始的数据流。

　　这种简单的字节填充的标志定界法可以通过添加和处理转义字符,确保数据流的准确传输和还原。此方法能够有效地划分帧,并解决了定界符和转义字符可能引起的干扰问题,从而保证了帧的正确识别和传输。

　　然而,这种方法的主要缺点是它对字节长度有依赖性。如果使用最常用的 8 比特字节,那么帧长度必须是 8 的倍数,这限制了其他长度字节的使用。

3. 比特填充的标志定界法

　　相较于字节填充,比特填充的标志定界法更加灵活,允许数据的长度和字符比特的长度都可以是任意值。在比特填充中,每个帧的开头和结尾都使用特定的比特串进行标识,例如使用 01111110(0x7E)。当待发送的数据中出现连续的 5 个"1"时,为避免与标志串冲突,发送方会自动在数据后面填充一个"0"。而接收方在接收到连续的 5 个"1"后紧跟着一个"0"时,会自动丢弃填充的那个"0"。因此,与字节填充类似,比特填充的标志定界法也对网络层是透明的成帧方法。

　　图 4.5 展示了这种方法的示例。可以看到,与字节填充不同,传输的数据流中不会出现标志比特串,因此可以通过标志比特串明确地识别帧的边界。接收方只需扫描数据流中的标志比特串,就能够在失去同步后重新实现帧同步。

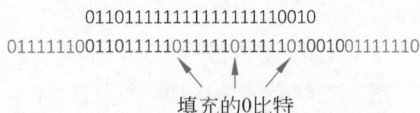

```
011011111111111111110010
011111100110111110111110111110100100111110
```

填充的0比特

图 4.5　比特填充的标志定界法

　　字节填充和比特填充都存在帧长度依赖数据内容的缺点。如果数据中没有特殊字符,帧长度几乎等于数据长度;如果数据几乎全是特殊字符,字节填充会导致帧长度约增加一倍,而比特填充略好一些,帧长度大约增加 1/8。因此,这两种方法的开销是不可预测的,不是在所有情况下都适用的。在一些有线传输中,如通用串行总线(Universal Serial Bus,USB),比特填充方法得到了很好的应用;而在一些无线传输中,由于对传输码率有更多限制,这种方法就不太适用。

4. 物理层编码违例法

　　在某些网络中,物理层的编码方法包含了辅助接收方的冗余信息。例如,一些局域网使用两个比特位来编码一个数据位:使用"高低"电平对表示"1",使用"低高"电平对表示"0",但不使用"高高"和"低低"的电平组合。类似地,4B/5B 编码方法使用 5 个比特位来编码 4 个数据位,并添加了 9 个控制码,因此有 7 个不使用的码字。所以,可以利用这些在数据中不会出现的码字来表示帧的边界。实际上,这些字符是物理层编码中的非法字符,因此称为物理层编码违例法。这种方法的优点是不需要进行填充以区分帧边界和数据,并且接收方也容易实现。然而,这种方法的缺点是它依赖物理层的编码方法,因此只适用于特定的网络。

　　上述的成帧方法并不是互斥的,实际上,在许多数据链路层协议中会结合使用这些方法,以提高处理效率和增强安全性。例如,在以太网和无线局域网(IEEE 802.11)中采用了一种共同的模式:首先传输较长的前导码以使接收方进行时钟同步,然后传输帧头,其中包含控制信息并标识帧的开始,最后是数据部分。

　　通过采用适当的成帧方法,数据链路层能够有效地管理和传输数据,确保数据的完整性和正确性。这些方法在不同的网络环境和传输要求下具有各自的优缺点,因此需要根据具体情况选择最合适的成帧方法。

4.1.2　检错

从前面章节已经了解到,在物理层中无法保证数据的传输是无差错的。光纤网络通常具有非常低的差错率,而无线网络等物理媒介中差错发生频率较高。尽管实际中可能无法完全避免差错,但可以寻找处理差错的方法。

在网络中,有两种方法可以应对差错:一种是通过添加冗余信息来帮助接收方检测信息是否出现错误,另一种是使用冗余信息来纠正错误。这两种方法在数据编码中得到了应用,前者对应检错码(error detection code),后者则对应纠错码(error correction code)。接下来,先介绍一下编码的基本概念和检错码的原理。

假设有一个长度为 m 的信息数据,通过添加 k 位的冗余得到了一个长度为 n 的序列,将这个新的序列称为 n 位码字(code word)。给定两个被发送和接收的相同长度的码字,在信道传输中可能出现错误,导致两个码字中的数据位出现不同。两个相同长度码字之间不同的位的数量称为海明距离(Hamming distance),以下可简称距离。例如,对于长度为 4 的码字 0110 和 0011,它们的第 2 位和第 4 位不同,因此它们的海明距离为 2。进一步地,如果一组码字之间的海明距离都足够大,那么就可以判断一个同样长度的序列是否出现了差错,甚至可以纠正这个差错。

图 4.6 展示了一对海明距离为 3 的码字的示意图。当一个序列与某个码字的海明距离为 1 时,有很大的概率表明该码字发生了 1 位差错,因此海明距离为 1 的序列是可以被纠正的;当一个序列与某些码字的海明距离为 2 时,可以判断出发生了 2 位差错,但很难确定是哪个码字发生了差错,因此海明距离为 2 的序列是可以被检测出错误的;当一个序列与某个码字的海明距离更大时,它可能是另一个码字,因此无法确定是否发生了差错,更不可能进行纠正。

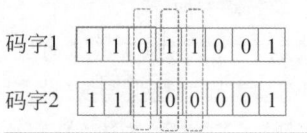

图 4.6　一对海明距离为 3 的码字的示意图

通过使用合适的编码和海明距离,能够在数据传输中检测和纠正错误。检错码和纠错码的选择取决于差错的类型和可容忍的开销。这些编码方法在不同的网络应用中具有广泛应用,以提高数据传输的可靠性和可恢复性。

1. 奇偶校验

奇偶校验是一种常用且简单的检错码方法。它的原理是在数据末尾添加一个比特位,用来表示数据中 1 的数量是奇数还是偶数。奇偶校验有两种方式:偶校验和奇校验。偶校验中,如果数据中 1 的数量为奇数,最终的码字中会有偶数个 1;而奇校验中,如果数据中 1 的数量为偶数,最终的码字中会有奇数个 1。在接收端,如果接收到的码字中的 1 的数量与校验位不匹配,则表示数据传输出错,应该丢弃该段数据。

由于奇偶校验原理简单,只需一些简单的电路即可实现,因此在计算机的硬件中被广泛应用。例如,在串口通信中,常用的数据格式由 7 个数据位、1 个校验位和 1 个停止位组成,可以传输所有的 7 位 ASCII 字符。此外,奇偶校验还广泛应用于硬盘、内存、处理器等领域。

　　然而,奇偶校验无法检测偶数比特的错误,通常只能用于检测 1 比特的错误。为了扩展其功能,出现了"二维奇偶校验"的概念。二维奇偶校验将数据排列成一个矩阵的形式,在行和列上都进行奇偶校验,并添加一个奇偶校验位的校验位。这种方法相对较复杂,但可以纠正 1 比特的错误,甚至可以进一步扩展到更高的维度。

　　奇偶校验能够有效地检测数据传输中的错误,尽管其能力有限,但在一些应用中仍然发挥着重要作用。

2. 循环冗余校验

　　循环冗余校验(Cyclic Redundancy Check,CRC)也是一种常用的检错码方法。它是一种根据数据产生固定位数校验码的散列函数,仅需添加较少的冗余信息便可检测较多的错误。其基于数学中的有限域理论中的多项式环,这种理论保证了其强大的检错能力。

　　对于一条 $n+1$ 比特的消息,可以用一个 n 次多项式来表示它。该多项式的最高幂次是 n,最低幂次是 0,而消息的各个比特对应到多项式中各项的系数。例如,一条 8 比特的消息 10101010 对应的多项式为

$$M(x) = 1x^7 + 0x^6 + 1x^5 + 0x^4 + 1x^3 + 0x^2 + 1x^1 + 0x^0$$
$$= x^7 + x^5 + x^3 + x^1$$

　　为了计算 CRC,发送方和接收方需要先协商一个 k 次幂的除数多项式 $C(x)$。这个多项式的选择直接影响着能被可靠检测的差错类型,因而合理的选择通常是协议设计的一个环节。经过多年的研究后,国际标准定义了 8、12、16 和 32 次幂的 $C(x)$。以太网使用了 CRC-32,而 ATM 网络使用 CRC-8、CRC-10 和 CRC-32。

　　其中使用得最多的除数多项式是

$$x^{32} + x^{26} + x^{23} + x^{22} + x^{16} + x^{12} + x^{11} + x^{10} + x^8 + x^7 + x^5 + x^4 + x^2 + x^1 + x^0$$

　　当发送方需要传输一条 $n+1$ 比特的消息 $M(x)$ 时,需要加上 k 比特的冗余信息作为校验码,构成完整消息 $P(x)$。$P(x)$ 经过特殊构造,可以被 $C(x)$ 整除。如此一来,接收方只需检查是否能用 $C(x)$ 整除 $P(x)$,便可以知道传输中是否发生了差错。

　　发送方如何根据 $M(x)$ 和 $C(x)$ 来构造 k 比特的校验码呢? 这需要依赖多项式系数在二元域上的运算特性,其中包括以下规则:

　　(1) 如果 $B(x)$ 的幂次比 $C(x)$ 高,则多项式 $B(x)$ 可以被多项式 $C(x)$ 除;

　　(2) 如果 $B(x)$ 的幂次与 $C(x)$ 相同,则多项式 $B(x)$ 可以被多项式 $C(x)$ 除 1 次;

　　(3) $B(x)$ 除以 $C(x)$ 所得的余式是 $B(x)$ 减去 $C(x)$ 得到的;

　　(4) $B(x)$ 减 $C(x)$ 时,只需在每一对匹配的系数上执行异或操作。

　　例如,多项式 x^3+1 能被 x^3+x+1 除,余式是 $0x^3+0x^2+1x^1+0x^0 = x$(由每一对系数异或得到)。以比特消息的形式,可以说 1001 能被 1011 除,余式为 0010,恰好是两条消息的按位异或。

　　基于这些特性,构造完整消息 $P(x)$ 的步骤如下:

　　(1) 在消息 $M(x)$ 的末尾加上 k 个 0,称为零扩展消息 $T(x)$;

　　(2) 用 $C(x)$ 除 $T(x)$,得到余式;

　　(3) 用 $T(x)$ 减去余式。

　　经过上述步骤后,得到一条能被 $C(x)$ 整除的消息,即需要的 $P(x)$。以下是一个

描述上述过程的例子。

假设原始数据是 110010，采用 3 次幂的 $C(x)=x^3+1$，步骤如下：

（1）首先将 110010 添加 3 个 0，扩展为 110010000；

（2）如图 4.7 所示，计算 110010000 除以 1001 的余数，得到 100；

```
            110100
      1001)110010000
            1001
            1011
            1001
            1000
            1001
             100 ← 余数
```

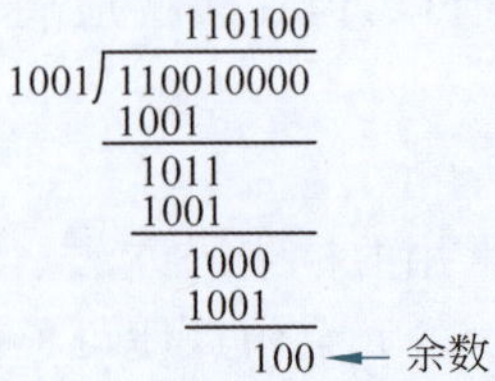

图 4.7　CRC 计算示例

（3）将 110010000 减去余数（等同于 110010 拼接余数），得到 110010100，即为传输的数据。容易验证其能被 1001 整除。

标准的 k 次 CRC 多项式生成的 k 位校验码可以检测小于 $k+1$ 比特的任何突发差错，包含连续比特差错。

3. 互联网校验和

除了奇偶校验、循环冗余校验（CRC），还有一种常用的检错码方法，即互联网校验和，尽管它并不用于数据链路层，但在更高层的应用中被广泛使用。

互联网校验和的思想非常简单，它将所有传输的字节进行累加，并将累加结果与数据一同传输。接收方对接收到的数据执行相同的计算，并将计算结果与传输的校验和进行比较，如果不一致，则表示传输发生了差错。

互联网校验和的优点是冗余信息较少，而且可以用于任意长度的数据。然而，它的检测能力相对较弱，当错误比特较多时可能无法检测出差错。

总结一下，奇偶校验、循环冗余校验（CRC）和互联网校验和都是常用的检错码方法，它们在数据通信中起着重要的作用，用于检测和纠正传输过程中的错误。每种方法都有其适用的场景和特点，具体选择要根据实际需求和设计考虑。

4.1.3　纠错

下面将学习几种经典的纠错码。虽然检错码只能检测接收到的数据是否有错，但是否能进一步纠正数据中的错误呢？

类似检错码，也可以在信息流中添加与信息相关的冗余比特，以便在信息受损时利用相关性从冗余比特中推断受损部分对应的原始信息。一个最简单的纠错方案是将信息传输多遍，在差错程度不是很大时，便可以用接收到的最多的信息来作为原始信息。显然，这种方案添加的冗余过多，并不实用。下面将介绍几种经典的纠错码：

（1）海明码（Hamming code）。

（2）卷积码（convolutional code）。

（3）里德-所罗门码（Reed-Solomon codes，或 RS codes）。

1. 海明码

海明码是一个经典的线性分组纠错码。所谓线性分组，是指海明码编解码时将信息分成一组一组的，每组的长度固定，且编码后的码字处于一个线性空间中。因此，海明码具有较为良好的数学性质，编解码的算法也较为简单。

海明码的编码思路很简单：首先将信息数据分成长度为 k 的若干组，填充到长度为 n 的码字的非二次幂的位置。然后计算奇偶校验位，填充到二次幂的位置。这样的线性分组码用 (n,k) 来表示。表 4.1 展示了 $(11,7)$ 海明码的码字中各位的来源与各奇偶校验位覆盖的位。

表 4.1　（11,7）海明码的码字中各位的来源与各奇偶校验位覆盖的位

码字	1	2	3	4	5	6	7	8	9	10	11
来源	P_1	P_2	D_1	P_4	D_2	D_3	D_4	P_8	D_5	D_6	D_7
P_1	x		x		x		x		x		x
P_2		x	x			x	x			x	x
P_4				x	x	x	x				
P_8								x	x	x	x

　　图 4.8 展示了字符 W 的 7 位 ASCII 码经过海明码编码和纠错的流程。W 的 ASCII 码为"1010111"，将其填入码字中的对应位置后，得到"xx1x010x111"。然后计算各校验位，进一步得到编码结果"10110101111"。假设传输中第 9 个比特发生错误变为了 0，则可以重新计算所有校验位，得到误码图样"1001"，即表示第 9 个比特发生了错误。在反转该比特并去除校验位后，便解码得到原始信息"1010111"。

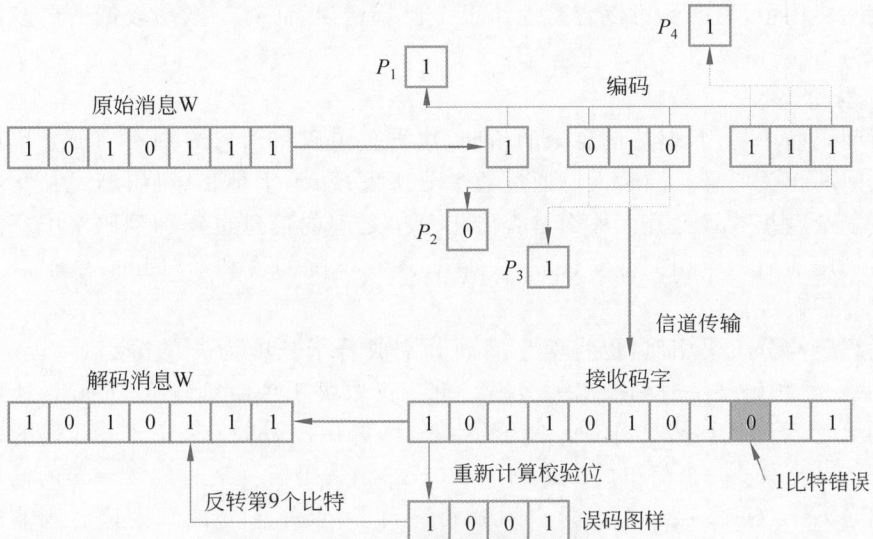

图 4.8　海明码编解码过程

　　上述方法虽然并不复杂，但实际使用起来仍不是非常方便。根据海明码的编码规则和数学性质，可以构建两个矩阵来表示编码和校验过程。对于上述例子中的 11 位海明码，矩阵如下：

$$
G = \begin{bmatrix}
1 & 1 & 1 & 0 & 0 & 0 & 0 & 0 & 0 & 0 & 0 \\
1 & 0 & 0 & 1 & 1 & 0 & 0 & 0 & 0 & 0 & 0 \\
0 & 1 & 0 & 1 & 0 & 1 & 0 & 0 & 0 & 0 & 0 \\
1 & 1 & 0 & 1 & 0 & 0 & 1 & 0 & 0 & 0 & 0 \\
1 & 0 & 0 & 0 & 0 & 0 & 0 & 1 & 1 & 0 & 0 \\
0 & 1 & 0 & 0 & 0 & 0 & 0 & 1 & 0 & 1 & 0 \\
1 & 1 & 0 & 0 & 0 & 0 & 0 & 1 & 0 & 0 & 1
\end{bmatrix}
$$

$$H = \begin{bmatrix} 0 & 0 & 0 & 0 & 0 & 0 & 0 & 1 & 1 & 1 & 1 \\ 0 & 0 & 0 & 1 & 1 & 1 & 1 & 0 & 0 & 0 & 0 \\ 0 & 1 & 1 & 0 & 0 & 1 & 1 & 0 & 0 & 1 & 1 \\ 1 & 0 & 1 & 0 & 1 & 0 & 1 & 0 & 1 & 0 & 1 \end{bmatrix}$$

这里 G 称为生成矩阵，H 称为校验矩阵。对于任意长度为 7 的数据 d，都可以简单地右乘矩阵 G 得到编码结果，即码字 $c=dG$。由于 G 和 H 在二元域上的乘法满足 $GH^{\mathrm{T}}=0$，因此对于接收到的结果 r，如果无错误，则有 $rH^{\mathrm{T}}=cH^{\mathrm{T}}=dGH^{\mathrm{T}}=0$。如果 r 有一位错误，那么 rH^{T} 的结果必然非 0，并可以表示为 $(c+e)H^{\mathrm{T}}=eH^{\mathrm{T}}$，其中 e 为错误位置，仅由一个标识错误位置的 1 和若干的 0 组成。故此时 eH^{T} 的结果就是错误位置的二进制表示，可以通过这个错误位置的索引来纠正错误。

仍以上面传输字符 W 为例，用矩阵书写编码流程如下：

$$[1\ 0\ 1\ 0\ 1\ 1\ 1]G=[1\ 0\ 1\ 1\ 0\ 1\ 0\ 1\ 1\ 1\ 1]$$

同样假定传输中第 9 个比特发生了差错，则校验流程如下：

$$[1\ 0\ 1\ 1\ 0\ 1\ 0\ 1\ 0\ 1\ 1]H^{\mathrm{T}}=[1\ 0\ 0\ 1]$$

实际使用中，海明码可以容易地纠正 1 比特错误，而对于概率较低的更多比特错误无能为力。

2. 卷积码

海明码简单易用，但从信息论的角度，这类分组码将信息流割裂为孤立块后丧失了块之间的相关信息。同时人们通过数学分析发现，码字越长越好，但过长又会导致译码的复杂度指数级上升。那么是否能将分组之间的信息也添加到码字中？能否在译码时利用前后分组相关性？1955 年，麻省理工学院的埃利斯（Elias）基于以上想法提出了卷积码。

卷积码与分组码相似，也将信息序列分割成若干长度为 k 的分组。但与分组码不同的是，卷积码某一时刻输出的编码结果不仅取决于该时刻输入的分组，还取决于之前的 L 个分组的内容。称 $L+1$ 为约束长度，并用 (n,k,L) 来记录卷积码的参数。

图 4.9 展示了一个简单的二进制 $(3,2,1)$ 卷积编码器。某时刻（$i=0$）的输入信息比特组是 $\boldsymbol{m}^0=(m_0^0,m_1^0)$，上一时刻的输入是 $\boldsymbol{m}^{-1}=(m_0^{-1},m_1^{-1})$，则该时刻输出码字是 $\boldsymbol{c}^0=(c_0^0,c_1^0,c_2^0)=(m_0^0+m_0^{-1}+m_1^{-1},m_1^0+m_0^{-1},m_0^0+m_1^0+m_0^{-1})$。显然，每个时刻输出的码字都有前一时刻输入信号的信息。

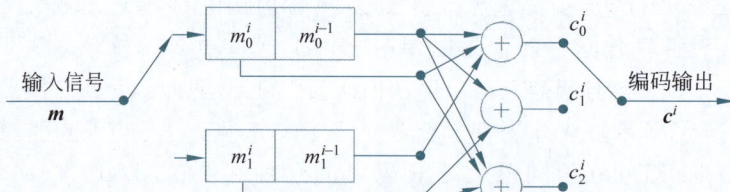

图 4.9　二进制 $(3,2,1)$ 卷积编码器

卷积码的解码过程是找出最有可能产生接收序列的输入序列。其中一种广泛使用的算法是维特比算法（Viterbi algorithm），基于对卷积码序列海明距离的分析进行最大似然译码。维特比算法的执行过程是逐个检查接收序列，存储每一步的可能状态，最终差错最少的序列被认为是输入信息序列。

卷积码的性能深受约束长度和编码器设计的影响。如果设计的卷积码约束长度很长，但输入的信号序列却比较短，那么编码效率便较低，有大量的冗余信息。而编码器设计较差时可能会导致序列海明距离较小，并存在极端情况下整条序列差错的可能。所以卷积码虽然广泛用于各种实践，但也不能胜任所有情况。

3. 里德-所罗门码

里德-所罗门码是一种广泛应用于 CD、DVD、二维码等商业用途的编码技术。与海明码类似，里德-所罗门码也是一种线性分组码，通常将冗余信息添加在数据之后以系统码的形式呈现。然而，里德-所罗门码不是对单独的比特进行操作，而是对连续的多位比特组成的符号进行操作。

里德-所罗门码基于代数理论的原理：一个 n 次多项式可以通过 $n+1$ 个点唯一确定，而其他曲线上的点则是冗余的。因此，可以使用 k 个数据点来唯一确定一个 $k-1$ 次多项式，并选取额外的 $2t$ 个数据点作为校验数据一起发送。接收方只需接收其中的 $k+t$ 个数据点，就可以重新拟合出该多项式，从而恢复全部的信息数据。

虽然里德-所罗门码具有强大的纠错能力，但计算复杂度很高，不适合直接应用。实际上，里德-所罗门码使用的是定义在有限域上的多项式，并通过异或和逻辑与等操作来简化硬件设计。其中最常用的是 (255，223) 码，其中一个符号是 8 比特的字节，一个码字包含 223 个数据符号和 32 个冗余符号。

由于里德-所罗门码基于 m 位符号，因此一位错误和连续 m 位突发错误都会导致一个出错的符号。添加了 $2t$ 个冗余符号的里德-所罗门码可以纠正传输中的任意 t 个符号错误，即最多可以纠正连续 $t \times m$ 位比特的突发错误。对于 CD 上的划痕等擦除错误，这个纠正能力会进一步减弱，最多只能纠正 $2t$ 个错误。

通常情况下，里德-所罗门码与其他编码方式结合使用。例如，卷积码适合处理孤立的比特错误，而里德-所罗门码适合处理连续的突发错误。将两者结合使用可以实现更好的纠错能力。

4.1.4 流量控制

发送方在将数据帧通过物理层发送给接收方时，发送速率取决于多个因素，包括发送方的处理能力、物理链路的传输能力以及接收方的信息处理能力。发送方可能运行在一台高速且强大的计算机上，能够以非常快的速率传输数据或信息。然而，接收方的接收能力可能有限，可能无法及时处理所有传输过来的数据，导致信息丢失。

为了解决这个问题，流量控制被引入。常用的流量控制方法包括基于反馈的流量控制和基于速率的流量控制。

基于反馈的流量控制方法中，接收方在收到数据后发送反馈信息给发送方。这个反馈信息可以告知发送方能否传输更多数据，或者通知发送方接收方当前的处理状态。基于这些反馈信息，发送方可以决定是否继续发送数据。这种方法需要接收方主动发送反馈，以控制发送方的传输速率。

而基于速率的流量控制方法中，发送方以较快的速率向接收方发送数据，但当接收方的处理能力不足以接收时，协议内置的机制会限制发送方的传输速率，而无须依赖接收方的反馈信息。

在本章后续内容中，将介绍数据链路层常用的基于反馈的流量控制方案。基于速率的流量控制方案更常见于传送层的协议中。

4.2   基本数据链路层协议

首先,假设发送方和接收方的机器和进程是可靠的,不会发生断电、重启或崩溃等问题。因此,所讨论的错误只可能是由通信信道引起的。

其次,假设物理层、数据链路层和网络层的功能由独立的进程执行。这些进程之间不相互耦合,通过消息传递进行通信。当接收方的数据链路层接收到一个完整无误的帧时,它会去除帧头,仅将数据包传递给网络层进行处理。同样地,当发送方的数据链路层请求数据时,网络层会直接将新的数据包传递给数据链路层,并由数据链路层生成帧。这种设计使得各层无须了解对方的详细实现,即可完成功能,从而确保了各层的独立性。

以上两个假设贯穿本节和后面的 4.3 节。此外,在本节中还有两个仅在本节使用的假设。第一个假设是两台机器之间的数据传输是单向的,即一台机器总是充当发送方,而另一台机器则充当接收方。第二个假设是发送方有无限等待发送的数据,即对于数据链路层发出的数据请求,网络层总是能立即满足。然而,在 4.3 节中,这两个假设将不再成立。

上述四个假设极大地简化了问题。接下来,在这些假设的基础上,将介绍无约束单工协议、单工停等协议以及有噪声信道的单工协议。

4.2.1   无约束单工协议

如其名称所示,无约束单工协议(协议 1)不引入任何约束:它假设信道是完美的,帧不会受损或丢失;数据传输是单向的;发送方和接收方的网络层始终准备就绪,处理时间可以忽略不计;发送方可以瞬间生成无限多的数据,接收方也可以瞬间处理无限多的数据。

无约束单工协议非常简单,但它的假设并不现实。首先,接收方实际上不能处理无限多的数据,超出其处理能力的数据帧会使其无法及时处理,导致数据堆积。其次,实际中几乎不可能存在没有差错的信道。为了解决这两个问题,需要引入流量控制和纠错机制。接下来将介绍单工停等协议,它引入了流量控制机制,而后将介绍有噪声信道的单工协议,它同时引入了流量控制和纠错机制。图 4.10 展示了无约束单工协议的运行过程。

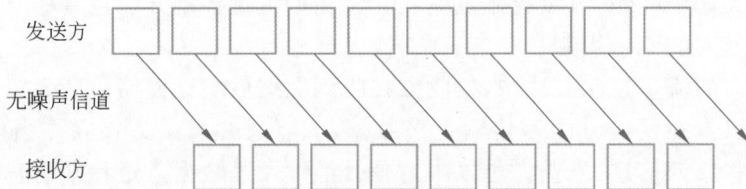

图 4.10   无约束单工协议的运行过程

4.2.2   单工停等协议

单工停等协议(协议 2)引入了流量控制机制。尽管仍然假设信道是完美的且数据传输是单向的,但接收方的处理能力不再无限。因此,发送方必须控制其发帧速率,以避免超过接收方的处理能力。

如其名称所示,发送方以停等的方式发送帧。每当接收方将一个帧的数据包传递给网络层后,会向发送方发送一个确认帧。在发送方发出一个帧后,它将暂停发送,直到接收到确认帧,然后才能继续发送下一个帧。通过确认帧的反馈,发送方的发帧速率受到限制,避免了接收方被过多的数据帧"淹没"。整个发帧过程按照以下方式循环进行:发送方数据链路层发送数据帧,接收方数据链路层将数据传递给网络层并返回确认帧,发送方数据链路层收到确认帧后发送下一个数据帧。

在单工停等协议中,确认帧不携带数据,只起到确认帧处理完毕的作用,因此被称为哑帧。尽管单工停等协议中数据的传输是单向的,但仍需要使用半双工的物理信道来传输上述哑帧,如图 4.11 所示。

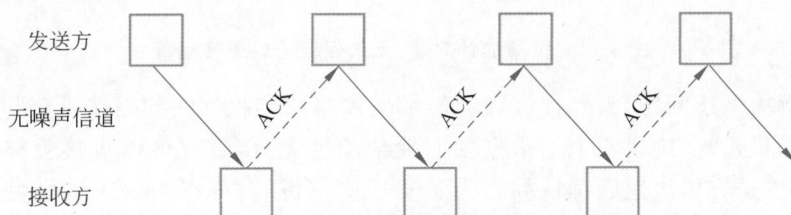

图 4.11 单工停等协议的运行过程

4.2.3 有噪声信道的单工协议

有噪声信道的单工协议(协议 3)引入了流量控制和纠错机制。在该协议中,接收方的帧处理能力有限,使用单工停等协议中的哑帧确认机制来控制发送方的发帧速率。同时,信道不再是理想的,数据帧和确认帧可能会受损或丢失。

在有噪声信道的单工协议中,接收方的数据链路层在接收到数据帧后会进行错误检测并可能进行修复。如果接收方无法获取正确的数据帧,则不会将数据传递给网络层,也不会返回确认帧。需要注意的是,帧的错误可能无法被错误检测机制发现,但这种情况发生的概率非常小,因此不进行特别讨论。

从发送方的角度观察整个过程。发送方的数据链路层发送一个数据帧,但在传输过程中,数据帧可能会受损或丢失,接收方的数据链路层无法获取正确的数据帧,因此不会返回确认帧。发送方等待确认帧的返回,但经过一段时间后仍未收到。

为了解决这个问题,在发送方引入计时器。每当发送方发送一个数据帧时,会生成一个新的计时器并开始计时。如果计时器超时,对应的确认帧仍未返回,则认为上次发送的数据帧丢失,发送方会重新发送该数据帧,并重新启动计时器。当最终收到对应的确认帧时,计时器会被删除。

计时器的超时时间可以根据发送方和接收方之间的往返时间确定。如果超时时间设置得太小,发送方可能会重发很多未受损或未丢失的数据帧,从而降低协议的效率。如果超时时间设置得太大,发送方不能及时对信道错误做出反应,同样会降低协议的效率。

然而,仅添加计时器并不能解决所有问题。需要注意的是,在有噪声信道上,数据帧和确认帧都可能会受损或丢失。考虑以下情况:发送方的数据链路层发送一个数据帧,该数据帧正确到达接收方,接收方的数据链路层返回确认帧,但确认帧在传输过程中受损或丢失。此后,发送方的计时器超时,发送方仍然认为上次发送的数据帧丢失,并重新发送该数据帧。对于接收方来说,它会收到两个相同的数据帧,从而导致数据传输出错,如图 4.12 所示。

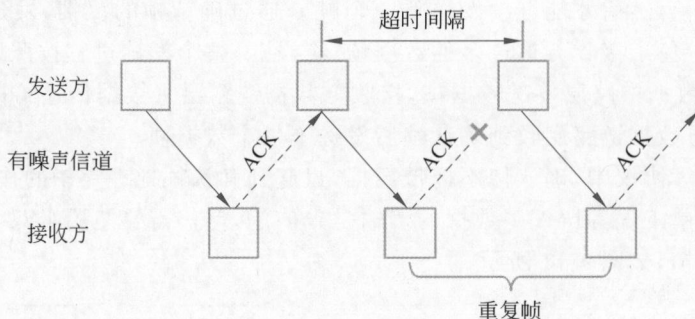

图 4.12 仅添加计时器,无法保证协议正确运行

为了解决上述问题,需要让接收方能够判断当前接收到的数据帧是否与上一数据帧重复。如果重复,则说明上一数据帧的确认帧丢失,接收方可以直接丢弃重复的数据帧,并向发送方再次返回确认帧。为了实现这一目的,可以为每个数据帧添加一个 1 位比特的序号(0 或 1),用于区分前后两个数据帧是否重复,如图 4.13 所示。

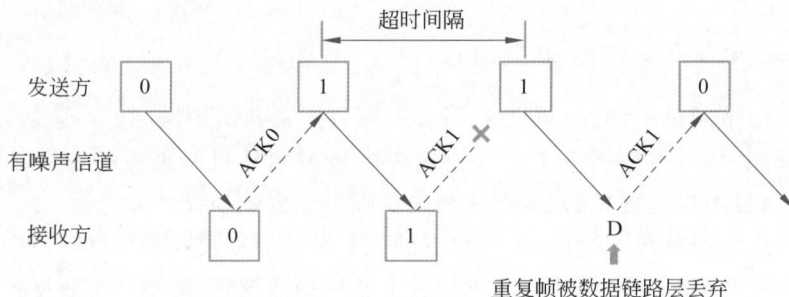

图 4.13 有噪声信道的单工协议

通过使用确认帧、计时器和 1 位比特的帧序号,有噪声信道的单工协议就能实现流量控制和纠错功能。即使在接收方的帧处理能力有限且信道可能存在错误的情况下,该协议仍能完成数据链路层的帧传输。

4.3 滑动窗口协议

4.2 节介绍了停等协议的传输方式。然而,停等协议存在一个问题,即在发送方等待接收方确认帧到达之前,传输资源被闲置,导致信道利用率低下。

停等协议中,数据帧只在一个方向上进行传输。然而,在实际场景中,通常需要在两个方向上进行数据帧传输。而且,如果在接收方确认帧到达之前,发送方能够同时发送多个数据帧而无须等待,数据链路层协议的传输效率就可以得到提升。

接下来将探讨如何在双向传输的情况下使用滑动窗口协议来提高传输效率,并提供几个示例协议来实现这一目标。

4.3.1 滑动窗口设计原理

4.2 节提到可通过一种简单的方式来实现双向数据传输,即将 4.2 节介绍的协议实例分别在两端运行,并独占一个前向信道(用于数据)和一个后向信道(用于确认)。虽然这种方案满足了全双工数据传输的要求,但后向信道的能力几乎被完全浪费了。

为了进一步提高效率,可以使用同一条链路来传输两个方向的数据。由于现有的停等协议已经同时使用了前向和后向信道,而通常前后向信道的容量没有区别,因此将来自主机 A 到主机 B 的数据帧与从主机 A 到主机 B 的确认帧混合在一起进行传输是一种更好的做法。这种混合传输的方式相比于使用两条独立链路的方式在效率上有很大提升,但仍有进一步改进的空间。

一种改进的方式是,在接收方收到数据帧后,暂时延迟发送确认帧,直到自身需要发送下一个数据帧时,将确认信息附加在输出的数据帧(使用帧头的 ACK 字段)上。这样的技术称为捎带确认(piggybacking)。通过暂时延迟确认,可以减少确认机制对传输资源的使用。

解决了双向传输和确认机制的问题后,下一步需要考虑如何进一步提高效率。当前方案的低效原因是每次只能同时发送一个数据帧,而改进的方向是增加同时发送的数据帧数量,这就引入了流水线技术。通过在较短的时间内连续发送多个数据帧,并在数据帧到达接收方后连续进行确认,可以增加未确认的数据帧数量。在数据链路层,滑动窗口协议是实现流水线技术的一种广泛使用的方法。

在滑动窗口协议中,每个发送的数据帧都包含一个序号,通常范围是从 0 到某个最大值。停等协议可以看作仅使用 0 和 1 两个序号的滑动窗口协议,而更复杂的协议可以使用更大范围的序号。

在滑动窗口协议中,发送方维护一个已发送但未确认帧的序号表,称为发送窗口。发送窗口的上界表示下一个要发送的帧的序号,下界表示未确认帧的最小序号。每次发送一个新帧时,帧序号取上界值,并将窗口的上界前移一格。当接收到一个确认时,发送窗口的下界也前移一格。由于发送窗口内的数据帧可能在传输过程中丢失或损坏,发送方需要在内存中保存这些帧,以备未来可能的重传。

与发送方类似,接收方也维护一个窗口,称为接收窗口,用于接收可以被接收的数据帧。如果接收方收到的数据帧的序号在接收窗口内,该帧将被放入接收方的缓冲区;否则,该帧将被丢弃。当收到的帧的序号等于窗口的下界时,接收方将该帧传递给网络层,并将整个接收窗口(上界和下界)前移一格。

通过使用滑动窗口协议,可以在发送方和接收方之间实现数据的流水线传输。发送方可以连续发送多个数据帧而无须等待确认,接收方可以按序接收数据帧并发送确认。这样可以大大提高传输效率,充分利用传输资源。同时,通过捎带确认技术,确认信息可以附加在输出的数据帧上,进一步减少了确认机制的开销。

总之,双向传输可以通过混合传输数据帧和确认帧,并使用滑动窗口协议和捎带确认技术来提高传输效率。这种方式允许同时发送多个数据帧,实现了流水线传输,进一步提高了信道利用率和传输速率。

4.3.2　1 比特滑动窗口协议

在讨论更一般的滑动窗口协议之前,本节先介绍窗口大小为 1 的特例。由于窗口大小为 1,发送方在发送一帧后需要等待接收方确认才能发送下一帧,因此这个特例属于停等式方案。在本节中,两个数据链路层同时充当发送方和接收方的角色。下面正式给出 1 比特滑动窗口协议(协议 4)。

在协议 4 中,发送方需要维护当前试图发送的帧的序号,接收方需要维护期望接收的帧的序号,两种变量的取值范围均为 0 和 1。由于本协议中两个数据链路层同时充当发送方和接收方的角色,每个数据链路层需要维护两个变量。

在协议 4 中,发送方从网络层接收分组,将其放入相应缓冲区,并构造成数据帧通过物理层发送。发送时启动计时器。完成帧的发送后,发送方等待确认帧的到达,并判断确认号是否正确。若确认号正确,则停止计时器,并从网络层接收新的分组以继续发送。相应地,接收方从物理层接收一个帧,进行校验和计算,如果校验和无误,并且接收到的帧序号与当前预期的帧序号一致,接收方将该帧交给网络层处理,并将期望接收的帧序号加 1;否则,接收方必须重复发送上一帧。无论何时,只要接收到一帧,就会返回一帧。

协议 4 在极特殊的情况下可能会出现异常,这种异常情况发生在双方同时发送初始数据包的情况下。图 4.14(a)展示了该协议的正常情况,而图 4.14(b)展示了由于 B 在第一次发送前等待而导致的异常情况。

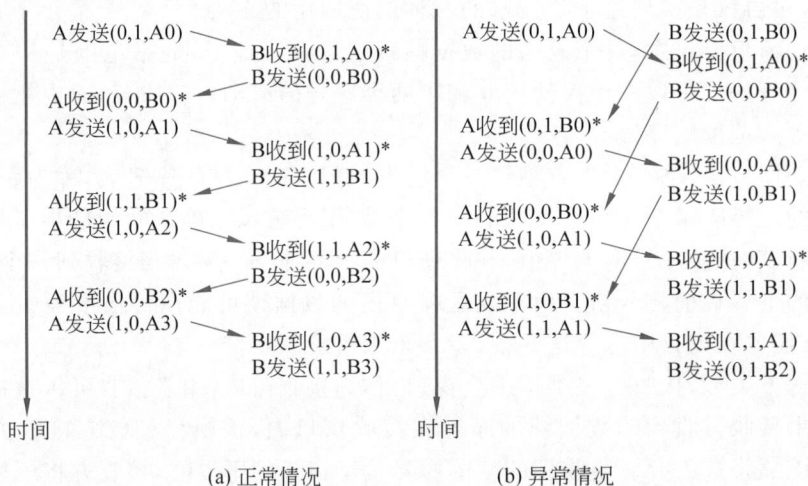

注:三元组表示(序号,确认,包号),星号表示该包被传递至网络层
图 4.14　协议 4 的正常和异常情况

4.3.3　回退 N 帧协议

协议 4 仍然延续了协议 3 中使用的停等机制。接下来将着重讨论该类机制的效率问题。如果将链路看作一根管道,将数据帧看作管道中流动的水,请读者思考,使用停等式方案,是否能够充分利用链路资源?换言之,使用这种方案,是否每时每刻管道都能够被水充满?

答案是否定的。当传输时延不可忽略时，数据帧的传输以及确认的返回所带来的往返时间对带宽的利用率有着重要影响。以一个例子来说明这一点。假设有一个带宽为 50kb/s 的卫星信道，正向和反向的单向传播时延均为 250ms。使用协议 4 在该链路上发送长度为 1000 比特的帧。在 $t=0$ms 时，发送方开始发送第一帧；发送方发送该帧需要 20ms 的时间，而该帧在信道上传输需要 250ms，因此直到 $t=270$ms 时，该帧才完全到达接收方。假设接收方处理该帧并返回确认的时间可以忽略不计，发送方等待带有确认的帧返回也需要等到 $t=520$ms。除去发送帧的 20ms，整个过程中发送方有 500ms 的时间是被阻塞的。从另一个角度看，只有 $20/520 \approx 4\%$ 的有效带宽被利用了。从信道利用率的角度来看，停等协议在传输时延较大的信道上会产生灾难性的效果。

为了解决现有协议在信道利用率上的问题，本节引入了 4.3.1 节中提到的流水线技术，并给出了回退 N 帧（go-back-N）协议（协议 5）。该协议的实际目标是在保证向网络层按序提交正确数据的前提下，使用流水线技术提高信道利用率。

在协议 5 中，为了简化协议，一个重要的设计是将接收窗口的大小设置为 1。在这种前提下，所有数据必须严格按序到达接收方才能被接收。当接收方收到出错帧或乱序帧时，会丢弃所有后续的帧，并且不会为这些帧发送确认。如果发送方出现超时现象，则会重传所有未被确认的帧。图 4.15 展示了协议 5 回退 N 帧的情况与错误恢复。开始时，0 号帧和 1 号帧都被正确接收，接收方向发送方返回确认。发送方确认 0 号帧和 1 号帧发送成功后，将滑动窗口的下界从 0 号帧移动到 2 号帧。然而，2 号帧在发送的过程中被损坏或丢失，但发送方并不知道 2 号帧出现问题，继续按照发送窗口发送 3 号帧到 8 号帧，直到计时器超时。然后，发送方需要回退至当前尚未被确认的第一个帧——2 号帧，并重新发送 2 号帧及其之后的帧。在收到相应的确认后，发送方继续向前滑动发送窗口。

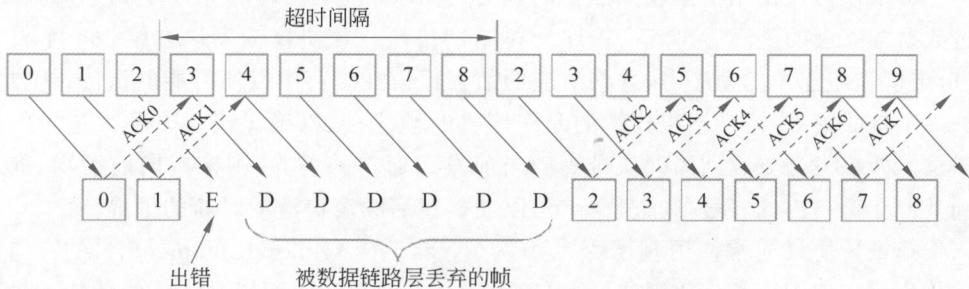

图 4.15 协议 5 回退 N 帧的情况与错误恢复

回退 N 帧协议使用累计确认（cumulative acknowledgement）的形式，即当第 n 号帧的确认到达时，$n-1$ 号帧、$n-2$ 号帧等都会被自动确认。这种确认方式对于捎带确认的帧被丢失或受损的情况非常有用。假设同一窗口内某一个中间帧的确认在传输中丢失，后续帧的确认信息也能够帮助确认该帧已经正常送达。

总的来说，协议 5 方案的优势在于其简单性，当错误很少发生时，它可以工作得很好。然而，当网络中出错较多时，协议 5 严格按序接收的设计导致一旦出错，即使有正确的帧到达，也必须丢弃等待重传，这对于带宽资源来说仍然是极大的浪费。

4.3.4   选择重传协议

在上一个协议的介绍中,提到回退 N 帧协议如果出错,即使后续有正确的帧到达接收方也将被丢弃,发送方需要重传所有已发送但未确认的分组。在出错相对较多的网络场景中,这会导致同一个包被重复传输,很多时候,这是不必要的。一个自然的想法是,能否仅重传出现错误的帧,而不重传后续可能正确的帧。

这就是选择重传(selective repeat)协议(协议 6)的基本思想。当使用这种策略时,接收到的坏帧被丢弃,但之后接收到的任何好帧都被接收并缓冲起来。当发送方出现超时现象时,只有最早的未被确认的帧被重传。如果该重传帧正确到达,则接收方按照顺序将目前缓冲的所有帧交付给网络层。由于该协议的接收方需要暂存出错帧之后的帧,因此需要接收窗口大于 1,这是选择重传协议与回退 N 帧协议的重要不同点。由于接收方需要对收到的帧进行缓存,该协议除了在发送方之外,在接收方同样需要占用一定容量的缓存,如图 4.16 所示。

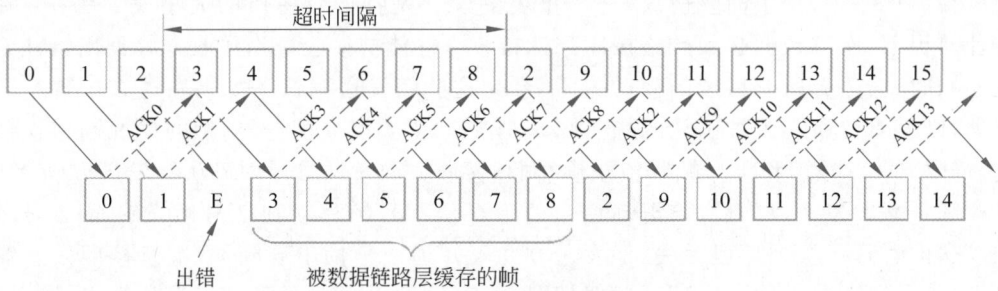

图 4.16   选择重传协议与错误恢复

协议 6 需要为每一个发送的帧设置一个计时器,在该计时器超时后仅重传对应的一帧。由于该协议使用了接收方缓存的能力,因此支持从物理层非按序到达的数据,经过数据链路层的整理后再统一按序交付给网络层。该协议的发送方维护一个发送窗口,维持一组连续的帧序号,并将对应的数据保留在缓存中以便可能的重传;接收方维护一个接收窗口,维持一组连续的允许接收的帧序号,以确保接收方不被过量的数据淹没。如果发送方收到的确认号等于当前发送窗口的下界,则窗口向前滑动,如果收到其他在窗口内的序号,则进行标记,以便确定后续窗口滑动时新的下界。

选择重传协议通常使用基于否定确认(Negative Acknowledgement,NAK)的快速重传优化。使用该类优化策略,可以避免等待计时器超时而提升协议的性能。具体地说,接收方可以通过显式地向发送方发送某一帧的 NAK 以直接触发该帧的重传,若发送方在发出连续的若干帧后,收到对其中某一帧的否定确认帧,或某一帧的计时器超时,则只需重传该出错帧或计时器超时的帧。

相比于只能顺序接收的协议 5,协议 6 通过更大的接收窗口实现非顺序接收,但这也引入了对帧序号范围与窗口大小之间的限制。假设帧序号范围由 n 位二进制表示(序号范围为 $0 \sim 2^n - 1$),那么窗口大小不能超过 2^{n-1},否则协议不能保证在出现错误的情况下恢复。图 4.17 展示了当序号范围使用 3 比特表示($0 \sim 7$),但是窗口大小取 5(超过 $2^{3-1} = 4$)时,协议失败的情况。

在图 4.17(a)中,开始时,由于窗口大小为 5,发送方向接收方发送序号为 $0 \sim 4$ 的

5 个数据帧。这 5 个数据帧被接收方成功接收,接收窗口向前滑动,并向发送方返回 5 个帧的确认。不幸的是,0 号帧的确认在传输过程中丢失了,如图 4.17(b)所示。发送方始终无法获得 0 号帧的确认,最终 0 号帧超时,发送方重新传输 0 号帧。接收方收到后,发现 0 号帧确实在新的接收窗口中,于是将其接收并返回确认,如图 4.17(c)所示。

问题出现了,此时同一个 0 号帧被接收方接收了两次。当下一个发送窗口发送 0 号帧时,接收方由于已经收到过 0 号帧,将新收到的帧拒绝。数据链路层交付给网络层的第二个 0 号帧事实上仍然是第一个 0 号帧,在这种情况下,数据链路层给网络层递交了不正确的数据包,导致协议失败。

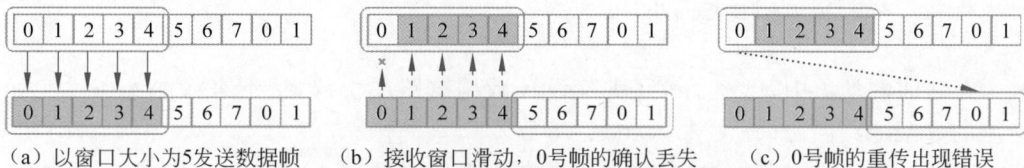

(a)以窗口大小为5发送数据帧　(b)接收窗口滑动,0号帧的确认丢失　(c)0号帧的重传出现错误

图 4.17　选择重传协议失败的情况

请读者思考为何在上述情况下滑动窗口协议失败。这个问题的本质在于:在接收方正确接收数据后,向前移动滑动窗口,新的有效序号范围与之前的范围有重叠,但此时发送方仍有重传的可能,因此会出现帧序号的歧义。要解决这个问题,需要保证窗口滑动后,新老序号范围没有重合,这就是上文中提到的窗口大小不能超过 2^{n-1} 的由来。

上文中提到,选择重传协议允许存在多个未被确认的帧,所以在逻辑上,该协议需要多个计时器,分别为每个未被确认的帧计时。在数据帧发送时,帧计时器启动。若收到相应的正确确认,则计时器停止;若计时器超时,则需要对该帧进行重传。需要维护大量计时器的需求带来了新的问题,即如何管理大量的计时器。

一种常见的计时器管理方式是使用计时器链表,如图 4.18 所示。

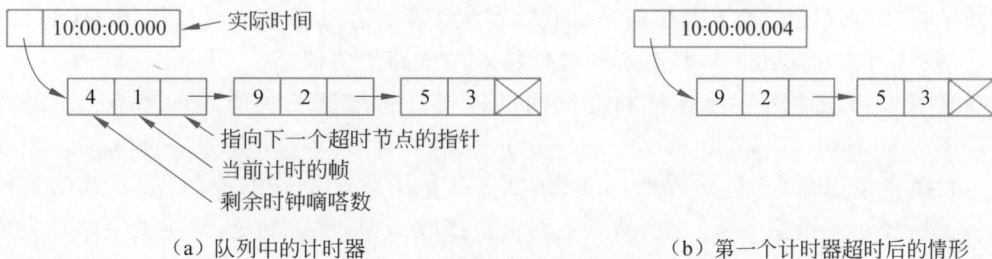

(a)队列中的计时器　　　　　　　(b)第一个计时器超时后的情形

图 4.18　使用计时器链表管理

初始时,实际时间为 10:00:00.000。假设每毫秒时钟嘀嗒一次。有三个超时事件正在进行中,超时时间分别为 10:00:00.004,10:00:00.013,10:00:00.018。实际时间每当时钟嘀嗒一次时更新。链表中第一个节点的剩余时钟嘀嗒数减 1。当该节点的剩余时钟嘀嗒数减为 0 时,引发超时事件,即该项对应的帧超时。然后将该节点从链表中移除,链表中的下一个节点成为第一个节点,并继续计时。

使用计时器链表的管理方式,可以有效地跟踪和触发超时事件,以便进行相应的重传操作。

综上所述,选择重传协议通过丢弃坏帧并缓冲好帧的方式,在出现错误的情况下只重传出错的帧,而不重传后续可能正确的帧。它通过较大的接收窗口实现非顺序接收,但需要注意窗口大小与帧序号范围之间的限制。该协议使用基于否定确认(NAK)的快速重传优化,允许存在多个未被确认的帧,并使用计时器链表进行超时事件的管理。

这些改进使得选择重传协议在出错相对较多的网络场景中性能更好,避免了不必要的重传,提高了传输效率。然而,该协议需要在发送方和接收方都维护一定容量的缓存,且对于大量的未确认帧需要管理多个计时器,增加了实现的复杂性。

4.4　典型链路层协议

在之前的学习中,已经了解了如何设计数据链路层协议,接下来将深入探讨实际使用的数据链路层协议。

在同一房间或建筑物内,各台主机通常使用局域网(LAN)进行连接,具有总线状或星状结构的特点。然而,在广域网(WAN)环境中,网络基础设施通常是以点对点线路的形式构建的。

本节将介绍两种典型数据链路层协议:

- 高级数据链路控制(High-level Data Link Control,HDLC)协议。
- 点对点协议(Point-to-Point Protocol,PPP)。

4.4.1　高级数据链路控制协议

高级数据链路控制协议是由国际标准化组织(ISO)于 1979 年提出的,它的基础是 IBM 公司的同步数据链路控制(Synchronous Data Link Control,SDLC)协议。高级数据链路控制协议曾经广泛应用于各种点对点连接服务中。

高级数据链路控制(HDLC)协议的定义包含了帧结构、协议元素和协议类型,其中帧结构和协议元素属于语法部分,而协议类型属于语义部分。通过使用 HDLC 协议的语法,可以定义出多种具有不同操作特点的链路层协议。

HDLC 协议适用于计算机和终端间的连接。它涉及三种类型的站点:主站点(primary station)、次站点(secondary station)和组合站点(combined station)。主站点主要负责发送命令(包括数据),接收响应,并负责整个链路的控制(如系统的初始化、流量控制、差错恢复等)。次站点主要负责接收命令,发送响应,并协助主站点完成链路的控制。组合站点同时具有主站点和次站点的功能,可以同时发送和接收命令和响应,并负责整个链路的控制。

HDLC 协议具有三种基本操作模式。正常响应模式(Normal Response Mode,NRM)要求只有在主站点向次站点发出询问后,次站点才能获得传输帧的许可。异步响应模式(Asynchronous Response Mode,ARM)允许次站点随时传输帧,无须等待主站点的询问。异步平衡模式(Asynchronous Balanced Mode,ABM)采用异步响应,主、次站点具有同等能力。

HDLC 协议是面向位的协议。所有面向位的协议都使用同一种帧结构,如图 4.19 所示。可以看到它采用了比特填充的标志定界法,分界符之间包含地址、控制、数据和校验和四个字段。地址（Address）字段标识了网络终端，控制（Control）字段实现的功能将在后面介绍，数据（Data）字段包含上层协议的数据，校验和（FCS）字段使用了循环冗余校验码。

比特	8	8/16	8/16	可变	16/32	8
	标志 Flag 01111110	地址 Address	控制 Control	数据 Data	校验和 FCS	标志 Flag 01111110

图 4.19　面向位的 HDLC 协议帧结构

根据控制字段格式的不同，帧的类型被分为三种：信息帧（information frame）、监控帧（supervisory frame）和无编号帧（unnumbered frame），如图 4.20 所示。HDLC 协议采用滑动窗口技术，使用了 3 位序号。信息帧中的 Seq 字段表示序号，Next 字段是一个捎带确认，表示希望收到的下一帧。P/F 代表轮询/最终（poll/final），用于查询一组终端。当计算机按 P 使用时，请求终端发送数据。终端发送的最后一帧将 P/F 置为 F，而其他帧置为 P。

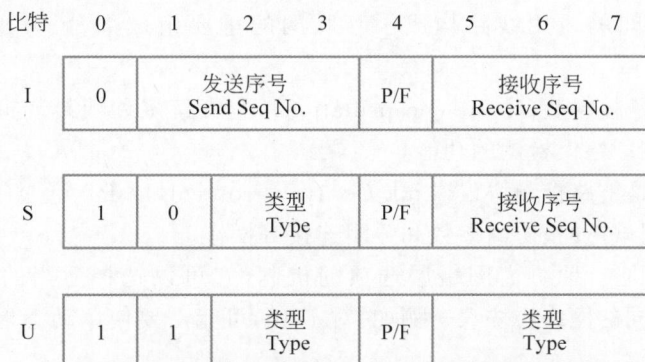

比特	0	1	2	3	4	5	6	7
I	0	发送序号 Send Seq No.			P/F	接收序号 Receive Seq No.		
S	1	0	类型 Type		P/F	接收序号 Receive Seq No.		
U	1	1	类型 Type		P/F	类型 Type		

图 4.20　HDLC 协议帧的控制字段与类型

在 HDLC 协议监控帧中，Type 字段表示了帧的类型。具体来说：

Type 0 表示接收准备就绪（RECEIVE READY），它代表一个独立的确认帧，在没有反向流量时会使用它。

Type 1 表示拒绝（REJECT），它是否定确认帧，用于指出传输错误，此时的 Next 字段指出了需要重传的第一帧，重传采用了类似"回退 N 帧"的方式。

Type 2 表示接收准备未就绪（RECEIVE NOT READY），它用于指出接收方缓冲区出现了问题。

Type 3 表示选择性拒绝（SELECTIVE REJECT），它同样是一种否定确认帧，但是采用了类似"选择重传"的方式，Next 字段指出了需要重传的一帧。

在 HDLC 协议中，无序号帧有多种用途。有时，它们被用来进行控制，而有时则用于在不可靠的无连接服务中传输数据。命令 DISC（Disconnect）用于通知设备要进行停机，而命令 SNRM（Set Normal Response Mode）则表示设备已经重新回到在线状态。由于 SNRM 的通信方式不平衡，因此 HDLC 协议使用了命令 SABM（Set Asynchronous Balanced Mode）来重新平衡线路。命令 FRMR（Frame Reject）则用于指出收到了校验正确但语义错误的帧。命令 UA（Unnumbered Acknowledgement）则用于对无序号帧（控制帧）进行确认。此外，还有其他一些控制帧，包括初始化、查询、状态报告等功能。

HDLC 协议虽然存在一些不足,但在实际应用中被广泛采用。它支持主、次、组合站点,同时支持不同的构型和操作模式,并定义了各种规程元素和帧的组合,因此可以生成多种链路层协议。尽管如此,HDLC 协议仍存在一些局限性,例如它不能很好地适应高速网络和广域网等场景,但这些问题在后续的网络协议中得到了解决。

4.4.2 点对点协议

点对点协议(PPP)是互联网中的一种重要数据链路层协议,它的定义和详细规范可以在 RFC 1661 及其相关文件(如 RFC 1662、RFC 1663 等)中找到。PPP 具有广泛的应用场景,可用于调制解调器、HDLC 序列线路、SONET 和其他物理层。其中,最常用的两种场景如下:

(1)家庭用户想要通过调制解调器和拨号电话线将自己的主机与路由器连接到互联网。在这种情况下,PPP 负责在需要时建立主机与路由器之间的连接,并在用户结束会话后终止连接。

(2)在互联网的远程路由器之间的点对点线路上,PPP 发挥着重要作用。这些路由器以及它们之间的租用线路构成了互联网的重要组成部分。PPP 提供了三项功能:

第一项功能是帧封装(frame encapsulation),它支持多种帧封装机制以适应不同的物理层,并提供了错误检测的功能。

第二项功能是链路控制协议(Link Control Protocol,LCP),通过 LCP,PPP 可以进行启动连接、测试链路、协商参数和关闭连接等操作。

第三项功能是一种协商网络层选项的机制,它可以选择适当的网络控制协议(NCP)来支持不同的网络层协议。例如,对于 IP,可能需要使用动态地址分配等重要选项。

PPP 帧结构如图 4.21 所示,可以看到它与 HDLC 协议帧结构是完全对应的。PPP 使用了与 HDLC 协议相同的分界符,并包含了地址、控制、校验和字段。数据字段被分为协议和净荷两部分,以实现 PPP 的独特功能。因此,PPP 可以被视为 HDLC 协议的一个子集,它在 HDLC 协议的基础上施加了更多限制,以保证一定的兼容性。

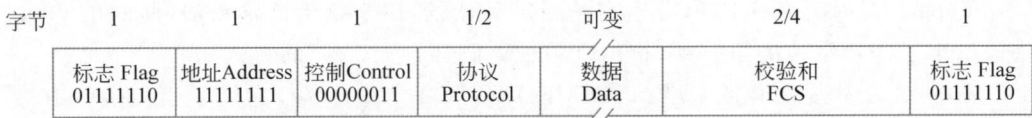

字节	1	1	1	1/2	可变	2/4	1
	标志 Flag 01111110	地址Address 11111111	控制Control 00000011	协议 Protocol	数据 Data	校验和 FCS	标志 Flag 01111110

图 4.21 面向字节的 PPP 帧结构

PPP 帧在其结构中使用了“01111110”作为分界符,不同于面向位的协议,PPP 是一种面向字符的协议。这意味着所有帧都包含 8 的整数倍的比特数,因此 PPP 无法采用面向位的填充方式,而必须采用面向字节的填充方式。地址字段被固定为“11111111”,在 HDLC 协议中表示所有站点都能接收该帧,但在连接两个站点的 PPP 中不再重要。控制字段被固定为“00000011”,表示这是一个无编号帧,PPP 不使用序号来实现可靠传输。由于地址字段和控制字段是固定的,它们可以通过 LCP 的协商机制被省略,从而节约 2 字节的空间。协议字段用于标识净荷字段中所包含的数据类型。已经定义了许多种协议字段,如 LCP、NCP、IP、IPX、AppleTalk 等。当协议字段以比特"0"开头时,表示它是一种网络层协议;而以比特"1"开头的则表示它是一种用于协商的协议,如 LCP 和 NCP。协议字段可以通过协商缩短为 1 字节。数据字段的长度是可变的,默认长度为 1500 字节。校验和字段与 HDLC 协议相似,可以采用 2 字节或 4 字节的校验和。

接下来介绍 PPP 链路的启动和关闭机制。该机制不仅适用于调制解调器与路由器之间的连接,也适用于两台路由器之间的连接。整个过程的状态转换流程如图 4.22 所示。

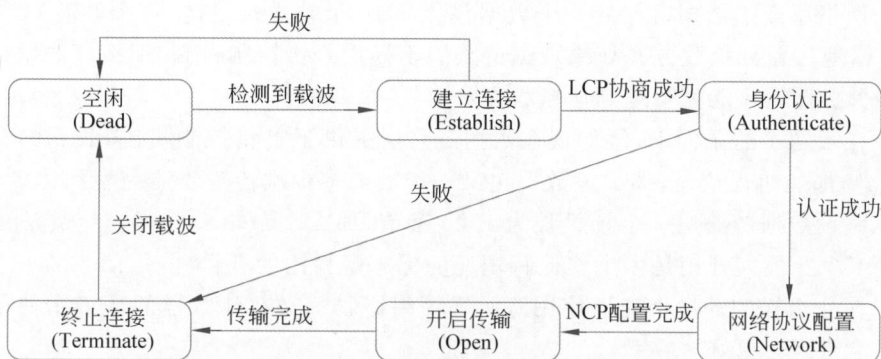

图 4.22 PPP 链路的启动和关闭过程的状态转换流程

在链路的启动和关闭过程中,有一个称为 Dead 的状态,表示当前没有物理连接。一旦检测到物理连接存在,状态将转换为 Establish。在 Establish 状态下,使用 LCP 进行协商。协商成功后,状态将进入 Authenticate 状态,进行身份认证,然后进入 Network 状态,此时可以使用 NCP 配置网络层。完成这一步后,线路将完全打开,处于 Open 状态,可以开始进行数据传输。当数据传输完成后,链路将进入 Terminate 状态,如果物理连接断开,则回到 Dead 状态。

LCP 在链路启动和关闭过程中完成了以下内容的协商:最大有效载荷长度、头部压缩方式、使用的协议、身份认证、线路质量监控等。LCP 共定义了 11 种消息类型,这些类型在 RFC 1661 中进行了详细定义。

4.5 本章总结

本章主要介绍了数据链路层的基本功能和协议机制。首先,本章探讨了成帧、检错/纠错和流量控制这些关键功能。成帧机制将数据划分为适当的帧进行传输,以确保接收方能够正确地接收和处理数据。检错/纠错机制用于检测和纠正传输过程中出现的错误,以保证数据的完整性和可靠性。流量控制机制则管理数据的传输速率,以避免接收方过载或导致数据丢失。

接着,本章深入探讨了两个重要的协议机制,即停等协议和选择重传协议,并讨论了它们在双向传输中的应用。这些协议利用滑动窗口机制,允许发送方在等待接收方确认之前发送多个数据帧,从而提高了传输效率。

此外,还介绍了几种典型的数据链路层协议,其中包括高级数据链路控制(HDLC)协议和点对点协议(PPP)。这些协议提供了一套规范和标准,用于在数据链路层上进行通信和交互,确保不同设备和网络之间的互操作性和兼容性。

通过学习本章内容,读者能够深入理解数据链路层的重要性和功能,以及如何实现可靠的数据传输和流量控制。这对于构建稳定、高效的网络和通信系统至关重要。了解数据链路层的基本原理和协议机制后,读者可以更好地设计和管理网络,提高数据传输的效率和可靠性。

习题 4

1. 网络层交给数据链路层一个数据包分成 10 个帧进行发送,每个帧有 60% 的概率无差错地传输到接收方。如果数据链路层不提供差错控制机制,那么该数据包平均需要多少次传输才能完整地到达接收方?

2. 在习题 1 的条件下,假如现在数据链路层提供了差错控制机制,收到的含差错的包 90% 都能纠正错误,那么该数据包又平均需要多少次传输才能完整到达接收方?

3. 假设数据链路层一个帧最长为 1500 字节,那么字节填充的标志定界法的最小开销是多少? 最大开销是多少? 比特填充的标志定界法的开销呢?

4. 在什么样的环境中应该使用海明码等纠错码? 又在什么样的环境中使用奇偶校验等检错码会更好?

5. 假设一个系统使用海明码传输 12 位的报文,那么需要多少个校验位才能确保纠正单比特差错? 对于报文 110110111001,假设使用的是偶校验,试给出传输的比特串。

6. 多项式 $x^5 + x^4 + x^1$ 被 $x^4 + x^1 + 1$ 除的余式是多少?

7. 某帧所含信息是 0000110101100010011010,CRC 的生成多项式采用 $x^{16} + x^{12} + x^5 + 1$,那么附加在信息位后的校验码是多少?

8. 在停等协议中如果不使用序列号是否可行? 为什么?

9. 在停等协议中,如果收到重复的报文段时不予理睬(即悄悄地丢弃它而其他什么也不做)是否可行? 试举出具体例子说明理由。

10. 假设有一个具有 4kb/s 速率和 20ms 单向传输时延的无差错信道,那么帧的大小在什么范围内时,单工停等协议(协议 2)才能获得至少 50% 的效率?

11. 地球到一个遥远行星的距离大约是 9×10^{10} m。如果采用单工停等协议(协议 2)在一条 64Mb/s 的点到点无差错链路上传输帧,那么信道利用率是多少? 假设帧的大小为 32KB,光的速度为 3×10^8 m/s。

12. 在单工停等协议(协议 2)中,假设数据帧出现丢失,发送方会永远等待下去。有噪声信道的单工协议(协议 3)解决这一问题的方法是什么?

13. 判断下列说法的正误,并简要给出判断的理由。

(a) 对于滑动窗口协议,发送方可能会收到落在其当前窗口之外的帧的确认。

(b) 对于回退 N 帧协议,发送方可能会收到落在其当前窗口之外的帧的确认。

(c) 当发送方和接收方窗口长度都为 1 时,1 比特滑动窗口协议与滑动窗口协议相同。

(d) 当发送方和接收方窗口长度都为 1 时,1 比特滑动窗口协议与回退 N 帧协议相同。

14. 使用协议 5 在一条 2000km 长的链路上传输 64 字节的帧,如果信号传播的速度为 6km/μs，序号应该有多少位？

15. 利用地球同步卫星在一个 1Mb/s 的信道上发送长度为 1000 字节的帧，该信道与地球之间的传播时延为 270ms。确认总是被捎带在数据帧中。帧头非常短，序号使用了 3 位。在下面的协议中，可获得的最大信道利用率是多少？

（a）停等协议

（b）协议 5

（c）协议 6

16. 考虑在一个无错的 64kb/s 卫星信道上单向发送 512 字节长的数据帧，来自另一个方向反馈的确认帧长度非常短。对于窗口大小为 1、7、15 和 127 的情形，最大吞吐量分别是多少？从地球到卫星的传播时间为 270ms。

17. 否定确认直接触发发送方的应答，而缺少肯定确认只是触发了超时之后的一个动作。是否有可能只使用否定确认，而不使用肯定确认来建立一个可靠的通信信道？如果有可能，请给出一个例子；如果不可能，请解释为什么。

18. PPP 使用字节填充而不是比特填充以防止载荷中出现标志字节造成混乱。试举一理由说明为什么这么做。

19. 请问使用 PPP 发送 IP 数据包的最低开销是多少？

20. PPP 为什么没有帧编号的字段？它有几种工作状态？适用于什么情形的数据传输？

第5章

介质访问控制和局域网

第 4 章介绍了许多数据链路层通信协议,这些协议通常假设发送方和接收方以独占的方式来使用通信信道,这种假设忽略了共享通信信道的使用权问题。然而,在实际的网络环境中,不管是传统有线局域网还是基于无线电波的传输网络,都存在通信信道共享的问题。在信道共享的情况下,不仅多个站点之间的数据帧会相互冲突,而且同一传输过程中的数据帧和确认帧也可能会发生冲突。因此,如果让不同站点不加控制地随意使用通信信道,将会导致大量数据帧损坏,严重影响传输效率。

为了解决上述问题,数据链路层通常又分为介质访问控制(MAC)子层和逻辑链路控制(Logical Link Control,LLC)子层。其中,MAC 子层用来解决共享信道的使用权分配问题,而 LLC 子层为上层提供统一的通用数据链路层服务,并屏蔽不同类型物理介质传输之间的差异。本章将重点介绍介质访问控制子层的基本原理。本章从最基础的静态分配和动态分配对比开始,逐步介绍复杂的介质访问控制算法。进一步,本章还将介绍情况更复杂的无线网络场景,以及无线网络介质访问控制协议的设计难点和应对方法,并简要介绍实际中最常使用的几种网络协议和技术。

5.1 信道分配问题

信道分配问题是介质访问控制子层解决的核心问题。它基于多用户共享信道的假设,即所有用户共享用于信息传输的介质,如铜缆或特定频率段的无线信号。当多个用户在同一信道中传输数据时,数据信号会相互干扰,导致所有连接的用户都无法正常使用该信道传输数据。为避免冲突发生,动态分配协议和静态分配协议通过分布式或集中式的方式决定下一时刻信道使用权的获得者。通过解决信道分配问题,介质访问控制子层能够实现有效的信道资源共享,提高网络传输的效率和可靠性。

静态分配协议采用的策略是将共享信道切分为互不影响的子信道,并将其分配给特定用户使用。在传统的电信网络中,静态分配协议被广泛使用。这些协议类似物理层中的信道复用技术,如频分复用、时分复用和波分复用,但两者的概念不同。

在无线电台业务中,不同节目被分配到频率不同的无线电广播频段上,实现无冲突的节目广播,这就是频分复用和静态信道分配的例子。而在无线局域网中,一段连续的频谱被划分为多个互不干扰的频道,理论上也可以实现静态分配,但在实际应用中更常使用动态分配策略。

静态分配协议的主要特点是在通信前预先分配固定信道的使用,以确保不同用户之间的数据传输不会发生冲突。这种方法在特定的场景和应用中比较有效,但对于动态性较高、用户数量较多或需求频繁变化的网络环境,静态分配协议存在一定的资源浪费问题,例如电话网络中的频分复用,用户始终占用信道的使用权,无论其是否需要发送数据。这可能导致其他用户被拒绝接入,或者某个用户不能占用其他空闲信道加速传输。

相比之下,动态分配协议更适用于数据传输行为和用户数量不稳定的信道,以便实现资源的最大化利用。在计算机网络中,网络流量规模以天为单位成周期性变动,且网络负载的变化范围更大,单个用户使用信道的行为更为突发。因此,计算机网络的介质访问控制子层采用动态分配协议。这种解决方案可以灵活、高效地根据实际需求和网络状态进行实时的信道分配和资源调度,从而最大化信道利用率和系统性能,适应了现代网络中复杂多变的通信需求。

然而,设计动态分配协议相对于静态分配协议更具挑战性。动态分配协议需要考虑传输介质的特性,如是否能够检测信道中发生的冲突,能否通过监听得知信道的占用情况,能否实现全站点时间同步等。这些特性对于协议的设计和实现起着关键作用。例如,全站点时间同步是利用分时间槽机制降低冲突率的核心假设,而检测冲突和监听信道占用(又称载波监听)则是带冲突检测的载波监听多路访问(CSMA/CD)机制的核心。除了共享信道的基本假设之外,这些与实现相关的假设在后续的内容中会反复提到,并直接影响具体的协议设计。

总之,动态分配协议相对于静态分配协议,在设计和实现上更具有挑战性,但是也更加适用于具有动态性、突发性和变化较大的网络环境。

5.2   多路访问协议

本节将介绍几种多路访问协议。这些协议允许多个用户共享同一信道,实现数据的发送和接收。在这些协议中,当两个帧的比特在信道上发生碰撞时,这两个帧都会被破坏。因此,多路访问协议需要采取措施来尽量避免帧的碰撞,并在发生碰撞后进行重传。通过学习这些协议,我们将了解它们的工作原理和如何提高信道利用率,以实现可靠的数据传输。

5.2.1   ALOHA 协议

ALOHA 源自夏威夷语,与"你好"意思相近。ALOHA 协议最初由夏威夷大学的研究员 Norman Abramson 等提出,用于短程无线电通信,以方便多个用户将数据发送到远处的主计算机。然而,该协议的核心设计和分析方法适用于所有多个用户在没有协调的情况下竞争共享同一个信道的问题。

在 ALOHA 协议中,所有帧都被规定为等长,并且用户在发送帧后可以得知帧是否成功到达接收方,以决定是否需要重新发送帧。接下来,将介绍两种 ALOHA 协议:纯 ALOHA 协议和分槽 ALOHA 协议。在使用 ALOHA 协议的系统中,各个用户发送的帧可能会发生碰撞。这种多个用户在同一信道上发送帧,并且帧之间可能发生碰撞的系统被称为竞争系统。

1. 纯 ALOHA 协议

在纯 ALOHA 协议下,用户可以在任何时刻发送帧。图 5.1 展示了纯 ALOHA 协议中帧的发送情况。所有帧的长度相等,发送一个帧所需的时间称为帧时。如果在同一时刻,两个或更多帧的帧时发生重叠,这些帧将由于碰撞而损坏。以用户 C 发送的第一个帧 C-1 为例,该帧的数据逐比特地发送到信道中,但其前面的比特与帧 A-1 重叠,后面的比特与帧 B-1 重叠。因此,帧 A-1、帧 B-1 和帧 C-1 都被损坏,这些帧都需要重新发送。

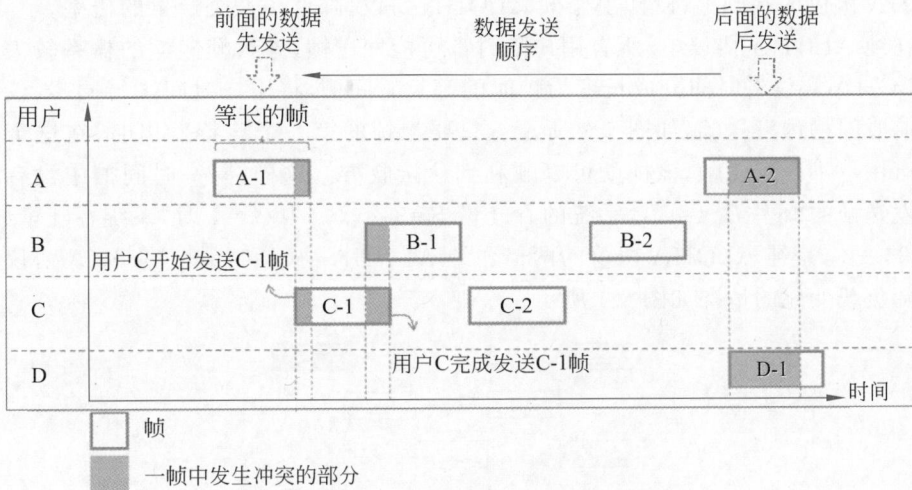

图 5.1 纯 ALOHA 协议中帧的发送情况

当信道的负载增大时,发生碰撞的概率也会随之增大,导致帧成功传输的概率下降。下面来推导纯 ALOHA 协议在不同负载下的吞吐量。

假设在每个帧时内,所有用户平均发送 N 个新帧。当 $N=1$ 时,负载达到信道的最大处理速度,即平均每个帧时都会产生一个帧。在所有用户随机发送的情况下,这导致大量碰撞产生,使得信道几乎不可用。因此,为了保证信道可用并取得合理的吞吐量,我们期望 N 小于1,即 $0<N<1$。此外,若考虑由于帧损坏而进行的重发,则平均每个帧时内产生的帧数 $G>N$。假设 G 满足泊松分布,一个帧(包括新产生的帧和重发的帧)没有碰撞而成功传输的概率是 P_0,则吞吐量 $S=GP_0$,即在一个帧时内,平均有 S 个帧可成功到达接收方。

下面来计算 P_0。根据泊松分布,在每个帧时内,所有用户平均发出 G 个帧,则实际生成 k 个帧的概率为

$$P_k = \frac{G^k e^{-G}}{k!} \tag{5.1}$$

若一个帧 F 能顺利到达接收方,则必须没有帧与其重合。如图 5.2 所示,站在这

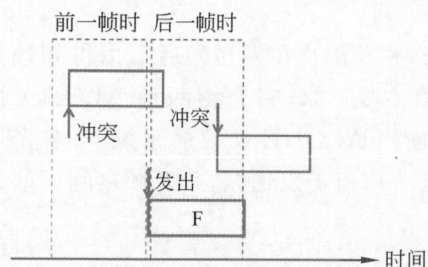

图 5.2　纯 ALOHA 协议的冲突分析

个帧的视角来看,在其第一个比特发出前的一个帧时内,所有用户不应有帧发出,否则这个帧的帧头将被破坏;在其第一个比特发出后的一个帧时内,所有用户也不应有帧发出,否则这个帧的数据将被破坏。这样一来,只需要两个帧时的时间内,所有用户不发出任何帧,则该帧即可不冲突地成功到达接收方。

在一个帧时中,一个帧都不产生的概率是 $P_0=\mathrm{e}^{-G}$,前后两个帧时都不产生帧的概率是 $P_0=\mathrm{e}^{-2G}$,即一个帧不经碰撞,顺利到达接收方的概率是 e^{-2G}。代入 $S=GP_0$,则系统的吞吐量 $S=G\mathrm{e}^{-2G}$。随着负载 G 发生改变,S 也会变化。当 $G=0.5$ 时,系统吞吐量最大,约为 18.4%。

2. 分槽 ALOHA 协议

从上面对纯 ALOHA 协议吞吐量的分析可看出,其吞吐量不高。为此,后人在纯 ALOHA 协议的基础上,设计了分槽 ALOHA 协议,降低了冲突产生的概率。

在纯 ALOHA 协议中,所有用户随时都可能发送帧,导致帧碰撞的概率较大。分槽 ALOHA 协议将时间分成长度为帧时的等长时间槽,将用户时间进行同步,仅可在规定的时间槽内发送帧,如图 5.3 所示。只要当帧的第一个比特发出时,在这个帧时内所有用户不得发送帧,该帧就可以顺利到达接收方。这样,同一时间槽中没有其他用户发送帧的概率 $P_0=\mathrm{e}^{-G}$,系统的吞吐量 $S=G\mathrm{e}^{-G}$。当 $G=1$ 时,系统吞吐量最大,约为 36.8%,是纯 ALOHA 协议的两倍。纯 ALOHA 协议和分槽 ALOHA 协议的吞吐量随负载变化的情况如图 5.4 所示。

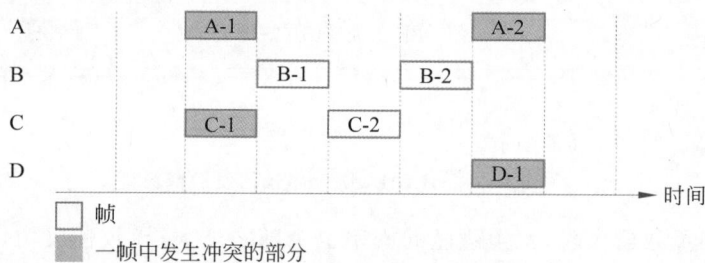

图 5.3　分槽 ALOHA 协议的冲突分析

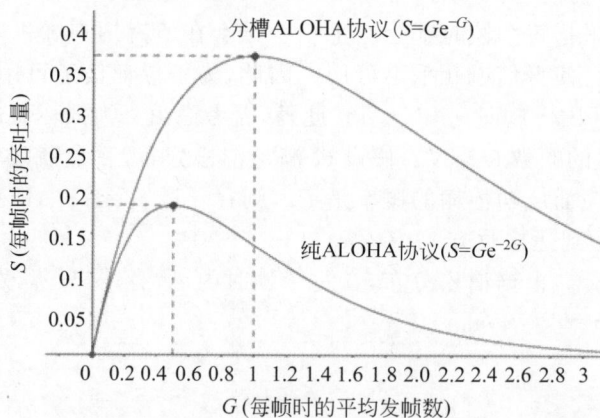

图 5.4　纯 ALOHA 协议和分槽 ALOHA 协议的吞吐量随负载变化的情况

5.2.2 载波监听多路访问协议

在 ALOHA 协议中,用户发送帧时并不知道是否有其他人正在使用信道。即使信道正在被使用,用户仍会发送帧,导致大量的冲突和重发。在**载波监听多路访问**(Carrier Sense Multiple Access,CSMA)协议中,用户在发送帧之前可以通过监听载波的方式检测信道是否正在传输数据。如果信道正忙,用户可以进行等待,从而减少了碰撞的可能性。本节将介绍四种载波监听多路访问协议。

需要注意的是,当一个用户开始发送数据时,并不意味着其他用户能够立即通过载波监听得知信道正在被使用。这是因为数据需要一定的时间才能从发送方传播到其他用户,而传播时间取决于距离,距离越远,传播时间越长。当前检测不到数据并不意味着信道空闲,可能只是因为数据尚未传播到该位置。即使信道空闲,也存在多个用户同时发送数据的可能性,从而导致冲突的发生。因此,即使存在载波监听,仍然可能发生冲突。为了避免多个用户同时发送数据,在检测到信道忙时,不同类型的CSMA 协议可能采取不一样的操作,具体可以分为:1-坚持型 CSMA 协议、非坚持型CSMA 协议和 p-坚持型 CSMA 协议。

1. 1-坚持型 CSMA 协议

在 1-坚持型 CSMA 协议中,当用户有数据需要发送时,首先会监听信道。如果信道空闲,则用户立即发送数据;如果信道忙,则用户持续监听直到信道空闲,然后立即发送数据。如果发送数据产生冲突,用户会在随机等待一段时间后重复上述过程。

1-坚持型意味着当信道空闲时,用户会立即发送数据。这样,等待发送数据的时延较小。然而,当信道忙碌且多个用户都有数据等待发送时,一旦信道空闲,这些用户会立即发送帧,导致冲突的发生。针对这种情况,可以让用户不那么坚持,以使发送帧的时间错开,从而减少冲突的产生。这就是接下来要介绍的非坚持型 CSMA 协议。

2. 非坚持型 CSMA 协议

在 1-坚持型 CSMA 协议的基础上,非坚持型 CSMA 协议还引入了一种新的策略。当用户有数据需要发送时,如果监听到信道正忙,用户不会持续监听,而是随机等待一段时间后重复上述监听发送过程。

这样,当信道正忙且多个用户都有数据等待发送时,一旦信道空闲,这些用户的发帧时间将会因为随机的等待时间而错开。尽管引入了新的时延,但在随机等待的影响下,信道的冲突将会减少。这种策略能够提高系统的效率和可靠性,减少帧碰撞的发生。

3. p-坚持型 CSMA 协议

p-坚持型 CSMA 协议是一种适用于分时间槽信道的多路访问协议。类似前面介绍的两种 CSMA 协议,用户在有数据需要发送时,首先监听信道。如果信道忙碌,用户会等待下一个时间槽再继续监听。如果信道空闲,用户以 p 的概率立即发送数据,而以 $1-p$ 的概率进入下一个时间槽,再继续尝试发送数据。如果选择进入下一个时间槽并且下一个时间槽的信道仍然空闲,用户会继续重复以这个概率发送帧的过程。然而,如果选择进入下一个时间槽,但下一个时间槽的信道忙碌,用户会随机等待一段时间后再次监听信道,并重复上述过程。

图 5.5 展示了 1-坚持型 CSMA 协议、非坚持型 CSMA 协议、p-坚持型 CSMA 协

议以及两种 ALOHA 协议下,吞吐量随负载变化的情况。

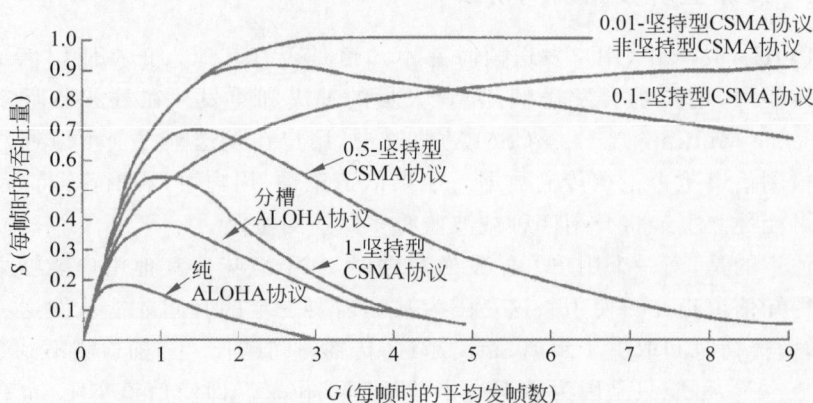

图 5.5　不同随机访问协议的吞吐量随负载变化的情况

4. 带冲突检测的 CSMA 协议

如上所述,即便有信道监听,前面的三种 CSMA 协议仍有可能出现冲突。冲突一旦产生,帧就会遭到破坏。此时,用户没有必要继续发完已经被破坏的帧,而应该立即停止发送帧,准备后续重发。

带冲突检测的 CSMA(即 CSMA/CD)协议考虑了这一点,进一步提高了 CSMA 协议的效率。CSMA/CD 协议是经典以太网的基础。在 CSMA/CD 协议中,发送方将帧发送至接收方,并且在发送的同时监听信道。若中途发生冲突,冲突所产生的噪声信号传播回发送方,发送方即可得知冲突产生,立即停止发送帧,随机等待一段时间,而后重发。这样,可以节省时间,避免浪费带宽。

发送方要检测到上述冲突,必须要等待噪声信号传回自己,这一时间越长,发现冲突就越迟。如图 5.6 所示,考虑一个信道,信号在信道上相距最远的两个用户 A 到 B 传播的单向时延为 τ。用户 A 开始发送数据,经过 τ 后,信号传到 B 处;几乎与此同时,B 也开始发送数据。这样,A 和 B 的数据发生冲突,产生噪声信号。B 立即得知冲突的产生;噪声信号经过 τ 后传回 A,A 方可得知冲突产生。因此,最差情况下,发送方在发送帧 2τ 后,才可得知是否发生冲突——若 2τ 后仍未发现冲突,则发送方可以自信地认为,数据将顺利到达接收方,可继续将帧发送完。

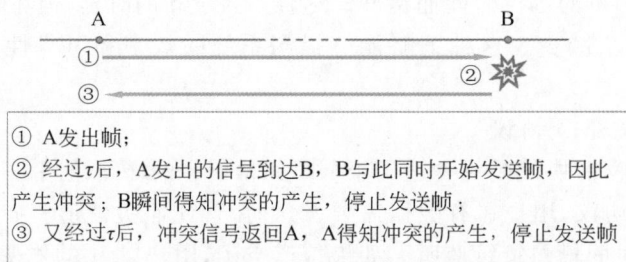

① A发出帧;
② 经过 τ 后,A发出的信号到达B,B与此同时开始发送帧,因此产生冲突;B瞬间得知冲突的产生,停止发送帧;
③ 又经过 τ 后,冲突信号返回A,A得知冲突的产生,停止发送帧

图 5.6　带冲突检测的 CSMA 协议

5.2.3　无冲突协议

上面介绍的几个协议中,不同用户以一种可能冲突的方式共享信道。在较低的负

载下,帧之间发生碰撞的概率较小,时延较低;负载较高时,帧发生冲突的概率增大,冲突一旦产生,将浪费信道带宽,增大传输时延,影响业务表现。为了避免冲突,另外一些共享信道的协议通过预先约定好的规则,限制不同用户在不同时机使用信道。

下面将简单介绍三种此类协议:位图协议、令牌传递协议,以及二进制倒计数协议。在下面的介绍中,假设有 N 个用户共享同一个信道。

1. 位图协议

在位图协议中,信道的使用分为两个阶段,如图 5.7 所示。

第一阶段由 N 个短时间槽组成,每个时间槽仅允许一个特定的用户使用信道。在第 i 个时间槽内,如果用户 i 有数据待发送,它会发送一个比特作为请求,要求其他用户稍后为其保留发送机会。由于信道在这个时间槽内由用户 i 独占,其他用户可以无冲突地接收这个请求。

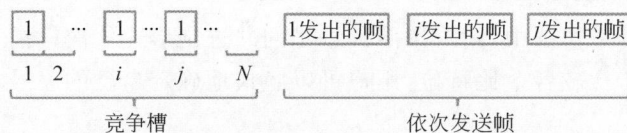

图 5.7　位图协议

第二阶段由若干与帧时长度相等的时间槽组成。在这个阶段,按照用户的序号从小到大依次发送帧,而这些帧在这个阶段内不会发生冲突。所有用户都遵循这个约定,第一阶段和第二阶段交替出现,信道中始终没有冲突发生。

通过这种方式,位图协议实现了用户之间的协调,确保在不产生冲突的情况下共享信道。

在位图协议中,用户在生成数据后,必须在竞争槽中发出预留请求,并且等待序号较小的用户完成帧的发送,然后才能发送自己的帧。这种方式引入固定长度的竞争时延,即 N 个竞争槽所占用的时间。当负载较轻时,竞争槽中的发送数据的用户较少,数据传输量相对较小,在这种情况下,N 个竞争槽所占用的时间相对总处理时间比例较大,这会导致引入了较大的处理时延。当负载较重时,竞争槽中的发送数据的用户较多,数据传输量较大,竞争槽所占用的时间相对总处理时间比例较小,这意味着信道的利用率较高。

因此,位图协议的性能受到负载的影响。在负载较轻的情况下,发送时延较大,而在负载较重的情况下,信道的利用率较高。通过调整竞争槽的数量,可以在不同负载下优化位图协议的性能,以实现更好的信道利用率和较低的发送时延。

2. 令牌传递协议

在令牌传递协议中,令牌代表了发送帧的机会,它在用户之间按照预定的顺序传递。如图 5.8 所示,当令牌传递到某个用户时,如果该用户有待发送的帧,它会发送该帧,并将令牌传递给下一个用户;如果该用户没有待发送的帧,它会直接将令牌传递给下一个用户。通过令牌在用户之间循环传递(构成令牌环),所有用户依次按顺序获得了发送帧的机会,而不会发生冲突。

类似位图协议,令牌传递协议也引入了固定长度的竞争时延,即令牌循环一轮所占用的时间。因此,令牌传递协议的性能也受到负载的影响。在负载较低的情况下,发送时延较长,而负载较重时,信道的利用率较高。通过调整令牌循环一轮的时间,可以在不

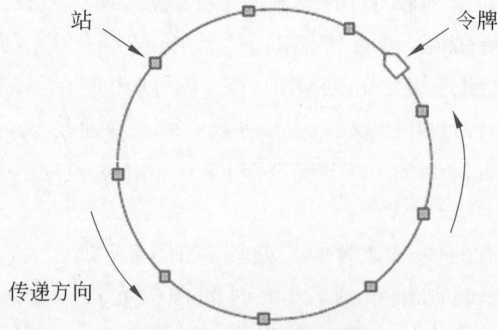

图 5.8 令牌传递协议

同负载下优化令牌传递协议的性能,以实现更好的信道利用率和较低的发送时延。

3. 二进制倒计数协议

在二进制倒计数协议中,用户按照其编号的二进制形式依次广播各个比特位来竞争信道。通过逐步比较各个比特位,用户可以隐式地确定自己的序号相对于其他用户的大小关系。

举例来说,假设有四个用户 1001、1010、0100、0110,它们竞争信道的步骤依次如下:

(1) 所有用户广播自己的最高位比特(1,1,0,0)。根据或运算,所有用户都看到的结果是 1。用户 0100 和 0110 发现第一位为 1,意味着有比它们序号更高的用户在竞争信道,所以它们放弃了本次竞争。

(2) 剩下的两个用户广播自己的第二位比特(0,0)。根据或运算,它们得到的结果是 0。两个用户的第二位都是 0,所以它们继续竞争信道。

(3) 剩下的两个用户广播自己的第三位比特(0,1)。根据或运算,它们得到的结果是 1。用户 1001 发现该位为 1,意味着有比它序号更高的用户在竞争信道,所以它放弃了本次竞争。

(4) 用户 1010 获胜,获得了本次发送帧的机会。

通过使用二进制倒计数协议,用户可以根据自己的编号的二进制形式逐步竞争信道,从而避免了直接冲突。相比于位图协议和令牌传递协议,二进制倒计数协议的等待时间复杂度降低为 $O(\log_2 N)$,从而减小了竞争时延。这使得二进制倒计数协议在大规模用户场景下具有更高的效率和较低的发送时延。

5.2.4 有限竞争协议

上面提到,当负载较低时,ALOHA、CSMA 等竞争协议具有较低的时延,但在负载较高时,帧冲突的概率增大,导致信道利用率下降。相比之下,位图协议、令牌传递协议和二进制倒计数协议等无竞争协议在负载较低时会引入较高的规避竞争时间,从而导致较高的时延。然而,随着负载的增加,规避竞争所占时间相对减少,从而提高了信道利用率。

基于这一观察,有限竞争协议中的用户在负载较低时采用竞争的方式获取信道,而在负载较高时采用无冲突的方式获取信道。下面以自适应树遍历协议为例,介绍这一过程。

自适应树遍历协议要实现的目标：当负载较高时，参与竞争的用户较少，以减少冲突的发生；当负载较低时，参与竞争的用户较多，以提高信道的利用率。为了实现这一目的，所有用户（A～H）被放在一棵树的叶子节点中，如图5.9所示。

考虑各个用户竞争发送机会的一次过程。在第一个竞争槽中，以"1"为根节点的树中的8个叶子（A～H）竞争发送机会，若没有冲突，则信道成功被分配，本次竞争结束；若有冲突，则进入第二个竞争槽。在第二个竞争槽中，以"2"为根节点的树中的4个叶子（A～D）竞争发送机会，注意此时参与竞争的用户数目已经减半，如果没有冲突，

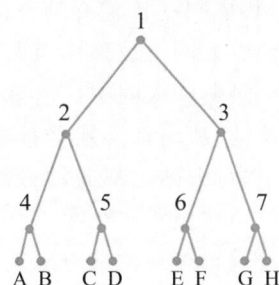

图5.9　自适应树遍历协议

则在第三个竞争槽中，以"3"为节点的树中的4个叶子（E～H）将竞争发送机会；若有冲突，则在第三个竞争槽中，以"4"为节点的树中的2个叶子（A，B）将竞争发送机会。整个过程就按照这种深度优先搜索的方式进行，直到所有待发送数据的用户都获得发送机会。

在上述机制下，当负载较轻时，以树的根节点"1"开始搜索，可以较快地让所有准备发送数据的用户竞争到发送机会。而当负载较重时，对以树的根节点"1"开始的竞争槽进行搜索几乎必然会导致冲突的发生。在这种情况下，根据网络负载情况，从较低层的节点（而非根节点"1"）开始搜索，一开始就减少了参与竞争的用户数目，从而提高了效率。这就是所谓的"自适应"。

5.3　IEEE 802.3 协议和以太网

前面的章节介绍了介质访问控制协议的工作原理。接下来的两节将以有线网络常见的 IEEE 802.3 协议和无线网络常见的 IEEE 802.11 协议为例，介绍实际网络中使用的介质访问控制协议的技术细节。需要说明的是，IEEE 802.3 协议和 IEEE 802.11 协议同属于 IEEE 802 协议族，该协议族定义了多种类型的基于数据帧的网络所遵循的协议规范和通用的参考模型。

5.3.1　以太网简介

20 世纪 70 年代，有线局域网出现了包括以太网、令牌环和光纤分布式数据接口在内的多种技术。随着时间的推移，以太网技术逐渐成了主流技术，并广泛应用于现实生活中的大多数有线网络。从 20 世纪 80 年代开始，IEEE 作为国际化标准组织开始不定期发布以太网标准，即 IEEE 802.3 协议。该协议定义了有线局域网的物理层接入技术和介质访问控制（MAC）子层协议。其中，物理层接入技术规定了站点如何使用物理线路进行数据编码和解析，介质访问控制子层协议规定了信道竞争和分配的算法和原则。

最早的以太网标准由 DEC、Intel、Xerox 三家公司联合发布，也称为 DIX 标准。DIX 标准定义了以太网传输速率为 10Mb/s，使用粗同轴电缆作为连接线缆，最大支持 4 台中继器和 500m 的连接距离。随着以太网的不断应用，原本的粗同轴电缆被替换成了细同轴电缆，工作速率仍为 10Mb/s，最大支持 4 台中继器和 200m 的连接距

离。无论是使用粗同轴电缆还是细同轴电缆，以太网中所有的节点都连接在一根总线上，共享同一传输介质。因此，需要采用前面提到的 CSMA/CD 介质访问控制策略，这种以太网也被称作经典以太网。

经典以太网中任何一个节点如果出现问题，都可能会导致整个网络瘫痪，而且节点移动、新增都必须重新布线，所以后来提出了星型布线模式。在最早的星状布线模式中，每个站点都通过一条专用线缆连接到中央集线器。然而，集线器只是在电气上简单地连接所有线缆，就像把它们焊接在一起，逻辑上等同于单根电缆的经典以太网。随着越来越多的站点加入，每个站点获得的固定容量共享份额下降，最终整个局域网将饱和。为了处理不断增长的负载，后来又提出了交换式以太网。交换式以太网的核心设备是交换机（将在 5.6 节进行详细说明）。

本节后续将主要介绍经典以太网的 MAC 子层协议、帧结构以及以太网标准的演进。尽管 IEEE 802.3 协议和以太网在介质访问控制方面有微小差异，但从整体上看，它们的核心概念基本相同，因此在后续的描述中将不加区分地使用 IEEE 802.3 和以太网这两个术语，即二者可以相互替代使用。这样做是为了避免过多的重复描述，同时也强调它们的相互兼容性。

5.3.2   经典以太网 MAC 子层协议

经典以太网 MAC 子层使用带冲突检测的载波监听多路访问（CSMA/CD）协议，该协议基于前面所介绍的 1-坚持型 CSMA 协议。下面对其在以太网中的使用进行详细介绍。

1. 以太网最小帧长

按照 CSMA/CD 协议的设计，各站点在传输的过程中持续监听信道，一旦出现冲突就执行冲突避免的操作。换句话说，CSMA/CD 协议依赖站点能够正确检测冲突的假设。然而，如果发送时间过短，发送方可能错误地认为数据帧已经被正确发送，而实际上由于冲突导致数据帧变得不可用。这意味着站点未能正确检测到冲突，违反了CSMA/CD 协议的前提假设。

为了实现有效的冲突检测，以太网帧除了包含必要的控制字段和实际传输的信息之外，还包含可选的填充字段。填充字段的作用是使过短的帧达到最小帧长的要求。在实际的传输线路中，信号需要一定的传播时间，为了确保所有站点能够正确地检测到有效帧和冲突，以太网限制了链路的最长物理距离、最小帧长和传输速率。当数据帧的长度不足最小帧长时，填充字段会被添加到帧中，使其达到最小帧长（通常为 64 字节）。这样做的目的是确保帧的持续时间足够长，以便其他站点能够正确地检测到正在传输的帧以及潜在的冲突情况。

在以太网标准中，最大传输距离、最小帧长和传输速率是相互关联的三个参数，它们在保障冲突检测正确性方面起着重要作用。下面以图 5.10 为例，解释它们之间的关系。在图中，甲乙两个站点位于同一个冲突域内，

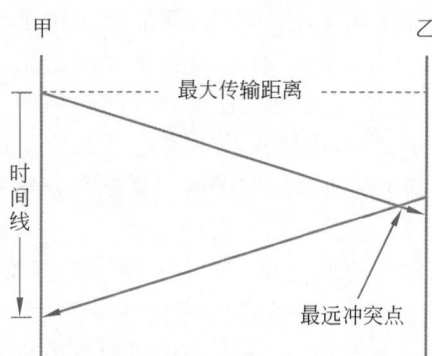

图 5.10   冲突检测需要 2τ 时间

且物理距离达到了以太网标准的最大传输距离。所谓冲突域,是指连接在同一物理介质上的所有站点的集合,这些站点之间存在竞争使用的现象。如果以太网没有限制各站点发送数据量的最小值(即最小帧长),那么图中甲发送数据的持续时间可能过短,无法保证数据在刚到达乙处时,产生的冲突信号能在数据传输结束之前回传到甲处。

为了确保在上述情况下,能够正确检测发送中的数据帧是否出现冲突,以太网规定所有数据帧的发送时间必须大于 2τ(τ 代表最远站点之间的传播时延)。这要求数据帧的最小发送时间足够长,以确保信号在网络中传输的时间大于一次往返的时间,从而避免线缆远端冲突无法被正确检测到的问题。

可以理解的是,对于具有更长最大传输距离和更快传输速率的以太网,需要设置更长的最小帧长。具体而言,最小帧长应满足以下关系式:

$$最小帧长 \geqslant (2\tau \times 传输速率)/8$$

在实际的以太网标准中,为了留出一定的容错余量,最小帧长会在理论值的基础上再增加一些。例如,对于一个最大长度为 2500m,有四台中继器的 10Mb/s 的 LAN,往返一次的时间大约是 $50\mu s$,或者说最小发送时间是 $50\mu s$,因此理论最小帧长是 500b。而实际上以太网标准采用有一定余量的 512b(也就是 64B)作为最小帧长的标准值,这样可以避免因为中继器时延、站点处理时延等因素出现抖动导致冲突检测失效。同时,为了进一步提升冲突检测的性能,除了直接识别回传的混杂信号以外,检测到冲突的站点还会主动发送警告信号放大冲突,将冲突发生的信息传递给以太网中的其他站点。这样做可以让其他站点及时了解到发生的冲突,并执行相应的退避等待操作,从而避免继续发送无效的数据帧。

2. 二进制指数后退算法

二进制指数后退算法是以太网 CSMA/CD 协议中用于解决冲突和实现数据重传的一种动态决策机制。该算法的核心思想是根据冲突次数选择随机的等待时间,以适应不同的网络繁忙状态,从而提高以太网的性能和可靠性。

具体而言,该算法将最小帧长的传输时间作为等待时间的基本单位,并根据冲突次数确定随机等待时间的区间。例如,第一次冲突后,等待时间在 0 倍和 1 倍基本单位之间随机选择;第二次冲突后,在 0 倍和 3 倍基本单位之间选择等待时间,依此类推。第 i 次冲突发生后,站点在 0 倍和 $2^i - 1$ 倍基本单位之间随机选择等待时间,等待时间结束后再次尝试抢占信道。随着冲突次数增加,等待时间也相应增加,以适应繁忙网络环境。然而,为了避免时延过大的问题,算法限制了等待时间的无限增长,在一定次数的冲突后,等待时间的最大长度受到限制,通常在 1023 倍往返时延以内。

该算法能够根据冲突次数动态调整等待时间,以适应不同网络繁忙状态。较短的等待时间可以在空闲网络中提高信道利用率,但在繁忙网络中会导致冲突概率上升。相反,较长的等待时间可以降低繁忙网络中的冲突次数,但可能导致信道利用率降低。因此,静态规定等待时间的随机区间往往无法很好地适应真实网络环境。通过使用冲突次数作为信号,二进制指数后退算法动态调整等待时间的最大长度,使其随着冲突次数增加而增加,从而适应网络的繁忙状态。同时,该算法通过限制等待时间的无限增长,避免了时延过大的问题。

5.3.3 经典以太网帧结构

IEEE 对 DIX 标准做了少许修改,并在 1983 年正式提出 IEEE 802.3 标准。DIX

标准与 IEEE 802.3 标准在帧结构上存在一些差异,但它们是相互兼容的。具体而言,它们在源地址字段后的 2 字节上有所不同。在以太网中,这 2 字节表示类型字段,而在 IEEE 802.3 协议中,它们表示帧长度字段。然而,由于以太网标准出现更早且被广泛使用,并且经典以太网常用的类型码字值较大,因此在实践中通常认为小于或等于 0x0600 的值表示 IEEE 802.3 标准中的帧长度字段,而大于 0x0600 的值表示经典以太网中的类型字段。

图 5.11 和图 5.12 展示了经典以太网和 IEEE 802.3 协议的帧格式,接下来依次解释各个字段的含义。

字段长度 (字节数)	8	6	6	2	0~1500	0~46	4
	前导码	目的地址	源地址	类型	数据	填充	校验和

图 5.11　经典以太网的帧格式

字段长度 (字节数)	8		6	6	2	0~1500	0~46	4
	前导码	SOF	目的地址	源地址	长度	数据	填充	校验和

图 5.12　IEEE 802.3 协议的帧格式

首先是 8 字节的前导码,用于实现时钟同步和帧开始定界。前导码在以太网帧的物理层中起着重要作用,它包括 7 个重复的 10101010 循环字节,用于将目的主机的接收器时钟与源主机的发送器时钟同步,以便进行正常的数据接收。最后一字节是 IEEE 802.3 协议的帧开始(Start Of Frame,SOF)定界符,为 10101011,其中最后一个 0 被修改为 1,表示数据传输的开始。前导码的主要作用是在物理层上实现收发同步和帧的定界,实际上并不需要将其提交到上层协议,也不计入帧头长度。

其次,以太网帧还包含 6 字节的目的地址和 6 字节的源地址。这些地址是硬件地址,也称为物理地址或 MAC 地址。为了确保全球唯一性,MAC 地址的分配采用了特定的策略。MAC 地址由 3 字节的组织唯一标识符(Organizationally Unique Identifier,OUI)和 3 字节的制造商分配值组成。组织管理者 IEEE 注册中心(Registration Authority,RA)统一管理 OUI 的分配,并将前 3 字节分配给各大硬件制造商,而硬件制造商再在其内部分配后 3 字节以形成最终的完整 MAC 地址,写入网络硬件中。读者可以使用 Wireshark 工具观察以太网帧中的 MAC 地址,并通过查看 MAC 地址中包含的生产厂商来验证其唯一性。在发送以太网帧时,网络设备会将这个全球唯一的 MAC 地址作为源地址写入帧中,以区分不同的站点。

为了支持不同的传输方式,目的 MAC 地址被分为三种类型:单播地址、组播地址和广播地址。单播地址的第一个比特位为 0,表示特定的站点,与源地址使用的全球唯一地址相同。使用单播地址作为目的地址发送的数据只会被特定站点接收。组播地址的第一个比特位为 1,表示一组站点。使用组播地址作为目的地址发送的数据会被网络上特定的一些站点接收,通常需要特别配置设备以监听该地址。广播地址是一个特殊的 MAC 地址,其 6 字节全为 1。使用广播地址作为目的地址发送的数据会被网络中的所有站点接收,无须额外配置。通过组播和广播,以太网实现了更多样的传输方式,不再局限于点对点传输。

接下来是 2 字节的类型或长度字段。根据 DIX 标准和 IEEE 802.3 标准的不同解释,该字段有不同的含义。当解释为类型字段时,它表示以太网帧承载的上层协议类型。例如,0x0800 表示承载 IPv4 数据包,0x0806 表示承载 ARP 数据包等。这个字段用于指导接收方对以太网帧进行进一步处理,提取数据部分并传递给对应的上层协议。当解释为长度字段时,它表示紧跟着的数据字段的长度,等于数据字段的字节数除以 8。

最后是 4 字节的校验和字段。校验和字段使用 CRC32 校验和来验证以太网帧在传输过程中是否损坏。有关算法的详细信息可以参考本书第 4 章的相关内容。校验和检查是确保以太网传输正确性的重要机制。此外,接收方还会验证帧的长度是否为整数字节,是否为 64～1518 字节,以及验证长度字段(IEEE 802.3 协议)是否与数据字段匹配。未通过这些验证的数据帧被视为无效的以太网数据帧,以太网协议将直接丢弃这些帧,留给上层的差错控制机制处理。以太网协议没有包含重传机制或确认机制的设计,因为它主要在高带宽、低误码率的有线介质上使用,简化的设计有助于提高传输效率。

5.3.4　以太网标准的演进与创新探索

以太网是应用最广泛的有线局域网技术。根据传输速率的不同,以太网分为标准以太网(10Mb/s)、快速以太网(100Mb/s)、千兆以太网(1000Mb/s)和万兆以太网(10Gb/s),这些以太网都符合 IEEE 802.3 标准。

1. 标准以太网

标准以太网是最早期的以太网,其传输速率为 10Mb/s,也称为传统以太网。此种以太网的组网方式非常灵活,既可以使用粗、细缆组成总线网络,也可以使用双绞线组成星状网络,还可以同时使用同轴电缆和双绞线组成混合网络。IEEE 802.3 中规定的一些传统以太网物理层标准如下。

(1) 10 Base-2:使用细同轴电缆,最大线缆长度为 185m(近似 200m)。

(2) 10 Base-5:使用粗同轴电缆,最大线缆长度为 500m。

(3) 10 Base-T:使用双绞线,最大线缆长度为 100m。

(4) 10 Broad-36:使用同轴电缆,最大线缆长度为 3600m。

(5) 10 Base-F:使用光纤,最大线缆长度为 2000m。

以上标准中首部的数字代表传输速率,单位为 Mb/s;末尾的数字代表最大线缆长度(基准单位为 100m);Base 表示基带传输,Broad 表示宽带传输。

2. 快速以太网

随着网络需求的发展和各项技术的普及,标准以太网已难以满足人们对网络速率的需求。1993 年 10 月以前,人们只能选择价格昂贵、基于 100Mb/s 光缆的 FDD 技术组建高标准网络,1993 年 10 月,Grand Junction 公司推出了世界上第一台快速以太网集线器 FastSwitch10/100 和百兆网络接口卡 Fast NIC 100,快速以太网技术正式得到应用。

随后,Intel、3COM 等公司也相继推出了自己的快速以太网设备,同时 IEEE 802.3 工作组对 100Mb/s 以太网的各种标准进行了研究,并于 1995 年 4 月发布了 IEEE 802.3u(100Base-T)快速以太网标准,标志着快速以太网时代到来。

IEEE 802.3u 标准基本保持了标准局域网的规定,包括帧格式、接口、介质访问控制方法(CSMA/CD)等,只是将数据传输速率从 10Mb/s 提升到了 100Mb/s,又使用了一些新的物理层标准,具体如下。

(1) 100 Base-1X:使用两对 5 类屏蔽或非屏蔽双绞线,一对用于发送数据,一对用于传输数据;使用 RJ-45 或 DB9 接口,节点与集线器的最大距离为 100m,支持全双工。

(2) 100 Base-T4:使用 4 对 3 类、4 类或 5 类双绞线,3 对用于发送数据,1 对用于检测冲突信号;使用 R-45 连接器,最大网段长度为 100m,不支持全双工。

(3) 100 Base-FX:使用一对单模或多模光纤,一路用于发送数据,一路用于接收数据;最大网段长度为 200m(使用单模光纤时可达 2000m),支持全双工。此种网络主要用于搭建主干网,以提升主干网传输速率。

3. 千兆以太网

千兆以太网(Gigabit Ethernet)也称为吉比特以太网。1995 年 11 月,IEEE 802.3 工作组成立了一个高速研究组,以研究将快速以太网速率增至 1000Mb/s 的可行性和方法。1996 年 6 月,IEEE 标准委员会批准了千兆以太网方案授权申请,随后 IEEE 802.3 工作组成立了 IEEE 802.3z 工作委员会,该委员会建立了千兆以太网标准,该标准的主要规定如下:

(1) 速率为 1000Mb/s 的以太网在通信时的全双工/半双工操作。

(2) 使用 IEEE 802.3 以太网帧格式、CSMA/CD 技术。

(3) 在一个冲突域中支持一台中继器。

(4) 向下兼容 10 Base-T 和 100 Base-T IEEE 802.3。

工作组为千兆以太网制定了一系列物理层标准,其中常用的标准如下:

(1) 1000 Base-SX:使用芯径为 $50\mu m$ 及 $62.5\mu m$、工作波长为 850nm 的多模光纤,采用 8B/10B 编码方式,传输距离分别为 550m 和 275m。此标准主要应用于建筑物中同一层的短距离主干网。

(2) 1000 Base-LX:使用芯径为 $50\mu m$ 及 $62.5\mu m$、工作波长为 850nm 的多模光纤和芯径为 $9\mu m$、工作波长为 1310nm 的单模光纤,传输距离分别为 525m、550m 和 5000m。此标准主要应用于校园主干网。

(3) 1000 Base-CX:使用 150Ω 屏蔽双绞线,采用 8B/10B 编码方式,传输速率为 1.25Gb/s,传输距离为 25m。此标准主要用于集群设备的连接,如一台交换机机房内的设备互联。

(4) 1000 Base-T:使用 4 对 5 类非屏蔽双绞线,采用 PAM5 编码方式,传输距离为 100m。此标准主要用于同一层建筑的通信,从而可利用标准以太网或快速以太网已敷设的非屏蔽双绞线电缆。

千兆以太网采用光纤作为上行链路,用于楼宇间的连接,原本被作为一种交换技术设计,之后被广泛应用于服务器的连接和主干网中。如今,千兆以太网已成为主流的网络技术,无论是大型企业还是中小型企业,在组建网络时都会把千兆以太网作为首选高速网络技术。

4. 万兆以太网

万兆以太网(10 Gigabit Ethernet,10GE)也称为 10 吉比特以太网、10G 以太网,是继千兆以太网之后产生的高速以太网。在千兆以太网的 IEEE 802.3z 规范通过后不久,IEEE 成立了高速研究组(High Speed Study Group,HSSG),该研究组主要致力于 10G 以太网的研究。

10G 以太网并非简单地将千兆以太网的速率提升了 10 倍,2002 年 6 月,IEEE 802.3ae 委员会制定了 10GE 的正式标准,该标准主要包括以下内容。

(1) 兼容 IEEE 802.3 标准中定义的最小和最大以太网帧长度。

(2) 仅支持全双工方式。

(3) 使用点对点链路和结构化布线组建星状局域网。

(4) 在 MAC/PLS 服务接口上实现 10Gb/s 的速率。

(5) 定义两种物理层规范,即局域网 PHY 和广域网 PHY。

(6) 定义将 MAC/PLS 的数据传输速率对应到广域网 PHY 数据传输速率的适配机制。

(7) 定义支持特定物理介质相关(Physical Media Dependent,PMD)接口的物理层规范,包括多模光纤和单模光纤以及相应传输距离;支持 ISO/IEC 11801 第二版中定义的光纤介质类型等。

(8) 通过 WAN 界面子层,10Gb/s 也能被调整为较低的传输速率。

千兆以太网仍可使用已有的光纤通道技术,但 10G 以太网使用新开发的物理层。10G 以太网常用的物理层规范如下。

(1) 10G Base-SR:SR 表示"Short Reach"(短距离),10G Base-SR 仅用于短距离连接,该规范支持编码方式为 64B/66B 的短波(850nm)多模光纤,有效传输距离为 2~300m。

(2) 10G Base-LR:LR 表示"Long Reach"(长距离),10G Base-LR 主要用于长距离连接,该规范支持编码方式为 64B/66B 的长波(1310nm)单模光纤,有效传输距离为 2m~10km,最高可达 25km。

(3) 10G Base-ER:ER 表示"Extended Reach"(超长距离),10G Base-ER 支持超长波(1550nm)单模光纤,有效传输距离为 2m~40km。

5. 技术探索:40Gb/s 和 100Gb/s 以太网

随着云计算等新型应用的兴起,加上服务器和存储解决方案支持的高吞吐量,数据中心的带宽需求不断增长,推动了数据中心扩展现有基础设施并行的带宽能力。10Gb/s 以太网已远远不能满足基础设施建设的需求。

IEEE 802.11 委员会在万兆以太网的标准化工作的基础上,又推出了 40Gb/s 和 100Gb/s 以太网的新标准。第一个标准是 IEEE 802.3ba,2010 年正式批准;接着是 IEEE 802.3bj(2014 年)、IEEE 802.3cd(2018 年),这些标准都定义了 40Gb/s 和 100Gb/s 的以太网。这些标准实现了以下目标。

(1) 与 IEEE 802.3 标准向后兼容到 1Gb/s。

(2) 允许最小和最大帧尺寸保持相同。

(3) 处理 10^{-12} 或者更低的比特错误率。

(4) 在光纤网络上很好地工作。

(5) 数据速率为 40Gb/s 或者 100Gb/s。

(6) 允许使用单模或者多模光纤和专用的背板。

这些新标准跳过了铜缆,而是支持了在云计算数据中心中使用的光纤和高性能背板。它们支持多种调制方案,包括 64B/66B,并且可以通过 10 路并行通道来实现总共达到 100Gb/s 的数据传输速率。这些通道通常在光纤上使用不同的频带,而且已经被整合到现有的光纤网络中,从 2018 年开始逐渐引入了 100Gb/s 的交换机和网络适配卡。

6. 新技术探索:25G/100G 以太网技术

随着 AI 等海量数据应用的爆发式增长,现有的 10G/40G 网络已不能满足需求。25G/100G 升级方案作为一种高带宽、高密度、低成本、低功耗的解决方案,推动数据中心向高性能和灵活性方向发展。

25G 以太网标准(IEEE 802.3by)于 2014 年由 IEEE 和 IEEE 标准协议(Standards Association,SA)发布。该标准弥补了 10G 以太网带宽较低和 40G 以太网成本较高的缺陷。25G 以太网采用了 25Gb/s 单通道物理层技术,通过 4 个 25Gb/s 光纤通道实现了 100Gb/s 的传输速率。由于 SFP28 封装与 SFP+封装尺寸相似,25G SFP28 端口兼容 10G SFP+端口,但其光模块带宽是 10G SFP+的 2.5 倍。相对于 40G 以太网,25G 以太网具有明显的性能优势,提供更高的端口密度和更低的带宽成本,因此近年来在云数据中心和 5G 网络中广泛应用,包括 25G 交换机、光模块、DAC、AOC 等产品备受用户认可。

40G 以太网标准(IEEE 802.3ba)于 2008 年由 IEEE 发布,但出现在 25G 以太网之前。40G QSFP+光模块主要通过 4 个 10Gb/s 光通道实现 40Gb/s 的数据传输。随着 40G 以太网技术的成熟和市场上 40G 产品供应商的增加,40G 产品的成本不断下降。然而,由于自身原因,40G 以太网在 100G 网络升级中并不具备成本效益和能源效率。25G 以太网和 40G 以太网的比较如表 5.1 所示。

表 5.1　25G 以太网与 40G 以太网的比较

特征/要求	25G 以太网	40G 以太网
每端口的 PCIe 3.0 通道数	4	8
PCIe 3.0 带宽利用率	78%	62.50%
时钟频率	25.78GHz	10.31GHz
SerDes 通道	单通道	四通道
服务器/ToR,3∶1 的过量使用率	96	24
接头	SFP28	QSFP+
DAC 线缆	较细,4 线	更粗,16 线
线缆材料成本	低	高
更易过渡到 100G 网络	支持	不支持

要选择 25G 以太网还是 40G 以太网,可以考虑以下三方面因素。

(1) 25G 以太网主要用于服务器与 ToR(架顶式)交换机之间的接入,以及 100G 甚至更高速率的网络升级。而 40G 以太网主要用于数据中心内交换机之间的连接,用于解决接入交换机与汇聚交换机之间的瓶颈问题。若 25G 以太网能够广泛用于交换机与交换机的连接中,将有助于推动 25G 以太网的发展。

(2) 交换机的兼容性和端口密度是选择的关键因素。大多数 25G 交换机和 25G

光纤网卡(NIC)支持向后兼容 10G 以太网,这提高了网络升级的灵活性。兼容性方面,25G 以太网比 40G 以太网更具优势。而在端口密度方面,25G 以太网采用了单通道 SerDes 技术,相对于 40G 以太网的 4 个 10Gb/s 通道,更具优势。

（3）对于 10G-25G 的短距离交换机连接,可以直接使用 25G SFP28 DAC/AOC。而对于 10G-40G 的短距离连接,可以使用 40G QSFP＋ DAC/AOC。但对于远距离传输,需要考虑不同类型的光模块和跳线,这将影响布线成本。

总结而言,25G 以太网和 40G 以太网在应用、交换机兼容性、端口密度和布线方面存在差异。选择时需考虑具体的网络需求和条件,以确定最适合的方案。

5.4　IEEE 802.11 协议和无线局域网

在无线局域网(WLAN)发明之前,人们要想通过网络进行联络和通信,必须先用物理线缆(铜线或光纤)组建一个实际运行的通路。然而这种有线网络无论组建、拆装还是在原有基础上进行重新布局和改建,都非常困难,且成本和代价也非常高,于是无线局域网的组网方式应运而生。

5.4.1　无线局域网简介

无线局域网有两种组织形式:基础架构模式和自组织模式。如图 5.13 所示,基础架构模式是最常见的使用方式,所有站点通过基站进行数据传输,其中基站又被称为接入点(Access Point,AP),其他站点之间不直接进行交互。自组织模式也被称为 Ad hoc 模式,它是在没有固定基站的情况下使用的,各个站点之间直接相互传输数据。而在实际使用中,用户往往需要将无线局域网与有线网络互联,无线局域网仅作为最后一跳的接入网络,通过将数据转发至有线网络来接入互联网,因此基础架构模式使用得更多。这种情况下,AP 往往同时肩负无线接入点和有线网络路由的双重功能,既需要连接无线接入设备,又需要将其转发至对应的有线链路,实现互联网连接。

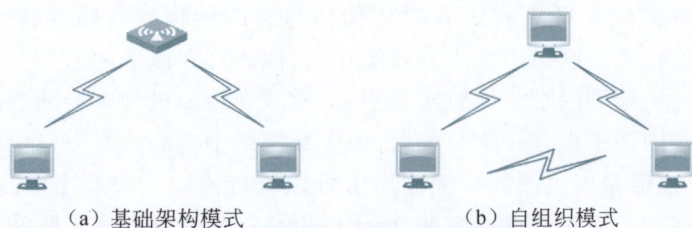

（a）基础架构模式　　　　（b）自组织模式
图 5.13　基础架构模式和自组织模式

无线局域网除了在组织模式上与有线网络存在很大的区别,它的物理层特性也与有线网络截然不同,因此需要有完全不同的链路层协议设计。IEEE 802.11 协议是专为无线局域网(WLAN)设计的物理接入协议。与 IEEE 802.3 协议类似,该协议同样包括物理层接入技术、链路层介质访问控制(MAC)子层协议。物理层接入技术规定无线站点如何使用各种电磁信号编码和解码以实现无线通信,介质访问控制子层协议规定了无线局域网信道竞争和分配算法及原则。

IEEE 802.11 协议自 1997 年发布第一个版本以来,经过近 30 年的发展,已经迭代更新了多个版本。不同版本的协议在传输速率、可靠性和接入密度等方面都有巨大的变化。如表 5.2 所示,最大传输速率从初版的 2Mb/s 提升到最新的 9.6Gb/s。传输速率上限的不断提升得益于物理层引入了 5GHz 频段,以及改进调制技术等。除此之外,IEEE 802.11 协议还通过改进多用户网络信道复用技术,实现了多用户多输入多输出(Multi-User Multiple-Input Multiple-Output,MU-MIMO),从而提高了接入密度。物理层作为网络体系结构的最底层技术,决定了无线网络传输能力的上限。针对传输速率、传输可靠性和接入密度提升的目标,更多新技术正在不断被提出,以拓展无线网络传输能力的上界。

表 5.2   IEEE 802.11 协议发展历程

时　　间	协议版本	最大传输速率	支 持 频 段
1997 年	IEEE 802.11	2Mb/s	2.4GHz
1999 年	IEEE802.11b(Wi-Fi 2)	11Mb/s	2.4GHz
1999 年	IEEE802.11a(Wi-Fi 1)	54Mb/s	5GHz
2003 年	IEEE802.11g(Wi-Fi 3)	54Mb/s	2.4GHz
2009 年	IEEE802.11n(Wi-Fi 4)	600Mb/s	2.4GHz+5GHz
2013 年	IEEE802.11ac(Wi-Fi 5)	1300Mb/s	5GHz
2019 年	IEEE802.11ax(Wi-Fi 6)	9.6Gb/s	2.4GHz+5GHz

在物理层之上,为了实现无线网络的信道分配任务,IEEE 802.11 协议设计了适用于无线网络特性的介质访问控制协议。该协议与有线网中的以太网协议有很大区别,是本节的重点内容。

5.4.2　IEEE 802.11 介质访问控制

无线网络的介质访问控制协议无法直接迁移应用于有线网络的 CSMA/CD 协议,主要原因在于无线网络的物理层特性不同。无线网络利用电磁波传播信号,而有线网络则使用铜缆或光纤等有线介质传输信号。两种物理介质的特性差异造成了 CSMA/CD 协议在无线网络中无法有效工作,具体表现在以下两方面。

一方面是冲突检测困难。无线网络中,电磁波在传输过程中会随着距离的增加而衰减。虽然有线网络中也存在这个现象,但无线网络中电磁波在空气中衰减的速度更快,导致发送站点需要以更高的功率输出信号以维持传输。需要注意的是,这里提到的功率增加是相对于接收站点而言的,即无线网络中发送站点和接收站点之间的功率差异很大。这使得无线网络的硬件无法实现 CSMA/CD 协议所需的发送时的冲突检测机制。当冲突信号返回正在发送的站点时,由于其强度相对于正在发送的信号较小,很难被识别提取出来,因此无法实现发送时的冲突检测。同时,无线网络具有一个有趣的特性,即一旦帧的发送开始,就无法中断,即使帧由于冲突而变得不可用。由于无法中断传输,无线网络中的信号冲突造成的信道浪费比有线网络更严重。

另一方面是载波监听失效。无线网络中,不同站点的监听范围、传输范围和干扰范围各不相同。监听范围指的是能够检测到传输信号的最大范围,但在监听范围内的信号不一定能够被正常解析。传输范围指的是作为发送站点时,能够正常传输信号的最大范围。通常情况下,监听范围要大于传输范围,因为传输数据需要更高的功率。

干扰范围指的是作为接收站点时,在该范围内出现其他发送站点会导致信号接收失败。由于站点位置的随意性,不同范围之间的覆盖关系可能非常复杂,从而导致以太网中的载波监听假设在无线网络中失效。下面以隐藏终端和暴露终端问题为例,详细分析载波监听失效的具体表现。

隐藏终端问题指的是当站点之间距离过远时,彼此竞争的站点无法感知对方的存在。如图 5.14(a)所示,C 正在向 B 传输数据,但 C 的信号范围只能到达 B,无法到达 A。此时,如果 A 希望通过相同信道传输数据到 B,就会遇到信号冲突的问题。然而,对于 A 来说,A 无法监听到 C 的传输信号,因此无法感知到 C 向 B 的传输。换句话说,隐藏终端问题是由于站点之间距离过远,使得竞争对手无法感知到彼此的存在而产生的。隐藏的竞争对手无法被发送方直接监听到,但它们会对目标接收方产生干扰。在这种情况下,网络可能会有更多的冲突,导致利用率降低。

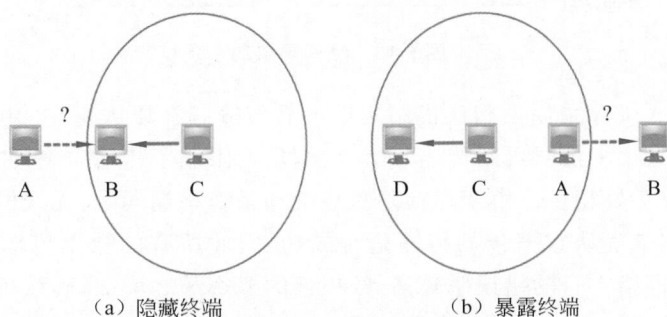

（a）隐藏终端　　　　　　　（b）暴露终端
图 5.14　隐藏终端和暴露终端问题

暴露终端问题指的是当发送站点误以为信道忙碌时,会错误地停止后续发送,从而浪费了带宽。如图 5.14(b)所示,C 正在向 D 传输数据,C 的信号范围覆盖到 A,但无法到达 B。此时,如果 A 希望通过相同信道传输数据到 B,A 会错误地监听到信号冲突,并终止发送,从而白白浪费了带宽。对于 A 来说,物理载波监听表明有站点正在使用信道,但 A 无法感知当前发送是否会干扰正在进行的传输(C 到 D)或者正在进行的传输是否会干扰到目标站点(B)。换句话说,暴露终端问题是由于发送站点监听到无关的发送状态而错误地认为信道忙碌而产生的。干扰站点可以被发送站点探测到,但不会影响接收站点。在这种情况下,发送方可能会错失发送机会,导致网络利用率降低。

以上这些问题与无线局域网的物理层特性相关,无法实现正确的冲突检测,违反了 CSMA/CD 协议的设计假设。因此,需要设计新的机制来实现无线网络中的介质访问控制。

为了应对无线网络的特性,IEEE 802.11 引入了带有冲突避免的载波感应多路访问(Carrier Sense Multiple Access with Collision Avoidance,CSMA/CA)机制。从名称可以看出,CSMA/CA 的关键是避免冲突。正如前面提到的,无线网络中数据帧的冲突检测更加困难,并且一旦数据帧开始发送,就会一直占用信道直到发送结束,无法及时停止正在发生的冲突。因此,提前避免冲突比发生冲突后再处理要有更大的收益,具体做法如下。

第一,CSMA/CA 采用帧间隔机制进一步避免冲突。在 IEEE 802.11 中,为了避免冲突,数据帧之间需要遵守较大的帧间隔。需要注意的是,虽然有线网络中也存在类似的帧间隔,但无线网络中的帧间隔要求更为严格。在无线网络中,当站点观测到信道空闲时,需要等待一个帧间隔(Inter-Frame Space,IFS)时间才能进入信道竞争阶段,如图 5.15 所示。由于无线网络站点的信道监听能力相对不准确,预留一定的冗余时间可以更好地避免信道冲突。帧间隔机制一方面提高了无线网络避免冲突的能力,另一方面基于帧间隔机制实现的优先级机制还能进一步优化无线网络传输。

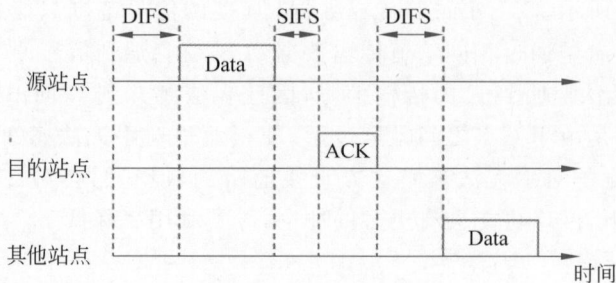

图 5.15   帧间隔机制

第二,CSMA/CA 采用帧确认机制实现可靠传输。在以太网中,由于线路的误码率很低,大部分数据不需要重新传输,确认机制反而限制了传输效率的提升。然而,在无线网络中情况正好相反。由于存在隐藏终端和暴露终端问题,无线网络中的站点无法通过自身观察来确认数据包的传输是否成功,因此所有的数据传输都需要进行确认。同时,无线网络本身的错误率较高,帧损坏的概率随之增加,确认机制可以提升高丢包率网络的传输效率。在 IEEE 802.11 中,这种确认机制类似停等协议,即每发送一个数据帧都会对应发送一个确认帧(少数情况下可能采用帧分片后累积确认,但使用较少)。尽管这种确认机制在链路控制中效率相对较低,但其优势在于实现简单,更适合无线网络中低功耗终端的设计。同时,无线网络的往返时延较小,停等协议的传输效率也是可接受的。如果某个数据帧的发送失败次数过多,则会通知上层应用发送失败,由上层应用进一步处理。

第三,CSMA/CA 采用了更保守的退避策略。以太网协议中的退避策略是在 5.3.2 节中介绍的二进制指数后退算法,而 IEEE 802.11 在此基础上进行了修改,实现了更保守的 CSMA/CA 退避策略。CSMA/CA 算法的核心部分是随机退避窗口的概念,与二进制指数后退算法类似,都利用冲突信号来调整随机退避时间的选择范围,以实现退避时间与网络繁忙程度的适应。对于更繁忙的网络,算法倾向于给出更长的随机等待时间,反之亦然。然而,适用于无线网络的退避算法通常不是从 1 倍区间开始(即在 0 倍基础时延和 1 倍基础时延之间选择),而是有一个较大的最小退避窗口值(不同无线物理层有不同的取值),以尽可能避免冲突的发生。此外,CSMA/CA 算法还使用了更多的冲突信号,并频繁触发主动退避机制。除了在待发送数据就位后的首次发送可以立即占用信道外,连续发送帧和重传帧都需要进行主动退避。当在帧发送前检测到信道被占用时,也会进入主动退避状态。一旦进入主动退避状态,根据算法给出的随机退避时间初始化退避计数器,每次监测到空闲信道时将计数器减一,当计数器归零时进入发送状态开始占用信道(与以太网退避方法有所不同的是,只在信道空闲时操作计数器,这样的设计有助于确保各站点发送权的公平性)。从中可以看出,无线网络中站点的发送采用了更加保守的策略,任何不成功的发送都会使站点进入主动退避状态,以此降低冲突发生的次数。

第四,利用不同的帧间隔实现优先级区分的帧传输。在无线网络中,不同数据帧的重要程度不同,传输延迟和丢包对信道利用率的影响也不同。一般来说,控制信令(例如 ACK、RTS、CTS)的优先级应高于普通数据帧,因为控制信令与信道分配、数据确认等重要机制相关,对信道利用率影响较大。因此,如果希望在无线网络信道竞争中实现不同优先级的应用或不同优先级的用户获得对应的优势,还需要划分帧优先级。在无线网络中实现帧优先级调度,可以直接利用帧间隔机制。IEEE 802.11 协议支持三种不同的时间间隔,用于不同优先级的帧传输:用于控制信令传输的 SIFS(Short Inter-Frame Space)最短,优先级最高;用于点协调功能(Point Coordination Function,PCF)的 PIFS(PCF Inter-Frame Space)长度适中,在 SIFS 的基础上增加一个时间槽长度,优先级中等;用于分布式协调功能(Distributed Coordination Function,DCF)的 DIFS(DCF Inter-Frame Space)长度最长,在 SIFS 的基础上增加两个时间槽长度,优先级最低(图 5.16 中最短的 AIFS,也是 DIFS 的长度)。点协调功能是 IEEE 802.11 的一个可选工作模式,通过基站(即 AP)控制信道分配,利用轮询机制完全避免冲突。然而,由于其普及程度不高,故不做更细致的说明。相反,分布式协调功能是上文描述的各站点随机竞争模式。

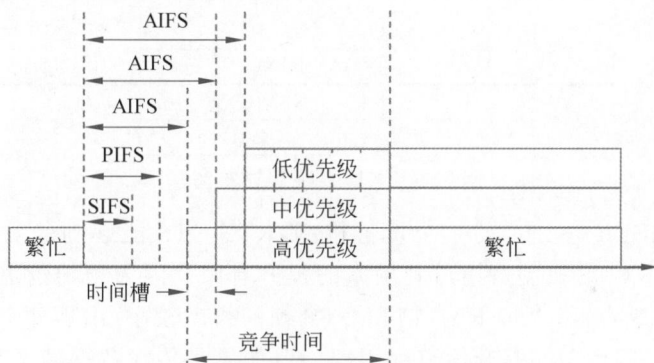

图 5.16 基于帧间隔的优先级区分

除了上述基础的三种优先级,IEEE 802.11e 还提供了拓展的优先级机制,即增强的分布式信道访问(Enhanced Distributed Channel Access,EDCA),以进一步增加优先级调度的适用范围,这主要是由于上层应用的种类不断增多,差异化服务催生了对不同应用数据帧设置更多优先级的需求。如图 5.16 所示,EDCA 机制的核心是在原本无序竞争的 DCF 帧之间进行分级,将原本的竞争时间划分为时间槽,越高优先级的数据流获得的等待时间越短。例如,语音和视频数据对时效性要求更高,可以使用与DCF 帧相同的优先级,即 SIFS 加两个时间槽长度,而其他数据可以使用 SIFS 加三个时间槽长度,由此实现无线网络中各站点的高时效性数据竞争信道的优先性。当有更多的优先级需求时,可以进一步通过调整时间槽的个数实现不同应用之间的相对竞争优势。当然,IEEE 802.11e 还利用源站点的多队列机制、不同的退避参数配置和信道预约机制实现更加细粒度的优先级调度。由于篇幅所限,不做进一步说明。

第五,利用信道预约占用机制实现虚拟监听。无线网络物理层特性导致无线网络中站点对信道的监听不一定准确,发送方感知到的信道空闲不一定在接收方附近依旧成立,因此 IEEE 802.11 还通过信道预约机制实现虚拟监听。具体来说,在正式开始数据传输前,发送方广播请求发送(Request To Send,RTS)帧,接收方接收后广播清除发送(Clear To Send,CTS)帧,发送方接收到 CTS 后再进入实际的数据发送状态。在 RTS 帧和 CTS 帧中,都有预期信道占用时间的数据,以此达到预约信道的效果。这一过程是通过修改站点的网络分配向量(Network Allocation Vector,NAV)实现的。不论是能被发送方检测到的,还是接收方附近的"隐藏终端",经过发送前的 RTS-CTS 过程,都能得知信道占用的时间,主动退避让出信道。所谓"虚拟"载波监听,表达的就是网络中由于 RTS 帧和 CTS 帧的原因,实际上并没有监听到信道占用的站点,却主动放弃了争抢信道,达到了类似载波监听的效果。如图 5.17 所示,在 RTS-CTS 机制下,源-目的站点之间的传输过程分为 RTS-CTS、数据及 ACK 三部分。对于网络中的其他站点,不论是利用物理实际载波监听还是虚拟载波监听,都能观测到即将进行的发送行为,大大降低了传输过程中冲突发生的概率。

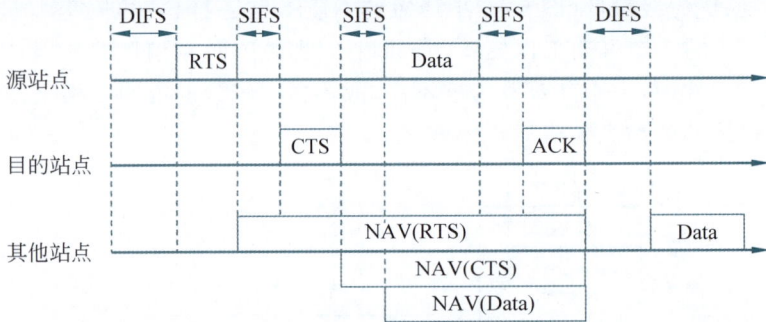

图 5.17　RTS-CTS 机制示例

　　然而,作为 IEEE 802.11 的一个可选机制,RTS-CTS 能起到的效果实际上很有限。一方面,RTS-CTS 机制对信道利用率的提升有限。因为预约信道的收益来自较短的信令帧冲突成本低,由于 RTS 帧和 CTS 帧的长度较小,出现冲突后的损失比直接传输数据帧小,因此能够提升信道利用率。但如果是传输数据帧本身较短的场景,RTS-CTS 机制相对收益降低,可能反而会带来时延增加的问题。实际使用场景中,无线网络大量使用长帧发送数据的情况较少,因此 RTS-CTS 机制带来的收益比较有限。另一方面,隐藏终端问题在实际使用场景中出现较少,不能将 RTS-CTS 机制优化隐藏终端的功能发挥出来。两方面原因共同导致大部分场景下 RTS-CTS 机制不能达到理想的优化效果。

　　综上所述,面向无线网络的特点,IEEE 802.11 协议在介质访问控制子层针对性地设计了 CSMA/CA 协议以提升信道利用率。其核心内容包括帧间隔机制、帧确认机制、更保守的退避策略、帧优先级机制和信道预约机制,都遵循尽可能避免冲突的设计理念,以适配无线介质的特点。

5.4.3　IEEE 802.11 帧结构

　　IEEE 802.11 协议定义了三种不同类型的帧:管理帧、控制帧和数据帧。管理帧主要用于无线网络的构建与管理,例如实现主机关联至特定基站(即 AP)的过程,包括信标(beacon 帧)、关联请求帧等,由于篇幅限制,在本书中不对此部分进行详细说明。控制帧则主要用于实现前文中提到的各种介质访问控制机制。数据帧则用于传输实际数据。如图 5.18 所示,IEEE 802.11 帧中包含很多字段,本节简要介绍整体结构,并用几个例子讨论与上文介绍的核心机制相关的字段,其他涉及更复杂拓展机制的内容不做更多说明。下面对 IEEE 802.11 帧结构进行详细解释。

字段长度 (字节数)	2	2	6	6	6	2	6	4	0~2312	4
	帧控制	持续时间	地址1	地址2	地址3	顺序控制	地址4	QoS	数据	CRC校验

图 5.18 IEEE 802.11 帧格式

帧控制(Frame Control)字段:IEEE 802.11 帧的起始字段,长度为 2 字节。帧控制字段格式如图 5.19 所示。其中,协议版本字段用于实现单一网络中使用不同版本协议的功能。帧类型分为管理(00)、控制(01)、数据(10)和保留(11),并且还有不同的子类型。例如,用于实现 RTS-CTS 机制的帧类型都属于控制帧,但子类型不同。去往 DS 位和来自 DS 位用于区分传输主体是基站(即 AP)还是普通站点。重传位表示该帧是否是重传帧。电源管理位、更多数据位、安全保护位和顺序位是更复杂的拓展功能,这里不进行详细介绍。

字段长度 (比特数)	2	2	4	1	1	1	1	1	1	1
	协议版本	帧类型	子类型	去往DS	来自DS	重传	电源管理	更多数据	安全保护	顺序

图 5.19 帧控制字段格式

持续时间(Duration)字段:紧随帧控制字段后,长度为 2 字节,与前文提到的虚拟载波监听机制相关。通过读取持续时间字段的内容,与传输无关的其他站点可以设置NAV,从而实现虚拟载波监听。

地址(Address)字段:紧随持续时间字段后有四个 6 字节的地址字段。这些字段的内容都是 MAC 地址,具体含义与前面提到的去往 DS 位和来自 DS 位标记相关。需要注意的是,这四个地址字段并不总是都被使用。其中至少应该包含发送方和接收方的地址。在基础架构模式下,逻辑发送方与物理实际发送方可能不一致(例如需要通过 AP 进行中转),因此需要使用多个地址字段。

数据(Data)字段:紧随地址字段后的数据字段,可以携带 0~2312 字节的数据。类似以太网,IEEE 802.11 帧也包含 CRC32 校验和,用于数据完整性检查。

除此之外,顺序控制(Order Control)字段主要用于标识帧的顺序以及消除重复帧,QoS(Quality of Service)字段用于实现服务质量保障(在本章中不进行详细解释)。

最后,以图 5.17 所示的 RTS-CTS 机制为例,分析不同类型 IEEE 802.11 数据帧的各个字段的置位,以及和实际功能的联系。在 RTS-CTS 机制下,源站点首先向周围广播 RTS 帧。对应的数据帧需要将帧类型字段设置为 01(控制帧),子类型字段设置为 1011(RTS),并在持续时间字段中写入预计的信道占用时间。目的站点收到RTS 帧后也向周围广播 CTS 帧。同样,对应的数据帧需要将帧类型字段设置为 01(控制帧),子类型字段设置为 1100(CTS),并在持续时间字段中写入对应的占用时间。源站点收到 CTS 帧后开始发送数据,数据帧的类型为 10,并且也填写持续时间字段,以进一步避免冲突。当目的站点正确收到数据并返回 ACK 帧时,需要将帧类型字段设置为 01(控制帧),子类型字段设置为 1101(ACK)。在整个传输过程中,使用了三个控制帧和一个数据帧,其中控制帧有三种类型。通过 RTS、CTS 和数据帧中的持续时间字段,可以通知源站点和目的站点附近的所有可能导致冲突的节点,为即将到来的传输保留空闲窗口,以实现虚拟载波监听机制。

5.4.4   无线局域网构建与管理

在介绍了无线局域网的介质访问控制原理和 IEEE 802.11 帧结构后,接下来将介绍无线局域网的构建与管理。首先分别介绍如何构建基础架构模式和自组织模式的无线局域网,再在此基础上介绍基础架构模式中的站点漫游。

在基础架构模式中,所有站点通过 AP 接入有线网络,进而可以访问互联网。在这种模式中,构建无线局域网需要解决的关键问题是:主机如何关联(association)到合适 AP? 关联在逻辑上等同于在有线网络中插入网线,一旦完成此过程,无线站点就可以通过 AP 互相通信。如图 5.20 所示,AP 和所有与其连接的站点共同构成了一个基本服务集(Basic Service Set,BSS),每个基本服务集都有一个唯一的标识符,称为基本服务集标识符(Basic Service Set Identifier,BSSID),BSSID 的值等于 AP 的 MAC 地址。

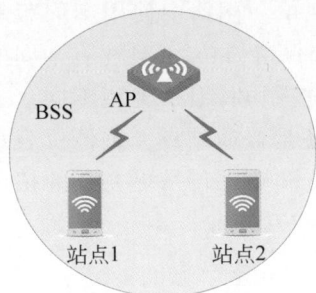

图 5.20   基本服务集

在基础架构模式中,站点关联到 AP 的过程可以分为三个阶段:扫描(scan)、认证(authentication)和关联。

1. 扫描

扫描用于站点确认附近可用 BSS 的特征,分为被动扫描和主动扫描。使用被动扫描时,AP 以一定的时间间隔周期性发出信标帧,以此来告诉外界自己无线网络的存在,站点在每个可用的通道上扫描信标帧。信标帧提供了与 AP 相关的信息,主要包括时间戳、时间间隔、性能信息、服务集标识符(Service Set Identifier,SSID)、支持速率、直接序列参数集合、数据待传指示信息等。

使用主动扫描时,站点依次在每个可用的通道上发出包含 SSID 的探测请求(probe request)帧,具有被请求 SSID 的 AP 返回探测响应(probe response)帧。探测响应帧也包含 AP 的时间戳、时间间隔、性能信息、SSID、支持速率、直接序列参数集合等相关信息。

2. 认证

当站点找到与其有相同 SSID 的 AP 后,会在与 SSID 匹配的 AP 中,根据收到的 AP 信号强度,选择一个信号最强的 AP,然后进入认证阶段。主要认证方式包括开放系统身份认证(open-system authentication)、共享密钥认证(shared-key authentication)、WPA PSK(pre-shared key)认证、IEEE 802.1x EAP 认证。

3. 关联

身份认证获得通过后,进入关联阶段。站点向 AP 发送关联请求(association request)帧,该类帧主要包含性能信息、监听间隔、SSID、支持速率等相关信息,AP 向站点返回关联响应(association response)帧,该类帧主要包含性能信息、状态码、站点 ID、支持速率等信息。站点与 AP 建立关联后,AP 负责维护站点关联表,并记录站点的能力(如能够支持的速率等)。

与基础架构模式不同,在自组织模式中不存在一个处于中心地位的 AP,而是少数几个工作站针对特定目的而临时构建网络,这样的临时网络通常被称为一个独立基本服务集(Independent Basic Service Set,IBSS)。如图 5.21 所示,在 IBSS 中,站点之间彼此可以直接通信,但是要求通信双方之间的距离必须在可以直接通信的范围内。最简单的 IBSS 可以只由两个站点构成。

图 5.21　独立基本服务集

为了构建一个 IBSS,站点首先寻找具有指定 SSID 的 IBSS 是否已存在,若存在,则加入;若不存在,则自己创建一个 IBSS,然后发出信标帧,等其他站点来加入。在 IBSS 中,由于没有 AP 的存在,因此所有站点需要参与信标帧发送,这样可以保证网络的健壮性。每个站点在信标窗口竞争信标的产生,具体过程如下:对于每个站点,首先确定一个随机数 k,然后等待 k 个时间槽,如果没有其他站点发送信标帧,则开始发送信标帧。

由于构建方式的区别,基础架构模式和自组织模式在可扩展性方面有很大的差异。如图 5.22 所示,使用基础架构模式,多个基本服务集可以通过分布式系统(Distributed System,DS)构建一个更大的扩展服务集(Extended Service Set,ESS)。这样的拓展服务集通常使用 SSID 进行标识,SSID 与 BSSID 的不同之处在于它不是任何一个 AP 的 MAC 地址,而是一个 32 字节的网络名称。

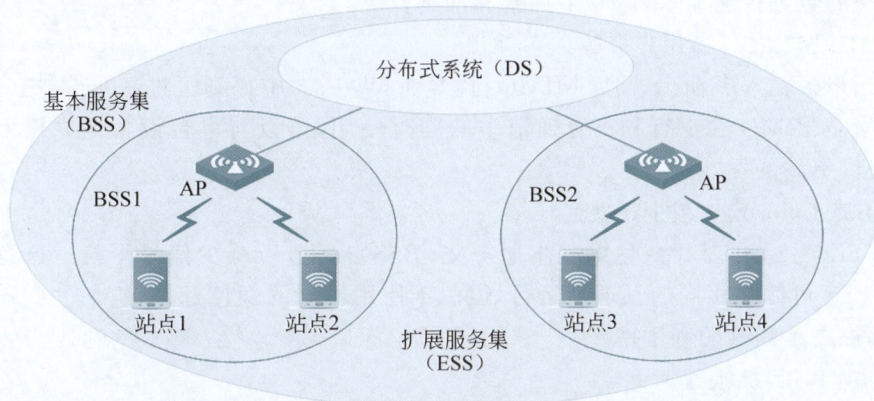

图 5.22　扩展服务集

在无线局域网中,无线站点用户具有移动通信能力。但由于单台 AP 设备的信号覆盖范围都是有限的,因此站点在移动过程中,往往会出现从一个基本服务集跨越到另一个基本服务集的情况。为了避免移动用户在不同的 AP 之间切换时,网络通信中断,引入了无线漫游的概念。

无线漫游就是指无线站点在移动到两个 AP 覆盖范围的临界区域时,站点与新的 AP 进行关联,并与原有 AP 断开关联,且在此过程中保持不间断的网络连接。简单来说,就如同手机的移动通话功能,手机从一个基站的覆盖范围移动到另一个基站的覆盖范围时,能提供不间断、无缝的通话能力。

具体实现原理如下:站点在移动过程中,如果发现当前的 AP 的通道质量下降,则站点会尝试漫游到不同的 AP;站点首先通过扫描功能(被动扫描或主动扫描)发现通道质量更好的 AP,然后向新的 AP 发送重关联请求(reassociation request)帧,如果 AP 接受重关联请求,则 AP 向站点返回重关联响应(reassociation response)帧;如果重关联成功,则站点漫游到新的 AP,新的 AP 通过分布式系统通知之前的 AP,之前的 AP 断开与站点之间的关联。

5.4.5　新技术探索:无线局域网 Wi-Fi 6(IEEE 802.11ax)

随着互联网的迅猛发展,人们对无线网络的需求愈加迫切。从移动设备、物联网到高清视频流和云计算,它们都对无线网络的性能和容量提出了更高的要求。为了满足这些需求,Wi-Fi 6(IEEE 802.11ax)作为下一代无线网络技术,带来了一系列技术创新,将无线通信推向新的高度。

Wi-Fi 6 是 Wi-Fi 标准的演进,于 2019 年正式发布。它旨在满足高密度、高吞吐量、低时延等多样化需求,为用户提供更快速、更可靠的无线连接。Wi-Fi 6 基于之前的 Wi-Fi 标准,但引入了一些重大创新,以适应当今和未来的通信需求。它的技术创新主要有以下方面。

1. OFDMA:多用户支持

Wi-Fi 6 引入了正交频分多址(OFDMA)技术,这是其最显著的创新之一。OFDMA 允许路由器将通信频段划分为更小的子信道,以支持多台设备同时传输数据,从而实现更高的效率和容量。这意味着在高密度环境中,Wi-Fi 6 能够更好地处理众多设备的数据传输需求,减少了拥塞和冲突。

2. MU-MIMO:多用户多输入多输出

多用户多输入多输出(MU-MIMO)技术在 Wi-Fi 6 中得到了进一步改进。Wi-Fi 6 支持 MU-MIMO 在上行和下行通信中的同时使用,可以与多台设备建立更多的数据流,提供更高的吞吐量。

3. BSS Coloring:减少干扰

Wi-Fi 6 引入了基于颜色的基本服务集(BSS)标记,以减少信号干扰。这意味着不同的 BSS 可以在相同的频道上运行,但由于使用不同的颜色标记,它们之间不会干扰彼此,提高了频谱的利用率。

4. TWT:目标唤醒时间

目标唤醒时间(Target Wake Time,TWT)是 Wi-Fi 6 的一个重要功能。它允许设备与路由器协商唤醒时间,以降低设备在待机状态下的功耗。这对于物联网设备和移动设备的电池续航非常重要。

通过技术上的创新,Wi-Fi 6 在多方面得到了增强和提升。

(1)高性能。Wi-Fi 6 提供了更高的速率和吞吐量,满足了高带宽应用程序、流媒体和在线游戏的需求。用户可以体验更流畅、更快速的网络连接。

(2)高密度环境。在拥挤的高密度环境中,Wi-Fi 6 表现出色。OFDMA 和 MU-MIMO 技术允许网络更有效地分配资源,减少了拥塞和冲突。

(3)低时延。Wi-Fi 6 降低了网络时延,这对于实时应用程序如视频通话和在线游戏来说非常重要。TWT 技术还有助于减少设备的待机功耗,延长电池寿命。

(4)安全性。Wi-Fi 6 标准增强了安全性,采用了 WPA3 加密协议,以保护网络免受潜在威胁。

Wi-Fi 6 代表了无线网络技术的新篇章,具有更高的性能、更大的容量、更低的时延和更高的效率。它适用于各种应用场景,从家庭网络到企业和公共部署。随着越来越多的设备和应用程序对高速、可靠的无线连接提出需求,Wi-Fi 6 将继续在网络世界中扮演关键角色。无论是提供更快速的互联网体验,还是支持新兴技术如物联网,Wi-Fi 6 都将成为现代网络的驱动力。

5.4.6　无线局域网应用

与传统的有线局域网相比,无线局域网具有安装方便、站点可移动、覆盖范围灵活以及成本较低等优势。近年来,随着无线局域网在技术上越来越成熟,以及产品种类逐渐增加、价格逐渐下降,无线局域网的普及率正在逐渐提升,并迅速发展成一种重要的互联网接入技术。目前,无线局域网的典型应用场景包括家庭无线局域网、校园无线局域网和企业无线局域网等。接下来以家庭无线局域网为例,介绍无线局域网的配置方式和常见问题分析。构建家庭无线局域网的主要目的是通过利用家中已有的互联网接入设施,为家庭成员的不同智能终端,如笔记本、手机、iPad、有无线网卡的台式机等提供无线接入服务。如图 5.23 所示,家庭无线局域网主要使用无线路由器来进行组建。无线路由器不仅可以作为无线接入点来连接和管理不同的无线站点,还具有网络层路由器的功能(关于网络层和路由的具体内容将在本书后续章节进行详细介绍)。无线路由器后面的网口通常分为两种类型:WAN 口和 LAN 口。WAN 口,顾名思义,用于连接广域网,通常会和家中的互联网接入设备进行连接,例如调制解调器、光调制解调器(光猫)等。LAN 口用于连接本地局域网,例如台式机、网络电视等包含有线网络接口的网络设备。这些设备通过有线网络和无线局域网中的所有站点共同构成了分布式系统,同属于一个扩展服务集。通常情况下,无线路由器并不是即插即用的,需要用户登录管理界面进行相应的设置,例如设置上网方式、设置无线局域网的加密方式和密码等,甚至还可以设置访问控制列表。

图 5.23　家庭无线局域网拓扑结构

随着家庭无线局域网使用越来越普遍,在同一个小区的一栋楼中可能会有很多的无线路由器在同时工作,这些无线路由器之间的相互干扰愈发严重。而这归根结底是由于无线频谱资源有限,相邻信道会互相干扰。为了解决这个问题,无线局域网在物理层引入了更多的频段来减少互相干扰和提升速率。例如市面上现在就有很多 5G路由器或者双频路由器,它们可以同时工作在 2.4GHz 和 5GHz 频段。2.4GHz 低频段的无线电波善于绕过障碍物,但不稳定,易被干扰,因此在手机等设备上即使看到无线网络信号为满格,也可能网速很慢。与之不同的是,5GHz 高频段的无线电波的传输速率高,抗干扰性强,但传输距离短,穿透性差。

总的来说,使用无线路由器构建家庭无线局域网固然有很多优势,但是也存在一些不可避免的缺陷,例如无线信号传输范围有限,难以实现全覆盖;无线信号穿墙困难,信号质量严重下降。因此,为了组建一个更加完善的家庭无线局域网,可以尝试使用多台无线路由器构建无线网格(mesh)网络或者使用多个无线接入点(AP)配合接入控制器(Access Controller,AC)来进行组网,本书由于篇幅所限,不对这部分内容进行过多介绍。

5.5 蓝牙和 ZigBee

5.4 节主要介绍了无线局域网(WLAN)及其所使用的 IEEE 802.11 协议。本节将介绍短程无线网络的另一种类型:无线个域网(Wireless Personal Area Network,WPAN)。WLAN 是作为有线局域网(如以太网)的替代品或扩展品而设计的无线通信技术。相比之下,WPAN 并不旨在取代任何现有的有线局域网,而是为了在小范围的个人操作空间内提供便捷节能的无线通信方法。WPAN 可以分为三类:高速率 WPAN以 IEEE 802.15.3 为代表,中速率 WPAN 以蓝牙为代表,低速率 WPAN 以 ZigBee 为代表。由于 ZigBee、蓝牙和 IEEE 802.11b 共用

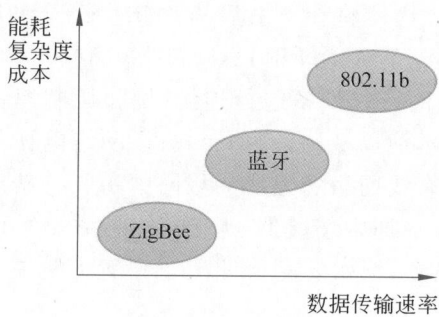

图 5.24 ZigBee、蓝牙和 IEEE 802.11b 能耗、复杂度和成本的对比

2.4GHz 频段,下面对它们进行对比,具体结果如图 5.24 和表 5.3 所示。接下来将分别介绍蓝牙和 ZigBee 技术。

表 5.3 ZigBee、蓝牙和 IEEE 802.11b 的对比结果

技 术 类 型	数据传输速率	作 用 范 围	应 用 举 例
ZigBee	20~250Kb/s	10~100m	无线传感器网络
蓝牙	1~3Mb/s	2~10m	无线耳机
IEEE 802.11b	1~11Mb/s	30~100m	WiFi

5.5.1 蓝牙技术

蓝牙技术的起源可以追溯到瑞典的爱立信公司在 1994 年开始研究的低功耗、低

成本的便携设备间的无线通信方法。随后,在 1998 年,爱立信、IBM、Intel、诺基亚和东芝公司共同组建了特别兴趣小组(Special Interest Group,SIG),旨在开发一种满足低功耗、低成本且可实现短距离连接的无线标准,这就是蓝牙。

1999 年 7 月,蓝牙 1.0 标准正式发布,并随后进行了技术迭代和更新。蓝牙 1.2 于 2003 年引入了自适应跳频技术,用于减少与其他无线通信设备的干扰。蓝牙 2.0 于 2004 年发布,新增了增强数据速率(Enhanced Data Rate,EDR)技术,提高了数据传输速率。蓝牙 3.0 于 2009 年引入了 Alternate MAC/PHY(AMP)核心技术,通过与 IEEE 802.11 协议适配层的结合实现了高速数据传输。蓝牙 4.0 于 2010 年发布,推出了蓝牙低功耗(Bluetooth Low Energy,BLE)功能,并集成了传统蓝牙、高速蓝牙和低功耗蓝牙三种模式。蓝牙 5.0 在 2016 年发布,对物联网进行了底层优化,提升了低功耗设备的传输能力。

本节主要介绍蓝牙 4.0 的内容。蓝牙 4.0 包括了基本速率(Basic Rate,BR)和低功耗(Low Energy,LE)两种形式的蓝牙无线网络技术系统。BR 系统包括可选的 EDR AMP 扩展,提供同步和异步连接功能,基本数据速率为 721.2kb/s,而使用 EDR 技术后的增强数据速率可达 2.1Mb/s,使用 IEEE 802.11 AMP 技术后的数据速率更高,达 24Mb/s。LE 系统适用于功耗、复杂度、成本和数据速率更低的产品。

蓝牙网络拓扑由微微网(piconet)组成。微微网是由蓝牙技术连接的设备集合,包括一个主单元(master unit)和最多 7 个活跃从单元(slave unit)。主单元的时钟和跳频序列用于同步微微网中的其他从单元,而主单元与从单元之间的连接距离不超过 10 米。非活跃从单元被称为驻留单元(parked unit),它们在微微网中只与主单元保持时钟同步,但缺少成为活跃单元所需的 3 比特 MAC 地址。驻留单元处于低功耗状态,只能响应主单元的激活或信标信号。在微微网中,所有的通信只能在主单元和从单元之间进行,从单元之间不能直接通信。

当两个或更多的微微网共享相同的从单元时,它们形成一个分散网(scatternet)。图 5.25 展示了两个微微网通过一个参与多个微微网的(Participant in Multiple Piconets,PMP)节点连接成一个分散网。PMP 节点利用时分复用技术在每个微微网的物理信道上进行通信,但主单元不能充当 PMP 节点的角色。

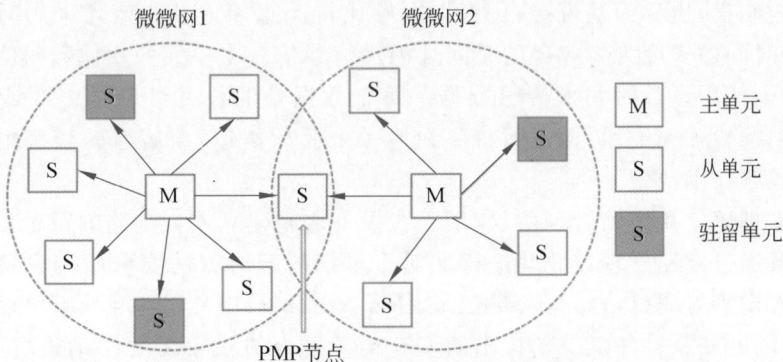

图 5.25　两个微微网连接成一个分散网

1. 蓝牙协议栈

蓝牙协议栈的体系结构如图 5.26 所示,该结构由多层协议组成,整体结构与 OSI

七层模型、IEEE 802 模型等差异较大。

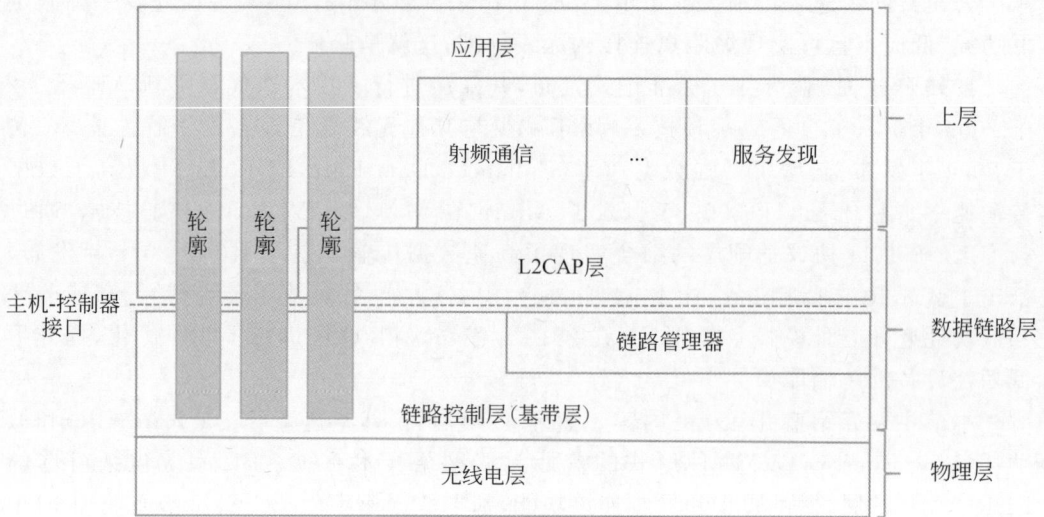

图 5.26   蓝牙协议栈的体系结构

蓝牙技术的体系结构包括无线电层、链路控制层和链路管理器。这些层共同工作，实现蓝牙设备之间的无线通信。

无线电层是蓝牙的底层，它决定了蓝牙设备使用的频率、功率和调制方式，并负责在主单元和从单元之间传输比特。蓝牙运行在 2.4GHz 的工业科学医疗（Industrial Scientific Medical，ISM）频段上，拥有 79 条 1MHz 带宽的信道。其中 2.402～2.480GHz 是可用频段范围，而 2.400～2.402GHz 以及 2.480～2.484GHz 被保留为保护频段，以减少其他网络的干扰。为了降低 ISM 频段内其他网络的干扰，无线电层采用跳频扩频技术，每秒可以实现 1600 次跳频。自蓝牙 1.2 版本以后，蓝牙引入了自适应跳频技术，可以自动避开被干扰的信道。在一个微微网内，所有的从单元必须遵循主单元的跳频序列。无线电层实现了三种调制技术用于比特流传输。早期版本使用频移键控调制，最大比特流传输速率为 1Mb/s。从蓝牙 2.0 版本开始，蓝牙引入了相移键控调制，每微秒可以发送 2 比特或 3 比特，从而实现了 2Mb/s 或 3Mb/s 的增强型比特流速率。

链路控制层，也称为基带层，负责将原始比特流组织成帧。蓝牙采用时分复用技术，在一个时间槽长度为 $625\mu s$ 的时间片内进行通信。主单元使用偶数时间槽传输数据，从单元则使用奇数时间槽传输数据。每个数据帧的长度可以是 1、3 或 5 个时间槽。在数据帧传输完成后，微微网将跳到另一个蓝牙信道，该信道的频率由主单元通过自适应跳频技术决定。

链路管理器使用链路管理协议，用于在设备之间建立称为链路的逻辑信道。主设备和从设备通过链路发现彼此并进行配对。早期的配对方法要求两台设备配置相同的 4 位个人识别号码（Personal Identification Number，PIN），但由于用户输入的 PIN 过于简单，因此安全性较低。新提出的安全简单配对方法不需要手动设置 PIN，而是自动生成 PIN 并要求在两台设备上确认，或者在一台设备上生成 PIN 并要求在另一台设备上输入。

完成配对后，设备之间的链路建立完成。链路控制层支持两种链路类型：同步的面向连接的链路（Synchronous Connection-Oriented Link，SCO）和异步无连接链路

(Asynchronous Connectionless Link,ACL)。在同一个微微网中,不同的主-从单元可以使用不同的链路类型,同一对主-从单元的链路类型也可以自由改变。这两种链路类型都使用时分双工(TDD)方案进行全双工传输。

SCO 是对称的,用于传输实时数据,例如电话连接。SCO 在两个方向上分配了固定的时间槽,主单元和从单元可以直接发送数据,而无须等待或按顺序传输。一对主-从单元可以建立多达 3 个 SCO,每个 SCO 的数据传输速率为 64 kb/s。由于实时性的考虑,SCO 上的数据帧不会进行重传,但可通过前向纠错机制提高可靠性。

ACL 同时支持对称和非对称流量,用于以数据包的方式交换无时间规律的数据。主单元控制链路带宽和流量的对称性,并决定为微微网中的每个从单元分配多少带宽,从单元发送数据需按照顺序进行。此外,ACL 允许主单元向所有从单元广播信息。一对主-从单元之间只能建立 1 个 ACL。由于 ACL 流量基于尽力而为的投递,数据帧可能会丢失,需要重传。

主机-控制器接口(Host-Controller Interface,HCI)是为了实现上的便利而设计的,它允许上层协议栈通过一个标准接口访问链路控制层、链路管理器等。

逻辑链路控制和适配协议(Logical Link Control and Adaptation Protocol,L2CAP)有 4 个主要功能。第一,它接收来自上层不超过 64KB 的数据包,并将之拆分为数据帧向下层传输;同时,由下往上传的帧被 L2CAP 重组为数据包。第二,L2CAP 处理多个数据包源的多路分用和复用,决定由哪一个上层协议处理重组好的数据包。第三,L2CAP 进行差错控制和重传,检测到错误后重传未被确认的数据包。第四,L2CAP 根据服务质量要求进行准入控制。

许多中间件协议(middleware protocol)用到了 L2CAP。服务发现协议(Service Discovery Protocol,SDP)是蓝牙设备获知其他设备所提供的服务类型的标准渠道。射频通信(Radio Frequency COMMunication,RFCOMM)为应用提供了一个虚拟的标准串行端口,用于连接鼠标、键盘等支持串口通信的设备。

蓝牙协议栈的最上层是使用蓝牙通信的实际应用程序。需要注意的是,蓝牙为每个应用都提供了不同的协议栈选项,这些应用被称为轮廓(profile)。如图 5.26 所示,每个轮廓都包含了实现特定功能的协议栈选项,而无须包含其他无关协议。例如,如果需要发送数据包,则轮廓应该包含 L2CAP。

2. 蓝牙帧结构

基础速率的蓝牙帧结构如图 5.27 所示。

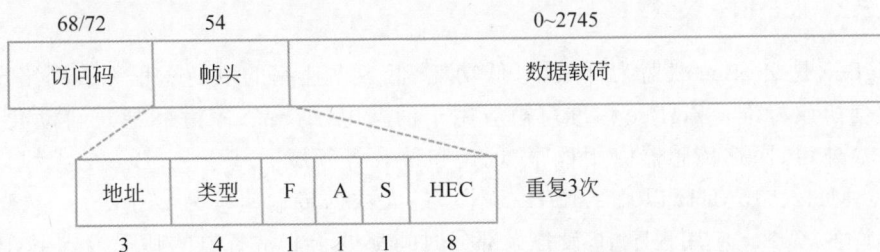

图 5.27 基础速率的蓝牙帧结构

蓝牙帧结构包括以下字段。

(1)访问码(Access Code):长度为 68 或 72 比特,用于标识主设备。它帮助识别蓝牙设备,并提供帧同步功能。

(2) 帧头(Frame Header):长度为 54 比特,包含以下字段。

- 地址(Address):3 比特,标识帧的目的设备,指向蓝牙网络中的 8 台活动设备之一。
- 类型(Type):4 比特,标识帧的类型,如 ACL、SCO、轮询或空帧。它还指示数据字段使用的纠错码类型和帧的时间槽长度。
- F(Flow,流)标志位:1 比特,用于在 ACL 上进行流控制。当接收方的缓冲区已满时,该标志位被置为 0。
- A(Acknowledgement,确认)标志位:1 比特,指示该帧是否携带了一个确认帧(ACK 帧)。
- S(Sequence,序号)标志位:1 比特,记录帧的序号,用于检测丢失的帧或重复的帧。
- HEC(Header Error Check,头错误校验):8 比特,用于对帧头进行校验,以确保数据的完整性和准确性。

帧头字段重复 3 次,共 54 比特。这样设计的目的是可以逐比特比较,当某个比特在 3 个副本中不完全相同时,可以通过多数投票的方式决定正确的比特值,从而提高帧头的可靠性。

(3) 帧头之后是数据载荷(Data Payload),长度为 0~2745 比特,具体取决于帧中携带的数据内容。

增强速率的蓝牙帧结构如图 5.28 所示。其中,保护/同步(Guard/Sync)字段用来切换数据传输速率,帧尾字段用于标识以增强速率传输的数据部分结束。使用增强速率发送帧时,由于每个符号能够携带 2 或 3 比特,数据载荷可以达到基础速率的 2~3 倍。

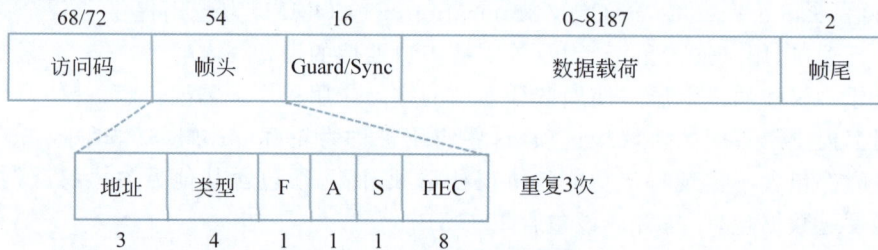

图 5.28　增强速率的帧结构

5.5.2　ZigBee 技术

ZigBee 是 ZigBee 联盟为低成本、低功耗、低数据速率的双向短程无线网络定义的一组通信协议标准。ZigBee 标准可被应用于消费电子产品、家庭和建筑自动化、工业控制、PC 外设、医疗传感器应用程序、玩具和游戏等领域。基于 ZigBee 的无线设备运行在 868MHz、915MHz 以及 2.4GHz 频段,最大数据传输速率为 250 kb/s。

在许多 ZigBee 应用程序中,设备大部分时间都处于非常省电的睡眠模式下,因此这些设备可以连续运行几年才需要更换电池。由于数据传输速率非常低,ZigBee 并不适合实现无线局域网或者中高速率的无线个域网,但如果无线通信的目标是传输简单命令或采集简单信息,那么与蓝牙和 IEEE 802.11b 相比,ZigBee 是最经济实惠的选择。

1. ZigBee 设备类型和角色

IEEE 802.15.4 无线网络有两种设备类型：完整功能设备（Full-Function Device，FFD）和精简功能设备（Reduced-Function Device，RFD）。FFD 能执行 IEEE 802.15.4 标准规定的所有功能，并且可以充当网络中的任意角色。相比之下，RFD 能力十分有限，仅能与 FFD 设备通信，处理能力和内存都小于 FFD，适用于简单的应用程序。

IEEE 802.15.4 无线网络内存在三种角色：协调者（coordinator）、个域网（Personal Area Network，PAN）协调者以及设备。协调者是能够中转消息的 FFD；协调者如果同时作为 PAN 的主要控制器，则称为 PAN 协调者；一台设备如果不是协调者，就简单称为设备。

ZigBee 标准对 IEEE 802.15.4 的术语进行了细微修改。IEEE 802.15.4 PAN 协调者被称为 ZigBee 协调者；IEEE 802.15.4 协调者被称为 ZigBee 路由器；IEEE 802.15.4 设备被称为 ZigBee 终端设备。

2. ZigBee 无线网络协议栈

ZigBee 无线网络协议栈如图 5.29 所示，ZigBee 标准只定义了网络层、应用层和安全服务层，沿用了 IEEE 802.15.4 标准定义的物理层和介质访问控制（MAC）子层。

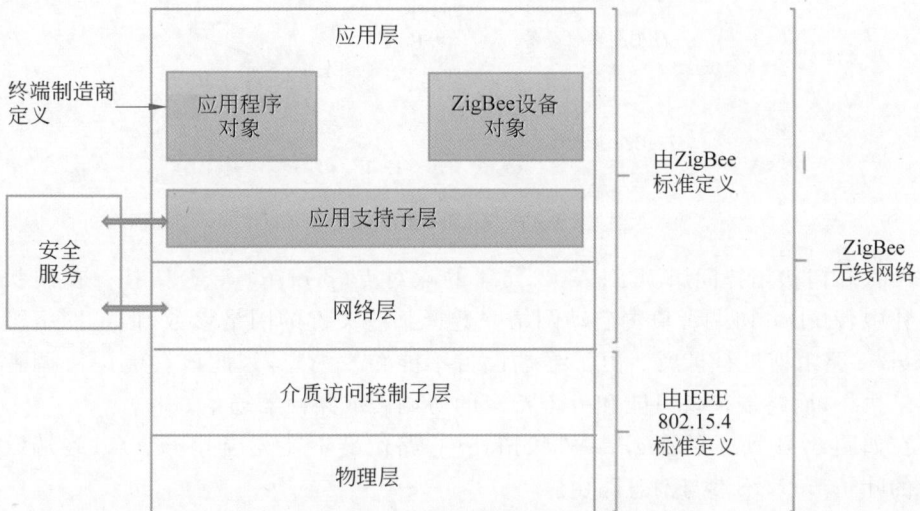

图 5.29 ZigBee 无线网络协议栈

物理层工作在两个独立的频段：868/915MHz 和 2.4GHz。其中，低频物理层涵盖了用于欧洲的 868MHz 以及用于美国、澳大利亚等国家的 915MHz；高频物理层几乎在全世界范围内被使用。物理层直接与无线电收发器进行通信，负责激活发送或接收数据包的无线电。

MAC 子层使用 CSMA/CA 或先听后发（Listen Before Talk，LBT）机制来控制对无线信道的访问，并负责传输信标帧、同步和提供可靠的传输机制。IEEE 802.15.4 定义了四种 MAC 帧结构：信标帧、数据帧、确认帧和 MAC 命令帧。信标帧由协调者用来传输信标，信标用于同步同一网络内所有设备的时钟。数据帧和确认帧用于传输数据并确认相应帧的成功接收。MAC 命令帧用于传输 MAC 命令。

网络层负责管理网络的形成和路由。ZigBee 协调者和路由器负责发现和维护网络的路由。ZigBee 终端设备无法执行路由发现功能，该功能由 ZigBee 协调者或路由器代为执行。ZigBee 协调者负责在网络层建立新的网络并选择拓扑结构,以及为网络中的设备分配网络地址。

应用层由应用支持子层(application support sublayer)和 ZigBee 设备对象(ZigBee device object)构成,而由制造商定义的应用程序对象(application object)使用应用层协议,并与 ZigBee 设备对象共享应用支持子层和安全服务。制造商通过开发应用程序对象来为各种应用程序定制设备,应用层内最多能定义 254 个不同的应用程序对象,使用 1～254 的端点地址标识。端点地址 0 被保留为 ZigBee 设备对象的数据接口,端点地址 255 被保留为向所有应用程序对象广播的数据接口。此外,端点地址 241～254 由 ZigBee 联盟指定,未经批准不得使用。

3. ZigBee 网络拓扑

ZigBee 网络层支持星状、树状和网状拓扑结构。在如图 5.30 所示的 ZigBee 星状拓扑中,网络由单一的 ZigBee 协调者控制,它负责初始化和维护网络中的设备,其他终端设备仅与协调者通信。

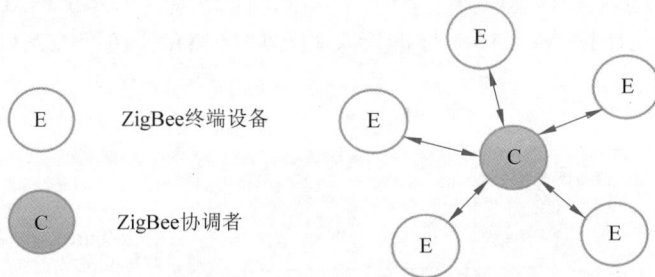

图 5.30　ZigBee 星状拓扑

网状和树状拓扑同属 IEEE 802.15.4 的点对点(peer to peer)拓扑。在网状和树状拓扑中,ZigBee 协调者负责启动网络并选择某些关键的网络参数,但是网络可以通过 ZigBee 路由器进行扩展。由于终端设备不能转发消息,因此该功能由协调者和路由器来执行,而终端设备只能和一个特定的协调者或路由器通信。

在如图 5.31 所示的 ZigBee 树状拓扑中,路由器不能充当叶子节点;终端设备作为树的叶子节点,不参与消息路由。

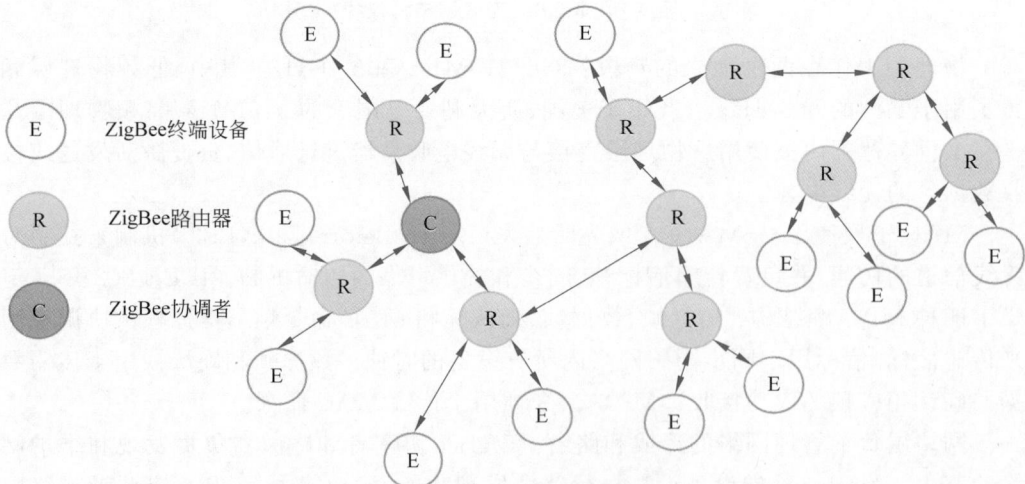

图 5.31　ZigBee 树状拓扑

在如图 5.32 所示的 ZigBee 网状拓扑中,路由器和协调者的通信方式不受任何限制。

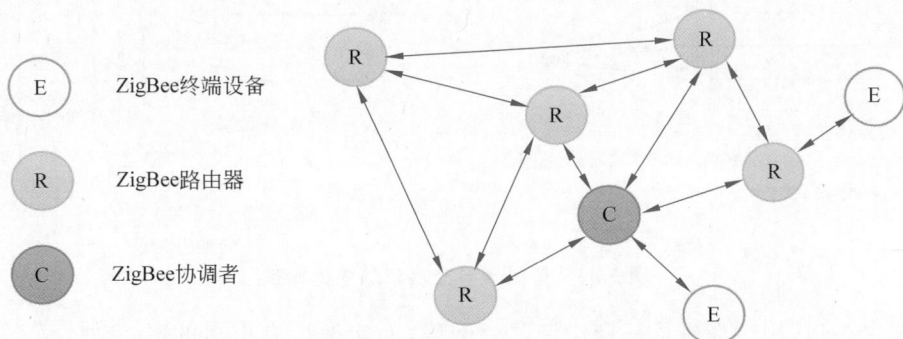

图 5.32　ZigBee 网状拓扑

5.6　网桥技术和交换机

在本章前面介绍的经典以太网中,所有站点都位于同一个冲突域中,都需要竞争使用共享的通信信道。随着网络规模的增大,位于同一个冲突域中的站点数量逐渐增多,必然导致整个网络的通信效率变低。为了解决这个问题,网桥技术得以被提出。网桥工作在数据链路层,是计算机网络中的重要网络设备之一,它扮演着连接网络段和转发数据的关键角色,为网络通信提供可靠性和高效性。交换机在网桥的基础上,拓展了端口数量,进一步提升了网络的性能和效率。交换机的应用使我们能够构建可靠、高速的局域网,满足现代网络通信的需求。本节将深入探讨数据链路层交换原理,并分析网桥和交换机的工作原理,包括生成树网桥和虚拟局域网,同时介绍它们在网络中的应用。通过对这些关键网络设备的理解,读者将能够更好地应用它们来构建和管理现代网络。

5.6.1　数据链路层交换原理

最早的以太网布线模式是使用单根长电缆连接所有的主机,但这种简单的结构在以太网的发展过程中遇到了许多瓶颈。例如,难以检测电缆断裂或连接松动,以及所有主机位于同一个冲突域等问题。后来,集线器(hub)布线模式登上了历史舞台,每台主机用一根专用电缆连接到一台集线器,如图 5.33(a)所示。这种模式下,增加或删除主机变得容易,同时也解决了检测电缆断裂的难题,因此集线器布线模式曾经非常流行。

然而,集线器也存在明显的缺点,尤其是拓展性方面。首先,集线器工作在物理层,网络的容量无法增加,因为它们在逻辑上等同于一根总线。随着越来越多的主机接入集线器,每台主机获得的带宽份额将下降。其次,用集线器组成的大型局域网都处于同一个冲突域(collision domain)中。这意味着通过集线器相连的主机之间必须使用 CSMA/CD 协议来调度它们的传输。

随后,交换式以太网的出现解决了集线器布线模式存在的问题。交换式以太网的核心是一台交换机或者网桥。交换机和网桥最主要的区别就是端口数量的不同,网桥

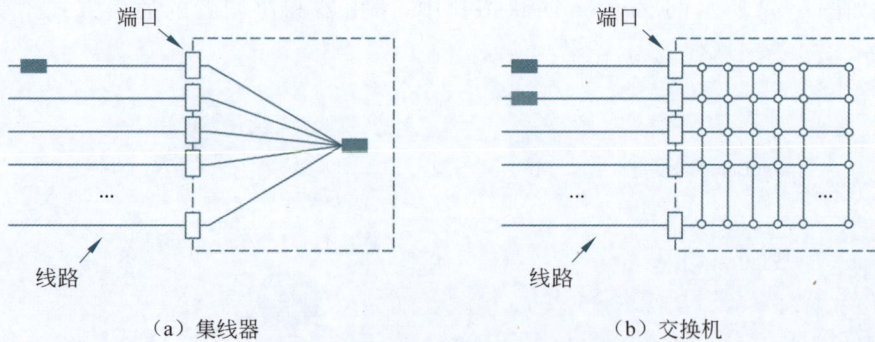

(a) 集线器   (b) 交换机

图 5.33   集线器与交换机的内部构造

只有两个端口,用于像桥梁一样连接两个网段,而交换机有更多的端口。不管是交换机还是网桥,都通过高速背板连接所有端口。如图 5.33(b)所示,交换机上的每个端口都是独立的冲突域,在全双工模式下,端口可以同时接收和发送帧,无须使用CSMA/CD 协议进行调度,实现了并行传输。

交换机最主要的工作原理是把接收到的帧通过目标端口转发出去或者进行丢弃。交换机通过检查接收到的数据帧的目的地址,对其进行转发。由于交换机上的端口可以并行发送多个帧,因此来自不同端口的多个帧可能在同一时间被发送到同一个输出端口,这就要求交换机具备缓冲功能,以使得交换机可以暂时存储多个帧,并把帧排成队列,直到该帧可以被输出端口转发出去。图 5.34 展示了一种简单的交换式以太网结构。主机 A 和 B 位于一个冲突域中,通过集线器连接到网桥的端口 1;主机 C 和 D 位于另一个冲突域中,通过集线器连接到网桥的端口 2。在这种交换式以太网中,网桥的端口 1 和端口 2 分别隔离了两个冲突域,彼此之间互不影响。然而,在同一个冲突域中的主机(如主机 A 和主机 B)仍需使用 CSMA/CD 协议来发送帧。需要说明的是,虽然图中使用的是网桥进行连接,实际上使用交换机的两个端口也能达到类似的效果。

使用交换机或者网桥构建局域网的一个好处是可以兼容不同类型的线缆。例如,位于图 5.34 中网桥左侧的主机可能与网桥距离较远(位于不同的写字楼),因此使用长距离光纤链路,而位于网桥右侧的主机可能与网桥距离较近(位于同一栋楼的不同楼层),因此可以使用短距离双绞线。

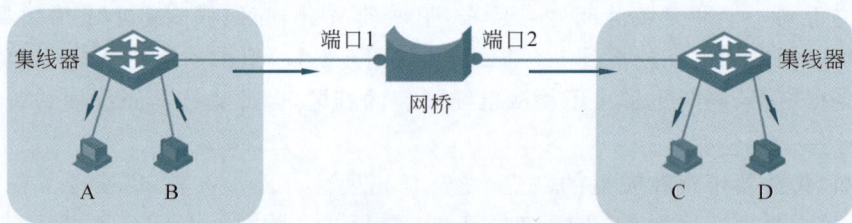

图 5.34   简单的交换式以太网结构

接下来,仍以图 5.34 所示的以太网结构为例,详细分析网桥在数据帧传输过程中所起的作用。假设主机 A 向主机 B 发送一个帧。该帧首先进入网桥的端口 1。由于主机 B 位于同一个冲突域中,帧无须经过网桥的转发即可直接到达目的地 B,因此可能会被网桥立即丢弃。

　　然而,如果主机 A 要发送一个帧给主机 D,帧将通过端口 1 进入网桥。在网桥内部,网桥需要将该帧从端口 2 转发出去。这就涉及网桥内部转发表的使用,该表是一个哈希表,列出了可能的目的地及其对应的输出端口。需要注意的是,网桥对于局域网中的主机来说是透明的,即主机 A 向主机 D 发送帧时,主机 A 并不知道中间存在一台网桥进行转发,这就是所谓的"透明网桥"。

　　下面介绍网桥如何构建内部的转发表。根据"透明网桥"的原则,网桥内部的转发表应该能够自动完成,不需要硬件、软件或手动设置。实际上,网桥使用了逆向学习算法来自动、动态和自治地建立转发表,而不需要网络管理员或配置协议的干预。逆向学习算法的流程如下。

　　(1) 转发表初始为空。

　　(2) 对于每个端口收到的每个入帧,交换机会在转发表中存储三元组信息(MAC地址、帧到达的端口和帧的到达时间)。通过这种方式,交换机可以不断学习通过哪个端口可以访问到哪些主机。在初始阶段,转发表可能不完善,此时网桥使用泛洪策略。对于目的地址不在转发表中的帧,网桥将除了该帧的入端口外的所有端口都用于转发该帧。

　　(3) 转发表中的表项具有一个老化期(默认为 300 秒)。如果一段时间内交换机没有接收到具有特定源地址的帧,交换机将从表中删除该地址。这样,如果一台计算机从局域网中断开连接,则对应的表项将在一段时间后从交换机的转发表中被清除。

　　有了转发表之后,帧在网桥内的转发过程取决于帧从哪个端口进入网桥以及帧要发送到的目的 MAC 地址。具体而言,可能出现以下三种情况:

　　(1) 如果帧的目的 MAC 地址对应的目标端口与源端口相同,则网桥丢弃该帧。

　　(2) 如果帧的目的 MAC 地址对应的目标端口与源端口不同,则网桥将该帧转发到目标端口。

　　(3) 如果目标端口未知,则网桥使用泛洪策略,将帧发送到除了源端口之外的所有端口。

　　以上是帧在网桥内部的处理过程,在交换机内部的处理过程与之类似。接下来,通过一个网络通信实例和相应的网络分层模型来说明为什么将网桥和交换机视为数据链路层设备。如图 5.35 所示,假设主机 A 和主机 B 分别位于交换机的左侧和右侧。主机 A 向主机 B 发送一条消息。发送端逐层为数据添加包头,接收端逐层解析包头。数据在发送端从应用层向下通过各层进行封装操作,从应用层的消息(message)变为传送层的段(segment),然后成为网络层的数据包(packet),再然后成为链路层的帧,最后成为物理介质上传递的 0、1 二进制信号。数据在网络中经过交换机转发,最终被送达接收端主机 B。交换机的工作原理决定了它只需要从接收到的 0、1 二进制信号中识别出完整的数据帧,并根据数据帧的目的 MAC 地址进行转发即可,并不关心链路层之上的所有控制信息。因此,网桥和交换机被视为数据链路层设备。

5.6.2　生成树网桥

　　在前面章节已经介绍了使用单台交换机来分隔和连接不同的冲突域。现在来探讨如何使用多台交换机来构建更大规模的网络。在大规模网络中,为了提高可靠性,

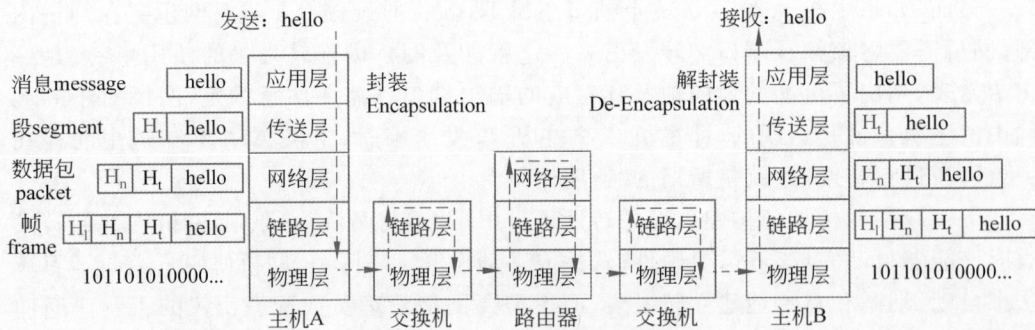

图 5.35　两台主机通信的过程

通常会在网桥之间使用冗余链路。图 5.36 展示了一个例子,在一对网桥之间存在两条并行链路。通过设置冗余链路,即使其中一条链路断开,仍然可以保证左右两边的主机之间的正常通信。

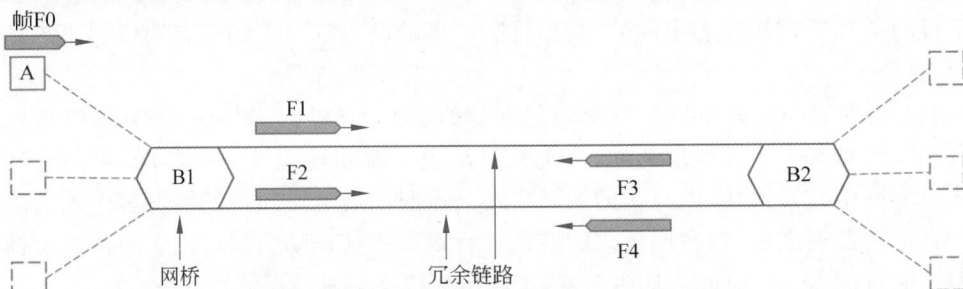

图 5.36　具有两条平行链路的网桥

　　虽然冗余链路可以提高可靠性,但是也容易产生拓扑环路。拓扑环路会给网络带来许多问题。第一,拓扑环路会导致交换机中的转发表不稳定。当一个帧的多个副本到达不同端口时,交换机会不断修改同一 MAC 地址对应的端口。第二,拓扑环路导致某一主机 A 发送到环路的单播帧,会经环路中设备的多次转发,导致目的设备 B 收到重复的帧。第三,物理环路导致广播风暴。交换机(网桥)在物理环路上无休止地泛洪广播流量,无限循环,迅速消耗网络资源。

　　解决拓扑环路问题的一种思路是用一棵可以到达每台网桥的生成树覆盖实际的拓扑结构,即本节要重点介绍的生成树算法。自动构造生成树的算法由 Radia Perlman 提出,随后被标准化为 IEEE 802.1d,该算法通常也被人们称为生成树协议(Spanning Tree Protocol,STP)。该算法的基本思想是在网络拓扑中构建一个以某台交换机的某个端口为根节点的虚拟树状无环拓扑结构(该无环拓扑结构是真实物理网络的一个子集),该拓扑在逻辑上阻塞了冗余链路,从而能够避免环路,但是当某条活跃路径发生故障时,又能够自动启用冗余链路,及时恢复网络的连通性。

　　生成树协议在工作的时候依赖桥协议数据单元(Bridge Protocol Data Unit,BPDU)来传递生成树算法计算所需的信息,参与组网的交换机(网桥)收发 BPDU,并选举产生根桥、根端口、指定端口,从而形成生成树。BPDU 包含四个关键信息。第一是根桥 ID(root ID),代表被选为根的桥 ID;桥 ID 共 8 字节,由 2 字节的优先级和 6 字节的 MAC 地址组成。第二是根路径开销(root path cost),代表到根桥的最小路径开销。第三是指定桥 ID(designated bridge ID),代表生成和转发 BPDU 的桥 ID。第四是指定端口 ID(designated port ID),代表发送 BPDU 的端口 ID。

生成树的三个选举过程:第一是根桥(root bridge)选举,即选出整个局域网的根(树根),根桥是整个树状网络拓扑的根部,非根桥是根桥的下游设备;第二是为每个非根桥选出一个根端口(root port),该端口是非根交换机去往根桥路径最优的端口,该非根桥使用选出的这个根端口连接到根桥;第三是为每个网段确定一个指定端口(designated port),每个网段都通过这个唯一的指定端口向其他网段转发数据。生成树的选举流程如下。

1. 根桥选举

生成树协议中根桥选举依据的是桥 ID。在生成树网络中,桥优先级是可以人工配置的,取值范围是 0~65535。根桥选举的具体步骤是首先比较优先级,优先级数值最小(意味着优先级最高)的交换机胜出成为根桥;如果优先级数值相等,则 MAC 地址最小的交换机成为根桥。

2. 根端口选举

交换机的每个端口都有一个端口开销(port cost)参数,此参数表示该端口在生成树协议中传输数据的开销值。默认情况下端口开销值和端口的带宽有关,带宽越高,开销越小。端口(链路)开销值由 IEEE 定义,如表 5.4 所示,其中根桥的路径开销为0,非根桥的路径开销为到根桥的路径上所有端口(链路)开销之和。当非根桥到达根桥的路径有多条时,非根桥通过对比多条路径的路径开销,选出到达根桥的最短路径,这条最短路径的路径开销就是根路径开销。

表 5.4 端口开销值

数据速率值/(b/s)	端口开销值
10M	100
100M	19
1G	4
10G	2
>10G	1

每个非根桥通过比较其每个端口到根桥的根路径开销,选出根端口。根端口的选择标准是具有最小根路径开销。如果多个端口的根路径开销相同,则端口 ID(端口 ID由端口优先级和端口索引组成)最小的端口被选作根端口。在根端口选举完成后,每个非根桥只能有一个根端口,并且只有该根端口处于转发状态。

3. 指定端口选举

在进行指定端口的选举时,首先比较累计路径开销。对于每个网段,从连接到该网段的所有交换机(网桥)端口中选择具有最小根路径开销的端口,作为该网段的指定端口。指定端口选举完成后,该端口处于转发状态,负责该网段的数据转发。连接到该网段的其他端口,如果既不是指定端口也不是根端口,则处于阻塞状态。

在生成树网络收敛之后,只有指定端口和根端口可以进行数据转发(处于转发状态)。其他端口成为预备端口,处于阻塞状态。阻塞状态的端口只能从所连接网段的指定交换机接收 BPDU,以此来监视链路的状态。但是,阻塞状态的端口不能转发

BPDU,也不能转发用户流量。

　　事实上,IEEE 802.1d 标准规定了五种端口状态,如表 5.5 所示。当网络中的某些链路发生故障时,冗余链路会被启用,相应的处于阻塞状态的端口会经历监听(Listening)和学习(Learning)阶段,最终到达转发(Forwarding)状态。这种端口状态迁移机制的存在能够确保当网络拓扑发生变化时,新的配置信息能够传播到整个网络,从而提高网络的鲁棒性和灵活性。

表 5.5　五种端口状态

端 口 角 色	端 口 状 态	端 口 行 为
未启用 STP 功能的端口	Disabled(禁用)	不收发 BPDU 报文,接收或转发数据
非指定端口或根端口	Blocking(阻塞)	接收但不发送 BPDU,不接收或转发数据
—	Listening(监听)	接收并发送 BPDU,不接收或转发数据
—	Learning(学习)	接收并发送 BPDU,不接收或转发数据
指定端口或根端口	Forwarding(转发)	接收并发送 BPDU,接收并转发数据

　　接下来,将介绍生成树网络在链路故障后的自动恢复过程。如图 5.37 中的左子图所示,考虑一个由四台交换机组成的以太网。通过运行生成树协议,交换机 A 被选举为根桥,非根桥交换机 B、C 和 D 的端口 1 被选举为根端口。连接交换机 C 和交换机 D 的链路是冗余链路,相应的端口处于阻塞状态。

　　如图 5.37 中的右子图所示,当交换机 B 和交换机 D 之间的链路发生故障后,原本的冗余端口会被启用。经过监听和学习两个状态的过渡,这些端口成为新的根端口,确保了该以太网能够自动从链路故障中恢复。

　　这种自动恢复过程保证了在链路故障发生后,生成树网络能够重新调整拓扑,找到新的最佳路径,使数据继续正常传输。生成树协议的运行机制确保了网络的可靠性和稳定性。

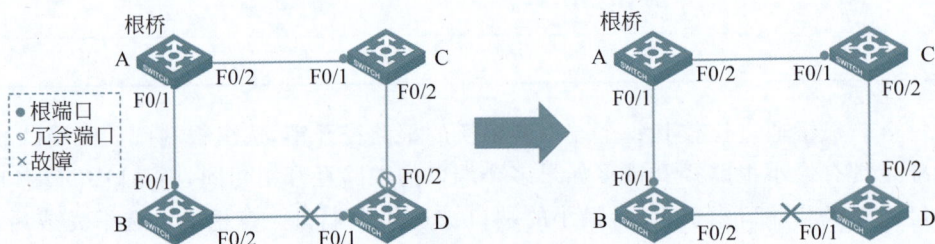

图 5.37　以太网链路故障与恢复

5.6.3　链路层交换机

　　链路层交换机实质上是多端口透明网桥,是一种即插即用的网络设备,它通过执行数据链路层交换算法,对来自不同端口的数据帧进行转发或过滤等操作。从带宽的角度出发,交换机的交换方式可以分为两类:对称交换和非对称交换。对称交换是指交换机不同端口的出和入的带宽相同,而非对称交换是指不同端口出和入的带宽不同。

　　早期由于交换机成本比较高,交换机上的端口数量比较少,因此使用交换机组建局域网时,通常是将交换机端口与集线器连接,这样可以利用交换机把局域网分段为若干较小的冲突域。如图 5.38 所示,每台集线器上连接的主机都位于同一个冲突域之中,但是不同交换机端口所连接的主机彼此之间并不冲突,可以并行进行收发。

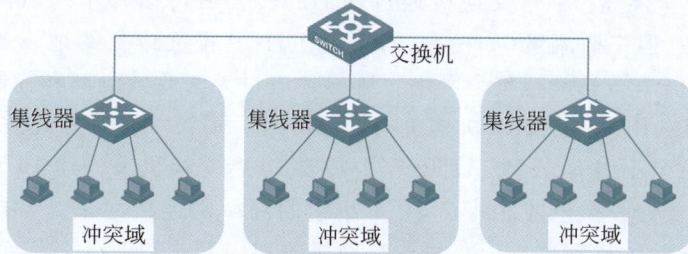

图 5.38　传统局域网分段

　　随着交换机技术的逐渐成熟,交换机的成本在逐渐降低,端口数量也在不断变多,目前常见的交换机端口数可以达到 24 或者 48。因此,现在使用交换机组建局域网,通常是将交换机的端口直接与主机进行连接。如图 5.39 所示,所有主机都连接到单独的交换机端口,整个局域网都属于无冲突域,这种方式也称为微分段模式。使用这种模式带来的优点是交换机可以对所有经过的数据帧进行检查,从而避免发送不必发送的数据帧,例如损坏的帧,同时交换机在发送时就阻断冲突域,提升了信道利用率。与之相对的是,由于交换机比集线器增加了转发时延,因此整个网络的时延会比较高。

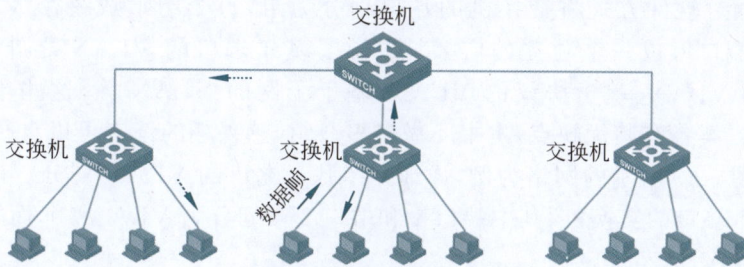

图 5.39　现代局域网分段

　　在实际应用中,也可以通过配置交换机的不同交换模式来降低转发时延。通常情况下,交换机有三种常见的交换模式,即存储转发(store and forward)模式、直通(cut-through)模式和无碎片(fragment-free)模式。存储转发交换的特点是在转发前必须接收整个数据帧并执行 CRC 校验,带来的优点也很明显,例如可以不转发出错的数据帧,并且支持非对称交换。而缺点也比较明显,就是转发时延大。直通交换的特点是交换机一旦接收到数据帧的目的地址,就开始转发,因而可以达到非常小的时延,并且可以边入边出。但是缺点就是可能转发错误帧,且不支持非对称交换。介于存储转发和直通交换之间的模式是无碎片交换,它的特点是接收到数据帧的前 64 字节,即开始转发。这样既可以过滤冲突碎片,也能确保时延相对较低。但是缺点也同样存在,就是仍可能转发错误帧,且不支持非对称交换。

5.6.4　虚拟局域网

　　前面讲到利用交换机构建交换式局域网可以有效分隔冲突域,提升网络效率。通常情况下,在大型公司中,每个部门或机构都有自己的交换局域网,并且不同部门或者机构之间的局域网还可以再次进行连接。最简单的连接方式就是将各自局域网中的交换机直接通过线缆连接起来组建一个更大的局域网。然而,这种配置方式存在以下缺点。

(1) 缺乏流量隔离:尽管交换机通过内部的转发表可以将本局域网的流量局限在一台交换机中,但广播流量(如携带 ARP 和 DHCP 报文或目的地未被自学习交换机学习到的帧)仍然需要跨越整个网络。这导致流量无法有效隔离和控制。

(2) 交换机利用率低:如果机构拥有许多小组,每个小组的主机数量较少,例如有 10 个小组,每个小组有 5 个人,那么至少需要 10 台交换机来构建 10 个小型的局域网,再额外使用 1 台交换机才能将这 10 个小组的局域网连接起来。考虑到单台交换机的端口数量通常远远超过 10 个,每台交换机的利用率非常低。

(3) 管理难度大:在许多公司中,组织结构经常需要调整,如果一台主机需要在不同的小组之间移动,就必须改变物理布线,这给网络管理员带来了巨大的工作负担。

幸运的是,通过虚拟局域网(Virtual Local Area Network,VLAN)技术,可以有效解决上述问题。支持 VLAN 的交换机允许在单个物理局域网基础设施上定义多个虚拟局域网。每个 VLAN 中的主机在逻辑上就像连接在独立的物理交换机中一样,VLAN 在数据链路层为这些主机转发数据。一个 VLAN 就是一个交换网络,其中的所有主机处于同一个广播域中,不同的 VLAN 属于不同的广播域。

划分 VLAN 的方法有很多,其中基于端口的 VLAN 是最常见、最有效的。网络管理员可以通过软件方式将交换机的端口划分为组,每个组形成一个 VLAN,每个 VLAN 中的端口形成一个独立的广播域。除了基于端口的 VLAN 之外,还有基于 MAC 地址的 VLAN、基于协议的 VLAN、基于子网的 VLAN 等,这些不同类型的 VLAN 划分方案各有其优缺点,本书不做过多介绍,感兴趣的读者可以自行学习。

下面以图 5.40 所示的网络为例,详细介绍基于端口的 VLAN 划分。该网络包含一台具有 4 个端口的交换机,其中端口 1 和端口 2 被划分为 VLAN-10,而端口 3 和端口 4 被划分为 VLAN-20。

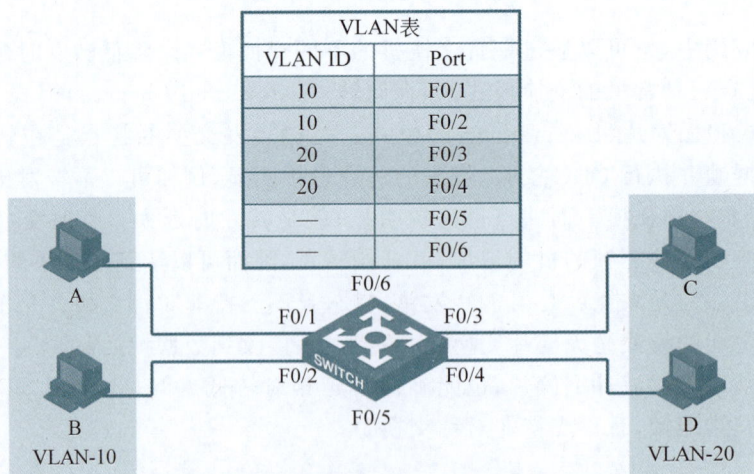

VLAN表	
VLAN ID	Port
10	F0/1
10	F0/2
20	F0/3
20	F0/4
—	F0/5
—	F0/6

图 5.40   配置了两个 VLAN 的单台交换机

通过 VLAN 的划分,可以有效弥补之前提到的不足,具体而言:

(1) 实现了 VLAN-A 帧和 VLAN-B 帧的隔离,解决了流量隔离的问题。

(2) 通过在单台交换机上实现多个 VLAN,提高了交换机的利用率。

(3) 通过简单地重新配置交换机,网络管理员可以实现主机在不同组之间的移动,从而提高了网络管理效率。配置和操作 VLAN 交换机也非常简单,只需声明端口属于特定的 VLAN,并在交换机中维护一个端口到 VLAN 的映射表。

对于在同一台交换机上的两个 VLAN 之间的通信,一种解决方案是将 VLAN 交换机的一个端口(如图 5.40 中的端口 F0/5)与外部路由器连接,并将该端口配置为属于 VLAN-10,然后对端口 F0/6 进行类似的操作,将其配置为属于 VLAN-20。在这种情况下,即使两个 VLAN 共享同一台物理交换机,它们的逻辑配置看起来就像是通过路由器分别连接到 VLAN-10 和 VLAN-20 的交换机一样。从 VLAN-10 到 VLAN-20 的数据报将首先到达路由器,然后由路由器转发到 VLAN-20 中的主机。

另一个需要考虑的情况是,如果同一个部门或机构的员工分布在不同的地理位置(例如不同楼层),是否可以让这些员工都接入同一个局域网?这就是接下来要介绍的多台交换机互联。如图 5.41 所示,假设有两台 4 端口交换机位于不同楼层。这两台交换机的端口已根据需要定义为属于 VLAN-10 或 VLAN-20。当需要将这两台交换机互联时,一种简单的解决方案是在每台交换机上定义一个属于 VLAN-10 和一个属于 VLAN-20 的端口,并将这两个端口互相连接,如图 5.42(a)所示。然而,这种解决方案在拓展性上存在问题,因为对于每个需要互联的 VLAN,都需要在每台交换机上定义一个端口。

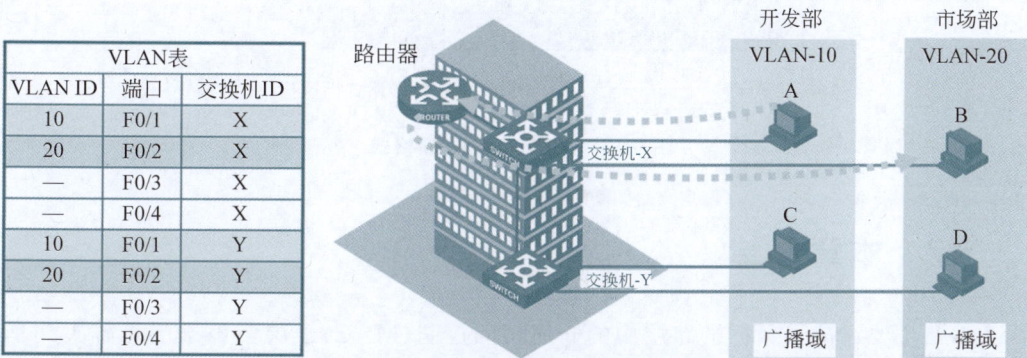

图 5.41　分布在不同楼层的局域网

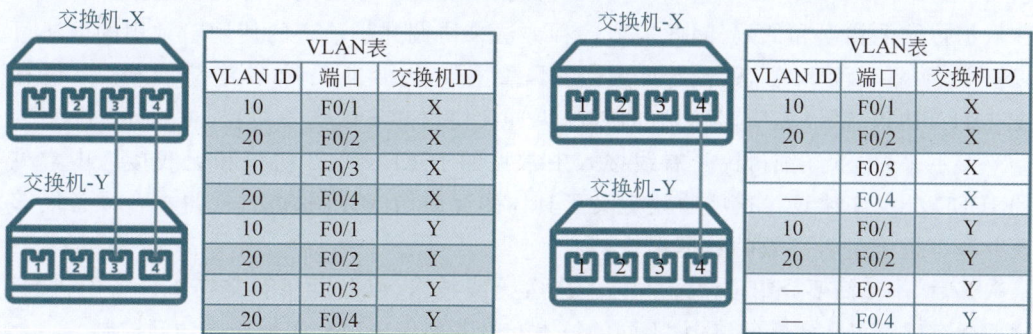

(a) 两条电缆　　　　(b) 干线

图 5.42　连接具有两个 VLAN 的两台交换机

为了解决多台 VLAN 交换机互联的问题,引入了一种称为 VLAN 干线连接(VLAN trunking)的方法。在每台交换机上配置一个特殊的端口作为干线端口,用于连接不同的 VLAN 交换机,如图 5.42(b)所示。干线端口被配置为属于所有 VLAN,它传递通过干线链路的帧到其他交换机。

然而,这种配置会引发一个新的问题:如何区分到达干线端口的帧属于哪个特定的 VLAN? 为了解决这个问题,IEEE 定义了一种扩展的以太网帧格式,称为 IEEE 802.1q。IEEE 802.1q 帧由标准以太网帧与一个 4 字节的 VLAN 标签(VLAN tag)组成,如图 5.43 所示,其中 VLAN 标签携带帧所属的 VLAN 标识符(VLAN ID)。在发送端的交换机上添加 VLAN 标签,在接收端的交换机上删除 VLAN 标签。VLAN 标签本身由以下几个字段组成:一个 2 字节的标签协议标识符(Tag Protocol Identifier, TPID)字段(固定值为十六进制 8100)、一个 2 字节的标签控制信息字段(包含 3 位的优先级字段(类似 IP 数据报的 TOS 字段)、1 位的标准格式指示符字段和 12 位的 VLAN 标识符字段)。

通过在干线连接中使用 IEEE 802.1q 帧,交换机能够区分和转发属于不同 VLAN 的帧,实现了跨越 VLAN 干线的通信。这种方式使得多个 VLAN 之间的互联更加灵活和可扩展。

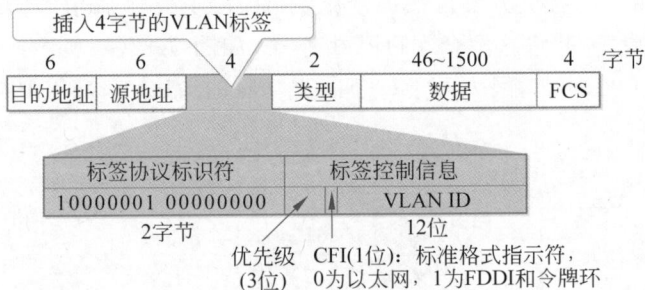

图 5.43   IEEE 802.1q 帧格式

5.7   本章总结

本章主要讨论了数据链路层中的介质访问控制(MAC)子层。该子层是解决共享信道使用权分配问题的关键组成部分。本章首先探讨了在共享信道环境中出现的问题,包括多个站点之间的数据帧冲突以及数据帧和确认帧之间的冲突。这些冲突会导致数据传输的错误和低效,因此需要一种方法来协调共享信道的使用。常用的方法可以分为静态分配和动态分配两大类,本章主要介绍了几种多路访问协议,包括 ALOHA 协议、载波监听多路访问协议、无冲突协议和有限竞争协议。

接下来,本章详细讨论了有线接入中常见的 IEEE 802.3 协议和无线接入中常见的 IEEE 802.11 协议。这些协议定义了具体的介质访问控制方法,使得多台设备能够在共享信道上进行高效的数据传输。

最后,本章简要介绍了蓝牙和 ZigBee 等无线技术,以及网桥和交换机设备的机制。这些内容展示了在实际网络中,不同的技术和设备如何应用和实现介质访问控制。

通过学习本章内容,读者深入了解了介质访问控制子层的重要性和功能,以及解决共享信道使用权分配问题的方法；熟悉了静态分配和动态分配的原理，以及多路访问协议的工作机制；了解了 IEEE 802.3 和 IEEE 802.11 等常见协议族的介质访问控制方法。这些知识对于设计和管理网络中的数据链路层至关重要。

习题 5

1. N 个站点共享一个 56kb/s 的纯 ALOHA 信道。每个站点平均每 100 秒输出一个 1000 位长的帧，无论前面的帧是否已发送出去（比如，站点可以将它们缓存起来），则 N 的最大值是多少？

2. CSMA/CD 和令牌环，哪个更适合负载重的网络？简单说明理由。

3. 在本章的 CSMA 协议中，哪种协议在监听到介质空闲时仍可能不发送数据？

4. 一个长度为 1km、数据传输速率为 10Mb/s 的 CSMA/CD 局域网（不是 IEEE 802.3），其传播速度为 200 m/μs，A 和 B 分别位于两端。这个系统不允许使用中继器。数据帧长度 256 位，其中包括 32 位的头、校验和以及其他开销。在经过 A 向 B 的一次成功的数据发送后，B 立即返回 32 位的确认帧。假定没有冲突，则除去开销之后的有效数据速率是多少？

5. 在题目 4 所述场景中，若该 LAN 仅有 A 和 B，且在 A 发出的第一个比特到达 B 前的一瞬间，B 也开始发送数据，从而发生冲突，导致 A 的数据传输失败，则 A 在发出第一个比特后经过多长时间，得知此次数据传输失败？

6. 最小帧长的概念对 CSMA/CD 机制的正常运行至关重要，请解释其中的原因。

7. 长度为 10km、数据传输速率为 10Mb/s 的 CSMA/CD 以太网。其信号传播速度为 200m/μs，那么该网络的最小帧长为多少？

8. 在一个采用 CSMA/CD 协议的网络中，传输介质是一根完整的电缆，传输速率为 1Gb/s，电缆中的信号传播速度是 200m/μs。若最小数据帧长度减少 800 比特，则最远的两个站点之间的距离应该如何变化？

9. 数据传输速率为 10Mb/s 的 CSMA/CD 局域网中有相距 2km 的主机 A 和 B，假设信号传输速度是 200m/μs。若 A 和 B 发送数据时发生冲突，则从开始发送数据的时刻起，到两台主机均检测到冲突为止，最短需要经过多长时间？最长需要经过多长时间？该网络的最小帧长应为多少？（1Mb/s $=10^6$ b/s）

10. 以太网采用二进制指数后退算法规避冲突。发生冲突时，从离散的整数集合随机选择一个 r，等待的时延为 r 倍的基本退避时间。重传次数 $k=5$ 时，这个离散的整数集合是什么？

11. 假设在采用广播链路的 10Mb/s 以太网中，某节点连续第 5 次冲突后，按二进制指数后退算法，选择 $k=4$ 的概率是多少？相应地延迟多久重新尝试发送帧？

12. 简述无线网络的两种组网形式。

13. 本章提到了多种优化无线网络传输性能的设计，请简述其中两种。

14. 简述无线网络中的隐藏终端问题和暴露终端问题，以及为什么虚拟监听机制可以避免上述问题。

15. 简述 IEEE 802.11 如何实现帧优先级划分。

16. 什么是微微网和分散网？

17. 一个微微网内为什么最多只有 8 个活跃单元?

18. 分散网的桥节点可以是主节点吗? 为什么?

19. 蓝牙链路类型有几种? 阐述它们的异同。

20. 蓝牙的跳频速率是多少? 假设一个时间槽能传输 240 比特数据,待传输数据包的每个帧长为 80 比特,那么该数据包的传输效率是多少? 在一个对称链路中,单方向上需要每秒发送多少个数据帧才能达到 64 kb/s 的数据传输速率?

21. 假设一对主从节点由单时间槽对称链路连接,每个时间槽能传输 216 比特的数据帧,每秒内单方向能发送 800 个数据帧,求数据传输速率。

22. 假设一对主从节点由 5 个时间槽非对称链路连接,主节点每次使用 5 个时间槽传输 1792 比特的数据帧,从节点每次使用 1 个时间槽传输 136 比特的数据帧,每秒内单方向能发送 1600/6 个数据帧,求数据传输速率。

23. ZigBee 网络中设备类型有几种? 分别有什么作用?

24. ZigBee 网络拓扑有几种类型? 简要阐述它们的区别。

25. IEEE 802.15.4 的 MAC 数据帧有几种类型? 分别有什么作用?

26. 一台 16 端口的交换机可以产生多少个冲突域?

27. 集线器、交换机(无 VLAN)对冲突域和广播域的隔离能力不同。具体来说,交换机(无 VLAN)_____,集线器_____。(注意每空都需要回答冲突域和广播域两部分)

28. 大部分二层交换网络中出现冗余路径时,用什么方法可以阻止环路的产生,提高网络的可靠性? 简述该方法的工作原理。

29. STP 有几种端口状态? 在哪种端口状态下端口只形成 MAC 地址表但不转发用户数据帧?

30. 网络中某台透明网桥有 0、1、2 三个端口,现已有转发表,如表 5.6 所示。

表 5.6   习题 30 用表

端 口	已学习到的主机
0	A
1	B、C
2	

请补充完成下列情况和对应策略的描述(若不向任何端口转发,则填写无):

a) 端口 1 收到目的地址为 A、源地址为 B 的包,向端口_____转发,对转发表的操作是_____。

b) 端口 1 收到目的地址为 D、源地址为 B 的包,向端口_____转发,对转发表的操作是_____。

c) 端口 2 收到目的地址为 E、源地址为 D 的包,向端口_____转发,对转发表的操作是_____。

d) 端口 1 收到目的地址为 B、源地址为 C 的包,向端口_____转发,对转发表的操作是_____。

31. 图 5.44 表示有六个站点分别连接在三个局域网上,并且用交换机 X 和 Y 连接起来。每台交换机都有两个端口(1 和 2)。在初始状态,两台交换机中的转发表都是空的。现在有以下各主机向其他主机发送了数据帧:B 发送给 A,E 发送给 D,C 发送给 E,A 发送给 B,F 发送给 E。请按照自学习算法将有关数据填写在表 5.7 中。

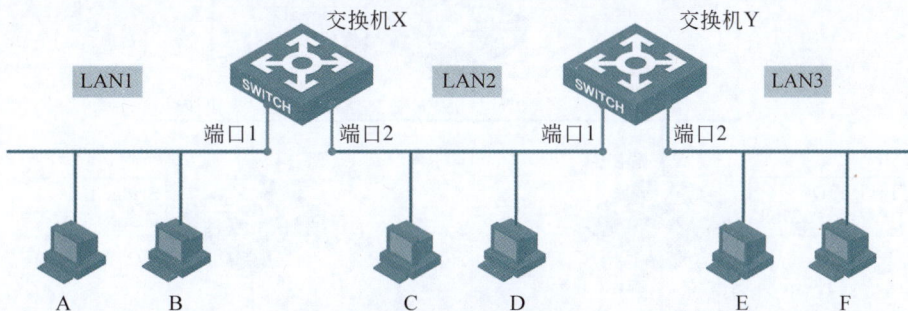

图 5.44　习题 31 用图

表 5.7　习题 31 用表

发送的数据帧	X 的转发表		Y 的转发表		简述 X 的处理方式	简述 Y 的处理方式
	地址	端口	地址	端口		
B 到 A						
E 到 D						
C 到 E						
A 到 B						
F 到 E						

32. 如图 5.45 所示,以太网交换机有 6 个端口,分别连接 5 台主机和一台路由器。表中的"动作"栏表示先后发送了 4 个数据帧。假定在开始时,以太网交换机的交换表是空的。请按照自学习算法将有关数据填写在表 5.8 中。

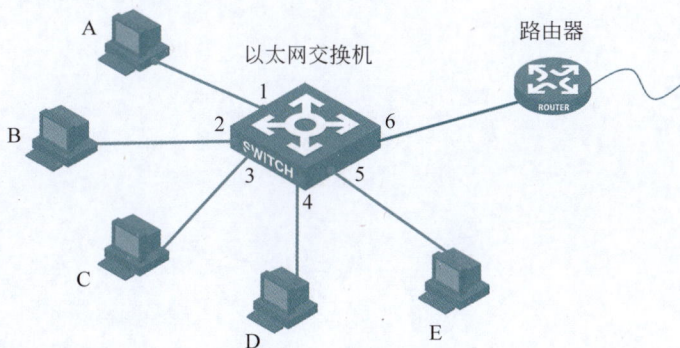

图 5.45　习题 32 用图

表 5.8　习题 32 用表

动　作	交换表如何更新	向哪些端口转发数据帧	简述交换机的处理方式
A 到 D			
D 到 A			
E 到 A			
A 到 E			

33. 三台网桥相互连接,每一跳链路的开销都为 1,如图 5.46 所示。请构造生成树,并简单说明构造过程。

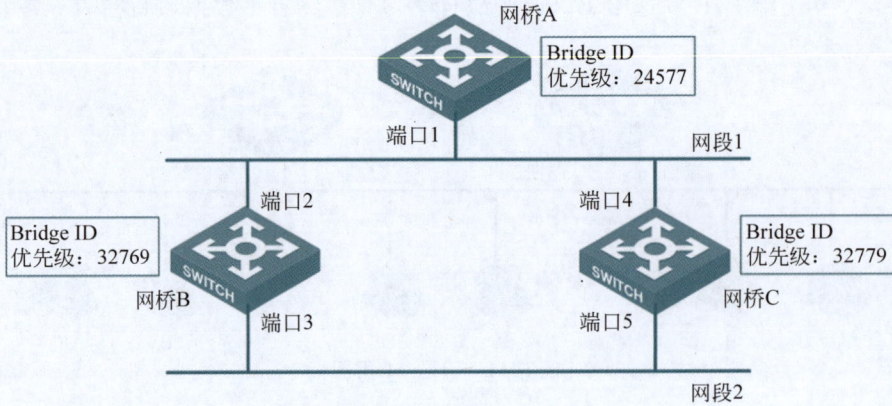

图 5.46　习题 33 用图

34. 简述交换机的三大主要功能。
35. 简述什么是 VLAN,以及 VLAN 有何优点。

第 6 章

路由选择和网络层

由第 5 章的介绍可知,数据链路层的设计目标在于将数据帧从链路的一端传输到另一端。也就是说,数据链路层的传输是"**点到点**"的。当数据在网络里的一对通信终端之间传输时,需要经过多次"点到点"的传输。如果仅有数据链路层是无法做到这一点的,因为在数据链路层的传输过程中,数据帧不需要选路。相对数据链路层来说,网络层的传输是"**端到端**"的,它提供的是主机到主机的通信服务。数据在传输过程中会被沿途多个中间节点转发,最终到达目的主机(目的端)。计算机网络的网络层解决的主要问题是如何将数据从网络中的一台主机发送到另一台主机。

为了解决这一问题,网络层首先需要学习网络的拓扑,也就是有哪些路由器和链路,以及它们的连接关系,并采用合适的算法来计算路由。在找出可以连通的路径的基础上,还需要尽力使计算出来的路径满足用户对时延、带宽的要求。与此同时,网络中的路由器和链路还可能会过载,由此导致的网络拥塞也需要尽力避免。此外,不同的网络采用了各自的技术,属于不同的管理者,网络内部的细节对外部是不可见的。当一台主机发送数据给另一个网络中的主机时,该数据需要得到正确的处理,包括找到正确的目的主机,以及处理由于网络技术差异、主机规模迅速增长和主机移动导致的各类问题等。

由此可见,网络层的设计面临诸多问题,其中的任何一个都不是依靠单一技术能够完全解决的。网络层的很多技术在设计时,都会综合考虑多方面的需求。本章将从路由算法、流量管理、网络互连这三方面入手,对关键技术的原理进行介绍,并在此基础上介绍网络层的典型协议和路由器的体系结构。

网络层是 TCP/IP 五层体系结构中最复杂的层次之一,涉及大量基础知识。ISO 对网络层做了如下定义:网络层为一个网络所连接的两个传输实体间交换网络服务数据单元提供功能和规程,它使传输实体独立于路由选择和交换的方式。网络层是处理端到端数据传输的最底层,也是通信子网的最高层。

6.1　网络层概述

按照分层的原则,网络层应该对传送层屏蔽当前网络中路由器数量、类型,以及网络拓扑等信息。此外,网络层应该提供统一的编址方案,使得提供给传送层使用的网络地址具有统一的格式,而不用区分底层技术的差异。网络层最主要的功能包括编址、寻址与转发、路由计算等。除此之外,为了尽可能提高端到端通信的性能,以及应对端到端通信中可能遇到的各类问题,网络层还提供流量管理、分片与重组、移动性管理等其他丰富的功能。在介绍这些功能之前,一个需要解决的重要问题是网络层究竟应该提供什么样的服务? 设计者们围绕着两大类方案展开了争论,即面向连接的服务和无连接的服务。

本节将首先介绍网络层的基本模型,即基于存储转发的分组交换模型,并在此基础上分别介绍网络层提供的两大类服务。

6.1.1　基于存储转发的分组交换模型

在网络中,数据通过一种被称为"存储转发"的方法从一端被传输到另一端。如图 6.1 所示,当主机 1 要向主机 2 发送数据时,它首先将数据以分组或数据包的形式发送到离它最近的路由器,分组此时便进入了通信子网。在主机 1 向路由器发送该分组的过程中,路由器并不处理或者向外发送该分组,而仅仅是接收和"存储"。等主机 1 完全将该分组发送完之后,路由器便根据完整的分组检验其校验码,并进行一些其他处理,最终将该分组"转发"至下一台路由器。

按照这种方式,分组将在通信子网的路由器之间沿着一定的路径重复"存储"和"转发"的过程。最终,分组离开通信子网,到达目的主机。这就是存储转发模型的基本原理,也是现在互联网所使用的最基本操作。

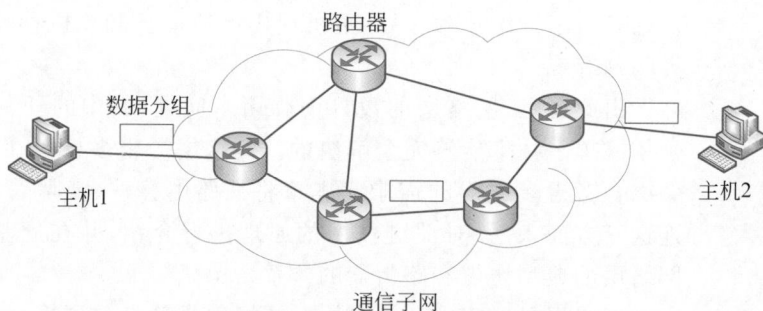

图 6.1　网络层协议的工作环境

6.1.2　网络层提供的服务

面向连接的服务首先在源主机和目的主机之间选定一条路径,建立一个连接,之后源主机向目的主机发送的所有分组都沿着这条路径传输。面向连接的服务的支持者们主要来自电话公司,他们坚信网络层应该提供面向连接的、可靠的服务,他们的主要考虑是服务质量(QoS),如果没有连接,要提供服务质量保障是十分困难的,尤其是对于视频和音频等实时性要求高的流量。

无连接的服务的基本思想非常简单：每个数据分组都独立地选择路由，即使是同一对主机之间的分组也是如此。为此每个数据分组中都需要携带表明目的主机的地址。无连接的服务的支持者们主要来自互联网圈子。他们认为路由器的功能就应该仅仅是传递数据分组。互联网多年的技术发展也表明，无论怎么设计，网络就是不可靠的。因此，位于终端的主机应该接受这一事实，由上层来进行差错控制和拥塞控制。这样一来，让网络层提供面向连接的服务也就没有必要了。具体来说，网络层只需要对上层提供两个基本的原语 SEND PACKET 和 RECEIVE PACKET 就够了。这一思想体现了互联网设计的一个重要原则——端到端原则，它对互联网的发展产生了深远影响。

表 6.1 对面向连接的服务和无连接的服务的主要特点进行了对比。

表 6.1   面向连接的服务和无连接的服务的特点对比

对 比 项	面向连接的服务	无连接的服务
建立连接	需要	不需要
状态信息	路由器需要维护连接状态	路由器不需要维护连接状态
路由	一条连接内的分组使用相同路由	每个分组独立路由
发生故障	遭遇故障的分组被丢弃	路由协议自动计算新的路径，继续传输后续分组
服务质量	较容易得到保证	较难得到保证
拥塞控制	较容易	较难

提供无连接的服务的互联网协议(IP)作为互联网的标志已经受到了广泛认可，取得了巨大成功。它打败了诸多面向连接的方案，如 20 世纪 70 年代的 X.25、20 世纪 80 年代的帧中继，以及 20 世纪 80 年代想要取代 IP 的 ATM 技术。IP 甚至还向电话系统进军，并成功占据了一席之地。尽管如此，面向连接的服务和无连接的服务的争执直到今天仍然在继续。尤其是随着服务质量越来越重要，互联网在演进过程中也逐渐引入了面向连接的特性，两个得到了广泛应用的典型例子是 6.5.5 节将要介绍的多协议标签交换(Multi-Protocol Label Switching，MPLS)和第 5 章介绍过的虚拟局域网(VLAN)。

下面来具体看看在存储转发模型下，网络层的无连接的服务和面向连接的服务分别是如何工作的。

1. 无连接的服务

在提供无连接的服务的网络中，数据分组通常被称为数据报，通信子网被称为数据报子网(datagram subnet)。在数据报子网中，每台路由器上都有一个根据某种路由算法(routing algorithm)计算出来的路由表。路由表指明了当路由器接收到任意分组后，根据分组中携带的目的地址，应该将该分组从哪个出口转发出去。

数据报子网的工作原理如图 6.2 所示。当主机 1 要向主机 2 发送数据时，主机 1 的网络层根据网络对分组长度的限制将要发送的数据分割成几个分组(此处假设为两个分组)。主机 1 将这两个分组发送给离它最近的路由器 A，进入通信子网。根据路由器 A 上的路由表，分组 1 被转发到路由器 B，然后是路由器 E、路由器 D。然而，由于网络状况的实时变化(例如 A、B 之间的链路发生故障),路由器 A 发送分组 2 时路由表可能发生改变。这样,根据新的路由表,分组 2 可能会沿着一条与分组 1 不同的路径发送出去,比如 ACD。两个分组最终被交付给主机 2。

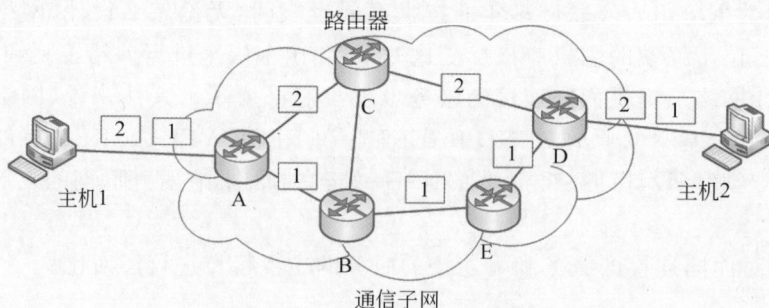

图 6.2   数据报子网的工作原理

数据报子网可以随时接收主机发送的分组,但只是尽最大努力把分组交付给目的主机。具体来说,网络不保证分组按照发送的顺序送达,不保证在一定时间内送达,也不保证分组不丢失。当网络发生拥塞等情况时,路由器可能根据某些规则丢弃一些分组。所以说,无连接的服务是不可靠的,也难以保证服务质量。另外,这种无连接的服务需要每个分组都携带完整的源和目的地址,浪费了一定的传输资源。但其优点在于,当一台路由器或一条链路发生问题时,网络中相关的路由器可以灵活地改变转发路径,减少数据的损失。这一点在军事等应用中尤为重要。

2. 面向连接的服务

面向连接的服务需要使用虚电路(VC)技术。通过建立连接,分组在虚电路中进行存储转发,而不是像在数据报子网中那样独立路由。值得注意的是,虚电路技术通常能够保证分组按照源主机发送的顺序到达目的主机,也能够通过在建立连接时使用合理的路径,在一定程度上实现较短的端到端传输时延和较大的吞吐量,从而提高服务质量。然而从根本上讲,虚电路并不提供可靠传输服务,因为它仍然无法避免拥塞或故障导致的分组延迟甚至丢失。

图 6.3 给出了虚电路转发的一个例子,其中主机 1 要通过虚电路向主机 2 发送数据。这个过程需要经过两个阶段。

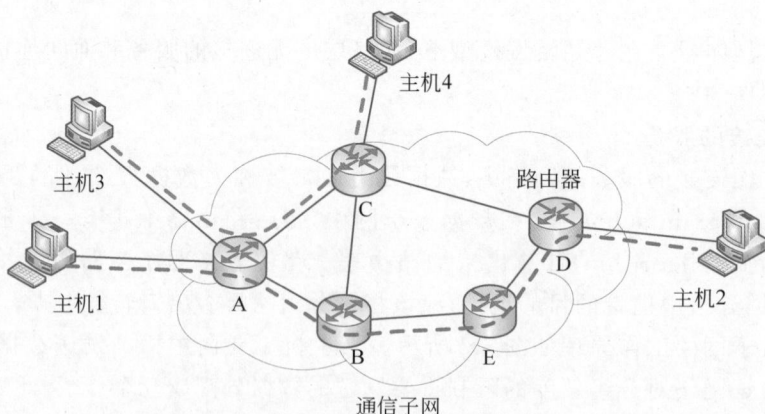

图 6.3   虚电路转发示例

第一个阶段是"建立连接"。建立的方法是在选定的路径上,给每台路由器的路由表增加一条表项。这条表项的含义是:如果分组在指定输入接口到达并包含指定的虚电路标识符(Virtual Circuit Identifier,VCI),则将这个分组头部的 VCI 值替换成指定的输出 VCI 值,并将分组发送到指定的输出端口。

值得注意的是,在实际中,输入 VCI 值和输出 VCI 值一般是不同的,也就是说,一个分组在虚电路中转发时,其 VCI 值是不断变化的。建立一个端到端连接的过程,就是沿着该连接的路径,在路径中每段链路上分配一个合适的 VCI 值的过程。由网络管理员配置状态所建立的连接,称为永久虚电路(Permanent Virtual Circuit,PVC);由主机发送消息给网络,从而动态建立或删除的连接,称为交换虚电路(Switched Virtual Circuit,SVC),它的建立过程不需要网络管理员的参与。

在图 6.3 所示的例子中,假设网络管理员已经手工配置好了一条从主机 1 到主机 2 的虚电路,他为从主机 1 到路由器 A 的链路选择的 VCI 值为 1,从路由器 A 到路由器 B 的链路选择的 VCI 值为 2……以此类推,形成了如表 6.2 所示的路由表。

表 6.2　虚电路使用的路由表举例

路　由　器	输入接口	输入 VCI 值	输出接口	输出 VCI 值
路由器 A	3	1	2	2
路由器 B	0	2	2	3
路由器 D	2	4	1	5
路由器 E	0	3	1	4

路由表建立之后,就可以进入第二个阶段——"数据传输"。每台路由器根据自己的路由表项转发分组。还是刚才的例子,当路由器 A 在接口 3 接收到 VCI 值为 1 的分组时,它根据自己的路由表将该分组的 VCI 值改为 2,并将其转发到出口 2,即转发给路由器 B。如果没有匹配的路由表项,例如接口 3 的分组所携带的 VCI 值不是 1,则将分组丢弃。其他路由器的转发过程类似。持续这一过程,直到分组携带着值为 5 的 VCI 到达主机 2,主机 2 由此识别这个分组来自主机 1。

6.2　路由算法

根据网络的存储转发模型可知,无论是实现无连接的服务还是面向连接的服务,网络层的一项重要工作就是在通信子网中寻找分组转发的路径。如果网络层提供数据报服务,则在给定主机-目的对之间传输不同分组可能采取不同的路径;如果提供的是虚电路服务,则所有在同一对给定的源和目的之间传输的分组将采取同样的路径。如何来确定这些路径就是网络层路由协议的工作。路由算法就是用来决定分组路径的算法,是所有路由协议的核心。

严格来说,路由(routing)和转发(forwarding)是两个不同的概念。路由是决定分组选择哪条路径的过程,而转发是当分组到达路由器时,路由器对它采取的动作。可以将路由和转发理解为两个独立的进程,其中一个称为转发引擎(forwarding engine),它接收到分组之后查询路由表,并将分组从相应的出口发送出去;而另一个进程即路由进程,它负责维护路由表,根据网络的情况对路由表进行更新。由于路由和转发相互独立,因此它们会分别维护两张表:路由表和转发表。通常情况下,转发表是根据路由表产生的,甚至应该与路由表拥有完全相同的表项,因此在不引起歧义的情况下,人们有时候会把转发表也叫作路由表。

路由算法通过在网络层收集网络拓扑信息,进而计算出分组的路由,也就是为了去往某个网络地址,分组应该沿着哪条路径转发。路由算法有很多种类,它们在收集网络拓扑信息和计算路由的方法上各有不同。

按照路由算法何时运行,可以将路由算法分为静态(static)路由算法和动态(dynamic)路由算法。在静态路由算法中,路由一旦确定便不再更改。即使网络的拓扑发生变化或部分链路发生拥塞,路由也不会自动调整。动态路由算法则会根据网络的拓扑或流量等情况来实时地调整路由。一般来说,动态路由算法更加灵活,但也存在开销、稳定性等问题。

根据路由算法在何处运行,可以将路由算法分为集中式(centralized)路由算法和分布式(distributed)路由算法。集中式路由算法在一个特定的地方运行计算路径的过程,计算的结果需要发送给网络中的各台路由器。分布式路由算法的计算位置分散在网络各处,通常是每台路由器独立计算,因此算法需要保证各台路由器的计算结果相互不冲突,最好能保持完全一致。

不同路由算法计算路径时所依据的信息也各不相同。有的算法利用网络的完整全局信息来计算源节点和目的节点之间的路径,这就需要算法在执行计算之前通过某种方式得到这些信息,例如后面将要介绍的链路状态路由算法。还有的算法则只需要每台路由器知道与它直接相连的链路的状态,然后迭代计算并与相邻路由器交换信息,逐步计算出到某一个或一组目的节点的路径。这类算法中,没有一台路由器拥有完整的网络信息,路径的计算是以迭代和分布式的方式进行的。

本节接下来将介绍路由算法的最优化原则,并介绍多种不同的路由算法。本节将仅介绍根据网络拓扑进行计算的路由算法,而不考虑链路中的流量大小,即拥塞问题。网络层如何通过流量管理来解决拥塞问题将在 6.3 节介绍。

6.2.1　最优化原则

在网络中,源节点到目的节点的路径可能有很多条,不同路径的长度、时延、带宽等指标可能各不相同。一般来说,路由算法的目的是计算出"最优"的路径。

现实中的路由问题并不像"找到两点间最短距离"的图论问题那样简单。很多复杂的因素会使得本来在概念上很简洁的算法变得很复杂,例如,有的组织希望其网络中的路由器不要转发其他某个组织的网络中产生的分组。不过,这里先不管这些具体操作的问题,而是从理论上来看一下什么是最优化原则。

图 6.4 给出了用于分析路由算法的网络图。图中的节点代表路由器,连接这些节点的线(边)代表物理链路。每条链路上还有一个数字,它表示一个抽象的参数或指标,可以用来反映该链路的各种状态,例如可以表示当前链路上的拥塞程度、分组经过该链路的平均时延、该链路的物理长

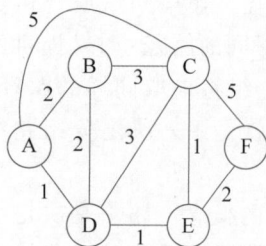

图 6.4　用于分析路由
算法的网络图

度及通过该链路传输分组所花费的"代价"等。

给出了网络图之后,要计算从源节点到目的节点的最优路径,也就等价于计算满足以下条件的一个链路序列:

(1) 路径中的第一条链路与源节点相连;

(2) 路径中的最后一条链路与目的节点相连;

(3) 路径中第 i 条链路和第 $i-1$ 条链路是连接到同一个节点上的,对所有的 i 都成立;

(4) 在所有可以从源节点到目的节点的路径中,该路径的指标在某种意义上是"最优"的。

这里的"最优"在不同场景下可以有不同的解释。有的网络希望使用时延最小的路径,而有的网络希望找到的路径让用户传输数据的吞吐率最大,还有的网络希望所使用的路径上尽可能少发生传输差错等。一般来说,路径的指标可以通过该路径上所有链路的指标计算得到,例如一条路径的时延等于该路径上所有链路的时延相加。在6.2.2 节将看到,已知链路指标,要计算路径指标有很多种方法,求和是一种最常用的方法,但也存在需要使用其他计算方法的指标。

满足上述四个条件的最优路径必定满足路由的最优化原则。路由的最优化原则由 Bellman 在 1957 年提出,它指的是,假设 P 是从 A 到 B 的唯一最优路径,且节点 C 位于此路径上,那么可以得到这样一个结论:节点 C 到节点 B 的最优路径也是沿着路径 P 的。

要证明最优化原则可以使用反证法:假设 C 到 B 的最优路径并不沿着路径 P,那么将 A 到 C 的最优路径与 C 到 B 的最优路径连接起来,所得到路径的指标就一定优于或等于路径 P 的指标,这与已知 P 是从 A 到 B 的唯一最优路径相矛盾。

根据最优化原则可以知道,对于网络中的任何一个选定的目的节点,其他所有节点的到该目的节点的最优路径可以组成一个树状的结构,树的根便是选定的这个目的节点。这样的树被称为"汇集树"(sink tree)。例如,图 6.4 中以 A 为目的节点的汇集树可用图 6.5 来表示。路由算法的目标就是要计算出由通信节点(包括主机和路由器)所组成的网络中的汇集树。

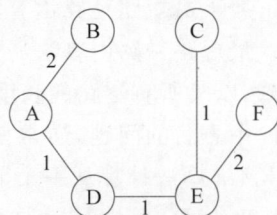

图 6.5 汇集树示例

需要注意的是,对于某些网络和给定的目的节点,汇集树可能并不是唯一的,因为网络的拓扑和边的指标取值可能导致一对源节点和目的节点间有多条最优路径。此时的汇集树将变成一种更为通用的结构——有向无环图(Directed Acyclic Graph,DAG)。为了方便叙述,在后文中将仅考虑汇集树。

在图 6.4 中,如果将路径长度作为指标,那么节点 A(源)到节点 C(目的)的最短路径为 ADEC。请试着找出从 A 到 F 的最短路径,并且仔细思考一下你是如何计算出那条路径的。在不看图 6.5 的情况下,大多数人都是通过探索从 A 到 F 的几条路径之后,凭感觉就能确定所选路径是最短路径,而从图 6.5 的汇集树可以一眼看出最短路径是 ADEF。

6.2.2　最短路径路由算法

最短路径路由算法的目标是找出网络中任意两点间的最短路径,从而使分组沿着该路径转发。

这里既然提到了"最短",那么就需要明确一下所谓的"长短"的含义。一种简单的衡量办法是使用"跳数":分组在路径上转发一次称为一"跳",这样最短路径就是分组所经过的路由器数量最少的路径。如果将链路的物理长度定义为链路的长度,那么最短路径就是所经过链路的物理长度之和最小的路径。类似地,还可以将分组在链路中的传播时延定义为链路的长度,那么最短路径就是所经过链路的传播时延之和最小的路径。

可以看到,最短路径路由算法的目标与 6.2.1 节提到的"最优"路径是一致的。一般来说,可以使用某种特定的指标来衡量一条路径的好坏,而路径是由多条链路连接而成的,因此这条路径的指标也就是由组成它的各条链路的指标综合得到的。最短路径路由算法的本质就是,将组成路径的各条链路的指标(长度、代价、权值等)"相加",作为路径的指标,在此基础上计算路径指标"最小"的路径。因此,最短路径有时候也称为最小代价路径或最小权值路径。为了叙述方便,统一使用"路径长度"来表示这类指标。

值得注意的是,满足"路径指标等于链路指标之和"这一条件的指标有很多,例如前面提到过的跳数、物理长度、传播时延,以及费用、代价、能耗等,因此最短路径路由算法具有很广的应用范围。然而,对于某些特殊的指标,路径指标并不能通过对链路指标相加来获得,而需要采用其他的计算方式。例如,如果想要计算从源端到目的端的路径中,瓶颈链路带宽最大的路径,那么需要将路径中所有链路的带宽值取最小值(而不是相加)作为该路径的指标(带宽),再找出带宽最大的路径。因此,这类路由算法不属于最短路径路由算法。

最短路径路由算法需要掌握网络的全局信息,即网络中所有节点(路由器)的连接关系,以及所有链路的长度,因此它是一个全局路由算法。计算网络中的最短路径是图论中著名的问题,通常使用的算法是 Dijkstra 算法,这是根据它的发明者命名的。Dijkstra 算法计算从一个节点(源节点,将它称作 s)到网络中所有其他节点的最短路径。Dijkstra 算法是一种迭代算法,在算法的 k 次迭代之后,到达 k 个目的节点的最短路径被计算出来,并且在到达所有目的节点的最短路径中,这 k 条路径的长度是最小的。首先对以下符号做出定义:

(1) $c(i,j)$:从节点 i 到节点 j 的链路长度。如果节点 i 和 j 没有直接相邻,那么 $c(i,j)=\infty$。注意 Dijkstra 算法不要求 $c(i,j)=c(j,i)$,即一条链路在两个方向上的长度可以不相同。

(2) $d(v)$:当前(该算法本次迭代之后)从源节点到目的节点 v 的路径的最小长度。

(3) $p(v)$:从源节点到 v 的当前最短路径中,v 的前驱节点(与 v 相邻)。

(4) N:已经计算出到达它们的最短路径的目的节点的集合。

Dijkstra 算法包含一个初始步骤和一个循环,循环执行的次数等于网络中节点的数目。Dijkstra 算法的伪代码如图 6.6 所示。

```
1   Initialization:
2       N = {s}
3       p(s) = null
4       for all nodes v∈V
5           d(v) = c(s, v)
6           if c(s, v)≠∞  then p(v) = s
7   Loop
8       find v∈V-N such that d(v) is a minimum
9       add v to N
10      for all u∈V-N and c(v, u)≠∞
11          if d(u) > d(v) + c(v,u) then
12              d(u) = d(v) + c(v,u)
13              p(u) = v
14  until V-N is empty
```

图 6.6　Dijkstra 算法的伪代码

作为示例,下面看一下图 6.4 所示的网络图,并且计算出从 A 到所有能到达的节点的最短路径。表 6.3 给出了 Dijkstra 算法的计算过程概要,表中的第 2 行至第 7 行给出了该次迭代之后算法中变量的值。

表 6.3　Dijkstra 算法的计算过程概要

步骤	N	$d(B)$,$p(B)$	$d(C)$,$p(C)$	$d(D)$,$p(D)$	$d(E)$,$p(E)$	$d(F)$,$p(F)$
0	A	2,A	5,A	1,A	∞	∞
1	AD	2,A	4,D		2,D	∞
2	ADE	2,A	3,E			4,E
3	ADEB		3,E			4,E
4	ADEBC					4,E
5	ADEBCF					

下面详细地看一下 Dijkstra 算法最初的几步:

(1) 在初始化步骤中,目前从 A 到其直接相邻的节点 B、C、D 的最短路径被分别初始化为 2、5、1。特别注意一下,到节点 C 的路径长度被设置为 5,因为这是从 A 到 C 的直接链路(只有一跳)的长度,但很快就会看到更短的路径是存在的。到 E 和 F 的路径长度被设置为无穷,因为它们与节点 A 不相邻。

(2) 第一次迭代,在还没有加入集合 N 的节点中,路径长度最小的节点是 D,其路径长度为 1,因此 D 就被加入集合 N 中。算法中第 10 行至第 13 行更新了所有与 D 相邻的节点的路径长度和前驱节点,结果得到了表 6.3 中的第 3 行(步骤 1)。可以看到,到 B 的路径长度未发生变化,而此时到 C 的路径由原本的 AC(长度为 5)变成了 ADC(长度为 4),也就是说,长度较小的路径 ADC 入选,并且从 A 到 C 的最短路径上 C 的前驱节点被设为 D。同样,到 E 的最短路径更新为 ADE,路径长度为 2,表 6.3 也进行了相应修改。

(3) 第二次迭代,节点 B 和 E 都有最小路径长度 2,选择将 E 加入集合 N 中,这样 N 现在就包含了 A、D、E。还没有在 N 中的那些剩余节点(即节点 B、C 和 F)的路径长度,都通过算法中的第 10 行至第 13 行被修改,产生了表中第 4 行所示的结果。

当 Dijkstra 算法结束的时候,对于每个节点,都能得到它的前驱节点。对于每个前驱节点,又能得到它的前驱节点。用这样的方法,就可以构造出从源节点到所有目的节点的完整路径。

该算法的计算复杂度是怎样的呢? 换句话说,已知节点数量为 n(假设不包含源节点),在最坏情况下,找到从源节点到所有目的节点的最短路径需要进行多少计算? 在第一次迭代中,需要检查除了源节点以外的所有 n 个节点,来找到路径长度最小的节点 v;在第二次迭代中,需要检查 $n-1$ 个节点来确定最短路径;在第三次迭代中,需要检查 $n-2$ 个节点,以此类推。因此在整个过程中,需要检查的节点数目为 $n(n+1)/2$,也就是说,算法在最坏情况下的时间复杂度为 $O(n^2)$。Dijkstra 算法的一个更为复杂的实现中使用了堆(heap)这个数据结构,这种实现可以使得寻找最小值的复杂度由线性复杂度 $O(n)$ 降低为对数级复杂度 $O(\log n)$。

6.2.3　泛洪路由算法

泛洪(flooding)是一种静态的分布式路由算法。在泛洪路由算法中,每个到达路由器的分组将通过每条链路发送出去,除了该分组到达的那条链路。

很显然,泛洪会产生大量的重复分组,而且其中大部分都是无用的。理论上,泛洪路由算法会产生无限多的分组,因此需要采取方法来限制泛洪过程。一种可行的方法是在每个分组中包含一个计数器,经过每一跳(一次转发)之后该计数器减 1,当计数器到达 0 的时候,该分组被丢弃。理想情况下,计数器的初始值应该等于从源到目标之间的路径的长度。发送方如果并不知道该路径有多长,则可以将计数器的初始值设置为最坏情况下的长度,即网络中的最长路径。在这种限制跳数的方法下,泛洪产生的冗余分组数量随着跳数的增长呈指数级增加。

为了抑制泛洪,另一种更好的办法是记录下哪些分组已经被泛洪过了,从而避免再次发送这些分组。为了实现这个目标,可以让源路由器在分组中放置一个序列号,并且在每台路由器上记录一个列表,其中列出了那些已经见到过的、来自该源路由器的序列号。如果一个新收到的分组已经位于该列表中了,那么就不用再泛洪它了。为了避免列表无限地膨胀,可以增加一个计数器 k 来进一步改进,k 的值表示小于它的所有序列号都已经泛洪过了。当一个分组进来的时候,只要将其序列号与 k 的值相比较,就可以很容易地知道该分组是否为一个重复分组;如果是,则丢弃该分组。而且,比 k 的值小的所有序列号都不需要再保存在列表中了,因为 k 的值本身已经有效地对这部分列表进行了概括。此外,一个稍微实际一点的泛洪路由算法的变种是选择性泛洪(Selective Flooding)路由算法:路由器并不是将每个进来的分组都输出到每条链路上,而是只输出到那些大概方向正确的链路上。

用泛洪路由算法转发用户分组在大多数情况下是不实际的,但它也有一定的优点,并有一些重要的应用场景。首先,泛洪能够确保网络中每个可达的节点都收到分组,即使在故障导致多个节点和多条链路无法使用的情况下也是如此。其次,泛洪只需要路由器知道与它相邻的链路(节点),除此之外不需要任何额外信息。此外,如果不考虑泛洪操作本身的开销,泛洪可以用最短的时间将分组送达目的地。因此,泛洪路由算法的一些思想和方法可以用于一些需要全网广播的场景,例如可以用作其他路由协议交换信息之用。

6.2.4　静态路由

前面介绍过,路由算法可以分为静态路由算法和动态路由算法。静态路由算法当系统启动时就会创建路由表,除非管理员手动更改,否则路由表不会再改变。

虽然静态路由无法适应故障或其他原因导致的网络拓扑变化,但它也有很多优点:简单直接、易于使用,不需要额外的路由协议软件,不会在网络中发送很多额外流量,也不会占用较多的 CPU 资源计算路径。

使用静态路由的一个典型场景是主机,尤其是在主机只有一个网络连接,由一台路由器将该网络连接到互联网的情况。对于这样的一台主机,只需要两条静态路由表项就够了:一条表项指出直接相连的网络地址,另一条表项指出路由器为所有其他目的地提供了默认路由(default routing)。表 6.4 给出了一个例子。当主机上的应用程序产生了去往本地网络中计算机(例如本地打印机)的分组时,路由表的第一项使分组直接传递到其目的地。当分组发往互联网中其他目的地时,表中的第二项使分组发送到路由器。因此该路由器有时候也被称为默认网关。注意,虽然该主机只有一个网络连接,但仍然需要两条路由表项,当这两条路由表项分别被匹配时,分组可能会使用不同的数据链路层地址作为目的地址。为分组获取数据链路层地址的方法将在 6.5.4 节介绍。

表 6.4　主机中的 IPv4 静态路由表举例

目 的 地 址	掩 　 码	下 一 跳
192.168.0.0	255.255.0.0	direct
default	0.0.0.0	192.168.0.1

静态路由也可以用在连接关系较简单的路由器中。例如,如果上面例子中的路由器仅通过一条线路连接到互联网,那么所有去往互联网的分组也可以由一条静态路由来引导,而去往主机所在网络的分组可以由另一条静态路由引导。类似地,如果一个小型组织仅通过一台路由器连接到它的服务提供商,那么该路由器也可以使用静态路由。然而,这种使用仅限于一些特殊情况下的配置。当两个服务提供商互连时,即使它们之间仅有一台路由器通过一条链路相连,它们也需要动态地交换路由信息,从而知道如何将分组发送给更远的网络中的目的地。因此在现实中,这种情况通常都会使用路由协议来实现动态路由。

6.2.5　距离向量路由算法

前面介绍过的泛洪路由算法需要大量复制用户分组,效率太低,而静态路由无法适应动态变化的网络拓扑,因此网络中需要效率更高的动态路由算法,距离向量(distance vector)路由算法便是其中之一。它有时候也被称为分布式贝尔曼-福特(Bellman-Ford)路由算法,这是以提出该算法的研究者的名字命名的(1957 年Bellman,以及 1962 年 Ford 等)。

距离向量路由算法的基本思想:所有路由器周期性地向外广播路由更新报文,告诉周围的路由器自己的路由表内容,其中每条路由表项的主要内容是目的地址以及路由度量值(metric)。与此同时,每台路由器根据本地信息和收到的路由表项,维护一个路由数据库(即路由表),其中每条记录是一条路由表项,包含以下信息:

(1) 目的地址:在 IP 网络中,保存的是主机或网络的 IP 地址。

(2) 下一跳地址:去往该目的地址的路径中的下一台路由器的地址。

(3) 接口:连接下一跳路由器的出口(编号或 ID)。

(4) metric:一个整数,指明本路由器到目的地址的度量值,如路径长度或代价等。

(5) 计时器:此路由表项最后一次被修改的时间。

距离向量路由算法中有两点值得注意。首先,只有相邻的路由器之间会相互通告自己路由表的内容。其次,路由数据库中保存的路由是通过本地的信息和邻居的路由表计算出来当前最优路由,这里的"最优"指的是 metric 最小。在简单的距离向量路由算法中,通常用路由所经过的路由器数量(即跳数)作为 metric,在更复杂的实现中也可以使用传播时延等其他指标。

现在来看看距离向量路由算法具体是怎么工作的。一开始的时候,路由数据库为空,各路由器将与自己直连的网络地址加入路由表中,例如,与用户主机相连的路由器(通信子网的边缘路由器)通过配置的方式可以知道所连接主机的地址。如此生成的路由表项下一跳地址为空(表示直接相连),metric 为 0。

图 6.7 给出了一个例子,表 6.5 是图中路由器 G1 的初始路由表,其中 10.0.0.0 和 20.0.0.0 都是与 G1 直接相连的网络。为了便于叙述,在路由表中省略了子网掩码、接口、计时器等信息,仅保留了目的地址、下一跳和 metric。

然后,各路由器周期性地向外广播其路由表的内容。一台路由器收到邻居路由器发送的报文后,根据报文内容对本地路由表进行更新。假设路由器 i 收到了路由器 j 的路由表项,更新路由表时有以下几种情况:

(1) j 列出的某路由表项的目的地址在 i 的路由表中没有找到,则 i 的路由表中须增加相应路由表项,该路由表项的下一跳地址是 j 的地址,metric 为 j 中对应路由表项的 metric 加上 i 与 j 之间链路的 metric。

(2) j 去往某目的地址的 metric 加上 i 与 j 之间链路的 metric 后,比 i 已有路由表项中到该目的地址的 metric 更小,这种情况说明,i 去往该目的地址的路径如果经过 j,路由会更优,则 i 修改自己的路由表项,将下一跳地址改成 j 的地址,metric 改成 j 中对应路由表项的 metric 加上 i 与 j 之间链路的 metric。

(3) i 去往某目的地址的路由经过 j,而 j 去往该地址的路由 metric 发生变化,则 i 中对应表项的 metric 需要修改为 j 中对应路由表项的 metric 加上 i 与 j 之间链路的 metric。

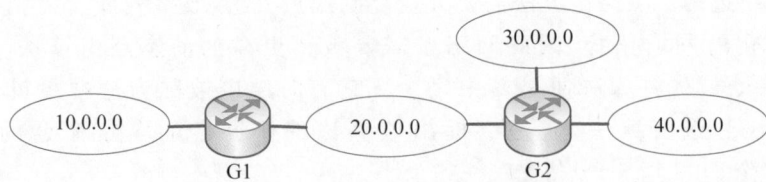

图 6.7　距离向量路由算法举例

表 6.5 路由器 G1 的初始路由表

目 的 地 址	下 一 跳	metric
10.0.0.0	直连	0
20.0.0.0	直连	0

仍旧用图 6.7 来举例,假设这里使用路径跳数作为 metric。G2 发送一个更新报文给 G1,其内容如表 6.6 所示。G1 收到后,根据上述规则检查其中的每条路由表项,发现自己的路由表中已经有去往目的地址 20.0.0.0 的表项了,该表项的下一跳不是 G2,且 metric 也比 G2 发来的 metric 加 1 要小,因此就忽略此表项。对于 30.0.0.0 和 40.0.0.0,由于本地路由表里面没有,因此都直接加入,并将 metric 加 1。G1 更新后的路由表如表 6.7 所示。

表 6.6 G2 发送的更新报文中的路由表项

目 的 地 址	metric
20.0.0.0	0
30.0.0.0	0
40.0.0.0	0

表 6.7 G1 更新后的路由表

目 的 地 址	下 一 跳	metric
10.0.0.0	直连	0
20.0.0.0	直连	0
30.0.0.0	G2	1
40.0.0.0	G2	1

到目前为止,距离向量路由算法看起来很不错,既简单又有效果。然而它有一个致命缺陷,就是"无穷计数"(count-to-infinity)问题。简单来说,距离向量路由算法对"好消息"收敛得很快,而对"坏消息"则收敛得很慢。这里,路由收敛指的是网络中各台路由器的路由表从非最优路由的状态变为最优路由的过程,"好消息"指的是邻居路由器通告的可以去往某个地址的路由表项,即路由可达信息,而"坏消息"则指邻居路由器(由于故障等原因)不再能去往某个地址。换句话说,当收到路由可达信息时,路由器能够很快计算出新的最优路由,而当发生路由不可达现象时,各路由器可能需要一个漫长的过程才能发现这一点,并计算出新的最优路由。

仍然用图 6.7 来举例。对于 G2 发送给 G1 的路由可达信息(子网 30.0.0.0 和 40.0.0.0),G2 只需要向 G1 发送一次更新消息,G1 就可以完全学习到了。现在假设 40.0.0.0 的子网发生故障,G2 与它的连接中断了,这样 G2 的路由表中就没有 40.0.0.0 的表项了,但是根据上面的规则,G1 并不会删除该表项。在下一次 G1 向 G2 发送更新消息时,G1 会将该表项发送给 G2,G2 会误以为 G1 还能够到达 40.0.0.0,于是会在自己的路由表中添加去往目的地址 40.0.0.0 的表项,其下一跳为 G1,metric 为 2。然后,当 G2 再次向 G1 发送该表项的时候,G1 会将该表项的 metric 改成 3。此过程将一直持续,直到 metric 达到最大值(一般来说,路由协议会定义一个 metric 的最大值,到达或超过该值则表示路由不可达)。这时,两台路由器才最终发现 40.0.0.0 不可达。上述过程可以用图 6.8 来描述。

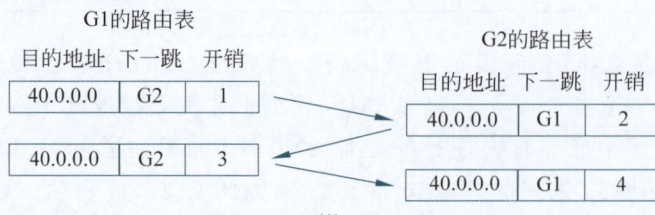

图 6.8   无穷计数问题举例

导致无穷计数问题的根本原因是,当一台路由器告诉邻居路由器通过它可以去往某个目的地时,邻居路由器没有办法知道自己是不是在去往该目的地的路径上。虽然研究人员提出了很多解决方案,但都不能完美解决这一问题。一种较为常用的方案是 RFC 1058 中提出的"**水平分割**"(split horizon),其基本思想是,当路由器向邻居发送更新消息时,不要将自己的所有路由表项都发送给对方,而是只发送那些不是从对方学习到的路由表项。例如对于上述例子,由于 G1 中的 40.0.0.0 路由表项是从 G2 那里学到的,因此 G1 向 G2 发送更新消息的时候,不要把这一路由表项发送给 G2。这样一来,G2 就不会再次添加去往 40.0.0.0 的路由表项,而 G1 中的路由表项也会因为计时器超时而失效,于是就避免了图 6.8 中的无穷计数问题。

6.2.6   链路状态路由算法

ARPANET 最开始的时候使用了距离向量路由算法,但由于无穷计数问题的存在,距离向量路由算法收敛得非常慢。因此,ARPANET 从 1979 年开始使用一种全新的路由算法,即**链路状态**(link state)路由算法,它的基本思想包括以下几点:

(1)各路由器主动发现与自己相邻的网络(链路)和邻居路由器,学习获得邻居的网络地址,并为每个相邻的网络(链路)设置一个度量值,如链路长度或代价;

(2)各路由器构造链路状态通告(Link State Advertisement,LSA),其中包含自己所学到的信息(包括链路度量值),然后将自己的 LSA 分发给网络中其他所有路由器;

(3)各路由器获取到网络中所有路由器的 LSA 后,便具有了网络全局拓扑信息,于是各路由器各自计算从自己去往其他路由器的最短路径(路径度量值最小的路径)。

不难看出,链路状态路由算法使用全局信息(即 LSA),并进行分布式的路由计算。由于每台路由器所获得的 LSA 是相同的,因此当网络拓扑不发生变化的时候,根据最优化原则可以确保各路由器计算出的路径是一致的。同时,链路状态路由算法还是一种动态路由算法,它能够自动检测到网络拓扑的变化(例如两台路由器之间的链路断开),并通过 LSA 通告给全网的路由器,各路由器能够重新计算出新的最优路由。

1. 拓扑发现与链路度量值设置

路由器刚启动时,首先需要做的事情是探测自己有哪些邻居路由器。为了实现这一目的,一般的做法是让路由器从自己的每个接口往外发送一条特殊的消息报文

(Hello),邻居路由器收到 Hello 消息后,将自己的信息回复给该路由器。

路由器的连接有两种方式。一种是直接相连,即一条链路两端各连一台路由器,这种情况下的邻居发现比较简单。另一种是通过一个共享介质连接,例如 LAN,在这种情况下,一台路由器发送的 Hello 消息可能会被多台路由器收到并回复。导致的结果是,每台路由器都需要对共享介质上的其他所有路由器的 Hello 消息进行回复,造成了资源浪费。后续在进行链路状态广播时也是如此。

由于在共享介质上,每台路由器发送的消息都会被其他路由器收到,因此,理想情况下每台路由器只需要发送一次即可。链路状态路由算法利用这一点,采用了一种特殊的拓扑表示方法对共享介质进行简化,就是将共享介质抽象成一个节点。图 6.9(a)给出了一个例子,其中五台路由器 A、B、C、D、E 通过 LAN 连接。将 LAN 看成一个节点,假设是 N,各路由器都连接到节点 N,最后形成的拓扑可用图 6.9(b)表示。在这种情况下,需要有一台路由器代表节点 N 进行消息收发,这台路由器称为指定路由器(Designated Router,DR)。其他路由器仅与指定路由器进行交互,而忽略其他路由器的消息。

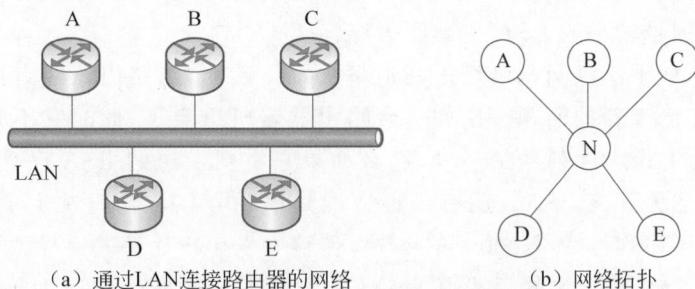

(a) 通过LAN连接路由器的网络　　　　(b) 网络拓扑

图 6.9　路由器通过 LAN 连接示意图

链路状态路由算法需要为每条链路配置一个度量值,用于计算最短路径。这个度量值有时也称为开销(cost)、距离(distance)或权重(weight)。链路度量值可以人工手动配置,也可以自动配置。一种常用的方法是使链路度量值与链路带宽成反比,例如一条 1 Gb/s 的链路度量值为 1,而一条 100 Mb/s 的链路度量值为 10。这样计算出来的路径就更倾向于经过带宽更大的链路。另一种方法是由路由器向邻居路由器发送探测消息,根据收到邻居路由器回复消息的时间,就可以估计出链路的时延,并将其作为链路度量值。

2. 链路状态通告广播

各路由器构造链路状态通告(LSA),用于描述节点之间的链路状态(包括度量值),每个 LSA 包含以下信息。图 6.10 给出了一个例子。

(1) 构造此 LSA 的路由器;

(2) 序列号(sequence number),即此 LSA 的编号;

(3) 年龄(age),表示此 LSA 的有效时间;

(4) 邻居列表,以及构造此 LSA 的路由器去往每个邻居的链路度量值。

接下来,各路由器需要将自己构造的 LSA 分发给网络中其他所有路由器。一种最直接的方法是采用 6.2.3 节中介绍的泛洪路由算法进行广播:每台路由器向周围的每台邻居路由器发送 LSA,当邻居路由器收到后,再向它的其他邻居路由器发送该

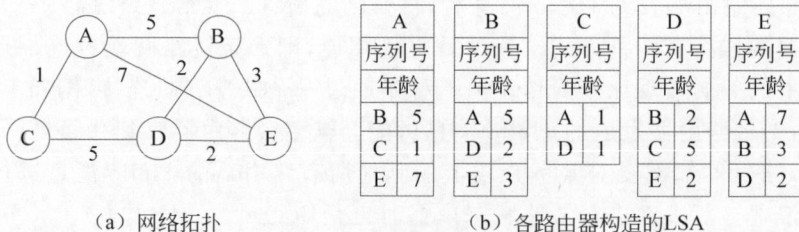

（a）网络拓扑　　　　　　　　（b）各路由器构造的LSA

图 6.10　链路状态通告举例

LSA,这样即可使网络内所有的路由器均收到所有的 LSA。

为了防止泛洪过程中消息数量无限增加,可以利用 LSA 中的序列号。每台路由器构造一个 LSA 时,都会填写一个序列号,而每台路由器会保存收到的 LSA。这样一来,如果一台路由器新收到的 LSA 与本地保存的一个 LSA 具有相同的源路由器和序列号,就可以判断该 LSA 是重复的,需要丢弃。进一步地,如果一个 LSA 中记录的信息发生了变化,例如链路断开导致两个节点不再相邻,则源路由器会在更新后的 LSA 中填写一个更大的序列号,而其他路由器会保存序列号最大的 LSA。因此,如果路由器收到序列号较小的 LSA 也需要丢弃。

这样看来,似乎泛洪问题已经很好地解决了。然而,当路由器或者链路出现故障的时候,可能会产生新的问题。比如一台路由器宕机重启了,此时它不知道之前自己发送过的 LSA 的最大序列号是多少,那么如果它重新发送的 LSA 序列号较小,就会导致其他路由器丢弃该 LSA。还有一种情况是序列号在传输时发生了差错,比如一台路由器发送了序列号为 0x000A 的 LSA,传输中发生 1 比特差错导致该序列号变成了 0x100A,这个差错导致的后果是,该路由器接下来所发送的序列号为 0x000B 至 0x1009 之间的所有 LSA 均会被其他路由器认为是过时的而丢弃。

解决上述两个问题的方法是使用 LSA 中的年龄域。路由器在发送 LSA 时会为年龄域设置一个初值,保存该 LSA 的路由器会将年龄值每秒减 1。也就是说,任何一台路由器所保存的来自其他路由器的 LSA 均有一个有效时间,超过该时间之后 LSA 便会失效。对于前述问题,网络中路由器所保存的 LSA 将由于一直得不到更新而失效,从而可以重新接收新的 LSA。

3. 路由计算

在完成了前两步之后,网络中的每台路由器都拥有了全网的链路信息,此时便可还原出整个网络的拓扑结构。因此,链路状态路由算法一般使用 6.2.2 节中介绍的最短路径路由算法(Dijkstra 算法)计算路由。

从前述 LSA 的构造可知,通常情况下,一条链路会在两个 LSA 中出现。例如,连接路由器 A 与路由器 B 的链路会同时被 A 构造的 LSA 和 B 构造的 LSA 所描述。由于 A 和 B 独立构造各自的 LSA,因此链路 AB 和链路 BA 的度量值有可能是不同的。例如,当使用时延作为链路度量值时,由于从 A 发往 B 的流量较多,因此链路 AB 的时延比链路 BA 的时延更大。由于可能存在非对称链路度量值,因此在路由计算时通常将网络看作有向图,即将 AB 和 BA 看成两条不同的有向边。这样一来,路由算法计算出来的一对节点之间的往返路径可能也是不同的。

根据路由计算的结果,路由器便可以知道去往某个特定目的节点的分组应该从哪个接口发送出去。由此,路由器便可以构造出路由表,用于分组转发。

与距离向量路由算法相比,链路状态路由算法更为复杂,也因此需要消耗更多资源,主要是保存 LSA 和计算最短路径的过程中使用的存储资源,以及广播 LSA 和计算最短路径的过程中使用的计算资源。然而,链路状态路由算法因路由收敛速度更快,在现实中得到了广泛使用,例如 1990 年提出的中间系统到中间系统(Intermediate System-to-Intermediate System,IS-IS)协议和 IETF 后来提出的开放最短路径优先(Open Shortest Path First,OSPF)协议。6.5.5 节介绍了 OSPF 协议的一些细节。

6.2.7　组播路由算法

随着信息技术的迅猛发展,互联网产生了很多新的应用,特别是具有高带宽需求的多媒体应用,这些应用需要传输大量的声音和视频,占用大量的带宽,如视频点播、网络会议等。传统的数据通信采用单播(unicast)或广播(broadcast)技术,会造成主机与网络资源的过度浪费,并引起带宽的急剧消耗和网络拥塞问题。

单播指的是将数据发送给特定的一台目的主机。单播需要源主机(如服务器)为每台目的主机发送一份数据,因此,当网络中有多台主机想要接收相同的数据时,源主机需要多次发送数据,并且网络中会存在大量冗余数据。与之相对,广播指的是将数据同时发送给网络中的所有节点。广播会使网络中不希望接收该数据的节点也收到该数据,同样会造成资源浪费和网络拥塞等问题。

为此,人们提出了一些解决方案,如增加网络带宽、改变网络流量结构、使用组播等。组播(multicast)指的是将数据发送给一组接收方。理想情况下,组播能够确保链路上的数据没有冗余,既不会像单播那样有多份数据在同一条链路上传输,也不会像广播那样让数据发往不想接收它的节点。为此,组播需要让数据在路由器中进行复制和分发,而不是在源主机进行。组播路由(multicast routing)算法的目的就是决定组播数据在哪些路由器进行复制,以及沿着哪些链路发送。

下面以图 6.11 为例来看一下组播的基本思想。图 6.11(a)描述了一个网络的拓扑结构。现假设有两种数据(1、2)从最左侧的源主机发出,网络中标记了 1 和 2 的用户表示对相应数据感兴趣。如果使用普通的单播方式,数据源需要单独向每个感兴趣的节点发送数据,如图 6.11(b)所示,带箭头的实线表示数据 1 的发送路径,带箭头的虚线表示数据 2 的发送路径,可以看到链路上存在大量数据冗余,且越靠近源节点的链路上冗余数据越多。如果使用生成树进行数据发送(广播),则数据会被发送给那些不需要的节点,如图 6.11(c)所示。而如果使用组播,则可以通过构造组播树的方式将不需要的节点和链路去掉,使网络中的冗余数据最少,如图 6.11(d)所示。

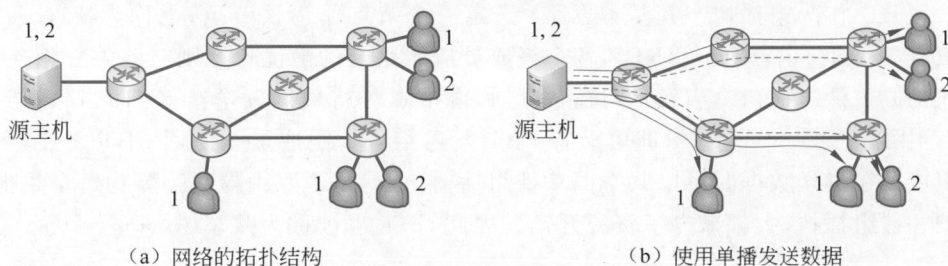

（a）网络的拓扑结构　　　　　　　　　（b）使用单播发送数据

图 6.11　单播、广播与组播举例

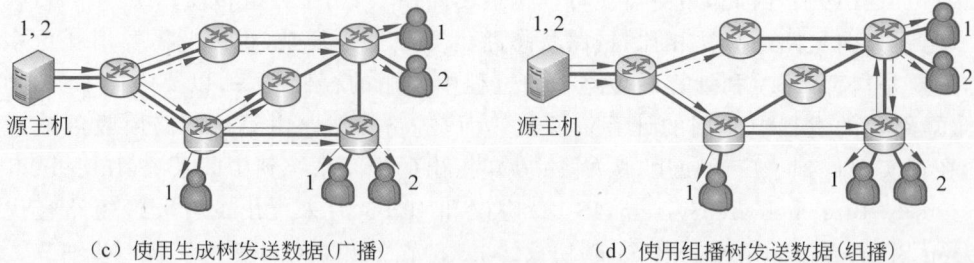

（c）使用生成树发送数据（广播）   （d）使用组播树发送数据（组播）

图 6.11   （续）

在组播中，对相同数据感兴趣的节点集合称为一个组（group），这些节点称为组的成员（member）。一个节点可以同时属于多个组。组播需要同时向多个成员节点发送数据。为了进行高效的组播通信，确定组播路由非常关键。组播路由最常用、最有效的方法是建立组播树，组播数据将沿着组播树被复制和转发。组播路由算法就是要根据网络拓扑结构来计算最优的组播树。这里的"最优"通常指组播树所包含的所有链路的度量值之和最小。

计算一棵包含源节点和特定目的节点集合的树，使其中所有边的度量值之和最小，这一问题在数学上可以归结为斯坦纳树（Steiner tree）问题。这是一个 NP 完全问题，现有算法无法在多项式时间内求出最优解。因此，已有的组播路由算法大都是启发式算法，在降低算法复杂度的同时，尽量使计算结果接近理论最优解。此外，在传输过程中，原有的组成员可能会退出一个组播组，而新的组成员也有可能会加入，因此组播路由算法还需要能够适应这种组成员动态变化的情况。

一种计算组播树的方法是利用链路状态路由算法保存的全网链路信息，各路由器分别计算以源节点为根的最短路径树，再根据哪些节点属于这个组播组，将此最短路径树中用不上的边和节点进行剪枝。组播开放最短路径优先（Multicast OSPF，MOSPF）使用的就是这一方法。另一种方法与距离向量路由算法类似：当一个节点不属于某个组播组时，它向外发送 PRUNE 消息，接收到 PRUNE 消息的节点将不会发送组播数据给该节点，并且可能会进一步发送 PRUNE 消息给其他节点，从而实现对组播树的剪枝。距离向量组播路由协议（Distance Vector Multicast Routing Protocol，DVMRP）使用的就是这一方法。

上述两种方法存在一个显著的缺点：当一个组成员同时也要向该组播组发送数据（例如一个网络视频会议，听众也需要发言）时，以每个组成员为根节点的组播树是互不相同的。这就导致路由器需要对一个包含 m 个组成员的组播组计算并保存 m 棵组播树，从而消耗大量的资源。为了解决这一问题，可以构造基于核的树（Core-Based Tree，CBT）作为组播树。其基本思路：选定一个节点作为根节点，也称为核（core）或汇聚点（Rendezvous Point，RP），各个组成员按照路由的最优化原则与此中心相连接，从而构成一棵组播树。当发送组播数据时，源节点先将数据发送给 CBT，当数据到达 CBT 中的任意一个节点时，即可沿着 CBT 发送给各个组成员。使用 CBT 之后，所有的组成员在发送数据时可以共享同一棵组播树，也就是说路由器只需要为每个组播组维护一棵组播树，大幅减少了资源开销。因此 CBT 也被称为共享树（shared tree）。

6.3 流量管理与服务质量

网络层通过路由算法找出了主机之间的最优路径,但这并不意味着所有分组都能被顺利转发到目的节点。网络层的另一项重要工作是处理网络中可能发生的拥塞问题。本节将重点介绍网络拥塞发生的原因,以及为了消除或减轻拥塞,网络层所采用的技术——流量管理。此外,网络层为了满足部分应用和用户对吞吐率、时延、时延变化、丢包率等指标的要求,采取了一些提升服务质量的技术。本节也将对这些技术进行概要介绍。

6.3.1 网络拥塞概述

拥塞(congestion)是指到达通信子网中某一部分的分组数量过多,使该部分网络来不及处理,以致部分网络乃至整个网络性能下降的现象,严重时甚至会导致网络通信业务陷入停滞,即出现死锁现象。这种现象与公路网中经常发生的交通拥挤十分类似,当公路网中车辆大量增加时,各种走向的车流相互干扰,使每辆车到达目的地的时间都相对增加(即时延增加),甚至有时在某段公路上车辆因堵塞而无法开动(即发生局部死锁)。

网络的吞吐量与通信子网负荷或负载有着密切的关系。这里吞吐量(goodput)指的是单位时间内网络成功发送的端到端数据总量,而负载(load)指的是通信子网中正在传输的数据总量。网络中每台路由器都会维护一个队列作为缓冲区来存储需要转发的分组。在一个负载很重的网络中,到达某台路由器的分组将会遇到无缓冲区可用的情况,也就是说没有足够的资源来完成"存储转发"中的"存储"过程。于是,这些分组不得不由前一节点重传,或者需要由源节点或源端系统重传。当拥塞比较严重时,通信子网中相当多的传输能力和缓冲区都用于这种无谓的重传,从而使通信子网的有效吞吐量下降,由此引起恶性循环,使通信子网的局部甚至全部处于死锁状态,最终导致网络有效吞吐量接近零。

图 6.12 描述了这个过程。当主机传输到网络中的分组数量在一定范围内时,通信子网负载比较小,所有的分组都可以被成功发送到目的主机,在此情况下,主机发送的分组数量与成功到达目的地的分组数量几乎相等,吞吐量随负载的增加而线性增加。随着网络中负载的增加,节点无法成功处理全部分组时,网络中就出现丢失分组的情况,吞吐量开始低于理想情况,网络中发生了拥塞。随着负载增加,分组丢失的情况越来越严重,当负载增大到某一值后,吞吐量不增反降,这一现象称为拥塞崩溃(congestion collapse)。最极端的情况就是吞吐量降为 0,整个网络中没有成功发送的分组。

一般来说,网络拥塞是由于主机对网络资源的需求大于网络可用资源引起的,也就是说拥塞的出现表示网络负载超过了资源的承受能力。拥塞的产生有很多原因,最主要的原因是突发性的通信量使网络中的路由器无法正常处理所有的分组而引起分组丢失。随着分组的增加,分组丢失的情况将更加严重,网络性能进一步恶化。导致拥塞的原因还可能是路由器处理器过慢或者线路带宽过低,从而无法及时转发正在排队的分组,导致新到达的分组被丢弃。此外,从多个接口进入的大量分组需要从同

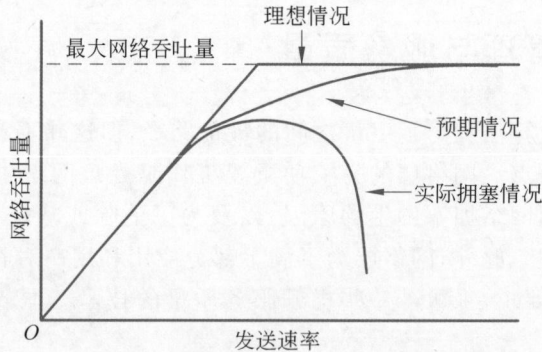

图 6.12 发生拥塞时网络吞吐量的变化

一个接口转发出去也是拥塞发生的一个重要原因。

最直观的避免拥塞的方法就是增加网络的资源,例如增加网络带宽和路由器 CPU 性能。增大路由器中的缓冲区似乎也可以避免由于缓冲区已满导致的分组丢失,但是实际上这样做并不能解决拥塞问题,甚至会使拥塞加剧。早在 1987 年,Nagle 就发现一个无限大的缓冲区只会使拥塞更加恶化。近年来,研究人员发现网络中的设备大都倾向于使用过大的缓冲区,这种过度缓冲(bufferbloat)会使分组需要更长的排队时间,容易引起超时重传,增加网络负载,从而导致拥塞加剧。与增加网络资源相对的解决拥塞问题的方法是减少和控制网络负载。

6.3.2 拥塞控制的基本原理

拥塞控制(congestion control)是确保通信子网能够承载用户提交的通信量的一系列方法。在广义上,拥塞控制是一个全局性问题,其方案可以在协议栈的多个层中实现,包括网络层、传送层甚至应用层,可以涉及主机、路由器等多种网络设备。各方案从不同的角度来减轻和避免拥塞,例如传送层的拥塞控制可以避免主机向网络中发送过多的分组,网络层的拥塞控制可以使突发流量变得平缓一些,或者尽力避免从多个接口输入的流量汇集到一个输出接口的情况等。有的方案还需要通过不同层之间相互配合来实现。

在实际中,人们在提到拥塞控制时通常指的是传送层的拥塞控制,而广义的全局拥塞控制则习惯被称为流量管理(traffic management)或流量工程(traffic engineering)。本章将统一使用"流量管理"这一名称来表示广义的拥塞控制。

与流量管理相关的一个概念是流量控制(flow control),它指的是控制发送主机,使其发送数据的速率不会超过接收主机的接收和处理能力,它主要考虑一对端到端之间的通信。有些流量管理方案也针对端到端的通信进行控制,这类流量管理方案与流量控制的相似之处在于它们都需要控制发送方的发送速率,但它们的目标是完全不同的,流量管理的最终目标仍然是消除整个网络全局的拥塞。

根据控制论,流量管理方法包括"开环控制"和"闭环控制"两大类。

开环控制指的是当前的控制动作不根据之前控制动作的结果进行调整,也就是不需要系统提供的反馈信息,因此开环控制在拥塞尚未发生时也会采取一定的动作,比较典型的手段是流量整形(traffic shaping)。由于造成拥塞的主要原因是网络流量通常是突发性的,流量整形的基本思想是使数据以一种可预测的速率发送。这种控制方法在 ATM 网络中得到了广泛使用。

闭环控制是建立在反馈环路的概念上的,主要有以下三个工作过程:

(1) 监控系统发现网络中何时何地发生拥塞;

(2) 把发生拥塞的消息传给采取动作的节点;

(3) 调整系统操作,解决问题。

监视网络中的拥塞情况有多种方案,不同方案用来衡量拥塞程度的指标也各不相同。例如链路利用率、丢包率、缓冲区队列长度、传输时延、时延变化即抖动(jitter)等指标都会在网络拥塞时发生变化,因此可以用于检测拥塞的发生。为了将拥塞消息传给采取动作的节点(例如产生负载的源节点或源主机),一种典型的方案是向对应的节点发送消息。此外还可以在用户分组的头部结构中进行记录来指出网络当前发生了拥塞。主机或路由器也可以主动地、周期性地发送探测(probe)消息,来检查是否发生了拥塞。最后,为了消除或减轻拥塞,闭环控制系统能够采取的动作也有很多种,例如降低或控制发送速率、丢弃部分分组等。

接下来将介绍一些典型的网络层流量管理方案。

6.3.3 虚电路交换网络的流量管理

虚电路交换网络常用的一种流量管理技术是准入控制(admission control)。其基本思想很简单:如果即将建立的虚电路会引起网络拥塞,则不允许建立新的虚电路。因此,在拥塞的情况下将无法建立新的传输连接。这个方法的关键在于如何判断即将建立的虚电路是否会引起拥塞。在某些场景下,可以很容易地计算出每个虚电路所占的带宽,例如在电话网络中,每个通话在未压缩的情况下速率都是 64kb/s。这样便可以针对每条新建立的连接,判断是否存在能满足其流量需求的路径,如果存在则计算出一条较优的路径。

对于更复杂的应用场景,例如流量突发性和大小都难以预计的计算机网络,则需要对流量进行整形,对流量的特征有较为准确的把握后,再进行准入控制。流量的特征除了"速率"之外,还有"形状"这一要素。现实中的网络流量并不是一直均匀发送的,经常会发生在很短的时间内出现大量数据的现象,流量的形状描述的就是数据的突发性。6.3.4 节将要介绍的流量整形算法能够缓冲一部分流量,使突发的流量较为平缓地发送出去,在一定程度上控制了流量的速率和形状。

如果已知流量的特征,在进行准入控制时可以有两种方式。一种方式是对即将建立的连接,仅使用拥有足够资源的路径,使网络能够承受包括突发流量在内的任何已知情况。这种方式能够确保用户对带宽的需求被完全满足而不会发生拥塞,但是通常会造成较多的资源浪费,例如一条带宽为 100Mb/s 的链路仅能容纳 10 个峰值流量为 10Mb/s 的连接,但是这 10 个连接同时突发达到峰值速率 10Mb/s 的概率微乎其微,而在大多数情况下这条链路上的流量都比较小。为了解决这个问题,另一种方式是根据历史测量数据来估计网络可以容纳的连接数量,在资源利用率和拥塞风险之间进行折中。

6.3.4 分组交换网络的流量管理

1. 漏桶算法

漏桶(leaky bucket)算法是一种典型的流量整形方法。它的基本思想很简单:每个接口维护一个有限长度的内部队列,分组不管何时到达,在接受进一步处理前,只要这个队列还有空间,分组将被保存在这个缓冲队列中;同时,队列以恒定的速率向外输出分组,也就是说,在一个时钟周期内只允许一个分组离开队列。通过这个机制,随机到达的分组就能变为均匀的分组流,从而使突发的流量变得平滑,进而降低了拥塞的概率。如果当缓冲队列满的时候,又有分组到来,则新到达的分组将被丢弃。图 6.13 给出了漏桶算法示意图。

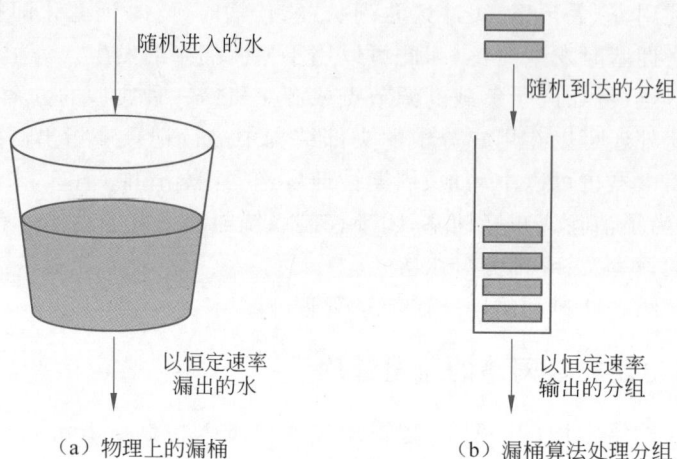

（a）物理上的漏桶　　　　　　　（b）漏桶算法处理分组

图 6.13　漏桶算法示意图

漏桶算法非常简单,仅需要实现一个带有常数服务时间的单队列即可,既可以内置在硬件接口中,也可以由操作系统模拟实现。通常来说,在每台主机连接到网络的接口中都包含一个漏桶。

2. 令牌桶算法

另一种典型的流量整形方法是令牌桶(token bucket)算法,它是漏桶算法的变形。漏桶算法强迫所有分组必须按照严格的均匀速率输出,完全抑制了通信流量的突发性。然而对于很多应用,需要允许在大量突发数据到来时输出速率能够适当增加,实现更加灵活的控制。令牌桶算法能够实现这一点。

图 6.14 给出了令牌桶算法示意图,它也会维护一个缓冲队列,与此同时,系统以恒定的速率产生令牌,缓冲队列中位于队列头部的分组只要有令牌就可以输出,同时消耗一个令牌。只要缓冲队列中一直有分组,那么分组输出的速率就等于令牌产生的速率,这样就实现了恒定速率的分组输出。当缓冲队列中没有分组时,令牌可以累积起来,直到达到上限。这样一来,当很多分组突发性地进入缓冲队列时,便可以消耗累积的多个令牌,快速输出多个分组。

3. 负载丢弃

当网络不可避免地发生了拥塞时,路由器只得使出最后的撒手锏:负载丢弃(load shedding)。这个词来源于电力系统,当用电量超出了电厂的发电能力时,电网会选择切断部分地区的电力供应,通过部分地区停电来保证电网的正常运行和其他地区的正常供电。对于路由器来说,负载丢弃指的就是丢弃部分数据分组。

负载丢弃的关键问题在于应该丢弃哪些分组。一般来说,针对不同的应用应该采取不同的丢弃策略。例如,对于文件传输应用应该优先丢弃新的分组(即后到达的分

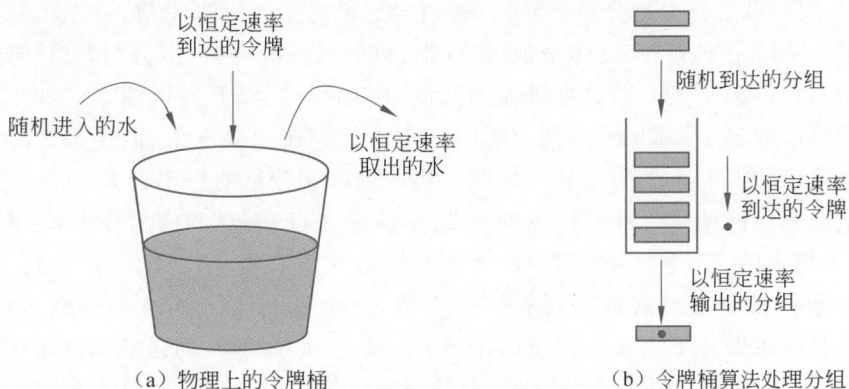

图 6.14 令牌桶算法示意图

组),因为如果丢弃了旧的分组,新的分组也需要进行重传。这个策略称为 wine 策略,表示旧的比新的好。对于流媒体服务,则应该优先丢弃旧的分组,因为这样仅仅会使流媒体播放时漏掉一定的帧,但不会造成播放卡顿和等待。这个策略称为 milk 策略,表示新的比旧的好。

更好的负载丢弃策略需要细致地考虑每种应用的特点。例如,路由协议发送的控制分组应该避免丢弃,否则可能使路由失效,导致通信中断;经过压缩的视频数据通常会包含周期性的关键帧,后续的帧只保存与关键帧的不同之处,因此在丢弃分组时需要避免丢弃包含关键帧的分组。

为了实现这些复杂的策略,需要网络和终端主机进行合作,由主机在分组头部中打上标记,记录分组的优先级,从而让路由器能够知道哪些分组更加重要,而哪些分区可以优先丢弃。在实际中,为了避免一些自私的用户将他发送的所有分组都打上"最重要"的标记,网络可以对转发优先级较高的分组收取更高的费用。

4. 主动队列管理

主动队列管理(Active Queue Management,AQM)的基本思想是让每台路由器监视本身的队列,当检测到队列长度或分组的排队时延超过某个阈值时,预示着拥塞即将发生,此时立即采取一定的动作,以一种防患于未然的方式来避免拥塞发生。AQM 不等到网络发生拥塞之后再丢弃分组,而是路由器在它的缓冲区被完全填满之前就提前采取措施,以此使源主机放慢发送分组的速率,从而避免后续不必要的大量丢弃分组。

根据检测之后采取动作的不同,有多种典型的 AQM 方案,接下来逐一介绍。

(1)随机早期检测。

随机早期检测(Random Early Detection,RED)指的是当路由器通过 AQM 检测到网络即将发生拥塞时,随机丢弃一小部分分组。这些被丢弃的分组会被源主机的传送层检测到(通过计时器超时或目的主机的确认消息),接着源主机降低发送分组的速率,避免拥塞的发生。由于 RED 随机丢弃分组,因此发送分组越多的源主机被丢弃分组的概率越大,这类源主机降低发送速率后,对减少网络中的分组能起到很好的效果。与简单的负载丢弃不同,RED 丢弃分组的主要目的不在于直接减少网络中的分组,而是隐式地通知源主机降低发送速率。

(2)抑制分组与显式拥塞通知。

当路由器通过监视队列长度检测到网络发生了拥塞或即将发生拥塞时,除了采用

RED 的方法随机丢弃少量分组,还可以通过发送消息来告诉源主机,这条消息被称为抑制分组(choke packet)。具体来说,路由器会随机选择一些数据分组,并生成抑制分组发送给对应的源主机。当源主机收到抑制分组后需要降低发送速率。如果在特定的时间后再次收到了抑制分组,则说明网络中仍然存在拥塞现象,需要再次降低发送速率。与 RED 相同,发送分组越多的源主机收到抑制分组的概率越大。

早期的互联网使用一种叫作源抑制(source quench)消息的抑制分组,它是 Postel 在 1981 年提出的,但是因为当时的环境和实际效果没有得到广泛认可。目前的互联网使用的通知机制是显式拥塞通知(Explicit Congestion Notification,ECN)。ECN 的出发点是路由器并不需要专门发送单独的分组来通知拥塞,而是利用网络中正在传输的数据分组:随机选择一部分分组,在其分组头部特定的字段中打上标记。目的主机收到分组后,如果分组头部中带有 ECN 标记,则目的主机向源主机发送的确认分组中也会带上 ECN 标记,从而通知源主机降低发送速率。与 RED 一样,这一过程也是通过传送层协议来完成的。由此可见,ECN 与 RED 都是通过网络层与传送层的相互配合实现了拥塞控制。

(3)逐跳反压。

在高带宽以及高传播时延的网络中,抑制分组到达源主机需要较长时间,在这段时间内源主机还会发出大量分组,加剧了网络的拥塞程度。RED 和 ECN 需要目的主机的配合,生效的时间更长。因此在这种场景下,这些拥塞控制方法的效果并不好。为了解决这一问题,可采用逐跳反压(hop-by-hop backpressure)的方法:抑制分组对它经过的每台路由器都起作用,抑制分组经过的路由器将采取一定的措施,例如启用更大的缓冲区,减轻发生拥塞的路由器的压力,迅速缓解拥塞。

6.3.5   网络服务质量

前面介绍的技术主要用于消除或减轻网络拥塞,从而提高网络性能。然而,有些应用或用户对网络性能有着更高的要求,而不仅仅是"尽力而为"的服务。不同的应用对网络性能有着不同的需求:文件传输服务要求网络具有较大的吞吐率,但对时延、时延变化、丢包率没有特别的要求;视频点播服务需要较大的吞吐率和较低的时延变化,但对时延和丢包率的要求不高;实时语音服务要求网络具有较低的时延和时延变化,但对吞吐率和丢包率要求较低;实时视频服务对吞吐率、时延和时延变化都有较高的要求。为了满足这些用户的需求,网络设计者提出了很多技术来提升网络的服务质量(QoS)。近年来,人们也开始从用户体验质量(Quality of Experience,QoE)的角度来寻求优化网络的方法,这类方法通过建立用户 QoE 模型,能够更加准确地描述每种应用所需的网络性能是什么样的,从而更有效地提升用户 QoE。

1. 综合服务

综合服务(Integrated Service,IntServ)是一套用于提高流媒体传输服务质量的体系结构。综合服务的概念由 IETF 于 1995 年前后提出,并形成了多个 RFC 标准,其核心是资源预留协议(Resource reSerVation Protocol,RSVP)。顾名思义,RSVP 的基本思想是为用户预留资源。每个用户在发送数据之前,先发送消息到路径上的各个路由器节点,让每个节点为接下来将要进行的数据传输预留出所需要的资源,例如预留带宽,或者在转发队列中设置较高的转发优先级。如果没有足够的资源,路由器将返回预留失败的消息。这一过程与虚电路交换网络中的准入控制有相似之处。

RSVP 同时提供对单播和组播的支持。对于单播来说,用户需要在路径上的每个节点中都预留资源。而对于组播来说,用户只需要在去往组播树的路径上预留资源就可以了。组播树上的节点在收到资源预留请求时,如果已经有其他用户预留了资源,则不必重复预留,从而节省了资源。

理想情况下,只要有足够的资源,RSVP 就能够为每条流提供其希望的服务质量。然而,这种方式使得 RSVP 的可扩展性很差。在一个大型网络中,用户流的数量非常庞大,RSVP 会引入巨大的开销。此外,这种"有状态"的方案难以应对突发的故障,例如某台路由器突然崩溃,路由协议重新计算了新的路径,此时原来维护的状态就可能都失效了。基于上述原因,综合服务在现实互联网中几乎没有部署。

2. 区分服务

由于综合服务存在的可扩展性问题,IETF 还提出了一种更简单的方案来提高网络服务质量,即区分服务(Differentiated Service,DiffServ)。与基于流的综合服务方案不同,区分服务是一种基于流类型的方案,并且不需要在每条路径上事先维护状态。区分服务的基本思路是定义一组服务类型,如果某个用户通过向某个域(网络)付费,希望获得某种类型的服务,那么该用户发送的分组在进入该域时就会被打上所购买的服务类型的标记,标记的位置是 IPv4 分组和 IPv6 分组头部中的"区分服务"字段(见6.5.1 节和 6.5.2 节)。这样一来,该网络中的路由器就可以根据分组头部来区分每个分组属于哪种类型,从而进行不同的转发动作。

可以将服务类型看作分组的优先级,具有高优先级的分组优先转发,从而获得更好的服务质量,如更高的吞吐率和更低的时延。为了实现对不同类型的分组进行有区别的转发,可以使用加权公平队列(Weighted Fair Queuing,WFQ)。路由器的每个接口维护多个平行的缓冲队列,需要从该接口转发出去的分组根据服务类型进入不同的队列。接口对各个队列的队首进行加权轮询,也就是说,具有高优先级的队列被访问的次数更多。例如,如果两个队列的权重分别是 2 和 1,则每访问 2 次高优先级的队列之后,再访问 1 次低优先级的队列。更高级的算法能够保证各个队列输出分组的吞吐率与设置的权重相一致。

可以看出,区分服务方案不需要进行状态维护和资源预留,也不需要复杂的消息机制来协调一条路径上的各台路由器,每台路由器都是独自对分组进行处理。因此区分服务比综合服务更易于部署。然而在现实中,区分服务也存在一定的问题,例如不同的网络对服务类型可能会有不同的定义,且用户难以知道数据经过了哪些网络,从而难以购买所有网络的服务,因此当用户的路径经过了多个网络时,不一定能获得所需的服务质量。

6.4　网络互连

如果所有的网络设备都在每一层使用相同的协议,那么将这些网络设备连接起来组成网络,以及将多个网络互连起来并不困难。然而在实际中,人们用不同的技术建造了各种网络,包括 PAN、LAN、MAN 和 WAN 等,并且在每一层上都有不同的协议在广泛使用。网络互连(internetworking)要解决的就是两个或多个网络连起来组成一个互连网络(internetwork 或 internet)的问题。

虽然有的网络技术具有十分优越的性能,在现实的网络中也占据了主导地位,例如以太网。但是要让全世界网络都采用同一种技术是不现实的,大量不同类型的网络和协议将长期共存。首先,不同的网络技术解决了不同环境和场景下的通信问题,具有不可替代性。例如有线网技术不能直接应用于无线通信,卫星组网通信也不能用地面网络的技术来解决。其次,采用已有技术的网络已经有了非常大的安装基数,要彻底改变已有网络需要花费很长的时间并投入很多人力和物力。例如,虽然近年来IPv6 快速广泛部署,但是互联网中的大部分流量仍然使用 IPv4。

采用不同技术的网络独立运行、彼此不互连也不是人们所希望看到的。Bob Metcalfe 在 1993 年就指出,一个具有 n 个节点网络的价值是节点之间能够建立的最大连接的数量,即 n^2。因此,一个大型网络的价值远远高于多个小型网络的价值。因此,人们希望将全世界的网络都连接起来,使它们彼此之间能够通信,而不是仅限于单个网络内的节点之间相互通信。

6.4.1 网络互连概述

网络互连的目标在于允许任何一个网络中的用户访问其他网络中的数据并与其他网络中的用户进行通信。要想实现这个目标,就意味着要将分组从一个网络发送到另一个网络中。由于不同的网络在很多重要的环节上有不同的处理方法,因此,要将一个网络中的分组转发到另一个网络中并不容易。

不同的网络在很多方面都有所不同。有些不同之处位于物理层或者数据链路层,比如不同的调制技术或者不同的帧格式。在这里,我们关心的是网络层上可能出现的差异,表 6.8 举出了一些例子。正是这些差异使得网络互连比运行单个网络更加困难。网间互连的复杂性取决于要互联的网络的差异程度。

表 6.8　网络的差异举例

方　　面	可能的情况
所提供的服务	面向连接的服务或无连接的服务
编址方式	不同网络可能有不同地址长度,可能选择扁平编址或者层次化编址
组播与广播	有的网络支持,而有的不支持
分组大小	每个网络都有它自己的最大值限制
分组乱序	有的网络支持分组顺序到达,有的则可能乱序到达
可靠性	不同的网络有不同的丢包率
安全性	不同的网络的隐私规则和数据加密可能不同
参数	各种计时器超时时间、流特征描述可能不同
计费	按连接时间计费、按分组数计费、按字节数计费或免费等

网络是通过网络设备即网关(gateway)相互连接起来的。在物理层,中继器或者集线器可以将网络连接起来。在数据链路层,可以利用网桥和交换机来连接网络。在网络层,要使用路由器将两个网络连接起来。如果两个网络的网络层截然不同,那么

路由器就需要转换分组格式,这样的路由器称为多协议路由器。除了地址格式的差异外,在网络层进行互连时还需要处理其他差异导致的问题。例如,当组播分组发送到一个不支持组播的网络时如何处理?将一个较大的分组发送到一个最大分组限制较小的网络时怎么办?当分组从一个虚电路交换网络进入提供无连接服务的网络时,如何处理分组到达顺序可能发生的变化?有些差异可以通过将功能放到更高层(即传送层或应用层)来解决,例如在应用层对数据进行加密,来避免有的网络支持网络层加密而有的网络不支持的问题。还有一些差异导致的问题较为困难,例如一个高服务质量的网络与一个低服务质量的网络互连后,难以对用户提供高带宽、低时延、低丢包率的服务。

网络层常用的互连方式有两种:级联虚电路(用于面向连接的网络互连),以及无连接网络互连。接下来将分别进行介绍。

6.4.2 级联虚电路

顾名思义,级联虚电路就是将一系列虚电路串联起来,从而建立一条贯穿多个虚电路交换网络的通信路径。图 6.15 展示了一条从路由器 R1 到路由器 R6 的级联虚电路,图中 M 是连接两个通信子网的多协议路由器(网关)。建立级联虚电路的过程与建立常规连接的方式非常类似。R1 发现目的节点 R6 不在本通信子网内部,于是建立一条虚电路通向本通信子网中离目的节点最近的路由器 R4。接着,R4 与 M 之间、M 与 R7 之间、R7 与 R6 之间分别建立虚电路,这样就建立了从 R1 到 R6 的级联虚电路,数据分组能够沿着这条路径从 R1 被转发到 R6。位于串联起来的各虚电路端点的路由器(图中的 R4、M、R7)在转发分组时可能需要对虚电路标识符进行转换(回顾 6.1.2 节中介绍的虚电路标识符),当网关转发数据分组时还可能需要转换分组的格式。为此,虚电路端点的路由器需要记录各条虚电路的标识符以及它们的连接关系等。不难看出,通过级联虚电路发送的数据分组与经过单个虚电路发送的分组一样,不会发生乱序的情况。

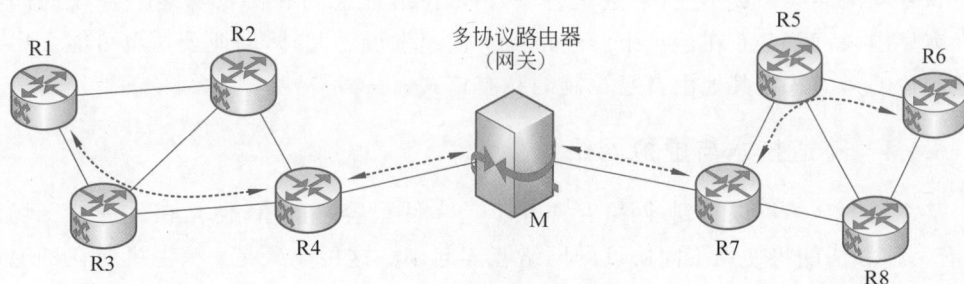

图 6.15 级联虚电路示例

6.4.3 无连接网络互连

无连接网络互连就是将多个数据报子网(回顾 6.1.2 节)通过网关连接起来。这种采用数据报模型互连起来的网络,其特性与单一数据报子网的特性非常一致。路由器针对每一个分组做出路由决定,同一对源节点和目的节点之间的分组不一定会经过同样的路径。图 6.16 为无连接网络互连示例,图中云朵的形状表示通信子网。互连的数据报网络中,网络层提供的唯一服务是将数据报送入子网,并"尽力"送到目的地。互连的各个网络可以使用各自的路由算法和流量管理技术,在故障和网络拥塞时具有更好的健壮性。

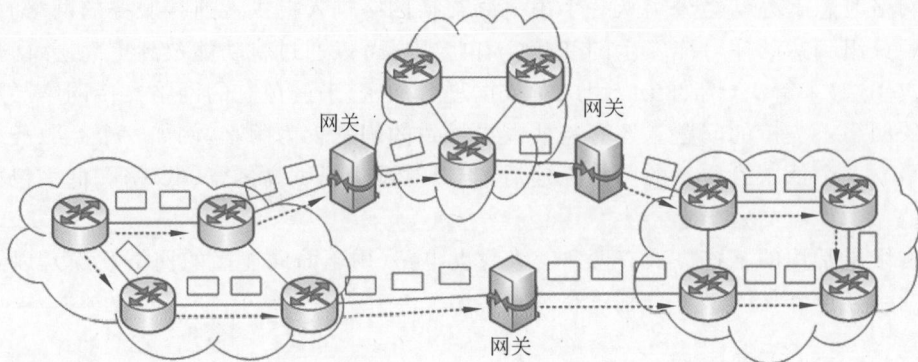

图 6.16　无连接网络互连示例

无连接网络互连并不像看起来那么简单。如果互连的网络使用各自的网络协议,那么在转换分组格式的时候,可能一个通信子网的分组头部包含某些字段,而在另一个通信子网的分组头部中找不到对应功能的字段,从而导致转换是不完全的。更严重的问题是编址,为了让使用不同编址方式的子网相互通信,需要一个数据库来维护不同通信子网中地址的映射关系,而这样的数据库常常会带来很多问题,尤其是当互连的通信子网数量众多、关系复杂时。此外,正如之前提到的,不同网络之间有些差异处理起来十分困难。

除了在不同的协议之间进行翻译和转换,还有一种互连网络的思路是设计一种全局通用的分组格式,并且所有的路由器都能够识别这种格式。实际上,这正是 IP 网络的做法,也就是说,IP 分组在传输过程中可以通过很多个网络。这种分组格式的统一需要建立在广泛认可的基础上。尽管 IP 已经是当今互联网事实上的标准,但是这并不意味着网络层会一成不变,永远统一。IPv4 在地址空间和协议功能上存在的问题已经突显出来,而 IPv6 在近年来已经得到了快速发展。此外,商业公司也可能会出于自己利益的考虑选用其他由自己控制的私有格式。

6.4.4　隧道技术与虚拟网络

从之前的介绍可以看到,网络互连并不是一件很容易的事,但是在一种特殊场景下,有一种办法能将使用不同协议的网络互连起来。这种场景是:源主机所在的通信子网和目的主机所在的通信子网使用相同的网络层协议,这两个通信子网都与另一个使用其他网络层协议的通信子网相连。例如,当 IPv6 网络发展到一定程度之后,互联网的主要部分都使用 IPv6,仅剩下少量仍然使用 IPv4 的网络,这些 IPv4 网络形成一个个"孤岛",如果它们之间想要通信,数据分组必须经过至少一个 IPv6 网络才能到达对方。此时,源主机和目的主机可以通过隧道(tunneling)技术进行通信。

隧道技术的基本思想:当一种协议的分组进入另一种协议的通信子网时,将原分组"封装"在另一种协议的分组中,原分组作为新分组的载荷,在另一种协议的通信子网中传输,当新分组离开该通信子网时进行"解封装",还原得到原分组并继续转发。

隧道技术是指包括封装、传输和解封装在内的全过程。

图 6.17 给出了两个 IPv4 网络利用隧道跨越 IPv6 网络进行通信的原理。源主机发出的分组包含 IPv4 头部和载荷(数据)部分。当该分组进入 IPv6 网络后,网关路由器 R1 对这个 IPv4 分组进行封装,也就是在该分组的前面再添加一个 IPv6 头部,其中的目的地址是另一侧的网关路由器 R2 的 IPv6 地址。于是原来的 IPv4 分组,包括 IPv4 头部和载荷,就被封装在了新的 IPv6 分组中,并被发送到路由器 R2。路由器 R2 对这个 IPv6 分组进行解封装,也就是将 IPv6 头部除去并取出原来的 IPv4 分组。接着路由器 R2 将 IPv4 分组转发给右侧的 IPv4 通信子网,并最终发送给目的主机。值得注意的是,这个例子中的路由器 R1 和 R2 都是多协议路由器,能够处理 IPv4 和 IPv6 两种分组,因此也称为双栈路由器。

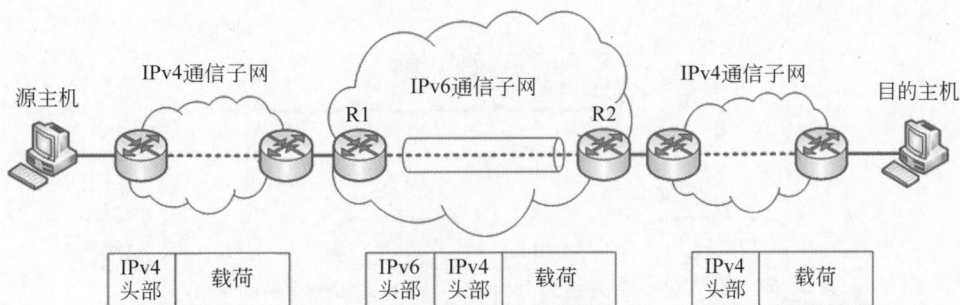

图 6.17　IPv4 over IPv6 隧道原理

在上述过程中,为了使 R1 和 R2 能够正确完成封装和解封装的操作,需要事先准备好相关的信息和参数,例如 R1 需要知道对哪些 IPv4 分组进行封装,以及添加的 IPv6 分组的目的地址等。也就是说,路由器 R1 和路由器 R2 之间事先建立好了一条隧道,使得 IPv4 分组可以穿越其中到达隧道的另一头。

可以看到,当使用隧道技术时,两端的通信子网并不知道它们的分组在中间经过了一个隧道,就好像分组始终在使用同一种协议的网络中传输一样。也就是说,使用其他协议的通信子网看起来"透明"了。因此,隧道技术常用来将彼此隔离的主机或网络连起来,组成一个虚拟网络(也称为层叠(overlay)网络)。在上面的例子中,隧道在 IPv6 网络中建立,因此 IPv6 网络是位于下层的基础,而实现互连的两个 IPv4 网络是上层的层叠。这种用 IPv6 封装 IPv4 的隧道称为 IPv4 over IPv6 隧道。类似地,还可以有 IPv6 over IPv4 隧道等。

隧道和虚拟网络技术的一个重要应用是虚拟专用网(VPN)。VPN 原本设计用来互连站点,目前它已经在远程办公中非常流行。通过 VPN,企业的员工在远程工作地点(例如出差或居家办公时)的计算机就好像在企业网内部一样,能够穿越企业网的防火墙并通过网络地址转换访问企业内部资源。

6.4.5　分片和重组技术

每个网络都会限制其分组的最大长度,这一极限值被称为最大传输单元(Maximum Transmission Unit,MTU)。MTU 的值与很多因素有关,例如数据链路层采用的技术、操作系统、协议(例如分组长度字段的位数)、国家或行业标准等。正如前面所说过的那样,不同网络具有不同的 MTU 值,给网络互连带来了问题:当一个长度较大的分组进入一个 MTU 较小的网络时,该分组无法直接在其中发送。

　　分片(fragmentation)技术就是用于解决 MTU 不一致问题的,其基本思想是当分组进入 MTU 较小的网络时,由网关将分组分割成满足 MTU 限制的**片段**(fragment),每个片段作为一个新的分组被独立发送,如图 6.18 所示。为此,每个片段需要携带与原分组相同的源地址、目的地址等信息。此外,每个片段的分组头部中还需要包含一些额外的信息,用来记录本片段包含的数据是原分组数据中的哪一部分,从而能够正确还原出传输的数据。利用片段重构一个原始分组的副本的过程称为**重组**(reassembly)。现实中的网络大多让目的主机来进行重组。目的主机只要能收到所有的片段,就能重组出原始分组,不管这些片段是经过哪条路径到达的。如果个别片段在传输的过程中被丢弃了,目的主机可以通过计时器超时发现这一点,并把保存的其他片段都丢弃掉。

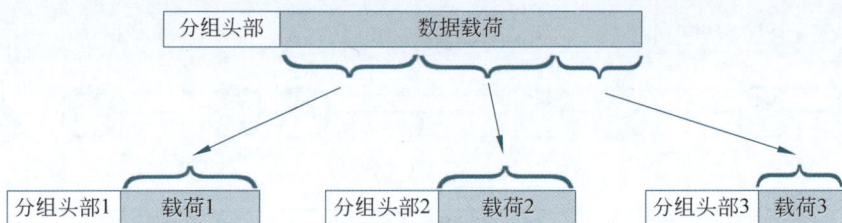

图 6.18　将一个分组划分为三个片段,最后一个片段最小

　　经过分片之后的片段,如果在传输过程中来到了 MTU 更小的网络,网关还可以对这个片段进行再次分片,以得到更小的片段。在这种情况下,目的主机不需要进行多次重组,只需要将所有最后的片段都收集起来进行一次重组即可。

6.4.6　分层路由与互联网路由

　　当属于不同组织的网络互连时,各个网络可以使用完全不相同的路由算法和协议。在互联网中,每个网络都独立于所有其他的网络,所以每个网络通常称作一个**自治系统**(Autonomous System,AS)。通常来说,一个组织并不愿意将自己网络的内部情况(如拓扑等)告诉其他网络。在这种情况下,一个 AS 中的路由器只需要知道到达该 AS 内部其他节点的路由,以及到达外部 AS 的路由即可,而不需要知道到达一个外部 AS 内所有节点的路由。也就是说,路由被分成了两个层次:在每个网络内部使用**内部网关协议**(Interior Gateway Protocol,IGP)和在网络之间使用的**外部网关协议**(Exterior Gateway Protocol,EGP)。外部网关协议将 AS 抽象成节点,在此基础上构造出网络拓扑图,并计算最优路由,如图 6.19 所示。

　　不同网络的内部网关协议(内部路由)以及外部网关协议(外部路由)可能使用不同的路由算法,例如距离向量路由算法、链路状态路由算法等,各个网络评价路由最优时所使用的指标也可能不同,例如路径开销、长度、时延、带宽等。因此,网络互连场景下的最优路由问题是一个很复杂的问题。

　　除了网络互连,网络规模的增长也进一步促进了路由分层。当网络规模增长时,路由器中的路由表也成比例地增长。不断增长的路由表不仅消耗路由器的存储资源,而且需要更多的计算资源(CPU 周期)来计算和查找路由,以及更多的带宽来发送路由信息,例如链路状态通告。在采用了分层路由之后,一个外部 AS 对于一台路由器

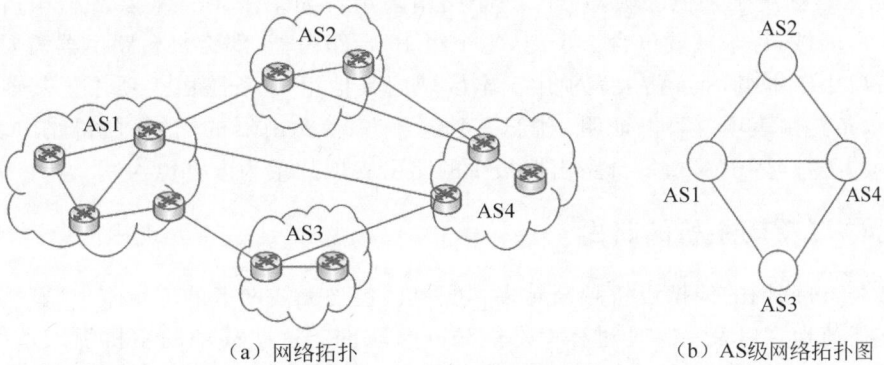

(a) 网络拓扑   (b) AS级网络拓扑图

图 6.19　互联网自治系统示例

而言被抽象成了一个节点,路由器对该 AS 内部的结构毫不知情,从而能够大幅减少路由协议的存储、计算和通信开销。

除了上述两级分层路由,随着网络规模的增长,网络管理员还可能有必要对其进行进一步划分。例如将 AS 划分成多个区域,甚至再将每个区域划分成多个组等。图 6.20 为三级分层路由示例。当不使用分层路由时,路由器 R1 的 AS 内部路由表项有 9 条,同时还需要大量去往 AS2 和 AS3 中节点的路由。而当把 AS1 中的路由器划分到三个区域中,并在 AS 之间使用外部网关协议之后,路由器 R1 的 AS 内部路由表项减少到了 5 条,且仅需要 2 条路由来处理去往 AS2 和 AS3 的分组。

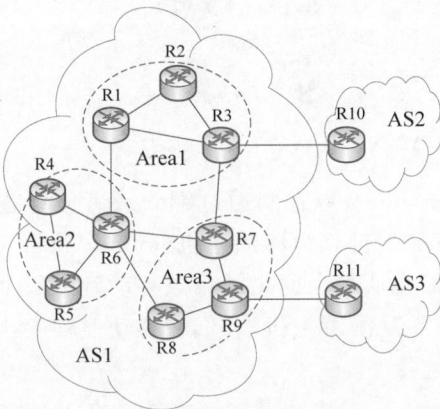

目的地	下一跳	距离
R1	—	0
R2	R2	1
R3	R3	1
R4	R6	2
R5	R6	2
R6	R6	1
R7	R3	2
R8	R6	2
R9	R6	3
R10	R3	2
⋮	⋮	⋮
R11	R6	4
⋮		

目的地	下一跳	距离
R1	—	0
R2	R2	1
R3	R3	1
Area2	R6	2
Area3	R3	2
AS2	R3	2
AS3	R6	4

(a) 网络拓扑和路由层次划分   (b) 不使用分层路由时   (c) 使用分层路由时
                                           R1的路由表   R1的路由表

图 6.20　三级分层路由示例

路由器资源的节省伴随着一定的代价,具体来说就是增加了路径长度。在图 6.20 的示例中,从 R1 到 R8 的最短路径是 R1-R6-R8,但采用了分层路由之后,所有到 Area3 的分组都要经过链路 R3-R7,于是从 R1 到 R8 的路径变成了 R1-R3-R7-R9-R8。对于大多数从 Area1 到 Area3 的分组来说,经过链路 R3-R7 是最好的选择。一般来说,由于分层路由而导致的路径长度增长是非常小的,通常是可以接受的。

一个有趣的问题是:分层路由应该分多少级才比较合适?例如,一个具有 720 台路由器的网络,如果没有分级,则每台路由器需要 720 条路由表项。如果将网络分成 24 个区域,每个区域 30 台路由器,那么每台路由器需要 30 条路由表项用于本区域,

23 条路由表项用于其他区域,共计 53 条路由表项。如果采用三级层次结构,将网络分成 8 个区域,每个区域包含 9 个组,每个组 10 台路由器,那么每台路由器需要 10 条路由表项用于本组,8 条路由表项用于本区域内其他组,7 条路由表项用于其他区域,共计 25 条路由表项。可以证明,对于一个包含 N 台路由器的网络,使得路由表项数量最少的级数是 $\ln(N)$,每台路由器最少的路由表项数量为 $e \times \ln(N)$。

6.4.7 移动主机的路由

如今,可联网的便携设备越来越多,如手机、包含无线网卡的笔记本电脑等。人们希望在任何地点以及在移动过程中都能访问互联网。这些移动的主机引入了一种新的路由问题:为了将分组转发到一台移动主机上,网络首先得找到这台主机。本节将概略地介绍一些有关的问题和一般的解决方案。

为了方便介绍一些基本概念,使用如图 6.21 所示的网络模型。图中有一个WAN,它连接了一些 LAN、MAN,以及无线蜂窝单元。

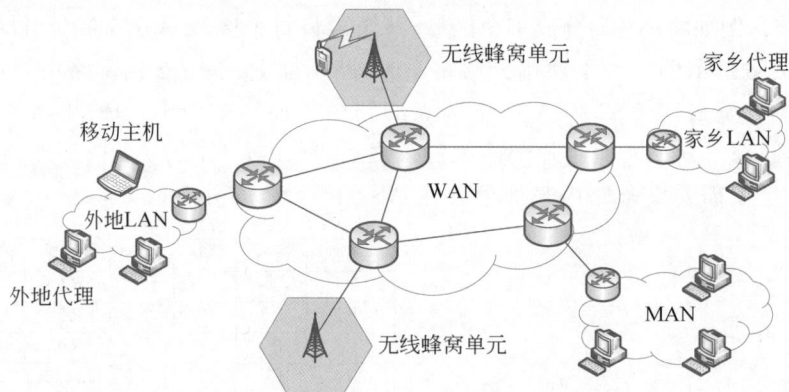

图 6.21 一个 WAN 连接了一些 LAN、MAN 和无线蜂窝单元

永远不会移动的主机称为固定主机(stationary host),它们通过铜线或者光纤连接到网络中。离开了原始站点还想继续连接网络的主机称为移动主机(mobile host)。移动主机又可以分为两类。一类是迁移主机,它们会从一个固定的站点移动到另一个固定的站点,并且在移动过程中不使用网络;另一类是漫游主机,它们在移动过程中执行计算,希望在移动的时候还能够保持与网络的连接。

假设所有的主机都有一个主位置,即家乡(home),主机在其中有一个永久性的主地址。当主机位于家乡的时候,分组被发送给主机的主地址。当主机移动到外地时,分组仍然会被发送到主机的家乡网络,路由算法需要将分组正确递交给主机,这里的关键问题是如何找到主机。为此,在主机的家乡需要有一个家乡代理(home agent),它是一个进程,负责记录家乡在本网络,但是当前移动到其他网络的主机。同时,在主机移动到的地方需要一个或多个外部代理(foreign agent),该进程负责记录所有当前正位于该网络的移动主机。

当移动主机新进入一个网络的时候,不管它是直接通过电缆连接到网络中(比如插入 LAN 中),还是通过漫游方式进入无线蜂窝单元中,该主机必须在外部代理注册自己。注册过程通常如下所述:

(1) 每个外部代理周期性在本地网络中广播宣布自身的地址。一个新到达的移动主机收到这一消息就可以知道外部代理的存在。如果没能很快收到消息,则移动主机还可以广播一条询问消息,让外部代理进行回复。

(2)移动主机向外部代理请求注册,它提供自己的主地址、数据链路层地址,以及一些安全信息。

(3)外部代理与移动主机的家乡代理联系,告诉它:你的一台主机在我这里。外部代理发送给家乡代理的消息中包含了外部代理的网络地址,家乡代理将该地址记录下来。该消息也包含了相应的安全信息,以便让家乡代理确信该移动主机确实在这个外部代理所在的网络中。

(4)家乡代理对安全信息进行检查,通过安全信息中包含的时间戳可以证明该消息是刚刚(几秒内)产生的。如果安全检查通过,则家乡代理告诉外部代理可以继续进行。

(5)当外部代理得到了来自家乡代理的确认之后,在本地记录相关的信息,并通知移动主机注册已经完成。

到分组到达移动主机的家乡网络时,家乡代理将代替移动主机接收这个分组,然后家乡代理要做两件事情。

第一,它将该分组封闭起来,通过隧道发送给外部代理。外部代理收到之后进行解封装,提取出原来的分组,并将它作为数据链路帧发送给移动主机。

第二,家乡代理告诉发送方,以后给移动主机发送分组的时候不要直接将这些分组发送到移动主机的主地址,而是将它们封装起来,通过隧道发送到外部代理。这样一来,后续的分组就可以通过外部代理被直接发送给移动主机,不需要先去往移动主机的家乡网络。

上述过程在具体实现的时候可以有不同的方案。第一,路由器、主机分别完成哪些工作,不同的方案有不同的选择。第二,在有的方案中,沿途的路由器会记录下相关的信息,所以在分组到达家乡网络之前,它们可以提前重定向这些分组。第三,在有的方案中,每个新来的移动主机都可以获得一个唯一的临时地址;而在另外一些方案中,此临时地址属于一个代理,该代理负责处理移动主机的流量。第四,对于那些发往移动主机家乡网络的分组,除了上述通过隧道来发送给外部代理的方案之外,还有方案选择改变分组的目的地址,然后传输修改之后的分组。第五,在安全性方面,各种方案也有所不同。

6.5 网络层协议

前面已经学习了计算机网络路由选择和网络层的一般原理,现在来具体看一下在互联网这个实际的计算机网络中,网络层协议即互联网协议(IP)是如何设计的。

不同于早期的网络层协议,IP从设计之初就考虑了网络互联的需求,它像胶水一样将整个互联网粘合起来。IP的设计遵循了10条原则,按照重要性依次如下:确保能工作;保持简单;清楚地选择技术路线;坚持模块化;容纳异构性;避免静态的选项和参数;寻找好的但不一定完美的设计方案;在发送时严格要求并在接收时容忍错误;考虑可扩展性;考虑性能与代价。

IP是TCP/IP协议族中最为核心的协议,它提供不可靠、无连接的数据报传输服务,所有的 TCP、UDP、ICMP 及 IGMP 数据都以 IP 数据报格式传输。不可靠的意思是 IP 不能保证 IP 数据报能成功地到达目的地,仅提供尽力而为的传输服务。如果发生某种错误,如某台路由器暂时用完了缓冲区,IP 采用简单的错误处理算法:丢弃该数据报。如果要求可靠传输,则可靠性必须由上层(如 TCP)来提供。无连接的意思是 IP 不维护任何关于后续数据报的状态信息,每个数据报的处理是相互独立的。每个 IP 数据报独立地被转发,可能选择不同的路径,因此可能不按发送顺序接收。

互联网中的通信按如下方式进行。传送层获取数据流或数据报并将其分解,作为 IP 分组发送。理论上每个分组最大可达 64KB,实际中每个分组的大小通常不超过 1500 字节,从而适应以太网帧的大小。IP 分组进入互联网中,从一台路由器被转发到下一台路由器,直到到达目的地。在目的地,网络层将数据交给传送层,传送层将其交给接收进程。

6.5.1　IPv4 和 IPv4 地址

1. IPv4 分组格式

IPv4 分组由头部和载荷部分组成,其中头部包含 20 字节的固定部分和可变长度的可选选项部分。图 6.22 显示了 IPv4 分组的头部格式。

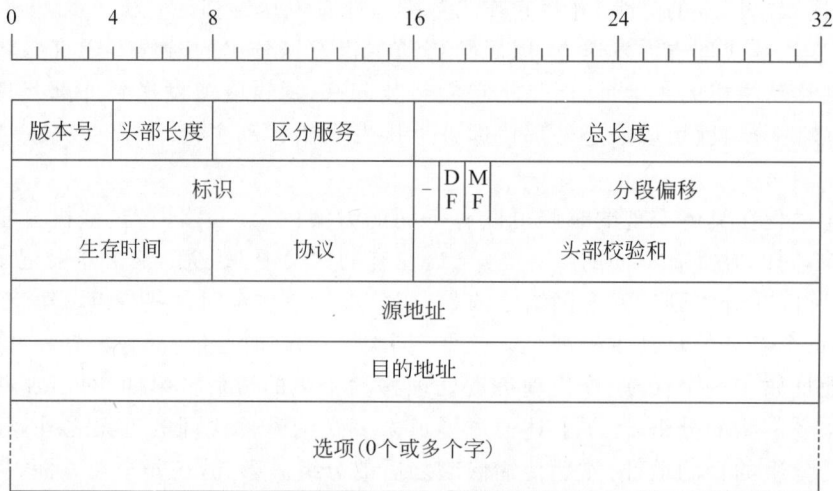

图 6.22　IPv4 分组的头部格式

版本号(version):用于指出此分组所使用的 IP 的版本号,IP 版本 4 即 IPv4 是当前广泛使用的版本。

头部长度(header length):用于指出分组头部的长度,单位是 32 比特,即 4 字节,也称为 1 个"字"。通过头部长度字段可以知道分组头部在何处结束,也就是载荷数据的开始处。头部长度最小为 5,最大为 15,也就是说 IPv4 分组头部最小长度为 20 字节,最长允许 60 字节,此时选项字段为 40 字节,这对于记录分组路径这样的需求来说是远远不够的,这也限制了选项字段的一些功能在实际中的使用。

区分服务(differentiated service):该字段的含义与设计之初相比发生了一些变化。最初,这个字段被称为服务类型(type of service),其中的 3 位表示优先级,另外 3 位表示主机是否更关心时延、吞吐量或可靠性。它的设计初衷在于标识不同应用所需的服务质量,例如,对于数字化语音服务,实时性比可靠性更加重要,而对于文件传输,可靠性比实时性更重要。然而在实际中,路由器不知道应该如何针对不同的服务类型来进行处理,因此服务类型字段多年来一直未被使用。后来,这个字段被重新设计为区分服务字段,它的前 6 位用于标记分组的服务种类,后 2 位用于携带显式拥塞通知,用于标记分组转发路径上是否发生了拥塞。

总长度(total length):该字段指出分组总长度,包含头部和载荷,单位是字节。目前,分组的总长度不能超过 65535 字节。

标识(identification):该字段的主要作用是让目的主机确定新到达的分组片段属于哪个分组。IP 软件维持一个计数器,每产生一个分组,计数器就加 1,并将此值赋给标识字段。当分组由于长度超过网络的 MTU 而必须分片时,这个标识字段的值就被复制到所有分片后分组的标识字段中。这样一来,目的主机就能使用具有相同的标识字段的分组片段来正确地重组出原始分组。

标志(flag):包含三个比特。其中第一个比特未被使用。第二个比特为勿分片(Do not Fragment,DF)标志,当 DF 标志被设置为 1 时,本分组不能被分片。第三个比特为更多分片(More Fragment,MF)标志,当 MF 标志被设置为 1 时,说明本分组不是分片分组的最后一个片段,后面还有其他片段存在。而被分片的分组最后一个片段的 MF 标志被置为 0。

分段偏移(fragment offset):记录了当前片段在原分组中的位置,它表示本片段包含的载荷起始点相对于原分组载荷起始点的偏移量,单位是 8 字节。之所以这样设计,是因为分段偏移字段的大小只有 13 比特,只有以至少 8 字节为单位才能满足最大分组长度 65535 字节。因此除最后一个片段外,其他所有片段都是 8 字节的倍数。同时还可以看到,每个分组最多只能分成 8192 个片段。标识字段、MF 标志位和片段偏移字段一起用于 6.4.5 节介绍的分组分片。

生存时间(Time To Live,TTL):表示分组在网络中的寿命,用来防止分组在一条包含环路的路径上无限转发。这样的路径在现实中是可能出现的,例如当软件发生故障或管理员配置错误时,生存时间字段由发送方负责初始化,它的值是一个从 1 到 255 之间的整数。每台路由器处理分组时,会将头部里的生存时间减 1,如果达到 0,分组将被丢弃,此时还会发送一条消息给源主机来通知这一错误。

协议(protocol):指出处理此分组的上层协议,例如 TCP 或 UDP。

头部校验和(header checksum):用于保证分组头部的完整性和正确性。由于分组头部在路由的每一跳都会发生变化(生存时间每跳减 1),因此头部校验和在每台路由器都需要重新计算。

源地址(source address):指出发送主机的 IP 地址。

目的地址(destination address):指出目的主机的 IP 地址。

选项(option):旨在提供一种手段来携带原始的分组头部设计中没有考虑到的信息,或者很少使用的信息,以及用于实验新的想法。选项字段的长度可变,只在需要的时候才使用,从而避免在平时占用头部中的比特。选项字段的开始是一个 1 字节的编码,用于指出选项类型。对于一些选项,在这个 1 字节编码后面跟着 1 字节的选项长度,然后是 1 字节或多字节的数据。选项字段被填充为 4 字节的倍数。表 6.9 列出了最早定义的五个选项。

表 6.9   IPv4 分组的头部选项字段取值说明

选　项	说　明
安全	规定了分组的秘密程度
严格源路由	给出了分组必须遵循的完整路径
宽松源路由	给出了一组路由器,分组在传输过程中必须经过这些路由器
记录路径	让分组经过的每台路由器都附上自己的 IP 地址
时间戳	让分组经过的每台路由器都附上自己的 IP 地址和时间戳

　　安全选项在实际中没有作用,因为所有的路由器都忽略该选项。严格源路由选项给出了从源主机到目的主机的完整路径,其形式是一系列 IP 地址。分组必须严格地沿着这条路径传输。管理员可以利用这一选项来进行网络测量,或者在路由表被破坏的时候发送紧急分组。宽松源路由选项要求该分组按顺序经过指定的路由器列表,在途中允许经过其他路由器。这一选项可以用于强制分组经过或避开特定区域,从而满足策略或经济方面的需求。记录路径选项让沿途的路由器将它们的 IP 地址附到该选项字段中,从而方便管理员调试路由算法中的错误。然而正如前面说过的,对于现在的网络规模而言,40 字节的选项字段空间能记录的 IP 地址太少了。时间戳选项与记录路由选项类似,只不过每台路由器除了记录 32 位长度的 IP 地址以外,还要记录一个 32 位长度的时间戳。这个选项主要用于网络测量。

　　2. IPv4 地址格式

　　IPv4 的标志性特性是它的 32 位地址。互联网上的每台主机和每台路由器都有一个 IP 地址。需要注意的是,IP 地址实际上并不指代主机,它实际上标识的是一个网络接口。因此,如果一台主机通过两块网卡连接着两个网络(例如一个以太网和一个无线局域网),它必须有两个 IP 地址。在现实中,大多数主机都在一个网络上,因此只有一个 IP 地址。而路由器有多个接口,因此有多个 IP 地址。

　　IPv4 地址在 1981 年 9 月实现标准化。为了方便使用,人们将 32 位 IP 地址分为 4 个单元,每个单元 8 位,并将每个 8 位单元由二进制转换为十进制表示,这 4 个十进制数的取值为 0~255,它们之间用点隔开,这就是所谓的点分十进制(dotted decimal notation)格式。因此,最小的 IPv4 地址值为 0.0.0.0,最大的地址值为 255.255.255.255,然而这两个值是保留的,没有分配给任何主机或路由器。

　　IP 地址与以太网地址不同,是有层次结构的。其中高位的若干比特表示网络部分,而剩下的低位比特表示主机部分。在同一个网络中,例如一个以太网,所有的主机都拥有相同的网络部分(称为网络地址),也就是地址前缀(prefix),只有表示主机部分的后缀不同(称为主机地址)。在相同的前缀下,所有不同的后缀与前缀组合之后,形成了一组连续的地址,即一个地址块。因此,人们通常用前缀来表示地址块,具体的格式是将 IP 地址中的后缀设置为 0,并在后面加上斜杠"/"(读作 slash)和前缀长度。例如 128.208.2.0/24、192.168.1.128/25 都是合法的前缀表示,而 10.0.0.192/25 不是合法的前缀,因为其后缀的 7 个比特不全为 0。需要注意的是,在一个地址块中,主机地址(后缀)的每个比特全为 0 的地址用于标识这个网络,主机地址的每个比特全为 1 的地址用于在这个网络中进行广播,因此这两个地址不能分配给任何主机或路由器。

例如,前缀 128.208.2.0/24 表示的地址块中有 256 个地址,取值范围是 128.208.2.0～128.208.2.255,但能够分配给主机和路由器的地址仅有 254 个,即 128.208.2.1～128.208.2.254。

IPv4 地址由一个非营利组织负责管理,即互联网名称与数字地址分配机构(Internet Corporation for Assigned Names and Numbers,ICANN),从而避免同一个地址被重复使用而引起冲突。在 1993 年以前,IP 地址被分为 A、B、C、D、E 这 5 大类,不同类型的地址,用于表示网络的位数(即前缀长度)与用于表示主机的位数各不相同,这是为了适应各类规模的网络。IP 各类地址如图 6.23 所示。

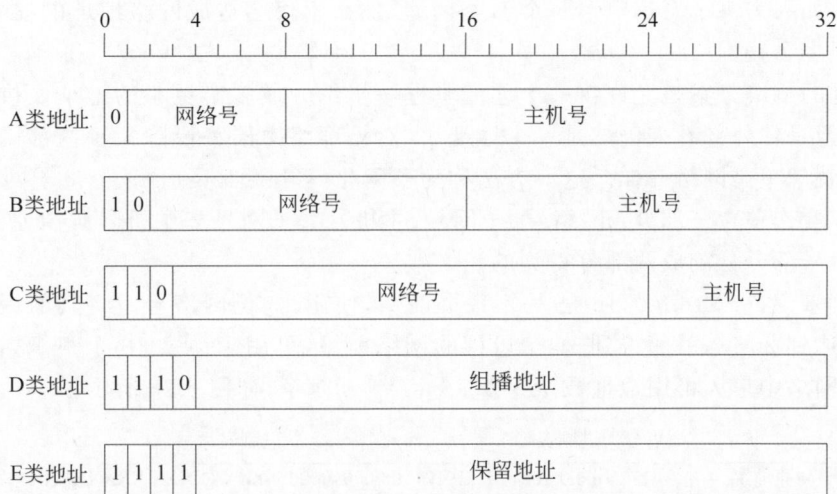

图 6.23　IP 各类地址

A 类地址的设计目的是支持巨型网络。其第一个比特固定为 0,前缀长度为 8,也就是使用 8 比特来表示网络,剩下的 24 比特表示主机。前缀中可变的部分为 7 比特,因此支持的网络数量仅为 127(全 0 地址为特殊地址,不能分配给网络)。A 类地址的范围为 1.0.0.0～127.255.255.255。

B 类地址的设计目的是支持中到大型的网络。其中前两个比特固定为 10,前缀长度为 16。因此前缀中可变的部分为 14 比特,支持的网络数量为 2^{14}。B 类地址的取值范围为 128.0.0.0～191.255.255.255。

C 类地址用于支持大量的小型网络。其中前三个比特固定为 110,前缀长度为 24,仅用 8 比特表示主机。因此 C 类地址的取值范围为 192.0.0.0～223.255.255.255。

D 类地址用于在 IP 网络中的组播,其取值范围为 224.0.0.0～239.255.255.255。

E 类地址被 IETF 保留用于研究,因此互联网上没有可用的 E 类地址。E 类地址的取值范围为 240.0.0.0～255.255.255.255。

对于不同的 IP 地址,一个前缀所支持的最大主机数量有着巨大的差异,这会造成很多地址的浪费。举例来说,一个中等规模的公司需要 300 个 IP 地址。一个 C 类前缀包含 254 个可用地址,数量不够。如果使用两个 C 类前缀,则一方面会浪费 200 多个地址,另一方面需要两条路由表项。还有一种选择是使用一个 B 类前缀,这样只需要一条路由表项,但是却浪费了 6 万多个地址。在现实中,当一个网络拥有多于 254 台主机时就使用一个 B 类前缀,这种情况十分常见,导致 B 类地址比其他地址更容易耗尽。为此,需要对 IP 地址的使用方案进行改进。

3. 子网

前面介绍过,IP 地址具有两层结构,分别是网络号和主机号。并且按照早期的 IP 地址分类方法,地址前缀的长度只有固定的 8、16、24 这几种。当网络需要进一步扩展或划分的时候,会引起一些问题。例如考虑一个大学的网络,刚开始的时候,该大学的计算机系使用一个 B 类前缀建立起它的以太网。后来,电子系也想连接到互联网,所以他们购买了一台中继器,将计算机系的以太网扩展到他们的办公楼。随着时间的推移,许多其他院系也想连接到互联网,但是每个以太网只允许 4 台中继器,难以满足这一需求。如果为每个系都申请一个 B 类前缀,那么不仅会造成网络地址的浪费,还需要花费很多金钱。

问题的解决方案是允许将一个地址块进一步细分成多个更小的地址块供组织内部使用,但是在外部看来仍然是一个地址块,对外部路由器来说隐藏了内部网络组织的细节,就像单个网络一样。这一方法称为**子网化**(subnetting)。一个被子网化的 IP 地址可以看作包含三部分:网络号、子网号、主机号。子网号和主机号是由原先 IP 地址的主机号部分分割成两部分得到的。

举例来说,172.16.0.0/16 是一个 B 类前缀,使用 16 位网络号。将其前缀长度扩展 4 位,达到 20 位,就能得到 16 个可用的网络前缀,可用于最多 16 个组织内部的网络,每个网络中最大可用地址数量为 4096－2＝4094 个,如图 6.24 所示。

	点分十进制表示	二进制表示	
原前缀	172.16.0.0/16	10101100 00010000	XXXXXXXX XXXXXXXX

16位网络号　　　　　　　　16位主机号

16位网络号　　4位子网号　12位主机号

	点分十进制表示	二进制表示	
子网1前缀	172.16.0.0/20	10101100 00010000	0000XXXX XXXXXXXX
子网2前缀	172.16.16.0/20	10101100 00010000	0001XXXX XXXXXXXX
子网3前缀	172.16.32.0/20	10101100 00010000	0010XXXX XXXXXXXX
子网4前缀	172.16.48.0/20	10101100 00010000	0011XXXX XXXXXXXX
……			
子网16前缀	172.16.224.0/20	10101100 00010000	1111XXXX XXXXXXXX

图 6.24 子网化举例

为了避免地址的浪费,每个子网可以有不同的大小。例如在上面的例子中,4094 个地址对于某个只有 50 台主机的小组织来说太多了,因此可以对一次划分后得到的 16 个网络前缀中的某一个进行再次划分,使用 25 或 26 位长度的网络前缀。

通过上述例子可以看到,前缀长度实际上是网络号的位数加上子网号的位数,因此它可以表示子网的划分方案。为了方便使用,在主机和路由器上,前缀长度通常表示为另一种形式,即**子网掩码**(subnet mask)。子网掩码是一个 32 位的二进制数,其中从最高位开始,与前缀长度相同位数的位都为 1,剩余的低位为 0。子网掩码通常也采用点分十进制表示,例如一个长度为 22 的前缀,其子网掩码是 255.255.252.0。

前缀长度和子网掩码的作用都是让路由器和主机知道 IP 地址的多少位用于识别网络(子网),多少位用于识别主机。子网掩码采用上述格式的好处是方便运算:将 IP 地址与子网掩码进行逻辑"与"(AND)运算,就能将地址中的主机号部分置为 0,这样就能够方便地判断一个地址是否属于某个网络。例如可以判断一个 IP 地址是否与本主机位于同一个网络(直连)中,或者方便路由表的查找,起到减少路由表项数量的作用。事实上,路由表中的每条路由表项都保存了目的网络地址、子网掩码和下一跳这几个信息,下面将进行具体介绍。

4. 无类别域间路由选择

无类别域间路由选择(Classless Inter-Domain Routing,CIDR)是对传统地址分配策略的重大突破。简单来说,CIDR 完全抛弃了有类地址,使得 IP 前缀长度不再是 8、16、24 这几个固定值,而是可以为 0~32 的任意值。事实上,在 CIDR 被提出之前,IP 地址是不需要前缀这一概念的,因为从 IP 地址的几个最高位就可以判断它属于哪一类地址,从而自然就知道地址中的哪些位表示网络号。前面介绍过的 IP 前缀的表示方法,也就是斜杠"/"加前缀长度的形式,被称为 IP 地址的 CIDR 表示形式。

提出 CIDR 的原因在于 20 世纪 90 年代初互联网的飞速发展带来的地址不足和路由表膨胀的危机。首先,CIDR 能够减少分类地址方案带来的浪费,正如前面介绍子网时所述,灵活的前缀长度能够适应不同大小网络的需求,不会造成巨大的浪费。其次,CIDR 的另一个目的是允许地址聚合,从而减缓路由表项数量的膨胀。例如,两条前缀 192.168.8.0/23 和 192.168.10.0/23 所表示的地址块彼此相邻且大小相同,如果这两个前缀在路由表中拥有相同的下一跳,那么它们就可以等价地聚合成一个较短的前缀 192.168.8.0/22,从而只需要一条路由表项。

CIDR 的名称并不准确,因为它只定义了地址格式和路由器转发分组的方法,并不涉及如何计算路径。在 CIDR 被提出之前,IP 分组的转发过程大致如下。当路由器收到分组之后,使用该分组的目的 IP 地址中的最高位的几个比特用来判断地址类型,然后针对每一种地址类型提取出 8 位、16 位或 24 位网络号,并查找每一种地址类型相应的路由表。有了 CIDR 之后,人们不用再考虑一个 IP 地址是什么类型,而且路由器中只需要一个路由表,但每条路由表项都需要包含目的网络的三元组:(IP 地址,子网掩码,下一跳)。当路由器收到分组之后,将目的 IP 地址与每条路由表项的子网掩码分别进行逻辑"与"运算,再将结果与该路由表项中的 IP 地址进行比较,如果比较结果为相等,则说明目的 IP 地址属于该表项所表示的网络,可以从对应的下一跳进行转发。

CIDR 允许地址前缀灵活划分和聚合,这一特性可能导致路由表中不同表项对应的地址空间有重叠。例如在图 6.25 所示的例子中,路由器 R1 是一个组织用来连接到互联网的网关路由器,这个组织使用前缀 192.24.17.0/24 来供它的 200 台主机使用。后来,该组织想将一个只有 10 台主机的小机房连接到 R1。一个办法是将 192.24.17.0/24 切成 16 块,然后将其中一块(例如 192.24.17.16/28)分配给小机房,剩下 15 个前缀给其他主机使用,但是这样做 R1 上将有 16 条路由表项。另一个办法是如图 6.25 所示,将前缀 192.24.17.16/28 分配给小机房的同时,保留前缀 192.24.17.0/24 不变,R1 上只有 2 条路由表项。

不难看出,前缀 192.24.17.0/24 所表示的地址块包含了前缀 192.24.17.16/28 所表示的地址块,地址块之间发生了重叠。当多个前缀表示的地址块有重叠时,在路由表查找时可能会找到多个匹配的表项,这些表项的子网掩码的长度不同。为了处理这种情况,CIDR 规定互联网路由查找时遵循最长匹配(longest-match)原则,也就是说

	目的网络	子网掩码	下一跳
R1的路由表	192.24.17.0	255.255.255.0	R2
	192.24.17.16	255.255.255.240	R3

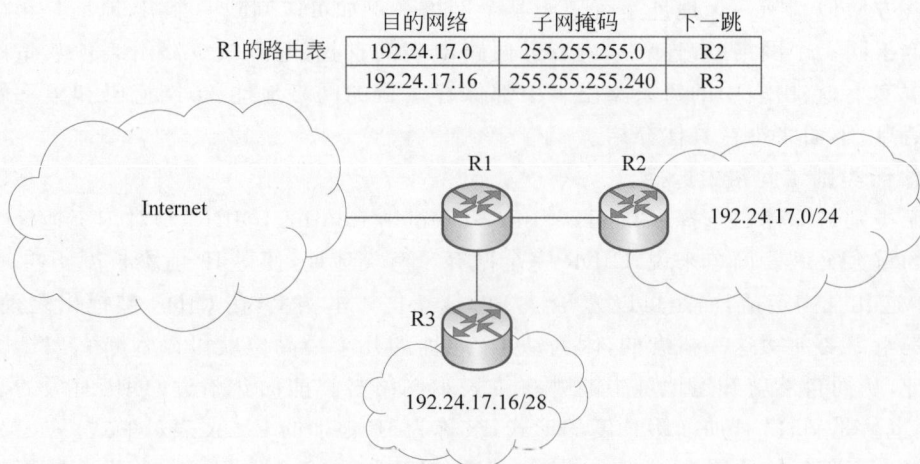

图 6.25　最长前缀匹配举例

当多条路由表项都匹配成功时,使用子网掩码长度最长的表项。在上述例子中,对于目的地址位于 192.24.17.16 到 192.24.17.31 之间的分组,两条路由表项都会匹配成功,此时应该使用前缀长度最长的表项,将分组转发至 R3。

5. 网络地址转换

IPv4 地址是非常紧缺的资源,早在 2012 年前后,所有 IPv4 地址空间就已经全都分配给全球五大区域负责地址分配的机构,而在 2019 年,所有 43 亿 IPv4 地址已经全部分配完毕,已经没有新的 IPv4 地址可以分配给互联网服务提供商(ISP)和其他组织了。解决 IP 地址短缺问题的根本办法是使用 128 位的 IPv6 地址。然而,在 IPv6 还没有广泛部署起来的时候,对于已有的地址资源,如果用户数量增长到超过地址数量怎么办?

为了解决 IPv4 地址资源短缺的问题,一种办法是动态分配 IP 地址,也就是说,当用户主机连接到互联网的时候给它分配一个 IP 地址,当用户下线的时候,再把 IP 地址收回,这个 IP 地址又可以被重新分配给另一个用户。按照这种方法,一个/16 的地址空间可以处理 65534 个活跃用户,这对于一个拥有几十万用户的 ISP 来说可能已经非常不错了。对于拨号网络或移动网络等主机并不一直开启的场景,这种策略可以工作得很好。但是对于需要长期开机的场景,例如商业公司的服务器,或者有很多智能家居设备的家庭网络,动态分配 IP 地址的方案就不太够用了。

另外一种方案是为每个用户网络(例如一个公司网络或一个家庭网络)分配一个或多个 IP 地址,这个网络内部的每台计算机使用唯一的内部 IP 地址,当需要与外部通信时,分配给该网络的某个 IP 地址和内部地址之间需要进行转换。这就是网络地址转换的基本思想。

网络地址转换(Network Address Translation,NAT)是一种短时期内快速有效的修补方案,它由 RFC 3022 定义和描述。为了保证 NAT 的可行性,有三段 IP 地址范围已经被规定为私有地址。任何一个用户网络可以在其内部随意地使用这些地址,但是包含这些地址的分组不应该出现在互联网上。这三段私有地址分别是:

(1) 10.0.0.0/8(共 16777216 个地址)。

(2) 172.16.0.0/12(共 1048576 个地址)。

（3）192.168.0.0/16（共 65536 个地址）。

假设使用上述的第一种内部地址，在用户网络内部，每台机器都有一个形如 10.x.y.z 的地址。当一个分组离开用户网络进入互联网的时候，它首先要通过一台 NAT 设备，此 NAT 设备将内部的 IP 地址转换成该网络所拥有的外部（互联网）地址，假设是 198.60.42.12。当一个应答的分组发送回该网络的时候，它的目的地址是 198.60.42.12，此时 NAT 设备该将其转换为哪一个内部地址呢？NAT 设计者们注意到，大多数 IP 分组的载荷是 TCP 或 UDP，这两者的头部都包含了一个源端口号和一个目的端口号，NAT 正是利用这两个端口号来实现正确的地址转换。

端口号是一个 16 位的整数，它的作用是让传送层协议（TCP 或 UDP）区分应该将数据交给应用层的哪个进程。以 TCP 为例，当一个进程希望与另一个进程建立 TCP 连接的时候，它绑定到一个本地机器上未使用的 TCP 端口上。这个操作等于告诉 TCP 代码，收到的分组中如果目的端口号等于这个端口号，都应该发送给这个进程。同时，这个进程在向外发送分组时还要提供一个目的端口号，这样目的主机的 TCP 代码才知道将收到的分组交给哪个应用进程。这样，每个向外发送的 TCP 消息都包含一个源端口号和一个目标端口号。这两个端口号合起来标识出了客户端和服务器端正在使用该连接的进程。

利用源端口字段，可以解决前面的地址转换问题。当 NAT 设备收到一个向外发送的分组时，分组的私有源地址 10.x.y.z 被替换成用户网络所拥有的外部 IP 地址，同时 TCP 的源端口字段被替换成一个索引值，该索引值指向 NAT 设备的地址转换表中的一条表项，该表项包含了该分组本来的私有源 IP 地址和本来的源端口。当一个分组从互联网到达 NAT 设备的时候，NAT 设备从 TCP 头部提取出目的端口，用它作为索引值从 NAT 设备的地址转换表中找到对应的表项，从该表项中得到内部 IP 地址并替换分组的目的地址，得到本来的 TCP 源端口号并替换分组的目的端口号，最后将该分组传输到用户网络内部。

值得注意的是，在向外发送分组时，之所以源端口字段也要替换，是为了处理两台内部主机碰巧使用了同一个端口号的情况。此时如果不替换端口号，当收到来自外部的分组时，NAT 设备就没有办法识别这个端口号对应的是哪一台内部主机。

严格来说，这种利用端口字段进行网络地址转换的方法称为网络地址端口转换（Network Address Port Translation，NAPT）。NAPT 是 NAT 较为常见的一种形式，因此有时候人们也直接称其为 NAT。

NAT 在一定程度上解决或缓解了 IP 地址不足的问题，但是它存在一些缺陷：

（1）NAT 破坏了 IP 的结构模型，也就是每个 IP 地址均唯一标识一台机器。

（2）NAT 破坏了互联网的无连接原则，因为 NAT 设备必须为每一个从它这里经过的连接维护必要的信息（映射关系）。

（3）NAT 违反了协议分层原则，因为它依赖传送层的端口号。

（4）如果传送层不使用 TCP 或 UDP，NAT 将无法工作。

（5）NAT 通常只支持内部网络的用户主动向外部网络发起连接。当外部网络的主机主动向内部网络的主机发起连接时，需要事先进行特殊配置或使用 NAT 穿越（NAT traversal）技术。

（6）有些应用会在应用层数据中插入 IP 地址。然后接收方从中提取出这些地址,并使用它们,例如文件传输协议(FTP)。由于 NAT 设备不处理应用层数据,因此接收方在使用应用层数据中的 IP 地址时会失败。

(7) 由于源端口字段是 16 位的,因此最多只能支持 65536 台内部主机被映射到同一个 IP 地址上。实际上,这个数值还要更小,因为前 4096 个端口被保留用于特殊用途,并且一台内部主机可能会使用多个端口号发起多个连接。

尽管存在这些问题,作为处理 IP 地址短缺问题的权宜之计,NAT 已经在实践中被广泛使用,特别是家庭网络和小型企业网络。NAT 已经与防火墙和隐私保护紧密结合在一起,因为它会默认阻拦未经请求的来自外部的分组。因此,即使当 IPv6 被广泛部署之后,NAT 也不太可能消失。

6.5.2 IPv6 和 IPv6 地址

IPv4 已经被大量使用了几十年,它的设计非常合理且易于使用,互联网的指数增长就是一个佐证。然而,随着互联网规模的增长,互联网面临着 IP 地址严重不足的问题。虽然 CIDR 和 NAT 让 IPv4 的地址能够被灵活高效地利用,但是早在 2000 年左右,很多人就开始担忧 IPv4 地址将在不远的未来耗尽。事实上正如前面所说,2019 年最后一块 IP 地址被分配了出去。

除了地址数量的问题之外,还有一些其他问题。早期的互联网主要被用于大学、高科技工业和美国政府。20 世纪 90 年代中期开始,人们对互联网的兴趣不断膨胀,互联网开始为各种各样有着不同需求的人们所用。大量携带无线移动计算设备的人通过互联网与他们的家庭或者企业保持联系。随着计算机工业、通信业和娱乐业的不断交融,有可能在不久的将来,世界上的每一部电话和电视都将变成互联网节点,从而几十亿台机器将会使用音频和视频点播。在这样的趋势下,很显然 IP 必须也要进一步发展,并且变得更加灵活。

在上述背景下,IETF 在 1990 年开始设计新版本的 IP,用于应对地址不足和其他问题,并使其更加灵活和高效。当时的主要设计目标包括:即使地址分配方式并不高效,也能支持数十亿台的主机;减少路由表项条数;简化协议,使得路由器能够更快速地处理分组;提供更好的安全性,例如身份认证与隐私保护;更注重服务类型,尤其是实时应用;支持组播范围的指定,从而帮助组播的部署;使主机在不改变地址的前提下进行漫游成为可能;允许协议在未来进一步演进;允许旧协议和新协议共存多年。经过了一系列的研究和探索,最终 IPv6(IP version 6)应运而生。

IPv6 的第一个主要改进是提供对新的、更长的 128 位 IP 地址的支持,这解决了 IP 地址不足问题,为互联网提供了近乎无限的地址空间。IPv6 的第二个主要改进是对分组头部进行了简化。相比于 IPv4 的 13 个字段,IPv6 分组头部仅仅包含 7 个字段,这使得路由器能够更加高效地处理分组,从而提升吞吐量并降低时延。IPv6 的第三个主要改进是更好地支持选项,它将 IPv4 分组头部中某些不太常用的必需字段变为了可选的,并且改进了表达方式以便于路由器跳过那些与它们无关的选项。IPv6 的第四个主要改进在于更好的安全性,后来这些安全性特征同样被引入 IPv4 中,现在 IPv4 与 IPv6 在安全性上已经没有那么大的差距了。IPv6 的第五个主要改进是更加关注服务质量,在今天,随着多样化的互联网服务的兴起,如语音、视频流媒体传输业务、云游戏等,对于改进网络 QoS 的需求正变得愈发紧迫。

1. IPv6 主头部

IPv6 分组头部相比 IPv4 有了明显的变化,图 6.26 显示了 IPv6 分组头部结构。

版本号:IP 分组头部中版本号占 4 位,IPv6 分组的版本号值为 6。

区分服务:用于区分具有不同实时传输要求的分组服务等级。其工作方式与 IPv4 分组头部中的区分服务字段相同。此外,低 2 位用于表示显式拥塞通知,同样采用与 IPv4 相同的方式。

流标签(flow label):流标签字段为源和目的提供了一种方法,用于标记具有相同要求并且网络应该以相同方式处理的一组分组,从而形成了一条伪连接,也就是"流"。如果一个分组的流标签字段不为 0,则所有路由器都可以在内部表中查找这个标签,看看它需要什么样的特殊处理。例如,从某台源主机上的一个进程到特定目标主机上的进程的分组流可能具有严格的时延要求,因此需要预先保留带宽,此时可以提前建立数据流通路并给定标识符。"流"是一种新的尝试,尝试同时提供两种能力:数据报网络的灵活性和虚电路网络的服务质量保障。

载荷长度(payload length):用于指示整个 IP 分组的载荷长度,单位是字节。载荷长度不包括 IPv6 分组头部自身的长度(主头部为 40 字节)。载荷长度字段只有 16 位,因此其最大值为 65535,但使用扩展头部能提供对发送大分组的支持。

下一头部(next header):顾名思义用于指出下一头部的类型,这是 IPv6 设计的关键之处。如果当前 IPv6 分组之后跟着扩展头部,则下一头部字段指出了该扩展头部的类型(当前已经定义的 6 种扩展头部类型将在下文介绍)。如果当前头部是最后的头部,即后面没有扩展头部了,则下一头部字段指出了该分组将被传输给哪个上层协议处理,例如 TCP 或 UDP。

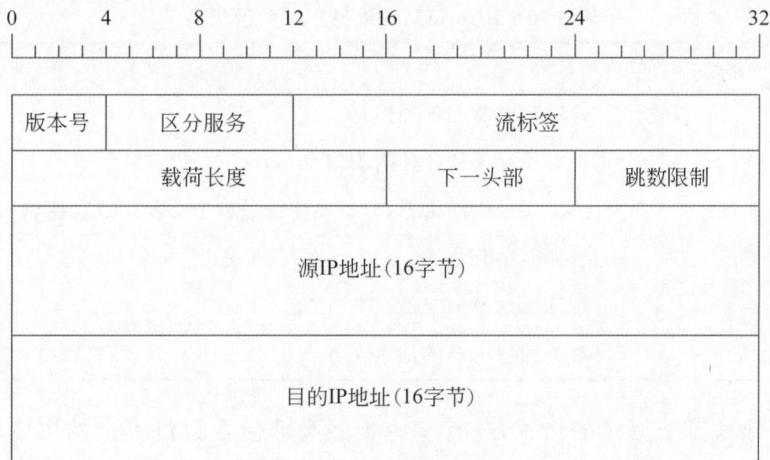

图 6.26 IPv6 分组头部结构

跳数限制(hop limit):决定了分组能经过的最大跳数。与 IPv4 分组头部中的生存时间字段相同,分组每一次被转发,该数值减 1,当跳数限制减少到 0 时,分组被丢弃。

源 IP 地址、目的 IP 地址:最后,128 位的源 IP 地址和目的 IP 地址放置在头部中。

下面来比较一下 IPv4 头部与 IPv6 的主头部,看看在 IPv6 头部中省掉了什么。

首先头部长度字段不再出现了,因为 IPv6 头部有固定的长度。其次协议字段也被拿掉了,因为下一头部字段指明了最后的 IP 头部后面跟的是什么。

接着,所有与分片和重组有关的字段都被去掉了,因为 IPv6 采用另一种方法来实现分片的功能:所有使用 IPv6 的主机都应该能够动态地确定将要使用的分组的长度。简单来说,当源主机发送了一个非常大的 IPv6 分组时,如果路由器由于 MTU 较小而无法直接转发该分组,路由器并不对该分组进行分片,而是丢弃该分组,并发送一条错误消息给源主机,告诉源主机所有将来发送给同一目的主机的分组都要分解得更小一些。从根本上来讲,让源主机从一开始就发送合适大小的分组,比让沿途的路由器动态地对分组进行分片要高效得多。此外,路由器必须能够转发的最小分组长度也从 576 字节增加到 1280 字节,以便允许 1024 字节的数据和多个头部。

最后,校验和字段也被去掉了,因为计算校验和会极大地降低性能。现在的网络通常都比较可靠,而且数据链路层和传送层通常有它们自己的校验和,所以在网络层上再使用校验和的好处,相比它所付出的性能代价而言是不值得的。

去掉了上述这些特性之后得到的是一个精简的网络层协议。这个设计方案已经满足了 IPv6 的目标,即一个快速,但仍然灵活,并且具有足够大地址空间的协议。

2. 扩展头部

IPv6 能在头部后面附加头部。这些扩展头部(extension headers)被用来提供额外的信息。主头部中的下一头部字段标识了下一个头部的类型。每个分组可以没有扩展头部,或者附加一个至多个扩展头部,每个扩展头部都包含一个下一头部字段,用于标识下一个扩展头部的类型。通常情况下,扩展头部依据其类型值以递增顺序排列,以便于路由器解析。表 6.10 给出了当前 IPv6 定义的 6 种扩展头部类型。

表 6.10   IPv6 定义的 6 种扩展头部类型

扩 展 头 部	说 明
逐跳	针对路由器的各种信息
目标	针对目标端的各种附加信息
路由	给出了一组路由器,分组在传输过程中必须经过这些路由器
分片	管理分组分片
身份认证	验证发送方的身份
加密的安全载荷	有关加密内容的信息

有些扩展头部有固定的格式,还有一些扩展头部包含数目不定的可变长度选项。对于这些可变选项,每一项都被编码成一个三元组:(类型,长度,值)。类型字段占一个字节,指明选项的类型。长度字段也占一字节,表明值所占的长度,范围在 0 至 255 字节。值字段是该选项包含的信息。

逐跳(hop-by-hop)扩展头部用来存放沿途所有路由器必须要检查的信息,目前只定义了一种选项,即用于超过 64KB 的巨型报文的逐跳扩展头部。这种扩展头部的格式如图 6.27 所示,其中第一字节指出了下一头部类型,所有扩展头部都包含这个字段。第三字节的 194 指出了选项类型,第四字节的 4 是选项值的长度,接下来的 4 字节即值字段,它指出了巨型报文载荷的长度。IPv6 头部的长度字段限制为 16 位,因此普通分组大小限制在 65535 字节内,而超过 65535 字节的报文称为巨型报文(jumbogram),这种报文需要使用此扩展头部,而此时主头部中的载荷长度值为 0。巨型报文对于那些必须要通过互联网来传输数千兆字节数据的超级计算机应用来说非常重要。

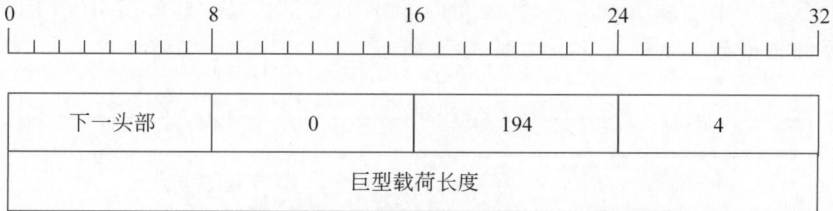

0	8	16	24	32
下一头部	0	194	4	
巨型载荷长度				

图 6.27 用于超过 64KB 的巨型报文的逐跳扩展头部

目标(destination)扩展头部用于那些只需要在目标主机上被解释的信息。在 IPv6 的初始版本中,该扩展头部唯一定义的选项是空选项,用来将当前头部填充到 8 字节的倍数。所以该扩展头部目前并没有被使用,而是留作将来可能想到的用途。

路由扩展头部的作用与 IPv4 的宽松源路由选项相似,用于指定一个需要分组必须依次经过的路由器列表。图 6.28 给出了路由扩展头部的格式。其中路由类型字段决定了此头部剩余部分的格式,目前仅定义了类型为 0 的格式,其他类型留作将来使用。剩余分段字段指出了分组路径中还剩下几个必须经过的路由器,分组每经过一个列表中的路由器,剩余分段值就减少 1。

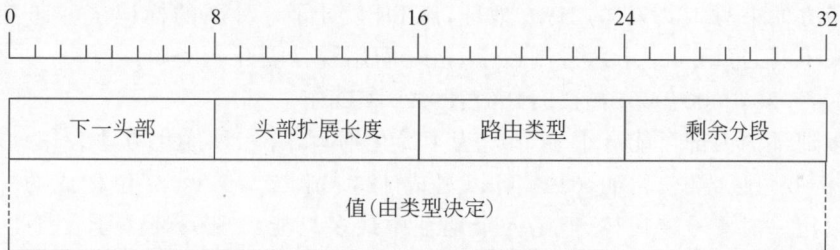

0	8	16	24	32
下一头部	头部扩展长度	路由类型	剩余分段	
值(由类型决定)				

图 6.28 路由扩展头部的格式

分片扩展头部允许主机把大的分组分片,其处理方法与 IPv4 非常相似,不同的是,只有源主机能进行分片,而沿途路由器可能不进行分片。

身份认证(authentication)扩展头部用于保证分组的内容在传输过程中不被改变。默认情况下,IPv6 使用 MD5 认证策略,但只要连接双方达成一致,也可以使用其他的认证策略。

加密的安全载荷(encrypted security payload)扩展头部用于对一个分组的内容进行加密,从而只有真正的接收方才能读取分组的内容。

3. IPv6 地址格式

与 IPv4 一样,每台计算机与每个物理网络之间的连接(接口)都有一个 IPv6 地址。因此,如果一台路由器连接了 3 个物理网络,那么这台路由器就会被分配至少 3 个 IPv6 地址。之所以说"至少"是因为 IPv6 允许给一个网络分配多个前缀。与 IPv4 地址相同,每个 IPv6 地址包括一个标识网络的前缀和一个标识主机的后缀。

IPv6 地址也像 CIDR 一样,前缀与后缀的划分边界可以在任意位,但是 IPv6 地址

包含了 3 层的层次结构。首先,地址的最高位有一个全球前缀,它被分配给独立的组
织,是全球唯一的,用于在互联网中路由。IPv6 地址的第二部分标识了组织内部的一
个子网(网络),而第三部分对应该网络中的一台计算机。IP 地址的第三部分的长度
是固定的,总是 64 位,因此全球前缀和子网总是组成一个/64 的前缀。也就是说,如
果一个 ISP 给一个组织分配了一个长度为 k 位的全球前缀,那么其 IPv6 地址的子网
前缀部分的长度就是 $64-k$ 位,如图 6.29 所示。

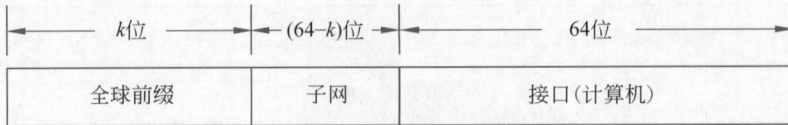

k位	(64-k)位	64位
全球前缀	子网	接口(计算机)

图 6.29　IPv6 地址格式

　　与 IPv4 类似,IPv6 定义了若干特殊地址,然而 IPv6 的特殊地址的类型与 IPv4 完
全不同。IPv6 提供了使用范围(scope)受到限制的特殊地址,例如只能用于单个网络
的地址和只能在组织内部使用的地址。此外,IPv6 没有用于广播的特殊地址,而是使
用了组播和任意播(anycast,有些地方译为“任播”)地址。任意播地址用于任意播这
种特殊的分组传输方式。当主机将分组发送到一个任意播地址时,则分组将被发送到
一个集群中的某一台计算机,如果另一台主机也给这个任意播地址发送分组,则该分
组可能被发送到这个集群中的另一台计算机,从而允许多台计算机同时处理用户
请求。

　　为了方便书写 16 字节的 IPv6 地址,IETF 设计了一种新的标记法。16 字节被分
成 8 组来书写,每组 4 个十六进制数字,组之间用冒号隔开。例如:

8000:0000:0000:0000:0123:4567:89AB:CDEF

　　许多地址的内部可能有很多个 0,为了简化书写,有三种优化方法。第一,在每组
内,前导的 0 可以省略,比如,0123 可以写成 123。第二,16 个“0”位构成的一个或多
个组可以用一对冒号来代替,但是一个地址中最多只能出现一对冒号。因此,上面的
地址可以写成:

8000::123:4567:89AB:CDEF

第三,IPv4 地址可以写成一对冒号再加上点分十进制数的形式,例如:

::192.31.20.46

6.5.3　IPv4 至 IPv6 的过渡

　　虽然从技术上讲,IPv6 优于 IPv4,但是正如前面提过的,在全球范围内部署 IPv6
存在很多困难。互联网不可能一下子从旧的 IP 版本切换到新的版本。IPv4 已经嵌
入 TCP/IP 组件的许多层和许多应用程序中。如果要切换到 IPv6,那么使用 IPv4 的
各个应用、驱动程序和 TCP/IP 协议栈将不得不进行改变。这会涉及成百上千的变
化,牵扯数以百万行代码的改动。这么多的生产商,不可能在一个特定的时间范围内
改变它们的代码。有些设备或应用甚至不能或不会更新至 IPv6。这意味着 IPv4 和
IPv6 必定会共存相当长一段时间。

　　如何从 IPv4 过渡到 IPv6 是一个非常重要且复杂的问题。有些用户主机和网络
设备只使用 IPv4 或 IPv6 协议栈,也有些设备同时支持两种协议栈,这使得 IPv4 至

IPv6 的过渡问题不仅仅是简单的 IPv4 网络和 IPv6 网络互连的问题。但是不难看出,6.4 节介绍的网络互连所遇到的问题,在进行 IPv4 至 IPv6 的过渡时也需要解决,包括分组头部格式、分组大小等。

尽管面临很多困难,IPv6 还是在世界范围内逐渐部署起来,其中一个重要的动力来自 ISP 对大量 IP 地址资源的需求。为了帮助 IPv4 至 IPv6 的过渡,很多方案被提出并应用到实际中,其中最重要的两类方案是地址翻译和隧道。

1. 基于地址翻译的过渡

当一台使用 IPv4 的主机发送一个 IPv4 分组时,只有将其转换为 IPv6 分组的格式,才能被使用 IPv6 的主机正确接收,反之亦然。其中最重要的问题在于,如何在 32 比特的 IPv4 地址和 128 比特的 IPv6 地址之间进行转换。地址翻译技术正是用于解决这一问题的。清华大学在国际上首次提出的无状态 IPv4/IPv6 翻译技术ⅣⅥ,具有良好的可扩展性、可管理性和安全性,解决了基于地址翻译的 IPv4 至 IPv6 的过渡难题。ⅣⅥ 的名称包含罗马数字Ⅳ和Ⅵ,表示 IPv4 和 IPv6 的互联互通。

进行地址翻译的设备称为翻译器,可以看作连接 IPv4 网络与 IPv6 网络的网关。由于 IPv6 的地址空间远远大于 IPv4 的地址空间,因此用 IPv6 地址表示 IPv4 地址较为容易,只需要将 IPv4 地址完整嵌入 IPv6 地址即可,嵌入的具体格式在 RFC 6052 中定义。这样得到的 IPv6 地址称为转换地址。

地址翻译的难点在于如何使用 IPv4 地址表示 IPv6 地址。一种方法是对于每个需要翻译的 IPv6 地址,选择一个未使用的 IPv4 地址来表示它,并动态维护这两个地址之间的对应关系。这种方法即有状态的地址翻译。另一种方法是在 IPv6 的地址空间中选择一个子空间,使得翻译器可以用无状态的方法映射为 IPv4 地址。这些 IPv6 地址称为可译地址,它们与转换地址拥有相同的前缀。

上述地址翻译的方法通常需要域名系统(DNS)的配合来发挥作用。例如当一台 IPv6 主机访问 IPv4 服务器时,主机将首先通过查询 DNS 来获得服务器的地址,由于服务器没有 IPv6 地址,因此 DNS 将通过名为 DNS64 的技术把服务器的 IPv4 地址翻译为 IPv6 地址(即转换地址)并返回。主机发送分组到该转换地址,当分组经过翻译器时,将被翻译为正确的 IPv4 目的地址。这一过程不需要 IPv4 服务器的参与。类似地,当 IPv4 主机访问 IPv6 服务器时,可以通过 DNS46 来获得 IPv6 主机的可译地址对应的 IPv4 地址,注意 IPv6 服务器可以有多个 IPv6 地址,其中一个是用来供 IPv4 用户访问的可译地址。

2. 基于隧道的过渡

在 IPv6 发展的初期,互联网的大多数设备都使用 IPv4,而 IPv6 网络就像是 IPv4 大海中的一个个孤岛。这些 IPv6 网络之间的通信可以使用隧道技术来实现(见 6.4.4 节),这种隧道称为 6over4 隧道。随着这些 IPv6"岛屿"的不断扩大,最终的结构将是网络完全以 IPv6 为基础,只有少部分旧的设备和网络不能升级到 IPv6。为了让这些 IPv4 设备能够相互访问,同样可以使用隧道技术,6.4.4 节中的例子就展示了这种情况。这种隧道称为 4over6 隧道。4over6 技术最早由清华大学在国际上提出并形成了一系列 IETF 标准,目前已经得到了多个国家的 ISP 的使用。4over6 隧道解决的一个关键问题是将目的节点的 IPv4 地址前缀通过 IPv6 网络告诉源节点所在的网络,从而使源节点所在网络能够选择正确的路由。

6.5.4   网络层控制协议

在互联网的网络层中,除了 IP 用来传输数据分组外,还有其他一些辅助控制协议,包括互联网控制消息协议(Internet Control Message Protocol,ICMP)、地址解析协议(Address Resolution Protocol,ARP)、反向地址解析协议(Reverse Address Resolution Protocol,RARP)、动态主机配置协议(Dynamic Host Configuration Protocol,DHCP)等。本节将依次讨论这些常用的网络层控制协议,给出这些协议的 IPv4 版本描述。在 IPv6 中,ICMP 和 DHCP 有类似的版本,而 ARP 对应的协议则称为邻居发现协议(Neighbor Discovery Protocol,NDP),本节也将对其进行简要介绍。

1. ICMP

互联网的运行受到路由器的密切监控,ICMP 用于报告路由器在处理数据包的过程中出现的一些意外情况。此外,ICMP 还可以用来进行网络测试。目前有十多种已经被定义的 ICMP 消息。每一类 ICMP 消息都被封装在一个 IP 分组中。表 6.11 列出了主要的 ICMP 消息类型。

表 6.11   主要的 ICMP 消息类型

消 息 类 型	描　述
目标不可达	数据包无法传递
超时	TTL 减为 0
参数问题	无效的头部字段
源抑制	抑制包
重定向	告知路由器有关地理信息
回显和回显应答	检查一台机器是否活着
时间戳请求/应答	与回显相同,但需要包含时间戳
路由器通告/请求	寻求一台附近的路由器

ICMP 的报文格式如图 6.30 所示。每个 ICMP 报文都包含 IP 头部、ICMP 头部和 ICMP 数据。当 IP 头部的协议字段值为 1 时,说明这是一个 ICMP 报文。ICMP 头部中的类型字段用于说明 ICMP 报文的作用及格式,此外还有一个代码字段用于详细说明某种 ICMP 报文的类型。

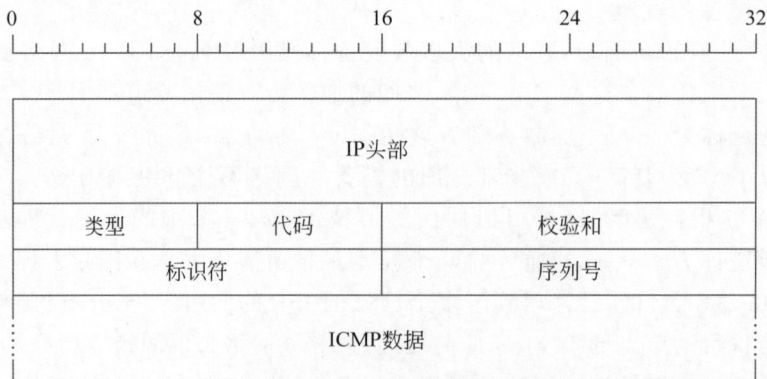

图 6.30   ICMP 的报文格式

ICMP 在当今互联网中有广泛的应用。当路由器不能找到目的地址时,或者当一个设置了 DF 标志位的分组经过一个 MTU 较小的网络而不能被递交时,路由器就会向源主机发送目标不可达(DESTINATION UNREACHABLE)消息。

当一个分组由于其 TTL 计数器到达 0 而被丢弃时,路由器向源主机发送超时(TIME EXCEEDED)消息。这一事件通常表示分组进入了路由环路,或者计数器值设置得太小。利用 ICMP 的这一错误消息机制,Van Jacobson 在 1987 年开发了 Traceroute 工具来探测从主机到目的 IP 地址的沿途路由器。Traceroute 不需要任何特殊的网络支持就能获取路径沿途的路由器 IP 地址,它的工作原理很简单:向目的地址发送一系列的分组,分别将 TTL 设置为 1、2、3,以此类推。这些分组的 TTL 值在路径上的路由器中分别被减为 0,于是这些路由器各自返回一条 ICMP 超时消息给源主机。源主机从这些消息中,就可以确定路径沿途的路由器 IP 地址,并跟踪路径各跳的统计数据和时间开销。这不是 ICMP 超时消息的设计初衷,但它可能一直是最有用的网络调试工具。

参数问题(PARAMETER PROBLEM)消息表明在分组头部某些字段中检测到非法值,这表明源主机的 IP 软件中存在错误,或者中间路由器的软件中存在错误。

源抑制(SOURCE QUENCH)消息很久以前用于限制发送过多分组的主机(见6.3.4 节)。这条消息现在很少使用,因为当发生拥塞时它常常会火上浇油。

当路由器注意到一个分组在转发时似乎走了错误的路由,将使用重定向(REDIRECT)消息。路由器使用它来告诉源主机更新到更好的路由。

主机发送回显(ECHO)消息以查看给定目的地是否可到达并且当前已启动。接收到回显消息后,目的地应发送回显应答(ECHO REPLY)消息给源主机。这类消息在 ping 应用程序中使用,用于检查特定主机是否已开机并连接到互联网上。

时间戳请求(TIMESTAMP REQUEST)消息和时间戳应答(TIMESTAMP REPLY)消息与之类似,只是请求消息的到达时间和应答消息的离开时间都记录在应答消息中。该消息可用于测量网络性能。

路由器通告(ROUTER ADVERTISEMENT)消息和路由器请求(ROUTER SOLICITATION)消息用于让主机找到附近的路由器。主机需要知道至少一台路由器的 IP 地址,才能从本地网络发送分组。

除了上述这些消息类型外,ICMP 还定义了其他消息类型。

在 IPv6 中,ICMP 的对应协议为 ICMPv6。ICMPv6 除了具有 IPv4 ICMP 的全部功能外,还包含以下两个功能:

(1) 多播接收方发现协议(Multicast Listener Discovery,MLD):该协议完成子网内的组播成员管理。

(2) 邻居发现协议(NDP):该协议实现了 IPv6 中的地址解析、路由器发现以及路由重定向功能,用来管理同一链路上节点间的通信。

2. ARP/RARP/NDP

在互联网中,每台机器都被分配了一个或多个 IP 地址,但想要发送分组,只有 IP 地址还不够。数据链路层的网卡设备并不理解网络层地址。对于以太网网卡,每块网卡在出厂时都配置了一个唯一的 48 位以太网地址(MAC 地址),该以太网地址是网卡的制造商从 IEEE 请求得到的。制造商确保不会出现两块网卡有相同的地址,以避免两块网卡处于相同局域网时发生冲突。在以太网中,一台主机要和另一台主机进行直接通信,必须要知道目标主机的 MAC 地址,这样才能构造出数据链路层的传输单元——帧,其中包含目标主机的 MAC 地址。这个目标 MAC 地址是如何获得的呢?答案是地址解析协议(ARP)。所谓"地址解析"就是主机在发送帧前将目标 IP 地址转换成目标 MAC 地址的过程。ARP 的基本功能就是通过 IP 地址查询 MAC 地址,以保证通信的顺利进行。

值得注意的是,ARP 中的目标 IP 地址通常是与当前主机在同一个局域网内的其他主机的 IP 地址。ARP 解析的目标 IP 地址并不一定是 IP 分组中目的 IP 地址。主机或路由器在发送分组之前,首先要判断分组的目的 IP 地址是否在本地局域网中。如果是的,则可以直接对目的 IP 地址进行地址解析,否则需要通过查找路由表确定下一跳 IP 地址,再对下一跳 IP 地址进行地址解析。对于一条包含多跳的 IP 分组转发路径来说,分组经过的每一台路由器都要对下一跳 IP 地址进行解析。

下面用以太网作为例子来介绍 ARP 的基本工作原理。

(1) 每台主机都会在自己的 ARP 缓存(ARP cache)中建立一个 ARP 列表,其中每条表项表示一个 IP 地址和 MAC 地址的对应关系。

(2) 当一台主机或路由器需要发送分组时,会首先检查自己的 ARP 列表中是否存在目标主机的 IP 地址对应的 MAC 地址,如果有,就直接将分组发送到这个 MAC 地址;如果没有,就向本地局域网发出一个广播帧,即 ARP 请求帧,用于查询目标 IP 地址对应的 MAC 地址。此 ARP 请求帧里包括发送方的 IP 地址、MAC 地址,以及目标主机的 IP 地址。

(3) 局域网中所有的主机和路由器收到这个 ARP 请求帧后,会检查其中包含的目标 IP 地址是否和自己的 IP 地址一致。如果不一致就忽略此 ARP 请求帧;如果一致,则该主机或路由器首先将发送方的 IP 地址和对应的 MAC 地址添加到自己的 ARP 列表中,如果 ARP 列表中已经存在该 IP 的信息,则用最新的 MAC 地址覆盖旧的 MAC 地址,然后给发送方回复一个 ARP 应答帧,其中包含自己的 IP 地址和 MAC 地址,也就是告诉对方自己就是要找的目标主机。

(4) 发送方收到这个 ARP 应答帧后,将得到的目标主机的 IP 地址和 MAC 地址添加到自己的 ARP 列表中。如果发送方一直没有收到 ARP 应答帧,表示 ARP 查询失败。

地址解析成功后,发送方便可以构造包含目标主机 MAC 地址的以太网帧,并把 IP 分组放到该以太网帧的载荷中,然后将其发送到以太网上。目标主机的以太网卡检测到这一帧,并识别出这是发给自己的帧,于是将该帧接收并触发一个中断。以太网驱动程序从载荷中提取出 IP 分组,并将该分组递交给 IP 软件进行后续处理,例如接收、转发或丢弃。

在通常情况下,ARP 只能解析本地局域网中的 IP 地址,因为远程网络中的主机接收不到 ARP 请求帧。但是在某些特殊情况下,源主机无法查找到去往目的 IP 地址的下一跳路由,例如该主机不支持配置默认网关(default gateway),这样的源主机只好对目的 IP 地址发起 ARP 请求,此时可以让连接两个网络的路由器来进行 ARP 应答,将路由器自己的 MAC 地址告诉源主机。这样一来,源主机就可以使用路由器的 MAC 地址将分组发送给路由器,路由器再将分组正常转发给目的主机。这种方案称为代理 ARP(proxy ARP)。

上述 ARP 的工作流程隐含了一个安全问题：如果局域网中的某台恶意主机发布了虚假的 ARP 消息，将局域网内所有 IP 地址都映射到自己的 MAC 地址上，就可以使网络中的帧无法到达正确的接收方，而是发给该恶意主机。该恶意主机还可以进一步将自己伪装成其他主机进行通信，或者对数据进行篡改等。这种攻击方式称为 ARP 欺骗攻击。防御 ARP 欺骗攻击的一种有效方法是让一台设备来管理 IP 地址的分配（见下文对 DHCP 的介绍）并保存 IP 地址与 MAC 地址的映射关系，当检测到通告了错误映射关系的 ARP 帧时，便能发现发起攻击的主机并进行处理。

ARP 解决了根据 IP 地址找到对应 MAC 地址的问题。但是有时候，需要根据一个给定的 MAC 地址找到对应的 IP 地址，例如当一个无盘工作站启动的时候。反向地址解析协议（RARP）就是用于解决这个问题的，其工作原理是，由源主机发送 RARP 广播帧声明自己的 MAC 地址，并请求收到此帧的 RARP 服务器分配一个 IP 地址，RARP 服务器收到此请求后，检查其 RARP 列表，查找该 MAC 地址对应的 IP 地址，并将该信息发送给源主机。

ARP 是 IPv4 中必不可少的协议，但在 IPv6 中不再使用 ARP。在 IPv6 中，地址解析的功能由邻居发现协议（NDP）实现，它使用一系列 IPv6 控制信息报文（ICMPv6）来实现相邻节点的交互管理，并在局域网中维护网络层地址和数据链路层地址之间的映射。NDP 定义了 5 种类型的信息：路由器宣告、路由器请求、路由重定向、邻居请求和邻居宣告。与 ARP 相比，除了地址解析，NDP 还可以实现路由器发现、前缀发现、参数发现、地址自动配置、下一跳确定、邻居不可达检测、重复地址检测、重定向等更多功能。

3. DHCP

主机连接到互联网上时需要配置一些基本信息，例如 IP 地址、子网掩码、默认网关等。一种配置方法是人为手动配置，而另一种更便捷的方法是采用动态主机配置协议（DHCP）。

为了使用 DHCP，网络必须有一台负责配置的 DHCP 服务器。当一台计算机启动时，它的网卡中有内置 MAC 地址或其他数据链路层地址，但没有 IP 地址，该计算机会在其网络上广播 DHCP DISCOVER 分组来请求 IP 地址。应确保此分组能够到达 DHCP 服务器。如果该服务器未直接连接在当前网络中，则需要配置路由器使其能够将 DHCP 请求分组转发到 DHCP 服务器。

当 DHCP 服务器收到请求时，它会分配一个空闲的 IP 地址并通过 DHCP OFFER 分组将其发送给主机。为了在主机没有 IP 地址的情况下也能完成这项工作，服务器使用 DHCP DISCOVER 分组所携带的 MAC 地址来识别主机。

自动分配地址的一个问题是分配的 IP 地址能用多久。为了防止主机关机或离开网络后仍然占据 IP 地址，分配的 IP 地址只能使用一段固定的时间，这段固定的时间称为租赁期。在租赁期到期之前，如果主机想继续使用该 IP 地址，必须向 DHCP 服务器请求续订。如果没有请求或请求被拒绝，主机有可能无法继续使用该 IP 地址。

DHCP 在 RFC 2131 和 RFC 2132 中得到了描述，它在互联网中被广泛使用，例如商业网络和家庭网络中，用户可以自动完成设备的配置。除了为主机配置 IP 地址外，DHCP 还可以配置各种参数，例如子网掩码、默认网关的 IP 地址、DNS 服务器的 IP

地址、时间服务器的 IP 地址等。DHCP 已在很大程度上取代了功能更有限的早期协议,如 RARP 和 BOOTP。

DHCP 的 IPv6 版本是 DHCPv6,它同样可以用于配置主机的各种参数,但它主要用在需要集中管理主机的网络中。IPv6 设计了另一种配置主机地址的方法,用于支持两个独立的 IPv6 节点在没有服务器和管理员的网络中实现自动配置和相互通信,而不使用 DHCPv6。这种方法称为无状态地址自动配置,它首先通过节点间相互通信来发现网络拥有的全局唯一前缀作为地址前缀,如果没有可用的前缀,则使用为本地通信保留的前缀,接着使用节点的 48 位 MAC 地址来构造一个 64 位的后缀,从而为主机产生唯一的 IPv6 地址。

6.5.5　互联网路由协议

正如 6.4.6 节中所提到的,互联网由大量独立的网络或自治系统(AS)组成,这些网络或 AS 由不同的组织(通常是公司、大学或 ISP)运营。在自己的网络内部,组织可以使用自己的算法进行内部路由或域内路由,然而,常用的流行的标准协议只有少数几个。域内路由协议也称为内部网关协议(IGP)。本节将首先介绍早期的距离向量路由协议:路由信息协议(Routing Information Protocol,RIP),以及在实践中广泛使用的开放最短路径优先(OSPF)协议。在此之后,本节将介绍独立运营的网络之间的路由。对于这种情况,所有网络必须使用相同的域间路由协议或外部网关协议(EGP)。互联网中使用的协议是边界网关协议(Border Gateway Protocol,BGP)。

1. RIP

RIP 是一种早期的域内路由协议,它采用了距离向量路由算法的设计,该算法继承自 ARPANET,6.2.5 节介绍了这类路由算法的原理。在 RIP 中采用跳数来度量路由路径花费,即路径的度量值,它是指路径从源路由器到目标节点(包括目标子网)所途经的子网数量。

最早的 RIP 版本是 RIPv1,它是有类别路由协议,其协议报文不携带掩码信息,只能识别 A、B、C 类这样的自然网段的路由,而不支持 CIDR,且只支持以广播方式发布协议报文。后来提出的 RIPv2 是一种无类别路由协议,它的报文中包含掩码信息,支持路由聚合和 CIDR。RIPv2 还具有支持组播路由、支持指定下一跳、支持路由标签、支持对协议报文进行验证等特性。一种被称为下一代 RIP(RIP next generation,RIPng)的版本可以用于 IPv6 路由。

RIP 使用用户数据报协议(UDP)在路由器之间传输路由信息,端口号为 520。RIP 是网络层协议,但是它使用传送层协议(UDP)来实现网络层功能并控制网络层的路由表项,这可能看起来有些奇怪且复杂。近年来,越来越多的路由控制与优化方案使用更高层的协议,这些方案使得网络层控制方案变得更加智能。

图 6.31 给出了 IPv4 使用的 RIPv2 的消息格式。其中命令字段指出了消息的类型,值为 1 表示请求消息,用于路由器向邻居请求到达指定目的网络的跳数;值为 2 表示应答消息,该消息用于将路由器自己的 RIP 表项通告给邻居,每条 RIP 表项包含了目的网络、下一跳和跳数等信息。

路由器或主机发送的每条 RIP 消息可以包含最多 25 条 RIP 表项。RIP 规定的最大路径花费为 15,这也限制了使用 RIP 的 AS 的直径不超过 15 跳。RIP 路由收敛

| 0 | 4 | 8 | 16 | 24 | 32 |

| 命令 | 版本 | 0 |
| 网络1的家族 | 网络1的路由标签 |
| 网络1的IP地址 |
| 网络1的子网掩码 |
| 网络1的下一跳 |
| 网络1的度量值 |
| 网络2的家族 | 网络2的路由标签 |
| 网络2的IP地址 |
| 网络2的子网掩码 |
| 网络2的下一跳 |
| 网络2的度量值 |

⋮

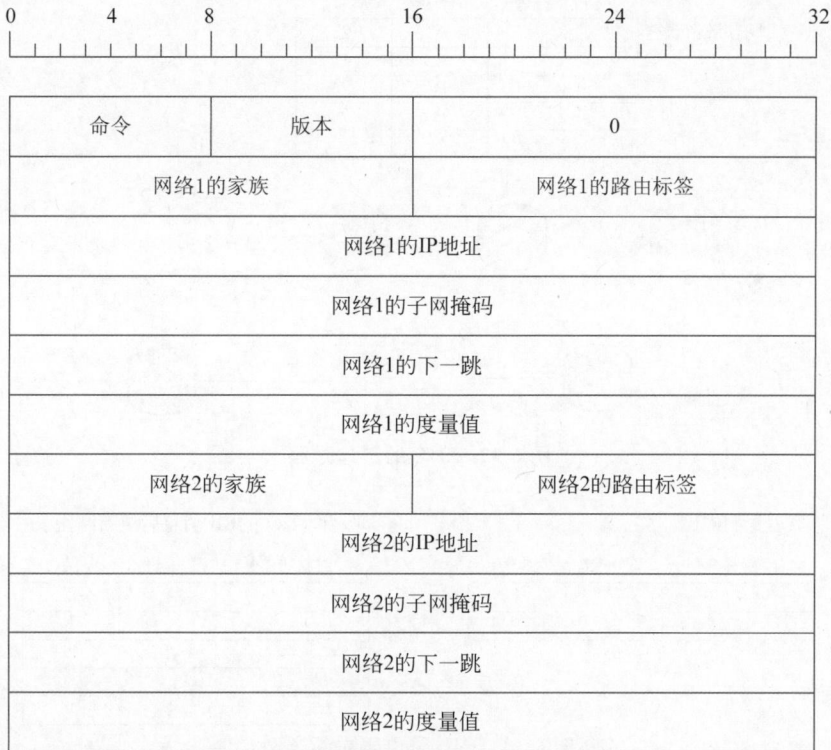

图 6.31 IPv4 使用的 RIPv2 的消息格式

后，每台路由器会保存其到 AS 内其他子网的当前最短跳数。此外，路由器大约每 30s 利用 RIP 消息将自己所保存的最短跳数路由发送给邻居路由器，用于 RIP 维护。如果路由器每 180s 内没有收到任何一次来自邻居路由器的消息，则认为该邻居路由器不再可达。也就是说，要么该邻居路由器出现故障或者关机了，要么连接链路断开了。发生这种情况时，RIP 会修改本地路由表，然后通过向其他相邻的路由器发送 RIP 消息来传播此信息。

下面用一个简单的例子来演示 RIP 的工作过程。如图 6.32 所示，每条实线代表一个子网，部分网络结构被省略。每台路由器会保存一个 RIP 路由表，用来记录当前去往各目标子网的最短跳数。图中给出了路由器 D 当前的路由表项，其中到目标子网 z 的当前最优下一跳路由器为 B，需要经过 7 个子网才能到达 z。

现在假设路由器 D 收到了来自邻居路由器 A 的路由通告，其中包含了 A 的 RIP 路由表，如图 6.33 所示。可注意到，A 的路由通告指出经过 A 有一条更短的到 z 的路由通路，这可能是由于某些新的路由器加入了网络。于是路由器 D 去往目标子网 z 的表项将会更新，即将下一跳路由器更改为 A，剩余跳数更新为 5。

2. OSPF 协议

OSPF 协议被认为是 RIP 的后继协议，引入了很多非常好的特性。OSPF 协议的核心是 6.2.6 节介绍的链路状态路由算法，包括泛洪路由算法和 Dijkstra 算法。OSPF 协议是从另一种域内路由协议的早期版本进化而来的，该协议是由 ISO 提出的中间系统到中间系统(IS-IS)协议。OSPF 协议在设计之初，希望满足很多需求：

（1）协议必须是公开发表的，私有的路由协议无法做到这一点。

D的路由表

目标子网	下一跳	跳数
w	A	2
x	-	1
y	B	2
z	B	7
⋮	⋮	⋮

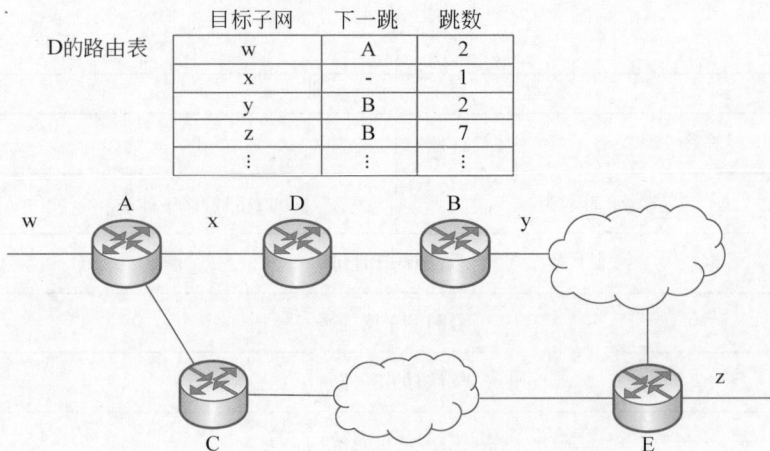

图 6.32　RIP 的工作过程

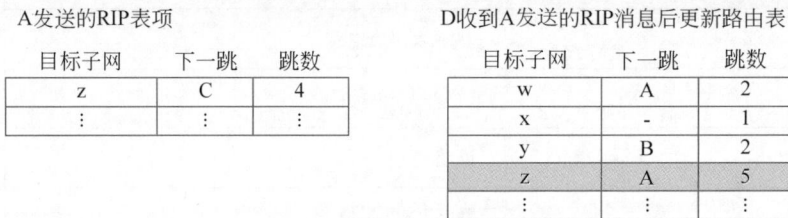

A发送的RIP表项

目标子网	下一跳	跳数
z	C	4
⋮	⋮	⋮

D收到A发送的RIP消息后更新路由表

目标子网	下一跳	跳数
w	A	2
x	-	1
y	B	2
z	A	5
⋮	⋮	⋮

图 6.33　RIP 路由表更新举例

（2）协议必须支持多种链路度量值，包括物理距离、时延等。

（3）协议必须是动态的，能够自动且快速地适应网络拓扑变化。

（4）协议必须支持基于服务类型的路由，以及让不同服务类型的流量选择不同的路径，然而这一项特性由于没有人使用而最终被 OSPF 协议移除了。

（5）协议必须支持负载均衡，也就是把负载分散到多条路径上去，从而获得更好的性能。在 OSPF 协议中，当到达某目的节点的多条路径具有相同的度量值时，允许使用多条路径。

（6）协议必须支持分层路由。

（7）协议必须支持一定的安全性，以防止好事者注入不正确的路由信息。

（8）协议必须能够正确处理通过隧道技术连接到互联网的路由器。

使用 OSPF 协议的路由器可以构建整个 AS 的完整拓扑图，在此基础上，路由器在本地运行 Dijkstra 算法，以确定以自身为根节点到所有子网的最短路由路径。OSPF 协议详细的运行过程可参考 RFC 2328。

互联网中的很多 AS 本身非常庞大，而且不便于管理。OSPF 协议可以将 AS 分成不同的区域（area），每个区域是一个网络或一组邻近的网络。在一个区域的外部，它的拓扑结构和细节是不可见的。每个 AS 都有一个骨干区域（backbone area），即 0 号区域。OSPF 协议规定所有区域都必须连接到骨干区域，所以从该 AS 的任何一个区域出发经过骨干区域都可以到达该 AS 的其他任何区域。

在一个 OSPF 协议区域内部，每台路由器的链路状态数据库完全相同，并运行同样的最短路径算法，用于计算出从本路由器到同一区域中任何一台路由器之间的最短路径。位于区域边界的路由器同时属于两个区域，因此它需要为自己所在的两个区域分别维护两个独立的链路状态数据库,并且为每个区域都单独运算最短路径算法。在一个区域中,至少有一台路由器连接到骨干区域。当源节点和目的节点属于不同区域时,它们之间的路径必须经过骨干区域。

图 6.34 显示了一个使用 OSPF 协议的多区域网络,其中显示了多种典型的路由器。一台路由器可以同时属于多种类型。其中 AS 边界路由器与其他 AS 相连,它可能会运行域间路由协议 BGP,从而使本 AS 中的路由器知道通向外部网络的路径。

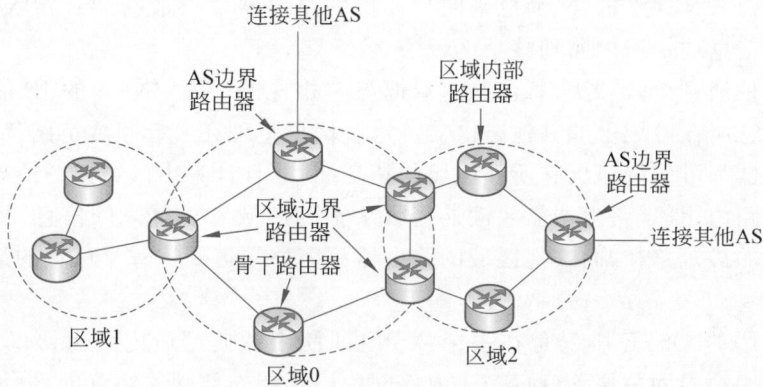

图 6.34　一个使用 OSPF 协议的多区域网络

表 6.12 列出了 OSPF 协议使用的 5 种消息类型,所有这些消息都以 IP 分组的方式发送出去。因此 OSPF 协议需要自己实现可靠报文传输、链路状态信息泛洪等功能。IP 头部中协议字段值为 89 表示 OSPF 协议。

表 6.12　OSPF 协议使用的 5 种消息类型

消 息 类 型	描　　　述
HELLO	用来发现所有的邻居
LINK STATE UPDATE	通告发送方到其邻居的度量值
LINK STATE ACK	对链路状态更新消息的确认
DATABASE DESCRIPTION	声明发送方的链路状态更新情况
LINK STATE REQUEST	请求链路状态信息

当一台 OSPF 协议路由器启动的时候,它向它所连接的点到点链路上发送 HELLO 消息。如果该路由器连接的是广播网络(局域网),则以组播的方式将 HELLO 消息发送给该网络上的所有路由器。收到 HELLO 消息的 OSPF 协议路由器用 HELLO 消息进行回复,这样每台 OSPF 协议路由器都能得知谁是它的邻居。

OSPF 协议需要在邻接的路由器之间交换信息才能工作。注意邻接(adjacent)路由器与邻居(neighboring)路由器是不同的概念,局域网的一台路由器与该局域网中的所有其他路由器是邻居,但只与选举出的指定路由器(DR)邻接,DR 与该局域网内的其他路由器都是邻接的,并且和它们交换信息,正如 6.2.6 节介绍的。如果两台邻居路由器不是邻接的,则它们相互之间并不交换信息。有一台备份的 DR 总是保持最新的状态数据,以便当 DR 崩溃的时候能够很容易地切换过来取代原来的 DR。

每台 OSPF 协议路由器周期性地泛洪链路状态更新(LINK STATE UPDATE)

消息到它的邻接路由器。该消息给出了该路由器的链路状态信息。这些消息通过邻接路由器发送的链路状态确认(LINK STATE ACK)消息来保证传输的可靠性。当一条链路刚刚启动、停止，或者度量值改变时，路由器也要发送链路状态更新消息。

每个链路状态信息都有一个序列号。数据库描述(DATABASE DESCRIPTION)消息仅仅发送链路状态信息的序列号。当收到链路状态更新消息或数据库描述消息时，路由器根据序列号来检查谁拥有最新的信息。路由器也可以通过使用链路状态请求(LINK STATE REQUEST)消息来向其邻接的路由器请求最新的链路状态信息，从而使最新的信息被快速传播到整个区域中。

通过这种消息扩散方法，每台路由器把与它相连的子网(链路)的 IP 前缀和度量值都告诉了它所在区域中的其他路由器。这些信息整理在一起组成链路状态数据库，使每台路由器都可以构建出它所在区域的拓扑图，并且计算出区域内的最短路径。对于跨区域的路由，骨干路由器需要额外接收从别的区域发送过来的信息，从而计算去往其他区域的最短路径，而其他区域的路由器只需要知道到达骨干区域的最短路径。

3. BGP

前面介绍的 OSPF 协议是在一个 AS 内部使用的典型域内路由协议。而在 AS 之间通常使用边界网关协议(BGP)。内部网关协议和外部网关协议的目标不尽相同：内部网关协议的目标是尽可能高效地将分组从源节点传输到目的节点；而外部网关协议需要考虑网络路由的策略，包括政治、安全或者经济因素。例如，某教育网络不希望自己承载商业流量；五角大楼希望自己的流量永远不走经过伊拉克的路径；起止于 Apple 公司的流量不应经过 Google 公司传输等。这些策略本身并不是协议的一部分，BGP 为每个 AS 提供了选路的手段来实现这些策略。网络管理员以手工方式将自己 AS 的策略配置到每台 BGP 路由器中。

BGP 在距离向量路由协议的基础上进行修改来满足策略路由和隐私保护的需求。每个 AS 选择性地向相邻 AS 通告可以通过自己到达的目的地址，对于违背路由策略的目的地址则不进行通告。此外，BGP 还提供了很多选路手段，使得 AS 不仅可以选择距离或跳数最短的路径，还能实现更灵活的路由选择，从而来满足各式各样的路由策略需求。

从本质上讲，路由策略是通过决定哪些流量可以经过哪些 AS 间链路进行转发来实现的。一种最基本的域间路由策略为，**客户网络**(即 customer AS)向另一个**服务提供者网络**(即 provider AS)支付费用，从而能够将分组发到互联网中其他目的主机，同时能够收到来自这些主机的分组，这称为客户 AS 从服务提供者 AS 那里购买了**穿越服务**(transit service)。为了实现这个策略，服务提供者 AS 通过 BGP 将互联网中的目的地址通告给客户 AS。BGP 运行在服务提供者 AS 的边界路由器和客户 AS 的边界路由器之间。接着，客户 AS 的边界路由器将这些目的地址信息传达给客户 AS 内部的所有路由器。这样客户 AS 内部的每一台路由器就知道了去往互联网中目的主机的分组应该首先发送到该客户 AS 的边界路由器，然后该边界路由器会将分组通过 AS 间链路转发给服务提供者 AS，并进行后续的转发。同时，客户 AS 仅将属于自己的目的地址通过 BGP 通告给服务提供者 AS，这样服务提供者 AS 就能将去往这些目的地址的分组正确地交给此客户 AS，而不会把去往其他目的地址的分组发给它。通过 BGP 传递的目的地址信息称为**路由可达性**(reachability)信息，简称路由信息或可达性信息。

除了上述客户-服务提供者(customer-provider)关系外,还有一种典型的 AS 之间的关系是无偿对等(settlement-free peering)关系。建立了无偿对等关系的两个 AS 之间相互交换路由信息,这样它们之间便可以直接传输流量,而不需要向共同的服务提供者购买穿越服务,从而节省了开销。此外,还存在其他一些路由策略,例如有偿对等(paid peering)、部分穿越(partial transit)等。

需要注意的是无偿对等关系不能传递。例如,如果 AS1 和 AS2 建立了无偿对等关系,同时 AS2 和 AS3 建立了无偿对等关系,此时不能说 AS1 与 AS3 之间存在无偿对等关系,因为它们之间没有链路直接相连。进一步地,AS2 不能将 AS1 通告给它的路由信息告诉 AS3,因为 AS2 并不提供 AS1 和 AS3 之间的穿越服务。如果 AS1 希望与 AS3 通信,只能通过它们共同的服务提供者 AS,或者在 AS1 与 AS3 之间直接建立无偿对等关系。类似地,一个 AS 也不会将一个对等 AS 通告给它的路由信息告诉它的服务提供者 AS。

图 6.35 给出了一个由多个 AS 组成的互联网络的例子。有的 AS 仅与另一个 AS 相连,这类 AS 称为末端网络(stub network)或末端 AS(stub AS),这样的 AS 只有一条路径通往互联网,因此可以不使用 BGP,而仅配置默认路由,如图 6.35 中的 AS6。有的 AS 与一个以上的 AS 相连,但不中转通信数据,这类 AS 称为多连接末端网络(multi-homed network),如图 6.35 中的 AS5。其他 AS 与一个以上的 AS 相连,并且能够为其他 AS 提供传输服务,这类 AS 称为穿越 AS(transit AS),如图 6.35 中的 AS1、AS2、AS3、AS4。从图 6.35 可以直观地看到,分组转发是沿着路由可达性信息传递的相反方向进行的。

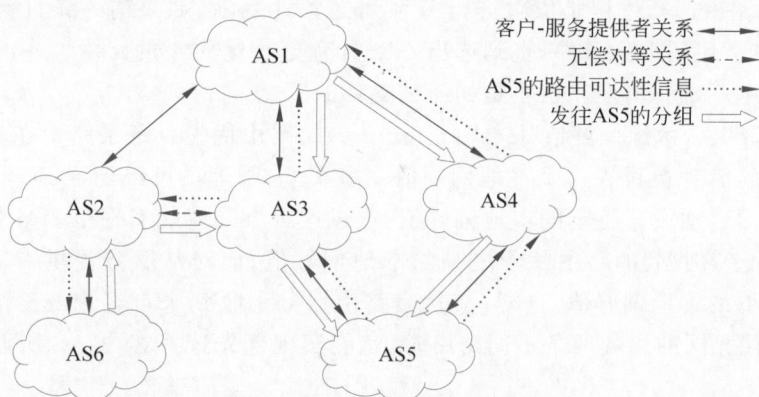

图 6.35 由多个 AS 组成的互联网络

通过上述介绍可以知,BGP 采用的路由算法与距离向量路由算法(见 6.2.5 节)有类似之处,然而也有着很大的区别。

(1) BGP 并非简单地选择最短路径,满足路由策略是 BGP 选择路径的主要依据。

(2) BGP 通告路由的时候并不仅仅包含前缀和度量值,还记录了该路由通告沿途经过的路径。在 BGP 中,每个 AS 都有唯一的自治系统编号(Autonomous System Number,ASN),ASN 由 ICANN 地区注册机构分配。当路由器通告一个前缀时,还附带了一个 AS-PATH 属性,其中包含了该路由通告已经经过的 ASN 序列。这种方案称为路径向量协议(path vector protocol)。路由器可以使用 AS-PATH 属性来检测和防止循环通告,同时该属性也可以作为路由选择的依据,从而实现某些路由策略,例如选择较短的路径或避开某个 AS。

(3) BGP 路由器之间通过 TCP 连接进行通信,该连接称为 BGP 会话(BGP session),它保证了通信的可靠性,也隐藏了中途网络中的具体细节。进行 BGP 会话的两台路由器称为 BGP 对等方(BGP peers)。跨越两个 AS 的 BGP 会话称为外部 BGP(external BGP,eBGP)会话,在同一个 AS 内部的两台路由器之间的 BGP 会话称为内部 BGP(internal BGP,iBGP)会话,iBGP 用于 AS 内部的路由器之间相互通告路由。

按照上述路由信息通告的方式,一台路由器可能会收到去往同一条前缀的多条路由,在这种情况下,路由器必须在可能的路由中选择一条。路由选择过程对每个目的前缀都要执行,从而为每个目的前缀选出一条路由。BGP 的路由选择是一个复杂的过程,每个 AS 都有自己的路由策略,这体现在选择路由的时候具有不同的偏好。在这里先简单介绍常用的一般原则,之后介绍 BGP 如何对其进行支持。

首先,一条经过无偿对等 AS 的路径要优于一条经过服务提供者的路径,因为它更便宜。同样的道理,一条经过客户 AS 的路径具有最高的优先级。其次,一条更短的 AS 路径具有更高的优先级,虽然理论上一个 AS 内部的路径可能很长,甚至比经过多个 AS 的路径更长,但是通常情况下更短的 AS 路径会更好一些。然后,在一个 ISP 内部,开销更低的路径通常优先级更高。例如,当某个 AS 从两个不同的相邻 AS 收到相同目的地址(前缀)时,该 AS 内部的路由器可以选择距离自己更近的那个边缘路由器进行转发,注意这个边缘路由器对于该 AS 内部的不同路由器而言可能是不同的。这一策略称为快速退出(early exit)或热土豆路由(hot potato routing)。

BGP 的路由选择过程是依次进行一系列的条件判断,如果前一条件无法区分两条路由,则继续使用下一条件,直到选出一条具有更高优先级的路由。一些重要的条件如下。从中不难看出上述策略是如何被支持的。

(1) 具有更高本地偏好值(local-preference)的路由优先。每条路由在 AS 内部都可以通过网络管理员设置一个本地偏好值。事实上,管理员可以配置 BGP,使满足特定条件的路由自动设置特定的本地偏好值,通过这种方式就能实现很多路由策略。例如,对从客户 AS 收到的路由赋予更高的本地偏好值,而对从服务提供者 AS 收到的路由赋予较低的本地偏好值,这样一来,当路由器分别收到来自客户 AS 和服务提供者 AS 的去往相同前缀的两条不同路由时,就能实现优先选择客户 AS 所通告路由的策略。

(2) 具有更短 AS 路径长度的路径优先。

(3) 通过 eBGP 学习到的路由比通过 iBGP 学习到的路由具有更高优先级。

(4) 从同一邻居 AS 学习到的多条路由,具有最低多出口鉴别器(Multiple Exit Discriminator,MED)值的路由优先。

(5) 当有多台域内路由器通告了目的前缀时,选择度量值最小的域内路径去往这些路由器中的任意一台,该路由器通告的路由具有更高的优先级。

当上述条件都无法区分两条路由时,BGP 会通过比较路由器 ID 等参数来进行最后的决策。

4. 组播协议

6.2.7 节介绍过组播路由算法。IP 使用 D 类 IP 地址来支持组播。每个 D 类地址标识一组主机,其中的 28 位可用于识别组,因此可以同时存在超过 2.5 亿个组。当一个进程向 D 类地址发送一个分组时,网络会尽最大努力将其传输给对应组的所有成员,但不提供任何保证。

IP 地址范围 224.0.0.0/24 被用于本地网络上的组播。在这种情况下不需要路由协议,分组通过简单地在 LAN 上使用组播地址广播来实现组播。LAN 上的所有主机都接收广播,而只有作为组成员的主机处理该分组。路由器不会将分组转发到 LAN 之外。几个常用的本地组播地址如下:

(1) 224.0.0.1:LAN 上的所有主机。

(2) 224.0.0.2:LAN 上的所有路由器。

(3) 224.0.0.5:LAN 上的所有 OSPF 协议路由器。

(4) 224.0.0.251:LAN 上的所有 DNS 服务器。

对于其他组播地址而言,可能有的组成员在不同的网络上。在这种情况下,需要一个路由协议。但首先,组播路由器需要知道哪些主机是特定组的成员。一个进程要求它所在的主机加入一个特定的组,也可以要求它所在的主机离开该组。每台主机记录其中的各个进程当前属于哪些组。当主机上的最后一个进程离开一个组时,该主机不再是该组的成员。每隔一段时间(例如一分钟),组播路由器便向其 LAN 上的所有主机发送一个查询分组,目的地址为本地组播地址 224.0.0.1,收到该查询分组的主机向组播路由器报告自己当前所属的组,也就是它感兴趣的所有 D 类地址。这些查询和应答分组使用的协议称为**互联网组管理协议**(Internet Group Management Protocol,IGMP)。IGMP 是组播路由器用来维护组播组成员信息的协议,运行于主机和组播路由器之间。IGMP 消息封装在 IP 报文中,所有 IP 组播系统(包括主机和路由器)都需要支持 IGMP。RFC 3376 描述了 IGMP。

目前提出了几种组播路由协议,其中的任何一种都可用于构建组播树,从而提供从发送方到组中所有成员的路径。这些协议使用的算法是 6.2.7 节介绍的算法。在一个 AS 内部,一个主要的协议是**协议无关组播**(Protocol Independent Multicast,PIM)。PIM 有几种模式。在**密集模式**(dense mode)PIM 中,算法会创建一棵修剪后的反向路径转发树,该协议适用于网络中大量存在组成员的情况,例如将文件分发到数据中心网络中的许多服务器。在**稀疏模式**(sparse mode)PIM 中,算法构建的树类似基于核的树,该协议适用于诸如内容提供商向其 IP 网络上的用户组播电视等情况。这种设计的一种变体称为**特定源组播**(Source-Specific Multicast)PIM,它针对组内只有一个发送方的情况进行了优化。最后,当组成员位于多个 AS 中时,需要使用 BGP 或隧道的组播扩展来创建组播路由。

5. 移动 IP

IETF 制定的 RFC 5944 描述了移动 IP,它体现了互联网体系结构与协议对移动性的支持。6.4.7 节介绍过移动主机路由的基本原理,现实中的移动 IP 是一个很灵活的标准,它支持很多种运行模式,例如可以在有外部代理或没有外部代理的场景下分别运行,代理与移动节点间可以有多种方法来相互发现,移动主机可以有一个或者多个外部地址,即转交地址或接管地址(Care-Of-Address,COA),封装的形式也可以有很多种。

完整的移动 IP 标准非常复杂,因此,这里仅介绍最重要的三方面。

(1) 代理发现(agent discovery)。家乡代理或外地代理使用相关协议来向移动节点通告自己的服务。该协议是路由器发现协议(RFC 1256)的扩展。代理节点周期性地向外广播 ICMP 消息,消息类型为 9 表示路由器发现。该消息包含了代理节点的 IP 地址、一些标识符(用来标识本代理是否为家乡代理、是否为外部代理、是否要求移动用户注册、是否使用 IP-in-IP 之外的封装类型),以及一个外部地址列表。移动节点在注册时可以从列表中选择一个作为自己的外部地址。同时,移动节点还可以广播代理请求(agent solicitation)消息来发现代理,该消息为 ICMP 类型为 10 的消息,收到该消息的代理节点将使用单播的方式把相关信息直接发送给移动节点。

(2) 移动 IP 标准定义的第二组协议用于向家乡代理注册。当一个移动节点接收并选择了一个外部地址之后,必须将该地址向家乡代理注册。这一过程可以借助外部代理来完成,也可以由移动节点直接完成。这里考虑前者,它包含四个步骤。第一步,移动节点向外部代理发送注册消息,该消息封装在 UDP 报文中,目的端口为 434。该消息包含了外部 IP 地址、家乡代理的 IP 地址、移动节点的永久 IP 地址、请求注册的保持时间(单位为秒),以及一个 64 比特的注册标识。第二步,外部代理接收到该注册消息后,记录下相关信息,并给移动节点的家乡代理发送注册消息,同样使用 UDP 报文和 434 端口。除了上述信息之外,该消息还指明了封装采用的格式。第三步,家乡代理收到注册消息后,检查其真实性并记录下相关信息,同时发送注册应答消息给外部代理,其中包含实际的注册保持时间。对于之后收到的数据分组,家乡代理会将其封装在隧道中发送到移动节点的外部地址。第四步,外部代理收到该注册应答消息,并将其转发给移动节点。

(3) 数据报的间接路由。移动 IP 标准定义了家乡代理将数据报转发给移动节点的方式,包括转发的规则、发生差错时的处理,以及多种封装的方法。

6. MPLS 协议

本章最开始介绍过,互联网的网络层可以提供两大类服务,即面向连接的服务和无连接的服务。到目前为止,本章介绍的协议和技术大都提供无连接的服务。**多协议标签交换**(MPLS)技术是一类提供面向连接的服务的技术。尽管存在很多争议,MPLS 还是得到了一些 ISP 的使用,并在 IETF 中被标准化(RFC 3031 等多个文档)。

MPLS 在分组的数据链路层头部和网络层头部之间加入了一个 MPLS 头部,用来放置标签和其他一些参数。标签的作用类似 6.1.2 节介绍的虚电路标识符(VCI),用于确定分组转发路径中的下一跳。严格来说,MPLS 并非工作在网络层,因为它需要借助已有的网络层协议(如 IP)来建立转发路径,该路径称为标签路径。同时,MPLS 也不属于数据链路层,因为它实现的是跨越了多个网络节点的数据传输,而不是点到点通信。因此,有人称 MPLS 工作在 2.5 层。MPLS 对网络层使用什么协议没有要求,也就是说 MPLS 既可以用于 IP,也可以用于非 IP,这就是其名字中"多协议"(multi-protocol)的含义。

支持 MPLS 的网络节点相互连接,组成了一个 **MPLS 域**,其中的边缘节点称为**标签边缘路由器**(Label Edge Router,LER)。当一个分组到达 MPLS 域时,接收到分组的 LER 负责根据分组的网络层目的地址(如 IP 地址),为分组添加最初始的 MPLS

头部。接着,分组在 MPLS 事先建立好的标签路径中转发,并不断改变 MPLS 头部中的标签。当分组到达 MPLS 域另一端的 LER 时,MPLS 头部被移除,并继续使用网络层目的地址进行转发。这一过程与 6.4.4 节介绍的隧道技术非常相似,因此 MPLS 标签路径(虚电路)有时候也称为 MPLS 隧道。

MPLS 建立虚电路的方式与传统的虚电路建立方式有所不同,虚电路的建立并不是由用户发送的分组触发的,而是由路由协议在用户发送分组之前完成的。例如,MPLS 可以在 OSPF 协议的基础上运行标签分发协议(Label Distribution Protocol, LDP),从而建立与 OSPF 协议所计算出的路径完全一致的标签路径。此外,许多具有相同服务质量需求的用户可以共享相同的标签路径,这些用户的流量属于同一个转发等价类(Forwarding Equivalence Class,FEC)。MPLS 拥有很多不同的控制协议,用于建立满足不同服务质量需求的路径。

6.6 路由器体系结构和关键技术

前面的章节已经介绍了网络层的工作原理与主要的协议组成。互联网通过路由器将许多网络连接起来,并实现网络层功能。本节将首先介绍路由器的作用、基本结构以及各部分功能;然后介绍路由器体系结构的发展与演变;最后介绍路由器设计中的一些关键技术。

6.6.1 路由器概述

路由器是网络层的互连设备,用于连接两个或多个相同或不同类型的网络。可以说互联网就是由大量的路由器将一个个分散的网络连接到一起的。在前面数据链路层的学习中,我们已经接触过一些网络设备,例如中继器、集线器、交换机以及网桥等,虽然有的交换机也实现了网络层协议,但这些设备主要还是工作在数据链路层,难以实现路由这样复杂的功能,因此不能完全依靠它们来搭建大型网络。而路由器全面支持网络层协议,可实现决定最佳路径和分组转发的功能。

路由器与一般主机不同的是必须具有两个或两个以上的接口。它的协议栈至少实现到网络层,并且向下通常支持多种数据链路层协议。路由器需要实现一组路由协议,并具有存储转发的功能。

从能力上看,路由器可分为低端、中端和高端路由器。这一划分并没有统一的标准,而是与路由器生产厂家有关。一般来说,整机最大数据速率(或交换容量)体现了路由器的最主要的能力,交换容量超过一定数值的路由器称为高端路由器,否则称为中低端路由器。高端路由器的交换容量随着技术的进步也在不断提高,目前最先进的路由器已经可以支持数十甚至上百 Tb/s 的交换容量。

从所处的位置看,路由器分为核心路由器、边缘路由器和接入路由器。核心路由器需要连接数量巨大的边缘网络,因此需要有较高的可靠性和速率,通常采用高端路由器。核心路由器又可以进一步分为 Gb/s 级、Tb/s 级和带有 ATM 交换功能的核心路由器等。边缘路由器必须处理各种 LAN 技术,通常需要有大量的网络接口,可能需要频繁地广播和组播,此外对防火墙、流量过滤、VLAN 等技术的支持也是很常见的。接入路由器主要用于将家庭或商业区的用户接入 ISP 的网络,因此需要使用多种接入技术如 ADSL、电缆调制解调器（cable modem）等,还需要提供一些虚拟专用网（VPN）相关协议。图 6.36 给出了不同级别路由器示例。其中图 6.36(a)所示的小型家用路由器支持 100～1000Mb/s 以太网;图 6.36(b)所示的边缘路由器支持几个至十几个 1Gb/s、10Gb/s、100Gb/s 以太网接口,整机交换容量为数百 Gb/s;图 6.36(c)所示的企业路由器支持最多 48 个 100Gb/s 以太网接口,整机交换容量达到数十 Tb/s。

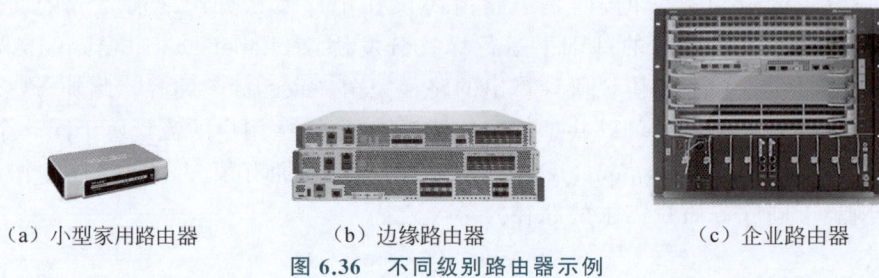

（a）小型家用路由器　　　　（b）边缘路由器　　　　（c）企业路由器

图 6.36　不同级别路由器示例

　　路由器的基本组成部分包括**网络接口**（interface）、**转发引擎**（forwarding engine）、**内部交换**（switching）、**路由引擎**（routing engine）和**路由表**（routing table）。网络接口负责完成分组的接收和发送;转发引擎负责决定报文的转发路径;内部交换为多个网络接口以及路由引擎模块之间的报文数据传输提供高速的数据通路;路由引擎由运行高层协议(特别是路由协议)的内部处理模块组成;路由表包含了能够完成网络报文正确转发的所有路由信息,它在整个路由器系统中起着承上启下的作用。它们之间的关系如图 6.37 所示。

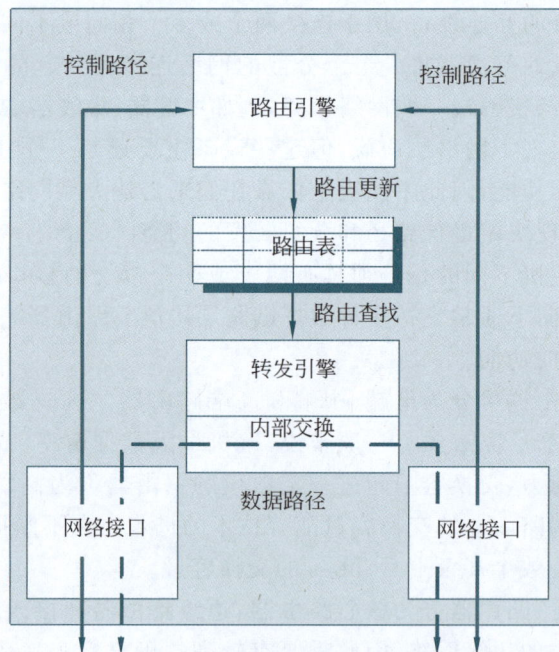

图 6.37　路由器的基本组成部分

　　从图 6.37 可以看到,路由器提供了两种不同的分组处理路径,即**数据路径**和**控制路径**,它们分别由带箭头的虚线和实线表示。数据路径处理目的地址不是本路由器的分组,将它们转发到正确的接口。数据路径是路由器的关键路径,它的实现好坏直接影响着路由器的整体性能。控制路径处理目的地址是本路由器的协议报文,特别是各种路由协议报文。虽然控制路径不是路由器的关键路径,但是它负责完成路由信息的交互,从而保证数据路径上的分组沿着最优的路径转发。

从硬件组成的角度看路由器,又可将其分为**接口卡**、**控制卡**和**背板**几部分,如图 6.38 所示。通常,网络接口和转发引擎由接口卡实现;路由引擎和路由表则由控制卡实现;内部交换使用专门的技术,通常需要背板的支持。

高速的接口卡通常又叫**线卡**(line card),它能实现线速转发,即转发速率不低于网络线路的速率和路由器内部其他部分的处理速率,因而不会成为路由器速率的瓶颈。每块线卡包含一个至多个网络接口,用于实现对分组的检查、缓存、转发等功能。线卡中的转发引擎维护着**路由表缓存**(cache),即**转发表**。

控制卡上面有 CPU,负责进行路由的计算,计算的结果将被更新到路由表。路由表的维护(包括表项的更新、删除以及计时器的维护等)也是由控制卡完成的。

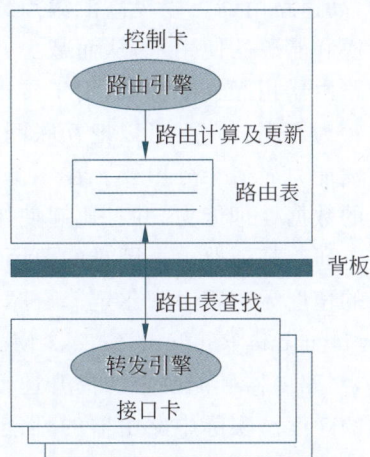

图 6.38 接口卡、控制卡和背板

背板通常具有较高的速率,它负责在路由器的板卡之间传输分组。

一般来说,路由器数据路径的工作流程是这样的:首先对接收到的 IP 分组进行检查,分析其目的 IP 地址并进行路由查找,决定分组应该转发的目的地址及相关接口;接着,路由器通过交换结构(见后文相关介绍)将分组交换到输出接口。分组在经过一台路由器的转发之后,其内容是会发生变化的。路由器需要将分组的 TTL 减 1,并重新计算校验和。同时当转发接口的 MTU 太小时,路由器还需要进行分片处理,分片操作对路由器的性能影响较大,现在广泛采用了 MTU 发现机制,分片处理较为少见。

RFC 1812 规定 IP 路由器必须完成的两个基本功能是**路由查找**(route lookup)和**内部交换**,它们是路由器设计的关键问题。

第一,路由器必须能够对每个到达本路由器的分组做出正确的转发决策,决定分组向哪一个下一跳路由器转发。为此,首先需要利用路由协议(可包括单播路由协议和组播路由协议)构造和维护路由表以及转发表,也可以手工配置静态路由。其次,为了进行正确的转发决策,路由器需要在转发表中查找能够与目的地址最佳匹配的表项,这个查找过程被称为路由查找。依据路由查找的结果,路由器决定将分组从某个(或某些)接口转发出去或者丢弃。

第二,路由器在得到了正确的转发决策之后必须能够将分组从输入接口向相应的输出接口传输,这个过程被称为内部交换。

除了核心功能外,路由器还可以实现很多其他功能,例如分组翻译、流分类、防火墙、身份认证、计费等。为了方便管理,路由器通常还支持网络管理功能,包括简单网络管理协议(Simple Network Management Protocol,SNMP)代理和管理信息库(Management Information Base,MIB)等。这些功能很多都不局限在网络层,而是在更高的层次上实现的。

设计和制造高速路由器在互联网领域中具有重要的意义。一方面,高速路由器可以防止路由器成为互联网中的瓶颈。互联网无论在规模还是在带宽方面都发展很快,甚至超越了摩尔定律,路由器如果不跟上这一速度将成为网络发展的阻碍。另一方面,高速路由器可以提高汇集点(Point Of Presence,POP)的能力,同时减小汇集点的规模和能源的使用量,从而减少开销。汇集点通常由距离较近(例如同一城市中)的一些路由器相互连接构成,用于接入一个地区的所有用户,汇集点之间则往往相距较远。从较为宏观的角度可以把互联网看成由一些汇集点作为节点组成,因此汇集点的数据转发能力显得十分重要。在一个汇集点中使用性能较高的路由器互联能够提高汇集点的数据处理能力,并且比起使用大量性能较低的路由器会节约很多开销。

研制高速路由器困难的原因在于两方面。第一,内存速度是路由器的瓶颈,它提高的速度无法跟上摩尔定律。摩尔定律的速度是 18 个月 2 倍,而商业动态随机存储器(Dynamic Random Access Memory,DRAM)的速度增长仅为 18 个月 1.1 倍。第二,对路由器性能要求的提升速度超过了摩尔定律,带宽增加速度超过了处理能力增加的速度。实际中路由器的性能增长超过了摩尔定律,历史上商业路由器的容量为 1992 年 2Gb/s,1995 年 10Gb/s,1998 年 40Gb/s,2001 年 160Gb/s,2003 年 640Gb/s,平均增长率为 18 个月 2.2 倍。

6.6.2 路由器体系结构的发展历程

第一代路由器:由一块共享背板连接了一块控制卡和多块线卡,形成了单总线、单处理器结构,如图 6.39 所示,这与传统的计算机结构是类似的。路由表查找由 CPU 来完成,需要转发的分组在转发之前需要经过共享总线两次,如图中带箭头的虚线所示。在这种结构中,CPU 和共享总线的性能制约了路由器能力的发展,CPU 往往成为处理的瓶颈。这种路由器的总体容量通常小于 0.5Gb/s。

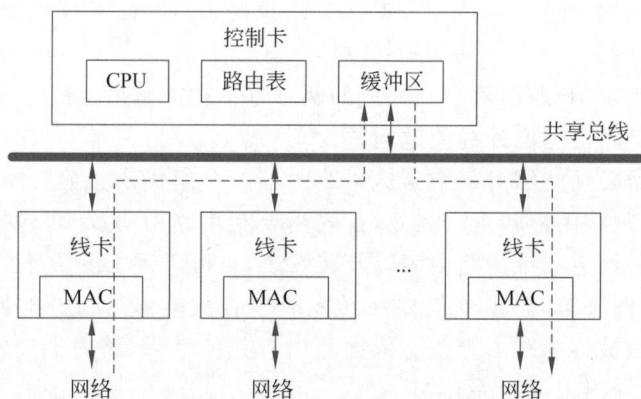

图 6.39 单总线、单处理器结构

第二代路由器:由于第一代路由器中 CPU 成为瓶颈,一些路由器厂商开始使用多 CPU,后来路由器体系结构本身也发生了变化,每块线卡上都放置一个处理器,而主处理器负责协调,这就是单总线、多处理器的第二代路由器,如图 6.40 所示。线卡上有路由高速缓存,即转发表,并有分组缓冲区。路由表查找由线卡本地的处理器完成,控制卡 CPU 维护路由表并对线卡中的转发表进行更新。绝大多数分组(命中路由表缓存的分组)只需要经过共享总线一次,如图中带箭头的虚线所示,这样便减少了控制卡 CPU 和总线的负担。不过,因为共享总线一次只能通过一个分组,所以它成了路由器容量进一步扩展的瓶颈。第二代路由器的总体容量通常小于 5Gb/s。

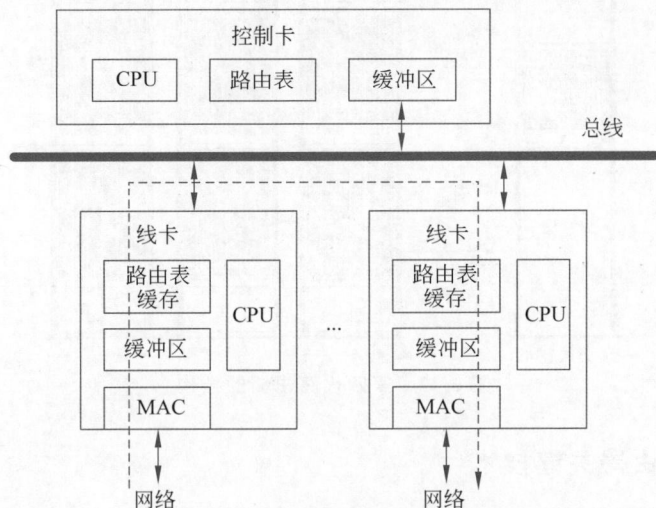

图 6.40   单总线、多处理器结构

第三代路由器:第三代路由器的特点是采用了交换结构和专用硬件。线卡上常见的专用硬件有专用集成电路(Application Specific Integrated Circuit,ASIC)、现场可编程门阵列(FPGA)、网络处理器(Network Processor,NP)等,它们取代线卡上的处理器,通过硬件实现对 IP 分组的快速处理和快速路由查找。交换结构通常指交换式背板,用于实现无阻塞转发,利用交换结构可以实现多对接口同时转发而不相互冲突。第三代路由器的结构如图 6.41 所示。它的典型容量在 640Gb/s 以下。

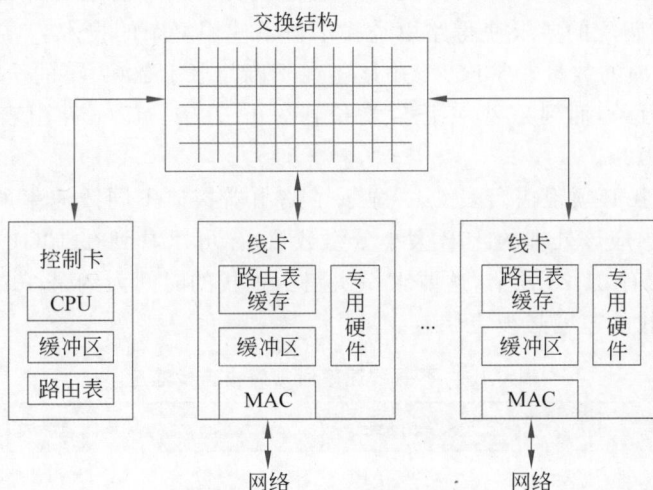

图 6.41   第三代路由器的结构

第四代路由器:第四代路由器采用了分布式交换结构。专门的光交换中心提供了更强的交换能力,光链路将光交换中心连接到多个机柜中的线卡。光链路可提供较远的传输距离,多机柜使得路由器能容纳大量的线卡,并且它们之间可以采用一些特殊的互联方式,实现类似并行计算的效果。这样的路由器体系结构一方面具有很大的

容量,典型值为 1.28～100Tb/s,另一方面还具有高度可扩展性。第四代路由器的结构如图 6.42 所示。

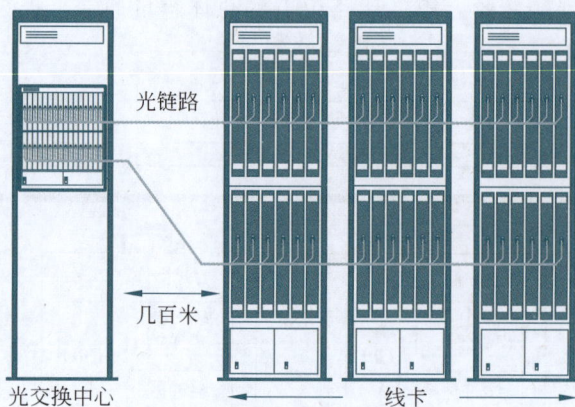

图 6.42 第四代路由器的结构

6.6.3 路由器关键技术

本节将介绍路由器中对性能影响最大的三个问题,以及相应的关键技术,即路由查找、分组缓冲和内部交换。

1. 路由查找

路由查找有几个难点。

(1) 路由查找不是精确匹配。正如 6.5.1 节所介绍的,IP 路由查找遵循最长匹配原则,这是因为具有越长地址前缀的路由表项能描述越精确的路由信息。例如,目的地址 192.2.2.100 同时匹配两个地址前缀 192.2.0.0/16 和 192.2.2.0/24,然而后者的前缀长度更长,其地址空间更小,所以此时分组应该转发给后者所在路由表项的下一跳地址。最长前缀匹配的要求使得路由查找不得不使用复杂的技术。

(2) 路由表项的数量非常庞大,并且还在不断增长。2007 年的全球 IPv4 路由表项数量约为 20 万条,而到 2020 年已经增长到约 80 万条。IPv6 路由表项在 2021 年也已经超过了 10 万条。

(3) 路由查找必须很快。表 6.13 显示了路由器接口不同线速率所需路由查找速度(对应的每秒内应该处理的 40B 大小分组数目)。可以看到在 10Gb/s 的链路上,一秒内的 40B 报文有 31.25M 个,这要求一次路由查找的时间大约是 30ns。随着线速率的提高,路由查找的速度必须更快。

表 6.13 不同线速率所需路由查找速度

年　份	线　速　率	40B 大小分组数目/Mpps
1998	622Mb/s	1.94
1999	2.5Gb/s	7.81
2000—2001	10Gb/s	31.25
2002—2004	40Gb/s	125

路由查找算法可以分为两类。一类是基于地址前缀值的路由查找算法,即对整个

地址前缀空间进行地址关键字穷举法,这样可以避免对地址前缀长度进行考虑。这类方法包括线性查找法、地址区间的二分查找法、TCAM 硬件查找法。另一类是基于地址前缀长度的路由查找算法,即从前缀长度的角度入手进行路由查找,包括 trie 树(包括二分支、多分支)、前缀长度空间的二分查找法。

在实际选择路由查找算法的时候,需要综合考虑查找速度、存储容量、更新速度、算法实现的灵活性、算法的可扩展性等因素。目前的高性能路由器通常采取分三级查找的方式,如果上一级查找未命中则使用下一级查找:第一级为线卡处理器中的硬件转发表查找,典型的方法是使用 TCAM 硬件;第二级为线卡处理器中的软件转发表查找,典型的方法是基于大容量随机存储器(Random Access Memory,RAM)的快速路由查找算法;第三级是控制卡处理器进行全局路由表查找,典型的方法是二进制 trie 树查找算法。

2. 分组缓冲

对路由器的一个基本要求是能够对分组进行缓冲。分组缓冲能力常常限制了路由器的性能。随着路由器接口速率的提高,分组缓冲的带宽也需要线性增加。假设一台路由器有 N 个接口,每个接口的速率均为 R,当分组从外部通过接口进入路由器时需要进行输入缓冲,此时每个接口至少要以速率 R 将分组存入缓冲区,并以同样的速率把缓冲区中的分组读出并送到交换结构。也就是说,分组缓冲区提供的速率至少为 $2R$。当分组要从某个接口输出时,分组缓冲区必须能够适应所有接口的流量都涌向输出接口的突发情况。虽然接口对外输出的速率仅为 R,但缓冲区必须能够先将要输出的分组都存下来,因此缓冲区的速率至少是 $(N+1)R$。

制约缓冲速率的主要因素是读写速率。例如为了提供 40Gb/s 的速率,每个 40B 的分组需要在 8ns 内处理完成。分组缓冲容量的大小对路由器性能也非常重要。如果缓冲容量过小,到达路由器的突发流量会因为得不到足够的缓冲空间而被部分丢弃。分组缓冲的大小主要取决于路由器线速率和互联网流量的突发程度。根据实际经验,缓冲容量应该设计为大约 $RTT \times R$,其中 RTT 为分组往返时间(Round-Trip Time),R 为路由器线速率。一般来说,路由器需要至少具有缓冲 0.25s 数据的能力。以速率为 40Gb/s 的线路为例,缓冲容量应该至少为 $0.25s \times 40Gb/s = 10Gb$。

RAM 技术的发展在很大程度上制约了分组缓冲技术的发展。静态随机存储器(Static Random Access Memory,SRAM)可以提供足够快速的随机存取(每次操作 1.5~10ns),然而密度太低,仅能提供数兆字节容量;DRAM 密度很高,可以提供数吉字节的容量,但存取速度太慢(每次操作 50~70ns)。从 RAM 技术水平现状和未来的发展趋势来看,它难以达到核心路由器高速端口分组缓冲的要求。采用新的缓存结构,突破存储技术的限制,是构造高速大容量分组缓存的关键,同时也是研制高速路由器特别是 Tb/s 路由器的关键。

一种分组缓冲技术是采用分段缓冲结构,它在 SRAM 技术能够支持的前提下,理论上能够实现很高的分组缓冲速率。分组一般以先进先出(First In First Out,FIFO)队列的形式存放在缓冲区中,基于这一条件,分段缓冲结构将每个队列分为队尾、主体和队首三段。因为队尾和队首与高速接口直接交互,所以采用 SRAM 来存储;而主体相对稳定,可以采用 DRAM 并行阵列来存储。图 6.43 给出了分段缓冲结构示例。大量的并行 DRAM 对布线的要求较高。

缓冲区管理

SRAM
| 58 | 57 | 56 | 55 | Q1
| 92 | 91 | 90 | 89 | 88 | 87 | Q2
⋮

分组到达 →

SRAM
| 4 | 3 | 2 | 1 | Q1
| 4 | 3 | 2 | 1 | Q2
⋮

→ 分组离开

缓冲区管理

DRAM
| 54 | 53 | 52 | 51 | … | 8 | 7 | 6 | 5 | Q1
| 86 | 85 | 84 | 83 | … | 8 | 7 | 6 | 5 | Q2
⋮

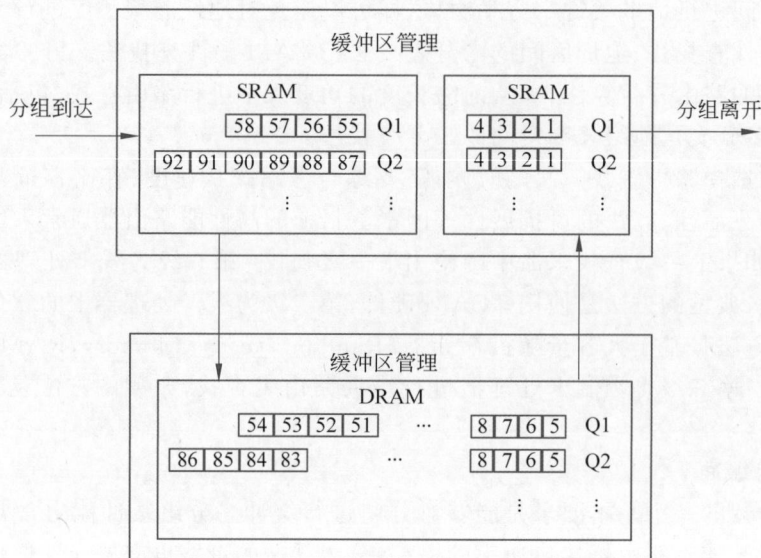

图 6.43　分段缓冲结构示例

缓冲区队列除了最简单的 FIFO,还可以采用更复杂的调度规则,例如优先级队列(priority queuing)、加权公平队列(WFQ)等。这些调度规则采取不同的算法在队列中选择分组进行输出,目的是使对服务质量有要求的分组优先得到传输。如果没有足够的存储空间来缓冲分组,则要么丢弃到达的分组,要么从缓冲队列中移除一个或多个已经排队的分组。6.3.4 节介绍的主动队列管理就是用于缓解因缓冲区不足导致的拥塞的方法,其中最常用的算法是 6.3.4 节介绍的随机早期检测算法。

3. 内部交换

路由器最典型的一种交换结构是 Crossbar 交换结构,也称为交叉开关矩阵或纵横式交换矩阵。Crossbar 可将 N 个输入接口与 N 个输出接口任意互连,因而可以同时提供多个数据通路,支持多个连接同时以最大速率传输数据。Crossbar 具有代价低、扩展性好和非阻塞的特性。

一个 Crossbar 交换结构中有一个 $N \times N$ 的交叉矩阵,当交叉点(X, Y)闭合时,数据就从 X 输入接口传递到 Y 输出接口。交叉点的打开与闭合是由调度器(矩阵控制器)来控制的。因此,Crossbar 交换结构的速度主要取决于调度器的速度。调度器是 Crossbar 交换结构的核心,它在每个调度时隙内收集各输入接口关于分组队列的信息,经过一定的调度算法得到输入接口和输出接口之间的一个匹配,并提供相应的输入接口到输出接口的通路。

使用 Crossbar 交换结构也有一些需要解决的问题。

第一,应该使用定长信元。这可以使交换结构的带宽利用率达到 100%。而如果使用变长信元,带宽利用率会被限制在大约 60%。为了使用定长信元,需要对分组进行划分。

第二,如果每个输入接口只有一个 FIFO 缓存队列,Crossbar 交换结构存在严重的队头阻塞(Head-Of-Line blocking,HOL blocking)问题:只有队头的信元才能得到调度器的调度,排在队列后面的发往当前输出接口的信元可能会被阻塞而无法得到调度。HOL blocking 问题会严重降低交换结构的吞吐率。如果输入流量符合随机均匀分布,可实现的吞吐量只有约 58.6%。随着到达数据突发性的增强,最大吞吐率呈单调递减趋势。解决方法是在输入接口的缓存中使用多条虚拟输出队列(Virtual Output Queue,VOQ)取代单一 FIFO 队列,如图 6.44 所示。VOQ 可以完全消除 HOL blocking 问题,从而将系统的吞吐率的上限由 58.6% 提高到 100%。

第三,消除 HOL blocking 问题后,Crossbar 交换结构仍可能存在另外两种阻塞,即输入接口阻塞和输出接口阻塞。同一输入接口、不同 VOQ 中的信元竞争输入接口而产生的阻塞称为输入接口阻塞;不同输入接口的信元竞争同一输出接口而产生的阻塞称为输出接口阻塞。这两种阻塞的解决需要由调度器根据各输入接口 VOQ 的状态决定 Crossbar 交换结构内部的连接关系。

第四,由于调度算法不能保证一个分组分成的多个信元在连续的时间槽内通过交换结构,因此先行通过交换结构的信元不能立刻向输出链路发送,只有等所有信元全部通过交换结构并重新组成一个完整的分组后才能向输出链路发送。为了简化分组的重组过程,交换开关的每个输出接口也设置了 N 个队列,称为虚拟输入队列(Virtual Input Queue,VIQ),每个 VIQ 对应一个输入接口,如图 6.44 所示。

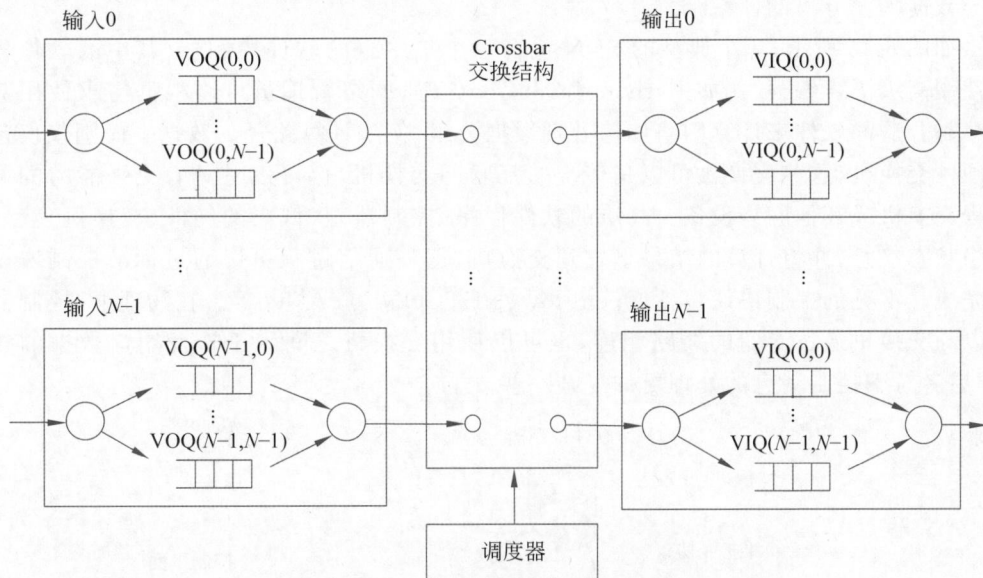

图 6.44　带 VOQ 输入缓冲的交换结构

6.7　软件定义网络

网络层作为计算机网络的"细腰"起着十分重要的作用。然而,面对不断发展的下层通信技术和日新月异的上层应用,网络层承担的压力也越来越大。为了应对这些新的挑战,网络研究者和工程人员做出了很多努力。一方面,在尽可能不改变原有分组格式和处理流程的基础上,尽力挖掘网络层的潜力,例如受到工业界广泛关注的基于 IPv6 的段路由(Segment Routing IPv6,SRv6)技术实际上就是利用 IPv6 的路由扩展头部来实现更加灵活的路径控制。另一方面,人们希望能够改进现有的网络层协议,从而使网络更加灵活地满足各种新的需求,这就是软件定义网络(Software-Defined

Networking,SDN)提出的动机。本章将对 SDN 这一新兴的网络层技术进行简要介绍。

6.7.1　SDN 的基本思想

在某种意义上,网络原本就是由软件定义的,OSPF、BGP 等广泛使用的路由协议都是以软件的形式运行在路由器中。然而,已有的软件提供的功能较为有限,而修改这些软件对于网络管理员来说十分困难。同时,路由器使用硬件实现分组的高速转发,这些硬件的处理逻辑是基本固定的(即基于目的地址查找下一跳节点),即使软件计算出了更好的路径,也不一定能得到转发硬件的支持,例如对于来自某个特定网络的分组使用一条特殊的路径。SDN 的一个主要思想是将上述二者抽象成两个平面,寻找路由等由软件完成的逻辑形成控制平面(control plane),对用户的数据进行查表、转发等操作的硬件部分形成数据平面(data plane)。这两个抽象概念有些类似6.6.1 节介绍的路由器中的控制路径和数据路径,然而 SDN 认为,这两个平面是完全可以各自独立运行的,没有必要将它们放在一起来实现。事实上,SDN 采用了控制平面与数据平面分离的体系结构。

如图 6.45 所示,一个典型的 SDN 包含一个集中式的软件控制器,其中的软件程序使用高级语言编写,例如 Python、Java、Go、C 等,网络管理员可以根据需求使用甚至编写合适的软件来计算网络如何处理数据分组,例如计算路径。数据平面则仅仅包含硬件交换机,这些交换机可以是传统的互联网交换机,也可以是具有更强能力的可编程交换机或其他网络设备。高层的软件程序(控制器)从低层的硬件(交换机)获取网络状态信息,并将计算的结果下发到交换机,这一通信过程可以通过标准控制协议来完成。常见的控制协议包括 OpenFlow、NETCONF、YANG 等。在物理上,控制器可以与交换机通过专门的线路相连,也可以使用交换机之间用于转发用户数据的线路,后者对于控制消息的处理更加复杂一些。

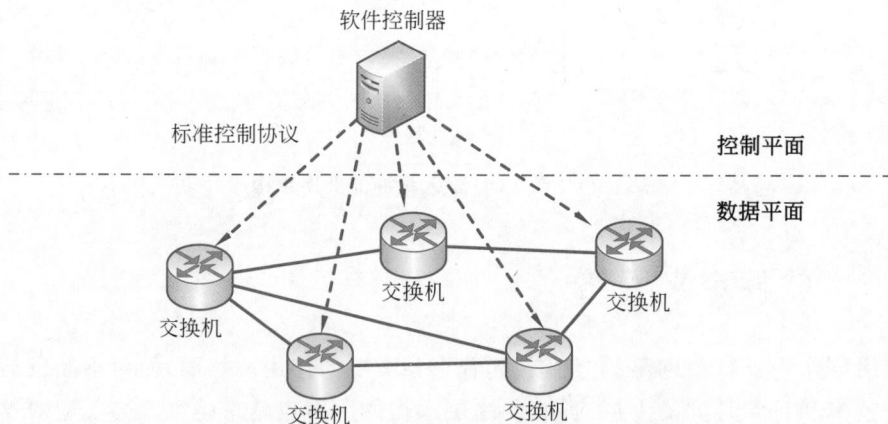

图 6.45　SDN 的控制平面与数据平面分离的示例

通过将控制平面与数据平面相分离,SDN 为控制软件和转发硬件提供了更广阔的发展空间。任何人都可以编写自己的网络软件来定义自己的网络,只要与硬件交换机通信时遵循标准的接口协议,而硬件交换机也可以在同样的前提下实现更加复杂的功能,甚至提供一定的可编程能力供管理员自由定义所希望的处理逻辑。

6.7.2　典型的 SDN 技术

早期的 SDN 致力于为网络管理员提供方便的控制软件来统一管理网络中的路径，从而实现流量工程的目标。典型的例子有 2003 提出的路由控制平台（Routing Control Platform，RCP）和 2007 年提出的 Ethane 等。通过这些控制软件，管理员能够直接控制每一条路径，避免了对路由协议进行调参（例如配置 OSPF 链路权重）来间接控制路径的不便。

2008 年，一组研究人员和交换机制造厂商共同提出了 OpenFlow，其基本思想是将传统交换机已有的 TCAM 等硬件资源开放给控制平面软件，提供一套功能更加复杂的匹配-动作（match-action）机制。在匹配方面，除了传统的基于目的 IP 地址的最长前缀匹配，OpenFlow 交换机还支持对分组头部中更多字段进行匹配，例如 MAC 地址、源 IP 地址等。而在动作方面，OpenFlow 交换机支持将分组从某个端口发送出去，或者丢弃分组等。OpenFlow 提供了一套应用编程接口，人们可以编写自己的 OpenFlow 应用程序，计算匹配-动作表项来实现所希望的功能。

OpenFlow 的提出引起了人们的一定关注，它适用于网络管理员对整个网络具有完全控制权的场景，例如数据中心网络。然而在范围更大的网络中，OpenFlow 的能力有限。因为从本质上看，OpenFlow 是一种利用已有交换机资源的取巧式设计，数据平面的可编程能力还较为有限。尽管新版本的 OpenFlow 协议提出了一些更复杂的功能，例如将多张表进行串联，或是更复杂的匹配逻辑，但是很多功能都没有被设备制造商实现。

硬件不可编程是制约 OpenFlow 能力的主要因素，认识到这一点的人们开始研究可编程硬件，提出了可编程的智能网卡、可编程交换机等新技术。这些可编程硬件的设计目标在于使网络的一切都可以定制，包括分组格式和转发行为，因此它们具有协议无关的特性。可编程硬件的设计受到了精简指令集计算机（Reduced Instruction Set Computer，RISC）的启发，采用了多级流水线的结构，其中的每一级都包含了匹配-动作表、寄存器和一些简单的运算单元（例如加法器）。这一转发模型通常被称为可重配置的匹配表（RMT）。由于分组的格式可以按需定制，可编程硬件能够让数据分组携带额外的信息来反映网络当前的状态，从而完成网络测量的功能，即网络遥测（network telemetry）。除了分组格式定制化、转发动作定制化之外，可编程硬件还能通过所拥有的计算和存储资源高效地完成很多复杂的操作，例如记录分组的排队时间，从而进行主动队列管理，例如随机早期检测（见 6.3.4 节）。为了实现协议无关的分组处理，可以使用名为 P4 的高级语言对可编程硬件进行编程。

6.8　本章总结

网络层是计算机网络的"瘦腰"，它对位于上层的传送层屏蔽了数据链路层的差异，并提供了统一的编址方案。针对网络层应该提供的服务有两种看法，传统电话公司支持面向连接的服务，而互联网的设计者希望网络层提供无连接的服务。基于存储转发的分组交换是网络层的基本工作模式，在此基础上，无连接的服务对单个数据报进行独立路由选择，而面向连接的服务则使用虚电路技术，一对源节点和目的节点之间的所有分组会经过相同的路径。提供无连接的服务的 IP 作为互联网的标志已经受到了广泛认可,取得了巨大成功,但是随着服务质量越来越重要,互联网在演进过程中也逐渐引入了面向连接的特性。

网络层的一项重要工作是在通信子网中寻找分组转发的路径,路由算法是用来决定分组路径的算法,是所有路由协议的核心。路由算法采用一定的指标来衡量路径的好坏,并计算最优的路径。最短路径路由算法通常使用 Dijkstra 算法。泛洪路由算法的思想可以用于全网广播,例如用作其他路由协议交换信息之用。静态路由常用于主机或连接关系较简单的路由器中。距离向量路由算法是一种动态路由算法,它的一个致命问题是"无穷计数",会导致路由对"坏消息"收敛很慢,且无法根除。链路状态路由算法使用全局信息,并进行分布式的路由计算。组播路由算法需要计算建立一棵包含源节点和特定目的节点集合的树,使得其中所有边的度量值之和最小,这是一个 NP 完全问题。

拥塞是指到达通信子网中某一部分的分组数量过多,使该部分网络来不及处理,以致部分网络乃至整个网络性能下降的现象。拥塞控制是确保通信子网能够承载用户提交的通信量的一系列方法,其中包括网络层的方法,也包括传送层的方法。在网络层的拥塞控制通常称为流量管理或流量工程。虚电路交换网络中常用的一种流量管理技术是准入控制。分组交换网络中有多种流量管理技术。其中流量整形(漏桶算法和令牌桶算法)技术可以使突发的流量变得平滑,从而降低拥塞的概率。负载丢弃通过丢弃部分数据分组来降低网络负载。主动队列管理让每个路由器监视本身的队列来检测即将发生的拥塞,典型的技术是随机早期检测,当检测到拥塞之后也有不同的处理办法,包括发送抑制分组、在数据分组中携带显式拥塞通知或进行逐跳反压等。

当多个网络需要相互连接时需要处理一系列问题,例如所提供的服务不同、编址格式不同、允许的分组大小不同等。用于连接不同网络的路由器称为多协议路由器(网关)。面向连接的网络在互连时需要建立级联虚电路。无连接网络互连时仅提供尽力而为的服务。隧道技术可以用于一种特殊场景下采用不同技术的网络互连,其基本思想是封装和解封装。使用隧道技术能够在现有网络之上构建虚拟网络,可以实现虚拟专用网用于远程办公等场景。分片和重组是解决不同网络允许的最大传输单元大小不同的技术。分层路由用于处理使用不同路由算法和协议的网络互连,也能应对网络规模扩大对路由协议造成的开销。当主机在不同网络之间移动时需要使用移动路由技术,其基本思想是通过家乡代理和外地代理来发现和管理主机。

互联网的主要网络层协议是 IPv4。其后续版本 IPv6 解决了地址空间不足的问题,并进行了很多改进,但从 IPv4 过渡到 IPv6 需要一个过程。互联网的网络层还需要一些控制协议用于支撑其运行,包括互联网控制消息协议(ICMP)、地址解析协议(ARP)、邻居发现协议(NDP)、动态主机配置协议(DHCP)等。互联网使用的路由协议包括内部网关(域内路由)协议和外部网关(域间路由)协议。典型的域内路由协议有采用距离向量路由算法的 RIP,采用链路状态路由算法的 OSPF 协议和 IS-IS 协议。互联网使用的域间路由协议 BGP,它采用距离向量路由算法,并支持各种路由策略。互联网组播协议主要用于管理组成员和构建组播树。移动 IP 的三个主要功能是代理发现、向家乡代理注册和数据报的间接路由。

路由器是网络层的核心设备。典型的路由器在物理上由控制卡、线卡和背板组成，而在功能划分上则包含网络接口、转发引擎、内部交换、路由引擎和路由表。路由查找、分组缓冲和内部交换是影响路由器性能的三个重要方面。

软件定义网络是一种新兴的网络层技术，采用控制平面和数据平面相分离的思想。OpenFlow、可编程硬件等技术为提升网络层的服务能力带来了新的机遇。

习题 6

1. 当提到路由计算，也就是计算分组沿着什么路径转发时，容易让人想到第 5 章介绍的交换机"逆向学习算法"和生成树网桥等技术，这两个技术解决的也是类似的问题，那么为什么还需要设计路由算法呢？

2. 在图 6.46 所示的网络中，如果路由器 A～F 均使用距离向量路由算法，当协议收敛后，请将表 6.14 所示的路由器 A 的路由表补充完整。在此基础上，分别给出下列目的地址的分组将被路由器 A 如何转发：(1)192.168.0.1；(2)192.168.0.255；(3)192.168.1.1；(4)192.168.1.192。

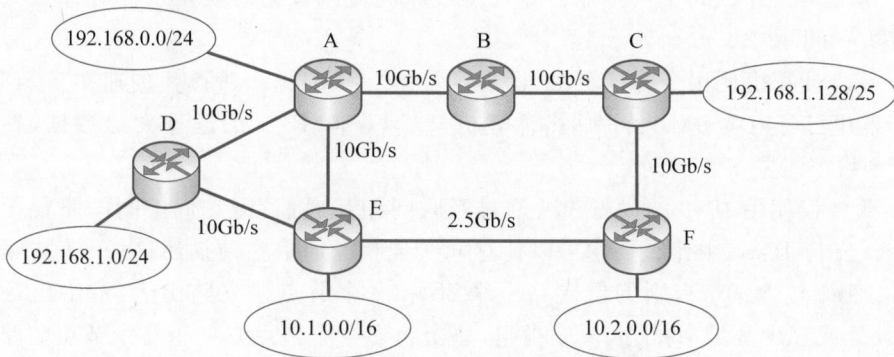

图 6.46　网络示例

表 6.14　习题 2 路由器 A 的路由表

目 的 地 址	子 网 掩 码	下 一 跳	度 量 值
192.168.0.0	255.255.255.0		

3. 在图 6.46 所示的网络中，如果各路由器均使用链路状态路由算法，且链路度量值与链路带宽成反比，当协议收敛后，请将表 6.15 所示的路由器 A 的路由表补充完整。

表 6.15   习题 3 路由器 A 的路由表

目 的 地 址	子 网 掩 码	下 一 跳
192.168.0.0	255.255.255.0	

4. 在链路状态协议中,是否可以用常见的网络探测工具 ping 来实现 Hello 报文探测邻居路由器的功能? 为什么?

5. 相距较远的几个研究者想通过 IP 组播进行线上会议,哪种组播路由协议比较合适? 为什么?

6. 既然网络拥塞的根本原因是主机对网络资源的需求大于网络可用资源,那么在传送层合理地控制用户发送数据的速率似乎就可以解决拥塞问题,为什么还需要网络层的拥塞控制?

7. 请分析为什么大文件传输会导致游戏和浏览网页的时延增加。有什么方法可以缓解这一问题?

8. 一台计算机使用令牌桶算法,桶的容量是 1000MB,令牌产生的速率是 5MB/s。假设当桶里已经有 450MB 令牌时,计算机开始以 20MB/s 的速率发送数据,发送完 2000MB 数据需要多长时间?

9. 两台仅使用 IPv6 的设备需要通过互联网相互通信,但它们中间的路径上有一个网络仅支持 IPv4,用什么技术可以让它们实现相互通信? 请描述这一通信过程。

10. 使用包含三个级别的层次路由来为 4800 个节点建立路由表,请给出一种划分方案(分成多少区域,每个区域多少组,每个组多少个节点),使得每个节点的路由表项条数不超过 50。

11. 除了本书介绍的网络技术,还有一些专用领域的网络,如有线电视网、电力网等,现在很多这类网络也可以与互联网实现互联,上网搜索相关资料,并思考它们在互联时会遇到哪些问题。

12. 一个载荷为 1480 字节的 IPv4 分组通过 MTU 为 500 字节的网络发送,将分为多少个片段? 如果是 IPv6 分组(不含扩展头部)呢?

13. 有些版本的操作系统在进行分片时,会先发送最后一个片段,采用这种方法分片后的分组是否能顺利通过一个利用端口号来进行地址转换的 NAT 设备? 为什么?

14. 关于重组应该在哪里执行,一种策略是当所有分段离开当前网络的时候,由出口网关进行重组,这样做的优缺点分别是什么? 分析为什么现实的互联网通常不采用这种策略。

15. 在图 6.47 所示的场景中,三台使用私有地址的用户主机通过一台 NAT 设备访问互联网中的服务器,某个时刻,NAT 设备上的地址映射表如表 6.16 所示。对于一个数据分组,用五元组(源地址,目的地址,源端口,目的端口,协议)来表示。

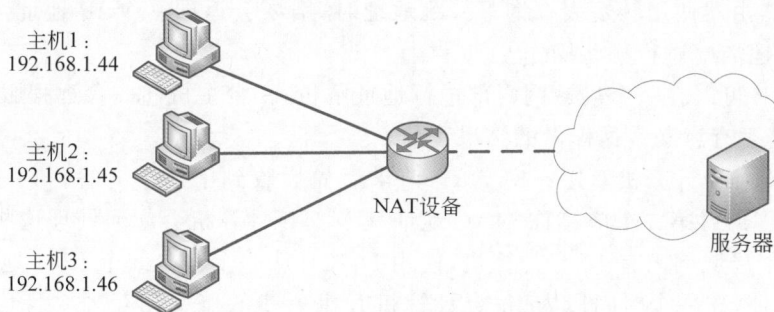

图 6.47   使用 NAT 设备的场景示例

表 6.16   NAT 设备上的地址映射表

内部 IP 地址	内部端口号	协议	外部 IP 地址	外部端口号
192.168.1.44	5001	TCP	166.111.68.231	10044
192.168.1.45	6000	UDP	166.111.68.231	10044
192.168.1.46	5001	TCP	166.111.68.231	10045

（1）NAT 设备收到一个分组（192.168.1.44，168.111.4.98，5001，80，TCP），写出地址转换后的分组五元组。

（2）NAT 设备收到一个分组（192.168.1.46，168.111.4.98，5001，80，TCP），写出地址转换后的分组五元组。

（3）NAT 设备收到一个分组（166.111.8.28，166.111.68.231，53，10044，UDP），写出地址转换后的分组五元组。

（4）主机 3 开启了 Web 服务，可以通过 TCP 端口 80 访问，为了让互联网上的用户可以通过 166.111.68.232 的 8080 端口访问该服务，需要在 NAT 设备上配置一条静态映射表项，请在表 6.16 的最后一行填写该表项。

16. 既然每个接口已经拥有自己的 MAC 地址，为什么还要专门设计另外的网络层地址，即 IPv4 地址？

17. CIDR 前缀 1.2.3.4/29 是否有效？为什么？

18. 假设某 ISP 拥有一个/22 的 IPv4 地址块，他有 6 个用户分别需要为 9、15、20、41、128、260 台计算机分配地址。能否满足这些用户的需求？如果能，给出一种分配方案。如果不能，说明理由。

19. 将一个/24 的 IPv4 地址块划分为 4 块，给 4 个分别拥有 100、57、25、17 台计算机的子网使用，共有多少种不同的划分方案？

20. 两台路由器通过一条 1000Mb/s 的链路相连，由于配置错误，该链路上形成了路由环路。假设路由器中缓冲区大小足够，试计算 1000 个 TTL 为 255、大小为 1250 字节的分组会在该链路上转发多长时间。

21. 一个 IPv6 分组通过网关进入一个 IPv4 网络，网关需要将 IPv6 分组头部替换成 IPv4 分组头部，请阐述这个新的 IPv4 分组头部中的每个字段应该如何取值。如果是将 IPv4 分组头部替换成 IPv6 分组头部呢？

22. 当路由器使用转发表查询下一跳地址时,结果会返回一个 IP 地址,之后在分组被发送前还需要进行哪些操作?

23. ARP 可以在一个局域网内部进行地址解析,一台主机向一台远程服务器发送 ARP 请求是否有意义? 这样做的结果是什么?

24. 假设一台计算机发送一次 ARP 请求后先后收到了两个应答,第一个应答称 MAC 地址是 M1,第二个应答称 MAC 地址是 M2,该计算机会如何处理这些响应?

25. 一个局域网内有 10 台计算机,使用 DHCP 从一个包含 5 个 IPv4 地址的地址池中获取地址,在一个时间段内,每台计算机开机上线的概率相互独立且均为 50%,则该地址池能满足需求的概率为多少?

26. 当路由器收到 RIPv2 报文时,如何把其中的 IPv4 地址分割为前缀和后缀?

27. BGP 为什么不采用链路状态路由算法,即将每个 AS 看作一个节点,将 AS 之间的连接关系和各自的路由策略通告给所有 AS,各个 AS 在计算路径时,将路由策略作为约束条件加以考虑?

28. 假设一台路由器使用路由协议对外宣称到一个给定的目的地需要经过 10 跳,但实际上仅有 3 跳,会带来什么后果?

29. 如果网络管理员错误地配置了一台 BGP 路由器,使它对外宣称它所在的 AS 拥有某个 IP 前缀,但实际上没有,会带来什么后果?

30. BGP 能否在 AS 内部使用,例如一个数据中心网络中? 请解释原因。

31. 在移动 IP 中,如何避免两个移动节点使用同一个外部地址? 请分别考虑两种情况:(1)两个移动节点连接到同一个外部代理;(2)两个移动节点连接到不同的外部代理。

32. 对于计算机来说,大量性能较低的计算机能在一定程度上代替一台高性能计算机,关键在于计算任务的划分和各计算机之间的通信;那么对于路由器来说,如何使用大量性能较低的路由器来代替一台高性能路由器? 应该如何连接这些路由器?

第 7 章

端到端访问和传送层

本章将介绍在网络层的基础上，传送层如何满足应用数据传输的各种需求。传送层扩展了数据传输服务的范围，将数据传输服务从两台机器之间的数据包交付扩展到进程之间的通信，并提供连接管理、数据可靠性、拥塞控制等特性。传送层还为上层应用提供了不同数据传输服务的选项。最后本章还将详细介绍几种典型的传输协议，如 UDP、TCP、QUIC 和 MPTCP 等。

7.1 传送层概述

从通信的角度来看，传送层协议为上层的应用层提供了端到端的数据通信服务。所谓端到端的数据通信是指应用进程之间直接进行通信，而不必关心底层复杂的网络链路（如网络拓扑和链路介质等）。实际上，这些主机可能相距甚远，通过多台中转设备（如路由器等）相互连接。应用程序进程可以利用传送层提供的数据通信原语相互发送消息，而无须考虑用于承载这些消息的物理基础设施的细节。

图 7.1 从网络层级的角度说明了端到端数据通信在网络各层之间的逻辑通信过程。传送层协议是在端系统中实现的，而非在网络路由器中。在发送端，传送层将从主机应用程序进程接收到的应用层消息转换为传送层数据报。然后，传送层将该数据报交付给发送端系统的网络层。在此阶段，传送层数据报被封装在网络层数据包中，并发送到目的地。在接收端，网络层从数据包中提取传送层数据段，并将该数据段向上传递到传送层。传送层处理接收到的数据段，以使其中的数据能够被接收应用程序使用。

网络应用程序可以选择使用多种传送层协议，其中包括互联网上的两种传统主流协议：TCP 和 UDP。近年来，还出现了一些新型传输协议，例如快速 UDP 互联网连接（Quick UDP Internet Connection，QUIC）和多路径 TCP（MultiPath TCP，MPTCP）等。根据应用场景对传输需求的不同（如时延和可靠性），用户应用程序可以灵活选择合适的传送层协议进行通信。每种协议都为应用程序调用提供了一组不同的传送层服务。

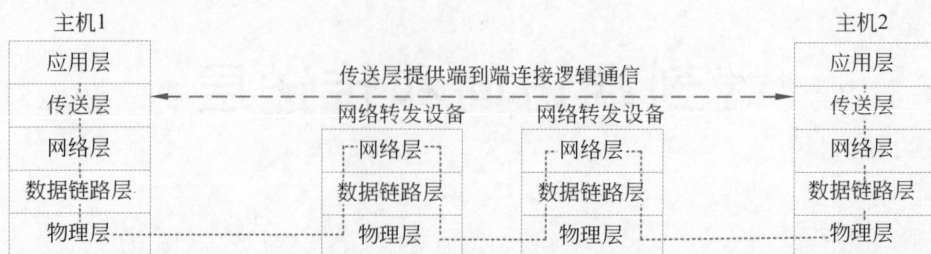

图 7.1　端到端数据通信在网络各层之间的逻辑通信过程

传送层与网络层的协议共同构成分层网络协议架构的核心。网络层提供端到端的数据包传递功能,而传送层建立在网络层之上,负责实现端上进程之间的通信。传送层为应用程序提供了使用网络服务所需的抽象,使得应用程序可以与对端的应用程序进行通信,而无须关心网络底层的具体细节。这种抽象层的存在使得应用程序能够更加方便地进行通信,同时将网络底层的复杂性隐藏起来。

7.1.1　传送层的功能和提供的服务

传送层的最终目标是为应用进程提供高效、可靠和具有成本效益的数据传输服务。传送层利用网络层提供的服务,并致力于优化网络层无法保证的性能,例如可靠性和有序性。

类似网络服务的两种类型,传输服务也存在两种类型:面向连接的传输服务和面向非连接的传输服务。这两种传输服务都经历三个阶段:建立连接、数据传输和释放连接。

用户对网络层的控制能力有限,因为他们无法直接操作路由器。如果网络层提供的服务不足,或者出现频繁丢包、路由器故障等问题,用户无法通过更换路由器或在数据链路层增加错误处理来解决服务质量差的问题。因此,传送层除了提供进程间的数据通信外,还提供其他服务,以提高数据传输的质量。

传送层提供了用户可控的功能。用户可以根据实际需求灵活选择适合的传输协议,以提高服务质量。在无连接的网络传输服务中,当数据包丢失或损坏时,传输实体能够检测问题并通过重传来进行补偿。在面向连接的网络传输服务中,传输实体可以在连接终止后建立新的连接,以确保数据的顺利传输。

传送层还提供可靠的数据传输服务,包括完整性检查、错误检查和恢复机制。通过使用流量控制、序号确认和计时器重传等技术,传送层确保数据按顺序被对端进程接收和处理。此外,传送层还提供拥塞控制服务,以合理分配链路带宽,避免某个链路因过多流量而瘫痪。这一目标通过调整发送方的数据发送速率来实现。

需要注意的是,可靠的数据传输服务会增加额外的处理开销。因此,传送层协议在不同的使用场景中以不同的程度实现这些服务。传统上,传送层为应用层提供了两种不同的传输协议:用户数据报协议(UDP)和传输控制协议(TCP)。UDP 提供不可靠的无连接的服务,而 TCP 则提供可靠的面向连接的服务。在设计网络应用程序时,应用程序开发人员可以选择这两种传输协议之一。

7.1.2 传输服务原语

从软件开发的角度来看,为了让应用程序能够使用传送层提供的服务,传送层必须提供一些通用的操作。同时,为了实现分层抽象的思想,应用程序的进程不必了解网络层及其以下层次的相关原语和细节。因此,从用户程序的角度来看,传送层还需要提供一些通用操作,以便使用传输实体的服务,并且屏蔽底层的网络层原语细节。这些操作应该尽可能简洁,并且易于应用程序调用。这些操作被称为传输服务原语(transport service primitives)。传输服务原语包括建立连接、发送和接收数据以及释放连接等完整过程。传输实体通过这些原语向应用程序提供数据传输、拥塞控制和可靠确认等服务。以 Berkeley 套接字(Socket)为例,如表 7.1 所示,括号内是执行每个操作时需要接收的信息。

表 7.1 传输服务原语示例

原 语	动 作	含 义
LISTEN( )	程序等待	阻塞,直到收到任意进程连接请求
CONNECT(address)	程序连接	尝试与对应进程建立传送层连接
SEND(address,data)	程序发送数据包	将数据发送到地址标识的对端中
RECEIVE(address,data)	程序接收数据包	接收地址标识的对端的数据
DISCONNECT(address)	程序断开连接	尝试与对应地址的进程断开连接

下面以一个具体的例子来说明。假设你要访问一个网站,在整个过程中涉及的传输服务原语和状态转换:服务器端首先需要执行 LISTEN 原语,等待任意客户端的连接请求。当你在浏览器输入清华大学官网地址时,传输实体最终会调用 CONNECT 原语,向清华大学官网所在的服务器端发送连接请求。这个连接请求包含需要告知服务器端的信息,封装在传送层消息里发送。建立连接后,服务器端调用 SEND 原语发送网页内容。客户端调用 RECEIVE 原语接收网页内容。当发送完毕后,客户端调用 DISCONNECT 原语与服务器端断开连接。

根据使用的传输协议不同,这些原语实现的功能也会有所不同。对于 TCP 而言,承载连接数据和请求数据的数据包将按序被确认。而对于 UDP 而言,这些数据包将尽最大努力交付,传输实体不会尝试保证其可靠性。这些功能由传输实体在底层执行,应用层并不需要感知。

图 7.2 为两端程序从传送层面使用传输服务原语通信的状态转换图。服务器端进程运行 LISTEN 原语,阻塞以等待对端连接。客户端从运行前等待状态主动执行 CONNECT 原语,发送连接请求,进入主动建立连接状态,等待服务器端连接接收报文。服务器端收到连接请求后,进入被动建立连接状态,执行 CONNECT 原语,发送连接接收报文。客户端收到连接接收报文后,两端进入连接建立状态。客户端执行 RECEIVE 原语,阻塞并等待服务器端数据。服务器端使用 SEND 原语向客户端发送请求的数据。当任意一方需要断开连接时,执行 DISCONNECT 原语。执行 DISCONNECT 原语,根据具体协议的不同,有两种情况会发生:

(1) 一方执行 DISCONNECT 原语,表示不再向对端发送消息,只接收对端未发送结束的消息。

（2）一方执行 DISCONNECT 原语，不再接收对端发送的消息，也不再向对端发送消息。

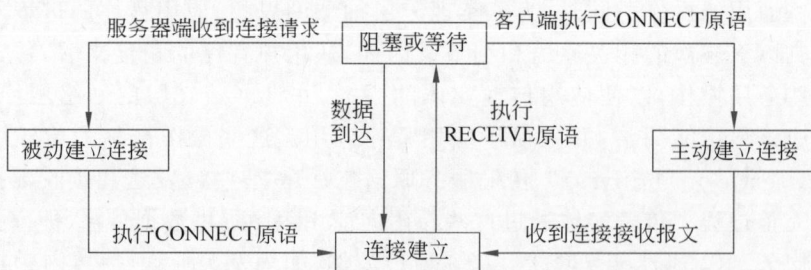

图 7.2   两端程序从传送层面使用传输服务原语通信的状态转换图

图 7.3 展示了执行 DISCONNECT 原语的状态转换图，如果客户端进程希望主动断开连接，在连接建立状态下执行 DISCONNECT 原语，进入主动断开连接状态，并发送断开连接报文。服务器端收到断开连接报文后进入被动断开连接状态，执行 DISCONNECT 原语与客户端断开连接。两端进入阻塞或等待状态。

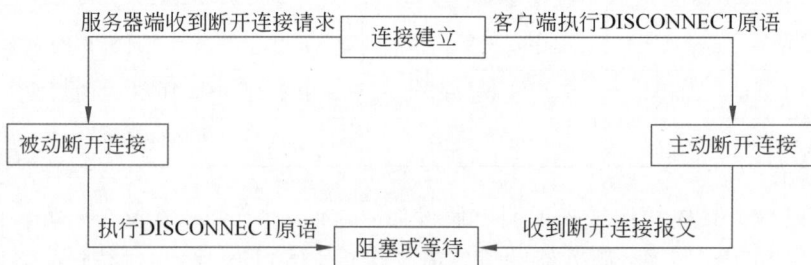

图 7.3   执行 DISCONNECT 原语的状态转换图

7.1.3   传输编址

如同网络层使用 IP 地址标识通信接口一样，当进程希望建立与远程应用程序进程的连接时，它需要指定目标主机上的某个进程。由于应用程序可以动态创建和撤销，并且具有各种不同的程序名称，使用特定的程序名称作为地址标识是不可行的。此外，通信一端也不需要明确知道对端进程的特性。因此，地址编址不应该与特定的进程特性相关联。

解决这个问题的方法是，类似网络内部的编址方式，使用一种特定的主机内进程编址形式，这些地址称为协议端口号（protocol port number），简称端口，使用 16 位二进制串进行标识。这样，通过将端口与 IP 地址结合使用，就可以独立表示网络内某台主机的某个进程。进程只需要绑定到这个地址，实际通信时数据包将被发送到端口，而端口到达进程的过程则由对端自己完成。

因此，两台主机上的进程要进行互相通信，不仅需要知道对方的 IP 地址，还需要知道对方进程的端口号。在传送层的原语中，通常以（IP，port）的形式表示地址。当一端需要与对端建立连接时，它需要使用对方的 IP 地址和端口号作为接口信息，调用相应的服务原语进行通信。为了方便客户端的连接，针对一些常见的服务，约定了一些常用的端口号作为这些服务器对应程序的端口，这些端口称为知名端口（well-known port)，取值范围为 0～1023。这些数值可以在 www.iana.org 上查询。互联网号码分配机构(Internet Assigned Numbers Authority，IANA)将这些端口号分配给TCP/IP 最常用的一些服务类应用，以便客户端进行连接。表 7.2 列出了常用的知名端口及其对应协议。

表 7.2　常用的知名端口及其对应协议

端 口 号	应 用 协 议	说 　　 明
21	FTP	文件传输协议
23	TELNET	远程终端协议
25	SMTP	简单邮件传输协议
53	DNS	域名系统
69	TFTP	简单文件传输协议
80	HTTP	超文本传输协议
161	SNMP	简单网络管理协议
443	HTTPS	超文本传输安全协议

请注意，知名端口只是为了方便约定和参考，实际上，任何合法的端口号都可以用于通信，而不仅限于知名端口。

7.2　连接管理

网络层提供的传输服务往往是不可靠的(可能发生丢包、阻塞等)。根据是否向上提供可靠的传输服务，传送层将协议分成了面向无连接的协议和面向连接的协议。面向无连接的协议关注如何最快地将数据发送出去，并不保证数据能够被通信对端完整地接收。面向连接的协议关注如何在不可靠的介质中，确保数据被通信对端完整地接收。

为了提供可靠的通信服务，通信两端之间往往需要构造和维护数据传输过程的状态信息，以实现数据包的收发确认、正确性校验、流量控制、丢失重传等机制。这些传输状态信息由连接两端的传输协议程序建立。由于建立并维护状态信息需要额外的传输开销，因此协议应确保两端在恰当的时候建立并管理连接，同时在所有数据都被双方接收后关闭连接。

本节将介绍连接管理的机制，包括建立连接和释放连接。连接管理功能与协议可靠性密切相关，不当的机制可能会导致数据的错误交付。

7.2.1　建立连接

在面向连接的协议中，两端只有在建立连接之后才开始收发数据。可将建立连接的过程形象地称为"握手"，握手希望达到以下目的：

(1) 双方都确定对方有意愿建立连接。

(2) 协商传输参数，并达成一致。

在一个不可靠介质中建立连接可能是非常棘手的问题。假设网络内部使用数据包进行发送,传送层通过发送一个连接请求,等待对端响应的方式建立连接。在网络通畅的情况下,两端在这样的机制下可以正常建立连接,收发数据,如图 7.4 所示,使用两次报文握手方式建立连接,首先客户端向服务器端发送建立连接请求报文 Connect_req,接着服务器端收到报文并发回接收连接报文 Connect_accept,至此两端成功建立连接并进行数据收发。

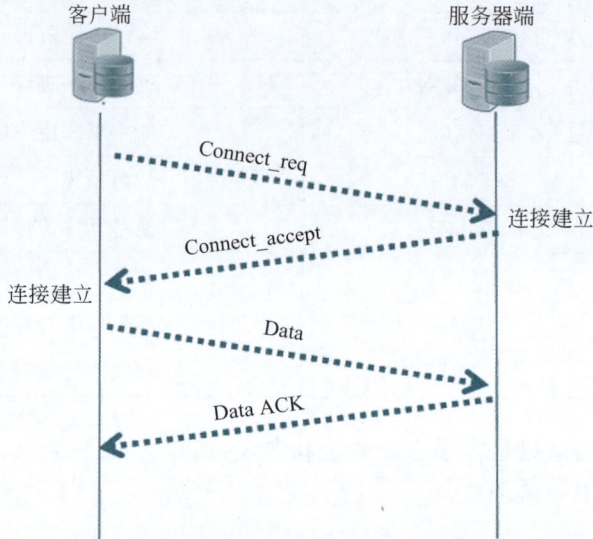

图 7.4 使用两次报文握手方式建立连接示意图

两次报文握手方式可能引起严重的并发问题。如果连接请求数据包选择了一条拥堵的链路,并经历了长时间的排队阻塞,当排队时间过长时,连接请求发送方会认为连接请求报文已丢失并重发报文。这会导致网络中存在两个报文请求建立同一个连接。经过堵塞的连接请求到达时,可能会导致对端关闭先前的连接,并建立一个新连接,进而导致数据丢失。在网络拥塞严重的情况下,一端会不断重发报文,导致网络出现大量建立同一个连接的数据包。

如图 7.5 所示,客户端向服务器端发送 Connect_req 报文,由于路由器选择了一条拥塞链路,客户端连接计时器超时,并重发连接请求报文。重发的连接请求报文选择通畅的链路,提前到达服务器端,建立连接并发送第一批数据 Data,在服务器端没有发送响应 Data 之前,因为拥塞而延迟的连接请求报文姗姗来迟。两端建立了新的连接,这可能会导致不可预知的情况。比如服务器端舍弃属于上一个连接的 Data,并重新等待客户端发送数据,而客户端正在等待服务器端发送数据 Data ACK 时,却收到接收连接报文 Connect_accept。此外,对数据包的确认也可能无法及时返回。问题的关键在于拥塞导致的重发包被认为是新的连接数据包。这无法防止数据包被重发或延迟。但需要保证在这种情况下,重复的数据包应该被接收方识别出并拒绝,而不是作为新数据包处理。

可见,通过两次报文握手方式建立连接的机制,无法在网络极度拥塞的情况下解决数据包重发的问题。可选的方式是在每一个连接之中加入三次报文握手机制,并在数据包中加入可标识的序号,以有效解决数据重发问题。传送层主流的面向连接的

TCP 采用了三次报文握手机制，协议的具体设计将在 7.6 节 TCP 中进行介绍。

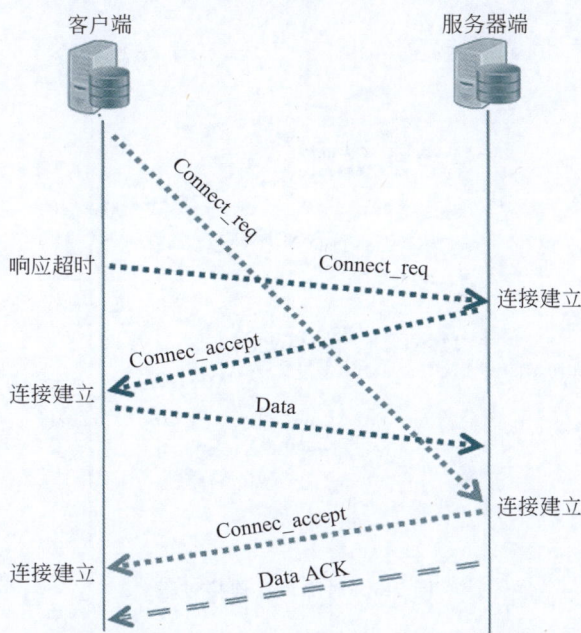

图 7.5　使用两次报文握手方式建立连接响应超时示意图

7.2.2　释放连接

　　释放连接分为对称释放和非对称释放两种方式。对称释放方式将两端连接视为一个整体，一方关闭将导致两端的连接同时关闭。非对称释放方式将两端连接视为两个单向的连接，两个连接应该分别释放。一端释放后，仍然可以接收对端发来的数据，但不再发送除确认报文以外的数据。当对端也不再有数据发送，选择关闭对端的单向连接，两端的连接才释放完毕。

　　对称释放连接可能导致不完整的数据收发。当一端认为其不再有数据等待发送时，对端仍可能有等待发送的数据，此时关闭连接将导致对端无法完全发送数据。如图 7.6 所示，主机 1 向主机 2 发送序号为 x 的数据并收到确认。由于数据已经发送完毕，主机 1 向主机 2 发送关闭连接报文，此时主机 2 还有序号为 y 的数据等待发送，但是由于连接关闭，数据发送失败。

　　可见，只有通信两端都知道对方待发送数据的信息，对称释放连接的方式才可以正常工作。但大多数情况下，对端无法知道另一方是否已经将数据发送完毕。因此对称连接释放机制难以适应所有的场景。

　　如果主机 1 和主机 2 采用非对称释放连接的方式，如图 7.7 所示，当序号为 x 的数据包正确到达，主机 1 收到确认 x 的报文 Data ACK(x) 时，主机 1 的数据发送完毕。于是主机 1 发送断开连接报文并接收确认 ACK(DISCONNECT)，进入单向断开连接状态。此时主机 1 无法向主机 2 发送数据，可以接收主机 2 发送过来的数据。序号为 y 的数据包正确到达后，主机 2 没有更多的数据进行发送，于是主机 2 发送关闭连接报文，在收到主机 1 的确认 ACK(DISCONNECT) 后，服务器端关闭两端连接，不再发送数据，也不再接收数据。

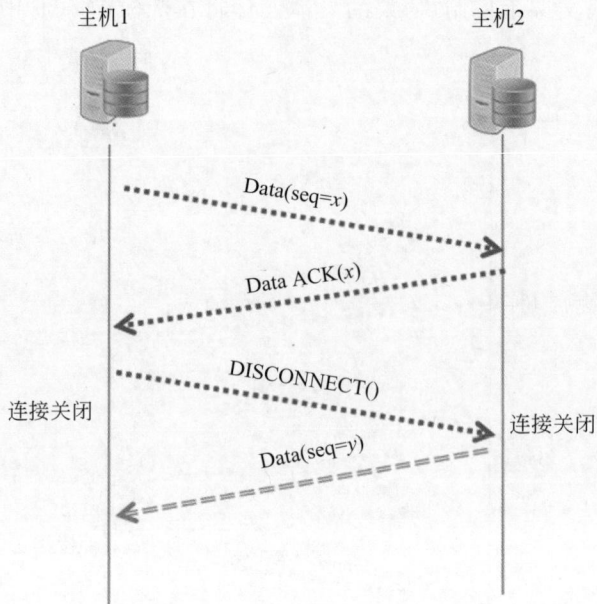

图 7.6   对称释放连接过程

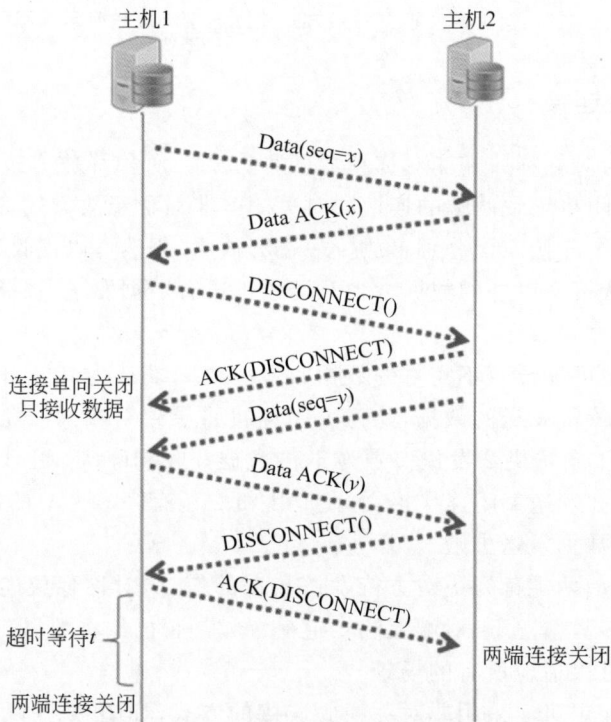

图 7.7   非对称释放连接过程

可注意到，主机 1 在发送对端 ACK（DISCONNECT）后，需要等待额外超时时间 t 才可确认两端连接关闭，原因有以下两点。

（1）保证主机 1 发送的 ACK 能够到达主机 2。在拥塞网络环境下，对关闭连接报文的确认可能会丢失或长时间堵塞，并需要主机 1 重传。如果主机 1 在发送 ACK

后立刻关闭连接,则主机 2 可能会永远无法收到 ACK(DISCONNECT),并不断重新发送断开连接请求报文 DISCONNECT()。

(2) 保证新连接不会受旧连接数据包序号的干扰。两端关闭连接时,网络中可能还存在因堵塞而没有到达的数据包 Data(seq=m)。如果一端再次建立了新连接,并且收发数据时,采用的数据报序号中恰好包含 m,旧连接的数据包可能会对新连接通信造成干扰。因此两端应该确保在断开连接时,网络中所有与本次连接有关的数据包都被接收或超时消失。超时时间 t 的大小由协议具体实现而定。

如同建立连接一样,释放连接报文仍然会在发送过程中发生阻塞或丢失,因此释放连接机制仍然需要重传和确认。若等待确认的时间超时,释放连接方将重复发送报文,直到收到一个确认连接报文为止。为了避免多个相同的释放连接请求产生干扰,报文中仍需要设置一个序号位 seq。在对端收到释放连接请求后,连接进入半关闭状态。可见,要完全释放两端连接,一共需要 4 个正确到达的报文,以承载其释放连接信息。

除此之外,考虑如下情形:当通信端 1 与通信端 2 建立连接后,通信端 1 发生故障,长时间无法响应。因为这个连接短时间内不会有更多数据传输请求,通信端 2 不应该长期维持与通信端 1 的连接。这有利于节省维持连接状态所需的内存等开销。此外,当对端从故障中恢复时,可以重新发送连接请求建立连接。一个可取的方法是设定一个维持连接计时器,若计时器超时,一端主动将连接状态设置为关闭。需要注意的是,这种连接方式可能会导致通信端 1 故障恢复时,依旧保持着通信端 2 的连接。由于无法得到响应,通信端 1 的维持连接计时器超时并单向断开连接,最终双方连接断开。

7.3 可靠传输

在之前网络层的讲解中,已经介绍了网络层的目标是提供尽力而为的服务,是不可靠的传输。传送层需要在不可靠的网络层上向应用层提供可靠的数据通信服务,因此可靠传输是传送层必须重点完成的任务。

可靠传输意味着数据安全到达并且有序交付给接收方。实现可靠传输的关键问题是错误控制和流量控制。错误控制通常是指所有数据均被无错误地递交,流量控制是防止发送方发送数据过快淹没一个慢速的接收方。这两个问题在之前数据链路层时已经讨论过了,传送层采取的解决方案在数据链路层中介绍的机制基本一样。本节将不再赘述其中的细节,而是讨论实现传送层可靠传输遇到的新挑战和解决方案。

7.3.1 流控制和缓冲

在介绍传送层如何实现可靠传输之前,先简单回顾一下在数据链路路层中实现可靠传输的机制:

(1) 错误控制:对数据帧进行冗余编码,帧中携带错误检测码(比如 CRC 或者校验和),用于检测是否被正确接收。在一些对时延非常敏感的传输应用中,如音视频直播等,有时也会携带前向纠错(Forward Error Correction,FEC)编码来减少重传带来的时延。

（2）有序发送：每个数据帧都有一个编号，用来标明这个帧。接收方正确收到一个帧后会返回一个确认给发送方，发送方收到该帧的确认之后才会发送下一个帧。当该帧的确认受损或者超过某个计时器时间时，发送方将自动重发该帧。这种机制被称为自动重传请求（Automatic Repeat reQuest，ARQ）或带有重传的肯定确认（Positive Acknowledgement with Retransmission，PAR）。

（3）流量控制：任意时刻允许发送方发送某个最大值的帧数，如果接收方未能足够快地确认这些帧，则发送方必须暂停发送。如果这个最大值是一个数据包，那么该协议称为停等协议。最大值设置得越大，流水线越能持续运行，在距离长且速度快的链路上传输效率越能大幅提升。

（4）滑动窗口协议：结合了这些特征，并且支持双工传输。滑动窗口协议包含 1 比特滑动窗口协议、回退 N 帧协议和选择重传协议。

这些机制都很好地应用到了数据链路层的帧上，传送层是以数据包为单位发送的，自然这些机制也能适用。可能会有读者产生疑问，既然数据链路层可以实现可靠传输，那为什么还需要传送层提供可靠传输保证？

为了理解这一个问题，考虑一个具体的传输实例，比如一个用户发送一个数据大小为 1MB 的文件从中国某公司到美国某公司，在网络传输过程中，这 1MB 的数据被拆成 N 份，编号为 $0 \sim (N-1)$。根据 IP，在网络中可能一部分数据从北京的出口经由日本发往美国某公司，另一部分从广州的出口经由英国发往美国某公司。如果数据都顺利到达了美国某公司，这些数据会被按照编号重新排序并且进行差错检验，当检验无误之后才会提交给应用。在这个过程中，数据链路层只保障网络设备节点之间链路的可靠传输，它不能避免在北京或者在广州由于路由器拥塞或者其他原因导致其中的一个或者某个数据包丢失；也不能保障所有数据包到达后重组；还不能保障如果其中某些数据包丢失以后，通知发送方重新发送等。

上述例子阐明了"端到端原则"。传送层解决的是端到端传输问题，而数据链路层则解决单条链路的点到点传输问题。基于这种观点，在数据包的差错检验方面，即使每条链路都对数据包进行了校验和检查，它们仍可能被不正确递交。因此，执行端到端的差错检查对保证传输的正确性至关重要。传送层是可靠传输的最后一道屏障。当然，这并不意味着数据链路层的检查不重要，因为如果没有数据链路层的检查，链路上的损坏数据就必须沿着整条路径一直发送，这是不必要的。因此，数据链路层的检查可以提高整体性能。

随着网络的不断发展，许多 TCP 连接的带宽时延乘积远远大于单个段。在这样的情况下，必须使用一个大的滑动窗口，而这也意味着需要相当大的内存来缓冲数据。在数据链路层，由于收发双方是点到点的连接，其流量控制策略相对较为简单，接收窗口和发送窗口即固定大小的缓冲区的个数。发送方的滑动窗口调整，即缓冲区的覆盖依赖确认帧的到达，由于信号传播时延和 CPU 的处理时间等都相对稳定，因此发送方的数据帧和接收方的确认帧，其发送和接收时间是可估计的。而在传送层，发送方和接收方都需要缓冲区。对于发送方，这些缓冲区需要存放已经发送但未得到确认的段，因为这些段可能会丢失，从而需要重传。对于接收方，需要缓冲区存放数据，因为这些数据虽然可能按序发送，但是由于传输路径的不同等原因，它们到达接收端的顺序不同。接收方需要缓冲窗口内的数据，并重新按序编排后才能提交给应用。

　　由于一台主机可能有许多个连接,每个连接都被单独对待,每个连接都需要一定数量的缓冲区,这些不同连接的缓冲区如何组织,新的连接建立该分配多大的缓冲区,连接释放以后缓冲区该如何释放,这些是端到端传输需要解决的问题。一种很自然的方法是将这些缓冲区组织成一个由大小相等的缓冲区构成的池,每个缓冲区容纳一个段,如图 7.8(a)所示。然而,如果段长度的差异范围很大,可能是一个网页发送中的短数据包,也可能是 P2P 文件传输中的大数据包,那么,用固定长度的缓冲区池就有问题。如果将缓冲区设置成最大的可能的段长,那么当短数据包到来时就会浪费空间;如果将缓冲区设置成比最大的段要小,那么更长的段就需要多个缓冲区,从而带来额外的复杂性。

　　解决缓冲区分配问题的另一种方法是使用可变大小的缓冲区,如图 7.8(b)所示。这种方法可以获得更好的内存利用率,但是对缓冲区的管理更加复杂。还有一种可能的方法是为每个连接使用一个大的环形缓冲区,如图 7.8(c)所示。这种方法比较简单,并且不依赖段的大小,但只有当连接上有重度负载时,内存的利用情况才很好。

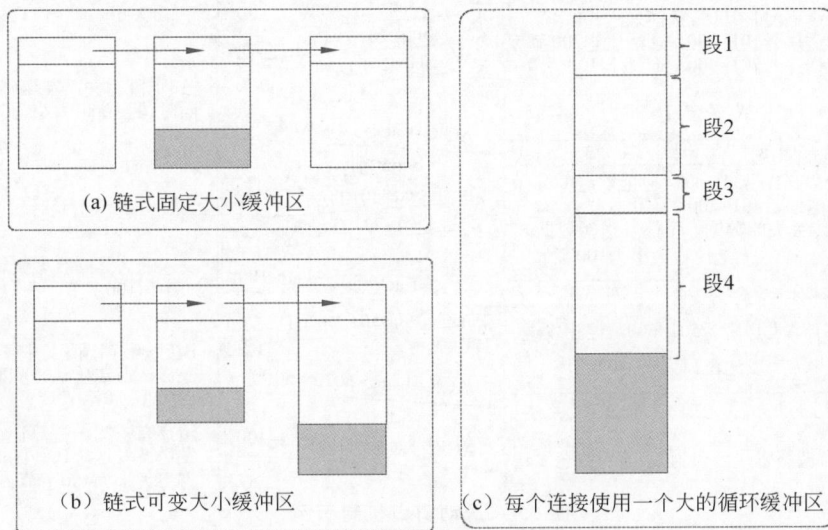

图 7.8　端到端传输解决问题的方法

　　随着连接的打开和关闭以及流量的改变,发送方和接收方都需要动态调整它们的缓冲区分配策略。因此,传输协议应该允许发送主机请求另一端的缓冲区空间。缓冲区可以分配给每个连接,或者综合分配给两台主机之间当前正在运行的所有连接。还有一种方法是,接收方知道自己的缓冲区情况(但是不知道流量的情况),它可以告诉发送方当前为发送方预留的缓存空间大小。如果打开的连接数量增加,或许有必要减少为每个连接分配的缓冲区个数。因此,协议应该提供这种协商能力。

　　为了管理动态缓冲区的分配,一种合理的惯常方法是将缓冲与确认机制分离。初始时,发送方根据它期望的需求,请求一定数量的缓冲区。然后,接收方根据它的能力分配尽可能多的缓冲区。每次发送方发送一段,它必须减小分配给它的缓冲区个数,当分配给它的缓冲区个数达到 0 时,完全停止发送。然后,接收方在逆向流量中捎带上单独的确认和缓冲区个数。TCP 采用这种模式,将缓冲区的分配捎带在 TCP 头部的 Window Size 字段中。

图 7.9 显示了一个滑动窗口机制示例。在示例中，段的数据流从主机 A 发往主机 B，段的确认和缓冲区分配流逆向发送。假设每个段大小为 100 字节，初始 A 与 B 建连后，B 给 A 分配的窗口大小为 400 字节，然后 A 发送 3 个段，其中第 3 个段在发送过程中丢失了，B 在收到第 2 个段以后，给 A 回复确认收到第 2 个段及以前的数据，并且调整窗口大小为 300 字节，也就是 A 可以发送第 2 个段之后的总共 3 个段的内容。A 收到确认后，因为已经发送了第 3 个段，因此接着发第 4、5 个段，同时第 3 个段由于计时器超时，没有收到确认，因此 A 重新发送第 3 个段，由于窗口大小限制，A 停止发送。直到 B 发送确认收到第 5 个段及其之前的内容，并且调整窗口大小为 100 字节。A 收到确认之后，发送第 5 个段之后的 1 个段的内容，即第 6 个段，第 6 个段到达 B 之后，缓存满了，于是通知 A，窗口大小为 0 字节，直到 B 有了新的可分配的缓冲空间，才告知 A 可以继续发送第 6 个段以后的窗口大小为 400 字节的段。

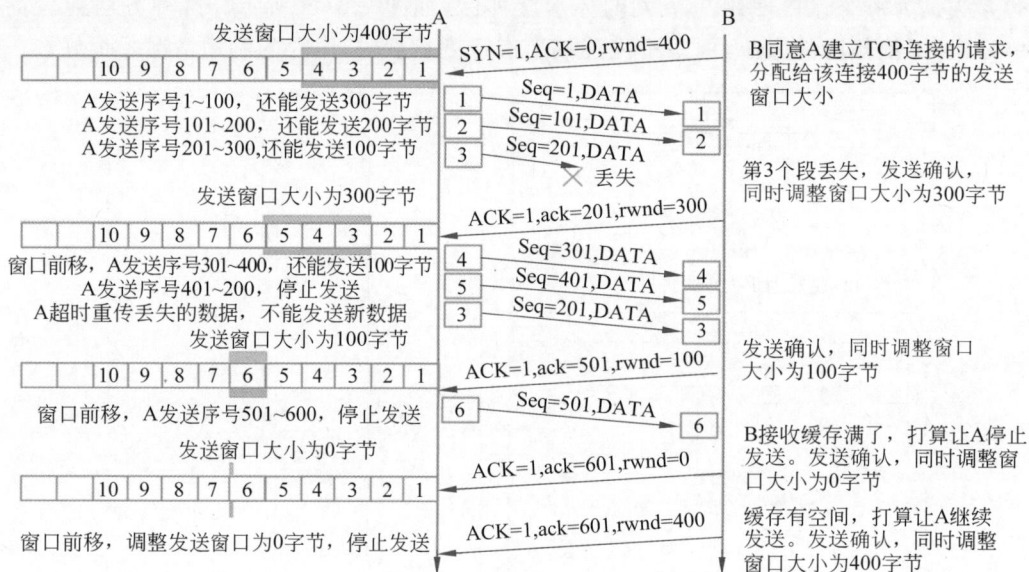

图 7.9　滑动窗口机制示例

在数据包网络中，如果控制段可能丢失（肯定会丢），则这种缓冲区分配方案有可能引发一些潜在的问题。在图 7.9 的最后，假如这个缓冲区分配的段丢失了，由于控制段没有序列号，也不会超时，A 就会出现死锁。为了避免出现这种情况，每台主机应该定期地在每个连接上发送控制段，这些控制段给出确认和缓冲区状态。采用这种方法，死锁迟早会被打破。

7.3.2　数据重传机制

端到端重传需要使用多个计时器。其中最重要的是重传计时器。当一个段被发送出去时就会启动一个重传计时器，如果在计时器超时之前收到了这个段的确认，则该计时器将会被停止。如果在计时器超时时仍然没能收到该段的确认，则该段将会被重传，并且重新启动一个新的计时器。显然，有个非常直接的问题，重传计时器应该设置为多长？

在数据链路层中，期望的传输时延高度可测，往返时间（Round-Trip Time，RTT）的概率分布非常集中,所以计时器可以设置为比期望的往返时间稍高的值,如图 7.10 所示。由于在数据链路层中确认极少被延迟(因为不存在拥塞),因此,如果在预期的时间内确认没有到来,则往往意味着数据帧或者确认帧已经丢失了。然而传送层的情况要复杂得多,由于拥塞等情况的发生,往返时间的方差很大。如果把重传计时器设置为较小的值,例如图 7.10(b)中的 T_2,则很多数据包会过早重传,给网络带来额外负担。而如果设置一个较大的值,例如图 7.10(b)中的 T_3,则重传时延太长,性能会受影响。

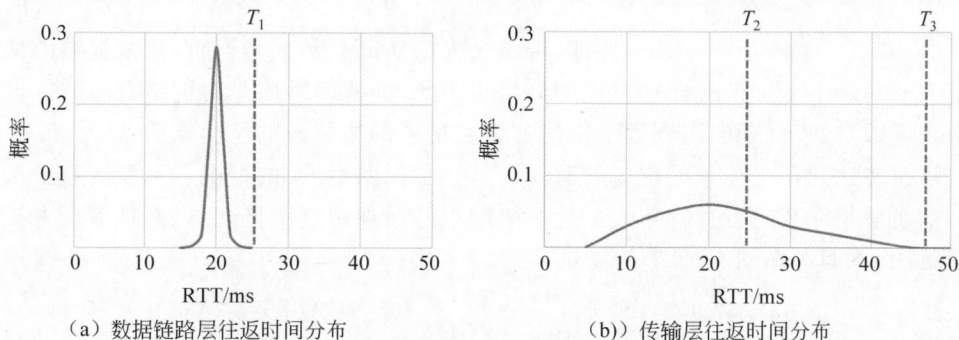

(a) 数据链路层往返时间分布   (b) 传输层往返时间分布

图 7.10   数据链路层与传送层往返时间分布

基于以上分析,重传计时器不能是一个静态值。以 TCP 为例,在实际中,重传计时器通常采取一种自适应的算法来设置,它是由 Jacobson 于 1988 年提出的。算法中保存一个值 RTT 作为估计的平均往返时间,这个值是不断被更新的,重传计时器被设置为估计的 RTT 的两倍。具体算法内容在 7.6 节 TCP 中介绍。

7.4   拥塞控制

7.3 节介绍了在面临分组丢失时如何通过流量控制和重传机制实现可靠传输。在实际中,传送层分组丢失的主要原因是网络拥塞,进而导致路由器缓存溢出。流量控制是根据发送方和接收方的缓冲区的情况进行速率调节,这种机制无法解决端到端的网络拥塞问题,甚至过多的分组发送可能加剧网络拥塞。在网络中,有非常多的源会以高速率发送数据,在网络发生拥塞时,需要一些机制遏制这些发送速率过高的源。

本节将探索在一般情况下网络拥塞控制发生的原因及其可能的后果,同时介绍上层应用如何检测到拥塞发生及采取何种方法避免拥塞。此外,本节还将介绍常用拥塞控制算法的主要思路,以及这些算法对公平性的考虑等问题。后续章节会对 TCP 的拥塞控制算法进行详细介绍。

7.4.1   拥塞原因与代价

发送速率主要受到两个关键因素的限制。首先是流量控制,当发送方的发送速率较快而接收方的缓存容量较小时,数据传输可能会受到限制。其次是拥塞控制,即使接收方的缓存容量足够大,但当网络容量有限时,传输速率也会受到限制。这表明网络拥塞的两个主要因素是接收能力和网络容量。

一般来说,当通信子网中的网络流量超过了网络的处理能力或带宽限制时,网络性能会下降,这种现象称为拥塞。图 7.11 描述了网络拥塞情况。当主机发送到网络

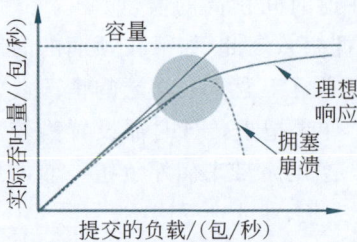

图 7.11　网络拥塞

中的分组数量在一定范围内时,所有的分组都可以被成功发送到目的主机。在这个情况下,发送的分组数量与成功发送的分组数量是成正比的,也就说有多少分组发送到网络就有多少分组能够发送到目的主机。然而,随着网络中流量的快速递增,网络中分组处理设备(例如路由器)无法成功处理全部分组时,网络中就出现分组丢失的情况。随着流量的增加,分组丢失的情况会越来越严重,到最极端的情况就是整个网络中几乎没有成功发送的分组。因此,拥塞的本质是对网络资源的需求大于网络可用资源,拥塞的出现表示网络负载超过了网络资源的承受能力。

当拥塞达到相当严重的程度的时候,会出现"拥塞崩溃"的情况。互联网第一次经历拥塞崩溃是在 20 世纪 80 年代。为了能够很好地理解这个概念,以及理解拥塞控制的必要性,下面考虑图 7.12 中的场景。

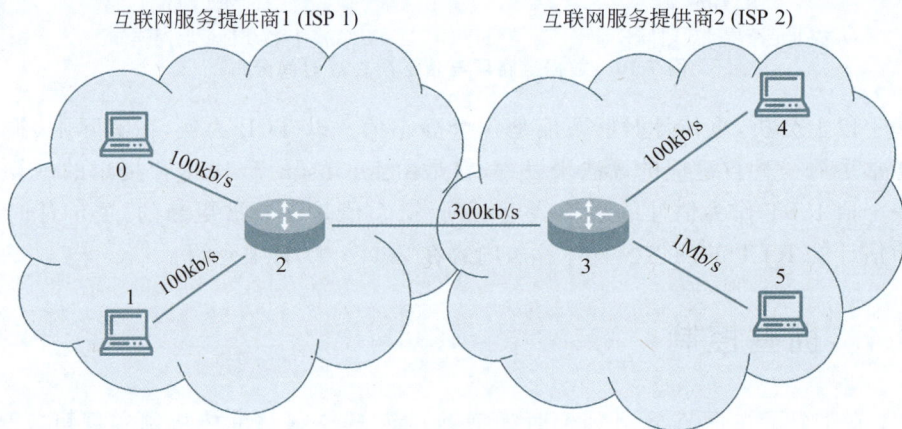

图 7.12　拥塞崩溃场景

在图 7.12 中,涉及两个互联网服务提供商(ISP),图中所有路由器以及主机都进行了编号。两个 ISP 之间是用一条 300kb/s 的链路连接的。当然,ISP 之间互相不知道对方的网络配置。最初,用户 0 向用户 4 发送数据,同时用户 1 向用户 5 发送数据。发送方都尽可能地发送数据(100kb/s)。在这种情况下,没有拥塞发生。当 ISP1 发现 2 与 3 之间的链路并没有完全利用上时,它决定将 0 与 2 之间链路的带宽加到 1Mb/s。ISP1 认为给自己的用户更多的带宽不会导致任何网络问题。图 7.13 给出了链路升级前后,在用户 4 和 5 上的吞吐量的变化曲线。发送方都以 64kb/s 开始,每秒增加 3kb/s。

从图 7.13(a)可以看出,在链路升级前,吞吐量会增加直到发送方各自的接入链路的带宽。当链路升级后,在用户 4 上的吞吐量仍然是相同的。但是对于 1 与 5 之间的连接就不同了。它首先达到了 100kb/s 的最大速率,然后突然就下降了。对这个现象的解释就是拥塞。发送方在持续增加发送速率的时候,在路由器 2 处的队列将会不断增大,而且路由器 2 处更多的分组是源于用户 0 的。通过图 7.14 可以看出,每当有 1 个分组从用户 1 来,就会有 10 个分组从用户 0 来。这意味着用户 0 占用了本能够给用户 1 的瓶颈链路的带宽,用户 0 越发,这个问题越严重。

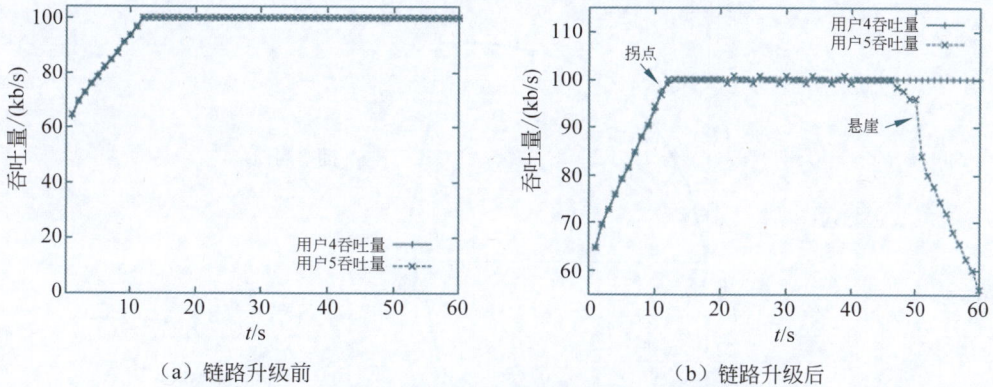

（a）链路升级前　　　　　　　　　　　　（b）链路升级后

图 7.13　拥塞崩溃场景中链路升级前后吞吐量的变化

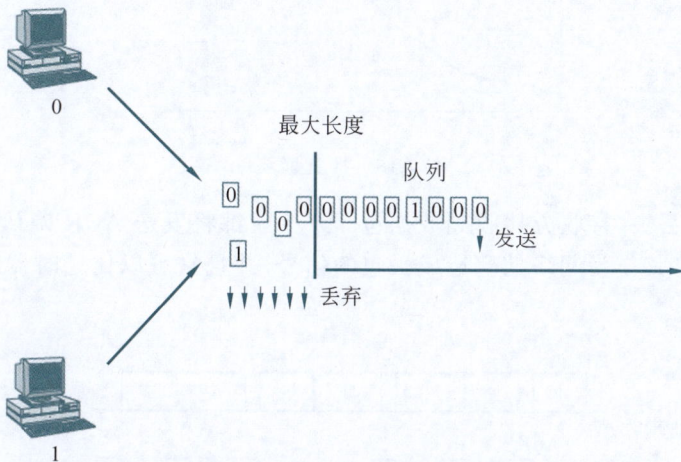

图 7.14　用户 2 处的排队情况

7.4.2　拥塞检测

为了能够避免网络中出现拥塞崩溃的情况，让网络高效地运行，首先对检测拥塞的方法进行分析。图 7.15 给出了当网络负载增大时，端到端吞吐量和时延的变化情况。可以看出，当网络负载达到一定程度时，吞吐量达到"悬崖"（cliff）后将急剧下降，即发生了严重的丢包，同时网络时延趋于无穷。因此可以根据发生丢包、超时来判断是否发生了拥塞。

第一种方法是将网络超时作为拥塞的信号。TCP 具有超时重传的机制，一般来说，发送方将超时计时器设为 $2\sim 5$ RTT，并从发送数据包时开始计时，如果没有收到确认且计时器超时，则认为发生了丢包，网络拥塞。在现实中，由发送错误造成的丢包相对很少，所以利用超时判断网络拥塞往往有较高的准确度。即使出现非拥塞造成的丢包，也不会有太大的副作用。其缺点就是对拥塞的检测可能不会很及时，因为要等待较长的时间。

第二种方法是将网络丢包作为网络拥塞的信号。在 TCP 中，发送方收到多个重复的 ACK（一般设为 3 个）是因为当接收方没有接收到某个数据包，而接收到了其后面的数据包时，就会发送相同的 ACK 来确认收到的最后一个连续的数据包。如图 7.16

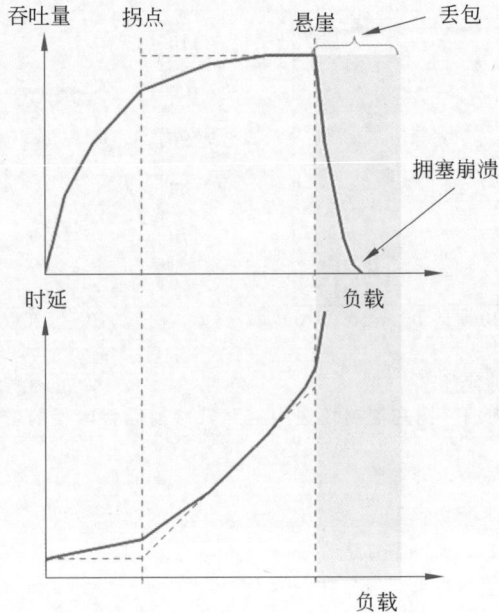

图 7.15　拥塞崩溃

所示,数据包 4 丢失,接收方接收到数据包 5、6、7 时都将发送 ACK 确认数据包 3。因此发送方可以将其作为网络拥塞造成丢包的信号,并且它可以比计时器超时更快地报告网络拥塞。

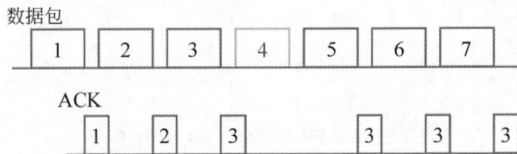

图 7.16　连续 ACK 确认的产生

第三种方法是根据网络时延的变化来检测拥塞。因为网络时延主要由传输时延和排队时延组成,传输时延往往是不变的,而排队时延的变化反映了在网络中发送数据包的数量。如果知道了传输时延,则根据排队时延的变化就能很好地预测拥塞,甚至在拥塞发生之前就可以采取相应的措施。

上述三种方法利用了网络协议自身的特点和机制,此外还可以利用来自网络的显式消息来通知拥塞。例如向发送方发送一条源抑制消息(source quench message),来表明 TCP 连接的两端之间的路由器或者接收方出现了缓存空间不足。虽然这也可以看作网络拥塞的信号,它常常被用来抑制高速发送方,但根据 RFC 1812,路由器不应当发送源抑制消息,故这种情况发生的机会很少。RFC 3168 定义了一种同样需要网络层支持的利用显式消息通知拥塞的机制,即显示拥塞通知机制。它通过改变 IP 分组的某些比特信息将拥塞的信息传输到接收方,然后接收方再通过改变应答包中的 TCP 分组头部的某些比特信息将拥塞消息显式地传输发送方。这种技术目前已经成了 TCP 标准的一部分。

7.4.3　拥塞控制分析

在检测到拥塞后,使用什么样的方法才能避免拥塞呢? 在介绍具体的拥塞控制算法之前,首先介绍具体的调控方法。

实现拥塞避免最直接且有效的方法是减小数据的发送速率,TCP利用滑动窗口的机制可以很容易地做到这一点。这里需要再次把流量控制与拥塞控制做一下区分,流量控制的目的是防止发送方的发送速率超过接收方的接收能力,而拥塞控制的目的是防止注入网络的数据超过网络设备(如路由器)处理的能力。因此,为了实现拥塞控制,发送方需要保持两个窗口:接收窗口(receive window)和拥塞窗口(congestion window),接收窗口由接收方放在TCP头部中发给发送方,拥塞窗口是发送方根据自己估计的网络拥塞程度设置的窗口值,二者的最小值才是能发送的字节数。

在没有发生拥塞的时候可以增大拥塞窗口,发生了拥塞则减小之,TCP拥塞控制的关注点就在于如何动态调整拥塞窗口的大小。下面通过一个模型来说明应该采取的策略。

首先,要保证网络中所有用户的流量之和不超过某个上限,这样才不会发生拥塞,即$\sum x_i \leqslant X_{goal}$,其中$x_i$表示单个用户的拥塞窗口,$X_{goal}$表示网络在不发生拥塞的前提下能承受的最大负载。为了尽量提高网络的利用率,$\sum x_i$还应该尽量接近X_{goal},理想情况为$\sum x_i \leqslant X_{goal}$,在两个用户的时候可以把这条直线称为效率线。如图7.17(a)所示,坐标(x_1,x_2)的点应位于效率线$x_1+x_2=X_{goal}$左下方,且尽量接近效率线,若在效率线右上方则发生拥塞。

其次,还应该保证网络中的用户能较为公平地获得带宽,也就是说,每个用户的带宽应尽量接近$\sum x_i/n$,其中n为已经建立连接的用户总数。直线$x_j=\sum x_i/n$称为公平线。仍然以两个用户为例,如图7.17(b)所示,坐标为(x_1,x_2)的点应尽量接近公平线$x_1-x_2=0$。公平度定义为1减去点(x_1,x_2)到公平线$x_1-x_2=0$的距离(归一化以后),这样公平度的取值就为0~1,值越大,公平度越好。

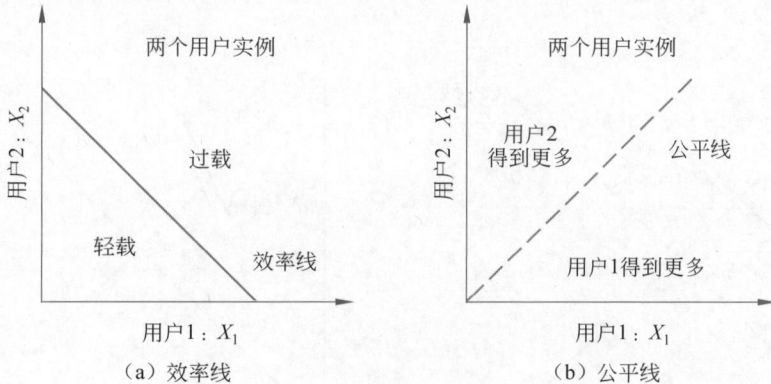

图7.17 两个用户的效率线与公平线

除了满足以上效率与公平的两点要求,还需要对每个用户实现统一的控制管理方式。一种较好的拥塞控制系统模型如图7.18所示。在这个模型下,每个用户在接到拥塞的信号之后将做出基本相同的动作,因为在前面效率与公平的分析中,每个用户的地位确实是平等的。这个模型能使管理在行之有效的基础上做到非常简单实用。

对于每个用户而言,调整拥塞窗口的一种较好的算法是"加增倍减"(Additive Increase,Multiplicative Decrease,AIMD)。具体来说,当没有发生拥塞时,拥塞窗口x_i调整为x_i+a,其中a是一个正增量值;当发生拥塞的时候,则调整为bx_i,其中$0<$

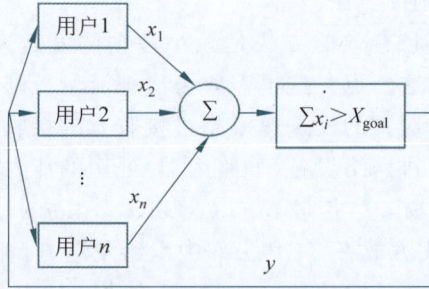

图 7.18   拥塞控制系统模型

$b<1$。增量 a 随着公平度的增大而减小，b 随着公平度的增大而增大（向 1 接近），这样一来，如图 7.19 所示，拥塞窗口的坐标将逐渐向效率线和公平线收敛，即同时满足：不发生拥塞，网络利用率最高，各用户公平地利用带宽。

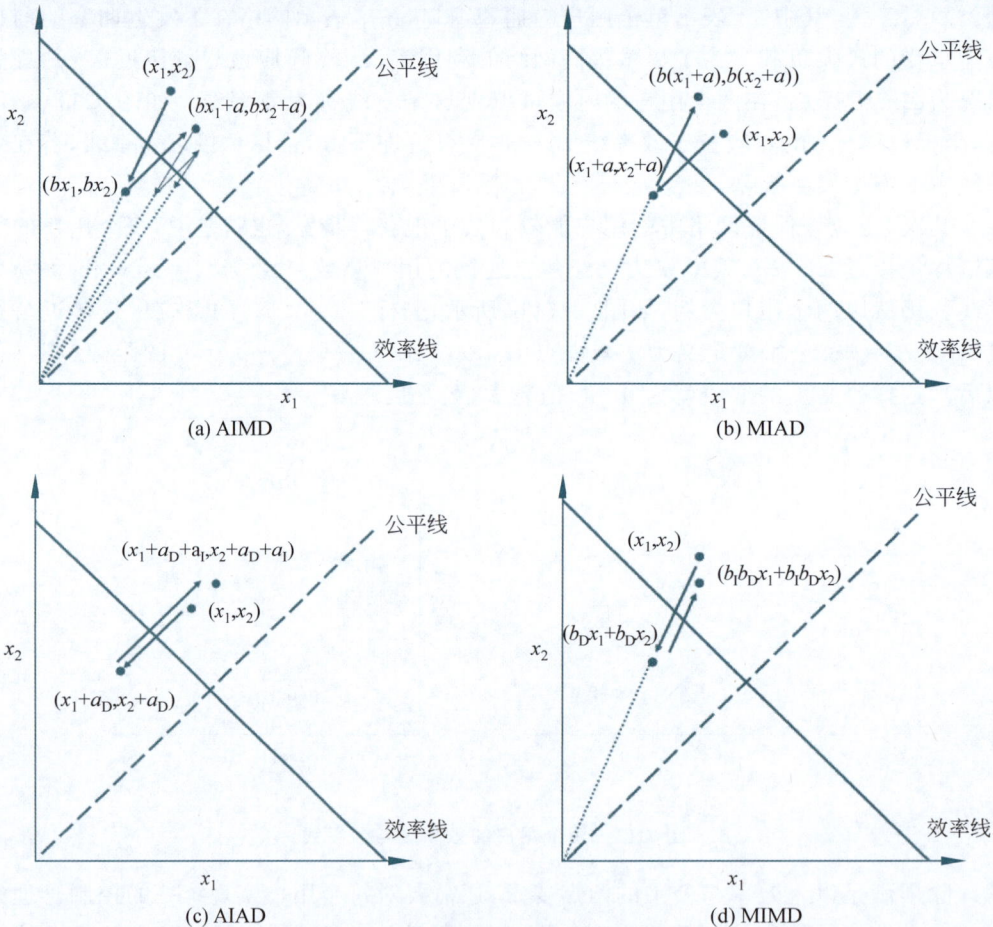

图 7.19   调整拥塞窗口的四种算法

与 AIMD 算法相对，还存在"乘法增加、加法减少"（Multiplicative Increase，Additive Decrease，MIAD）、"加法增加、加法减少"（Additive Increase，Additive Decrease，AIAD）、"乘法增加、乘法减少"（Multiplicative Increase，Multiplicative Decrease，MIMD）三种算法。从图 7.19(b)～图 7.19(d)可以看出，它们都存在致命问

题,难以用于实际拥塞控制。如图 7.19(b)所示,MIAD 算法对公平线发散,对效率线不收敛,仅在用户少、初始窗口差异小且带宽充裕时短时间内不会发散。这意味着在大多数实际网络场景中,MIAD 算法会导致各用户间带宽分配严重不均,网络资源无法被高效利用,严重影响网络的公平性和整体性能。如图 7.19(c)所示,AIAD 算法对公平线不发散但不收敛,在传输时延低、丢包率可接受时,对效率线虽不发散却也不收敛。这使得 AIAD 算法无法让网络达到理想的公平状态,也不能充分利用网络带宽,在实际应用中会造成网络资源的浪费,无法满足日益增长的网络传输需求。如图 7.19(d)所示,MIMD 算法对公平线不发散但不收敛,仅在网络拓扑稳定、干扰少的情况下能收敛到效率线。然而实际网络环境复杂多变,拓扑结构常发生改变。

在四种算法中,AIMD 算法有很好的特性:收敛,易于实现,分布式,无须知道完整网络状态。作为 TCP 的重要基础,它成了互联网发展历史上的里程碑。

今天的 TCP 拥塞控制中主要的变量除了前面提过的接收窗口与拥塞窗口外,还有一个阈值(threshold)用于管理 TCP 拥塞控制的不同阶段。后面的章节将介绍典型的 TCP 拥塞控制算法:Tahoe 和 Reno。

7.5 UDP

传送层一个主要的协议是用户数据报协议(UDP)。相比于可靠传输的 TCP,UDP 功能更少,发送过程更加简单,因此 UDP 具有占用系统资源少、时延低等特点。有实时、简单高效传输需求的应用更倾向于选择 UDP。本节将首先对 UDP 传输协议进行简单介绍,并给出 UDP 数据报的格式;然后,介绍基于 UDP 的上层协议和技术,如实时传输协议(Real-time Transport Protocol,RTP)等,帮助读者更好地了解 UDP 的特性。

7.5.1 UDP 概述

UDP 是无连接的传输协议,支持应用程序在不建立端到端连接的情况下发送数据包。无连接减少了开销和发送数据之前的时延,简单快速,无须维护复杂的连接状态。这种无连接的特性使其在以单次请求/响应为主的场景下有优势,如用于 DNS 的查询等。同时,由于无连接的特性,UDP 可以轻松支持一对一、一对多、多对一和多对多的通信。

UDP 是面向报文的,向应用层提供发送封装原始 IP 数据报的功能:对于应用层递交的报文,不进行合并拆分等操作,而是保留报文边界,直接交付整个报文。只要有应用的数据被递交给 UDP,UDP 会立刻将数据传给 IP 层。因此,若传送层选择使用 UDP,应用程序需要选择合适大小的报文。如果报文过长,UDP 封装好后交给网络层处理时,网络层可能需要对数据进行分片,增加处理开销。如果报文过短,头部的字节数所占比例相对较大,降低了网络数据传输的效率。这与基于流的 TCP 不同,使用 TCP 发送的 IP 数据包与上层应用递交的数据可能无联系。

UDP 不进行流量控制和拥塞控制,当网络拥塞时,源端不会感知网络状态并降低发送速率,此特性满足了某些实时应用的数据发送需要。同时,UDP 使用尽力而为的交付,所以不保证数据传输的可靠性,也不支持数据按序到达接收端。当发生丢包时,

UDP 不会像 TCP 一样不顾完成时间进行多次重传。此特点的优势是不会过多地增加时延,不过,从另一方面看,对于很多需要可靠按序递交的应用,UDP 可能无法适用。如果应用希望利用 UDP 的优点,但是也希望可以实现可靠传输,此时需要应用自己来实现可靠传输。应用层也可以实现拥塞控制、流量控制等功能来进一步加强UDP 的能力。

RFC 768 对 UDP 进行了描述,此标准定义了传送层完成数据传输必须支持的最少工作,除了复用/解复用及增加可选的校验之外,UDP 没有对 IP 增加任何功能。由于 UDP 功能简单,UDP 头部也比 TCP 头部简单很多。UDP 头部只有 8 字节,主要功能是为 IP 包增加端口字段,并增加了可选的数据校验。相比 TCP 至少 20 字节的头部,UDP 头部开销更小。7.5.2 节将对 UDP 数据报格式展开介绍。

7.5.2　UDP 数据报格式

当收到来自应用层的数据时,UDP 会为其封装包头,如图 7.20 所示。UDP 数据报由 8 字节的包头和数据载荷组成。图 7.21 描述了 UDP 头部格式。

图 7.20　应用数据封装过程

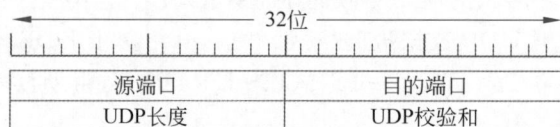

图 7.21　UDP 头部格式

(1) 源端口和目的端口:分别用来标识源主机和目的主机的端点,各有 2 字节。IP 包头只能指示源和目的地址的 IP 地址,增加了端口字段之后,传送层才知道应该将数据包递交到哪个应用程序。

(2) UDP 长度:表示 UDP 包头和有效数据载荷两部分的总长度,占 2 字节。考虑到 20 字节的 IP 头部长度以及 IP 包大小(填满 16 位的最大 IP 包长度)的限制,所以最大 UDP 包长度为 65515 字节。最小 UDP 包长度为 8 字节,即仅包含包头,有效数据载荷为 0 字节。

(3) UDP 校验和:对 IP 伪头部、UDP 头部和数据进行校验,占 2 字节。与 IP 数据包校验只校验头部不同,UDP 的校验会将包头和数据都进行校验。IPv4 伪头部如图 7.22 所示。它包含 4 字节的源 IP 和 4 字节的目的 IP 地址、协议号(17)和 UDP 长度字段。IPv6 伪头部与 IPv4 伪头部类似。如果数据长度为奇数,需要在数据后边补充 8 位 0,得到偶字节的数据字段。UDP 校验和的算法与 TCP 相同,即按 16 位字进行求和运算,之后对和进行反码计算,反码结果置于 UDP 的校验和字段,因此,如果数据在从源端发送到接收端的过程中没有出现差错,数据的和与校验和字段的和应该为全 1 序列。如果有某一位为 0,则说明数据出错。校验和字段是可选字段,但是保留校验和字段可以提供一定的数据可靠性,如果数据的发送完全不需要可靠,则可以选择关闭校验和字段。UDP 提供的校验和是端到端的数据差错检测,当存在点到点的差错检测时,端到端的机制也是需要的,因为在端到端传输时,可能存在某些链路不进行差错检测,或者数据在路由器节点内也会引入差错。但是它不具备数据恢复的功能,更复杂的功能可能需要应用层增加机制。

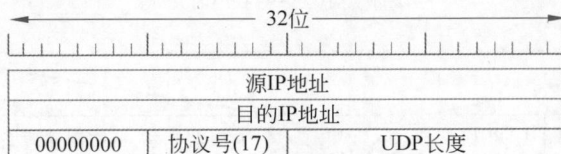

图 7.22 IPv4 伪头部

7.5.3 实时传输协议

低时延流媒体应用是 UDP 的重要使用场景,目前多种视频点播、视频会议等多媒体应用均使用通用的实时流媒体传输协议 RTP,RFC 3550 对 RTP 进行了标准化描述。

RTP 是一个实现在应用层的通用传输协议,工作在用户空间,与多媒体应用配合进行数据传输,已经被各种多媒体应用广泛使用。RTP 在网络协议栈中位于 UDP 之上,如图 7.23(a)所示。RTP 使用数据包发送音频、视频数据,封装格式如图 7.23(b)所示。

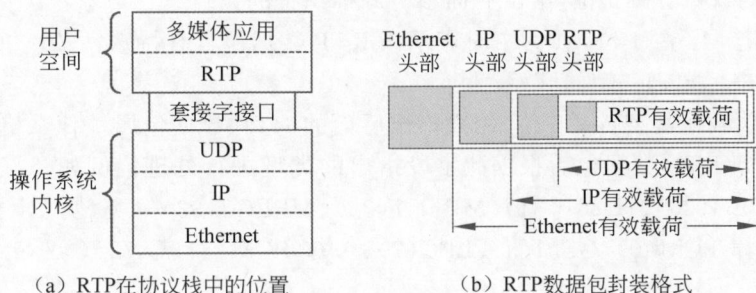

(a) RTP在协议栈中的位置　　(b) RTP数据包封装格式

图 7.23 RTP

利用 RTP 进行数据传输的流程描述如下:首先应用程序将数据递交到下层,其中数据包括视频、音频或其他流,数据被 RTP 处理生成 RTP 有效载荷,之后不同的数据流被复用到一个 UDP 流,通过套接字封装进 UDP 包中,进而被 IP 处理,发送到链路上。到达接收端之后,数据包的处理过程与封装过程相反,然后数据被接收端播放器进行解码并使用。

由于 RTP 面向的流媒体应用对可靠性的要求不高,因此 RTP 并未在协议中增加确认机制,也没有设计丢失重传策略,而是直接利用 UDP 发送。在发生丢包时,如果多次对丢失的数据进行重传,增加的时延可能使得数据无法被接收端使用,所以丢失重传策略也不适用于流媒体的应用场景。同时,RTP 也无法提供数据交付的质量保证,没有用来保证数据传输质量的机制。

RTP 头部结构如图 7.24 所示。

在 RTP 数据包的头部中,前 12 字节是必需的,12 字节之后的部分是可选的,下面对各字段进行介绍。

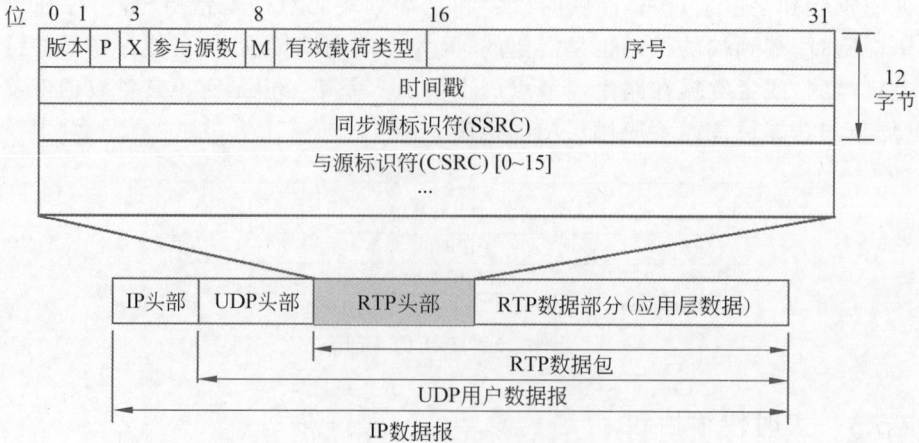

图 7.24 RTP 头部格式

(1) 版本：占 2 位，当前使用版本 2。

(2) 填充 P：占 1 位，在一些情况下需要对数据块进行加密处理，这就要求每一个数据块有确定的长度。如果不满足这种对长度的要求，就需要进行填充处理。这时就需要把 P 位置 1，用来表示该 RTP 数据包的数据含有填充字节。数据部分的最后 1 字节表示所填充的字节数量。

(3) 扩展 X：占 1 位，X 为 1 时表示该 RTP 头部后还含有扩展头部。

(4) 参与源数：占 4 位，给出后面参与源标识符的数目。

(5) 标记 M：占 1 位，M 为 1 时表示该 RTP 数据包具有特殊含义。例如，在视频流发送时用来标记每一帧的开始。

(6) 有效载荷类型：占 7 位，用来指出后面的 RTP 数据包属于什么格式的应用。应用层在收到 RTP 数据包后根据此字段指出的类型进行处理。例如，对于视频的有效载荷有 JPEG(26)、H.261(31)、MPEG1(32)、MPEG2(33)等类型。对于音频的有效载荷有 μ 律 PCM(0)、GSM(3)、LPC(7)、A 律 PCM(8)、G.722(9)、G.728(15)等类型。

(7) 序号：占 16 位，一次 RTP 会话开始的初始序号是随机选择的，随后每发出一个 RTP 数据包，其序号就加 1。这样一来，接收端根据序号就可以发现丢失的数据包，也可以将失序的 RTP 数据包重新按序排好。

(8) 时间戳：占 32 位，一次 RTP 会话开始的初始时间戳也是随机选择的，它用来记录 RTP 数据包中第一个字节的采样时刻。这样一来，接收端根据时间戳就可以知道应该在什么时间还原相应的数据块，消除时延抖动。此外，时间戳还可以帮助视频流媒体应用中声音和图像的同步。

(9) 同步源标识符：占 32 位，新的 RTP 流开始时会随机产生一个同步源标识符，用来标识 RTP 流的来源。当多个 RTP 流复用一个 UDP 用户数据报时，同步源标识符可以帮助接收端的 UDP 将收到的 RTP 流送到各自的终点。

(10) 参与源标识符：最多可有 15 个，为 32 位数，用来标识来源于不同地点的 RTP 流。当把多个 RTP 流混合成一个流时，在接收端可以根据参与源标识符将不同的 RTP 流分开。

RTP 数据包只包含 RTP 数据，控制信息由其配套协议 RTCP 提供。RTP 会选择一个在 1025 到 65535 之间未使用的偶数端口号,而同一会话的 RTCP 则使用相邻的下一个奇数端口号,如一个数据流的 RTP 和 RTCP 使用一对相邻端口号 5004 和 5005。

实时传输控制协议(**Real-time Transport Control Protocol,RTCP**)是与 RTP 配合使用的协议,是 RTP 不可分割的部分。RTCP 主要负责服务质量的监视和反馈、媒体间同步,以及组播组成员的标识。由于 RTCP 报文较短,因此可以把多个 RTCP 报文封装在一个 UDP 用户数据报中进行发送。表 7.3 是 RTCP 使用的不同数据包类型。

表 7.3 RTCP 使用的不同数据包类型

标 识	缩 写	包类型名称
200	SR	发送端报告
201	RR	接收端报告
202	SDES	源点描述
203	BYE	结束
204	APP	特定应用

(1) 发送端报告数据包:发送端每发送一个 RTP 流,就发送一个相应的发送端报告数据包。其内容包括 RTP 流的同步源标识符、RTP 数据包的时间戳和绝对时钟时间、RTP 流包含的数据包个数和字节数。

(2) 接收端报告数据包:接收端每接收一个 RTP 流,就产生一个相应的接收端报告数据包。其内容包括 RTP 流的同步源标识符、RTP 数据包丢失率和到达时间间隔抖动,以及最后一个 RTP 数据包序号等。这样可以使发送端和接收端更好地了解当前网络状态,使发送 RTCP 数据包的站点能够自适应调整 RTCP 的发送速率,以免过多影响 RTP 数据包的发送。一般来说,RTCP 数据包的通信量不应该超过数据包通信量的 5%,且接收端报告数据包的通信量不应该超过所有 RTCP 数据包通信量的 75%。

(3) 源点描述数据包:给出会话中参与者的描述,包含参与者的规范名。

(4) 结束数据包:关闭一个数据流。

(5) 特定应用数据包:使上层应用可以定义新的数据包类型。

7.6 TCP

UDP 在一些重要的应用场景下发挥着关键作用,如 DNS 服务、实时流媒体传输等,然而,对于大部分应用来说,UDP 提供的传输服务过于简单,很难满足它们的需求。在许多日常使用的应用中,数据传输的可靠性至关重要,如即时通信、邮件、搜索、电子购物等。此外 TCP 还提供了其他一些特性如面向连接、流量控制、拥塞控制等也十分重要,TCP 的设计初衷就是逐步满足应用对这些特性的需求。本节将介绍 TCP 如何提供这些特性。

TCP 主要在 RFC 793、RFC 1122、RFC 1323、RFC 2018 和 RFC 2581 中进行定义。

7.6.1　TCP 概述

TCP 提供面向连接(connection-oriented)的可靠传输服务。在互联网这个复杂的环境中,拓扑结构、设备配置、带宽、时延和数据包大小各不相同,因此在数据传输过程中可能会遇到各种问题。TCP 的目标是在这样一个不可靠的互联网上提供可靠的传输服务。

每台支持 TCP 的主机都有一个 TCP 传输实体,这个实体可以是操作系统中的内核代码、应用程序或链接库等。TCP 传输实体负责将应用程序发送的数据流分割成不超过 64K 字节的分片(通常情况下,为了适应下层协议如以太网的要求,数据包的有效数据大小一般不超过 1460 字节,这样它与 TCP 头部、IP 头部一起可以放在一个以太网数据帧中,不需要进行数据的分片)。然后,TCP 传输实体会在每个分片前加上 TCP 头部和 IP 头部,形成一个完整的 IP 报文,并通过网络发送出去。

TCP 以字节流的形式发送数据,并保证收到的数据的字节顺序与发送时完全相同。但 TCP 不保留数据边界,应用调用多次 TCP 发送操作的数据,在到达接收端后被应用读取时,可能被一次提交给应用。应用单次发送的数据,也可能被分多次提交给应用,如图 7.25 所示。

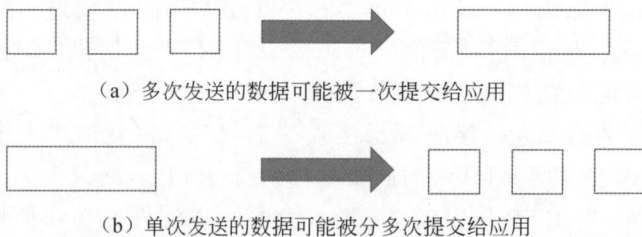

(a) 多次发送的数据可能被一次提交给应用

(b) 单次发送的数据可能被分多次提交给应用

图 7.25　TCP 数据发送过程中不保留消息的边界

TCP 提供的服务是完全端到端的,不支持广播或组播。每个 TCP 连接由两个端点各自的 IP 地址和端口(port)信息进行识别。

TCP 提供的服务是全双工的,但进程 A 作为发送端在给进程 B 发送数据时,进程 B 也可以作为发送端给进程 A 发送数据。

7.6.2　TCP 段格式

TCP 将数据封装在段中进行发送。图 7.26 展示了 TCP 段的格式。每个段会放入一个 IP 数据包中进行发送,IP 头部携带多个信息字段,包括源主机地址和目的主机地址。TCP 头部在 IP 头部之后,提供特定于 TCP 的信息。TCP 头部(header)和数据(data)构成 TCP 段。

和 UDP 一样,TCP 头部包括源端口和目的端口,用于识别数据对应的应用程序。同样,与 UDP 一样,头部包括一个校验和字段。TCP 段头部还包含以下字段:

(1) 序号(sequence number)和确认号(acknowledgment number)用于实现可靠传输。序号标识了该 TCP 段数据部分第一位的序号。确认号表示发送该段的发送方期望收到的下一个序号的值,序号的规则是累积确认,因此不会超过丢失的数据,不代表已经收到的最后的数据的序号。

32位

源端口										目的端口
序号										
确认号										
数据偏移/头部长度	保留位	CWR	ECE	URG	ACK	PSH	RST	SYN	FIN	窗口
校验和										紧急指针
选项										
数据										

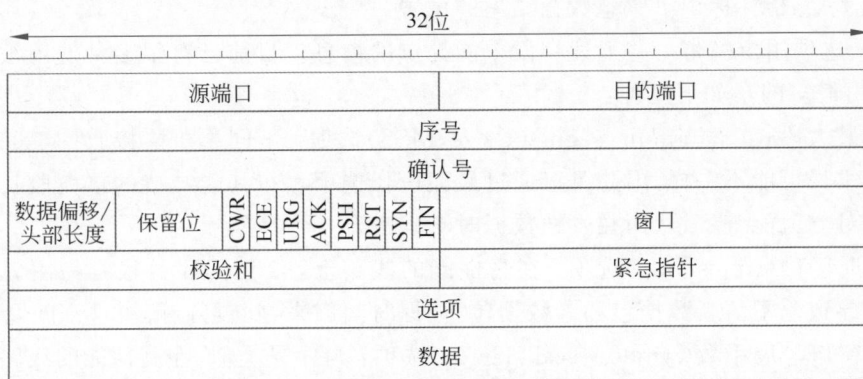

图 7.26 TCP 段的格式

（2）数据偏移（data offset）表示该段的数据开始的位置，因此，其含义等同 TCP 头部长度（header length）。该字段并不是以位为单位来计数的，而是以 32 位（4 字节）为单位。实际上，除了后续要讲的选项字段是变长的，TCP 头部的其他部分长度都是固定的。若选项字段为空，则数据偏移字段为 5（5 个 32 位，即 20 字节）。

（3）保留（unused/reserved）位。供未来使用的控制位，目前还没有启用。最初 TCP 有 6 位的保留位，多年来仅启用了其中的两位，这说明了 TCP 当初设计时考虑得就非常周全，如果是存在漏洞比较多的协议，则需要这些位来修正原来设计中的错误。

（4）接下来是 8 个标志位（flag/control bit），每个标志位只占用 1 位，启用该标志时设置为 1，否则设置为 0。

- CWR（Congestion Window Reduced）和 ECE（ECN-Echo）用作显式拥塞通知（ECN）的信号。ECE 由收到来自网络的显式拥塞通知（ECN）的接收端进行添加。CWR 表示拥塞窗口已经被减少了，在收到 ECE 并减少拥塞窗口后，发送端设置 CWR 并通知接收端。
- ACK 表示确认号位置的值是有用的，绝大部分段都是这种情况。如果 ACK 为 0，则表示这个段不包含确认，即确认号字段没有有效数据。
- RST 用于突然重置一个连接，一般意味着存在错误。例如，如果主机收到了一个建立连接的请求，但其表示的目的端口并没有在等待建立连接，则可以使用 RST 表示拒绝。
- SYN 用在建立连接的过程中同步序号。
- FIN 用于释放连接，表示发送端没有数据需要发送了。
- 设置 PSH 表示接收端要将数据立马传输给更上层的应用。在未设置 PSH 的情况下，接收端可能在接收到数据后，累积一定的量再传输给应用。
- URG 标志位表示该段中存在被标识为紧急的数据。此时，紧急指针（urgent pointer）是有用的。在实际运用中，PSH、URG 和紧急指针几乎未被使用。

（5）窗口（window）用于流量控制，表示还能接收的字节数。

（6）校验和（checksum）用于检验数据的可靠性，它检验的范围包括 TCP 头部、数据以及与 UDP 一样的数据伪头部，并且此校验和是强制性的。

（7）紧急指针标识了紧急数据结尾的位置。

（8）选项用于携带一些上述字段未能提供的信息。目前已有很多种选项被定义，其中使用最多的是如下几种：

- 最大段长（maximum segment size, MSS）选项：不同主机能接收的 TCP 最大段长可能不一样，因此可以通过最大段长选项宣布其能支持的最大段长，这样对方就能查看，从而在发送数据时予以配合。
- 时间戳（timestamp）选项：在高性能的线路上，32 位的序号很容易用完，这会导致分不清新数据包和老数据包，根据时间戳来判断可以解决这个问题。
- 窗口扩展系数（window scale factor）选项：与序号类似，在高性能的线路上，只有 16 位的窗口字段所能表示的 64KB 不再够用，连接的双方才可以使用窗口扩展系数选项约定将窗口字段按倍数扩大。

7.6.3 TCP 连接管理

1. TCP 连接建立

TCP 使用三次握手（three-way handshake）来建立连接。常见的 TCP 三次握手流程如图 7.27 所示。

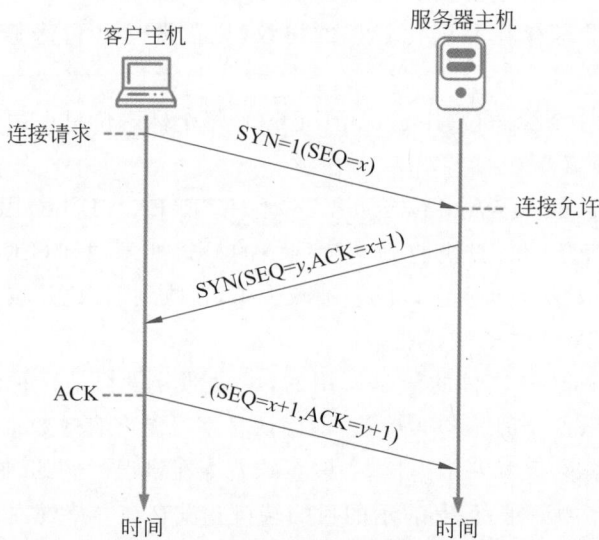

图 7.27 常见的 TCP 三次握手流程

三次握手一般按以下几个步骤进行：

（1）客户端的 TCP 向服务器端发送 SYN 标志位为 on（SYN=1）的 TCP 段，该段不含任何数据。该段包含的序号是由客户端选择的一个初始序号。这个特殊的段被称为 SYN 段。

（2）当 SYN 段到达服务器端后，若服务器端还未准备好建立连接，则发送一个启用了 RST 的 TCP 段，拒绝该连接。若服务器端准备好了建立连接，会向客户端发送一个 SYN=1 的段，表示允许连接。服务器端选择一个初始序号作为这个段的序号字段，这个段的确认号字段被置为客户端初始序号＋1。该 TCP 段也不含任何数据。这个特殊的段被称为 SYN＋ACK 段。

（3）在收到 SYN＋ACK 段后,客户端向服务器端发送一个 SYN 为 0 的段,表明连接已经建立。该段的确认号字段被置为服务器端初始序号＋1。这个段可以携带客户端希望发送的数据。

完成三次握手后,客户端和服务器端之间就可以相互发送数据了。完成连接的过程中,两台主机之间共发送了三个分组,这也是称这个过程为 3 次握手的原因。读者可以自行思考为什么是三次握手,而不是两次或一次(可以想想打电话的过程)。上述所描述的情况是最典型的,但还有一些特殊情况,例如两台主机同时发起连接建立请求的场景如图 7.28 所示。

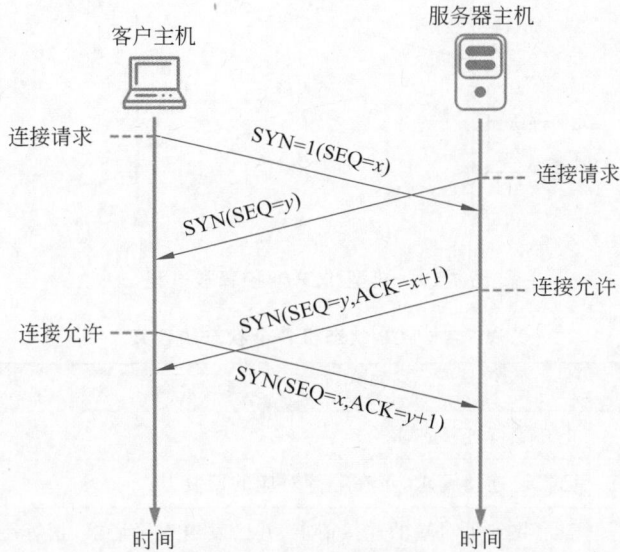

图 7.28　两台主机同时发起连接建立请求的场景

TCP 建立连接的过程对性能和安全性有着显著影响。TCP 连接需要的时间会对应用用户产生显著影响,例如影响浏览网页时的加载时延。TCP 建立连接的过程也可能会招致攻击,例如服务器端在收到 SYN 段后会进行相应初始化并分配部分资源,这些资源并不会被迅速释放,恶意的客户端可以发送大量的 SYN 段导致服务器端的资源耗尽。这种攻击可以通过名为 SYN cookie 的方法进行有效防御,详细信息可查阅 RFC 4987。

2. TCP 连接释放

TCP 连接的两端都能各自结束数据的发送,具体来说,当 TCP 收到上层应用关闭连接的请求后,会发送一个标志位 FIN 启用的段,表明要释放连接;当对端 TCP 收到这一 FIN 启用的段时,回复 ACK 进行确认,此时,这个方向的 TCP 连接即被释放。由于两个方向上的连接释放各需要 2 个数据包,因此总共需要 4 个。典型 TCP 连接释放过程如图 7.29 所示。

3. TCP 连接管理状态机

上述 TCP 各端所有连接过程中的变化,都可以通过一个 TCP 状态机(state machine)来表示。TCP 状态机各个状态的含义如表 7.4 所示。

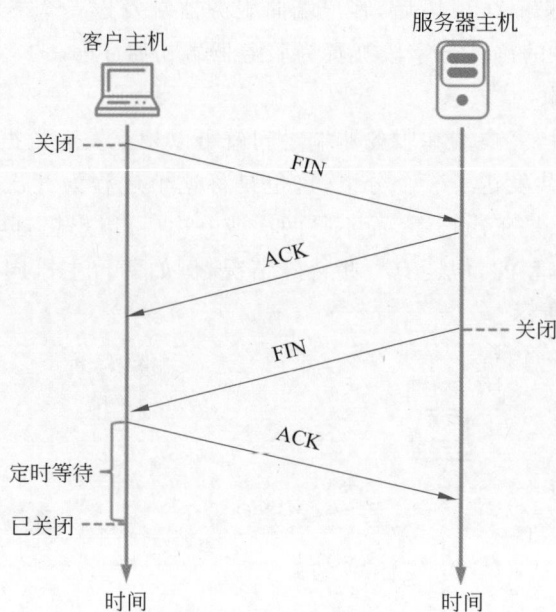

图 7.29　典型 TCP 连接释放过程

表 7.4　TCP 状态机各个状态的含义

状　　态	含　　义
LISTEN	正在等待连接请求
SYN-SENT	已发送连接请求，正在等待对应的回复
SYN-RECEIVED	表示收到了对端的连接请求，并已发送连接请求，正等待对请求的回复
ESTABLISHED	连接已建立
FIN-WAIT-1	已发送终止连接请求，等待对端的回复
FIN-WAIT-2	等待对端的终止连接请求
CLOSE-WAIT	对端已终止连接，等待己方应用调用连接关闭
CLOSING	双方均已发出终止连接请求，等待对端的终止连接确认（主动终止方）
LAST-ACK	双方均已发出终止连接请求，等待对端的终止连接确认（被动终止方）
TIME-WAIT	等待所有数据包到达对端
CLOSED	连接彻底关闭，无任何状态或资源保留

　　为了让过程展示更易理解，这里仅展示客户端、服务器端典型的状态转换示意图，更完整的状态转换情况可以参考 RFC 793/9293。典型的客户端和服务器端的状态转换如图 7.30 所示，在连接建立前，两端的 TCP 都处于 CLOSED 状态，客户端的应用发起连接请求后，客户端 TCP 会发送一个 SYN 段，客户端和服务器端 TCP 都是在接收到对连接请求的 ACK 后进入 ESTABLISHED 状态。当客户端应用发起终止连接请求后，客户端 TCP 会发送 FIN 段，并在接收到 ACK 和服务器端 TCP 的 FIN 段后发送 ACK，进入 TIME-WAIT 状态，这是为了确保最后发送的 ACK 能够到达对端。

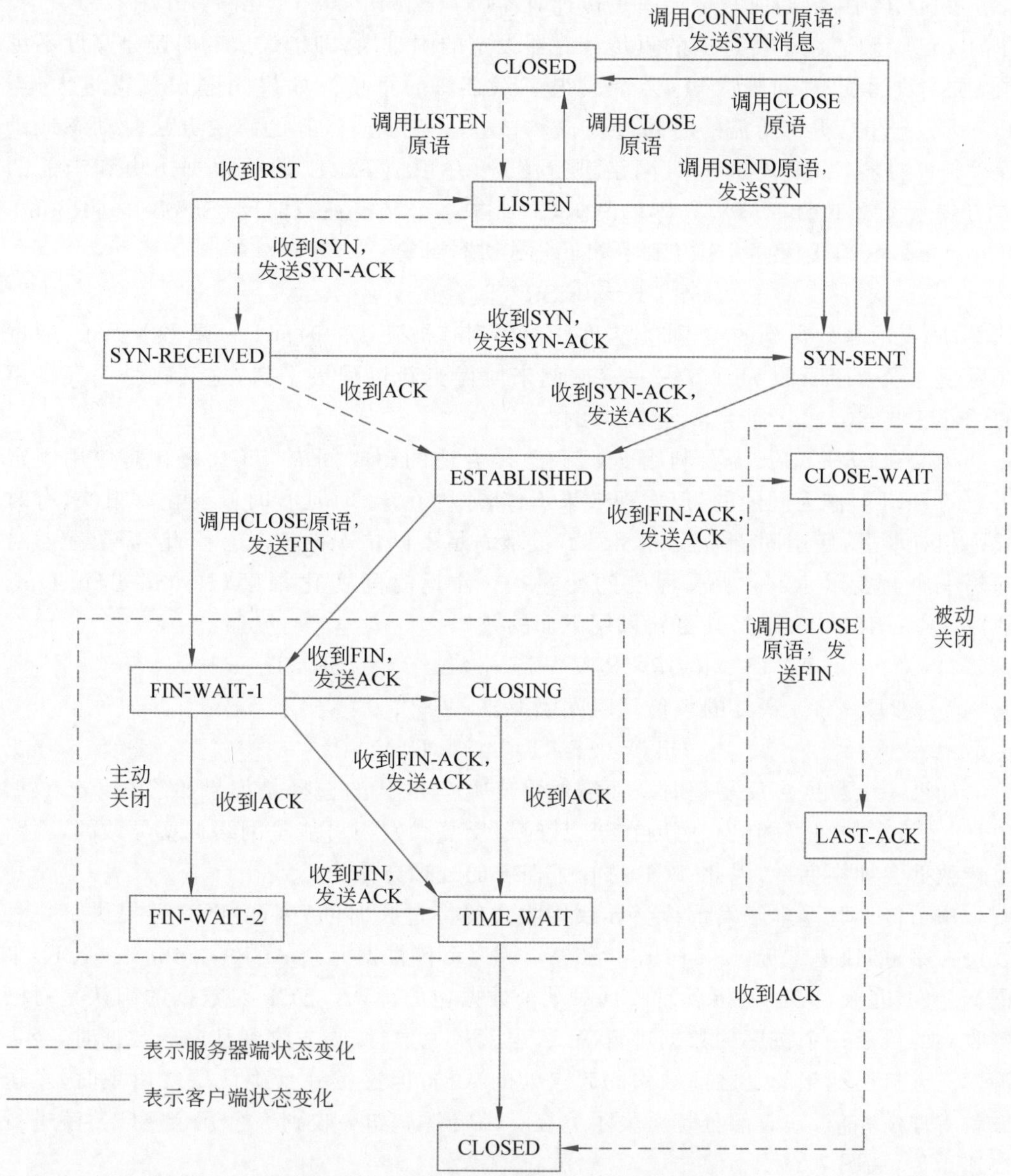

图 7.30   典型的客户端和服务器端的状态转换

7.6.4   TCP 可靠传输

TCP 的服务建立在 IP 服务之上。通过 IP 发送的数据可能会丢失。例如,如果路由器缓存满了,那么新到达的数据包就会因为溢出缓存而不会被处理,接收端永远无法收到这个数据包。通过 IP 发送的数据还可能会乱序,例如发送的数据经过了不同的路由路径。此外,数据包还可能会发生损坏。

对于应用来说,数据的丢失或是乱序都会对使用产生影响,因此,TCP 希望在 IP 服务之上进行起可靠的数据传输。TCP 的目标是使得应用接收端读取到的数据是无损坏、无丢失、无乱序的,即与发送端发出的数据完全一样。要实现这一点,除了已经提到过的 ACK 确认机制和传送层校验机制外,还需要重传机制。

在 TCP 中,数据何时重传由重传计时器(Retransmission Time-Out,RTO)决定。在前文已经阐述过了传送层的重传计时器设定的困难性,即传送层的时延是高度不可预测的。如果超时间隔太短,会造成很多不必要的重传。如果间隔设置得过大,当 TCP 段丢失时,重传所需的时间过长,影响效率。对此,TCP 的解决办法是动态地设置重传计时器,TCP 不断地对网络进行测量,并预估 RTT,然后根据历史和当前的 RTT 来设置重传计时器。具体来说,TCP 维护一个平滑往返时间(Smoothed Round-Trip Time,SRTT)变量,SRTT 由如下公式进行计算:

$$SRTT = a \cdot SRTT + (1-a) \cdot R$$

其中,R 表示测量得到的往返时延,即段发出到其被确认的时间。α 是平滑因子,通过在更新过程中使旧的 SRTT 占一定比例来使得更新过程更平滑,这其实是丢弃噪声的低通滤波器方法。通常,α 选取 7/8。

在得到 SRTT 后,需要利用 SRTT 选择合适的超时间隔,TCP 最初是使用固定倍数的 SRTT 作为间隔的,但发现效果不佳,原因在于,时延有时候变化得很快,有时候则相对平滑,使用固定倍数的 SRTT 很难满足不同情况的需求。因此,需要在超时间隔中加上表示 RTT 平滑程度的变量——往返时间变化幅度(Round-Trip Time VARiation,RTTVAR),其更新采用下面的公式:

$$RTTVAR = \beta \cdot RTTVAR + (1-\beta) \cdot |SRTT - R|$$

β 一般取 3/4。最终的重传超时间隔取:

$$RTO = SRTT + 4 \times RTTVAR$$

如果一个数据包反复超时从而需要重传呢? TCP 的选择是如果始终在重传数据包,那么每次的间隔翻倍。原因在于,计时器反复触发很可能是网络拥塞导致的,不断重传数据会加剧拥塞,因此 TCP 选择了保守的处理方法。

用重传计时器来触发重传会导致接收方等待过长时间,因此 TCP 还提供了一种改进方案,即快速重传(fast retransmit)。快速重传根据冗余 ACK(duplicate ACK)来进行触发,冗余 ACK 是指反复收到对某个数据包的确认。TCP 对数据的确认是对已接收到的最后一个按序的数据进行确认,也就是说,当接收方收到乱序的数据时,会告诉发送方自己期望的是之前缺失的起点处的数据,但这类冗余确认反复出现时,发送方就有理由相信,缺失部分是丢失了。在 TCP 当中,如果收到 3 个冗余 ACK,就进行快速重传,如图 7.31 所示。

7.6.5   TCP 流量控制

TCP 接收端收到数据后,应用可以自由选择何时主动读取。因此,接收端没法保证数据的立即交付,而是需要先缓存起来,TCP 需要为数据接收设置一定数量的缓冲区,如果发送端数据发送得太多、太快,就会导致缓冲区溢出。

TCP 提供了流量控制服务(flow-control service),具体来说,每个 TCP 发送方都维护一个接收窗口(receive window)变量,这个变量表示接收方还有多少可用的缓存空间。接收窗口由接收方告知发送方,具体来说,通过将接收窗口(用 rwnd 表示)放在报文段的接收窗口字段来实现。接收方需要持续更新可用缓存空间 rwnd,可用缓存空间由如下公式进行计算:

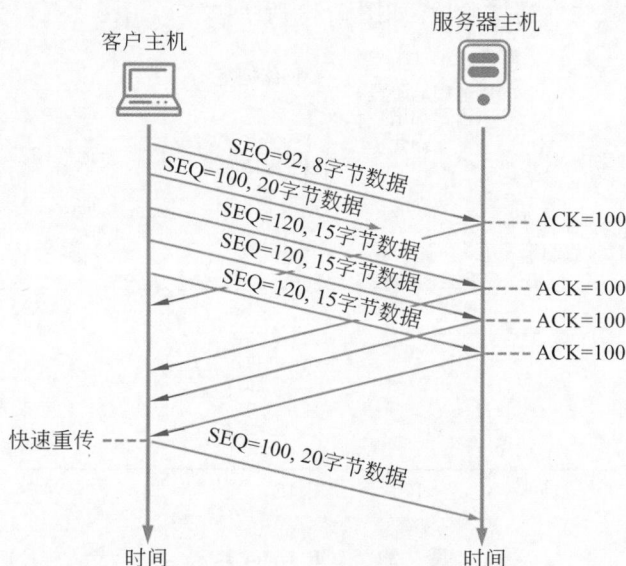

图 7.31　TCP 快速重传示例

$$可用缓存空间 = 分配缓存 - 已用缓存$$
$$= 分配缓存 - (已接收数据量 - 已读出数据量)$$

对于发送方来说,需要时刻保持发送出去的数据不会导致接收方缓存溢出,那么可以通过确保以下目标来达成:

$$已发送数据量 - 已确认数据量 \leq 可用缓存空间$$

这个方案有个死锁的风险,那就是当接收方最后一个需要发送的数据,所附带的是 rwnd 为 0 的信息时,发送方在接收到后,不能再发送数据,即使此时接收方应用又读取了一些数据从而释放了窗口。TCP 为了解决这一问题,允许发送方在 rwnd 为 0 时发送只有 1 字节数据的段,这些段被接收后,接收方回复的 ACK 中就能附带更新后的 rwnd 了,从而避免了死锁。

7.6.6　TCP 拥塞控制

当网络发生拥塞时,发出的数据包也会丢失,导致性能问题,因此 TCP 需要将数据控制在网络资源的容量之内。为了避免网络拥塞,TCP 通过拥塞窗口(cwnd)来限制发送速率,前文提到的接收窗口(rwnd)则确保不会导致接收端缓存溢出,TCP 的发送实际上会以这两者的最小值为准。接下来,本节将详细描述拥塞窗口的控制机制。

在刚开始发送数据时,TCP 不知道网络的容量是多少,此时需要比较快地增加发送速率,这就涉及一个 TCP 拥塞控制算法中普遍存在的阶段——慢速启动(slow start),实际上,慢速启动并不慢,常见的慢速启动都是指数增加的。具体来说,TCP 会选择一个很小的初始发送速率,每次收到 ACK 时,都会将拥塞窗口加 1,这样,每个 RTT 过后都会使发送速率翻倍。

由于指数增长的特性,慢速启动阶段的发送速率很快就会超过网络的容量,网络瓶颈速率处的缓存会被迅速填满,从而导致丢包。但检测到丢包后,TCP 会选择降低发送速率,具体降低的程度跟算法有关,例如早期 TCP 使用的 Tahoe 算法是将速率降低到初始速率,然后重新慢速启动,如图 7.32 所示。而 Reno 算法会将窗口降低到等于阈值,然后进入线性递增阶段,如图 7.33 所示。

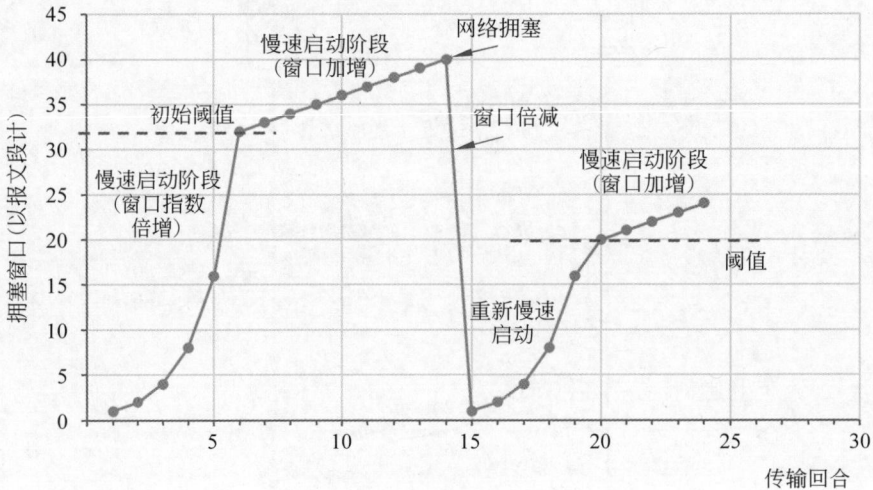

图 7.32   TCP Tahoe 算法

阈值是慢速启动的终点、线性递增的起点,代表对当前网络容量的一种预估。当发送速率超过阈值时,表示有导致网络拥塞的风险,因此会停止指数增加,进入线性递增阶段。阈值的更新方式一般为,当发生丢包时,认为发送速率已经明显超过了网络容量,因此将阈值设置为当前发送速率的一半。

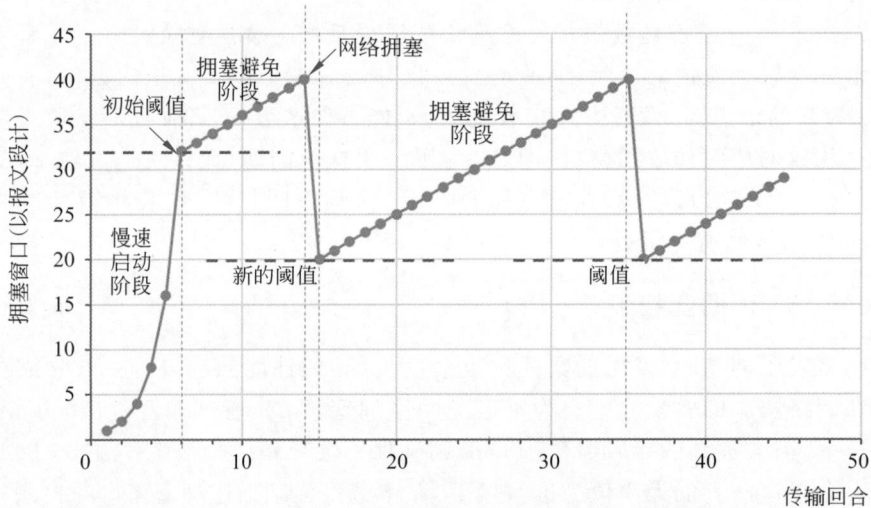

图 7.33   TCP Reno 算法

7.7   QUIC 协议

7.5 节和 7.6 节分别介绍了目前互联网上最为核心的两个传送层协议:UDP 与 TCP。这两个协议分别代表了互联网的传送层中最为核心的两个服务:不可靠的传输服务与可靠的传输服务。因为这两个协议经典且基础,并且被几乎所有的终端所支持,所以 UDP 与 TCP 成了目前互联网上使用最多的传输协议。

但是上述两个协议从 RFC 中第一版确立到现在已经经过了四十多年的时间,协议中的部分设计已经难以满足应用的需求。与此同时,目前的网络应用开发速度很快,对于传输的需求各异,仅使用 UDP 与 TCP 很难满足应用多样化的传输需求。于是很多应用都开始自己设计单独的传输协议。

本节将介绍的传输协议 QUIC 的特征、优势与具体设计。而更为重要的一点是,读者可以学习 QUIC 协议的设计理念。希望在本节过后,读者也可以用类似 QUIC 协议的设计思路,设计属于自己的传送层协议。

7.7.1 QUIC 协议概述

QUIC 协议是基于 UDP 进行设计的协议。QUIC 协议提供了维护连接、数据加密等机制,处理好的 QUIC 包由 UDP 进行发送(所处层次结构位置参考图 7.34)。QUIC 协议由 Google 公司提出,在 2012 年首次部署,在 2013 年对外公开,在 2016 年 IETF 成立了 QUIC 工作组,在 2021 年 5 月 QUIC 正式成为 RFC 9000 标准。

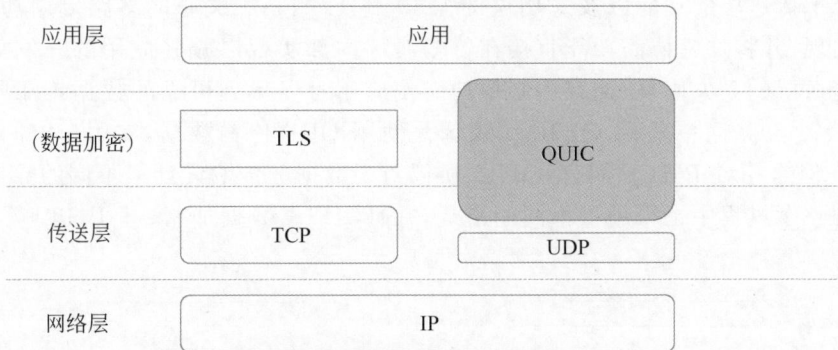

图 7.34 QUIC 协议层次示意图

QUIC 协议作为一个面向连接的协议,它主要的目标是解决 TCP 的若干缺点,为下一代互联网应用提供更好的传输服务。QUIC 协议主要针对 TCP 在三个方向上的问题进行重新设计。

1. TCP 的连接建立速度较慢

TCP 需要三次握手才能建立连接,在数据可以开始发送之前需要 1 个 RTT。如果使用传送层安全协议(Transport Layer Security,TLS)对 TCP 发送的内容进行加密,则需要一到两个额外的 RTT 才能建立连接。在应用数据传输的过程中,有时需要多次创建大量 TCP 连接进行数据传输,此时连接建立带来的时间消耗较大。

2. TCP 存在队头阻塞的情况

TCP 是一个可靠且有序的传输协议。在一个 TCP 连接中,所有的数据如同排队一样先进先出,且如果哪部分数据传输丢失了,那么协议就会将其重新发送,直到完整发送到接收端。由于 TCP 的数据只能顺序读取,在前面的数据重传成功之前,接收端无法使用后续未丢失的数据。如果需要使用一个 TCP 连接发送多种不同的数据流,例如音频数据与视频数据,此时如果发生了数据丢失,那么进行重传的数据就会阻碍后续数据的发送,从而产生了"队头阻塞"。

3. TCP 在操作系统中实现,修改难度高,灵活度低

TCP 在操作系统内核实现,在内核态运行。应用很难根据自己的需求对 TCP 进行相应的修改并且分发给用户。

QUIC 协议针对上述三个 TCP 的问题,进行了改进与优化,形成了一个功能完整、可拓展性强的用户态协议。QUIC 协议现在逐渐被越来越多的公司使用,也有许多公司在 QUIC 协议的基础上进行修改,形成自己的传输协议。QUIC 协议是未来 HTTP/3 默认的底层传输协议,在网页浏览、流媒体传输等大量网络应用领域均有广泛应用。

7.7.2　QUIC 协议结构设计

在介绍 QUIC 协议的一些优秀特性之前,需要首先对 QUIC 协议的一些基础设计进行介绍,包括其整体结构、数据格式等。

QUIC 协议是一个面向连接的、基于 UDP 设计的用户态传输协议。QUIC 协议运行在用户空间中,在 UDP 不可靠传输的基础上添加了若干功能来使得数据可以可靠而安全地传输,例如连接管理、流量控制、丢失恢复、拥塞控制、内置加密等。QUIC 协议整合了传送层的功能以及应用层的需求,将 HTTP/2 关心的多路复用功能在协议内部实现,并将加密协商功能直接在传输协议内部实现以减轻应用的开发负担,同时利用传送层的丢失恢复、拥塞控制等功能使应用可以得到可靠的数据传输服务(结构参考图 7.35)。简单来看,QUIC 协议像是使用 UDP 传输数据,在用户空间中实现了 TCP。但是相对于 TCP 而言,QUIC 协议对于数据的传输设计了不同的数据抽象,在数据的收发过程中也采用了不同的格式,并且实现了数据加密(基于 TLS)、多路复用等功能。

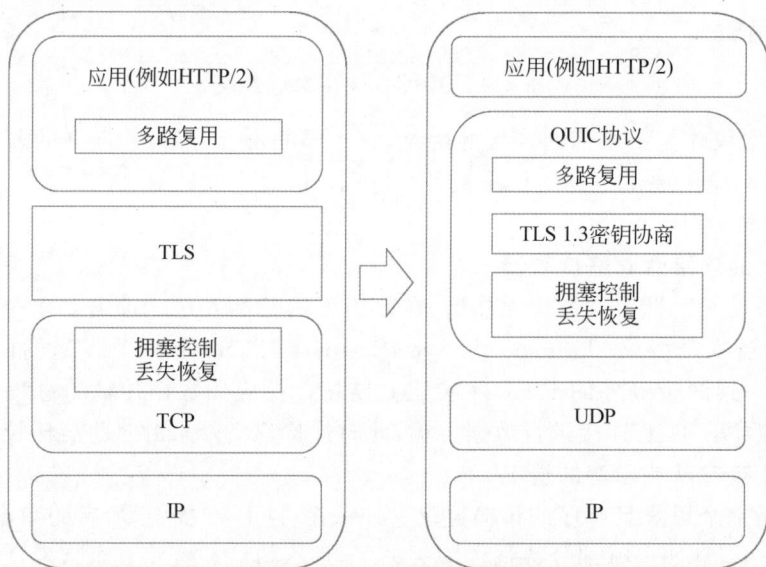

图 7.35　QUIC 结构示意图

QUIC 协议对于数据有三个层次的抽象。其对应用层提供了类似 TCP 的"流"(Stream)的抽象,而在数据通信的过程中,应用的数据会先被封装到帧(Frame)中,附加若干头部信息,然后再使用包(Packet)将数据进行封装并使用 UDP 进行发送。QUIC 协议的流、包与帧的关系如图 7.36 所示。

1. QUIC 协议的流

QUIC 协议的单个流与 TCP 的流基本一致,都代表了一个连续完整的字节序列。

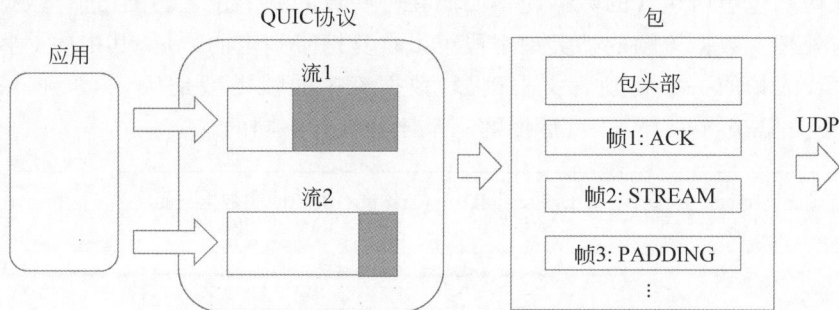

图 7.36　QUIC 协议的流、包与帧的关系示意图

应用在使用 QUIC 协议进行数据传输的时候,可以像使用 TCP 一样,创建流、使用流传输数据和关闭流。与 TCP 不同的是,QUIC 协议的流在单个连接中可以创建若干,而不像 TCP 一样一个连接只能对应一条流。这些不同的流之间是不会互相冲突和依赖的,可以分别单独进行数据的收发。与此同时,QUIC 协议的流分为了单向流和双向流,使得应用可以根据需要来创建自己需要的发送方向的流。

　　为了在协议内部区分应用创建的流,QUIC 协议的每一个流都有一个对应的编号(Stream ID)。该编号使用 62 位无符号整数来区分应用使用的流,并且通过流的编号来区分流发送的方向和创建方:编号为奇数的流只能由服务器端创建,编号为偶数的流只能由客户端创建;编号的后两个比特为 0x0 或 0x1 的流是双向流,否则为单向流。一个流的方向示意如表 7.5 所示,表中标注 local 的一行代表该流只能由服务器端或客户端创建。

表 7.5　一个流的方向示意

编号后两位		服务器 S		客户端 C	
0x0			<------->		local
0x1	local		<------->		
0x2			<-----------		local
0x3	local		----------->		

　　大部分应用都可以使用流的抽象进行收发,例如 HTTP 等应用广泛的应用层协议也是使用可靠流进行数据发送的,QUIC 协议的流的抽象可以很好地为应用提供可靠的传输服务,并且 QUIC 协议允许应用在单个连接中对流进行更加灵活自由的控制,为应用提供更好的数据传输服务。

2. QUIC 协议的帧格式

　　数据帧是 QUIC 协议用于传输数据的基本单元。QUIC 协议需要将数据封装在数据帧中再通过包的形式发送出去。一个数据帧的定义其实非常简单,只需要定义一个变长整数 Type 字段,然后剩余的数据都可以根据帧的功能进行定义。一个数据帧通常都只执行一个单独的功能,例如进行数据确认、流的传输、设定协商等。下面以数据流帧(Stream Frame)作为例子进行介绍。

　　图 7.37 是一个数据流帧的样例。其除了帧类型外,会封装需要传输流的 ID、数据的起始偏移量(Offset)、包含数据的长度以及流中的数据。使用这些信息,数据的接

收方可以得知包中所包含的数据应该归属在哪些流的哪个位置,并且进行数据的可靠性判断与处理。数据流帧的帧类型字段可以自身携带一定的数据,其中的一些比特位可以用来代表帧的一些特别含义。例如,数据流帧的帧类型是从 0x08 到 0x0f 的整数,比特位类似 0x00001XXX。后面的三个比特具有不同的含义:

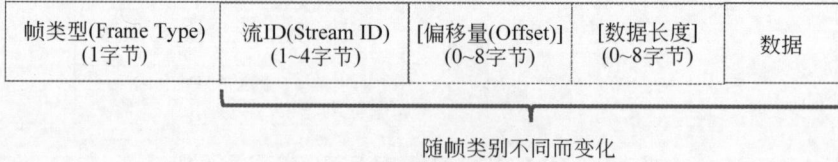

帧类型(Frame Type) (1字节)	流ID(Stream ID) (1~4字节)	[偏移量(Offset)] (0~8字节)	[数据长度] (0~8字节)	数据

随帧类别不同而变化

图 7.37　一个数据流帧的样例

- bit0 为 FINbit,如果这个比特置为 1,说明这个流到此结束,流的大小是当前包的偏移量与数据长度的和。
- bit1 为 LENbit,代表数据长度字段是否存在。如果置为 0,说明数据长度字段不存在。
- bit2 为 OFFbit,代表偏移量字段是否存在。如果置为 0,说明偏移量字段不存在。

QUIC 协议有很多不同类型的帧,不同的帧会帮助 QUIC 协议处理传输过程中遇到的各种情况。QUIC 协议的帧类型非常简单且容易拓展,应用也可以根据自己的需求为 QUIC 协议添加更多类型的数据帧来发送应用执行过程中需要的各种数据,方便应用的实现。

3. QUIC 协议的包格式

在一次数据发送需要的数据帧已经被确认和封装后,接下来的问题就是如何将其封装成一个独立的数据包并且发送至网络上。QUIC 协议设计了两种不同的包的格式:长头包(long header packet)和短头包(short header packet)。数据包的主要工作是帮助维护与 QUIC 协议连接相关的信息并作为一个网络上数据传输的基本单位在 UDP 上进行收发。QUIC 协议通过客户端和服务器端提供的两个独特的 ID 来区分数据的发送双方(如同 TCP 使用端口号区分数据发送进程一样),这个 ID 称为连接 ID(connection ID)。连接 ID 会作为一个身份识别信息被封装在数据包头来辅助 QUIC 协议进行数据传输。下面来简单分析一下两种包的封装格式。

长头包主要用于连接建立过程中的信息交互,分为以下几部分,如图 7.38 所示。

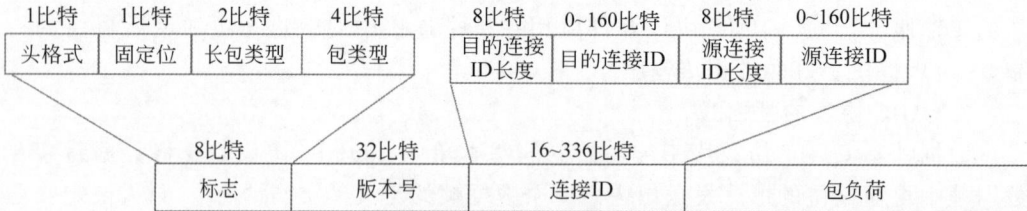

图 7.38　长头包格式

- 标志:与包信息有关的标志位,会因为包种类不同而发生变化。
- 版本号:代表 QUIC 协议的版本。
- 连接 ID:协议的连接 ID 信息,包括目的的连接 ID 长度、目的的连接 ID、源的连接 ID 长度和源的连接 ID。

- 包负荷(payload)：协议的包负荷,根据包的种类不同会封装不同的数据。

短头包主要用于连接建立后的数据传输。短头包目前只有一种数据包,其格式如图 7.39 所示。

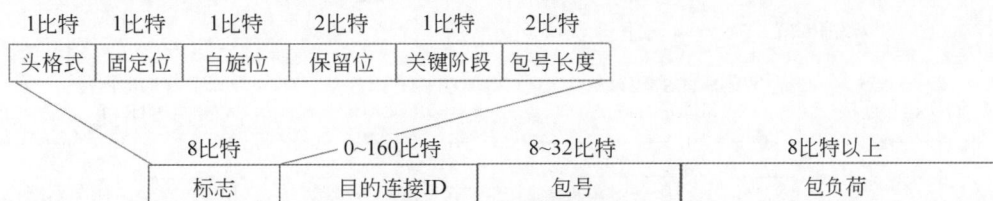

图 7.39 短头包格式

- 标志：与包信息有关的标志位。
- 目的连接 ID(destination connection ID)：目的的连接 ID。
- 包号(packet number)：包的序号,类似 TCP。
- 包负荷：报文中的净荷数据。

数据包是 QUIC 协议用来完成数据传输功能的基本传输单位。如同 UDP 和 TCP 一样,QUIC 协议使用包头部的数据来携带用于区分收发双方进程的信息,并通过一定的数据格式来传输必要的信息,以实现正确的功能。

现在已经从整体结构和数据格式的角度简单介绍了 QUIC 协议,接下来将就 QUIC 协议针对 TCP 的三个优化进行更加细致的介绍。

7.7.3 QUIC 协议的连接建立

QUIC 协议针对 TCP 优化的第一个关键点就是对连接建立方法的优化。前文介绍的 TCP 的连接建立方法,简称三次握手。从客户的请求开始,服务器端需要与客户端相互发送三条信息,然后服务器端才能向客户端正常发送数据,这大约需要 1 个 RTT 的时间。如果应用需要使用 TLS 进行数据加密,那么根据 TLS 的版本不同,加密与协商的过程又需要 1~2 个 RTT 的时间,从而使得连接建立的时间进一步延长。

QUIC 协议从连接建立和安全协商完成两个过程来降低连接建立所需要的时间开销。在连接建立策略方面,QUIC 协议充分利用了每一次发送数据的机会,在握手阶段和协商阶段,如果 ACK、协商数据和应用数据可以同时发送,那么就同时发送,尽量降低协商所需要的数据发送次数,减少协商过程的时间消耗。在安全协商策略方面,QUIC 协议对连接建立部分的安全协商进行了数据缓存。TLS 进行密钥协商所需要的 1 个 RTT 虽然无法避免,但是在商议之后客户端会存储服务器端发送来的加密密钥中间过程值,从而使得之后与相同的服务器端建立连接不再需要重新进行密钥的分配就可以进行加密的数据传输。而为了防止服务器端密钥泄露导致数据泄露,在每次连接建立后传输应用数据之前,除了之前已经缓存过的密钥中间值外,QUIC 协议还会协商一次会话密钥,使得后续的应用可以使用新商议的密钥加密。这个过程不影响连接的建立,也不影响应用的数据传输,所以整体连接建立开销可以保持在 1RTT 以内,如图 7.40 所示。

QUIC 协议最吸引人的地方之一就是其号称的连接建立仅需要 0RTT,现在具体

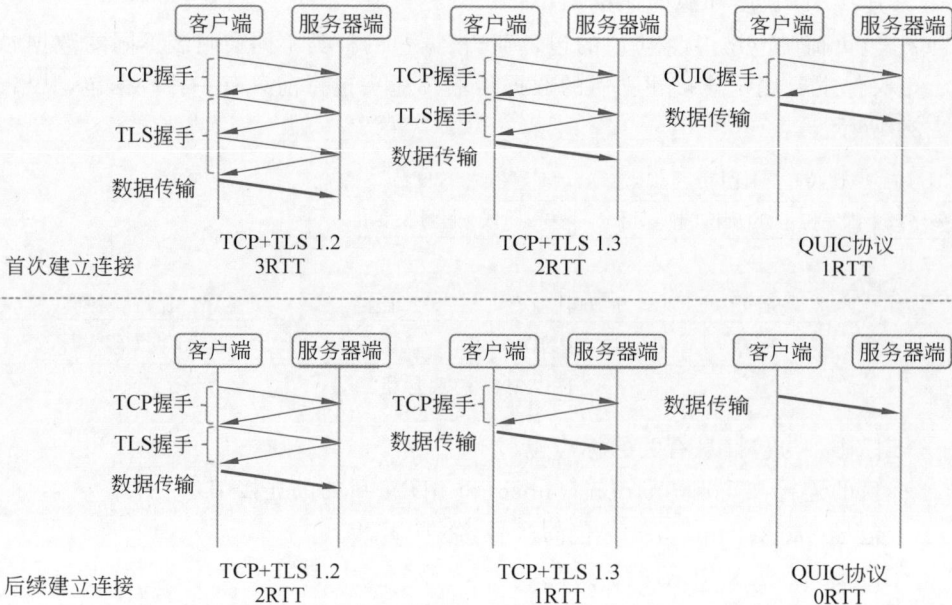

图 7.40 QUIC 协议与 TCP 连接建立对比

分析一下 QUIC 协议连接建立的整体过程，如图 7.41 和图 7.42 所示。

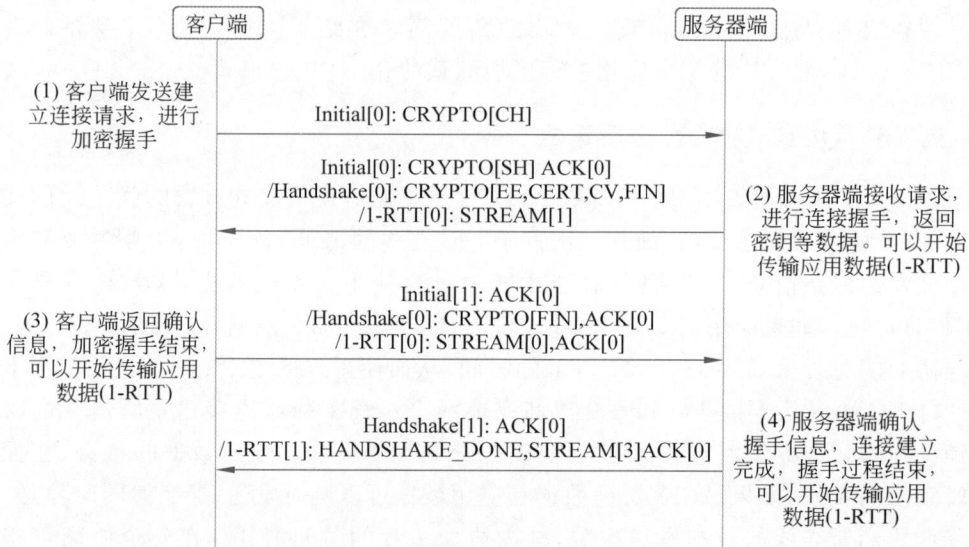

图 7.41 QUIC 协议的连接建立与数据传输 1-RTT

在 QUIC 协议中，与连接建立有关的数据包主要有三种：Initial、Handshake 与 0-RTT。当连接建立完成后，QUIC 协议会使用 1-RTT 包来发送应用的数据。为了建立连接，QUIC 协议需要先使用 Initial 包携带加密协商信息发送到服务器端，在服务器端接收后，它使用 Initial 包和 Handshake 包携带加密信息和握手信息返回。同时根据需要，服务器端已经可以使用 1-RTT 包将应用数据传输给客户端。客户端接收到 Initial 包时可以得知加密信息已经得到确认，接收到 Handshake 包时可以进一步进行连接建立，客户端会返回 Handshake 包给服务器端，进行类似三次握手的过程。此时客户端可以使用 1-RTT 包发送应用要发送的数据。最后服务器端接收到

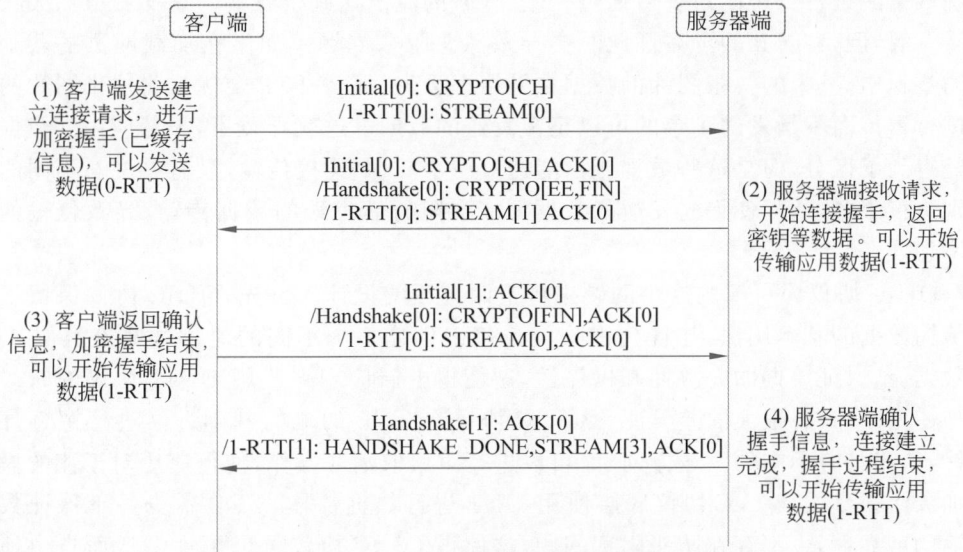

图 7.42   QUIC 协议的连接建立与数据传输 0-RTT

Handshake 包后会确认连接建立,之后以 1-RTT 包将数据发送回来。

在这个过程中,Initial 包和 Handshake 包可以在一个 RTT 的时间内将握手相关的信息在客户端准备好,并且将确认信息和数据通过对应的包返回来。同时,当客户端和服务器端分别经历过一个 RTT 和半个 RTT 后,其就拥有足够的信息来发送应用所需要的数据,此时每个端都可以使用 1-RTT 包进行应用数据的传输。

在经历过这种 1-RTT 的连接建立过程之后,客户端会缓存服务器端的加密信息,从而使用 0-RTT 进行连接建立与数据的发送。这样建立连接时客户端会使用 Initial 包和 0-RTT 包分别发送建立连接请求与应用的数据,不再需要等待对方确认。服务器端接收到两个包后,验证对方的身份并且接收应用数据。之后如 1-RTT 流程中的建立连接的方式一样完成 Initial 包和 Handshake 包的交互,但是在这个过程中,服务器端与客户端已经可以通过 1-RTT 包进行数据传输,不需要等待连接建立完全结束后再发送数据。

7.7.4   QUIC 协议的多路复用

QUIC 协议区别于 TCP 的一个非常明显的特征就是一个 QUIC 协议连接支持使用多个流独立地发送数据,这个能力称为多路复用。这个特征继承于 HTTP/2 的设计,在这里进行一个简单的介绍。

在 TCP 中,一个连接发送和接收一个连续的字节流。这在协议设计的时候没有什么特别的问题,但是在应用使用的时候会导致一些麻烦。在最初的 HTTP 设计时,当用户浏览一个网页时,它需要将网页中包含的数据文件使用 TCP 下载到本地,而当一个网页中包含很多个不同的文件(例如图片、代码、视频)时,那么用户就需要同时建立很多的 TCP 连接来分别下载这些文件。在网页包含的内容越来越多的时候,这样做会产生大量的连接,占用系统资源,同时每个连接都会产生建立和关闭的时间,如果有一系列的资源存在依赖关系,那么网页的加载速度就会变得非常缓慢。HTTP/2 在应用层考虑采用多流复用的设计:利用一个 TCP 连接传输多个不同的数据流,将这些数据流进行二进制封装后通过一个 TCP 的流发送到接收端。这样做虽然大大节约了资源,但是 TCP 的可靠性此时会导致队头阻塞问题。如果在加载网页的若干元素的过程中,其中的一张图片的数据在网络上丢失,那么 TCP 会优先将这张图片的数据进行重传而不是发送剩余的可以正常发送的数据。这就导致了,虽然应用的数据流已经得到了区分,但是这些数据流只能通过一个 TCP 连接传输,没有办法对不同的流分别进行服务,从而使得先发送的数据可能会阻碍后发送的数据传输,导致传输的时延增加。

QUIC 协议为了解决这个问题进行了两方面的设计。首先,QUIC 协议保留了以流传输数据的基本用法,并且允许一个连接中创建多个不同的流。这些流类似 TCP 的数据流,保证数据的完整性和保序性,这使得上层应用在使用 QUIC 协议的时候不会与使用 TCP 有很大的差异感。QUIC 协议在 TCP 的流的基础上又进行了额外的设计,如流具有不同的发送方向、流可以进行重启取消等操作,使得应用对于流的操控更加灵活。其次,QUIC 协议底层使用 UDP 进行数据传输,UDP 本身并不保证数据传输的可靠性,也不存在队头阻塞问题,这使得 QUIC 协议可以更加灵活而自由地处理需要收发的数据,从而实现 QUIC 协议内部维护的多个流可以独立地进行收发,两两之间不会相互干扰。通过这样的设计,QUIC 协议便可以实现多路复用,防止使用 TCP 传输数据时可能导致的队头阻塞,降低了数据传输的整体时延。

7.7.5　用户态协议

QUIC 协议的另一个显著特征是,它是一个运行在用户态的程序,这和经典的 TCP、UDP 有所区别。因为 TCP 和 UDP 已经是十分成熟而基础的传输协议,所以它们被大多数操作系统实现在了内部,在内核态下运行。内核态可以为协议提供更好的软硬件支持,更好更快地分配资源,使得协议的性能更高。但是与此同时,在操作系统内部实现的协议很难根据应用的需求进行自定义,难以修改和分发。这个时候,在用户态实现传输协议就可以更好地与应用结合起来,根据应用的需求进行相对应的修改与更新,并且可以与应用一起进行分发,并不需要特别的操作系统支持。这使得 QUIC 协议可以随着应用一同快速迭代,也方便进行协议功能的修改与拓展,增加了传输协议的灵活性。应用程序也可以根据自身的需求对 QUIC 协议的一些功能进行差异化定制,使得 QUIC 协议可以在特定的场景下进行特定的优化,这为网络应用传输性能的优化提供了更加便捷的手段和更加广阔的空间。但同时,在用户态实现传输协议的问题是没有内核态的一些功能支持,并且相对而言协议的性能会更差。将协议完整打包到应用当中也会显著提高应用程序的大小。如何更好地发挥 QUIC 协议作为用户态协议的优势,并且提升它的性能是一个需要考虑的问题。

7.7.6　QUIC 协议的其他优势与设计

QUIC 协议相对 TCP 而言还有一些其他优势与设计,本节将进行简单介绍。

1. 递增序号

前文重点讨论了如何使用滑动窗口和确认机制来保证数据的可靠传输,TCP 便采用了这种方法。但是滑动窗口也可能带来问题:数据包序号的歧义:当数据重传的时候,序号有可能发生重复,这会使得数据发送方无法判断当前的数据接收方是否正确收到。而 QUIC 协议采用单调递增的 64 位序号来标记数据包,并且使用偏移量字段来区分当前数据包包含的数据内容,在确保数据可靠传输的同时避免出现序号重复的问题。

图 7.43 展示了一个 QUIC 协议重传的过程。客户端向服务器端发送了三个不同的数据包,服务器端确认了其中的 1 号包和 3 号包。此时客户端会得知仍有部分数据没有被发送到服务器端,经过检查是 2 号包的数据没有完成传输,于是客户端使用递增的序号发送数据包,将 2 号包的数据用 4 号包再次向服务器端发送。

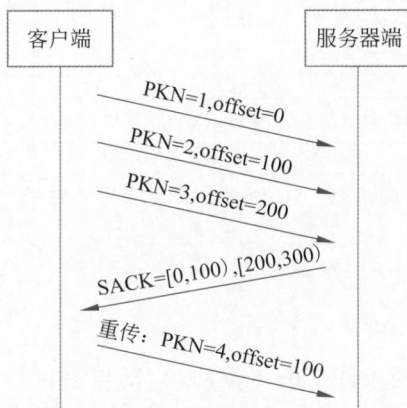

图 7.43 QUIC 协议重传的过程

2. 内置安全

在使用 TCP 进行数据传输的时候,如果希望对数据进行加密,通常会使用 TLS 进行加密。HTTPS 就是在 HTTP 基础上进行了 TLS 加密再进行数据传输,从而防止数据的泄露,降低应用受到攻击的可能。但是 TLS 的使用相对复杂,有研究显示大量的应用没有按照规定实施 TLS 的全部流程,从而导致了许多安全漏洞。

QUIC 协议内置了 TLS 进行数据加密,这使得在 QUIC 协议进行数据收发时,应用的数据已经进行了加密。这个部分不再需要应用自己实现加密过程,降低了应用的开发难度。同时默认进行数据加密使得数据的传输更加注重隐私性和安全性,让互联网变得更加安全可靠。

3. 连接迁移

对于面向连接的协议而言,协议内部需要维护连接的相关信息,用于明确数据的收发双方。例如 TCP 就是使用四元组,通过双方的 IP 地址和端口号来明确收发双方的身份。而 QUIC 协议的处理方法其实相当简单,QUIC 协议使用一个 64 位的整数来区分每一个连接,这个整数称为连接 ID。对于拥有相同连接 ID 的数据包,QUIC 协议便认为它们来自同一个连接。无论底层的 UDP 端口与 IP 如何切换,两端的 QUIC 协议连接都可以正常地进行数据收发。这个功能使得 QUIC 协议可以在需要的时候切换底层传输数据的 IP 与端口,例如在手机上同时连接 Wi-Fi 和移动网络的时候,QUIC 协议便可以在底层的多个套接字之间切换,防止网络情况变化时应用使用体验下降。

图 7.44 展示的便是 QUIC 协议的连接迁移过程。在客户端向服务器端发送三个数据包的过程中,即使客户端和服务器端使用的 UDP 端口、发送的 IP 地址发生了变

化,只要双方的 QUIC 协议中的连接 ID 不变,两者就可以正常进行通信。

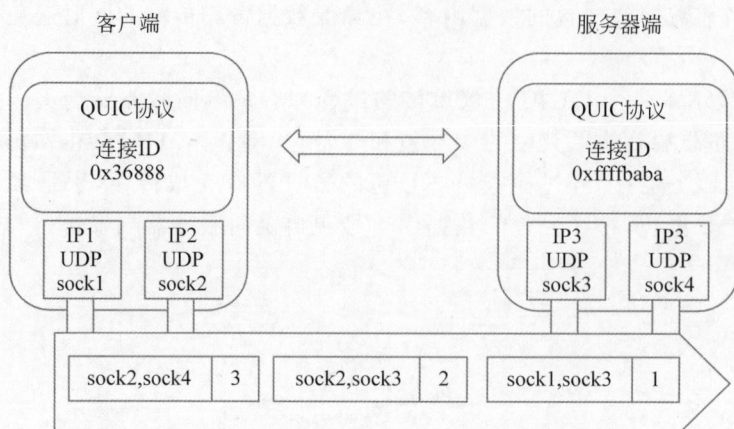

图 7.44　QUIC 协议的连接迁移过程

7.8　MPTCP

前面介绍了几种单路径条件下的传输协议,随着多网络接口设备的出现与普及,利用多条路径进行数据传输已经显示出其显著的优势。多路径传输提供了增加网络带宽和提高传输鲁棒性的潜力,因此,人们在单路径传输协议的基础上,提出了多路径传输协议,本节将对一种多路径传输协议 MPTCP 进行详细介绍。

7.8.1　MPTCP 概述

移动智能终端是具备多网络接口的典型设备,通常具有无线局域网(WLAN)接入和蜂窝网接入两种接口,如图 7.45 所示。

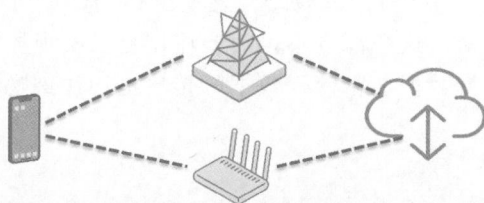

图 7.45　移动智能终端设备利用多条路径进行数据传输

在设备具备物理支持的前提下,出现了多路径传输协议。其中,基于 TCP 的多路径协议 MPTCP 在 RFC 6824 中得到了详细定义。RFC 6824 描述了利用多条路径进行数据传输的过程。该协议使得数据可以同时通过多条路径进行传输,从而提供了更大的网络带宽和更高的传输鲁棒性。通过利用多条路径传输,可以充分利用设备的多个网络接口,提升数据传输性能和可靠性。

MPTCP 在协议栈中位于 TCP 之上,可以管理多条 TCP 流连接,MPTCP 连接是多个 TCP 流的集合,如图 7.46 所示。

多路径中的每条路径都可以用四元组(源 IP 地址,源端口,目的 IP 地址,目的端口)表示,运行在该条路径上的 TCP 流为子流。MPTCP 通过多路径的数据调度使应

应用（Application）	
多路径TCP（MPTCP）	
子流（subflow TCP）	子流（subflow TCP）
IP	IP

图 7.46   MPTCP 在协议栈中的位置

用数据可以在多条路径传输,但是对应用层和网络层都是透明的。对应用层来说,它只需要调用套接字接口,应用看起来仍是使用一个传送层的连接,同时,由于 MPTCP 相比 TCP 只是在头部增加了新的选项,因此网络层也无须做太多额外的处理。

7.8.2   MPTCP 设计目标

多路径传输有多种传输优势,主要有以下几点。

- 提供带宽聚合能力:相比单径 TCP,MPTCP 可以将带宽聚合,提高可用带宽。具有多个网络接口的终端设备有使用多条路径进行传输的能力,通过合理的源端多路径包调度算法,可以同时利用多条路径的带宽进行传输。
- 提升数据传输可靠性:由于多条传输路径的存在,在某条路径出现断连或者传输性能很差时,MPTCP 支持使用其他路径继续完成数据传输,减少出现应用断连的情况。
- 提供平滑的路径切换:MPTCP 支持平滑的接入网切换功能,终端设备可以在具有不同网络特征的路径之间进行链路选择。MPTCP 可以根据应用的时延、带宽需求,选择最合适的路径传输数据。

7.8.3   MPTCP 连接管理

在介绍了 MPTCP 的基本概念和特性之后,本节主要介绍如何进行 MPTCP 连接管理,其中主要包括连接的建立和管理,连接的管理包括增加路径、增加地址、删除路径、连接关闭等。

首先是 MPTCP 连接的建立。初始化一个 MPTCP 连接的过程与建立一个普通的 TCP 连接相似,会经历三次握手的过程。主要的不同点是如果通信双方希望建立一个 MPTCP 连接,MP_CAPBLE 字段需要在建连过程中启用,并且通信双方都能支持 MP。同时,双方会进行密钥交换,以认证身份信息。在连接初始化完成之后,可以使用 MP_JOIN,将新的子流附加到建立好的 MPTCP 连接上。当需要关闭子流时,关闭单个子流与关闭 TCP 连接是一致的,若需要关闭所有子流,连接发起方需要发送给对端启用了 MP_FASTCLOSE 字段的报文段,对端主机在接收到信息后会关闭所有子流。具体的流程图如图 7.47(a)所示。除了上述连接管理的方式外,MPTCP 还可以增加新的路径,以支持更多路径的使用,相对应地,也可以删除指定的路径。增加和删除路径的过程如图 7.47(b)所示。

具体的流程如下:

1. 建连、添加子流、关闭连接

(1) 主机 A 发送启用了 MP_CAPBLE 的 SYN 报文。

(2) 若主机 B 支持多路径,则返回启用了 MP_CAPBLE 的 SYN/ACK 报文,同时

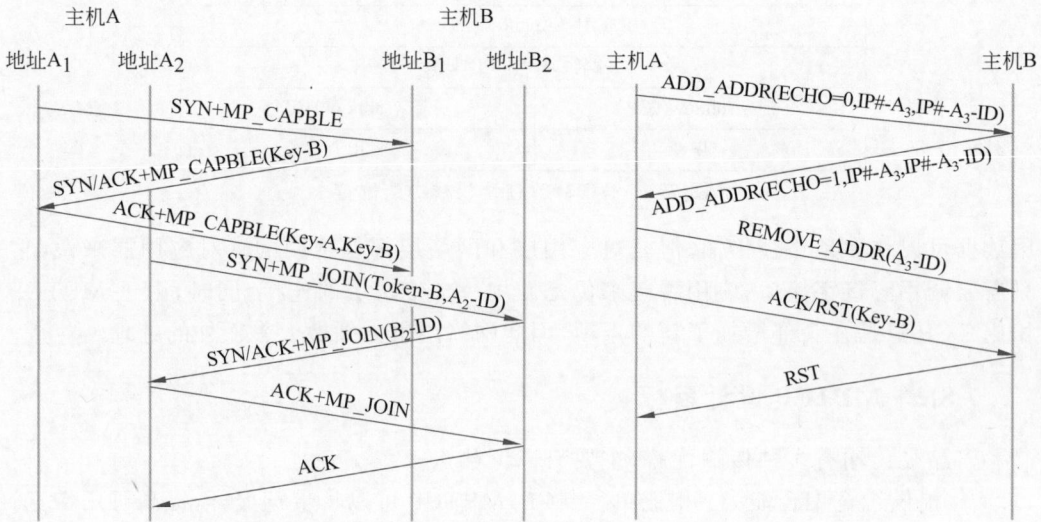

（a）MPTCP建连和添加子流的流程   （b）MPTCP增加和删除路径的流程

图 7.47   MPTCP 连接的建立和管理

将密钥加到报文中。

（3）主机 A 返回 ACK 报文，并将主机 A 和 B 的密钥加到报文中，至此完成 MPTCP 建连的过程。

（4）主机 A 根据主机 B 的密钥，生成主机 B 的令牌，并将该令牌与新子流的地址编号（A_2-ID）添加到 SYN 报文中，此报文启用了 MP_JOIN。

（5）主机 B 将当前子流的地址编号（B_2-ID）添加到 SYN/ACK 中。

（6）主机 A 确认无误后，向主机 B 发送 ACK 报文。

（7）主机 B 确认无误后向主机 A 发送 ACK 报文，至此完成子流的添加。

（8）当主机 A 想关闭此 MPTCP 连接时，它会发送启用 MP_FASTCLOSE 的 ACK/RST 报文。

（9）主机 B 收到报文后，关闭所有连接并向主机 A 发送 RST 报文。

2. 新增和删除路径

（1）主机 A 发送启用了 ADD_ADDR 字段的报文，包含主机 A 新的 IP 地址和该地址编号。

（2）主机 B 确认无误后，向主机 A 发送回应报文。

7.8.4   MPTCP 数据调度与拥塞控制

当启用了多路径之后，则期望多路径连接下能达到的总吞吐量不差于最优路径上的吞吐量。为了实现这个目标，MPTCP 需要设计合理的多路径调度器和拥塞控制算法。

由于多条路径的存在，同一个流的数据可以被分到不同的路径上传输，以提高数据传输的速率和鲁棒性。但是由于 TCP 发送按序到达和递交的性质，经过两条路径发送的数据经常会出现乱序到达的情况。乱序到达的包会被存储在接收端缓存中，而无法被直接递交给应用，序号靠前的包由于网络发送更晚到达接收端，进而降低了数据传输的速率和处理速率，这种现象称为队头阻塞（HOL）。队头阻塞影响网络吞吐量,它在 TCP 传输中广泛存在,在 MPTCP 中,由于不同路径之间存在带宽、时延的差异,此现象更加严重。因此,在 MPTCP 中,合理地进行数据调度,减少队头阻塞的发生,进而更好地利用多条路径的传输能力是一件非常重要的事情。

MPTCP 调度器决定何时将哪些包分配到哪条路径上,是 MPTCP 中的重要组件。默认的 MPTCP 调度器是 MinRTT,此调度器会在有可用窗口并且往返时间(RTT)最短的路径上发送数据包。MinRTT 逻辑简单,但是由于忽略了不同路径属性的异质性,MinRTT 的传输性能在多种网络条件下受限,尤其是在移动接入网中,默认调度器会造成严重的接收端包乱序的情况。为了解决 MinRTT 的这个问题,研究者提出机会重传和惩罚机制,在一定程度上优化了 MinRTT 的传输性能。后续,为了解决路径异质引入的性能下降问题,很多研究者提出方案,通过合理的控制源端的数据包的调度顺序,减少 HOL 情况,降低 MPTCP 流的尾包到达时间,提高多路径的聚合带宽,降低流完成时间。MPTCP 已经实现在 Linux 内核中,多种应用和设备,比如华为、三星的手机设备,都对多路径方案进行了支持。来自学术界和工业界的许多研究者提出了多种多路径调度器,对不同的应用场景和优化目标进行了针对性的优化。

拥塞控制是多路径场景中另一个影响性能的关键点。除了尽量提升吞吐量之外,MPTCP 的拥塞控制还需要保证公平性,并实现更好的负载均衡。首先是公平性。公平性是拥塞控制设计的重要关注点,MPTCP 中也不例外。对于共享网络瓶颈的 MPTCP 流和一般的单径 TCP 流,应该公平地均分网络带宽,保证友好性,而不是 MPTCP 过分抢占单径 TCP 流的带宽。为了实现公平性,MPTCP 可以增加对多路径总窗口的限制,使其不超过单径 TCP 连接的窗口增长速度。其次是多子流的负载均衡。多路径的不同子流之间应该维持负载均衡,尽可能将拥塞路径上的数据转移到状况良好的路径上,从而更好地利用多条路径的传输能力。

7.9 数据中心网络传输协议

近年来,国内外互联网巨头如华为、阿里巴巴、腾讯、Google 和微软公司已经构建了大量的数据中心。当前的数据中心在相对集中的物理空间(一个房间、一层楼、一栋楼或几栋相近的楼)放置数万甚至数十万台主机。数据中心通常被用于进行大数据存储、高性能计算等需要大量设备协同进行的业务。**数据中心网络**(Data Center Network,DCN)是确保数据中心正常、高效工作的核心基础设施,负责将数据中心内部的主机彼此互联。相比一般的广域网、园区网,数据中心网络的特点在于流量模式由机器,而非人类用户产生;链路密集、拓扑规整性强;端到端带宽极高,时延极低。针对广域网设计的拥塞控制算法,例如前文介绍的 TCP 拥塞控制,在数据中心场景不再适用。本节首先对数据中心网络及其特点进行介绍,然后根据其特性介绍针对数据中心网络场景设计的拥塞控制算法,最后介绍在高性能数据中心中为了解决网络传输中服务器端数据处理时延而产生的相关技术。

7.9.1 数据中心网络概述

数据中心网络连接了大量用于计算和存储的服务器,其规模可以扩展至成千上万台服务器甚至更多。数据中心网络所面临的首要功能性问题是,如何将这些服务器连接起来?

面对成千上万台服务器,造一台"超级交换机"把所有设备连接起来显然是不现实的。一个可能的想法是用多台交换机代替一台大交换机。早在今天基于 TCP/IP 协议栈的计算机网络出现之前,20 世纪 50 年代,Charles Clos 已经将类似的思路用于电话网络中的设备连接,通过该连接方式得到的拓扑被称为 Clos 拓扑。该拓扑通过使用多层端口数较少的交换机互联的方式,实现一个"大交换机"互联大量设备的效果。图 7.48 展示了数据中心网络使用 Clos 拓扑的简单实例,这种拓扑最为明显的特征是使用一种层次化的方式连接交换机,同一层的交换机相互之间没有直接连接,相互传输数据需要依靠上一层交换机转发。

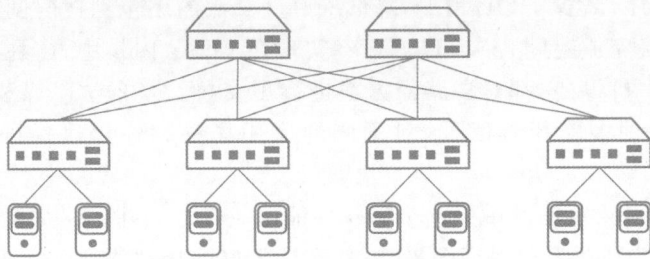

图 7.48　数据中心网络使用 Clos 拓扑

为了使数据中心网络能够扩展到更大的规模,数据中心拓扑从图 7.49 的树形拓扑演变成图 7.50 的胖树(fat tree)拓扑。胖树拓扑是当前数据中心网络中最为广泛使用的拓扑。相比树形拓扑的金字塔形结构(上层交换机数量明显少于下层),胖树拓扑使用了更接近梯形的结构,增加上层交换机的数量,以避免对上层设备过高的容量需求。随着交换机端口数量的增加,胖树拓扑可容纳的设备数量是可扩展的,当今包含几万台甚至几十万台设备的数据中心所使用的正是与图 7.50 类似的胖树拓扑。在胖树拓扑中,两台设备之间可能存在不止一条路径,且这些路径的长度都是相等的,这些连接相同的两个端点的、长度相等的路径为**等价多路径**(Equal Cost Multi Path,ECMP)。当两台设备间的流量过大时,可以通过**负载均衡**(Load Balancing,LB)技术,将流量尽可能均匀地分散到等价多路径上,避免某一条链路由于流量过大出现拥塞。

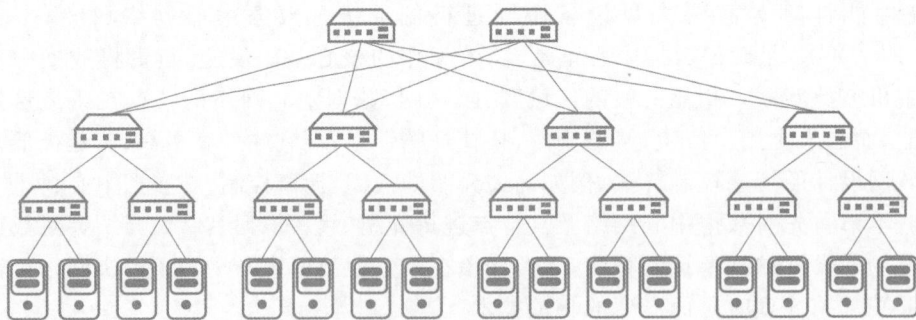

图 7.49　树形拓扑

除了更为规则的拓扑结构,数据中心网络相比广域网最大的特点是带宽极高、时延极低。通常情况下,数据中心网络带宽在 10Gb/s 以上,近年来数据中心网络带宽

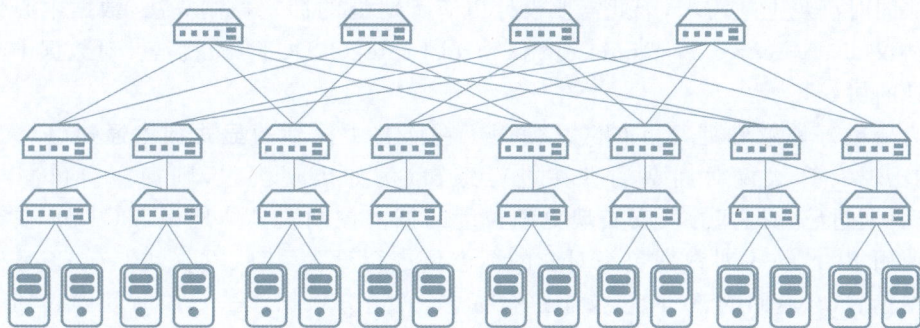

图 7.50　胖树拓扑

飞速增长,已达到 $40Gb/s$、$100Gb/s$ 甚至 $400Gb/s$;同时,由于数据中心中的设备在物理上高度集中,设备间基础物理时延(由光纤长度决定)通常在几微秒甚至更低。这个场景与通常带宽相对较低、时延相对较高的广域网场景有显著的不同,因此大量现有的机制直接应用在数据中心网络中效果并不理想,需要针对该场景的特点进行相应的优化。7.9.2 节将探讨当前 TCP 拥塞控制在数据中心网络场景中的问题,以及针对数据中心网络传输设计的特殊的拥塞控制算法。

7.9.2　数据中心拥塞控制

数据中心承载了大量业务,如网络搜索、零售、广告、推荐系统等,上述业务应用产生了大量长流和短流的混合。这些业务对于短流的时延,以及长流的链路利用率和突发流量的吸收能力分别有要求。具体地说,对于时延敏感的短流,需要尽可能少地经历排队;对于突发流量,要尽可能地缓存避免丢包;对于长流,需要尽可能占满带宽,避免浪费宝贵的带宽资源。

数据中心中的交换机的内存相当昂贵,因此现有的数据中心交换机的缓存空间十分有限,为了提升有限缓存的利用率,当前普遍采用共享缓存机制,即交换机不同的端口对同一个共享缓存池进行统计复用。受限的缓存为数据传输带来了诸多挑战,首先,数据中心中常见的"分散—聚合"模式导致网络中大量出现短时的"多打一"情况,多个短流同时到达一个端口,若同时到来的短流超过端口的缓存能力,则会出现丢包,这对于丢包敏感的小流是十分不利的,小流可能仅仅由几个包组成,如果出现丢包,剩余的包常常达不到触发快速重传机制的要求,必须等到计时器超时才能触发重传;其次,如果使用常用的基于丢包的 TCP(如 TCP Reno、TCP Cubic),则会造成交换机队列累积,这是由于基于丢包的拥塞控制在发生丢包前不会感知到拥塞,直到队列累积到由于缓存溢出导致丢包才会调整发送窗口,这意味着交换机缓存中会长时间保持相对较长的队列,这对于时延敏感的流量而言是非常不利的。最后,由于共享缓存机制的存在,不同端口的队列累积可能互相影响,如果一个端口所发送的大流占用了大量缓存空间,也会影响其他端口能够使用的缓存量,如果某几个端口由于大流占用了过多缓存空间,就会出现其他某个端口需要吸收突发流量但剩余的缓存空间无法满足要求的情况。

同时满足小流对低时延的需求和大流对高吞吐的需求,需要在保持交换机端口带宽利用率的前提下,尽可能将队列长度保持在较低的水平。现有的 TCP 拥塞控制算法无法同时满足上述需求,因此需要设计更有针对性的拥塞控制算法,**数据中心传输控制协议**(Data Center Transmission Control Protocol,DCTCP)就是针对数据中心场景设计的协议。

为了更好地感知拥塞,DCTCP 使用了在前文中提到的**显式拥塞通知**(ECN)技术,相比现有算法仅对拥塞的存在进行感知(例如出现丢包,则拥塞窗口减半),DCTCP 通过感知拥塞的程度实现更细粒度的拥塞控制。具体地说,DCTCP 在交换机上使用 ECN 技术对数据包头对应的标志位进行设置,接收方收到带有 ECN 标志的数据包后,在返回的 ACK 包头中进行标志,发送方根据过去一段时间内收到带有标志的 ACK 的比例调整拥塞窗口。DCTCP 拥塞控制方案具体实现涉及三部分:交换机、接收方和发送方。下面具体介绍需要实现的功能。

交换机:在 DCTCP 中,交换机负责根据缓存队列长度为数据包进行 ECN 标记。DCTCP 使用一种如图 7.51 所示的截断式的标记方式,给定一个单一的标记阈值 K,当队列长度大于或等于 K 时,将新进入队列的数据包 IP 头部的 ECN 标志位进行标记,否则不进行标记,当队列长度达到最大允许长度(由缓存空间决定)时,新到来的数据包会被丢弃。通过及时标记,发送方可以更快地感知到网络是否出现拥塞。

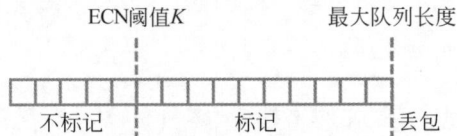

图 7.51   截断式的标记方式

接收方:在 DCTCP 中,接收方负责对带有 ECN 标志的数据包进行反应,具体地说,当接收到一个带有 ECN 标志的数据包后,接收方在其对应的 ACK 中,将 TCP 包头的 CWR 标志位进行设置。考虑到在网络中为了减少 ACK 所带来的开销而常用的延迟 ACK 技术,DCTCP 使用如图 7.52 所示的接收方状态机来确保发送方可以收到及时的拥塞信息。

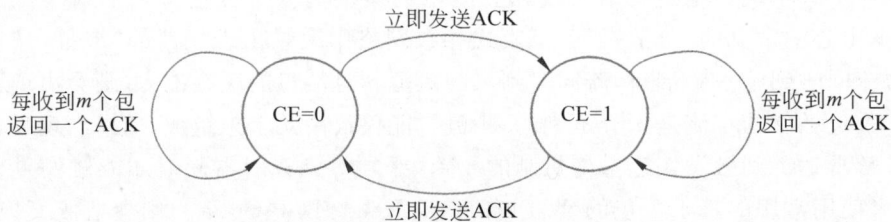

图 7.52   接收方状态机

发送方:在 DCTCP 中,发送方维护着一个对于被标记的包的比例的估计,这个估计在每一个数据窗口(大约是一个往返时间 RTT)更新,其更新规则如下:

$$\alpha \leftarrow (1-g) \times \alpha + g \times F$$

其中,F 是在上一个窗口中被标记的包的比例,是一个系数,用于权衡当前窗口信息与历史信息的权重,事实上是对当前队列长度大于交换机标记阈值 K 的估计,接近 0 代表拥塞程度较低,而接近 1 则代表拥塞程度较高。

相比传统 TCP 拥塞控制对拥塞定性的感知(有无拥塞),DCTCP 实现对拥塞程度定量的估计,这个设计让 DCTCP 可以更加精确地调整拥塞窗口,当发送方收到带有

标志的 ACK 时,会根据如下规则更新拥塞窗口:

$$\text{cwnd} \leftarrow \text{cwnd} \times \left(1 - \frac{\alpha}{2}\right)$$

当 α 较小时,拥塞窗口只会略微减少,也就是说,当交换机上的队列长度刚刚超过 K 时,DCTCP 的发送方就开始缓慢地减小发送窗口,这就是 DCTCP 能够在保证带宽利用率的前提下维持一个较小的队列长度的原因。反过来,如果拥塞程度较高,接近 1,那么 DCTCP 也会像传统的 TCP 一样,将拥塞窗口直接减半。

除了根据拥塞程度更为精确地调整拥塞窗口外,DCTCP 还保留了传统 TCP 的诸多特性,例如慢速启动、拥塞避免阶段拥塞窗口加性增加、在出现丢包后的恢复过程等。值得一提的是,由于 ECN 机制的存在,DCTCP 在正常工作时几乎很少出现丢包,由于队列长度达到上界而产生的丢包只有在相对特殊的情况(例如同时存在大量不受拥塞控制的突发小流量)下才会出现。

DCTCP 是否能够满足数据中心网络中的传输需求?接下来针对本节开头所提到的三个挑战,讨论 DCTCP 的设计是否能够有效解决问题。首先,由于 DCTCP 保留了传统 TCP 的慢速启动的特性,其对拥塞快速的反应能力确保了即使一个只持续几个 RTT 时间的短流,其窗口也会被及时的拥塞信息所限制,当然对于只持续 1~2 个 RTT 时间的流,包括 DCTCP 在内的所有拥塞控制都很难发挥作用,因为在发送方能够感知到拥塞之前,这些流量已经被完全发送,再调整拥塞窗口已经无法起到作用;其次是队列累积问题,当队列长度超过某一个预设的阈值(这个阈值通常不会太大),DCTCP 的发送方通过带有 ECN 标志的包迅速对潜在的拥塞做出反应,将队列长度长期保持在较低的水平;最后,通过长期保持较短的队列,DCTCP 也有效地解决了由共享缓存带来的缓存压力的问题,每个端口所占用的缓存都相对较少,极大地降低了端口缓存占用带来的影响。

7.9.3　传输开销优化

高性能数据中心网络除了对拥塞控制提出了新的要求,高带宽、低时延的传输还需要考虑的问题是传输对服务器端带来的额外开销。传统的 TCP/IP 在数据包的发送过程中,需要先经过操作系统的一系列操作,再通过硬件即网络接口卡(Network Interface Card,NIC)发送。这个过程中,数据需要在系统内存、CPU 缓存和网络硬件的缓存之间进行多次移动,对服务器端的 CPU 和内存造成了一定的压力。在数据中心中,数据需要被频繁地传输,由传输带来的开销逐渐变得不可忽略,特别是对于数据中心中的服务器,其 CPU 承担着大量重要的计算任务,任何没有被用于这些任务的计算能力都不能带来收益,因此需要被最小化。

为了降低传输对服务器 CPU 的压力,近年来数据中心网络大量使用**远程直接内存访问**(Remote Direct Memory Access,RDMA)技术。RDMA 技术将原本需要主机处理器负责的部分功能卸载(offload)到支持 RDMA 技术的网络接口卡上,通过在数据传输的过程中**绕过操作系统内核**以降低网络传输对系统资源,特别是 CPU 的消耗。使用 RDMA 技术可以在不对操作系统造成影响的前提下,将数据从数据中心中的一台主机快速传输到另一台主机上。图 7.53 展示了传统 TCP/IP 网络和 RDMA 网络不同的数据传输路径,相比需要经过操作系统内核,且需要主机 CPU 进行多次复制的传统数据传输方式,RDMA 网络使用了特制的、支持 RDMA 技术的网络接口卡,可以直接从内存中读取数据并发送,这个过程完全不需要操作系统内核中的网络协议栈参与。

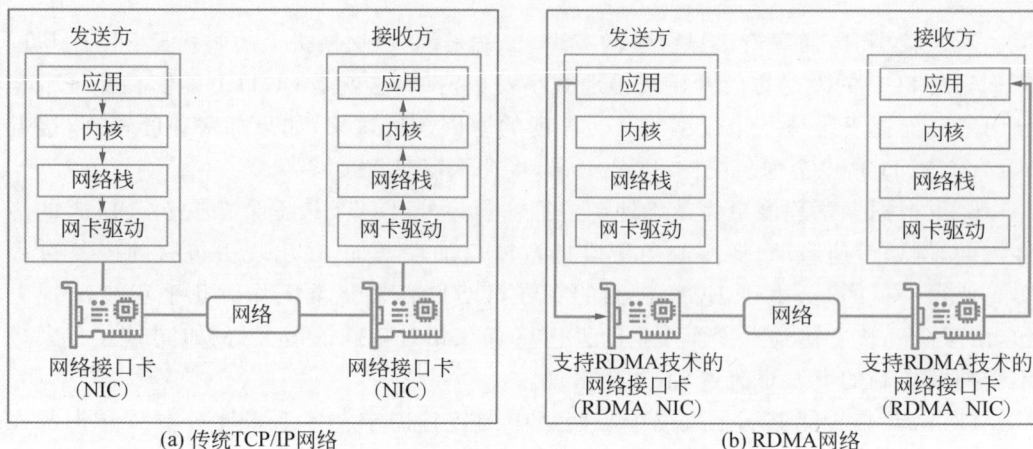

(a) 传统TCP/IP网络   (b) RDMA网络

图 7.53   传统 TCP/IP 网络和 RDMA 网络不同的数据传输路径

与传统的基于 TCP/IP 的传输相比,使用 RDMA 技术进行传输的优势如下。

(1) 零拷贝(zero copy)。使用 RDMA 技术,网络接口卡直接存取内存中的数据,不涉及内核中的网络协议栈,数据不需要在主机 CPU 中被多次复制,降低了复制数据所带来的开销。

(2) 内核旁路(kernel bypass)。应用程序可以直接在用户态执行数据传输,不需要在内核态与用户态之间进行切换,降低了切换所带来的开销。

(3) 不涉及 CPU(no CPU involvement)。传统的数据传输方式需要主机 CPU 对数据进行操作,RDMA 技术将这部分工作卸载到专用的网络接口卡上,CPU 只需要发出指令而不需要完成具体工作,降低了数据传输对 CPU 造成的负担。

RDMA 本身是一种技术,在数据中心网络中具体实现 RDMA 的协议主要有三种:Infiniband(IB)、RDMA over Converged Ethernet(RoCE v1/v2)和 internet Wide Area RDMA Protocol(iWARP)。这三种协议都符合 RDMA 的技术标准,它们的区别在于对硬件能力和接口的要求上,如图 7.54 所示。

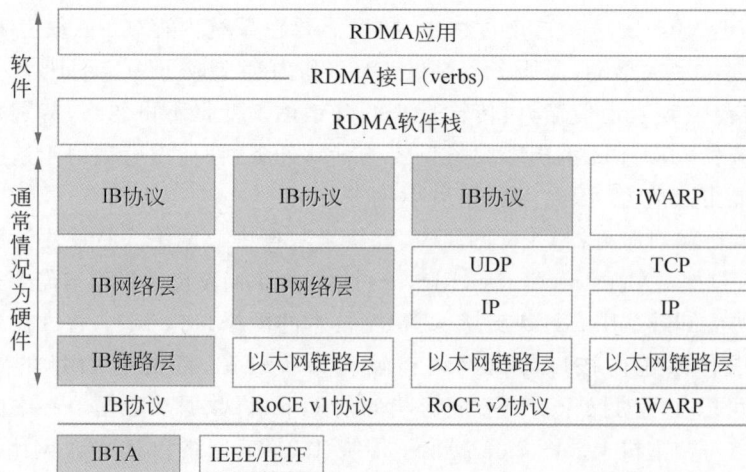

图 7.54   实现 RDMA 的协议

IB 是由 InfiniBand 行业协会(InfiniBand Trade Association,IBTA)所倡导的 RDMA 协议。IB 重新定义了全新的从链路层到传送层的机制,使用定制化的网络栈和专属的硬件,这种方式与现有基于以太网链路层和 IP 网络层的网络并不兼容。为了在现有的以太网和 IP 网络协议栈的基础上使用 RDMA 技术,出现了聚合以太网 RDMA(RDMA over Converged Ethernet,RoCE)协议,该种协议保留了 IB 上层协议,但是在底层使用现有的以太网链路层代替 IB 链路层(RoCE v1),在当前更为常用的 RoCE v2 协议中,更是使用 IP 与 UDP 封装代替 IB 网络层,以保证与现有网络的兼容性。除了以上两种协议,还有一种名为互联网广域 RDMA 协议(internet Wide Area RDMA Protocol,iWARP),或者相对于基于以太网的 RoCE 协议被称为 TCP 上的 RDMA(RDMA over TCP),这种协议需要在网络接口卡上实现完整的 TCP 协议栈以实现可靠的端到端传输,如果没有支持 iWARP 的网卡,也可以使用软件实现该协议,不过这会极大程度地削弱 RDMA 技术带来的性能优势。

7.10   本章总结

本章重点探讨了传送层技术和端到端访问,并详细介绍了传送层的各种机制和协议。传送层的机制包括连接管理、可靠传输和拥塞控制等,它们在实现端到端通信和数据传输的可靠性和效率方面起着关键作用。

首先,本章介绍了用户数据报协议(UDP),它提供了简单的、无连接的传输服务,适用于实时性要求高、对可靠性要求相对较低的应用场景。然后,本章深入介绍了 TCP。作为一种面向连接的、可靠的传送层协议,TCP 在互联网通信中广泛应用。最后,本章详细讨论了 TCP 如何实现连接管理、流量控制、拥塞控制等关键特性。

此外,本章还介绍了基于 UDP 的传输协议 QUIC,它具有低时延和高性能的特点,并提供可靠的数据传输服务。通过学习 QUIC 的设计思路,读者可以获得设计自己传送层协议的启示。在传送层的扩展方面,本章探讨了基于 TCP 的多路径协议 MPTCP,它允许同时利用多条路径进行数据传输,提高了传输效率和带宽利用率。同时,本章讨论了数据中心网络的特点,并介绍了适用于数据中心网络场景的拥塞控制算法,以及解决高性能数据中心中服务器端数据处理时延问题的相关技术。

通过对本章的学习,读者可深入了解网络拥塞控制的原理和方法,以及传送层协议的特性和设计;熟悉 TCP 的拥塞控制算法和 MPTCP 的多路径传输机制;了解 UDP、QUIC 等传送层协议的应用场景和特点。同时,读者可认识到数据中心网络的特殊需求,并了解针对该环境设计的拥塞控制算法和解决时延问题的相关技术。这些知识对于设计和管理网络、实现高性能数据传输等具有重要意义。

习题 7

1. 试说明传送层在协议栈中的地位和作用,以及其与网络层通信的区别。

2. 网络层也提供了可靠的虚电路服务,传送层的可靠传输的机制对整个协议栈而言是一种冗余吗?为什么?

3. 在表 7.1 所示的传输服务原语示例中,LISTEN 原语和 RECEIVE 原语的调用会导致阻塞。在建立连接并通信的过程中,阻塞是必要的吗? 如果不是,说明如何使用非阻塞原语。与书中描述的方案相比,这有什么优势?

4. 传输服务原语示例中描述的是客户端向服务器端建立连接的情形。然而,在P2P 应用中,所有的端点都是对等的,没有服务器端或客户端功能,如文件共享系统。如何使用传输服务原语来构建这种 P2P 应用程序?

5. 端口的作用是什么? 如果在一端的进程只分配了 a 端口,另一端进程只分配了b 端口。在两个进程之间支持建立多个连接是否合理?

6. 假如网络 100% 可靠且不存在拥塞,客户端使用 CONNECT 原语向某服务器端建立连接,是否一定能够成功建立连接?

7. 什么类型的应用倾向于使用无连接协议进行通信? 请举例说明。

8. 是否可以考虑在 UDP 之上实现可靠传输?

9. 在图 7.11 所示的网络拥塞情况中,由于网络层并不可靠,因此需要确认和重传机制来解决包可能丢失的问题。假设网络层 100% 可靠,从不丢失数据包,是否应该取消重传和确认机制? 给出理由。

10. 除了图 7.11 所示的情况外,举例说明两报文建立连接的机制还可能存在什么失败情况。

11. 假设服务器端和客户端采取非对称连接释放机制,且客户端对服务器端连接已断开。客户端收到服务器端断开连接报文,并发送确认,到最终双端释放连接之间的超时等待时间 t 应该考虑什么因素来确定。

12. 非对称释放连接方式和对称释放连接方式,哪种方式的开销大? 在什么样的应用场景下,可以考虑使用对称连接释放方式?

13. 为什么传送层的数据包拥有最大生命周期 T? 如何确定 T 的大小?

14. 为什么会存在 UDP? 让用户进程发送原始的 IP 数据包还不够吗?

15. 应用程序开发者为什么可能选择在 UDP 上运行应用程序而不是在 TCP 上运行?

16. 假定在主机 C 上的一个进程有一个具有端口号 6789 的 UDP 套接字,主机 A 和主机 B 都用目的端口号 6789 向主机 C 发送一个 UDP 报文段,这两台主机的这些报文段在主机 C 都被描述为相同的套接字吗? 如果是的话,在主机 C 的进程如何判断源于两台不同主机的两个报文段?

17. UDP 在传输消息时使用端口号标识目标实体,请说出两个原因,为什么它要使用一个新的抽象 ID(端口号),而不使用进程 ID?

18. RTP 被用来传输 CD 品质的音频,这样的音频信号包含一对 16 位的采样值,采样频率每秒 44100 次,每个采样值对应一个立体声声道。RTP 每秒必须发送多少个数据包?

19. 为什么 UDP 是面向报文的,而 TCP 是面向字节流的?

20. 一个 UDP 用户数据报的数据字段为 8192 字节,在数据链路层要使用以太网来传输,应当划分为几个 IP 数据报片? 说明每一个 IP 数据报片的数据字段长度和片偏移字段的值。

21. 请简要阐述传送层可靠传输与数据链路层可靠传输的关系与区别。

22. 如果有程序愿意使用 UDP 来完成可靠传输,这是有可能的吗? 请说明理由。

23. 在滑动窗口概念中,发送窗口和接收窗口的作用是什么? 如果接收方的接收能力不断地发生变化,则采取何种措施可以提高协议的效率。

24. 假定主机 A 向主机 B 发送一个 TCP 报文段。在这个报文段中,序号是 50,而数据一共有 6 字节长,在这个报文段中的确认字段是否应当写入 56?

25. 在使用 TCP 传输数据时,如果有一个确认报文段丢失了,也不一定会引起与该确认报文段对应的数据的重传。试说明理由。

26. 流量控制和拥塞控制最终都是控制发送速率,流量控制和拥塞控制有什么区别?

27. 请列举出 3 个可能引起网络拥塞的因素。

28. 在没有拥塞控制时,网络会发生什么情况?

29. 以丢包作为网络拥塞的信号会有什么问题?

30. 请思考对于具有不同 RTT 的链路,使用 AIMD 策略更新拥塞窗口会带来什么问题。

31. 最小 TCP MTU 的总长度是多少? 包括 TCP 和 IP 的开销,但是不包括数据链路层的开销。

32. 主机甲与主机乙之间已建立一个 TCP 连接,主机甲向主机乙发送了 3 个连续的 TCP 段,分别包含 200 字节、100 字节和 300 字节的有效载荷,第 3 个段的序号为 800。若主机乙仅正确接收到第 1 个段和第 3 个段,则主机乙发送给主机甲的确认序号是什么?

33. 某个应用程序运行在 UDP 上,该应用可能实现可靠数据传输吗? 如果能,如何实现?

34. 考虑从主机甲向主机乙发送 L 字节的大文件,假设 MSS 为 536 字节。

(1) 为了使 TCP 序号不至于用完,L 的最大值是多少?

(2) 对于在(1)中得到的 L,发送此文件要用多长时间? 假定传送层、网络层和数据链路层头部总共为 66 字节,并加在每个报文段上,然后经 155Mb/s 链路发送得到的分组。流量控制和拥塞控制,使主机甲能够一个接一个和连续不断地发送这些报文段。

35. 如果 TCP 不采用乘法减少,而是采用按某一常量 a 减小窗口,所得的 AIAD 算法将收敛于一种平等共享算法吗?

36. 慢速启动阶段,一个 TCP 连接将其拥塞窗口长度从 $W/2$ 增加到 $W(W<$ 慢速启动阈值),需要多少时间?

37. 运行 TCP 的主机甲通过一条 1Gb/s 的信道发送满窗口的 65535 字节数据,该信道的单向时延为 10ms,该信道可以达到的最大吞吐量是多少? 效率是多少?

38. 快速重传中,TCP 直到收到 3 个冗余 ACK 才执行快速重传。你对 TCP 设计者没有选择在收到对报文段的第 1 个冗余 ACK 后就快速重传有何看法?

39. 在没有随机丢包的链路中,由 Tahoe 算法改为 Reno 算法能使平均带宽提升多少?

40. QUIC 协议有以下几种优势,请简单描述每一种优势是如何实现的。

(1) 连接建立时间短。

(2) 避免队头阻塞。

(3) 连接迁移。

(4) 迭代速度快。

41. 请简单说明 QUIC 协议的流与 TCP 的流有哪些相同点和哪些不同点。

42. 对于一对使用 QUIC 协议通信的应用程序,应用已经在 0 号流发送了 2000 字节的数据。假设在一次发送的过程中一次性可以发送共 1000 字节的流数据,请计算在 0 号流发送 0~1000 字节数据的时候,一个数据流帧的大小。

43. 对于一对使用 QUIC 协议通信的应用程序,假设双方分别使用一个 64 位长的字符串作为各自的连接 ID,不考虑载荷的内容,一个长头包头部的长度为多少? 它相对于 TCP 和 UDP 报文头部的长度而言更大还是更小?

44. 对于 QUIC 协议而言,如果客户端发送的连接建立请求在发送过程中丢失,则会发生什么情况? 如果客户端返回的握手确认信息在发送过程中丢失,则会发生什么情况? 请在网络上搜索相关资料并给出答案。

45. 一个应用需要使用网络按顺序先后,从客户端向服务器端发送 5 个大小为 1MB 的文件。假如其必须使用不同的流发送这 5 个文件,那么在 RTT 为 200ms,数据传输速率恒为 100Mb/s 且不存在丢包的网络上,分别使用 TCP 和 QUIC 协议发送 5 个文件,各需要多长时间?(不计算连接关闭的时间)

46. 假如对于标准 QUIC 协议实现而言,应用使用 QUIC 协议创建了 5 个流并且向这些流中输入了等量的数据。假设每一个流的数据都需要通过三个 UDP 数据报(以 a、b、c 来表示)才能进行完整发送,为了实现多路复用,以下两种发送策略哪一种更为合适? 请简单给出理由。

(1) 1a,1b,1c,2a,2b,2c,…,5a,5b,5c

(2) 1a,2a,3a,4a,5a,…,3c,4c,5c

47. 除了 QUIC 协议外还存在哪些用户态传输协议? 它们分别应用于什么场景? 请在网络上进行搜索并简单回答。

48. QUIC 协议是否可以提供不可靠传输服务? 如果可以,请给出理由或方法;如果不可以,请思考如何修改 QUIC 协议内部的机制以实现这个功能,并给出简单的设计方案。

49. 请从理论上分析,假如 QUIC 协议下层使用 TCP 发送数据,相对于使用 UDP 发送数据会有什么优势和劣势?

50. 请列出日常适合使用多路径的应用场景。

51. 请描述使用多路径的优势。既然多路径的优势很多,为什么在现实生活中多路径的使用不是非常普遍?

52. 如果让你设计,你会设计出什么样的多路径调度器? 为什么这样设计?

53. 相比于图 7.49 的树形拓扑,图 7.50 的胖树拓扑有什么优势? 请举例说明。

54. 相比于传统的 TCP,专门为数据中心网络设计的 DCTCP 有哪些优势? 我们能不能将 DCTCP 从数据中心场景推广到更为一般化的场景中? 请给出理由。

55. DCTCP 保留了传统 TCP 的慢速启动机制,这样做的好处是什么? 随着数据中心网络带宽越来越大,慢速启动机制是否会遇到问题? 请分析问题并给出改进的思路。

56. 在 DCTCP 中,ECN 阈值设置不合理(过大或过小)会产生什么问题?

57. 基于 RDMA 技术的数据中心能否继续使用 DCTCP 进行拥塞控制? 请查阅相关资料,并简述 RDMA 网络传输协议与基于 TCP 的网络传输协议的不同之处。

第 8 章

网 络 应 用

网络应用层位于传送层之上,它是网络分层模型中的最高层。传送层及以下各层定义了网络的传输服务,但并没有为普通用户提供任何功能。应用层负责实现各种网络应用程序并处理它们之间的交互,从而为用户提供各种网络服务和功能。早期的网络应用主要有电子邮件、远程登录、文件传输、Web 浏览等。随着计算机网络的发展和人们需求的不断增长,越来越多的网络应用被开发出来,例如搜索引擎、即时通信、文件共享、视频会议,以及各种网络游戏等。本章将从应用层基本模式讲起,并介绍几种经典的网络应用。

8.1 应用层基本模式

在这一节中,我们不妨把自己化身为打算开发文件传输应用的网络应用开发者,并希望把一台计算机上的某个特定文件发送到另一台计算机上。与在本地开发应用不同,此时不只涉及一台主机,而是涉及至少两台及以上的主机。开发的应用不仅需要在一台主机上完成其任务,还需要在不同主机之间进行通信,并且合作完成一些工作。为了做到这一点,需要首先考虑如何为网络应用进行功能分工,使它们可以在多个不同主机上合作完成任务,这便是我们需要考虑的第一个问题:网络应用程序体系结构。

8.1.1 网络应用程序体系结构

之前的章节已经介绍了互联网的体系结构,它描述了网络中各个层次应该如何分工合作。应用程序体系结构也是类似的定义,其规定的是应用程序在各种端系统上如何进行组织。目前的网络应用程序有两大主流的体系结构:**客户/服务器(C/S)体系结构和对等(P2P)体系结构**。

1. 客户/服务器

客户/服务器体系结构又称为客户/服务器模式,是一种常见的结构。如图 8.1 所示,该结构分为两部分:"客户"是服务的请求方,就像是餐厅里点餐的顾客;"服务器"是服务的提供方,接收

"客户"的请求并提供相对应的服务,就像餐厅中的厨师。其中,客户与服务器指的均是网络应用进程,用以发送或接收请求并进行相应处理。通常情况下,服务器程序会被动地进行监听和等待,直到收到客户请求之后才提供相应的服务。服务器进程通常会在一台始终开启的主机上运行,以便可以持续不断地向外提供服务。如果主机的性能强大,那么它可以同时执行多个服务器进程,并与多个客户进行交互。在这种体系结构中,客户之间不会直接进行通信,而是只会与一些特定的、地址为大家所知的服务器进行通信。服务器的地址有的会以 IP 地址的形式直接呈现,有的则是以域名的方式进行展示,例如 www.baidu.com。

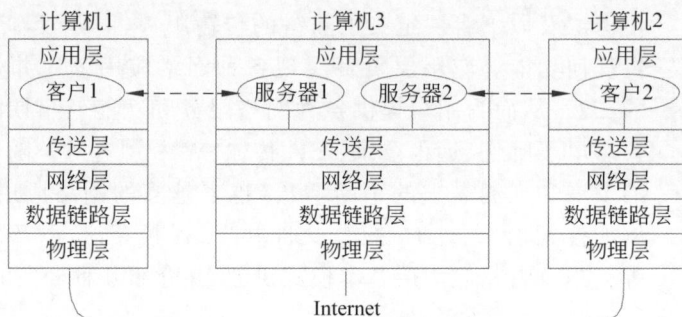

图 8.1　客户/服务器体系结构

通过客户/服务器体系结构,网络应用的职能得到了区分:客户主动发送请求,服务器被动接收请求;客户请求服务,服务器提供服务。这种体系结构简单可靠,且易于组织。然而,这里存在一个问题,即服务器通常较少,而请求的客户较多,导致服务器主机可能无法处理所有客户请求的情况。为了解决这个问题,许多公司采用建立数据中心的方法,将大量高性能的计算机集中在一起,以提供更强大和稳定的服务。还有其他一些方案,例如在多台服务器上合理分配任务或在服务器侧设置队列,以减轻每台服务器的压力。当前许多网络应用程序都采用这种体系结构,例如 Web、FTP 和电子邮件。在手机上安装的许多应用程序也是客户程序,可通过这些程序向服务器发送请求以获得相应的服务。

如果文件传输服务采用这种体系结构,它需要客户端应用和服务器端应用。服务器将持续监听来自客户的连接,当客户发起请求时,服务器根据请求将相应的文件发送给客户。这成为我们的第一个网络应用程序,它的功能简单,且易于理解,客户和服务器的任务分工明确,只需要在一台主机上运行服务器进程,并确保其他人可以通过客户端应用访问该主机即可。

2. P2P

对等体系结构或对等(P2P)模式,则是强调主机之间的一种平等关系。如图 8.2所示,在这种体系结构中,应用进程之间通信时不会区分服务的提供方和接收方,所有应用均在对等的地位进行数据的收发。在这种体系结构中,每个应用进程既是客户也是服务器,可根据应用执行的流程从多台不同的主机处接收数据,再根据一定的规则将数据发送给其他的一系列主机。P2P 体系结构与客户/服务器体系结构最主要的区别是,P2P 体系结构不存在一个中间的服务器来处理客户的请求,而是每一台主机之间都会进行通信并且对数据进行处理。需要注意的是,P2P 与 C/S 并不是完全互斥的两种体系结构,有些网络应用会采用两种体系结构相结合的方式来实现。例如,一些实时通信应用,服务器用于客户信息存储和客户地址维护等工作,而客户之间则是直接进行数据传输。

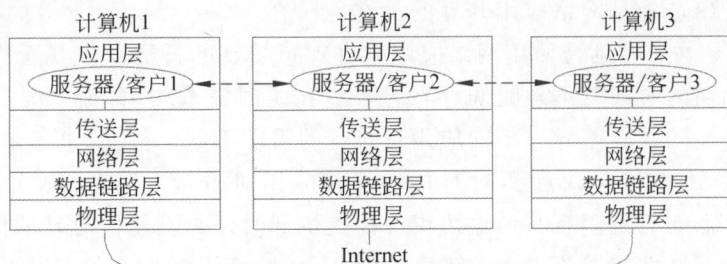

图 8.2 P2P 体系结构

P2P 是一种吸引人的体系结构,因为它不依赖大型数据中心和强大的中心服务器,相对而言使用成本更低。同时,它具有自扩展性,随着客户人数增多,新增加的节点可以提供额外的处理能力,使系统可以扩大规模而无须增强每个节点的计算能力,这使得 P2P 系统可以变得规模庞大。此外,P2P 体系结构可以让数据在多个节点上保存,个别节点的故障不会导致整个系统崩溃,系统具有高鲁棒性。然而,P2P 体系结构也存在许多问题,异步的分布式系统开发难度大,在安全性、可靠性和整体性能方面面临挑战。

P2P 体系结构常见于规模较大、流量较多的数据分发和存储系统,如文件共享(BitTorrent)、下载加速器和视频会议等,区块链技术也是基于 P2P 网络进行开发的。

如果文件传输程序希望使用这种体系结构,它可能的实现方式如下:应用进程进行监听,当发现有客户应用向其发送请求时,首先检查自己是否有该应用需要的文件。如果有,就向该客户应用发送文件;如果没有该文件,则查找存储在本机的一个列表,其中记录了这个文件存在于哪些主机上,并将这些信息返回给这些主机,让客户应用向这些拥有资源的主机请求数据。这种系统的开发难度较大,需要解决许多问题,但一旦完成,则无须特意准备一台主机来提供这种服务,只需分发应用即可。而且,使用应用的人越多,可以提供的文件也越多。

8.1.2 网络应用需求与传输协议选择

前面的章节讨论了不同体系结构对应用的影响。现在,我们需要更具体地思考一个问题:在设计应用时,应选择哪种传输协议来进行数据传输?这个选择将直接影响应用的实现,因此需要仔细考虑。应用层与传送层相邻,应用的数据传输需要使用传送层提供的服务,而不同的传输协议会提供不同的传输特性。因此,我们需要根据应用对数据传输的需求来选择合适的传输协议。一般来说,可能需要考虑以下几方面:

(1) **数据传输的可靠性**:有些应用需要百分之百可靠的数据传输,例如文件传输程序,不能容忍数据缺失或错误。而对于一些应用来说,可以容忍一定程度的数据丢失,例如音视频数据,在丢失一些数据的情况下,解码器仍能正常播放接收到的数据。应根据应用的通信要求,选择相应可靠性的传输协议来支持应用功能。

(2) **带宽需求**:有些应用无论在高带宽还是低带宽的场景下都可以正常运行,例如文件传输,即使下载速度存在波动,文件仍能完整传输。然而,一些应用对带宽有一定要求,例如流媒体应用。观看高清视频需要更大的带宽,否则视频无法流畅播放。有些传输协议可能会限制可使用的带宽以防止网络拥塞,而其他协议则无带宽限制,可以发送超出网络负载的数据量。在最大化利用传输协议能力的同时,根据应用对带宽的需求来做出选择是网络应用开发的关键。

（3）**时延要求**：时延是使用网络应用时直观感受到的特征。在观看视频直播时,可能会发现画面的时间与本地时间存在差异。在实时游戏中,即使时延只有 100ms,也可能导致明显的体验差异。不同应用对时延的需求不同。例如,电子邮件可以容忍几分钟的时延,而在线会议和实时对抗游戏等应用对时延非常敏感,可能需要低于100ms 甚至更低的时延。有些传输协议可以提供低时延甚至超低时延的传输,但可能会牺牲一定的可靠性或需要更大的带宽。因此,如何让传输协议在应用需求的时延范围内将数据传输给接收端是一个重要的研究方向。

（4）**安全性**：安全性包括数据安全和协议安全两方面。数据安全涉及加密应用数据,使中间设备无法获取传输的具体数据。协议安全要求传输协议本身具备一定的安全性,以防止数据被窃取或篡改。一些传输协议内置了加密算法,可以在发送前对数据进行加密,减少应用的额外操作。通常情况下,应用都需要考虑数据的安全性,以保护用户隐私和防止重要信息泄露。

综合考虑上述因素,选择适合应用需求的传输协议可以确保数据传输的效率、可靠性、安全性和用户体验。由于不同的应用可能具有不同的需求,因此在选择时需要根据具体应用的特点和要求进行权衡。

常见应用的数据传输需求如表 8.1 所示。

表 8.1　常见应用的数据传输需求

网 络 应 用	数 据 丢 弃	带　　　宽	时 间 敏 感	数 据 安 全
文件传输	不可丢失	弹性需求	不敏感	重要
电子邮件	不可丢失	弹性需求	不敏感	重要
网页浏览	不可丢失	弹性需求	不敏感	重要
实时音视频	容忍丢失	音频：5kb/s～1Mb/s; 视频：10kb/s～1Gb/s	100ms 级别	重要
音视频点播	容忍丢失	音频：5kb/s～1Mb/s; 视频：10kb/s～1Gb/s	1s 级别	不重要
实时互动游戏	容忍丢失	kb/s 量级	100ms 级别	不重要

让我们来考虑一下比较熟悉的两个传输协议,即 TCP 和 UDP,看看它们可以提供什么样的服务,以及可以应用到什么场景中。

1. TCP

TCP 是面向连接的可靠传输协议。除了可以提供具有连接的数据传输和可靠的数据传输服务外,TCP 还可以提供拥塞控制、流量控制等功能,调节发送方发送数据的速率,防止数据传输速率过快导致严重的网络拥塞或淹没接收方的缓存。在需要可靠数据传输、持续维护连接状态等场景下可以使用 TCP 进行进程间网络通信。例如我们打算开发的文件传输程序就可以使用 TCP 传输文件数据。

2. UDP

UDP 是无连接的不可靠传输协议。因为没有连接建立和释放的过程,并且报文格式简单,所以在应用数据传输可靠性要求不高且发送数据量总量不大时可以使用 UDP。UDP 没有拥塞控制等算法来控制数据发送速率,使用应用控制发送速率并采用 UDP 进行数据发送可以最大限度地利用带宽,但可能出现带宽利用不公平的情况。在使用 UDP 进行传输的基础上,通过一些机制来满足应用的需求,甚至把这些机制综合起来,利用 UDP 来实现一个全新的私有协议也是一种思路。

可以看到,应用对传输服务的需求非常多样化,而经典的传输协议可以提供的功能较为有限。如何充分利用现有的协议并实现应用所需的传输服务是网络应用开发的关键之一。

8.1.3 数据传输与应用层协议

前面的部分已经讨论了网络应用所需考虑的因素,包括从应用的体系结构到选择的传输协议。现在,让我们尝试设计一个简单的应用层协议,以更加具体地了解应用层协议的功能。

回到之前的文件传输程序,我们已经确定采用客户/服务器模式,并使用 TCP 进行数据传输。那么,如何在传输的数据中明确指定应用需要执行的操作呢?这就需要设计应用层协议来规定这些操作。

由于 TCP 以连续的字节流形式进行数据传输,因此所有传输的数据都会连在一起,这就需要定义一些格式来确保应用程序的两端都知道字节流所代表的含义。不妨使用一种预定义的字符串格式来实现这个过程,例如可以使用 GET 表示要把服务器上指定的文件下载到本地,使用 POST 表示要把本地指定的文件发送到服务器。图 8.3 展示了客户向服务器发送请求的两种报文格式(其中 sp 代表空格符,crlf 代表换行符)。根据该格式,假设某个请求报文中的内容为"GET /files/some_file crlf crlf",则该报文表示打算下载"/files/some_file"文件。

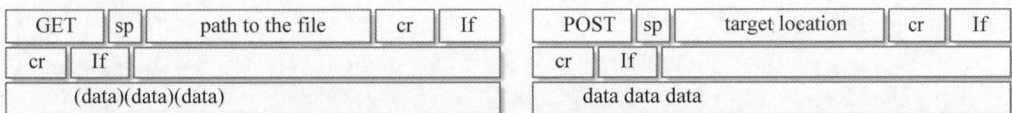

GET	sp	path to the file	cr	lf
cr	lf			
(data)(data)(data)				

POST	sp	target location	cr	lf
cr	lf			
data data data				

图 8.3　下载数据和发送文件请求报文格式

理解了请求报文格式,需要设计服务器的响应报文格式。服务器应该针对客户的请求返回一些数据,包括需要发送的文件数据,同时还应该返回一些说明信息,例如任务是否正确执行。可以让服务器根据能否满足请求来返回一个状态码。如果服务器能够满足请求,则返回"0 OK",表示任务执行成功;如果服务器不能满足请求,则返回"-1 Error",表示任务执行失败。如果有需要返回的数据,服务器应该将数据换行后返回。图 8.4 展示了响应报文格式(其中 sp 代表空格符,crlf 代表换行符)。根据该格式,假设某个响应报文的内容为"0 OK crlf crlf (some data…)",则该报文代表服务器已经接收到客户的 GET 请求并且返回了相应的数据。

在定义好了请求报文和响应报文的格式后,每当需要发送数据时,就让客户与服务器建立 TCP 连接,然后客户根据自身需求向服务器发送请求报文,服务器接收到该

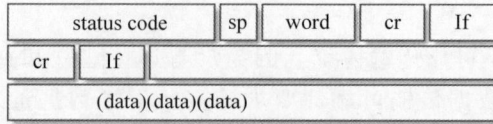

图 8.4   响应报文格式

报文后进行分析,并通过响应报文返回数据,客户接收到数据后关闭 TCP 连接。这样就设计了一个非常简单的应用层协议,这个协议使得进程之间可以就发送文件的问题进行交流沟通,并且完成相应的任务。

8.1.4   套接字编程

前面的部分介绍了网络应用程序的体系结构、传输需求,以及传输协议的选择,并尝试设计了简单的应用层协议。本节将介绍在实际网络编程中所使用的基本模型——**套接字**。

套接字的起源可以追溯到 20 世纪 70 年代,它是加利福尼亚大学的伯克利版本 UNIX(称为 BSD UNIX)的一部分。因此,套接字也被称为伯克利套接字或 BSD 套接字。套接字最初是为同一主机上的应用程序所创建的,使得主机上运行的一个程序(进程)可以与另一个运行的程序进行通信。这就是所谓的**进程间通信**(Inter Process Communication,IPC)。随着计算机网络的出现,套接字逐渐发展变化为两种类型:一种是本地的基于文件的套接字;另一种是面向网络的套接字。本节主要介绍面向网络的套接字,并且下文中所有套接字都专指面向网络的套接字。

如图 8.5 所示,套接字在逻辑上可以看成两个网络应用程序进行通信时,各自通信连接中的端点。本质上来说,套接字是网络环境中进程间通信的应用程序接口(Application Program Interface,API),是可以被命名和寻址的通信端点。在通信时,其中一个网络应用程序把要发送的一段信息写入它所在主机的套接字中,该套接字通过与网卡相连的传输介质将这段信息送到另外一台主机的套接字中,使对方能够接收到这段信息。

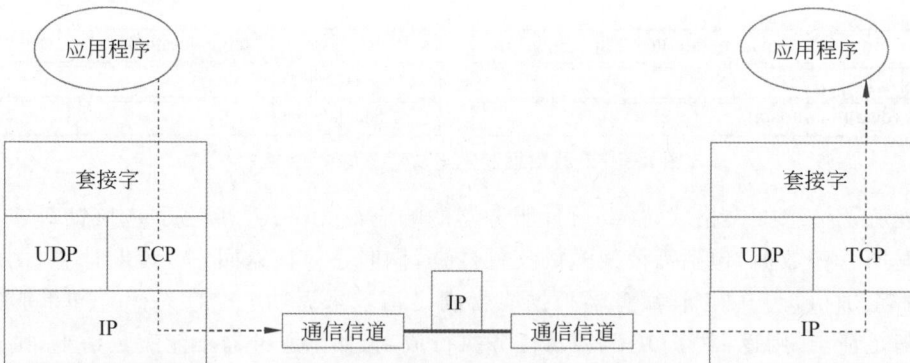

图 8.5   基于套接字的网络通信模型

创建套接字的方法通常具有这样的形式:int socket(int domain,int type,int protocol),其中返回值为所创建套接字的文件描述符,参数 domain 用于选择创建的套接字所用的协议族,常见的协议族包括 IPv4、IPv6 等;参数 type 用于指定套接字类型,主要的套接字类型包括**流套接字**(SOCK_STREAM)、**数据报套接字**(SOCK_DGRAM)和**原始套接字**(SOCK_RAW);参数 protocol 用于指定使用的特定协议,一般使用默认协议(NULL)。

在实际应用中,常用的套接字类型为流套接字和数据报套接字。流套接字用于提供面向连接、可靠的数据传输服务。该服务将保证数据能够实现无差错、无重复发送,并按顺序接收。流套接字之所以能够实现可靠的数据传输服务,原因在于其使用了传输控制协议,即 TCP。数据报套接字提供一种无连接的服务。该服务并不能保证数据传输的可靠性,数据有可能在发送过程中丢失或出现重复,且无法保证顺序地接收到数据。数据报套接字使用 UDP 进行数据的发送。由于数据报套接字不能保证数据传输的可靠性,对于有可能出现的数据丢失情况,需要在程序中进行相应的处理。

下面以遵循 C/S 体系结构的网络应用程序为例,详细描述使用 TCP 流套接字和 UDP 套接字进行网络通信的工作流程。网络应用程序之间要通过互联网进行通信,至少需要一对套接字,其中一个运行于客户端,另一个运行于服务器端。如图 8.6 所示,根据 TCP 连接建立的方式以及 C/S 体系结构的基本原理,使用 TCP 流套接字进行网络通信的工作流程可以分为 5 个步骤:服务器监听、客户端请求、连接建立、数据传输和连接断开。

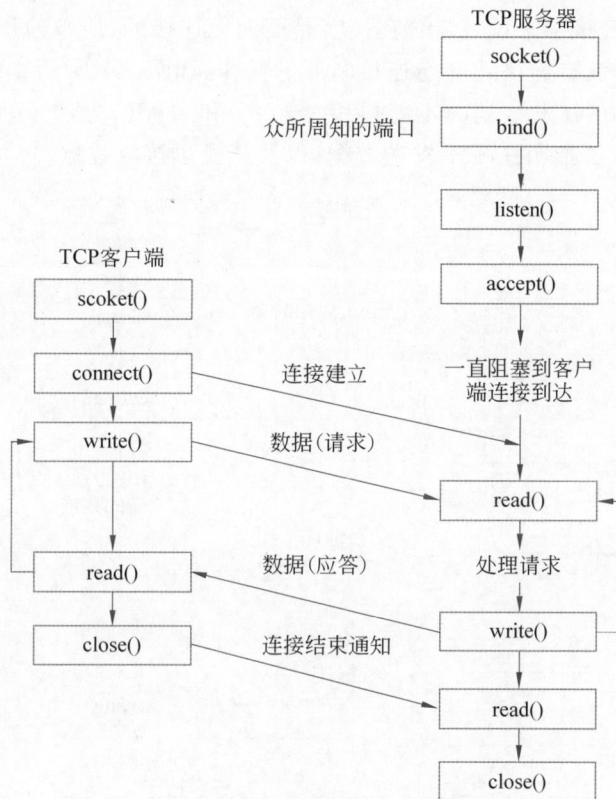

图 8.6　TCP 流套接字工作流程

1. 服务器监听

服务器监听是指服务器端套接字并不指定具体的客户端套接字,而是处于等待连接的状态,实时监控网络状态。服务器在创建套接字后会使用 bind()方法将套接字绑定到一个众所周知的端口上,然后使用 listen()方法开始监听。

2. 客户端请求

客户端请求是指客户端的套接字向服务器端的套接字发出连接请求。为此,客户端套接字必须首先描述它要连接的服务器的套接字,指出该套接字的地址和端口号,然后使用 connect()方法向服务器端套接字提出连接请求。

3. 连接建立

连接确认是指当服务器端套接字接收到客户端套接字的连接请求时,就会使用 accept()方法响应客户端套接字的请求,建立一个新的线程,并把服务器端套接字的描述发送给客户端。一旦客户端确认了此描述,连接就建立好了。而服务器主线程继续处于监听状态,接收其他客户端套接字的连接请求。

4. 数据传输

数据传输是指客户端和服务器端建立好连接后,就可以进行双向的数据传输,其中任意一方都可以使用 write()方法往套接字中写入数据,另一方可以使用 read()方法从套接字中读取数据。

5. 连接断开

连接断开是指客户端和服务器端任意一方可以使用 close()方法主动断开连接并关闭套接字,另一方接收到连接断开的请求也会进行相应的处理。

相对 TCP 流套接字来说,UDP 套接字是面向无连接的,所以使用 UDP 套接字进行网络通信的过程没有连接建立与连接断开的操作,如图 8.7 所示。同时由于不存在连接,UDP 套接字在收发数据时不能再用 write()和 read()方法了,而是使用 sendto()和 recvfrom()方法指明往哪里发送数据,以及从哪里接收数据。

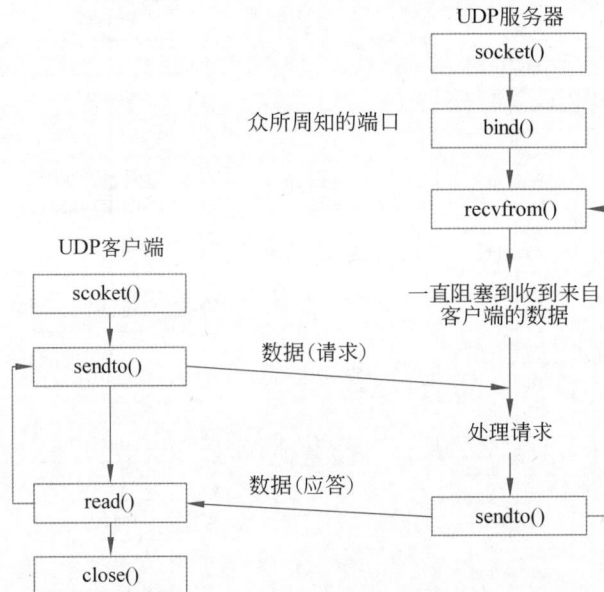

图 8.7　UDP 套接字工作流程

8.2　域名服务

随着互联网规模的不断扩大,如何有效地标识和访问网络设备与资源成为一个重要问题。传统的 IP 地址虽然在计算机间通信有用,但对人来说不够友好。为了方便用户和网络管理员,诞生了域名系统(Domain Name System,DNS),它将易记的域名与 IP 地址相对应,使人们能够更轻松地访问互联网资源。然而,设计一个全球可靠的 DNS 系统很具有挑战性。集中式存储所有映射信息的设计不适用于庞大的互联网,因为它会导致高负载和降低性能问题。为了提高可扩展性和容错性,DNS 采用了分布式的层次化结构,将映射信息分散到多台服务器上。此外,DNS 采用递归查询和迭代查询来高效地解析域名,以满足全球范围内用户的需求。本节将深入探讨 DNS 的工作原理和架构。

8.2.1　域名服务概述

DNS 是域名系统(Domain Name System)或域名服务(Domain Name Service)的简称,它是为互联网及私有网络的主机、服务或资源建立的层次化命名系统,主要功能是把对用户有意义的域名信息翻译成网络设备能够识别的二进制数。当用户使用域名地址时,该系统就会自动把域名地址转换为 IP 地址。域名信息在两方面不同于主机 IP:第一,域名信息通常是可变长并且容易记忆的;第二,域名信息通常不包含能够帮助互联网定位主机的信息。域名服务是运行域名系统的 Internet 工具。

互联网刚启用域名解析机制时并没有采用域名服务。由于早期的互联网仅有几百台机器,因此只有一个集中的网络信息中心维护着名字到地址的绑定信息表。无论何时有任何站点上的一台主机加入互联网,站点管理员都会把新主机的域名和地址用电子邮件发送给网络信息中心。然后,此信息由人工加入映射表,每隔几天把修改后的映射表发给各个站点,每个站点的管理员再把映射表更新到站点的每台主机上。这样就实现了一个简单的域名解析过程,每台主机可在映射表的本地备份中找到域名对应的主机地址。这种域名信息不划分各个空间,一般称为平面的域名空间。

随着互联网规模增大,这种基于平面域名空间的域名解析机制不再适用。20 世纪 80 年代中期,采用层次化命名空间的 DNS 开始投入使用。DNS 中域名的映射表被切分到分布在互联网各处的多个不相交的子表中,而这些子表的记录表项可通过在不同的域名服务器上查询获得。通过这种层次化的命名方式,新加入的主机和域名信息仅需要在本地的域名服务器上配置。因此,运行和管理层次化的域名空间是非常灵活的。

DNS 除了提供把主机名转换为 IP 地址的服务,在现代互联网中还被广泛应用于其他各类服务。

(1)主机别名解析。具有复杂主机名字的主机可能会有多个别名。例如,主机名为 relay1. netlab. west. cernet. edu. cn 的主机,还能有两个别名 netlab. edu. cn 和 netresearch.net 来提供不同的 Web 服务。在此类情况下,一般称 relay1.netlab.west. cernet.edu.cn 为规范主机名(canonical hostname)。规范主机名在命名上需要符合特别的规定,因此并不方便用户记忆,而另外的别名可能更方便记忆。在这种情况下,网络应用可以根据规范主机名或 IP 地址调用域名服务,从而获得主机的所有别名。

(2)邮件服务器别名解析。通常情况下,人们期望邮件地址是十分容易记忆的。例如,当李明具有 Hotmail 的邮箱账号时,他的邮箱地址可能为 liming@hotmail. com。然而,事实上 Hotmail 邮箱服务器命名可能极其复杂,并不能简单地被人所记忆,其规范名字可能是 relay1.west-netlab.hotmail.com。在这种情况下,电子邮箱应用可以调用 DNS 服务器,根据主机 IP 或主机的规范名字来获取方便记忆的邮箱服务器别名。此外,在接下来会讲到的邮件交换(Mail Exchange,MX)记录中,它也能使得邮箱服务器和 Web 服务器拥有相同的别名,例如同为 netlab.com,这也是 DNS 提供的重要功能。

(3) 负载均衡。DNS 也被用来在多台副本服务器(replicated server)间实施负载均衡,尤其是在多台 Web 服务器之间。很多诸如 baidu.com 等大型网站都会将某些服务复制到多台服务器上,而这些服务器运行了不同操作系统且具有不同的 IP 地址。通过适当的配置,一组副本服务器可具有相同的别名,而这些信息会被存储到 DNS 数据库中。当客户端发起 DNS 请求以确定某一别名的一组 IP 地址时,DNS 服务器会将这一组 IP 地址回复给请求方,但在每次回复时这组 IP 地址的前后顺序会发生变化,即 DNS 轮转(DNS rotation)。由于客户端每次发送 HTTP 请求时总是会发送到 IP 地址集合中的首位地址,因此 DNS 轮转可将客户端的流量分散到多台副本服务器上,从而实现负载均衡。

8.2.2　DNS 工作原理

DNS 是以 C/S 模型来工作的,客户向服务器发起域名查询的请求,而服务器要回答域名对应的真正 IP 地址。其整体的流程是以递归查询进行的,即本地的 DNS 先查询自己的数据库,如果自己的数据库没有该记录,则会向该 DNS 服务器的上层服务器发起查询,以此类推,得到最终的查询结果后,将接收到的记录缓存起来,发送给请求客户。在 DNS 查询过程中,会遇到如下三类 DNS 服务器。

根域名服务器(Root DNS Servers):根域名服务器位于 DNS 的最顶层,处于顶级授权区,对 DNS 功能甚至全部互联网的域名解析服务负责。目前全世界只有 13 台根域名服务器,如表 8.2 所示。这里的每台根域名服务器指的是逻辑上的服务器,实际上每台逻辑上的服务器都由多台分散在世界各地的物理服务器组成,从而保证域名系统的可靠性和安全性。

顶级域名服务器(Top-Level Domain Servers,TLD Servers):顶级域名服务器负责解析诸如 org、com、edu、cn 等顶级域名。顶级域名服务器在设计上拥有两种层级结构:组织上的层级结构(organizational hierarchy)和地理上的层级结构(geographical hierarchy)。组织上的层级结构负责对特定组织类型相关的域名解析,如前述的 org 指的是非营利性组织,com 指的是商业机构,edu 指的是教育机构;地理上的层级结构负责对特定地理位置的域名解析,如前述的 cn 指的是中国等。8.2.3 节将具体介绍域名的层次结构。

表 8.2　根域名服务器列表

主 机 名	IP 地 址	运 营 商
a.root-servers.net	198.41.0.4,2001:503:ba3e::2:30	VeriSign 公司
b.root-servers.net	199.9.14.201,2001:500:200::b	南加州大学信息科学研究所
c.root-servers.net	192.33.4.12,2001:500:2::c	Cogent Communications 公司
d.root-servers.net	199.7.91.13,2001:500:2d::d	马里兰大学
e.root-servers.net	192.203.230.10,2001:500:a8::e	美国国家航空航天局 Ames 研究中心
f.root-servers.net	192.5.5.241,2001:500:2f::f	互联网系统协会

续表

主 机 名	IP 地 址	运 营 商
g.root-servers.net	192.112.36.4，2001:500:12::d0d	美国国防部网络信息中心
h.root-servers.net	198.97.190.53，2001:500:1::53	美国陆军研究所
i.root-servers.net	192.36.148.17，2001:7fe::53	Netnod 公司
j.root-servers.net	192.58.128.30，2001:503:c27::2:30	VeriSign 公司
k.root-servers.net	193.0.14.129，2001:7fd::1	欧洲网络协调中心
l.root-servers.net	199.7.83.42，2001:500:9f::42	互联网名称与数字地址分配机构
m.root-servers.net	202.12.27.33，2001:dc3::35	WIDE 项目

权威域名服务器（Authoritative DNS Servers）：互联网上不少组织拥有自己的权威 DNS 服务器，其功能是维护其所拥有的提供公共服务主机的 DNS 记录，即将这些主机的域名映射到 IP 地址。除此以外，这些组织也可以使用服务提供商的权威 DNS 服务器，但需要付费才能将自己的 DNS 记录加入这些服务器中。

本地域名服务器（Local DNS Servers）：本地 DNS 服务器是非常重要的一类 DNS 服务器，也被称为默认域名服务器（Default Local Servers），在大学、公司部门等 ISP 中十分常见。当主机接入 ISP 时，ISP 通过 DHCP 等协议不仅为主机提供合法的 IP 地址，还会提供一台或者多台本地 DNS 服务器的 IP 地址。这台本地 DNS 服务器与主机非常"接近"，例如对于本地的局域网而言，这台 DNS 服务器的 IP 地址可能与主机 IP 处在同一网段（甚至是网关所在的 IP 地址），或只有少数几跳路由器的距离。当主机发起 DNS 请求时，该请求首先会被转发到本地 DNS 服务器，而本地 DNS 服务器则以类似代理的方式将 DNS 请求发送到权威 DNS 服务器。

下面以一个简单的例子来介绍 DNS 查询过程，如图 8.8 所示。

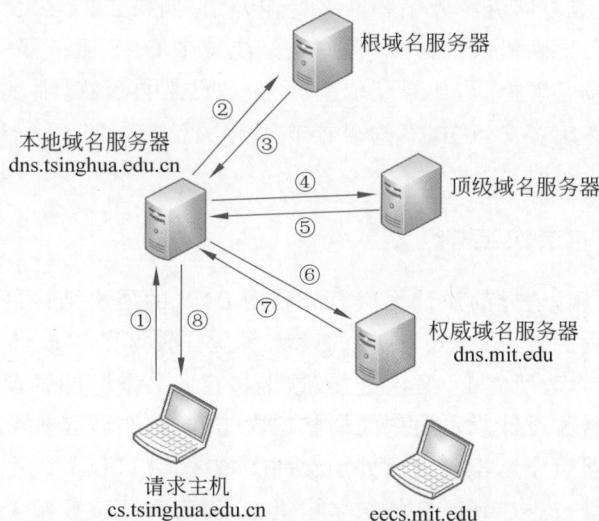

图 8.8 DNS 查询过程

（1）假定"cs.tsinghua.edu.cn"主机用户在浏览器中输入了"eecs.mit.edu"这一网址，则用户所在主机发送一条 DNS 请求到本地域名服务器"dns.tsinghua.edu.cn"。这个请求信息包含着需要查询的"eecs.mit.edu"这一域名。

（2）本地域名服务器以代理的方式将这一 DNS 请求转发到根域名服务器。

（3）根域名服务器解析出了"edu"这一域名后缀，会回复一条 DNS 响应信息给本地域名服务器，该信息主要包含了负责解析"edu"这一域名的顶级域名服务器的多个 IP 地址。

（4）本地域名服务器重新发送 DNS 请求到某一顶级域名服务器的 IP 地址上。

（5）顶级域名服务器解析出"mit.edu"这一域名后缀，会回复可解析这一域名的权威域名服务器的 IP 地址等信息。

（6）本地域名服务器继续发送 DNS 请求到"dns.mit.edu"这一权威域名服务器，请求解析"eecs.mit.edu"这一域名。

（7）权威域名服务器回复 DNS 响应消息给本地域名服务器。

（8）本地域名服务器将 DNS 响应消息转发给请求主机，最终完成了 DNS 域名解析。

为加快 DNS 查询过程，在 DNS 设计中普遍采取了缓存机制。为此，在实际 DNS 查询过程中，图 8.8 的整体流程中不少查询过程会被跳过。当 DNS 服务器采用如图 8.9 所示的递归方式来处理查询时，会缓存获得的相关 DNS 重要信息，这能显著加速常见域名的后续查询，并充分减少与 DNS 相关的查询通信量，避免大量的带宽占用。具体而言，当 DNS 服务器进行递归查询时，会暂时缓存资源记录（Resource Record，RR）。当后面其他的客户发出新的 DNS 查询请求，且请求的记录与缓存的 RR 匹配时，DNS 服务器就可以直接回复缓存的 RR 信息。

缓存一般具有生命周期，即生存时间（TTL）。这一机制可以防止 DNS 服务器存储过期的数据。缓存的 TTL 会在 DNS 数据库中被定义，在规定 TTL 具体数值时有两个重要的因素需要考虑：一个是缓存信息的准确度，另一个是 DNS 服务器的使用频率和网络拥塞程度。如果 TTL 过短，则使用过期的记录信息的可能性会大大降低，但会增加 DNS 服务器资源开销和网络传输开销；如果 TTL 过长，则缓存的信息很可能会过时，客户会得到错误的信息，但好处是能减少 DNS 服务器资源开销和网络传输开销。在 DNS 域名解析时，如果获取的 DNS 信息来自缓存，那么对应的 TTL 也会在 DNS 回复中传递给客户，这样客户就能知道相关信息的 TTL，从而能够了解到获取的 DNS 信息是否过时。

8.2.3　域名的层次结构

仔细思考会发现，这样的设计无法充分利用 DNS 的层次结构进行逐层次解析，将降低 DNS 域名查询的效率；此外，这样的设计不具有较好的扩展性，当出现新增域名和 IP 地址时，需要修改所有 DNS 服务器，这也将在域名空间的管理上带来不少挑战。为此，在实际上域名被设计成了典型的树状层次结构，整个域名被分为多个层级，不同层次的 DNS 服务器只要解析自己所处层级的子域名，就可以大大提高域名解析效率；同时，新的域名可以被添加到已有的域名层级中，而不需要改变整个系统的结构。

图 8.9 展示了现有域名的层次结构的一个例子。DNS 层次树的最顶层是根域名，在根域名之下则是顶级域名，顶级域名之后依次是二级域名、子域名、主机名。

• 根域名：处在解析域名过程的第一步，具有单一的域名"."。根域名服务器提

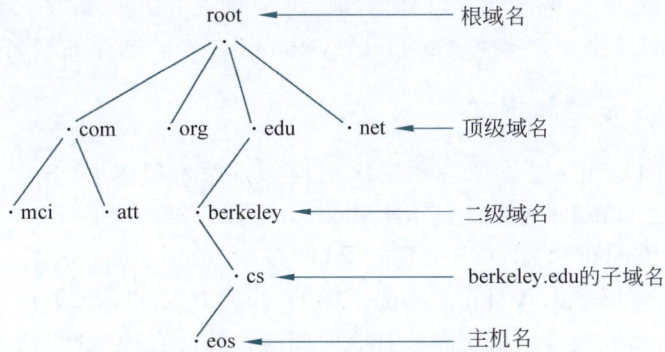

图 8.9 域名的层次结构举例

供顶级域名的权威服务器列表。

- 顶级域名：主要包含诸如 edu、net 等组织层次的域名和 cn、us 等地理层次的域名。当前在全世界有超过 1000 个顶级域名，从"abb"到"zw"均有相关的域名。
- 二级域名：通常是指向网站的一个标签。例如，"myexample.com"中的"myexample"。
- 子域名：有时也被称为三级域名。例如"blog.myexample.com"中的"blog"是三级域名。此外，"www.example.com"中的"www"也是三级域名。
- 主机名：用来标识具体的设备，通常是服务器。

全称域名（Fully Qualified Domain Name，FQDN）是由各级域名组成的完整域名。图 8.10 给出了一个例子。在全称域名中，各级域名用句点"."隔开，且根域名位于最右边，主机名位于最左边。由于全称域名十分完整，因此可用来识别具体的网页、主机、服务器或任何其他的线上资源。需要注意的是，全称域名与平时在浏览器中输入的域名有些区别。全称域名的最右侧是唯一的根域名"."，而我们在浏览器输入域名时是不包含最右侧根域名的。这是由于即使域名不包含最右侧的根域名，DNS 服务器也会假定它包含根域名。DNS 服务器在解析某一具体全称域名时，会按照从右往左的方式解析，并按照图 8.9 所示的整个域名空间的层次结构，从树的根部开始逐层查找，直到达到 DNS 层次树的某一叶节点并解析到全称域名的最左侧。

图 8.10 全称域名的层次结构示例

基于域名的层次结构，用户可以为自己的某个具体的网络服务申请全称域名。但需要注意的是，域名必须具有合法性，不能任意命名。具体来说，一个域名需要满足以下规则：长度必须小于 63 个字母；开始和结尾只能是字母或数字；只能包含小写字母、数字或短横线。例如，"@@-2invalid.myexample.com"这样的域名是不合法的。

8.2.4　DNS 记录和报文

前面讲解了 DNS 的工作原理和层次结构。为深入理解 DNS，接下来将对 DNS 记录（DNS Record）和 DNS 报文（DNS Message）进行详细介绍。

DNS 记录，有时也称为 DNS 资源记录（DNS Resource Record）。一条 DNS 记录由四元组组成，即（Name，Value，Type，TTL）。其中，TTL 代表了一条记录的生存时间，如前文所述，它决定一条记录在什么时间应该从缓存中被删除。为方便阐述，在接下来的例子中将忽略这一字段。DNS 记录中的 Name 和 Value 的具体含义取决于 Type 的值。

（1）当 Type＝A 时，Name 字段表示主机名，而 Value 字段则表示主机对应的 IP 地址。因此，A 记录提供了标准的主机名到 IP 地址的映射。例如，（tsinghua.edu.cn，166.111.4.100，A）是一条 A 记录。

（2）当 Type＝NS 时，Name 字段表示域名，而 Value 字段表示可解析这一域名的权威域名服务器主机名。这条记录可在 DNS 递归解析中用于路由 DNS 请求。例如，（tsinghua.edu.cn，dns.tsinghua.edu.cn，NS）是一条 NS 记录。

（3）当 Type＝CNAME 时，Name 字段表示某一主机的别名，而 Value 字段则表示这一别名对应的规范主机名。因而，CNAME 记录可用来查询主机别名的规范主机名。例如，（tsinghua.edu.cn，relay1.web.tsinghua.edu.cn，CNAME）是一条 CNAME 记录。

（4）当 Type＝MX 时，Name 字段表示某一邮件服务器的别名，而 Value 字段则表示其对应的规范名称。例如，（tsinghua.edu.cn，mail.web.tsinghua.edu.cn，MX）是一条 MX 记录。MX 记录允许邮件服务器具有简单的别名，从而方便用户记忆。利用 MX 记录，机构的邮件服务器和其他类型的服务器（如 Web 服务器）可拥有相同的名字。客户发起 DNS 请求时，可利用 MX 记录查询邮件服务器的规范名称，利用 CNAME 记录查询其他服务器的规范名称。

除了以上 4 类 DNS 记录外，还有很多其他的 DNS 记录，如表 8.3 所示，其具体细节这里不再赘述，可参考 RFC 1034 和 RFC 1035。

表 8.3　主要的 DNS 记录类型

类　　型	含　　义	取　　值
SOA	起始授权机构	此 DNS 区域的参数
A	主机的 IPv4 地址	32 位整数
AAAA	主机的 IPv6 地址	128 位整数
MX	邮件交换	优先级，接收邮件的域名
NS	名称服务器	该域的服务器名称
CNAME	规范名称	域名
PTR	指针	IP 地址的别名

续表

类　　型	含　　义	取　　值
SPF	发送方策略框架	邮件发送策略的文本编码
SRV	服务	提供它的主机
TXT	文本	描述性的 ASCII 文本

　　当某台 DNS 服务器权威地负责某个特定主机名的解析时,该 DNS 服务器会为这一主机名添加一条 A 记录。此外,即使该 DNS 服务器不是这一主机名的权威服务器,也可能会在其缓存中保存这一 A 记录。如果缓存中不存在这一记录,DNS 服务器会维护一条 NS 记录,用以指明可解析这一主机域名的其他 DNS 服务器。同时,还会维护另一条 A 记录,用于提供 NS 记录中 Value 字段所指明的 DNS 服务器主机名的IP 地址。

　　下面通过一个例子来理解这一过程:假定一台 cn 的权威域名服务器不能解析tsinghua.edu.cn 这一域名,那么这台服务器会包含一条 NS 记录,例如(edu.cn, dns.edu.cn, NS)。同时,该服务器也会包含一条 A 记录,用来将 DNS 服务器 dns.edu.cn映射到一个 IP 地址,例如(dns.edu.cn, 202.38.109.35, A)。

　　接下来介绍与 DNS 记录关系密切的 DNS 报文,它主要包含两大类,即 DNS 请求报文和 DNS 回复报文。尽管这两类报文功能有所不同,但它们的格式基本一致,如图 8.11 所示。DNS 报文各字段的语义如下所述。

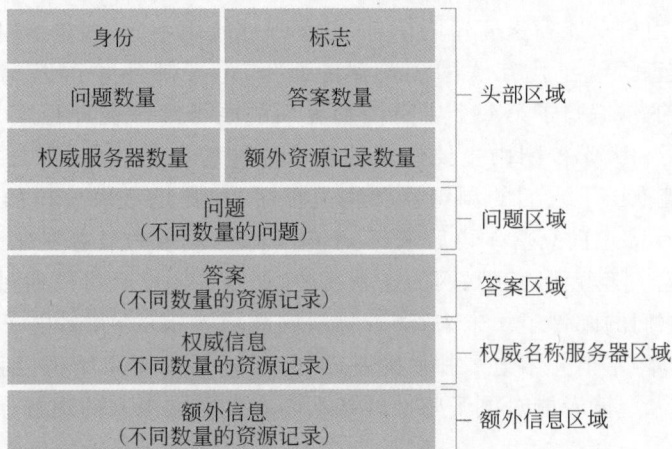

图 8.11　DNS 报文格式

　　(1) 头部区域(header section):由 DNS 报文的前 12 字节组成,包含了一系列的字段。其中,第一个字段是 16 比特的整数,标识 DNS 询问的身份。相应的 DNS 回复报文会从 DNS 请求报文中复制这一字段,使得客户端能正确匹配发送的 DNS 请求报文和接收的 DNS 回复报文。在接下来的标志字段中,包含了各种标志位。1 比特的请求/回复标志位用于表明该 DNS 报文是请求报文(标志 0)还是回复报文(标志 1)。1 比特的授权(authoritative)标志位用于表明 DNS 回复报文是否来自某一询问域名报文的权威 DNS 服务器(标记为 1)。当主机或 DNS 服务器期望其他的 DNS 服务器执行递归查询操作时,1 比特的期望递归(recursion-desired)标志位会被置为 1。如果

DNS 服务器支持递归查询,1 比特的递归可用(recursion-available)标志位会在 DNS
回复报文中被置为 1。头部区域的其他 4 个字段表明了后面 4 种类型的数据区域
数量。

(2) 问题区域(question section):包含了 DNS 询问的具体信息。其中 Name 字
段代表了被询问的域名,Type 字段代表了 DNS 询问的报文记录类型。例如,当
Name 为主机名时是 A 记录类型,而为邮件服务器名时是 MX 记录类型。

(3) 答案区域(answer section):该区域包含在 DNS 回复报文中,主要包括原始
DNS 询问请求的资源记录。由于某一主机名可具有多个 IP 地址,DNS 回复请求会有
多条资源记录。

(4) 权威名称服务器区域(authority section):这一区域主要包含了其他权威
DNS 服务器的记录。

(5) 额外信息区域(additional section):这一区域主要包括一些辅助信息。例如,
在一个 DNS 回复报文中,答案区域可能包含了一条 MX 记录,用于提供某邮件服务
器的规范主机名。此时额外信息区域会包含一条 A 记录,用于提供邮件服务器规范
主机名对应的 IP 地址。

8.3   电子邮件

1969 年 10 月,计算机科学家 Leonard K.教授给他的同事发送了一条简短消息,
标志着世界上第一封电子邮件的诞生。由于当时使用 ARPANET 的人较少,同时受
到网速的限制,用户只能发送简短的信息,电子邮件应用不广;随着 20 世纪 80 年代个
人计算机的兴起和 90 年代互联网浏览器的诞生,电子邮件才得以广泛使用。1988
年,史蒂夫·道纳尔编写了第一个带有图形界面的电子邮件管理程序——Euroda,它
很快成为各公司和大学校园内主要使用的电子邮件程序。然而,不久之后,Netscape
和微软公司相继推出了它们的浏览器和相关程序,尤其是微软公司的电子邮件应用
Outlook 使 Euroda 走向衰落。再后来,关于电子邮件发生的显著变化是基于 Web 的
电子邮件的兴起。随着移动互联网的蓬勃发展,如今人们已经可以通过任何联网的计
算设备来管理他们的邮件了。未来,随着物联网和元宇宙的兴起,电子邮件或许也将
迎来革新。本节将主要介绍电子邮件的基础知识,包括其体系结构、消息格式以及主
要使用的协议,希望读者能对电子邮件的基本内容有更加深入的理解。

8.3.1   电子邮件概述

想象一下现实生活中收发信件的过程:寄信人把写好内容的信装进写有收信人、
收信地址、邮编等必要信息的信封中,放入邮筒或交付给邮局后,便可回家继续做自己
的事;邮递员在规定的时间内将邮件派送至收信地址,通知收信人领取,此时邮递员的
任务也完成了;最后便是收信人在空闲之时领取信件,整个邮寄过程结束。电子邮件
也与之类似,只不过将交付和派送的任务都交给计算机程序来完成。与现实中的信件
邮寄一样,电子邮件是一种异步通信方式,通信时不需要双方同时在场。电子邮件把
邮件发送到收件人使用的邮件服务器,并放在其中的收件人邮箱中,收件人可以随时
上网,到自己使用的邮件服务器进行读取。一个电子邮件系统应具有三个最主要的组

成构件：**用户代理、电子邮件服务器、电子邮件协议**。

用户代理是用户与电子邮件系统的接口,使得用户更加方便地收发邮件。用户代理通常情况下是一个运行在计算机上的程序,例如 Outlook、Foxmail 等。用户可以通过用户代理方便快捷地与电子邮件服务器进行交互,完成邮件发送和收取。

电子邮件服务器是电子邮件系统的核心,与现实中的邮局类似。电子邮件服务器的功能是发送和接收邮件,同时还要向发件人报告邮件发送的情况(已交付、被拒绝、丢失等)。通常邮件服务器采用客户/服务器模式工作,并且它能同时充当客户和服务器。例如,当邮件服务器 A 向邮件服务器 B 发送邮件时,A 就是客户,而 B 是服务器;反之,当 B 向 A 发送邮件时,B 就是客户,而 A 就是服务器。

电子邮件协议是为了让处在不同地理位置的人们能够方便地相互收发邮件。这些协议通常包括两种主要类型:发送协议和接收协议。发送协议(SMTP)用于用户代理将邮件发送给邮件服务器,或者在邮件服务器之间传递邮件。这一步骤确保了邮件的有效传递和路由。接收协议(如 POP3 和 IMAP)则允许用户代理从邮件服务器读取已经发送到用户的电子邮件。邮局协议版本 3(Post Office Protocol Version3,POP3)通常将邮件下载到用户的本地设备并从服务器上删除,而互联网信息访问协议(Internet Message Access Protocol,IMAP)则支持多设备同步,并将邮件保留在服务器上以便多设备访问。这些接收协议使用户能够方便地访问和管理其电子邮件。具体的协议内容将在 8.3.3 节中介绍。

典型的电子邮件系统及邮件收发过程如图 8.12 所示。

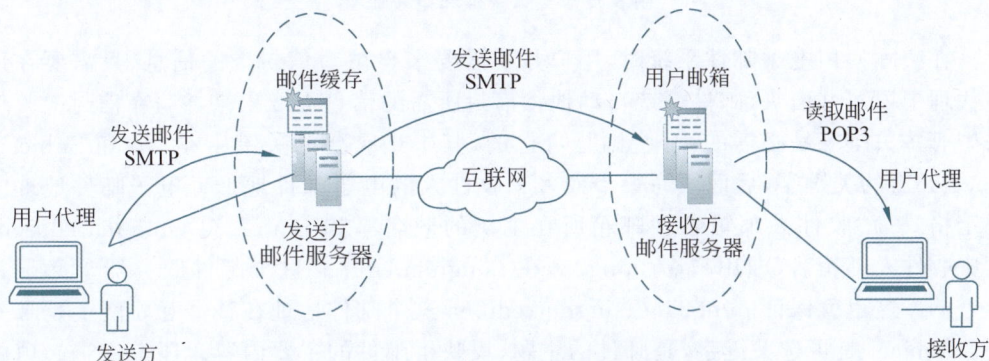

图 8.12　电子邮件系统及邮件收发过程

(1) 发送方调用主机中的用户代理撰写和编辑要发送的邮件。
(2) 发送方的用户代理将邮件通过 SMTP 发送给发送方邮件服务器。
(3) 发送方邮件服务器使用 SMTP 将邮件发送给接收方邮件服务器。
(4) 接收方邮件服务器将邮件放入接收方的邮箱。
(5) 接收方通过用户代理使用 POP3 从其邮件服务器中读取邮件。

8.3.2　消息格式

RFC 822 规定了互联网文本信息的格式,成了电子邮件消息格式的基础。RFC 2822 等对消息格式进行了补充。原则上来讲,电子邮件包括信封(envelope)、若干信头(header)和主体(body)。其中信封提供了信件发送所需要的信息,如接收方的名字、地址、邮件的优先级和安全级别等;信头包含用户代理所需的控制信息,如日期等;

而主体则包含真正要传递的信件内容。图 8.13 是一个电子邮件示例,通过将其与实体邮件对比,读者可以加深理解。

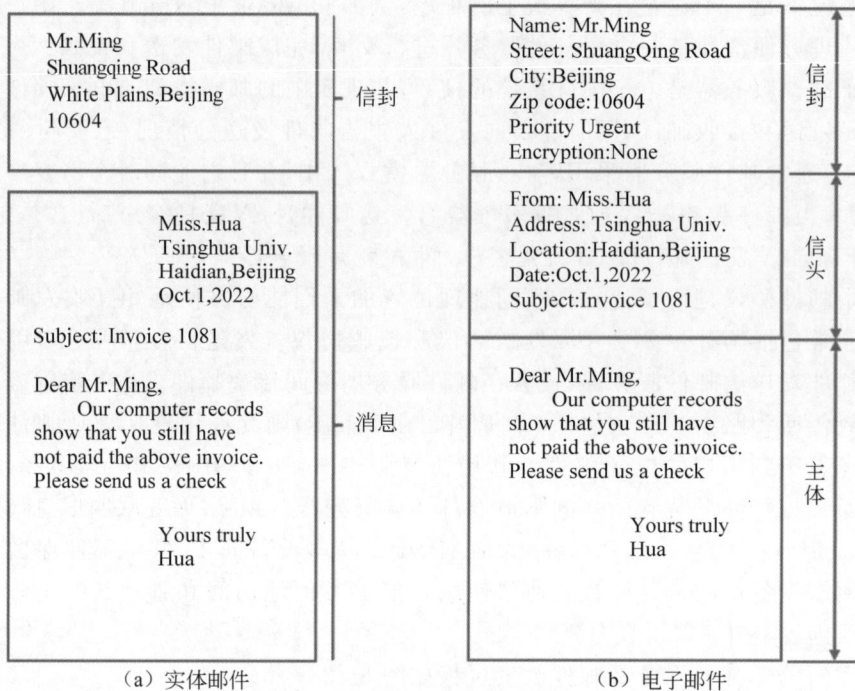

图 8.13　实体邮件和电子邮件

　　在实际使用电子邮件系统时,用户并不需要亲自填写信封上的信息,只需要在用户代理中填写好信头,邮件系统自动地将信封所需的信息提取出来并写在信封上。信头中有些关键字是必需的,有些则是可选的,其中最重要的关键字是 To 和 Subject。To 是必需的关键字,后面填写一个或多个收件人的电子邮件地址。电子邮件地址的规定格式为"收件人邮箱名@邮箱所在主机的域名",如 ming22@tsinghua.edu.cn。其中收件人邮箱名(即用户名 ming22)在 tsinghua.edu.cn 这个邮件服务器上必须是唯一的。这也就保证 ming22@tsinghua.edu.cn 这个邮件地址在整个互联网上是唯一的。Subject 是可选关键字,是邮件的主题,反映了邮件的主要内容。还有一个必填的关键字是 From,但它通常由邮件系统自动填写。

　　RFC 822 及 RFC 2822 都规定在电子邮件消息中不允许使用 7 位 ASCII 字符集以外的字符。正因如此,一些非英语字符消息、二进制文件以及图像、声音等非文字消息原本都不能在电子邮件中发送。于是,一个新的标准,即多用途互联网邮件扩展(Multipurpose Internet Mail Extensions,MIME)应运而生,它使得电子邮件能够支持非 ASCII 字符文本以及非文本格式附件(如二进制文件、声音、图片等)。MIME 规定了用于表示各种各样的数据类型的符号化方法。此外,在万维网中使用的 HTTP 也使用了 MIME,MIME 现在已经被扩展为互联网多媒体的通用表示方式。

8.3.3　电子邮件协议

　　本节主要介绍发送协议 SMTP,以及接收协议 POP3 和 IMAP。

　　简单邮件传输协议(SMTP)是一个相对简单的基于文本的协议。它用于用户代理向邮件服务器发送邮件或在邮件服务器之间发送邮件,不允许从远程服务器上接收邮件。若要接收邮件,必须使用 POP3 或 IMAP。通过 SMTP,用户可以指定一条消息发送至一个或多个接收方。在 20 世纪 80 年代早期,SMTP 开始被广泛地使用。当时,它只是作为对 UNIX 到 UNIX 复制协议(UNIX to UNIX Copy Protocol,UUCP)的补充,UUCP 更适合处理在间歇连接的计算机之间传输邮件。相反,SMTP 在持续连线的网络下,发送和接收的工作是做得最好的。SMTP 开始时是基于纯 ASCII 文本的,在二进制文件上处理得并不好。今天,大多数 SMTP 服务器都支持 8 位 MIME 扩展,它使二进制文件的传输变得几乎和纯文本一样简单。

下面通过一个简单的示例来熟悉 SMTP 通信的过程。在大多数计算机系统上,可以使用 telnet 命令来创建到目标机器的 SMTP 连接。SMTP 服务器的默认端口为 25,因此使用 telnet www.example.com 25 命令将创建一个从发送方的机器到主机 www.example.com 的 SMTP 连接。当连接成功建立后,就可以利用该连接创建合法的 SMTP 会话。在下面的例子中,所有客户端发送的消息都以“C:”作为前缀,所有服务器发送的消息都以“S:”作为前缀。通过这次会话,发送方成功将一封邮件发送到了邮件服务器的发送队列中,后续将发送到两个接收方用户的邮箱中。

```
S: 220 smtp.example.com ESMTP Postfix
C: HELO relay.example.com
S: 250 smtp.example.com, I am glad to meet you
C: MAIL FROM:<hua@example.com>
S: 250 Ok
C: RCPT TO:<ming@example.com>
S: 250 Ok
C: RCPT TO:<boss@example.com>
S: 250 Ok
C: DATA
S: 354 End data with <CR><LF>.<CR><LF>
C: From: "hua Example" <hua@example.com>
C: To: ming Example <ming@example.com>
C: Cc: boss@example.com
C: Date: Fri, 19 Aug 2022 23:58:31 -0500
C: Subject: Test message
C:
C: Hello ming.
C: This is a test message with 5 header fields and 4 lines in the message body.
C: Your friend,
C: hua
C:
S: 250 Ok: queued as 12345
C: QUIT
S: 221 Bye
{The server closes the connection}
```

邮件发送成功后,用户代理可以使用邮局协议把邮箱中的信件取回本地。邮局协议(POP)在 1996 年 5 月发布的 RFC 1939 中首次被定义,主要用于支持客户端远程接收在服务器上的电子邮件,最新版本为 POP3,而提供了 SSL 加密的 POP3 被称为 POP3S。

POP3 支持离线邮件处理。其具体过程是:邮件发送到服务器上,用户通过电子邮件客户端连接服务器,并下载所有未阅读的电子邮件。这种离线访问模式是一种存储转发服务,将邮件从邮件服务器发送到 PC 上。一旦邮件下载到 PC 中,邮件服务器上的邮件将会被删除。但目前的 POP3 邮件服务器大都可以"只下载邮件,服务器并不删除",也就是改进的 POP3。

下面通过一个示例来学习利用 POP3 通信的过程。POP3 服务器默认使用的端口是 110,因此可以使用 telnet www.example.com 110 命令来创建一个从接收方到主机 www.example.com 的 POP3 连接。在接收方(客户端)和发送方(服务器)成功建立连接之后,就可以创建合法的 POP3 会话。在下面的例子中,所有客户端发送的消息都以"C:"作为前缀,所有服务器发送的消息都以"S:"作为前缀。通过这次会话,接收方成功将两封邮件从邮件服务器上取回到了本地,并删除了其中第一封邮件。

```
C: USER ming
S: +OK User accepted
C: PASS mingandhua
S: +OK Pass accepted
S: +OK ming's maildrop has 2 messages (320 octets)
C: STAT
S: +OK 2 320
C: LIST
S: +OK 2 messages (320 octets)
S: 1 120
S: 2 200
S: .
C: RETR 1
S: +OK 120 octets
S: <the POP3 server sends message 1>
S: .
C: DELE 1
S: +OK message 1 deleted
C: RETR 2
S: +OK 200 octets
S: <the POP3 server sends message 2>
C: QUIT
S: +OK dewey POP3 server signing off (maildrop empty)
```

另一种取回邮件的协议是互联网信息访问协议(IMAP),IMAP 提供了另一种有别于广泛使用的 POP3 的选择。事实上,所有现代的邮件客户端和服务器都同时支持 POP3 和 IMAP。IMAP 现在的版本是"IMAP 第 4 版第 1 次修订版"(IMAP4rev1),在 2003 年 3 月发行的 RFC 350 中定义。相较于 POP3,IMAP 有以下优点。

（1）使用 IMAP4rev1 可以获得更快的响应时间。使用 POP3 时，客户端只会在开始的一段时间内连接到服务器，下载完所有新邮件后，客户端便会立刻断开连接。而在 IMAP 中，只要客户端一直在线，它就会一直连接服务器，以准备随时下载新邮件。这对于要接收很多邮件的用户来说，更加方便快捷。

（2）使用 IMAP4rev1 可以支持多台设备同时连接到同一个邮箱。POP3 假定当前设备是邮箱的唯一连接。而 IMAP4rev1 允许多台设备访问同一个邮箱，并且用户可以看到其他设备在邮箱里的操作。

（3）IMAP4rev1 支持获取部分或全部 MIME 格式的电子邮件。当前几乎所有的电子邮件都是以 MIME 格式发送的，IMAP4rev1 允许客户端获取全部或任何独立部分的 MIME 格式信息，这让用户无须下载附件，便可以浏览消息内容或浏览正在获取的内容。

（4）IMAP4rev1 支持通过服务器查看当前的邮件状态。通过使用 IMAP4rev1 中定义的标志，客户端便可以跟踪邮件状态，例如邮件是否被读取、回复或者删除。这些标志会存储在服务器中，所以多台设备在不同时间访问一个邮箱，都可以得知其他设备之前所做的操作。

（5）IMAP4rev1 吸取了早期互联网协议的经验，在 IMAP 的基础上定义了更多明确的机制，具有良好的可扩展性。

8.4 WWW 与 HTTP

万维网（World Wide Web，Web）在现代社会中扮演着重要角色，让我们以前所未有的方式获取和共享信息。它是基于超文本技术的网络应用，通过客户/服务器模式连接了全球各地的主机，并提供丰富的信息资源。浏览器作为访问 Web 的工具，使我们能够直观地浏览和使用 Web 文档。HTTP 作为浏览器和服务器之间传输数据的规则，奠定了 Web 繁荣发展的基础。

在本节中，我们将探索 Web 的历史及其结构组件，了解不同类型的 Web 文档及其原理和意义。同时，我们还将介绍 HTTP 和浏览器的功能特点。

8.4.1 Web 的历史发展及其结构概述

1. Web 的历史和未来

1989 年 3 月 12 日，在欧洲核子研究组织（European Organization for Nuclear Research，CERN）担任网络顾问的 Tim Berners Lee 提出了首个版本的 Web 建议书 *Information Management*：*A Proposal*。Web 的设计初衷是将物理实验中的数据、照片、文本等资料协同整合起来，这些资料的来源和访问者是来自多个国家和地区的研究组成员。

1990 年 12 月 25 日，Tim 和 Robert Cailliau 一起通过互联网实现了 HTTP 代理与服务器的第一次通信。

1991 年，Tim 成功地开发出世界上第一个 Web 服务器和第一个 Web 客户端。1991 年 8 月 6 日，Tim 建立了世界上第一个 WWW 网站 http://info.cern.ch/。1993 年 2 月，伊利诺伊大学的 Marc Andreessen 正式发布了第一个图形浏览器，并将其命名为 Mosaic。从此,Web 的时代正式开始。

万维网发展的第一个阶段——Web 1.0 时代,是用户从互联网单向获取内容的时代。著名的 Netscape 公司开发出第一个大规模商用浏览器——Netscape Navigator。典型的网站服务商包括以 Yahoo 为代表的互联网黄页和以 Google 为代表的互联网搜索引擎等。同时起家的还有新浪、腾讯和盛大等早期提供新闻、通信、游戏服务的互联网公司。用户以读者的身份开始大量获取互联网上的信息。

2001 年秋天,互联网泡沫的破灭是 Web 发展的一个转折点,野蛮生长的互联网公司第一次遭受了打击,优胜劣汰,适者生存,人们发现经过历史检验而存活的互联网应用大多具备一些新的特性。Web 1.0 到 Web 2.0 的转换是一种循序渐进的理念转换,互联网用户不单单以读者身份获取互联网信息,而是以参与者的身份与互联网产生交互。除了阅读服务商提供的信息,用户还可以发表自己的观点,成为内容的提供方,或者与其他用户交流沟通,双向地使用 Web 服务。论坛、微博,乃至近年来兴起的直播、短视频,都是 Web 2.0 时代中用户参与创作的典型范例。

Web 3.0 时代是 Web 可能的未来时代,是 Web 继续发展的下一个新时代。主流观点认为,Web 3.0 的核心思想是以区块链技术为驱动的去中心化数字价值认同体系。Web 2.0 思想下的用户共创行为可以激发用户与互联网互动的积极性,而 Web 3.0 认为用户的创作行为需要得到对应的价值肯定,其理想是不再以公司作为互联网数据和资产的持有者、管理者,而是以人为本,个人的资产在链上存储和生效。虚拟货币、非同质化代币(Non-Fungible Token,NFT)等链上资产的流通,标志着 Web 3.0 逐渐在探索和发展。经过更多的技术和思想革命,Web 3.0 时代终将到来。

2. Web 的结构框架

在用户视角下,Web 由成千上万互联互通的 Web 页面构成,这些页面可能存储在世界各地的服务器中,每个页面不仅包含文本信息,还可能包含通向其他资源的链接,人们可以由一个页面跳转至另一个页面,循环往复。本节将简述 Web 的体系结构,包括用户如何获取 Web 资源,以及 Web 资源的提供者会进行怎样的行为。Web 页面的生成方式将在 8.4.2 节中分类进行讨论;Web 通信的具体规则——HTTP 和浏览器将在 8.4.3 中详细展开介绍;8.4.4 节将讨论包括 Web 缓存和 CDN 的 Web 性能优化方案。

Web 应用采用的是传统的客户/服务器(C/S)体系结构,其中客户端可以是通用的浏览器(browser),也可以是应用开发人员提供的客户端程序。客户端程序可以使 Web 服务的提供商获得更多用户数据,提供更全面优质的专项内容服务,但同时也有额外的开发和维护成本,且一定程度上提高了用户的使用门槛。大多数用户主要使用浏览器查看 Web 页面。

在 Web 中,客户端请求页面资源,服务器提供页面资源,客户端和服务器通过 HTTP 进行交流,目前最常用的是它的加密版本 HTTPS,即 HTTP over Secure Socket Layer,这是一种安全的 HTTP。通常,客户端会与服务器建立 TCP 连接,并向服务器发送 HTTP 请求,而服务器会对请求做出应答,返回请求的资源和请求的成功信息——状态码等内容。常见的 HTTP 请求有获取资源的 GET 请求、提交数据的 POST 请求和向指定资源地址上传内容的 PUT 请求等。

在发送 HTTP 请求前,客户端如何定位自己想要请求的资源呢?对于这个问题,

Web 的解决方案是为页面分配统一资源定位符(Uniform Resource Locator,URL)。以访问清华大学网站的首页为例,则使用 HTTPS,加上清华大学(tsinghua)在中国(cn)教育网(edu)上的 Web 服务器(www)地址,并要求获取首页(/)。对应于这个定位过程的 URL 就是 https://www.tsinghua.edu.cn/。

实际上,URL 不仅能定位 HTTP 和 HTTPS 下的资源,还有一些其他协议使用URL,表 8.4 介绍了使用 URL 的一些常见协议。

表 8.4 使用 URL 的一些常见协议

简　　称	协 议 名 称	主 要 用 途
HTTP	超文本传输协议	渲染 Web 页面
HTTPS	超文本传输安全协议	在 HTTP 上附加安全层
FTP	文件传输协议	在 FTP 服务器上获取和传输文件
FILE	本地文件协议	访问本地计算机中的文件
MAILTO	电子邮件协议	发送电子邮件
RTSP	实时流协议	传输实时流媒体数据(如视频流)

如图 8.14 所示,当客户端企图通过 URL 访问 Web 页面时,将先访问 DNS 服务器。DNS 服务器通过分析 URL 地址中的".edu"".cn"等顶级域名、二级域名和三级域名信息,将 URL 中包含的 Web 服务器主机名转换为 IP 地址返回给客户端。在获取IP 地址时,客户端可能通过递归或迭代的方式向上级 DNS 服务器查询 Web 服务器的 IP 地址。客户端通过最终获取到的 IP 地址访问提供页面的服务器,并获取页面信息。很多浏览器会将用户最近访问过的 Web 服务器所对应的 IP 地址缓存,这样在下次访问时可以立即在本地进行域名解析,从而大大节约了时间。

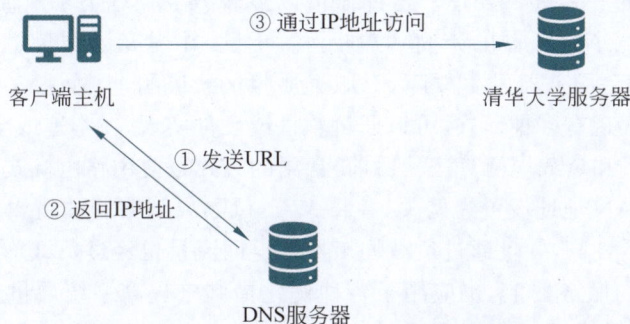

图 8.14 客户端通过 DNS 域名解析访问服务器

服务器根据 URL 向用户返回请求的页面后,这些页面通常需要使用浏览器程序查看,比较常见的浏览器有 Microsoft Internet Explorer、Safari、Chrome、Firefox 等。浏览器获取用户请求的页面后,对页面内容进行理解和解释,并在屏幕中渲染后展示给用户观看。页面内容包括文本、图片和格式化命令的混合体,存在多种多样的表现形式,其中一部分的媒体资源需要再次向媒体服务器请求获取,如广告、页面中的视频等。图 8.15 表示渲染一个页面可能经历的多次资源请求过程。

在一个 Web 页面中,超链接(hyperlink)是指与另一个 Web 页面相关联的"入

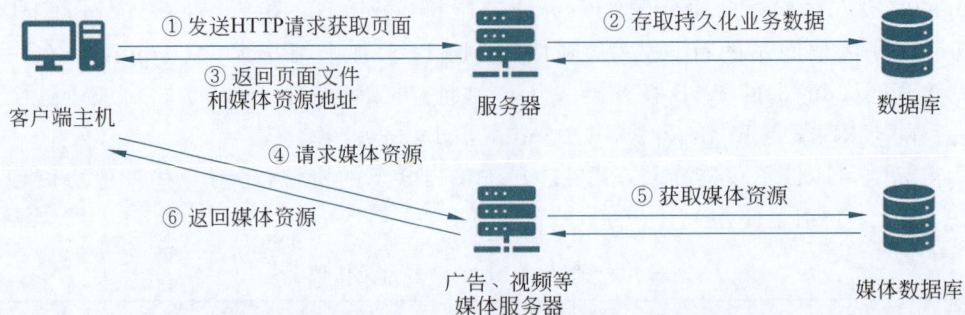

图 8.15   渲染一个页面可能经历的多次资源请求过程

口",可以是文字、图片或其他形式的页面元素。超链接的内容可以概括或提示用户即将访问的下一个页面的内容。当用户单击超链接时,客户端会获取 Web 文档中的信息,包括下一个页面的 URL、使用的协议甚至要传输给下一个页面的数据,并跳转到下一个页面。通过连续单击超链接访问相关的新 Web 页面,是用户获取网络信息资源的主要方式。

通常情况下,服务器会始终监听某个端口,等待与客户端建立 TCP 连接,然后接收用户发送的 HTTP 请求并进行响应。以获取页面请求为例,服务器会在本地找到页面文件的存储地址,然后将页面文件发送回客户端。这个过程可能涉及服务器程序的处理或数据库访问。如果客户端在一定时间内没有再次发送请求,或者主动断开连接,服务器会断开与客户端的 TCP 连接。

为了保证服务器的服务质量,在高并发环境下仍能提供低时延的响应能力,Web 服务提供者采取了许多优化策略来处理大量的 HTTP 请求。

负载均衡(LB)是一种技术,将大量的 HTTP 请求分流到多台服务器进行处理。简单来说,负载均衡是将完全相同的服务器部署多台,每当收到请求时,将其分配给当前资源占用较少的一台进行处理。这样做可以显著减少处理请求所需的时间,从效果上来说相当于拓宽了服务器的带宽,增加了吞吐量,并提高了服务器集群的容错率。例如,如果其中一台服务器发生故障,对服务质量的影响将非常小。

负载均衡的实现有多种形式,可以通过软件或硬件实现,在本地或全局范围内实施,并使用不同的模式和负载均衡算法。目前,常用的方式是使用路由模式设置专用硬件负载均衡器,将其 LAN 地址设置为网关,并将 WAN 口隔离到不同的逻辑网络。这种模式的主要优点是灵活性高,并且通过负载均衡器使返回流量也经过负载均衡处理。

在每台独立的服务器上,也应用了各种优化措施来提高系统质量。与其他应用程序类似,服务器的请求响应程序在同时处理多个请求时会使用多线程来分别处理不同的请求。一种常见的方式是编写一个前端模块来接收并初步分析收到的所有请求,然后将部分处理逻辑分配给不同的线程处理。同时,为了提高 I/O 效率,常用的页面等资源会从磁盘加载到内存中,并通过多级缓存提高读取效率。一些缓存型数据库,如 Redis,也可以提高持久化数据的存取效率。

图 8.16 展示了一种优化服务器响应的常见模式。

8.4.2   Web 文档

8.4.1 节介绍了 Web 的结构框架和基本原理。本节主要介绍 Web 页面的生成方

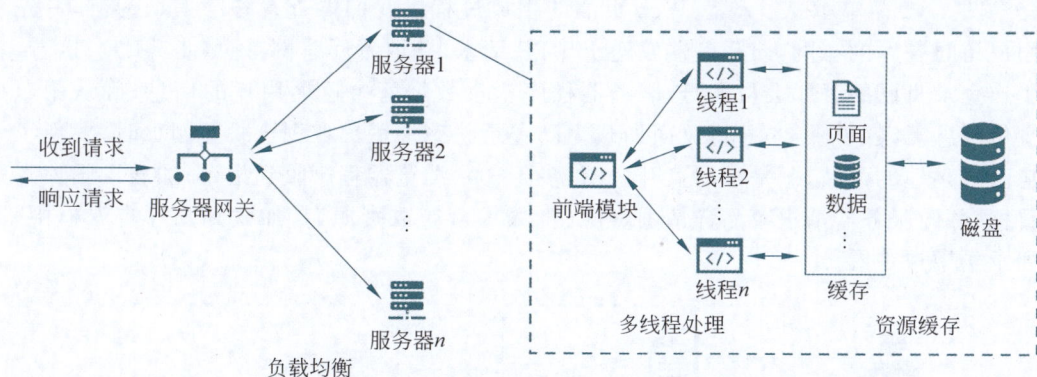

图 8.16 优化服务器响应的常见模式

式,即如何组织一个可供用户观看的 Web 页面。

Web 页面分为静态 Web 页面和动态 Web 页面两大类。静态 Web 页面每次返回一个相同的页面,页面内容无法与用户行为进行交互,即不能验证、登录、访问数据库等。如今,用户浏览的页面绝大部分为动态 Web 页面。下面将详细介绍静态 Web 页面和动态 Web 页面。

最基础的静态 Web 页面是使用**超文本标记语言**(HyperText Markup Language,HTML)编写的,服务器将使用 HTML 编写的.html 文件直接发送给客户端作为页面请求的应答。类似其他标记语言,HTML 可以通过使用一系列格式化命令规范内容的格式,如和之间的文本会被加粗,<a href="https://www.tsinghua.edu.cn"/>清华大学</a>表示一个关联到清华大学官网首页的超链接,在页面中以"清华大学"文本形式展示。HTML 不仅可以设置文本的格式,也可以插入并规划图片、视频、超链接等各类页面元素。在现代 Web 页面中,大多通过层叠样式表(Cascading Style Sheet,CSS)为文本、列表、表格、图片、广告等页面元素设置自身的字体、颜色、大小等属性。当然,也可以选择别的语言甚至非标记语言编写 Web 文档,但综合考虑对不同设备的适配、对页面元素的控制能力和编写难度等方面,使用 HTML 还是编写静态 Web 页面文件的第一选项。

在早期的 Web 1.0 时代,静态 Web 已经是一个功能强大的模型,它可以将文本、图片、视频等多模态信息整合到一个页面中,并发布在万维网上供世界各地的用户观看,但随着技术的发展,动态的 Web 应用与日俱增。

随着越来越多的资源部署在服务器上,Web 的形式也逐渐变得多种多样。除了用户单方面浏览页面外,Web 应用逐渐提供更加丰富多彩的服务内容,如在线阅读、查看天气、购买商品、预订餐厅、检索地图等。这些新兴的服务逐渐从"页面浏览"模式向"互动应用"模式发展。Web 1.0 时代逐渐走向了 Web 2.0 时代,如今很多知名的大型互联网公司如雨后春笋般发芽壮大。

这种由用户单向浏览模式到交互模式的转换快速催生了动态 Web 的开发需求。例如,我希望查看心仪的餐厅明天是否可以预订位置;我想监督我购买的商品是否已发货;我想了解从我当前的位置到目的地需要坐几路公交。这些需求都不能仅通过一个静态 Web 页面实现。运行在客户端浏览器上或服务器上的程序可以动态地生成需要的内容,以实现在不同情况条件下,实时动态地返回需要的资源。

图 8.17 简单示意了动态 Web 页面的生成过程。我们以查看餐厅信息为例,首先用户访问餐厅的官网,向服务器发送 HTTP 请求,获取餐厅官网首页(步骤①);接着,用户登录自己的餐厅会员账号,服务器程序检索数据库中这名用户的信息,确认用户身份信息无误(步骤②)并将页面加载为已登录状态。用户在浏览餐厅网页时,发现了自己感兴趣的菜品,于是试图点开大图(步骤③),浏览器程序收到指令,加载了图片查看框,并向服务器请求菜品详情图资源(步骤④),获取资源后,加载到图片查看框中,展示给用户观看。

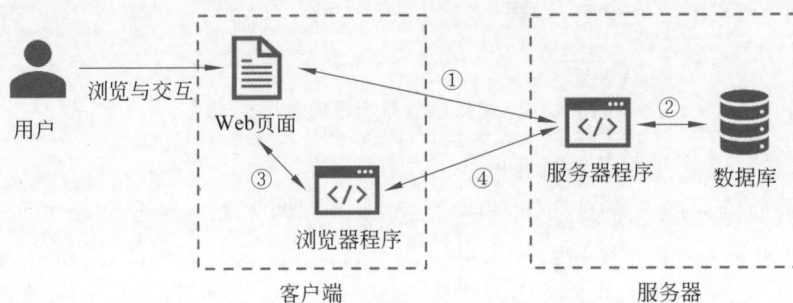

图 8.17   动态 Web 页面的生成过程

许多类似的 Web 应用也使用这种方式动态地生成请求和处理响应结果,Web 浏览器和服务器的前后端需要执行一系列逻辑和调用。与此同时,用户在浏览器中与页面进行体验良好的信息获取与交互活动,享受 Web 应用带来的便利。

动态 Web 页面具体还可以分为两个类别,分别是服务器侧动态 Web 页面生成和客户端侧动态 Web 页面生成。这两种方式适用于不同需求下的 Web 页面动态功能,下面分别对这两种生成方式进行详细介绍。

服务器侧动态 Web 页面生成,顾名思义,Web 页面的动态性主要取决于服务器,客户端发出的 Web 请求发送到服务器后,服务器有对应的程序处理接收请求,返回客户端的数据和页面取决于服务器程序的处理结果。

举个例子,假如我希望在喜欢的餐厅预订一个位置,我登录了餐厅的官网,并发出了一个位置预定的请求。服务器在接收我的请求后,可能会先对我的身份进行验证,确定我具有预订资格后,查看我预订的时间是否有尚未被预订的对应桌型,如果条件都满足,则会对我的预订请求返回一个预订成功的页面信息;如果我没有登录,或希望预订的时间已经被预订满了,那么可能会返回登录页面或已订满的预订失败页面。当然,一个严谨的 Web 应用会在预订前展示可以预订的时间和桌型,而这个信息也存储在服务器数据库中,预订信息的获取和展示行为也属于服务器侧动态 Web 页面生成的行为。

在 Web 诞生之初,就有能够支持服务器侧动态 Web 页面生成的 API,即公共网关接口(Common Gateway Interface,CGI)。CGI 协议由 RFC 3875 标准定义,它提供的接口使 Web 前端服务器可以与后端程序和脚本通信,前端收到 HTTP 请求后可以对请求内容进行处理,并发送给后端程序,而后端程序可以通过业务逻辑代码、访问数据库等方式,处理请求内容并动态地生成 HTML 页面返回给前端,从而响应客户端发送的请求。这些程序可以用 Python、C++、Java 等各类开发者熟悉的语言编写,在诞生初期,CGI 基本是使用 C 或 C++ 编写的。

CGI 弥补了静态 HTML 页面的不足,使 Web 页面能够动态地显示不同内容,但如果大量用户同时访问 CGI 程序,会显著降低服务器的效率,同时 CGI 的编写过程较为复杂。由于上述原因,以原始 CGI 方式运行的服务器现在基本已经被取代,一种名为超文本预处理器(Hypertext Preprocessor,PHP)的脚本语言通过包装 CGI 或 FastCGI,使开发者可以更方便地编写服务器端程序。

PHP 的运行原理与 CGI 完全不同,它通过在 HTML 页面中嵌入少量的脚本,然后在服务器生成页面时直接执行这些脚本,生成动态变化的页面。为了让服务器更好地识别并解读 PHP,通常服务器会使用后缀".php"替代".html"来命名包含 PHP 的 Web 页面。PHP 的使用难度比 CGI 更低,且可以很好地在 Apache 服务器上运行,Apache HTTP Server(简称 Apache)是世界上使用率排名第一的 Web 服务器软件。因为这些便利条件,有大量的 Web 开发者使用 PHP 在服务器侧动态生成 Web 页面。

图 8.18 以在网页上填写简历为例,描述了服务器侧动态 Web 页面生成过程。

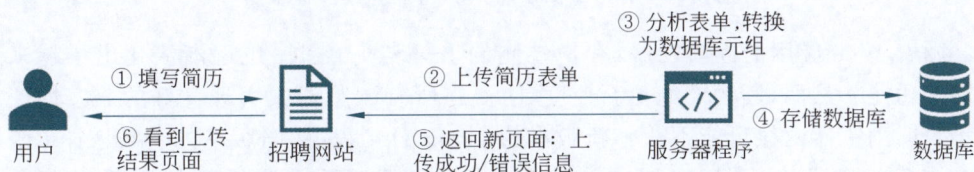

图 8.18　服务器侧动态 Web 页面生成过程示例

除了 Apache 服务器外,常见的服务器还包括适用于 Java 应用开发的 Tomcat 服务器和简洁高效的 Nginx 服务器。这些服务器软件各有优势,可以面向实际问题结合使用,实现高性能的 Web 服务器。除了 PHP 语言外,常见的服务器侧动态 Web 页面生成技术还有 Java 的 JSP 和 ASP.NET 等相关技术。

服务器侧动态 Web 页面生成可以使 Web 应用访问数据库获取数据,并动态地将数据拼接到页面中,但动态 Web 页面生成是否一定需要访问服务器?答案是否定的。

如果我登录了一家餐厅的首页,首页上显示了它的 10 个门店及其名称。当我单击任意一个门店的标签时,展示门店的元素会像卷轴一样拉开一个条幅,上面详细地记录了这家门店的地址、营业时间和更多详情的超链接。这些鼠标的单击响应、条幅的动态展示并不需要访问服务器,它们是由客户端侧的 Web 程序渲染和展示的。

客户端侧动态 Web 的主要作用是与用户产生不需要连接服务器数据库的交互。这种交互在实践中经常用于帮助用户更好地理解信息,为页面添加简单的计算、判定逻辑和美化等功能。相比服务器侧动态 Web 页面生成,在客户端侧实现动态 Web 的主要优势是不需要连接服务器,不需要加载新页面,响应速度非常快,节约带宽。

大多数开发者使用 JavaScript 语言编写客户端动态 Web 页面,虽然名字中带有 Java,但 JavaScript 与 Java 几乎没有任何关系。JavaScript 是一种非常高级的脚本语言,在 JavaScript 中,你可以通过一行代码定义一个单击行为或弹出一个提示框。这些高级特性使 JavaScript 非常便于设计和实现前端 Web 页面的各种交互行为。

1998 年,微软公司的 Outlook Web Access 小组编写了第一个允许客户端脚本发送 XMLHTTP 请求的组件,使 JavaScript 可以访问服务器并且动态地更新局部页面内容。随着这种开发思路逐渐被大众所认可,Jesse James Garrett 在 2005 年提出了广为流传的术语异步 JavaScript 和 XML(Asynchronous JavaScript and XML,

AJAX)。AJAX 技术可以使 Web 应用快速地更新页面的局部内容,而不需要重载整个页面,这种浏览器和服务器间的异步数据传输可以显著减少动态更新 Web 页面需要的信息,从而提高网页的响应速度,优化用户体验。现如今,JSON 格式已大量取代 XML 格式,成为 HTTP 请求体的主流。

图 8.19 以自动格式检验并提示为例,简单地描述了客户端侧动态 Web 页面生成过程。

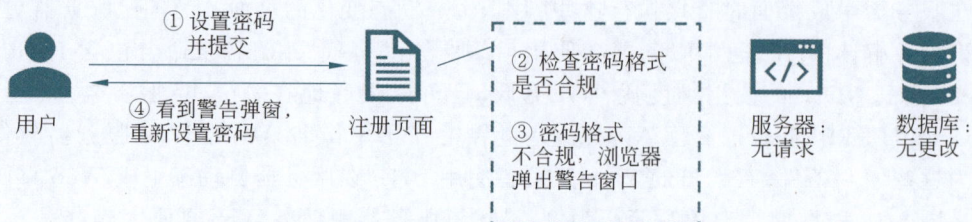

① 设置密码
并提交

④ 看到警告弹窗,
重新设置密码

用户

注册页面

② 检查密码格式
是否合规

③ 密码格式
不合规,浏览器
弹出警告窗口

服务器:
无请求

数据库:
无更改

图 8.19   客户端侧动态 Web 页面生成过程示例

随着 Web 应用的逐渐发展,客户端侧的 JavaScript 程序也逐渐演化出了越来越丰富的功能。然而,其频繁的更新速度,使得在所有浏览器中实现良好的兼容性变得困难。旧浏览器内核可能不兼容新版本的 JavaScript 程序,旧版本的 JavaScript 函数可能在新浏览器的 JS 解释器中被取代、修改甚至废除。这样的问题不仅存在于 JavaScript 代码中,也广泛存在于规划 Web 页面的层叠样式表(CSS)中。因此,谨慎的前端开发者会通过规范的编写方式,解决这些不同浏览器内核对相同代码的不同解释问题。

在实际生产中,由于一些动态 Web 页面效果没有访问服务器的需求,还有大量不需要访问数据库的 Web 页面动态交互,现代的 Web 开发大多同时使用服务器侧和客户端侧的动态 Web 技术,并采用前后端分离的结构。一般而言,客户端侧的动态 Web 效果和页面跳转均在前端实现。随着 Web 应用的实现方式从一体化拆分为前后端,很多强大的前端框架承担了除了连接数据库以外的大量功能。这些框架基于 JavaScript 语言,集成了许多方便而常用的组件,如 UI 组件、路由组件、交互效果组件等。这些模式化框架简化并规范化了 Web 前端开发,使前端开发者能更加优雅地编写页面。最常用的前端框架包括 Google 公司的 AngularJS、Facebook 的 React,以及尤雨溪首创的 Vue.js。用于开发服务器后端的语言框架同样百花齐放,常见的后端 Web 框架包括 Java 语言的 Spring 家族,Python 语言的 Django 和 Flask,以及新兴的 Go 语言框架 Beego 和 Gin 等。图 8.20 简单示意了前后端分离的 Web 框架。

8.4.3   HTTP

在了解了 Web 文档相关的内容之后,现在我们来探究 Web 客户端和服务器之间究竟是如何通信的。不妨设想这样一个场景:小张第一次访问清华大学的主页,他在浏览器地址栏中输入了网址 www.tsinghua.edu.cn,那么会发生什么呢?基于之前学习的知识,假设一切顺利的话,会有以下几步发生,如图 8.20 所示。

(1)浏览器检查自身的 DNS 缓存,发现没有清华大学网站服务器的 IP 地址。

(2)浏览器向 DNS 服务器发起 DNS 解析请求,经过一系列 DNS 服务后成功获取了清华大学网站服务器的 IP 地址。

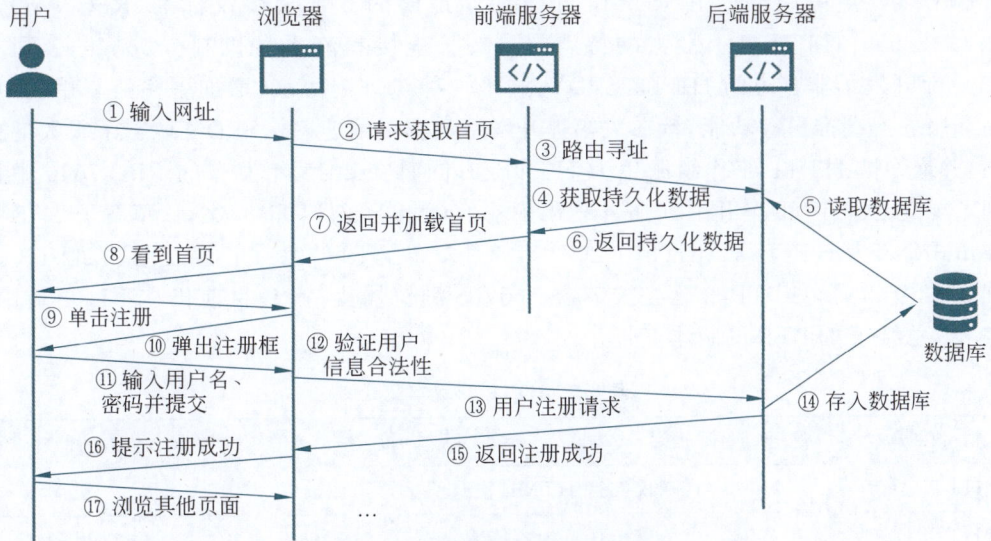

图 8.20 前后端分离的 Web 框架

（3）浏览器向清华大学网站服务器发起 TCP 连接请求，经过三次握手后建立连接。

在与清华大学网站服务器建立 TCP 连接之后，浏览器应该如何请求获取清华大学主页的内容呢？服务器又该怎样响应浏览器的请求呢？这些都涉及本节要介绍的HTTP。

1. HTTP 概述

HTTP 是一个运行在客户/服务器模型中的请求-响应协议，旨在正确高效地发送诸如 HTML 文档之类的资源，是 Web 上数据交换的基础。如图 8.21 所示，HTTP 属于互联网协议模型中的应用层协议，通常运行在 TCP 之上，只有最新的 HTTP 版本（HTTP/3）运行在 QUIC 之上。客户端向服务器提交 HTTP 请求消息，其中指定了想要获取的内容信息；服务器则返回包含了请求内容和状态信息的 HTTP 响应消息。

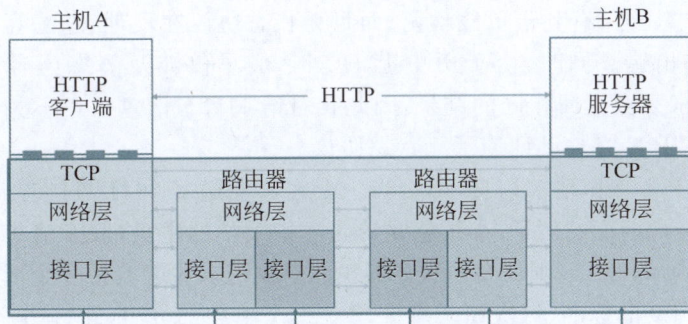

图 8.21 HTTP 在协议栈中所处位置

HTTP 最早由欧洲核子研究组织的 Tim Berners Lee（他也是万维网的发明者）提出，并于 1991 年总结形成文档化的官方版本 HTTP/0.9，其仅允许客户端从服务器检索和获取 HTML 文件。此后，HTTP 不断发展演化，HTTP 工作组在 1996 年发布了版本 HTTP/1.0（详见 RFC 1945），其支持任意内容的传输。1997 年，工作组发布了 RFC 2068 作为 HTTP/1.1 的规范，以克服 HTTP/1.0 在性能上的不足，随后

HTTP/1.1 被多次修订,并于 2014 年发布了最终的 6 部分协议标准(RFC 7230～RFC 7235)。HTTP/1.1 最大的特点是支持长连接和流水线机制。Google 公司于 2009 年开发了非官方的 HTTP SPDY,这是一种二进制协议,增加了多路复用、头压缩和服务器端推送等功能,旨在大幅提升网络数据传输速率。SPDY 取得了很大的成功,并最终被 HTTP 工作组派生为 HTTP/2,同时在 2015 年发布的 RFC 7540 中得到了规范。QUIC 工作组在 2016 年提出了基于 QUIC 的 HTTP 草案,该草案于 2018 年被正式命名为 HTTP/3。IETF 在 2022 年 6 月发布了 RFC 9114 正式规范了 HTTP/3。到 2022 年 8 月,HTTP/3 已经被 75% 的 Web 浏览器支持,且目前仍在不断更新中。表 8.5 总结了 HTTP 的版本变迁。

表 8.5   HTTP 的版本变迁

协 议 版 本	提 出 时 间	基 本 描 述	使 用 状 态
HTTP/0.9	1991	仅支持 HTML 格式的字符串传输	已淘汰
HTTP/1.0	1996	支持任意内容传输	已淘汰
HTTP/1.1	1997	支持长连接和流水线机制	使用中
HTTP/2	2015	增加了多路复用、头压缩和服务器端推送等功能	使用中
HTTP/3	2022	基于 QUIC	使用中

值得注意的是,随着 HTTP 的发展,其不再局限于 Web 浏览器和 Web 服务器之间的通信,实际上,相当大范围的计算机进程都可以通过 HTTP 进行通信。例如,移动应用程序可以通过 HTTP 获取最近的更新。

2. HTTP 工作模式

现在假设要设计一个高效可靠的 HTTP,考虑以下几个问题。首先,服务器是否需要保留之前请求的状态信息,即 HTTP 是否为有状态协议?由于服务器需要处理纷繁复杂的客户端请求,如果选择维持每一个客户端的请求状态,则需要大量的内存开销。而如果不维持这些信息,服务器将每一个请求视为相互独立的,这样可以不受约束地分发请求任务,有利于负载均衡;而且无状态协议在代理、过滤等机制的实现上非常简单,不易出错。同时,由于历史上 HTTP 最早仅涉及静态内容(HTML 字符串),相同的请求只会返回相同的结果,因此其对请求状态信息根本不关心。综合上述这些因素,HTTP 最终被设计为了无状态协议。

既然 HTTP 不保留请求信息,那么当一个客户发送多个 HTTP 请求时,应该如何处理呢?不妨考虑前面的例子,小张想要访问清华大学的主页,假设清华大学主页中嵌入两张图像 1.jpg 和 2.jpg,则需要向服务器发起多次请求才能获得多个对象的响应。如果根据 HTTP/1.0 的标准,每次请求都要建立一个单独的 TCP 连接(包含 3 次握手过程),则一共需要向清华大学网站服务器发起 3 次 TCP 连接,如图 8.22(a)所示。

现在,一个典型的 Web 页面包含大约 40 个外部对象,如果按照上述 HTTP/1.0 的方式通信,建立 TCP 连接消耗的资源将非常庞大。因此,一个简单的想法就是将单个 TCP 连接的时间拉长,这样前后两个请求可以复用同一个 TCP 连接,从而减少了反复建立、关闭 TCP 连接的开销,这就是长连接。仍旧考虑之前访问清华大学主页的例子,采用长连接方式发送 HTTP 请求,如图 8.22(b)所示。

可以看到,每一个请求-响应都由同一个 TCP 连接传输,上一个请求收到响应后,立刻发出下一个请求,这样便可以将建立、关闭 TCP 连接的时间分摊到多个请求上,使得端到端时延比 HTTP/1.0 要短得多。注意,这里节省的时间不仅仅是三次握手建立连接的时间,还包括 TCP 传输中使用慢速启动探测带宽大小的时间。

然而,当使用长连接时,一个新的问题出现了,即究竟应该将 TCP 持续连接的时间拉到多长。如果访问的页面本来就没有多少需要请求的对象,或者前后两个请求隔了相当一段时间,一直保持 TCP 连接将会占用过多的客户端和服务器资源。对此,我们可以仿照 TCP 超时重传的机制,为长连接设置一个超时阈值,这个阈值需要综合考虑应用场景特性和需求来决定。一旦长连接持续闲置的时间超过了阈值,就关闭这个 TCP 连接;否则,持续保持这个 TCP 连接。

除了长连接的方法,还能不能进一步减少 HTTP 通信的时间呢?注意到,图 8.22(b)中图像 2.jpg 的 GET 请求并没有立刻发出,而是等待图像 1.jpg 的响应后才发出,但是,在带宽充足的情况下,图像 2.jpg 的发送并不依赖图像 1.jpg 的响应,因此可以借鉴流水线的思想,每次发出多个请求,其连接示意图如图 8.22(c)所示。可以看到,流水线方法将多个页面内容的请求尽快发出,充分利用了空闲的网络带宽和服务器资源,减少了端到端的传输时延。需要注意的是,只有在获取 HTML 主页的时候才能确定页面其他对象的 URL,因此图像 1.jpg 和 2.jpg 的 GET 请求需要等待.html 的响应才能发出。上述长连接和流水线的方法都被应用于 HTTP/1.1 中,大大提高了HTTP 的性能。

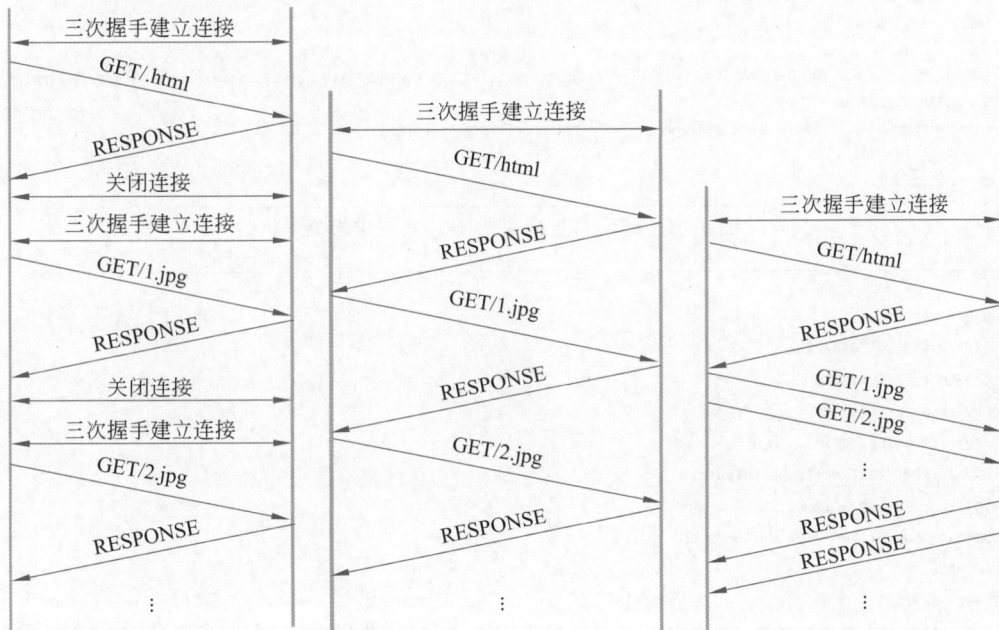

(a) 顺序的多个HTTP请求　　　(b) 采用长连接的HTTP请求　　(c) 采用长连接和流水线的的HTTP请求

图 8.22　3 种情况下的 HTTP 请求

参照流水线的方法,有人可能会提出这样的疑问:既然可以同时发出多个请求,那为什么不在获取主页以确定要请求的其他对象时,同时发出多个 TCP 连接请求呢?实际上,这种并行连接的方法曾经被广泛使用,但最终被长连接所取代。究其原因,主要有两点：其一，这种建立多个 TCP 连接的方法需要更多连接建立、关闭的开销；其二，这些 TCP 连接之间是相互独立的，它们会加剧瓶颈链路的竞争，这种竞争不仅仅是与链路上其他流的竞争，也包括相互之间的竞争，从而导致不必要的丢包和重传。

3. HTTP 请求报文

HTTP 请求报文由若干行 ASCII 文本组成，主要包括请求行、请求头和消息体三部分。读者可以在谷歌浏览器中使用开发者工具（快捷键 F12）来查看：单击 Network 工具，选择 log 信息中的请求对象，然后查看 Header 栏中的原始请求即可看到相关对象的 HTTP 请求报文和响应报文。图 8.23 和图 8.24 展示的是访问百度主页的 HTTP 请求报文以及相应的响应报文。请求报文第一行即为请求行，由请求方法、请求资源 URL 和协议版本三部分构成，它们之间由空格分隔。常见的 HTTP 请求方法如表 8.6 所示。

```
GET / HTTP/1.1
Accept: text/html,application/xhtml+xml,application/xml;q=0.9,image/webp,image/apng,*/*;q=0.8,application/signed-exchange;v
=b3;q=0.9
Accept-Encoding: gzip, deflate, br
Accept-Language: zh-CN,zh;q=0.9,en;q=0.8,en-GB;q=0.7,en-US;q=0.6
Connection: keep-alive
Cookie: BAIDUID=3C801EA96D1FEC0DC3987276EE8D3A3E:FG=1; BIDUPSID=3C801EA96D1FEC0DC3987276EE8D3A3E; PSTM=1650108195; BDUSS=TJ


Host: www.baidu.com
Sec-Fetch-Dest: document
Sec-Fetch-Mode: navigate
Sec-Fetch-Site: none
Sec-Fetch-User: ?1
Upgrade-Insecure-Requests: 1
User-Agent: Mozilla/5.0 (Windows NT 10.0; Win64; x64) AppleWebKit/537.36 (KHTML, like Gecko) Chrome/104.0.5112.102 Safari/5
37.36 Edg/104.0.1293.70
sec-ch-ua: "Chromium";v="104", " Not A;Brand";v="99", "Microsoft Edge";v="104"
sec-ch-ua-mobile: ?0
sec-ch-ua-platform: "Windows"
```

图 8.23　访问百度主页的 HTTP 请求报文

```
HTTP/1.1 200 OK
Bdpagetype: 2
Bdqid: 0x8ba134f1000722a1
Cache-Control: private
Connection: keep-alive
Content-Encoding: gzip
Content-Type: text/html;charset=utf-8
Date: Thu, 01 Sep 2022 09:25:09 GMT
Expires: Thu, 01 Sep 2022 09:25:09 GMT
Isprivate: 1
Server: BWS/1.1
Set-Cookie: BDSVRTM=404; path=/
Set-Cookie: BD_HOME=1; path=/
Set-Cookie: H_PS_PSSID=36554_36464_37116_36885_37273_36786_37145_37135_26350_37203; path=/; domain=.baidu.com
Strict-Transport-Security: max-age=172800
Traceid: 1662024309237967028210061381252214629025
X-Frame-Options: sameorigin
X-Ua-Compatible: IE=Edge,chrome=1
Transfer-Encoding: chunked
```

图 8.24　访问百度主页的 HTTP 响应报文

表 8.6　常见的 HTTP 请求方法

方　　法	基 本 描 述	方　　法	基 本 描 述
GET	请求 URL 所标识的对象	DELETE	请求删除 URL 所标识的对象
HEAD	请求 URL 所标识对象的响应消息头	TRACE	请求服务器返回收到的请求消息
PUT	请求存储 URL 所标识的对象	CONNECT	请求使用代理进行连接
POST	请求在 URL 所标识对象后附加新的数据	OPTIONS	请求查询页面相关信息

可以看到,在图 8.23 所示的访问百度主页的 HTTP 请求报文中使用的是 GET 方法,其用于请求 URL 所标识的页面资源。请求的 URL 为/,这是一个访问目录的请求,服务器会根据规则返回该目录下的默认文件,例如 index.html、index.htm 等。报文所使用的 HTTP 版本为 HTTP/1.1。另外,GET 也可以在 URL 中附带需要提交的参数,但这种参数是显式的,往往被认为不够安全。

HEAD 方法与 GET 方法类似,区别在于 HEAD 方法只请求 URL 所标识对象的响应消息,而不请求 URL 所标识的对象。HEAD 方法通常用于收集页面信息,例如可以测试请求 URL 是否仍然有效。

PUT 方法与 GET 方法相对应,GET 用于请求读取一个对象,而 PUT 则用于请求写入一个对象。通常使用 PUT 方法在 HTTP 服务器上创建或替换由请求 URL 所表示的 Web 页面,并把相应对象放在消息体中。

POST 方法与 PUT 方法类似,也是请求向服务器上传消息体中的数据。它们的区别在于 PUT 方法具有幂等性,即调用一次与重复调用多次是等价的,而 POST 方法不具有这种特性。例如,在网上商城提交订单时,多次使用 POST 方法可能会把同一个订单连续提交多次,而重复使用 PUT 方法时后提交的订单会覆盖前一个订单。

DELETE 方法用于请求删除一个对象。TRACE 方法请求服务器返回收到的请求信息,相当于回环(loop-back)测试,主要在响应出现问题时进行调试。CONNECT 方法用于请求代理,根据请求报文配置,接收方可以直接连接到请求方标识的服务器建立隧道,或者将 CONNECT 请求转发到下一个入站代理。OPTIONS 方法用于请求目标对象所支持的通信选项,例如,可以向某个服务器请求查询该服务器所支持的 HTTP 方法。

除了请求行外,HTTP 请求报文还提供了一系列请求头用于传递更多的信息,图 8.23 中除了第一行之后的其他行便是请求头的几个例子。可以看到,每一个请求头都由三部分组成:头名称、冒号和值。一些常见的 HTTP 请求头如表 8.7 所示。

表 8.7　常见的 HTTP 请求头

请　求　头	基 本 描 述
Accept	请求方可以接收的对象类型
Accept-Encoding	请求方可以处理的数据编码格式
Accept-Language	请求方可以接收的语言

续表

请 求 头	基 本 描 述
Accept-Charset	请求方可以接收的字符集
Connection	指示与连接相关的属性
If-Modified-Since	标识请求的对象在指定时间后是否被修改
Date	请求发送的日期和时间
Host	请求服务器的域名和端口
Upgrade-Insecure-Requests	标识是否优先选择加密和带有身份验证的响应
User-Agent	标识请求方用户代理软件的信息
Cookie	用于识别特定用户的文本文件

图 8.23 中的请求报文首先用 3 个 Accept 头指定了可以接收的对象类型、编码格式和语言,由分号分隔。其中 q 为质量值(quality value,q-value),是一个 0 到 1 的值,用来指示每个类型的优先级,默认值是 1。接着 Connection 头指示在当前服务结束后是否仍然保持网络连接,图中值是 keep-alive,表示连接是持久的,客户端可以继续在连接中进行后续 HTTP 请求。If-Modified-Since 头只在 GET 或 HEAD 头中使用,用于指示 HTTP 响应的条件,当所请求的对象最后修改的时间在给定日期之后时,服务器响应状态码为 200;否则,服务器响应状态码为 304,并且不返回正文,这里状态码信息将在后面的 HTTP 响应报文中说明。Date 头表示请求发出的时间。Host 头则指示了服务器的域名和端口号,在图中只指定了服务器的域名,这表示端口号为请求服务的默认端口(即 HTTP 端口号 80)。Upgrade-Insecure-Requests 指示了客户端对加密验证响应的偏好,图中的值 1 表示客户端支持选择加密和带有身份验证的响应。User-Agent 头指示了请求方用户代理的应用程序、操作系统、供应商以及相应的版本。Cookie 头指示了与服务器相关的 Cookie,用于识别特定用户。有关 Cookie 的内容将在后文中详细介绍。

4. HTTP 响应报文

正常情况下,每一个 HTTP 请求报文都会得到一个 HTTP 响应报文。响应报文也由若干行 ASCII 文本构成,主要包括状态行、响应头和消息体。HTTP 状态行由 3 位数字状态码和相应的信息构成,用来指示一个 HTTP 请求是否成功完成。根据状态码的第一个数字,HTTP 状态码被划分为 5 类。表 8.8 展示了 5 类 HTTP 响应状态码。

表 8.8   5 类 HTTP 响应状态码

状 态 码	含 义	状 态 码	含 义
·100~199	信息响应	200~299	成功响应
300~399	重定向响应	400~499	客户端错误响应
500~599	服务器错误响应		

信息响应表示服务器收到请求,需要请求者继续执行操作,例如,100 Continue,

表示客户应该继续请求,若请求已经完成则忽略该响应。成功响应表示请求被成功接收并处理,例如,200 OK 表示请求成功;201 Created 表示成功请求并创建了新资源;202 Accept 表示请求已接收,但未处理完成。重定向响应表示需要进一步操作以完成请求,例如,301 Moved Permanently 表示所请求的资源已被永久移动到新 URL;305 Proxy 表示所请求资源必须通过代理访问。客户端错误响应表示由于客户端错误无法完成请求,例如,400 Bad Request 表示请求语法出错,服务器无法理解;404 Not Found 表示服务器找不到请求资源。服务器错误响应表示服务器在处理请求时发生了错误,例如,500 Internal Server Error 表示服务器内部错误;502 Bad Gateway 表示作为代理工作的服务器尝试执行请求时,从远程服务器收到了无效的响应。

响应头与请求头类似,包含头名称、冒号和值。一些常见的 HTTP 响应头如表 8.9 所示。

表 8.9 常见的 HTTP 响应头

响 应 头	基 本 描 述
Content-Encoding	标识响应对象的编码类型
Content-Type	标识响应对象的类型
Content-Length	标识响应对象的长度
Content-Language	标识响应对象的语言
Date	响应发出的日期和时间
Expires	响应对象失效的日期和时间
Server	服务器处理请求的软件名称
Last-Modified	响应对象最后修改的日期和时间
Cache-Control	指示客户端如何对待响应对象的缓存
ETag	响应对象的标签
Set-Cookie	服务器向用户代理发送的 Cookie 值

Content 头可以指示响应对象的编码类型、类型、长度和语言。例如,图 8.24 中响应对象的编码类型为 gzip,字符编码标准是 UTF-8。Date 头与请求报文的 Date 头类似,指示响应发出的时间。Expires 头指示了响应对象失效的时间,值为 0 表示对象已经过期。Server 头指示处理请求的 Web 服务器软件,与 User-Agent 头类似。Last-Modified 头指示请求对象最后一次被修改的时间,通常用于验证前后请求的对象是否一致。Cache-Control 头用于控制浏览器和共享缓存中的缓存机制。ETag 头是对象特定版本的标识符,用于标识对象内容是否发生变化,它比 Last-Modified 头更加精确。Set-Cookie 头用于向用户代理发送 Cookie,可以在同一响应中使用多个 Set-Cookie 头发送多个 Cookie。

5. Cookie 机制

考虑这样一个场景:小张需要使用自己的账号登录清华大学选课系统进行选课。由于 HTTP 是无状态协议,服务器不会记录之前请求的状态信息,那么,选课系统的服务器如何跟踪小张的选课信息呢?这就可以通过 HTTP 服务器用于保持用户状态的 Cookie 技术来实现。

Cookie 是一种小型文本文件,是由服务器发送给客户端并存储在客户端本地的用户信息。服务器通过响应报文中的 Set-Cookie 头向客户端发送 Cookie 信息,客户端通过请求报文中的 Cookie 头向服务器返回 Cookie 信息。客户端在请求服务时使用 Cookie 头验证自己的状态信息,其 Cookie 文件保存在用户主机中,由浏览器进行管理。Cookie 一般包含 5 个字段:域字段指明 Cookie 来自何方,每个域为每个客户分配的 Cookie 有数量限制;路径字段标明服务器的文件树中哪些部分可以使用该 Cookie;内容字段采用"名字=值"的形式,是 Cookie 存放内容的地方,可以达到 4KB 的容量;过期字段指示 Cookie 过期时间;安全字段指示浏览器是否只向使用安全传输连接的服务器返回 Cookie。

每当用户访问 Web 站点时,浏览器都会自动检索本地是否存在对应那个网站的 Cookie,如果存在,则在发送客户端请求的时候,同时将 Cookie 也发送至服务器,服务器可以接收并解析 Cookie,以此作为用户的身份认证、浏览状态等历史信息处理。还是以小张在选课系统中进行选课为例,当小张登录账号并进行选课后,他的身份验证信息就会以 Cookie 的形式存储到本地计算机。这样即使小张关闭了浏览器,下次再打开时,只要 Cookie 没有因超过有效期而被自动清除,它就会和页面资源请求一并发送到服务器上,服务器获知了小张的身份后,返回的页面就是账号已经登录和已完成选课的状态。

Cookie 技术本身是一把双刃剑,在用户体验方面,它能分析用户喜好,向用户进行个性化推荐;在安全方面,它也可以跟踪用户网络浏览痕迹,可能泄露用户隐私。有人认为攻击者可以向 Cookie 中嵌入间谍程序,这是一个误区,因为 Cookie 只保存文本串,并没有可执行程序。出于安全方面考量,用户可以修改浏览器设置来限制 Cookie 的使用。

8.4.4   Web 缓存技术和 Web 代理

前面的部分介绍了 Web 文档和 HTTP 的相关内容,下面我们考虑一个实际的网络场景。如图 8.25 所示,某个校园网内所有的计算机都通过一个出口路由器连接到互联网,假设这个出口路由器与互联网边缘路由器之间的链路只有 2Mb/s 的带宽,并且所有网络通信流量都要经过这条链路。通常情况下,校园网中的绝大部分用户都有访问万维网的需求,显然,针对某个万维网资源的访问请求不是一次性的。校园网中的用户往往会多次访问相同或相似的 Web 页面,这些页面中常常包含相同的资源,例如主页背景图像、常见的样式表等。如果每次访问都要向服务器重复请求相同的资源,将会导致网络拥塞和时延,造成网络带宽的浪费。那么有没有什么办法可以节省校园网的带宽并加速网络访问呢?

一个自然的想法是将已经获取的资源在校园网本地存储下来,这样下一次访问相同内容时可以直接从本地获取。如图 8.26 所示,假设在校园网中所有浏览器统一由一个代理服务器(proxy server)代表它们发出 HTTP 请求,则代理服务器可以把最近一些请求和响应暂存在本地磁盘中。这样的话,当与暂时存放的请求相同的新请求到达时,代理服务器就把暂存的响应发送出去,而不需要按 URL 的地址再去互联网访问该资源,从而起到了加速的作用。我们把这种代理服务器称为万维网高速缓存

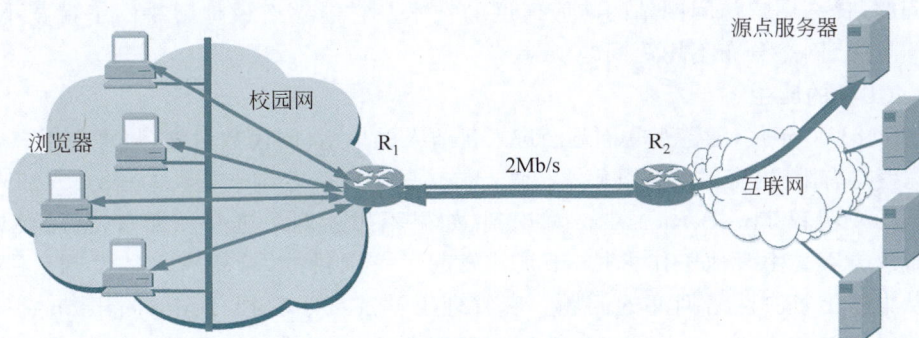

图 8.25　校园网示意图

（Web cache）。

在校园网本地设立了高速缓存之后，浏览器访问服务器时，首先与高速缓存建立连接，并发出请求报文。若高速缓存中已经存放了所请求的对象，则将此对象放入 HTTP 响应报文中返回浏览器；否则，高速缓存就代表用户浏览器，与源服务器建立 TCP 连接，并发送 HTTP 请求报文，源服务器将所请求的对象放在 HTTP 响应报文中返回校园网的高速缓存；高速缓存收到此对象后，先复制在其本地存储器中，再放在 HTTP 响应报文中返回用户。

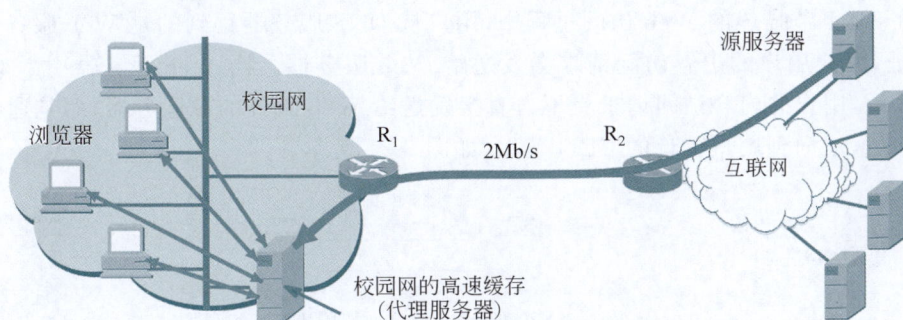

图 8.26　校园网的 Web 缓存示意图

高速缓存固然节省了带宽并加快了页面访问速度，但面临着缓存一致性的问题，即如何保证缓存中的资源副本与原始服务器中的最新资源是一致的。对此有两种应对策略。第一种策略是为资源设置过期时间，若请求还没有过期，则直接返回缓存的资源；否则，需要从 HTTP 服务器中重新获取资源。根据之前对 HTTP 报文的描述，我们可以直接通过比较请求报文的 Date 头和响应报文的 Expires 头来判断缓存的资源是否过期。第二种策略是直接询问服务器缓存的副本是否仍然有效，这可以通过 GET 方法实现：代理服务器在向源服务器发送的 HTTP 请求中指定缓存的时间，其中请求头包含 If-modified-since：<date>；如果缓存的对象是最新的，源服务器在响应时无须包含该对象，响应头包含 HTTP/1.1 304 Not Modified，否则源服务器响应 HTTP/1.1 200 OK <data>。

8.4.5　内容分发网络

内容分发网络（Content Delivery Network，CDN）是建立在原有互联网之上，通过将源网站内容分发至用户就近节点，使用户可就近取得所需内容，以解决互联网网络拥塞问题,提高用户访问网站的响应速度的技术。它能够有效地解决网络带宽小、用户访问量大、网点分布不均等问题。

1. CDN 的诞生

20 世纪 90 年代,随着互联网逐渐进入普通人的生活,网民数量增多,每个用户获得的带宽变得有限,内容提供商服务器和骨干传输网络面临着越来越大的压力。1995 年,万维网的发明者 Tim Berners Lee 意识到,如果不想让网络进一步拥塞,就需要想出一种解决方案。由于他工作繁忙,于是他发起了一项挑战,希望有人能发明一种"东西",从根本上解决网络拥塞的问题。麻省理工学院数学教授 Tom Leighton 博士和他的研究生 Danny Lewin 认识到,使用应用数学和分布式计算可以找到解决网络拥塞的方案。Leighton 和 Lewin 发明了通过大型分布式服务器网络实现智能复制和就近交付内容的方法,该技术最终解决了令互联网用户沮丧的问题——"全球等待"。

Leighton 博士于 1998 年与他人共同创立了 Akamai 技术公司,并在此后 14 年的时间里担任 Akamai 技术公司的首席科学家。同年,中国第一家 CDN 厂商蓝汛(ChinaCache)诞生。

2. CDN 工作原理

CDN 技术的目标是实现源网站内容的就近访问,但要实现这一目标,就需要对原有的 Web 访问流程进行修改。

在 8.4.1 节描述的 Web 访问过程中,用户从 DNS 服务器得到的是 Web 服务器的 IP 地址,因此用户的内容访问请求会发送给 Web 服务器。当 Web 服务器引入 CDN 服务以后,用户的内容访问请求将不再直接发送给 Web 服务的源服务器,而是通过智能 DNS 重定向到用户就近的 CDN 节点,如图 8.27 所示。

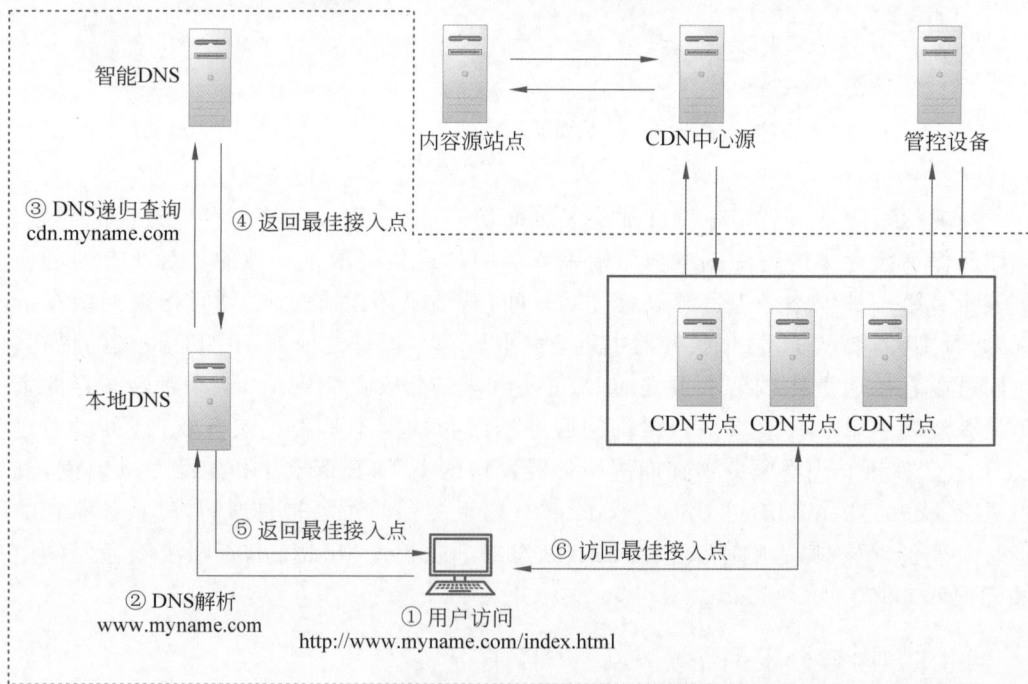

图 8.27   CDN 服务的访问流程

解决用户访问请求重定向问题是 CDN 技术的基本能力。相比源服务器,边缘

CDN 节点服务的用户以及存储空间等有限,所以它缓存的内容并非源服务器内容的全集。因此,CDN 技术还需要解决缓存哪些内容的问题。具体而言,通常可能会采取以下几种方式对内容进行缓存。

(1) CDN 的初始缓存内容可以通过网站应用的相关内容和商业推广等策略,在离用户较近的位置提前存储。

(2) 用户初次访问 CDN 节点不能命中的内容,可以通过从源站点以 PULL 方式获取,并根据内容的访问热度和缓存替换算法进行内容的更新。

(3) 根据策略对缓存内容进行定期检查更新。

目前 CDN 除了缓存静态的文本、图片和音视频内容外,还可以加速动态应用内容的响应,并且动态应用内容还会与静态内容混合出现。对于静态缓存内容,CDN 需要提升缓存命中率和用户最后一公里网络交付的问题;对于动态内容的生成,需要源服务器的参与,因此这种内容的加速就需要在 CDN 边缘服务器与源服务器之间建立高效的传输通道来实现。

在 CDN 服务领域,我国的服务厂商发展迅速,目前可提供 CDN 服务的厂家包括蓝汛、网宿、七牛等 CDN 厂商,也有阿里、华为、腾讯等云服务厂商。

8.4.6 典型 Web 应用

随着 Web 技术的发展,Web 应用出现了多种形态。在 Web 1.0 时代,用户基本都是被动地接收万维网中的内容,很少能深度参与到万维网的建设中,因此 Web 1.0 时代最典型的 Web 应用莫过于门户网站了。在 Web 2.0 时代,用户可以自主创建万维网中的内容,并且移动互联网让所有用户具备了“永远在线”和“随时随地”的可能,因而社交网站、电子商务、网络视频等逐渐成为主流应用。到了 Web 3.0 时代,去中心化的基础架构及新型加密技术的使用,可以让用户在网络中真正拥有自己的数据,元宇宙、数字资产、内容创作平台等新型应用也在不断被提出。

1. 门户网站

门户网站,通常是指互联网综合门户网站。所谓综合门户网站,是指其内容涉及目标用户日常生活的方方面面,如新闻、财经、体育、娱乐、科技、时尚、房产、医疗等不同领域的信息。比较大的综合门户网站还提供一些附属服务,比如网络接入、用户注册系统、电子邮件、电子商务、网络社区、网络游戏、网页空间等。

在早期,诸如 Yahoo、AOL、Excite 在内的门户网站还提供导航服务和搜索服务,但是门户网站和导航网站、搜索引擎还是有本质区别的。因为尽管导航网站也提供新闻页面,但这些页面的内容并不是存储在自己的服务器上,而是通过外部链接将用户导航到来源站点。与之相对的是,一个门户网站应该确保其首页链接指向的内容绝大部分都存储在自己的服务器上,并且不同页面之间有整齐统一的版式以及导航信息等,以此向人们宣示这是来自同一家网站的信息。为了做到这点,门户网站通常从不同的新闻或消息来源抓取信息,将这些信息复制并粘贴到自己的网站上,而不是直接提供链接。

对于搜索服务而言,门户网站通常都必须提供的是内部检索功能,可以让用户输入关键字来搜索其服务器上所包含的内容。当然,有些门户网站提供的搜索服务也能在全互联网范围进行检索。但是,除了 Yahoo 等大型的门户网站会自己建立搜索引擎以外,其他较小的门户网站通常是与一些大型搜索引擎合作推出搜索业务。

除了互联网综合门户网站以外,根据创办者和目标用户的不同,门户网站也可分为个人门户网站、政府门户网站、企业门户网站、专业门户网站等。其中,个人门户网站主要用于个人用户提供与之相关的一些信息,包括个人文字作品、图片、声音、影片以及联系方式等。政府门户网站可用于查找关于某个政府或某级政府的网络信息,例如政府有关机构办事的帮助指南,以及线上办事的平台等。企业门户网站通常用于企业提供其自身的业务范围、最新消息、针对媒体发放的信息,以及针对投资者的信息等内容。专业门户网站也称为垂直门户网站,是将注意力集中在某些特定的领域或某种特定的需求,提供有关这个领域或需求的深度定制信息和相关服务,例如科技、法律、体育、娱乐、财经等专业门户网站。

2. 社交网站

社交网站是一种通过互联网提供社交服务的网站。它们允许用户在网站上创建个人资料、与其他用户互动、分享内容和建立社交网络等。社交网站通过整合各种社交媒体工具,例如聊天、博客、照片共享、视频共享和即时消息等,使得用户可以方便地与他人分享他们的生活、观点和兴趣爱好。

社交网站最早出现在 2000 年初期,随着互联网的普及和人们对社交的需求增加,社交网站越来越受欢迎。目前最著名的社交网站是 Facebook,该网站于 2004 年由马克·扎克伯格创立。其他流行的社交网站还包括 Twitter、LinkedIn、Instagram 和 Snapchat 等。

社交网站提供的功能和服务随着时间的推移而不断演变和扩展。例如,最初社交网站只提供简单的个人资料和消息板功能,但现在它们提供了更多的交互方式,例如即时消息、视频聊天、在线游戏等。此外,许多社交网站还提供了广告和商业服务,这使得企业可以利用这些平台来推销产品和服务,与客户进行互动并建立品牌形象。

尽管社交网站为人们提供了极大的便利和好处,但它们也带来了一些问题和挑战。例如,社交网站可能存在隐私和安全问题,因为用户个人信息可能会被泄露或滥用。此外,社交网站上的虚假信息和恶意内容也可能会对用户造成伤害。因此,社交网站需要采取一系列措施来保护用户隐私和安全,监管网站上的内容。

3. 电子商务

电子商务通常是指在开放的互联网环境下,基于客户/服务器模式,买卖双方不谋面地进行各种商贸活动,是一种新型的商业运营模式。"电子"只是一种技术和手段,"商务"才是最核心的目的,一切的技术手段都是为了达成目的而产生的。电子商务的典型应用场景包括网上商城、在线谈判和在线商务处理等。

网上商城是指企业可以在互联网上设立一个网站,把企业的商品资料放在网站的数据库中,并对外提供信息检索服务。消费者根据公司提供的各种商品信息选购商品。在互联网上进行交易,消费者可以更容易地进行货比三家,择优交易。同时,网上商城也提醒企业必须做好竞争的准备,以面对更加开放的市场。

在线谈判是网络应用提供商通过运用即时消息、实时会议等多种网络通信技术,为寻求贸易机会的交易双方在互联网上进行洽谈提供便利条件。通常,大部分网上商城也集成了在线谈判的功能,这样更加便于消费者和企业之间的沟通。

在线商务处理主要用于全面支持不同类型的用户实现各种层次的商务活动。在线商务处理的操作方式非常简单,对用户的计算机和网络操作要求较低,用户在任何时间、任何地点都可以登录网站,然后填写预先设计好的表单,进行相互间的商务往来。

电子商务与传统的商务活动方式相比,具有以下几个特点。

(1)交易虚拟化。在互联网上进行贸易,贸易双方从贸易磋商、签订合同到支付等,无须当面进行,均可通过计算机和互联网完成,整个交易完全虚拟化。

(2)交易成本低。电子商务使得买卖双方的交易成本大大降低,具体表现在信息传输成本的降低、交易时间的缩短、交易环节的减少等。传统的贸易平台是实体店铺,电子商务的贸易平台则是计算机和网络。

(3)交易效率高。电子商务中的商业报文能瞬间在世界各地完成传输和计算机的自动处理,从而使得原料采购、产品生产、销售等过程都无须人员干预,并在最短的时间内完成,从而克服了传统贸易方式费用高、易出错、处理速度慢等缺点,极大地缩短了交易时间,使整个交易非常快捷与方便。

(4)交易透明化。买卖双方从交易的洽谈、签约,到货款的支付、交货通知等整个交易过程都在网络上进行。通畅、快捷的信息传输可以保证各种信息之间互相核对,并防止伪造信息的流通。

8.5　搜索引擎

搜索引擎(search engine)是指自动从万维网(WWW)上收集信息,并经过一定的整理后提供给用户进行查询的系统。经过多年的发展,搜索引擎已经成为互联网内容的重要入口之一。Twitter联合创始人埃文·威廉姆斯提出了"域名已死论",意味着好记的域名不再那么重要,因为人们更倾向于通过搜索引擎进入网站。同时,搜索引擎对于中小型网站的流量来说也非常重要,因为搜索引擎的排名会直接影响网站的曝光度和访问量。

本节主要介绍搜索引擎的历史、基本原理以及其作用和意义。通过对本节内容的学习,读者将了解一个网页从诞生于万维网中到被搜索引擎索引并呈现给用户的整个过程。搜索引擎起着连接用户和互联网内容的桥梁作用,通过提供高效准确的搜索结果,帮助用户找到他们所需的信息。同时,搜索引擎的算法和排名机制对网站的可见性和用户流量也具有重要影响。

8.5.1　搜索引擎的发展历史

搜索引擎是互联网中的重要工具,它们帮助用户在海量信息中找到所需内容。搜索引擎的发展经历了多个阶段,不断演进以适应用户的需求。

在早期互联网发展阶段,20世纪90年代初出现了一些搜索工具,如Archie和Gopher,它们用于查询分散在各台主机中的文件。然而,随着互联网的快速发展,这些工具逐渐无法满足用户的需求。

在1994年,第一个可搜索且可浏览的分类目录EINet Galaxy上线,它同时支持Gopher和Telnet搜索。同年4月,Yahoo目录问世,开始支持简单的数据库查询。这些早期的目录导航系统可以被看作现代搜索引擎的前身,但它们需要依靠人工维护,无法应对信息急剧增长的情况。

在 1994 年 7 月,Lycos 和 Infoseek 等搜索引擎采用基于文本检索的技术,实现了搜索结果的相关性排序和网页自动摘要功能。这标志着"第一代搜索引擎"的诞生,它们能够更好地满足用户的搜索需求。

然而,真正的搜索引擎革命发生在 1998 年 10 月——Google 诞生。Google 引入了 PageRank 链接分析技术,通过分析网页之间的链接关系,对搜索结果进行排序。这一创新使得搜索引擎的结果更加准确和相关。Google 不仅在界面设计上进行了革命性的创新,还不断改进搜索算法,提供更好的用户体验。到目前为止,Google 已成为全球最流行的搜索引擎之一,占据着巨大的市场份额。

与此同时,微软公司也加入了搜索引擎市场。2009 年,微软公司推出了 Bing 搜索引擎,它通过提供不同的搜索界面和结果展示方式,力图提供与 Google 不同的搜索体验。Bing 搜索引擎在视觉上更注重美感,并通过与微软公司其他产品的整合,为用户提供更多样化的搜索服务。

在中国,百度是最知名的搜索引擎公司之一。于 2000 年创立的百度公司,迅速成为中国互联网领域的巨头。百度公司通过对中文搜索的优化,提供针对中国用户的本土化搜索服务,并在多个领域拓展了自己的业务,包括在线地图、贴吧社区、音乐和视频等。

除了 Google、微软和百度公司,还有许多其他搜索引擎公司在全球范围内提供搜索服务,如雅虎、Yandex、DuckDuckGo 等公司。每个搜索引擎公司都在努力改进搜索算法和技术,以提供更准确、更个性化的搜索结果,并不断探索新的搜索形式,如语音搜索和移动搜索。

总之,搜索引擎的发展经历了多个阶段,从早期的分类目录到基于文本检索的搜索引擎,再到基于链接分析和个性化搜索的现代搜索引擎。这些发展使得搜索引擎成了互联网的重要入口,为用户提供了便捷、准确的信息检索服务。Google、微软和百度等公司在搜索引擎领域发挥着重要作用,并提供更好的搜索体验和创新的搜索技术。未来,随着技术的不断进步,搜索引擎将继续演化,以更好地满足用户的需求。

8.5.2　搜索引擎的基本原理

目前已经发展到"第三代搜索引擎",其核心是如何更好地理解用户需求。不同用户即使输入同一个查询关键词,其目的也有可能不一样。比如同样输入"MAC"作为查询词,可能会是苹果计算机或口红这两种截然不同的需求。即使是同一个用户,输入相同的查询词,也会因为所在的时间和场合不同,需求有所变化。目前搜索引擎正致力于理解用户发出的某个短小查询词背后所包含的真正需求,所以这一代搜索引擎被称为以用户为中心的一代。为了能够获取用户的真正需求,搜索引擎做了很多技术方面的尝试,比如利用用户发出查询词时的时间和地理位置信息,以及利用用户过去发出的查询词及相应的单击记录等历史信息,来试图理解用户此时此地的真正需求。

如图 8.28 所示,搜索引擎的工作流程大致可以分为搜集信息、整理信息和接收查询三个阶段。

搜集信息:搜索引擎利用自动搜索机器人程序(也称为网络爬虫)来获取万维网上的网页信息。这些机器人程序会根据当前网页中的超链接进行跳转访问,并将新获

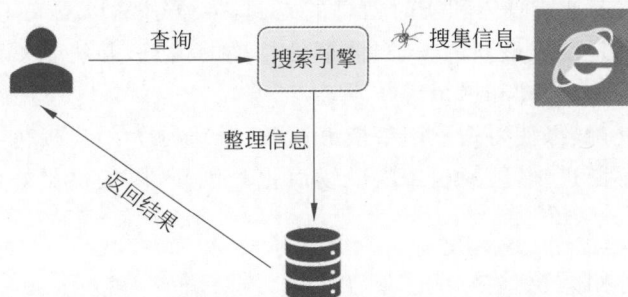

图 8.28　搜索引擎的工作流程

取到的网页保存在数据库中,然后不断从数据库中取出新的网页并进行新一轮的自动搜索。通过适当的算法去遍历网页上的超链接,理论上机器人程序可以获取到万维网上大部分网页内容。

第一个网络爬虫是由麻省理工学院的学生 Matthew Gray 于 1993 年开发的,被命名为"万维网漫游者"。虽然最初开发网络爬虫的目的并非用于搜索引擎,但这一创新为搜索引擎的发展和广泛应用奠定了基础。

整理信息:搜索引擎整理信息的过程通常涉及建立索引。它不仅保存收集到的信息,还按照一定规则对其进行编排。通过建立索引,搜索引擎无须重新查找所有保存的信息,就能够快速找到所需的资料。在技术上,搜索引擎通常需要提取关键词、消除重复网页、通过链接分析辅助确定信息重要性,并采用适当的索引方法等。

接收查询:当用户向搜索引擎发出查询时,搜索引擎接收查询并返回信息给用户。搜索引擎需要在大量几乎同时发出的查询中按照每个用户的要求检查数据库中的索引,在极短时间内找到用户需要的信息并返回。在这个过程中,搜索引擎的关键工作是匹配和排序。匹配是确定哪些网页与用户查询的内容相匹配;排序则是在匹配的网页中选择最重要的并按顺序排列,以提升用户的搜索体验。

目前主流搜索引擎采用了多种关键技术,主要如下。

倒排索引:搜索引擎使用倒排索引(inverted index)来加速搜索过程。倒排索引是一种将关键词映射到其出现位置的数据结构。它记录了每个关键词出现在哪些网页的哪些位置,以及关键词在文档中的权重等信息。通过倒排索引,搜索引擎能够快速定位包含用户查询关键词的网页。

排名算法:搜索引擎使用排名算法来确定搜索结果的排序。目前最为广泛使用的排名算法是基于链接分析的 PageRank 算法,它通过分析网页之间的链接关系来评估网页的重要性和权威性。PageRank 算法把高质量的、被其他网页广泛引用的网页排名靠前。此外,搜索引擎还考虑其他因素,如网页的关键词密度、标题和描述等来确定排名顺序。

自然语言处理:搜索引擎在处理用户查询时,利用自然语言处理技术来理解查询意图和语义。这包括分词、词义消歧、语法分析等技术,以确保搜索引擎能够正确理解用户的查询,并提供相关的搜索结果。

个性化搜索:为了提供更加个性化的搜索结果,搜索引擎利用用户的历史查询记录、单击行为以及其他个人信息来定制搜索结果。个性化搜索技术根据用户的兴趣和偏好,对搜索结果进行个性化的排序和推荐。

　　实时搜索：随着社交媒体和实时信息的兴起,搜索引擎也发展了实时搜索技术。实时搜索能够快速地获取最新的、与当前事件相关的信息,并将其展示给用户。这涉及对实时数据的采集、处理和展示等技术。

　　这些技术相互配合,使得搜索引擎能够高效、准确地为用户提供与查询相关的信息。随着技术的不断进步,搜索引擎将继续演化和创新,以提供更好的搜索体验和更智能的搜索结果。

8.5.3　作用和意义

　　现在,每天都有成千上万的人使用搜索引擎来探索互联网世界,搜索引擎已成为最有帮助的计算机应用之一。

　　搜索引擎能够帮助人们方便快捷地获取互联网中他们想要的信息。在互联网上有大量的网站,如果没有搜索引擎的帮助,要找到所需的正确信息是非常困难的。

　　搜索引擎还可以对互联网中的内容进行过滤。互联网上存在很多不法分子传播的有害信息,通过搜索引擎的过滤,可以阻止大部分非法网站的传播,使用户免受有害信息的侵害。

　　搜索引擎的使用非常方便快捷。只需在搜索框中输入关键字,然后单击搜索按钮,在网络畅通的情况下,搜索引擎会在瞬间将最相关的网站内容呈现给用户。

　　随着互联网的发展,可搜索的网页数量越来越多。如何正确处理搜索结果,理解用户的查询意图,提高搜索结果的质量,为用户提供更准确和实用的信息,一直是搜索引擎技术研究人员的重要课题。一方面,技术人员通过优化匹配和排序算法来提升搜索结果的准确性;另一方面,随着元宇宙概念的提出,人们开始关注提升多媒体内容的浏览体验,增强用户在搜索中的沉浸感,以及考虑社交元素等。在企业间的激烈竞争中,搜索引擎正不断发展和进步。

8.6　流式音视频

　　本节先介绍流式音视频的基本概念以及压缩技术,再介绍几种典型的流媒体服务类型,包括流式存储媒体、直播与实时流媒体,最后介绍流媒体动态自适应传输。

8.6.1　流媒体概述

　　随着现代技术的发展,网络带给人们形式多样的信息。从第一张图片出现在网络上到如今各种形式的网络视频和三维动画,网络让人们的视听需求得到了极大的满足。然而,在流媒体技术出现之前,人们必须要先下载这些多媒体内容到本地计算机,在漫长的等待(受限于带宽,下载通常要花费较长的时间)之后,才可以看到或听到媒体传达的信息。令人欣慰的是,在流媒体技术出现之后,人们便无须再等待媒体内容完全下载了。

　　流媒体就是指采用流式传输技术在网络上连续实时播放的媒体,如音频、视频或其他多媒体文件。流媒体技术也称流式媒体技术,是指把连续的影像和声音信息经过压缩处理后放在服务器上,由服务器向用户的计算机顺序地传输各个数据包,让用户一边下载一边观看、收听,而不需要等整个媒体文件下载到自己的计算机上才可以观看的网络传输技术。至少从 20 世纪 70 年代开始就有了通过互联网发送音频和视频的想法,但直到 2000 年实时音视频流量才有了真正急速的增长。根据思科视觉网络指数统计,视频流媒体流量在 2022 年已经占据所有互联网流量的 82%。事实上,有两件事情极大地促进了流媒体流量的增长。首先是计算机和移动设备的处理能力变得更加强大,并且都配备了麦克风和摄像机。这样一来,它们可以很容易地输入、处理和输出音频和视频数据。其次,互联网带宽的扩张大大提高了流媒体的可用性,使得普通用户都可以很便捷地连接到高速互联网。

目前互联网提供的流媒体服务大概可以分成如下 3 种类型。

(1) **流式存储音视频**:先把已经提前录制好并且已编码压缩的音视频文件存储在服务器上,用户通过互联网边下载边播放,即在文件下载后不久(例如,在缓存中最多存放几十秒)就开始连续播放。

(2) **流式直播音视频**:音视频文件不是提前录制好存储在服务器上的,而是在发送端边录制边发送,在接收端能够连续播放,这通常是一对多的通信。

(3) **交互式实时音视频**:用户使用互联网进行实时交互式通信,例如,互联网电话和视频会议。这类应用是高度时延敏感的,从用户说话或移动开始到声音出现或动作显示在其他端的时延应该小于几百毫秒。对于语音而言,小于 150 毫秒的时延不会被察觉到,150~400 毫秒的时延可以被接受,超过 400 毫秒的时延则会严重影响通信质量。

8.6.2　流媒体压缩技术

视频的一个重要特点是它能被压缩,因此需要在视频质量和视频码率之间进行折中。视频是一个图像序列,通常以恒定的速率显示。一张未压缩、数字编码的图像由像素阵列构成,每个像素被编码成一定数量的比特来表征其颜色和亮度。在视频中有两类冗余可以被用来进行视频压缩,包括空域冗余和时域冗余。空域冗余是指给定图像的内部冗余。例如,一张主要由空白组成的图像存在大量的冗余,能够有效地进行图像压缩而不会明显降低图像质量。时域冗余是指时域上连续图像的重复程度。例如,如果一张图像和后续图像完全一致,那就不需要对后续图像再进行编码。

具体来说,联合图像专家组(Joint Photographic Experts Group,JPEG)标准用来压缩静止图像,首先进行图片的块准备,接着对每一个块单独应用离散余弦变换(Discrete Cosine Transform,DCT),再进入量化和区分量化的过程,在此基础上,运行行程编码,按照从左到右再从上到下的方式对块进行扫描,最后再对这些数值进行霍夫曼编码,以便于存储或传输。运动图像专家组(Moving Picture Experts Group,MPEG)标准是一种运动图像及其音频的视音频编码标准,它增加了一些额外功能,比如消除帧间的冗余度。其输出包括如下 3 类帧。

(1) **I 帧(Intra-frame)**:I 帧也称为关键帧或帧内编码帧。每个 I 帧都是一个独立的图像帧,它不依赖其他帧的信息进行编码,因此在视频流中是独立的。I 帧通常出现在视频的起始或切换场景的位置。由于它们是独立的,I 帧可以用于随机访问视频的任何部分,而无须依赖先前的帧。其原因在于,首先,MPEG 标准可能用于组播传输,观众可以随意观看节目,如果所有帧都依赖前面的帧,那么需要一直追溯到第一帧,否则错过第一帧的用户将永远无法解出任何一个后续帧。其次,如果任一帧出现了接收错误,那么后续帧的解码也不可能进行。最后,如果没有 I 帧,快进或回退时解码器不得不计算经过的每一帧。

(2) **P 帧**(Predictive frame):P 帧是依赖先前的帧(通常是前面的 I 帧或 P 帧)进行编码的。它通过比较前一帧和当前帧的差异来表示图像变化,因此只需要更少的数据来编码。P 帧通常用于表示视频中的运动和变化部分。P 帧是针对帧间的逐块差值,通过搜索上一帧中与当前帧相同的部分或稍有不同的部分进行宏块的编码。宏块覆盖亮度空间的 16×16 像素,以及色度空间的 8×8 像素。图 8.29 展示了一个 P 帧使用的示例。它包含了 3 个连续帧,这 3 个帧具有相同的背景,但是人物的位置不同。包含这 3 个帧背景的宏块可以精确匹配,但包含人物的宏块在位置上存在一些偏移,需要被跟踪。

图 8.29　3 个连续帧

(3) **B 帧**(Bidirectional frame):B 帧也称双向帧,是根据前后两帧的信息进行编码的。它可以用来表示图像中的双向运动,通常需要更多的数据来编码,但可以提供更高的压缩率。B 帧需要与上一帧或下一帧进行逐块差值计算。B 帧与 P 帧类似,但它参照的宏块可以是上一帧,也可以是下一帧。这样的自由度带来了更大的运动补偿,在一些场景下可以取得很好的效果。然而,在进行 B 帧解码时,解码器需要在内存中同时保留过去的帧、当前的帧以及未来的帧,这提高了计算复杂性,带来了更大的额外时延。

此外,还可以使用**可扩展视频编码**(Scalable Video Coding,SVC)来生成同一个视频的多重版本,不同版本有着不同的质量等级。例如,可以使用 SVC 生成相同视频的3 个版本,视频码率分别是 500kb/s、1Mb/s 和 2Mb/s。用户可以根据自身当前的可用带宽来决策要观看哪个版本。具有强网连接的用户可以选择 2Mb/s 的版本,而使用弱网连接的用户则可以选择 500kb/s 的版本。SVC 以 H.264 为基础,支持多层分级特性,立足基础层,采用锦上添花的增强层。如图 8.30 所示,第一行为增强层(高帧率、高分辨率),第二行为基础层(低帧率、低分辨率)。编码器产生的码流包含多个可以单独解码的子码流,对应不同的码率、帧率和空间分辨率。当带宽不足时,可以只对基础层的码流进行传输和解码,这时解码的视频质量不高。当带宽充足时,可以传输和解码增强层的码流来提高视频的解码质量。这样一来,可以确保传输基础层来避免卡顿,使用富裕的带宽传输增强层,充分利用带宽,但也提高了编解码复杂度,并且有多个增强层时开销过大。

音频的带宽需求比视频要低很多。模拟音频信号首先以某种固定速率被采样,接着被"四舍五入"成有限个数值中的一个(量化),每个量化值由固定数量的比特来表示,这个是脉冲编码调制(Pulse Code Modulation,PCM)的过程。音频传输往往也采用音频压缩技术来减少码率。一种接近音频光盘质量立体声音乐的流行压缩技术是MPEG-1 第 3 层,简称 MP3。MP3 编码器能够将音频压缩为多种不同的码率,其中

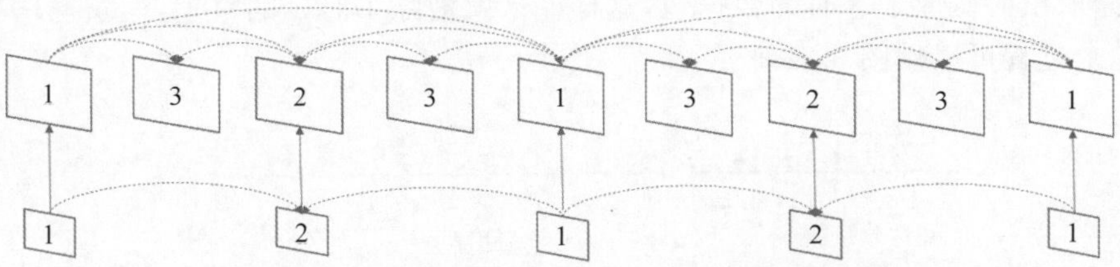

图 8.30 SVC 示意图(1、2 提升分辨率,3 提升帧率)

128kb/s 是最常用的码率。尽管音频码率通常比视频码率小很多,但是用户通常对音频的失误更为敏感。

8.6.3 流式存储媒体

本节讨论流式存储媒体,即流媒体内容不是实时生成的,而是已经录制好的。图 8.31 展示了流式存储媒体的典型下载过程。首先用户通过浏览器单击想要观看的音视频内容的超链接,浏览器通过 HTTP 的 GET 报文向万维网服务器请求下载元文件,元文件含有这个音视频文件的重要信息,包括统一资源定位符(URL)。万维网服务器把该元文件装入 HTTP 的 RESPONSE 报文发回给浏览器。浏览器接收到响应报文后调用相关的媒体播放器,并把接收到的元文件传递给媒体播放器。媒体播放器使用元文件中的 URL 和媒体服务器建立连接,发送 HTTP 请求报文,希望下载相应的音视频文件。媒体服务器发送 HTTP 响应报文,将音视频文件发送给媒体播放器。媒体播放器以流媒体的形式边下载、边解压、边播放,在播放过程中可以通过时间戳同步音频流和视频流。

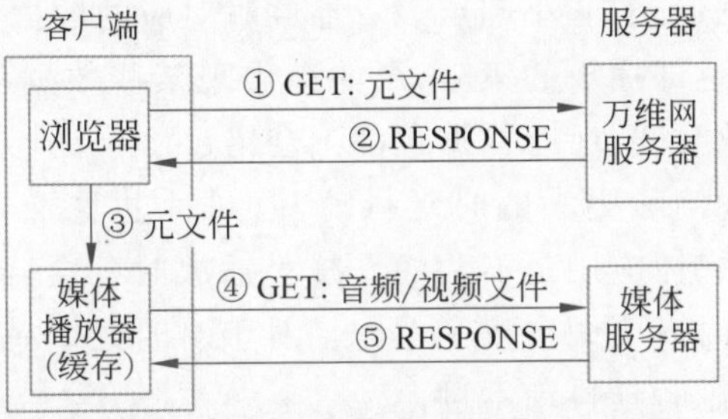

图 8.31 流式存储媒体的典型下载过程

当我们在观看互联网上的某个视频或音频节目时,往往采用的就是上述这种边传输边播放的模式。为了能够及时地观看到流媒体内容,流媒体传输对于时延有着比较高的要求。通常情况下,流媒体数据包在发送时的时间间隔是恒定(等时)的,然而互联网本身是非等时的,因此这些数据包到达接收端时变成了非等时的,换而言之,数据包在到达接收端时产生了时延的抖动。如果在接收端直接对这些以非恒定速率到达的数据包进行还原,那么就会产生失真。为了解决时延抖动的问题,通常在接收端设置大小适当的缓存,当缓存中的数据包达到一定的数量后再以恒定速率将这些数据包进行还原播放。

缓存实际上是一个先进先出的队列,它使得所有到达的数据包都经历了延迟。由于数据包在接收端以非恒定速率到达,因此早到达的数据包在缓存中排队的时间较长,晚到达的数据包在缓存中排队的时间较短。而从缓存中取出数据包是以恒定速率进行的,取出时变成了等时的数据包,这样一来就消除了时延的抖动,但这样增加了时延。这个过程可以用图 8.32 来表示。

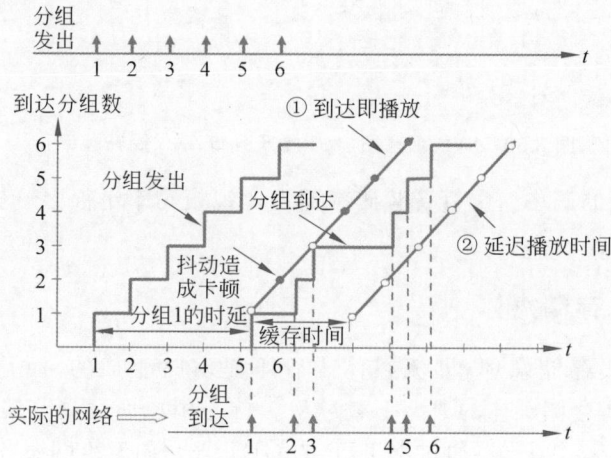

图 8.32　通过缓存得到等时的数据包序列

　　图 8.32 展示了发送端连续发送 6 个等时的数据包的情况。在理想情况下,如果网络没有延迟,到达接收端的数据包个数随时间的变化将如图中最左侧的阶梯状曲线所示。也就是说,只要发送方发送一个数据包,接收方立即增加 1 个到达的数据包。然而,实际网络存在非等时特性,导致每个数据包经历的延迟不同。因此,到达接收端时,这些数据包变成了非等时序列,使得到达接收端的数据包个数的阶梯状曲线向右移,并且变得不均匀。图 8.32 显示了两种不同时刻开始播放的情况。空心小圆点表示播放时已缓存的数据包,实心小圆点表示播放时对应的数据包尚未到达。从图 8.32 可以看出,如果采用到达即播放的策略,可能会出现某些数据包尚未到达而无法播放的情况。如果延迟播放时间,所有数据包都不会错过播放,但会引入时延。

　　增加播放时延可以消除更大的时延抖动,但同时也增加了所有数据包的平均时延,这对于一些实时流媒体应用是不利的。减小播放时延会降低时延抖动消除效果。因此,在选择播放时延时需要做出权衡考虑。对于对时延敏感的流媒体应用,需要控制较小的时延,同时控制时延抖动不过大。

　　总而言之,客户端的媒体播放器播放的是本地缓存区的内容,而不是立即播放来自网络的内容。在实际情况下,缓存区往往还会设定低阈值标记和高阈值标记。如图 8.33 所示,当缓存区内容小于低阈值标记时,说明数据即将播完,容易出现卡顿,此时需要加速传输来自媒体服务器的流媒体内容。当缓存区内容大于高阈值标记时,此时的播放时延较大且音视频内容占用较多存储空间,可以减慢传输速率。因此,可以设计算法来进行决策:需要多大缓存以及服务器以多快速率发送数据包,才能在不稳定的网络中尽量满足用户期望,即达到高清、低时延和不卡顿的效果。而实现这些决策通常需要特定的网络协议进行支持。

8.6.4　直播与实时流媒体

　　在直播与实时流媒体的场景中,音视频文件不是预先录制并存储在服务器上的,而是在发送端实时录制并同时发送,在接收端可以进行连续播放。这种应用通常使用

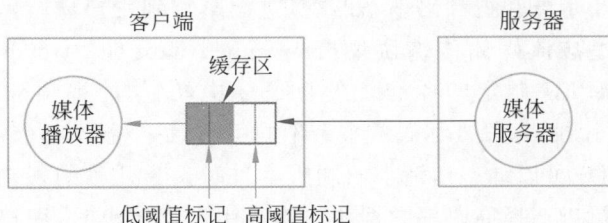

图 8.33　客户端缓冲区的两种阈值标记

实时流式协议（Real-Time Streaming Protocol，RTSP）。RTSP 本身并不传输数据，它是一个用于多媒体播放控制的协议，用于控制用户对实时数据的播放，例如暂停/继续、后退、前进等操作，因此也被称为"互联网录像机遥控协议"。对于在这类场景中传输流媒体数据，通常使用第 7 章中介绍过的实时传输协议（RTP）和实时传输控制协议（RTCP）。

　　RTSP 记录了用户所处的状态（即初始化状态、播放状态或暂停状态），因此是一个有状态的协议。RTSP 的控制数据包可以在 TCP 或 UDP 上传输，具体取决于实现方式。RTSP 本身并没有定义音视频的压缩方案，也没有规定音视频在网络发送时如何封装在数据包中以及如何进行缓存，这些都由协议的具体实现和算法负责。图 8.34 展示了 RTSP 的工作过程。首先，客户端的浏览器使用 HTTP 的 GET 请求向万维网服务器请求音视频文件，万维网服务器向浏览器发送带有元文件的响应。浏览器接收到元文件后将其传输给媒体播放器。然后，媒体播放器的 RTSP 客户端发送 SETUP 报文与媒体服务器的 RTSP 服务器建立连接，RTSP 服务器发送响应 RESPONSE 报文进行确认。接着，RTSP 客户端发送 PLAY 报文，开始从特定位置下载音视频文件，RTSP 服务器发送响应 RESPONSE 报文，开始传输音视频数据。最后，RTSP 客户端发送 TEARDOWN 报文断开连接，RTSP 服务器发送响应 RESPONSE 报文进行确认。

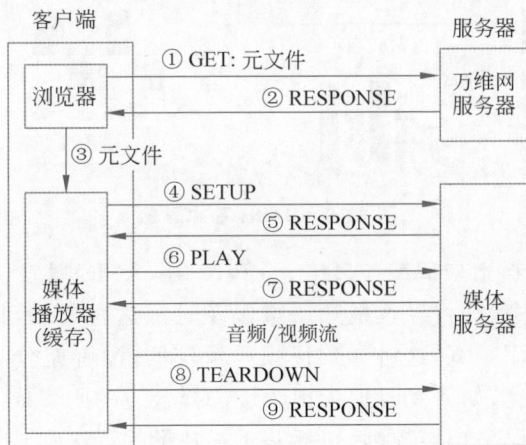

图 8.34　RTSP 的工作过程

8.6.5　流媒体动态自适应传输

　　基于 HTTP 的流媒体系统已经得到了广泛部署。对于不同用户或对于相同用户的不同时间而言，用户的可用带宽有很大不同。如果所有用户接收到的视频码率完全一致,这将造成可用带宽和视频码率不匹配,进而影响到用户体验。因此出现了基于 HTTP 的**动态自适应流媒体传输协议**(Dynamic Adaptive Streaming over HTTP, DASH),这是由 MPEG 制定的标准。在 DASH 中,完整的视频被拆分成固定时长 (2~10 秒)的视频片段,每段被编码成多个不同版本,每个版本具有不同码率,对应不同的视频质量。用户可以动态地请求不同版本且时长为几秒的视频数据块。当可用带宽较大时,用户可以选择高码率数据块。当可用带宽较小时,用户可以选择低码率数据块。这样一来,具有不同网络状况的用户可以下载播放不同码率的视频。使用弱网连接的用户可以接收低码率版本,而使用强网连接的用户可以接收高码率版本。此外,对于移动用户这种可用带宽不断变化的用户而言,DASH 可以使用户动态调整视频码率以适应可用带宽。

如图 8.35 所示,使用 DASH 后,视频的不同版本都存储在 HTTP 服务器中,分别对应不同的 URL。HTTP 服务器中含有一个元文件,提供不同版本的 URL 及相应的码率。客户端首先请求该元文件以得知不同的视频版本,然后通过 HTTP 的 GET 报文请求某一版本的视频块。同时客户端也会测量可用带宽并运行一个码率决策算法来选择下次请求的视频块。事实上,如果客户端可缓存的视频很多,并且测量到的可用带宽较高,算法将倾向选择一个高码率的版本。如果客户端可缓存的视频很少,并且测量的可用带宽较低,算法将倾向选择一个低码率的版本。因此 DASH 允许客户端自由地在不同视频质量之间进行切换。然而,改变不同版本引起码率的变化可能也会影响到用户体验,因此一般都会使用多个中间版本进行过渡,从而平滑地进行视频质量的迁移。通过动态地观测可用带宽和客户端缓存情况,DASH 可以选择不同的视频块码率进行版本的切换,从而能够在可能的最好视频质量下进行连续播放。此外,客户端负责决策下次下载哪个版本的视频块,这样改善了服务器侧的扩展性。

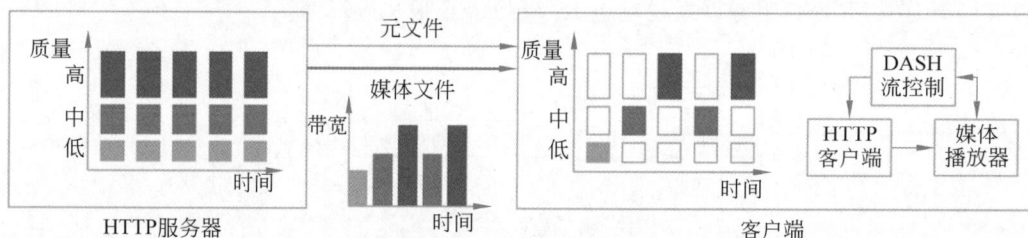

图 8.35 DASH 基本思想

DASH 普遍采用**自适应码率**(Adaptive BitRate,ABR)算法。如果选取的视频块码率大于当前可用带宽,这将导致视频块难以及时抵达客户端,将会出现卡顿。如果视频块的码率小于可用带宽,这将导致视频质量较低,没有充分利用带宽资源。随着网络可用带宽不断变化,如何及时地为视频块选择合适的码率成了一个亟待解决的问题。目前主要有两种码率切换规则,包括基于吞吐量的算法和基于缓存的算法。基于吞吐量的算法使用滑动窗口平均估计未来吞吐量,进而选择不高于吞吐量估计值的最大码率。基于缓存的算法使用缓存区满的级别来决定下一个视频块的请求码率。此外,在下载视频块的过程中,如果算法检测到下载该视频块的过程有卡顿,则终止当前请求,转而重新下载相应的低码率视频块。自适应码率算法广泛应用于 DASH 和直播、实时通信等各类流媒体传输中。

8.6.6　流媒体应用发展

随着网络技术和终端技术的发展,手机和平板电脑等移动终端成为视频应用的主要设备,广泛流行的应用主要有直播视频以及短视频。

1. 直播视频

直播视频应用是基于互联网技术和移动设备的实时视频直播服务。用户可以通过这些应用观看和参与实时直播活动,与主播进行互动,以及发表评论和点赞等。

直播视频应用通常由一些知名的在线视频平台提供,如 YouTube、Twitch 和 Bilibili 等。这些平台通过高效的视频压缩、快速的视频上传和播放技术,为用户提供了快速、流畅、便捷的观看体验。此外,直播视频应用还具备实时互动、打赏和弹幕等功能,为用户和主播提供了全方位的媒体交流平台。

直播视频应用广泛应用于各种领域,包括电竞、音乐、综艺和新闻报道等。其中,电竞直播是目前最热门的领域之一,许多电竞选手和游戏主播在直播视频应用上分享自己的游戏体验和技巧,吸引了大量观众和粉丝。此外,音乐直播、综艺直播和新闻报道直播也备受用户青睐,为用户提供了多元化和实时化的媒体体验。

直播视频应用在提供娱乐和信息服务的同时,也面临着用户隐私和版权保护等问题。因此,这些应用需要采取多种措施和技术手段来保护用户的隐私和版权,并与政府和行业组织合作,建立健全自律和监管机制,以维护平台的良性发展和社会责任。

2. 短视频

短视频是移动互联网时代兴起的一种新型媒体形式。其主要特点是视频内容短小、精炼,适合用户随时随地快速观看、分享和传播。短视频平台通常以 APP 的形式存在,用户可以注册账户并上传自己的视频内容来创建个人短视频主页。平台上的视频内容按照主题类别和标签进行分类,用户可以根据兴趣选择不同的视频进行观看和互动。

目前,抖音和 TikTok 是全球最受欢迎的短视频应用。这两个应用通过巧妙地结合短视频、音乐、社交、直播等元素,吸引了数亿用户。抖音和 TikTok 上的视频涵盖了音乐、娱乐、时尚、美食、旅游等众多领域。其中,音乐功能是抖音和 TikTok 受到广大用户喜爱的特点之一,许多用户会上传自己的翻唱或原创音乐视频,吸引了数百万观众的关注和点赞。除了抖音和 TikTok,还有其他许多短视频应用,如快手、微视、火山小视频等。这些应用内容和特点各不相同,但它们都具备短小、精彩、便捷的特点,为用户提供了快速、流畅、丰富多彩的视频观看体验。

短视频平台的成功得益于互联网技术和移动设备的普及。短视频平台也通过高效的视频压缩、快速的视频上传和播放技术,为用户提供了快速、流畅、便捷的观看体验。此外,短视频平台还提供实时互动、短视频制作、数据分析等功能,为用户和创作者提供了全方位的媒体交流平台和数据分析工具。

尽管短视频应用的用户数量不断增加,但也面临一些问题,如版权保护和内容审核。为了保障用户权益和维护良性发展,短视频平台需要采取多种措施和技术手段来保护用户的隐私和版权,并与相关方加强合作。

8.7   网络管理

在早期，互联网发展的规模并不大并且设备不复杂，因而对网络设备故障、错误配置等问题，网络管理员通过 ping 等工具查找问题根源，并通过修改系统设置、重新启动硬件或软件服务便可解决问题。但随着网络规模和复杂程度增长，单纯依靠人力已难以有效监测和应对网络中出现的故障，那么如何系统化且高效地管理网络中大量的网络设备和软件服务呢？在现实世界中，发电厂管理员通过刻度盘、仪表和警示灯等设备来远程监控阀门、管道、容器以及其他工厂组件的温度、压力、流量等状态，这些设备在故障即将或已经产生时提醒管理员，以确保各组件正常运行。与之相似，计算机网络由许多复杂、相互作用的硬件和软件组成，包括物理链路、交换机、路由器、主机和其他构成网络的物理组件以及控制和协调这些设备的许多协议，因而网络管理员同样需要借助管理协议来帮助监视、管理和控制网络。

那么请思考下，在设计一个实用的管理协议时，我们需要考虑哪些方面呢？假设根据目前现有网络设备功能和网络管理员需求预先固定好被管理的设备表达格式和管理的数据格式，这样的设计在面对新设备和新的管理需求时是否能适用呢？此外，如果在设计时采取周期性轮询的方式查询网络信息是否能及时监测到网络故障？应该允许哪些人利用该协议管理网络设备呢？针对这些现实的问题，本章将介绍网络管理的关键协议 SNMP，其在设计上利用专门的管理信息库允许管理员灵活定义和扩展管理需求，并能支持各类被管理的网络设备；同时，SNMP 设计了基于各类网络事件驱动的管理方式，以及时获取网络设备状态变化并做出及时处理；SNMP 也设计了基于密码的身份验证和访问控制机制，以确保只有经过授权的管理者才可以对设备进行操作。

8.7.1   网络管理概述

网络管理包括硬件、软件和人员等要素的部署、集成和协调，旨在通过对网络和网络资源进行监控、测试、轮询、配置、分析、评估和控制，从而以合理的成本满足实时性、操作性能和**服务质量**（QoS）等要求。**国际标准化组织**（ISO）定义了网络管理的 5 方面。

（1）**性能管理**。性能管理的目标是量化、测量、报告、分析和控制不同网络组件的性能，例如利用率和吞吐量。这些组件包括链路、路由器和主机等单台设备，以及诸如网络路径这种端到端的抽象实体。**简单网络管理协议**（SNMP）等标准在互联网性能管理中发挥着核心作用。

（2）**故障管理**。故障管理的目标是记录、检测和响应网络中的故障状况。故障管理与性能管理之间的界限很模糊，可以将故障管理视为对瞬时网络故障（例如链路、主机或路由器硬件和软件中断）的即时处理，而性能管理则从长远角度考虑，在面对不同的流量需求和偶尔的网络设备故障时，提供可接受的性能水平。正如在性能管理中一样，SNMP 在故障管理中起着核心作用。

（3）**配置管理**。配置管理允许网络管理员跟踪被管理网络上的设备以及这些设备的硬件和软件配置。RFC 3139 概述了基于 IP 的网络配置管理和要求。

（4）**计费管理**。计费管理允许网络管理员指定、记录和控制用户与设备对网络资源的访问。使用配额（usage quotas）、基于使用的收费、资源访问权限的分配都属于计费管理。

（5）**安全管理**。安全管理的目标是根据一些定义良好的策略来控制对网络资源的访问。其中，利用防火墙来监视和控制网络的外部接入点是安全管理的重要组成部分。

如图 8.36 所示，网络管理体系结构主要有 3 个组成部分：管理实体、被管理设备和网络管理协议。

管理实体是应用程序，在网络运营中心的**集中式网络管理站**（centralized network management station）中运行。管理实体是网络管理活动的中心，它控制网络管理信息的收集、处理、分析和显示。通过管理实体，网络管理员可以管控网络设备。

被管理设备是指在被管理网络上的网络设备及其软件，包括主机、路由器、网桥、集线器、打印机或调制解调器等。被管理设备中的硬件部件（例如网卡），以及硬件和软件（例如域内路由协议 RIP）的配置参数集被称为被管理对象。被管理对象具有很多与管理相关联的信息，这些信息被收集到**管理信息库**（MIB）中，管理实体可对这些信息进行设置。此外，每台被管理设备中还包括网络管理代理，这是在被管理设备上运行的进程，它与管理实体进行通信，在管理实体的命令和控制下，对被管理设备进行操作。

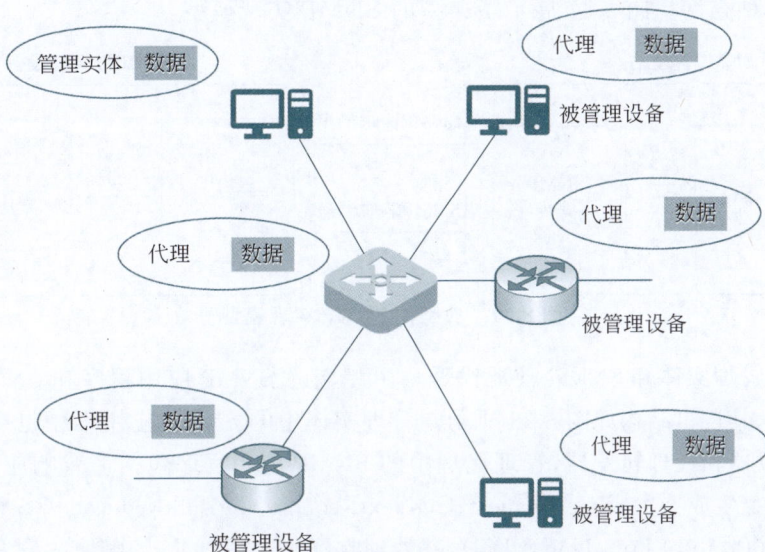

图 8.36　网络管理体系结构的主要组件

网络管理协议在管理实体和被管理设备之间运行，允许管理实体查询被管理设备的状态，并通过其代理在设备上间接进行操作。代理可以使用网络管理协议通知管理实体异常事件，例如组件故障或超出性能阈值。需要注意的是，网络管理协议本身并不管理网络，它提供了网络管理员可以用来监控、测试、轮询、配置、分析、评估和控制网络的管理功能。

8.7.2　简单网络管理协议

简单网络管理协议（SNMP）是由 IETF 定义的一套网络管理协议，用于在管理实

体和代理之间发送信息和命令。该协议基于简单网关监视协议（Simple Gateway
Monitor Protocol, SGMP）制定，具有 SNMPv1、SNMPv2 以及最新的 SNMPv3 三个
版本。利用 SNMP，一个管理工作站可以远程管理所有支持这种协议的网络设备，包
括监视网络状态、修改网络设备配置、接收网络事件警告等。虽然 SNMP 最初用于面
向 IP 网络的管理，但作为一个工业标准也被成功用于电话网络管理。

　　SNMP 是一种无连接协议，通过使用请求报文和返回响应的方式，在管理代理和
管理实体之间传输信息。这种机制减轻了管理代理的负担，它不需要其他协议的支
持，也不需要基于 TCP 连接模式的处理过程。为此，SNMP 提供了一种独有的机制
来处理可靠性和故障检测方面的问题。此外，网络管理系统通常安装在比较大的网络
环境中，其中包括大量的不同种类的网络及网络设备。为划分管理职责，需要把整个
网络划分为若干用户分区，可以把满足以下条件的网络设备归为同一个 SNMP 分区：
这些网络设备可提供用于实现分区所需要的安全性方面的要求。SNMP 支持基于分
区名（community string）信息的安全模型，可应用到选定分区内的每台网络设备上。

　　SNMP 采用了客户/服务器模型的特殊形式，即代理/管理站模型。管理站指的
是运行了可以执行网络管理任务的应用程序（即前文所述的管理实体）的服务器，代理
是被管理设备中用来实现 SNMP 功能的部分。对网络的管理与维护是通过管理站与
SNMP 代理间的交互工作完成的。SNMP 代理负责回答 SNMP 管理站关于 MIB 定
义信息的各种查询。图 8.37 展示了典型的 SNMP 实现模型。

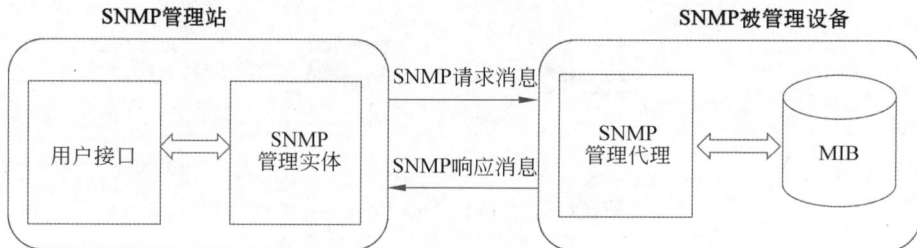

图 8.37　典型的 SNMP 实现模型

　　SNMP 管理实体和 SNMP 管理代理均由相应的 SNMP 应用程序和 SNMP 引擎这
两部分组成，其逻辑结构如图 8.38 所示。管理实体中的 SNMP 应用程序包括命令生成
器、通知接收器和代理转发器，管理代理中的 SNMP 应用程序包括命令响应器、通知发
起者等。命令生成器生成 GetRequest、GetNextRequest、GetBulkRequest 和 SetRequest 协
议数据单元（Protocol Data Unit, PDU），并处理收到的这些 PDU 的响应。命令响应程序
在代理中执行，并接收、处理和回复收到的 GetRequest、GetNextRequest、GetBulkRequest
和 SetRequest 这些 PDU。这些 PDU 最终在管理实体的通知接收器中被接收和处理，代
理转发器的应用程序则负责转发请求、通知和响应 PDU。

　　无论是管理实体上还是管理代理上的 SNMP 应用程序，其发送的 PDU 在通过具
体的传输协议发送之前都会先经过 SNMP 引擎。命令生成器生成的 PDU 首先进入
调度模块，并在其中确定 SNMP 版本。然后在消息处理系统中处理 PDU，其中 PDU
被包装在包含 SNMP 版本号、消息 ID 和消息大小等信息的消息头中。如果需要加密
或身份验证，则还包括相应的头字段（header field）。最后，SNMP 消息被传输给适当
的传输协议。携带 SNMP 消息的首选传输协议是 UDP，即 SNMP 消息作为 UDP 报

文中的有效载荷,SNMP 的首选端口号是 161。

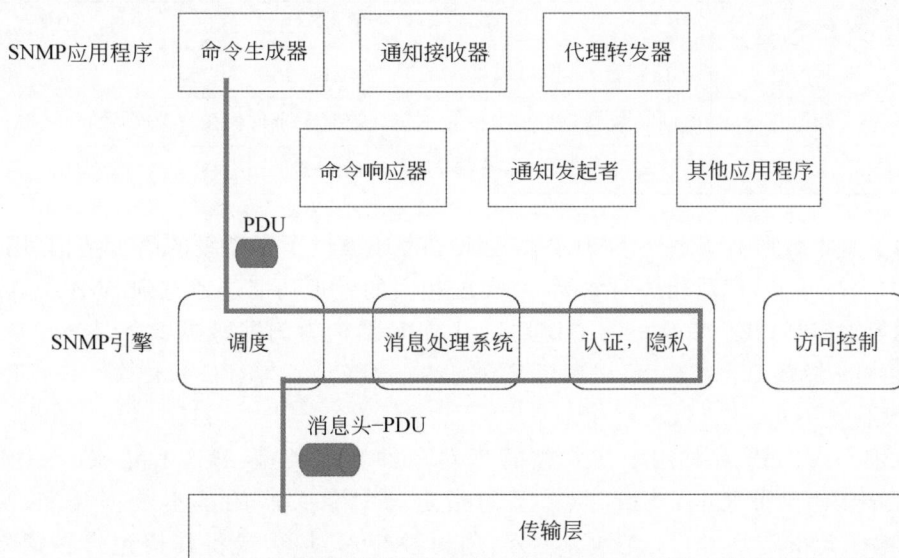

图 8.38　SNMP 应用程序和引擎

8.7.3　管理信息结构

前文提到,管理信息库(MIB)存储了 SNMP 中被管理对象的相关信息。然而,被管理对象的相关信息在 MIB 具体怎样被表示和命名、如何在 MIB 中被查找和访问,这一问题仍有待解决。为此,管理信息结构(Structure of Management Information, SMI)为定义和构造 MIB 中的具体对象提供了通用框架和统一标准,包括规定了 MIB 中可以使用的数据类型,被管理对象相关的语法和语义等。SMI 本质上是一种用于定义管理信息的数据定义语言,以确保网络管理数据的语法和语义良好且清晰。RFC 2578 定义了 SMI 中的 11 种基本数据类型,用于表示被管理对象相关信息的具体参数值,如表 8.10 所示。

表 8.10　SMI 中的 11 种基本数据类型

数 据 类 型	描　　述
INTEGER	32 位整数,如 ASN.1 中所定义,取值范围为 $-2^{31}\sim2^{31}-1$,或者来自命名常量值列表
Integer32	32 位整数,取值范围为 $-2^{31}\sim2^{31}-1$
Unsigned32	无符号 32 位整数,取值范围为 $0\sim2^{32}-1$
OCTET STRING	表示任意二进制或文本数据的 ASN.1 格式字节字符串,最长为 65535 字节
OBJECT IDENTIFIER	对象标识符
IPaddress	32 位 IP 地址
Counter32	32 位计数器,从 0 增加到 $2^{32}-1$,然后再从 0 开始
Counter64	64 位计数器

续表

数 据 类 型	描　　述
Gauge32	32 位整数,其值可以增加或减少,范围为 $0\sim 2^{32}-1$
TimeTicks	时间计数器,以 0.01 秒为单位计算某个事件发生以来的时间
Opaque	未解释的 ASN.1 字符串,需要向后兼容

除了基本数据类型之外,SMI 数据定义语言还提供了更高级的语言结构,用于在 MIB 中创建、更新、读取相关对象等,并实现相关的管理功能。考虑到 SMI 中高级语言结构形式多样,我们以常见的 OBJECT-TYPE 结构为例进行初步介绍。若要了解其他具体的 SMI 语言结构,可以参考 RFC 4293、RFC 4022、RFC 4113 等,本书不进行具体介绍。

OBJECT-TYPE 结构用于指定被管理对象的数据类型、状态和语义。OBJECT-TYPE 结构有 4 种子句:SYNTAX 子句指定与对象关联的基本数据类型;MAX-ACCESS 子句指定是否可以读取、写入、创建被管理对象,或将其值包含在通知中;STATUS 子句用于标识对象定义是当前有效的、过时的还是已弃用的;DESCRIPTION 子句包含对象的可读文本定义。RFC 4293 中 ipSystemStatsInDelivers 的定义使用了 OBJECT-TYPE 结构,它定义了一个 32 位计数器,用于统计在被管理设备上接收并成功传输到上层协议的 IP 数据包数量,如下所示:

```
ipSystemStatsInDelivers OBJECT-TYPE
    SYNTAX       Counter32
    MAX-ACCESS read-only
    STATUS       current
    DESCRIPTION
        "The total number of datagrams successfully
        delivered to IPuser-protocols (including ICMP).
        When tracking interface statistics, the counter
        of the interface to which these datagrams were
        addressed is incremented. This interface might
        not be the same as the input interface for
        some of the datagrams.
        Discontinuities in the value of this counter can
        occur at re-initialization of the management
        system, and at other times as indicated by the
        value of ipSystemStatsDiscontinuityTime."
    ::= { ipSystemStatsEntry 18 }
```

8.7.4　管理信息库

管理信息库(MIB)可以看成一个虚拟信息存储库,它保存了被管理对象的相关信息。相关信息由具体参数值表示,这些信息共同反映了当前的网络状态。管理实体可以通过发送 SNMP 消息来查询和设置这些值。被管理对象由 SMI 中的 OBJECT-

TYPE 结构定义,并可利用 MODULE-IDENTITY 结构收集到 MIB 模块中。

IETF 一直致力于标准化与路由器、主机和其他网络设备相关的 MIB 模块(包括有关特定硬件的基本标识数据,以及有关设备网络接口和协议的管理信息)。截至 2023 年,已诞生了数百个标准化的 MIB 模块和供应商专用的 MIB 模块。IETF 采用 ISO 标准化对象标识框架来标识和命名标准化的 MIB 模块以及模块中的被管理对象。该框架旨在识别任何网络中包括数据格式、协议或信息片段在内的标准化对象,而不考虑具体的网络标准组织、设备制造商或网络所有者。IETF 规定的管理信息库(MIB)定义了可访问的网络设备及其属性,由对象标识符(Object Identifier,OID)唯一确定。MIB 是一个树状结构,SNMP 消息通过遍历 MIB 树状目录中的节点来访问网络设备。

被管理对象在 ISO 命名框架中以分层方式命名,图 8.39 所示为 SNMP 可访问网络设备中的对象标识树结构(MIB 树的层次结构),树中的每个分支点都有一个名称和一个数字,因此,树中的任何点都可通过指定从根到标识树中该点的路径名称或数字序列来标识。例如 MIB-2 可用 1.3.6.1.2.1 来标识。标识树的顶层是 ISO 和国际电报电话咨询委员会(CCITT),以及这两个组织的分支机构。在 ISO 分支下,可找到所有 ISO 标准(即 1.0 分支)和各 ISO 成员国标准机构发布的标准条目(即 1.2 分支)。1.3 分支是 ISO 认可的机构,图中所列为美国国防部(即 1.3.6 分支)以及其发布的 Internet 标准(即 1.3.6.1 分支)。通过 MIB-2 分支(即 1.3.6.1.2.1 分支)可找到标准化 MIB 模块的定义,MIB 模块再往下是一些面向硬件的 MIB 模块和互联网协议相关模块。表 8.11 所示为 RFC 1213 定义的 MIB-2 system 模块中的被管理对象。

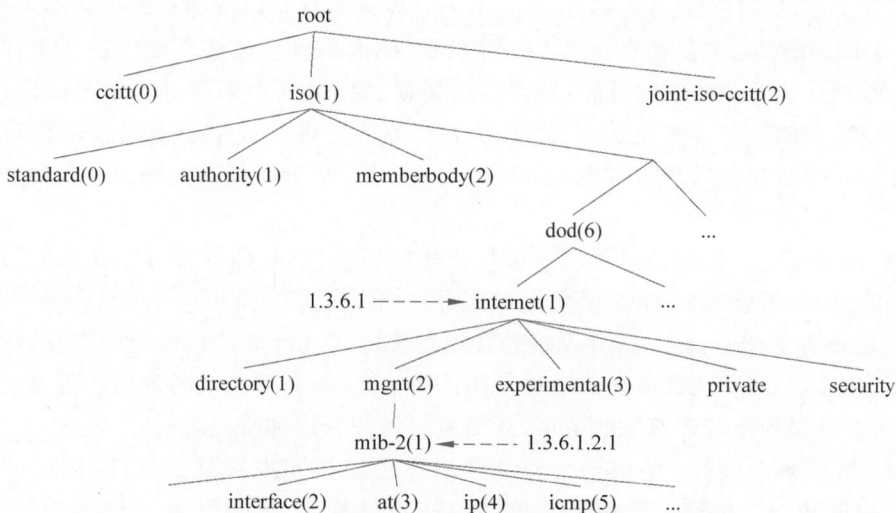

图 8.39 SNMP 可访问网络设备中的对象标识树结构

表 8.11 MIB-2 system 模块中的被管理对象

OID	名 称	类 型	描 述
1.3.6.1.2.1.1.1	sysDescr	字符串	系统硬件类型、软件操作系统和网络软件的全名和版本标识
1.3.6.1.2.1.1.2	sysObjectID	对象标识符	供应商分配的对象 ID

续表

OID	名　　　称	类　　型	描　　　　述
1.3.6.1.2.1.1.3	sysUpTime	TimeTicks	自最近一次重新初始化网络管理系统以来的时间
1.3.6.1.2.1.1.4	sysContact	字符串	该被管理节点的联系人,以及有关如何联系此人的信息
1.3.6.1.2.1.1.5	sysName	字符串	该被管理节点分配的名称
1.3.6.1.2.1.1.6	sysLocation	字符串	该节点的物理位置
1.3.6.1.2.1.1.7	sysServices	32 位整数	编码值,指示此节点上可用的服务集合

8.7.5　SNMP 的协议数据单元和报文

正如前文所述,SNMP 用于在管理实体和代理间传输 MIB 信息。SNMP 最常见的用法是使用**请求-响应模式**(request-response mode)。以 SNMPv2 为例,管理实体向 SNMPv2 代理发送请求,该代理接收请求、执行某些操作并发送对请求的回复。通常,请求用于查询或修改与被管理设备关联的 MIB 对象值。

仔细思考就会发现,在这一模式时,设备发生异常时代理无法主动向管理实体发送消息,而如果不断发送请求以期实时获取设备异常状态,在正常情况下又会浪费大量的网络带宽。为此,SNMP 设计了陷阱消息(trap message),允许代理主动向管理实体发送消息,从而及时响应重要事件或状态变化。

相较于请求-响应模式,SNMP 的陷阱消息模式实现了以下优点。

(1) 即时通知:陷阱消息提供了一种机制,使网络设备能够在发生重要事件时立即通知管理系统。这些事件可能包括故障、错误、警告、安全事件等。通过陷阱消息,设备可以主动向管理系统发送通知,而不需要等待管理系统主动查询或轮询设备状态。这种即时通知可以帮助管理人员快速发现和解决问题,提高网络的可用性和响应能力。

(2) 异步通信:陷阱消息提供了一种异步的通信机制,即设备可以在任何时间发送陷阱消息,而不需要等待管理系统的请求。相比之下,同步通信(例如 SNMP 的 GetRequest 和 SetRequest)需要设备和管理系统之间进行请求和响应的交互,这可能导致通信时延和网络负载增加。通过使用陷阱消息,设备可以及时地向管理系统报告事件,而不需要等待管理系统的请求,从而减少通信开销和响应时间。

(3) 重要事件捕捉:陷阱消息允许网络设备捕捉和报告重要事件,以便管理系统可以采取相应的措施。这些事件可能包括硬件故障、链路断开、安全漏洞等。通过陷阱消息,管理系统可以及时了解到这些重要事件的发生,并采取相应的操作,例如发送警报通知、自动化响应或采取纠正措施。这有助于提高网络的可管理性和安全性。

SNMPv2 定义了 7 种类型的消息,这些消息通常被称为 SNMPv2 PDU,如表 8.12 所示。

表 8.12 SNMPv2 PDU 的类型

SNMPv2 PDU 的类型	发送方-接收方	描 述
GetRequest	manager-to-agent	获取一个或多个 MIB 对象的值
GetNextRequest	manager-to-agent	获取列表或表格中下一个 MIB 对象的值
GetBulkRequest	manager-to-agent	获取大数据块(large block of data)中的值
InformRequest	manager-to-manager	通知管理实体远程访问的 MIB 值
SetRequest	manager-to-agent	设置一个或多个 MIB 对象的值
Response	agent-to-manager 或 manager-to-manager	响应 GetRequest、GetNextRequest、GetBulkRequest、SetRequest 或 InformRequest 等消息
SNMPv2-Trap	agent-to-manager	将异常事件通知管理者

GetRequest、GetNextRequest 和 GetBulkRequest 的 PDU 都会从管理实体发送到代理处,以请求被管理设备上的一个或多个 MIB 对象的值。MIB 对象的对象标识符在 PDU 变量中被指定。GetRequest、GetNextRequest 和 GetBulkRequest 的数据请求粒度不同。GetRequest 可以请求任意一组 MIB 值;多个 GetNextRequest 可用于对 MIB 对象的列表或表格进行排序;GetBulkRequest 允许返回大块数据,避免发送多条 GetRequest 或 GetNextRequest 消息时产生的大量开销。在上述 3 种情况下,代理都会使用包含对象标识符及其相关值的 Response PDU 进行响应。

管理实体使用 SetRequest PDU 来设置被管理设备中一个或多个 MIB 对象的值。代理回复具有"noError"状态的 Response PDU,以确认该值确实已被设置。此外,管理实体使用 InformRequest PDU 将来自另一个管理实体的 MIB 信息发送给接收管理实体,接收管理实体回复一个带有"noError"状态的 Response PDU,以确认收到 InformRequest PDU。

SNMPv2 PDU 的最后一种类型是陷阱消息。陷阱消息是异步生成的,即它们不是响应接收到的请求来生成的,而是基于需要通知管理实体的事件来生成的。RFC 3418 定义了不少的陷阱消息类型,用于表达设备冷启动或热启动、链路上升或下降、邻居丢失或身份验证失败等事件。管理实体不需要对收到的陷阱消息进行响应。

SNMPv2 PDU 格式如图 8.40 所示。鉴于 SNMPv2 的请求-响应特性,尽管 SNMPv2 PDU 可通过许多不同的传输协议进行发送,但 SNMPv2 PDU 通常被封装在 UDP 报文的有效载荷中来发送。由于 UDP 是一种不可靠的传输协议,因此无法保证接收方会收到请求或其响应。管理实体使用 PDU 的请求 ID 字段对其请求进行编号,在发送响应前可从接收到的请求中获取其请求 ID。因此,管理实体可以使用请求 ID 字段来检测丢失的请求或回复。如果在给定的时间之后没有收到相应的响应,则由管理实体决定是否重新传输请求。SNMP 标准并没有规定具体的重传过程,它只要求管理实体对重传的频率和持续时间负责。

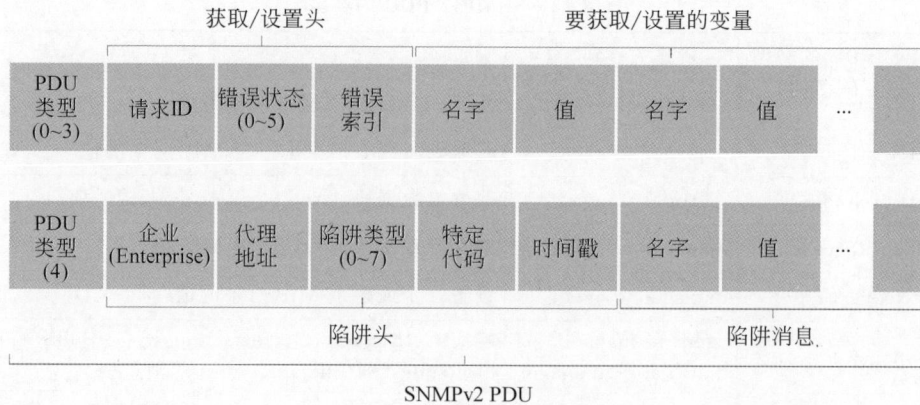

图 8.40 SNMPv2 PDU 格式

8.8 本章总结

本章重点介绍了网络应用层的基本概念及多种经典的网络应用类型。我们通过将自己扮演成一个打算开发文件传输应用的网络应用开发者,探讨了应用层体系结构和应用之间的协作。在此基础上,本章介绍了 DNS 域名服务、电子邮件的基础知识,包括体系结构、消息格式和常用协议。对于 Web 应用,本章探索了其历史、结构组件和 HTTP 的功能特点。本章还介绍了搜索引擎的基本原理、作用和意义,以及搜索引擎算法对网站可见性和用户流量的影响。然后,本章介绍了流媒体的基本概念、压缩技术和不同类型的流媒体服务,包括流式存储媒体、直播与实时流媒体,并介绍了流媒体动态自适应传输。最后,本章介绍了网络管理协议,包括简单网络管理协议(SNMP)等。

通过学习本章内容,我们深入理解了应用层在网络通信中的重要性和功能。我们认识到网络应用的多样性和不断演变,以及应用层协议在实现这些应用中的关键作用。对于网络应用的开发和管理者来说,本章提供了重要的知识和指导,帮助他们更好地理解和应用网络应用层技术。

习题 8

1. 请判断以下关于网络应用模型的叙述的正误,并简单给出理由。

(1) 在 P2P 模型中,节点之间具有对等关系。

(2) 在客户/服务器(C/S)模型中,客户与客户之间可以直接通信。

(3) 在 C/S 模型中,主动发起通信的是客户,被动通信的是服务器。

(4) 在向多个客户发送同一个文件时,P2P 模型通常比 C/S 模型需要的时间短。

2. 在一个 C/S 体系结构的应用中,客户与服务器选择使用 UDP 进行数据传输,客户与服务器之间要求可以完整地相互传输数据。客户与服务器应用应该至少需要实现哪些功能才能做到上述的要求?

3. 请在网络上搜索学习"面向服务的架构"(Service-Oriented Architecture, SOA),并且编程实现如下功能:设计两个服务器应用,分别用于接收两个整数并返回两个数的和、接收两个整数并返回两个整数的乘积;再设计一个客户应用,使其分别使用两个服务器应用的服务来执行一个只有加法和乘法的运算。

4. 阐述 DNS 协议在互联网体系结构中的重要性,并通过查阅相关资料,动手实践域名信息搜索器(Domain Information Groper,DIG)命令,阐述其在诊断 DNS 故障中的具体作用。

5. 通过互联网查找相关文献资料,了解 DNSSEC 协议。相较于 DNS 协议,阐述 DNSSEC 协议诞生的动机以及有哪些具体的改进。

6. 某一组织的 Web 服务器和邮件服务器是否可以有相同的别名? 对于邮件服务器,其相关 DNS 的资源类型记录具体是什么?

7. 考虑全部互联网域名服务器没有启用缓存机制,并假定从你所在的局域网发出了一个解析 www.cernet.edu.cn 域名的 DNS 请求,请具体阐述该 DNS 的递归查询过程。

8. 具有一个域名的服务器是否可以有多个 IP 地址? 阐述你的理由。

9. 假定你有一个顶级域名 org,并且你使用了一个程序来随机产生二级域名并能够顺利注册,请思考并回答:这个二级域名的长度最长为多少? 其具体形式有何要求?

10. 要发送一封电子邮件必须添加的内容是(　　　)。
    A. 发信人地址　　　B. 收信人地址　　　C. 主题　　　　　D. 信件内容

11. 下列不属于发送电子邮件可能涉及的应用层协议是(　　　)。
    A. SMTP　　　　　B. SNMP　　　　　C. HTTP　　　　D. POP3

12. 关于电子邮件使用协议的叙述中错误的是(　　　)。
    A. 用户代理发送邮件到发送方邮件服务器采用 SMTP
    B. 用户代理从接收方邮件服务器读取邮件采用 POP3
    C. 电子邮件从发送方浏览器发送到发送方邮件服务器采用 HTTP
    D. 接收方用浏览器从接收方邮件服务器读取邮件采用 POP3

13. 如果电子邮件到达时,接收方计算机没有开机,则电子邮件将会(　　　)。
    A. 退回给发送方　　　　　　　　　B. 保存到接收方邮件服务器上
    C. 过一会再重新发送　　　　　　　D. 丢失

14. 试简要叙述 IMAP 和 POP3 的主要区别。

15. 试简要叙述电子邮件从发送到接收的过程中的主要步骤及所使用的协议。

16. 你收到一封可疑的电子邮件,怀疑它是怀有恶意的人发送的。这封电子邮件中的 FROM 表示,该电子邮件是由某个你信任的人发送的。为了检查它的真实性可以怎么做? 请简要描述思路。

17. 搜索引擎工作流程中最主要的三部分是什么?

18. 试简要叙述三代搜索引擎的演变历程。

19. 假如一个超链接从一个万维网文档链接到另一个万维网文档时,由于万维网文档上出现了错误,从而使超链接指向一个无效的计算机名。这时浏览器将向用户报告什么?

20. 假如要从一个已知的 URL 获得一个万维网文档,但该万维网服务器的 IP 地址在开始访问前并不知道,那么除了 HTTP 外,还需要应用层和传送层的什么协议?

21. 浏览器同时打开多个 TCP 连接进行万维网文本浏览有什么优缺点？

22. 请简单讲述什么是动态 Web 文档，对每种不同的 Web 文档举出 2～3 个例子。

23. 请简单讲解错误码 401 和错误码 403 的含义和区别。

24. 在浏览万维网时，单击了一个万维网文档，若该文档除了文本外，还有一个本地 GIF 图像和两个远程 GIF 图像。请问：在加载这个万维网文档时，需要使用什么协议？建立几次 UTP 连接和 TCP 连接？

25. 你在浏览器中打开一个万维网文档的 URL，但这个 URL 的 IP 地址以前没有缓存在本地。假定要解析到 IP 地址共需要经过 n 个 DNS 服务器，每次访问需要的时间分别为 RTT1、RTT2、RTT3、…、RTTn，且忽略服务器发送万维网文档的时间开销，从本地主机到服务器的往返时间为 RTTW。请问：你从单击超链接开始，到万维网文档呈现在浏览器中为止，共经过了多少时间？

26. 在 25 题中，若在请求的万维网文档中，存在 3 个很小的对象（可以忽略对象数据的发送时间），请问：通过以下几种不同的访问方式，分别需要多长时间读取上述对象？

（1）没有并行 TCP 连接的非连续 HTTP。

（2）使用并行 TCP 连接的非连续 HTTP。

（3）流水线方式的连续 HTTP。

27. 某个 Web 界面除了 HTML 对象外，还有 6 个 HTTP 对象：object1、object2、…、object6，其中 object2、object3 依赖 object1 的请求结果，object5 依赖 object2 的请求结果，object6 依赖 object4 的请求结果。现在使用长连接的方法访问该 Web 界面，假设建立 HTTP 连接并得到第一个响应花费了 150ms，每次发出 HTTP 请求并得到 HTTP 响应的时延均为 50ms，请问：使用顺序请求方法和流水线方法所需要的总时延各为多少？

28. 仍旧考虑 27 题的场景，假设在获取 Web 页面的 HTML 对象后，客户端对每组相互独立的 HTTP 对象同时发出多个 TCP 连接进行请求，这里 TCP 连接建立的时延开销为 75ms，关闭的时延开销为 10ms，请问：访问该 Web 页面的总时延为多少？

29. 简述在浏览器中首次输入 www.tsinghua.edu.cn 时浏览器和服务器之间的通信过程。

30. 简述 GET 方法和 POST 方法在安全性上的区别。

31. 假设 GET 方法产生一个 TCP 数据包，即浏览器会把请求头和消息体一并发送出去；POST 方法产生两个 TCP 数据包，即浏览器先发送请求头，等到服务器响应 100 Continue 时再发送消息体。请思考两种方法的传输性能。

32. 考虑如下的 HTTP 请求报文：

```
GET /tomorrow/index.html HTTP/1.1
Host：cs.network.tab
User Agent：Mozilla/5.0（Windows NT 10.0；Win64；x64）AppleWebKit/
124（KHTML，like Gecko）Safari/125
```

> Accept：ext/xml,application/xml,application/xhtml＋xml，text/html；q＝
> 0.9，text/plain；q＝0.8，image/png，＊，＊；q＝0.5
> Accept-Language：zh-CN,zh;q＝0.8,en;q＝0.6
> Keep-Alive：300
> Connection：keep-alive

（1）所使用的 HTTP 版本是什么？

（2）请求的 URL 是什么？

（3）浏览器信息由哪个请求头说明？这样做的目的是什么？

33. 考虑如下 HTTP 请求报文：

> GET /yesterday/index.html HTTP/1.1
> Host：cs.network.tab
> Accept：text/html
> If-modified-since：16 Oct 2022 22：00：00

（1）请列举两个可能的 HTTP 响应状态码。

（2）如果该请求报文被发送给 HTTP 高速缓存代理,请问：代理应该如何处理？

34. 使用 CDN 服务有哪些不足之处？

35. 音视频数据和普通文件数据都有哪些主要区别？这些区别对音视频数据在互联网上传输所用的协议有哪些影响？

36. 端到端时延与时延抖动有什么区别？产生时延抖动的原因是什么？为什么说在传输音视频数据时对时延和时延抖动都有较高的要求？

37. 将携带实时音频信号的固定长度数据包序列发送到互联网。每隔 10ms 发送一个数据包。前 10 个数据包通过网络的时延分别为 45ms、50ms、53ms、46ms、30ms、40ms、46ms、49ms、55ms 和 51ms。

（1）用图表示出这些数据包发出时间和到达时间。

（2）若在接收端还原时的端到端时延为 75ms,试求出每个数据包在接收端缓存中应增加的时延。

（3）画出接收端缓存中的数据包数与时间的关系。

38. 媒体播放器和媒体服务器的功能是什么？媒体服务器为什么称为流式服务器？

39. 考虑一个具有 N 个视频版本(具有 N 个不同的速率和质量)和 N 个音频版本(具有 N 个不同的速率和质量)的 DASH 系统。假设我们想允许播放者在任何时间选择 N 个视频版本和 N 个音频版本之一：

（1）如果我们生成音频与视频混合的文件,并且服务器在任何时间仅发送一个媒体流,该服务器将需要存储多少个文件(每个文件有一个不同的 URL)？

（2）如果该服务器分别发送音频流和视频流并且与客户同步这些流,该服务器将需要存储多少个文件？

40. 讨论 MPEG 标准中 Ⅰ 帧图像、P 帧图像和 B 帧图像 3 种类型图像的具体含义和在编码中的作用。

41. 实时流式协议(RTSP)的功能是什么? 为什么说它是带外协议?

42. RTP 数据包头部为什么要使用序号和时间戳?

43. 有一个 RTP 会话包括 4 个用户,他们都与同一个组播地址进行通信:发送和接收数据包。每个用户发送视频的速率是 100kb/s。

(1) RTCP 的通信量将被限制在多少(kb/s)?

(2) 每一个用户能够分配到的 RTCP 带宽是多少?

44. 通过互联网查阅相关文献资料,简述常见的网络管理工具,分析这些工具的优缺点。

45. SMI、MIB、SNMP 在网络管理中的角色是什么? 阐述它们之间的区别和联系。

46. 本章介绍了 SNMP 一般在传送层使用不可靠的 UDP。如果 SNMP 基于TCP 传输,相较于 UDP 传输有哪些优点和缺点?

47. 本章介绍了 SNMP 的两种模式,即请求-响应模式和陷阱消息模式,请从下述3 方面思考并阐述这两种模式的优缺点。

(1) 开销。

(2) 响应实时性,尤其是当异常事件发生时。

(3) 鲁棒性,尤其是管理实体和被管理设备间发送的 SNMP 消息被丢弃时。

第 9 章

网络空间安全

网络空间安全(cyberspace security,或简称 cybersecurity)包括传统信息安全所研究的信息保密性、完整性、可用性、真实性和可控性,以及网络空间的基础设施、信息系统的安全性和可信性。网络空间安全面临着日益严重的挑战,逐渐成为各方利益冲突和争夺的主战场。国家或地区在政治、经济、军事等各领域的冲突都会反映到网络空间。此外,网络犯罪和网络攻击也对个人和企业的信息和财产安全构成严重威胁,以非法牟利为目的的网络窃听、网络欺诈、账号盗取等计算机网络犯罪已经形成了地下经济产业链。因此,网络空间安全受到了国内外政府、学术界和工业界的高度关注。

本章首先介绍网络空间安全体系、网络空间安全的现状和前沿,以及不同网络空间安全体系的威胁和安全防御,使读者对网络空间安全有一个宏观的认知。但考虑到网络空间安全背景知识宏大,限于本书篇幅,本章将重点介绍与计算机网络相关的重要安全话题,包括密码学基础、源地址验证、路由安全、DNS 安全、防火墙和入侵检测系统,其他相关安全内容请参考其他相关书籍。

9.1　网络空间安全体系

网络空间安全的主要内容包括网络空间安全基础、密码学及应用、系统安全、网络安全和应用安全五方面,如图 9.1 所示。网络空间安全基础为其他方面提供理论依据、技术架构和方法学指导;密码学及应用为其他安全提供密码学机制;系统安全保证网络空间中单元计算系统的安全;网络安全保证连接计算机的中间网络自身的

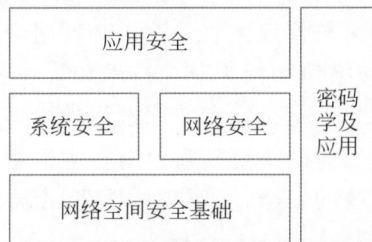

图 9.1　网络空间安全组成

安全以及在网络上所传输信息的安全;应用安全保证网络空间中应用系统的安全,是安全机制在互联网中的综合应用。

9.1.1　网络空间安全基础

网络空间安全基础是支撑网络空间安全的基础,为网络空间安全其他组成提供理论依据、技术架构和方法学指导。网络空间安全基础主要包括:网络空间安全数学理论、网络空间安全体系结构、网络空间安全博弈理论、网络空间安全治理与策略、网络空间安全标准与评测、网络空间中人的安全行为与管理。

网络空间安全数学理论针对网络空间作为一个复杂巨系统的本质问题,从数学的角度设计系统和网络的模型、互连结构、行为特性和演化规律,揭示多域网络关联交互的内在机理,建立预测模型,从而对各种类型的网络及其不同深度的多域复杂网络的安全设计、安全控制提供理论依据。

网络空间安全体系结构针对网络空间所表现出来的新特性,为其他安全技术提供顶层设计架构,从而规范各类安全技术。在此基础上,其主要关注网络空间安全威胁模型,以及能有效应对威胁的网络空间安全机制。

网络空间安全博弈理论为物理、逻辑、社会和认知全域动态安全提供理论基础和方法支撑。其具体包括分析网络空间高级持续威胁新特性,理解网络空间威胁行为的前后关联和演化机理,在此基础上,探索网络空间行为分析与对抗的实质,提出能准确建模网络空间威胁长期演化过程中的攻防对抗过程、分析攻防双方效益以及确定攻防双方最佳行动策略的对抗博弈理论与方法体系。

网络空间安全治理与策略制订相关战略与法规,从政策层面确保各级政府部门、安全组织以及个体相互协作、共筑网络空间安全防线。网络空间安全战略与法规具体关注统一的网络空间安全政策框架;引导相关机构、组织和国民参与保护网络空间安全并构建网络空间安全文化;加强国家与国家、组织与组织、个体与个体之间的安全合作;规范各参与方的网络空间行为并在法理层面上明确安全底线和应对措施,以不断提高政治、经济、国防、公共安全等国家关键领域的安全性。具体关注对象包括网络空间国际战略、国家战略、国防战略、网络空间行为规范、网络空间战争法、网络空间安全文化等。

网络空间的安全标准与评测主要关注网络和信息系统在安全方面应该达到的基本要求、接口协议和管理规范。安全标准与评测是指对目标系统的功能或性能进行测试和评估,验证它是否达到了标准所规定的要求,是否可以防御标准所规定的安全威胁。

网络空间中人的安全行为与管理主要关注人与网络空间的交互行为,探索人的安全行为模式,进一步地设计网络访问行为监控技术和管理制度,以规范人的网络行为,控制和减少人的不安全行为。人是访问和使用网络的主体,是网络空间安全的一个重要组成部分。人的不安全行为对网络空间安全有极大的影响,有意识的恶意访问和攻击会严重危害网络和信息系统的安全,无意识的配置错误、误操作等也会使一些安全措施失效,增加安全风险。

9.1.2　密码学及应用

密码学是一门集数学、信息论、计算机科学、复杂性理论等于一体的深度交叉与融合的学科,其主要关注在有敌手环境下的安全通信系统。密码学主要分为密码编码学和密码分析学两个分支。**密码编码学**主要是对信息进行编码,设计抵御敌手攻击的密码算法或者系统,保护信息在存储、传输和处理过程中不被敌手窃取、篡改,保证网络信息的保密性、合法性、完整性和不可否认性;而密码分析学则与密码编码学相反,主要从敌手的角度,关注如何分析和破译现有密码算法或系统的密码安全功能。这两者之间既相互对立又相互促进,密不可分。随着信息化程度不断提升,密码学的应用越来越广泛,为信息安全提供理论支撑和技术解决方案,成为网络空间安全组成的核心。其主要关注内容具体包括对称密码设计与分析、公钥密码设计与分析、安全协议设计与分析、侧信道分析与防护以及量子密码与新型密码。

对称密码设计与分析主要关注加解密使用相同密钥的加密算法及相关密码系统,其中包括分组密码、序列密码、消息认证码和哈希函数。由于加解密速度的高效性和灵活性,对称密码广泛应用于现代通信网络中,提供信息的保密性、完整性和可认证性保护。对称密码设计与分析主要关注对称密码的分析与设计理论,针对国际上通用的对称密码算法或标准算法探讨可行的分析技术,对其安全性进行分析甚至破解;结合现代密码技术、编码理论和密码应用需求设计安全可靠的对称密码体制。

公钥密码设计与分析主要关注基于公钥密码的分解因子、离散对数、格最短向量和背包问题等数学难题,该类密码体制的安全性分析方法和设计思想,以及快速实现技术等。公钥密码是采用一对公钥和私钥的密码算法,包括公钥加密算法和数字签名算法,提供保密、认证和不可否认性等功能。公钥密码基于数学难题设计,根据数学难题的不同,可以划分为 RSA 类的公钥密码算法、Elgmal 类数字签名算法、椭圆曲线密码,以及新的抗量子攻击的格密码体制和多变量密码体制等。

安全协议设计与分析主要从可证明安全的角度关注密码协议的安全性,探讨其安全性证明方法,结合具体应用环境构造高效的安全协议,以及密码协议的安全实现技术等。安全协议是建立在密码体制基础上的一种交互安全通信协议,它运用密码算法和协议逻辑来实现认证和密钥分配等安全服务。安全协议包括密钥协商、秘密共享、身份认证协议、群签名协议、安全多方计算、电子钱币和电子投票等,在金融、商务、政务、军事和社会生活等领域的通信系统中的应用日益普遍。

侧信道分析与防护主要关注结合密码具体实现提炼泄露信息的方法与技术,并基于这些泄露信息构造密码攻击技术;同时针对软硬件环境,设计密码算法的安全实现技术,防御主动和被动攻击。侧信道分析利用密码设备在运行过程中的时间消耗、功率消耗或电磁辐射等物理信息泄露来恢复密码设备中的秘密信息。侧信道攻击包括计时攻击、能量攻击、电磁辐射攻击、错误攻击和缓存攻击等。

量子密码与新型密码主要关注量子密码、量子通信甚至是量子计算机环境下的密码体制的设计理论和分析技术,如量子密钥分发协议及实用化技术,量子计算机环境下的加密算法、签名算法和密码协议的设计理念等,以及量子计算机环境下的密码分析技术和密码数学难题求解方法等。新型密码则主要关注采用不同于基于传统数学方法理念设计的密码算法的设计理念与安全性分析方法,如 DNA 密码、混沌密码等算法。

9.1.3　系统安全

系统安全主要关注网络空间中具有独立计算能力的计算机系统的安全性设计、实现,以及安全性测试评估的基本原理、方法和技术。"系统"是指构成网络空间的基础终端节点,如计算机、嵌入式系统、移动终端等。系统安全重点关注保障芯片、系统软件、计算平台安全的方法与关键技术,并提高计算机系统对恶意代码的防护能力,其主要内容包括芯片安全、系统硬件与物理环境安全、系统软件安全、恶意代码分析与防护、可信计算、先进计算安全等。

芯片安全针对网络空间计算系统中各类硬件芯片(如 CPU、网络接口芯片、安全芯片、存储芯片等)可能被通过逆向工程和物理电路分析获取内部机制信息而被破解(如获得安全密钥)的安全问题,设计保护硬件芯片自身安全性的机制和方法。具体包括芯片安全威胁、硬件侧(隐)信道分析与对抗、各类芯片安全评估、各类芯片脆弱性分析及利用等。

系统硬件与物理环境安全关注构成计算机系统的各组成部件(比如硬盘、网卡、显示器等)以及外部设备(比如打印机)在特定的物理环境中的安全问题,比如身份识别和认证、监控、信息泄露、访问控制、信息取证等。其主要内容包括计算机系统各组成部件和外设的安全、设备认证、监控、信息泄露、访问控制、信息取证等。

系统软件安全关注计算机系统中的操作系统与中间件、数据库系统、语言处理程序、系统辅助处理程序等系统软件的安全保障体系和技术,其主要内容包括相应的威胁建模方法、漏洞分析和挖掘技术、脆弱性分析技术、安全防护、检测和恢复技术、安全生命周期过程管理和控制技术,以及安全性评测方法、技术和标准等。

恶意代码分析与防护针对利用网络空间计算系统安全脆弱性的各类恶意代码,从终端行为(含扫描、渗透、感染、隐藏等)分析的角度,设计发现和防护恶意代码的一般性技术和方法。其主要内容包括病毒、蠕虫、木马等恶意代码防御技术、分析与检测技术、隔离与清除技术。

可信计算重点关注可信计算的理论、方法、技术及软硬件系统等,从芯片、硬件、操作系统等方面综合采取安全措施,实现基于硬件模块支持的可信计算平台。可信计算从可信根出发,解决计算平台运行环境的整体安全性。

先进计算安全主要包括服务计算安全、云计算安全、云存储安全、虚拟化计算安全、大数据安全、社会计算安全、网格计算安全、移动计算安全、仿生计算安全、生物医学计算安全等。先进计算是指利用高性能超级计算机和网络系统,构建下一代信息基础设施,使分散在不同地理位置的计算机组成一台庞大的虚拟超级计算机,实现网上各种资源的全面联通和共享。

9.1.4　网络安全

网络安全关注网络空间中网络所面临的各种威胁和防护手段,涉及网络安全风险分析、网络自身的安全防护、接入实体的安全管理和控制以及端到端通信的安全,包括身份认证,访问控制,数据的保密性、完整性和可用性等安全服务,网络安全机制涉及预防、检测和应急响应等多个环节。网络安全是网络空间安全中的支柱技术之一,首先网络自身的安全可靠运行是网络空间中各种活动能够开展的前提,其次网络安全为接入系统提供了端到端的安全通信机制。网络安全的主要内容包括通信基础设施与物理环境安全、互联网基础设施安全、网络安全管理、网络安全防护与主动防御(攻防与对抗)和端到端的安全通信。

通信基础设施与物理环境安全主要关注互联网所依赖的通信网络(如光传输网络、移动通信网络、卫星网络、无线通信等)的安全,包括针对通信网络的各种攻击技术和安全防护手段,如信道的窃听与链路加密、无线信道的干扰与阻塞、无线接入终端的鉴别机制等,其具体内容包括:①电信传输网络安全,主要研究基于光纤或电缆媒体的固网安全,包括物理层、数据链路层的各种威胁和防范措施,比如信道监听和加密等;②无线通信网络安全,主要包括无线个人网络、无线局域网、无线城域网以及卫星通信网络的安全威胁和防护措施;③移动通信网络安全,主要关注移动通信网络中的安全威胁分析与防范问题;④网络设备、链路所处的物理环境和信息在传输过程中涉及的安全风险和保护技术,如信息泄露、访问控制等。

互联网基础设施安全主要关注互联网核心功能和关键基础服务面临的风险分析和安全防护措施,其具体内容包括:①路由系统安全,路由系统的正常工作是互联网连通性的最基本保证,研究互联网路由系统和协议面临的威胁,比如路由假冒和劫持、路由会话的重置和拒绝服务攻击,以及针对这些攻击采取的防范措施;②域名系统安全,域名系统提供域名和 IP 地址之间的查询服务,主要关注域名系统面临的安全威胁,如域名劫持、域名污染等攻击,以及 DNSSEC 等安全防护机制;③协议安全,包括各层协议设计和实现中的安全问题,比如认证、保密性、完整性等;④用户认证和访问控制,包括接入用户的身份识别与认证机制、网络资源的访问控制机制,以防止非法用户对资源的未授权使用,如防火墙等。

网络安全管理主要指对网络的安全状态或面临的风险进行分析和测量,对不同接入实体或系统行为进行分析或控制,以发现潜在的或正在进行的威胁或攻击,其具体内容包括:①安全风险和势态感知,通过主动(如扫描)或被动(流量分析)的测量,了解网络的安全状态、用户行为的宏观特征和发展趋势,监测网络运行的整体态势;②入侵检测与防护,通过对网络流量、日志等信息,利用统计或模式匹配的方法,及时检测网络中的攻击,采取相应的防范措施(告警或阻止);③应急响应和网络取证,在攻击事件发生后关注攻击的证据获取、分析和保全以及攻击来源追踪,也包括事前为预防攻击、保证系统在攻击情况下可持续运行而采取的应急备份技术;④网络攻防,主要关注信息系统攻击和防御过程及其在现实条件约束下,形成对立统一的动态演化和不断发展的系统"正""反"问题,强调在动态演化对抗过程中以及在激烈对抗环境下,信息和网络系统安全存在和转换的条件,不断提升系统安全对抗性能的相关理论水平和技术,从而保证信息系统的动态信息安全功能的发挥和保持。

网络安全防护与主动防御(攻防与对抗)主要关注网络安全漏洞的发现、分析和利用或攻击方法,通过了解敌手的攻击手段,进而采取更加有效的防御措施。

端到端的安全通信主要关注在存在网络攻击的环境下,如何保证通信的真实性、保密性、完整性、匿名性,其具体内容包括:①安全通信协议,包括信息在网络传输过程中安全性分析与保护,主要利用密码机制保护信息在传输过程中的安全性,包括身份认证、密钥协商、数据加密和完整性保护、匿名信等;②虚拟专用网络,主要关注如何利用网络协议、密码保护机制,在公共网络中建立起安全的通信信道,进而形成私有的专用网络,虚拟专用网可以包括各个协议层,比如 MPLS、IPSEC、SSLVPN 等;③匿名通信,关注如何在通信过程中隐藏发送方或接收方的地理位置和身份信息,主要用于情报收集等。

9.1.5　应用安全

应用安全技术是指为保障各种应用系统在信息的获取、存储、传输和处理各个环节的安全所涉及的相关技术的总称，其中系统安全技术与网络安全技术是应用安全技术的基础和关键技术。只有从应用系统的硬件和软件的底层开始，综合集成各种安全技术和措施，才能有效保证应用系统的安全。应用安全涉及如何防止未经授权的访问、身份或资源的假冒、数据的泄露、数据完整性的破坏、系统攻击与入侵、系统可用性的破坏等。应用安全的主要内容包括关键应用系统安全、物联网与工控系统安全、社会网络安全、信息内容安全、数据安全与隐私保护等。

关键应用系统安全主要关注国家关键信息基础设施的安全问题，其中关键信息基础设施包括金融、能源、电力、化工、交通、医疗等领域的信息设施。关键信息基础设施担负着保障国家安全、经济发展与社会稳定的重任，关键信息基础设施一旦受到威胁和破坏，所造成的直接和间接损失是无法估量和难以接受的，加强对国家关键信息基础设施的保护迫在眉睫。为从根本上提高关键信息基础设施的整体防护水平，重点关注关键信息基础设施的安全体系架构、安全态势感知与安全风险评估技术，以及动态安全防护机制与模型、安全增强技术、强制性安全认证和供应链审查等。

物联网与工控系统安全主要关注无线传感器网络安全、安全定位、物联网中的抗干扰、射频识别的隐私与安全、物联网嵌入式系统安全、工控系统漏洞挖掘技术、工控系统入侵检测技术、协议异常性检测与防护技术、异常行为检测技术、安全审计技术、针对新型攻击技术的防护技术等。物联网相较于传统网络，其感知节点大都部署在无人监控的环境中，具有能力脆弱、资源受限等特点，并且由于物联网是在现有的网络基础上扩展了感知网络和应用平台，传统网络安全措施不足以提供可靠的安全保障，从而使得物联网的安全问题具有特殊性。工业控制系统由各种自动化控制组件和实时数据采集、监测的过程控制组件共同构成。随着工业化和信息化融合的不断深入，工业控制系统被广泛应用于水处理、能源、电力、化工、交通运输、金融等行业的关键基础设施中，且越来越多地采用通用协议、硬件和软件，并与公共网络进行互连。因此，一旦工控系统受到攻击，将会直接导致关键基础设施瘫痪，甚至对国家的经济和社会酿成不可挽回的灾难性后果。

社会网络安全包括用户身份认证与数据访问控制、社会工程学攻击的检测与防护、数字取证、网络内容识别与理解、不良信息过滤、网络舆情分析与预警等关键技术。在线社会网络是由用户及用户间的相互关系组成的虚拟网络，并向用户提供社会化的服务。在线社会网络记录了用户大量的活动数据，这就带来了很多安全与隐私问题，包括隐私威胁、恶意内容攻击、恶意代码攻击、社会工程学攻击、身份盗窃、网上滋扰或网上欺凌等。

信息内容安全包括网络与传输信道实时阻断，内容理解与舆情分析，数字水印与信息隐藏，管道安全与内容安全，网络信息内容的获取、发现、分析和响应，以及信息内容安全管理，涉及信息的机密性、可控性和可鉴别性等，具体包括文本内容安全、多媒体内容安全、邮件内容安全、短信/微信内容安全等。信息内容安全是信息安全在政治、法律、道德层次上的要求，即信息内容在政治上是健康的，在法律上是符合国家法律法规的，在道德上是符合中华民族优良道德规范的。

数据安全与隐私保护主要关注网络空间新内涵,即大数据的分析理论与方法以及数据所有者的隐私保护。大数据的具体研究分为两方面:一方面是利用大数据分析技术发现网络空间中纷繁复杂数据间的内在关联关系和演化规律,为进一步的安全分析提供重要基础;另一方面揭露敌手环境中网络空间中大数据计算模式中的安全问题,为开展网络空间安全对抗提供重要基础。隐私就是个人、机构等实体不愿意被外部世界知晓的信息。隐私包括敏感数据以及数据所表征的特性。随着数据挖掘和数据发布应用的发展和普及,保护隐私数据和防止敏感信息泄露成为当前面临的重大挑战。根据需要保护的内容不同,隐私保护又可以进一步细分为位置隐私保护、标识符匿名保护、连接关系匿名保护等。根据采用技术的不同,隐私保护技术主要包括基于数据失真的隐私保护技术、基于数据加密的隐私保护技术及基于限制发布的隐私保护技术。

9.2 密码学基础

密码学的历史悠久,可以追溯至古代,如凯撒时期的凯撒密码。近几十年来,随着互联网的发展,密码学在网络安全领域得到广泛应用,有了许多新的进展。详细讨论密码学可以另写一本书了,因此我们在这里只是简要地介绍密码学中的一些关键技术,特别是应用在互联网中的技术。同时,虽然本节的重点是介绍具有保密性质的加密技术,但在实际应用中,加密技术与身份验证、消息完整性、不可否认性等密不可分,它们形成了一个密不可分的整体。

加密技术的基本目标之一是允许发送方将数据伪装起来,使得攻击者即使看到了消息也无法获取有效的信息。当然,接收方需要能将原始数据还原出来。图 9.2 展示了加解密流过程。

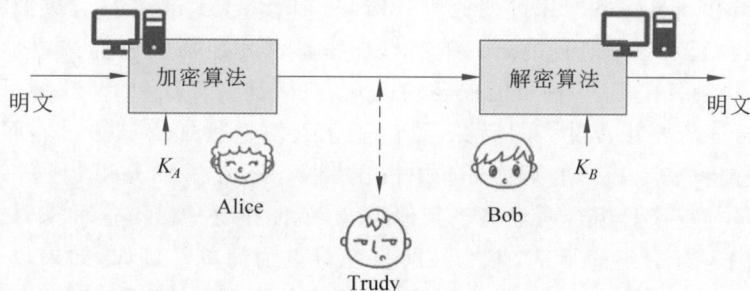

图 9.2 加解密流程

假设现在 Alice 想要向 Bob 发送一条消息,这一原始消息被称为明文。Alice 使用一种加密算法来加密这条消息,得到密文。在许多现代加密系统中,加密算法都是已知的——公开、标准、透明(参见 RFC 1321、RFC 3447、RFC 2420)。显然,如果所有人都知道加密的方法,那么就需要另一种隐蔽的信息来阻止攻击者解密,也就是密钥。

在图 9.2 中,Alice 向加密算法提供了一个密钥 K_A(一个纯数字或各种字符混合的字符串)。加密算法将密钥和明文一并作为输入,然后将密文作为输出。$K_A(m)$ 表示明文 m 的密文形式(用密钥 K_A 加密)。类似地,Bob 向解密算法提供了另一个密钥 K_B。解密算法将密文和 Bob 的密钥作为输入,输出原始的明文。也就是说,如果

Bob 收到了加密信息 $K_A(m)$，那么解密的结果就是 $K_B(K_A(m))=m$。在对称加密系统中，Alice 和 Bob 的密钥是相同的，并且是隐秘的。在非对称加密系统（公钥系统）中，两人使用一对不同的密钥，其中一对是两人皆知的（甚至可以举世皆知），另一对只有其中一人知道（不是两人皆知）。在接下来的两节中，我们将分别进一步介绍对称加密系统和非对称加密系统。

9.2.1　对称加密

所有加密算法都包括了替换的环节。例如，取出一部分明文，并用计算出来的密文替换它。在介绍基于密钥的现代加密算法之前，我们首先介绍一种历史悠久且十分简单的对称加密算法，即凯撒加密算法。

对于一个英文文本，凯撒加密是把每个字母修改为其后第 k 个字母（需要回绕，也就是 z 之后是 a）。例如，如果 $k=3$，那么明文 a 对应密文 d，明文 b 对应明文 e，以此类推。这里，k 就是密钥。例如，如果明文是“bob, i love you. alice”，那么密文就会是“ere, l oryh brx. dolfh”。尽管密文完全是胡言乱语，但只要你知道凯撒加密算法，你就能很快将明文破译出来，因为这里的密钥总共只有 25 种可能。

凯撒加密算法的一种改进算法是单字母加密算法。这种算法把明文中的每一个字母替换为另一个字母，替换本身不需要符合任何规律，但同一个字母需要替换至同一个字母，并且两个不同的字母需要替换到不同的字母。图 9.3 展示了一种可能的替换关系。

```
明文: a b c d e f g h i j k l m n o p q r s t u v w x y z
密文: m n b v c x z a s d f g h j k l p o I u y t r e w q
```

图 9.3　单字母加密

明文“bob, i love you. alice”变成了“nkn, s gktc wky. mgsbc”。类似凯撒加密算法，这里密文看起来也是胡言乱语。单字母加密算法比凯撒加密算法更加安全，因为这里有 26!（数量级在 10^{26}）种可能的替换关系（凯撒加密算法只有 25 种可能）。蛮力尝试 10^{26} 种可能需要花费过多的资源，难以用于破解这种加密算法。然而，通过对于明文的统计分析（如 e 和 t 在英文文本中占比最多，分别占 13％和 9％），并利用一些特定的两字母与三字母组合明显多于其他组合，就能很好地破解这种密码。如果攻击者对于消息内容有一定的了解，那么破解将变得更为简单。例如，如果攻击者 Trudy 是 Bob 的妻子，并怀疑 Bob 和 Alice 有关系，她就会猜测“bob”和“alice”会出现在文本里。如果 Trudy 还知道这两个名字在密文中出现在哪里，那么她立刻知道了 7 个字母的对应关系，这样可以减少 10^9 种可能。

当考虑 Trudy 破坏 Bob 和 Alice 之间加密通信的难度时，通常可以基于攻击者拥有的信息将情况分成如下 3 种。

（1）仅知密文攻击。有时，攻击者只能拦截到密文，而对于明文一无所知。我们已经看到了统计分析对于仅知密文攻击是有帮助的。

（2）已知明文攻击。我们看到如果 Trudy 确定“bob”和“alice”出现在密文中，她就可以为字母 a、l、i、c、e、b 和 o 确定明文-密文对。Trudy 还可能记录了全部通信往来，并找到了 Bob 记录的解密版本。如果攻击者具有一定的明文-密文对，我们就将其称为已知明文攻击。

（3）选择明文攻击。在选择明文攻击中，攻击者可以自行选取明文，并获得其密文版本。对于我们已经学过的简单加密算法，如果 Trudy 能让 Alice 发送"The quick brown fox jumps over the lazy dog"，她就能完全破译这个密码。我们很快就能看到在更复杂的加密技术中，选择明文攻击并不一定能破解加密技术。

五百年前，单字母加密算法的升级版本多字母加密算法出世了。这种方法的思路是使用多个单字母加密，明文不同位置上的字母使用不同的替换关系。图 9.4 展示了一个多字母加密算法的例子。我们使用两个凯撒密码 C_1 和 C_2，并以 $C_1C_2C_2C_1C_2$ 为循环使用两种替换方式。这样，明文"bob, i love you"就被加密为"ghu, n etox dhz"。注意两个 b 使用了不同的替换方式。在这个例子中，关联明文和密文的密钥是两个凯撒密码（$k=5,k=19$）以及模式 $C_1C_2C_2C_1C_2$。

```
明文: a b c d e f g h i j k l m n o p q r s t u v w x y z
C₁:   f g h i j k l m n o p q r s t u v w x y z a b c d e
C₂:   t u v w x y z a b c d e f g h i j k l m n o p q r s
```

图 9.4　使用两个凯撒密码的多字母加密

1. 块加密

我们首先来看看现在的对称加密方法都是怎样的。有两大类对称加密技术：流加密和块加密。本节只关心块加密。块加密在许多互联网协议中都有应用，包括 PGP（安全电子邮件）、SSL（安全 TCP 连接）和 IPsec（安全网络层传输）。

在块加密中，消息每 k 位分成一块，一次加密一块。例如，如果 $k=64$，那么消息就会分成 64 位的块，每块都单独加密。要加密一个块，加密算法将 k 位的明文映射为 k 位的密文。我们来看一个例子，假设 $k=3$，块加密就将 3 位输入映射为 3 位输出。一个可能的映射方式见表 9.1。注意这是一个一对一的映射，也就是说，对于不同的输入需要给出不同的输出。这种块加密算法将消息分成 3 位的块，然后按照上面的映射方式加密每一个块。你可以验证，消息 010110001111 加密后会是 101000111001。

表 9.1　3 位块加密示例

输　　入	输　　出
000	110
001	111
010	101
011	100
100	011
101	010
110	000
111	001

继续这个 3 位块加密的例子，注意表 9.1 只是众多可能的映射之一。总共有多少种可能的映射呢？有 $2^3=8$ 种不同的输入，因此有 $8!=40320$ 种不同的映射。我们可

以将每种映射作为一个密钥——如果 Alice 和 Bob 知道一个共同的映射（密钥），他们就可以加密和解密他们之间的消息了。

暴力方法攻击这种加密方式需要尝试全部的映射可能。对于 40320 种映射，一台普通的家用计算机就可以轻易破解。为了应对暴力攻击，块加密方法通常使用大得多的块，例如 $k=64$ 甚至更大。注意对于 k 位的块来说，可能的映射数量是 $2^k!$，这个函数增长很快，即使对于一般大小的输入输出也是天文数字。

尽管全表块加密对于一般大小的 k 也能提供不错的安全性，但这种方法实现起来却非常困难。对于 $k=64$ 和一个给定的映射，Alice 和 Bob 需要维护一个大小为 2^{64} 的表。如果 Alice 和 Bob 想要改变密钥，他们就需要各自重新生成这个表。因此，全表块加密不在实际使用可以考虑的范围之内。

相反，块加密通常使用函数来模拟随机排列的表。图 9.5 展示了一个 $k=64$ 的函数的例子。该函数首先将 64 位块分成 8 个 8 位的块。每个 8 位块进行一个 8 位到 8 位的映射，这种映射的大小就可以接受了。接下来，8 个输出块被重新组装成 64 位块，然后对块中 64 位的位置重排列（置换）以产生 64 位输出。再将该输出作为输入，开启下一个周期。经过 n 轮这样的循环后，该函数产生一个 64 位密文块。多轮计算的目的是使每个输入位影响大多数（甚至全部）最终输出位（如果仅使用一轮，则给定的输入位将仅影响 64 个输出位中的 8 个）。这一块加密算法的密钥是 8 个映射表（假设置换表是公开的）。

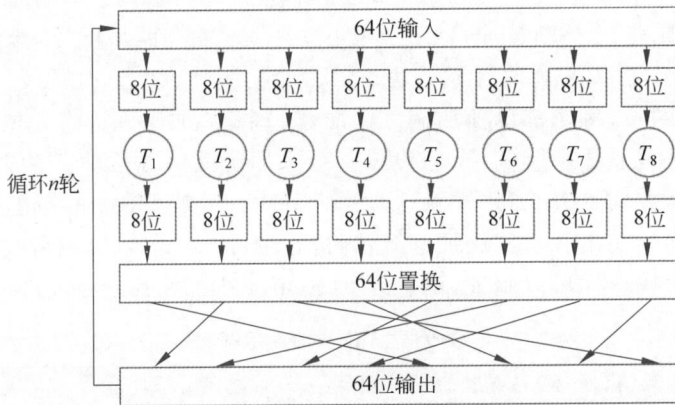

图 9.5   块加密示例

如今有许多流行的块加密算法，包括数据加密标准（Data Encryption Standard，DES）、三重数据加密标准（triple DES，3DES）、高级加密标准（Advanced Encryption Standard，AES）。这些算法都使用了函数而不是映射表，每种算法都使用一个比特串作为密钥。例如，DES 使用 64 位的块，并使用 56 位的密钥。AES 使用 128 位的块，并可以使用 128、192 或 256 位的密钥。一个算法的密钥决定了算法内使用的替换表和置换表。对于这些算法的暴力攻击需要尝试所有可能的密钥，因此需要尝试 2^n 种可能的密钥（n 代表密钥长度）。一台可以在一秒内攻破 56 位的 DES 的机器，需要大约 149 兆年才能攻破一个 128 位的 AES 密钥。

2. 密码分组链接

在计算机网络应用中，通常需要处理长消息或长数据流。如果像上文所述的那样简单地将消息分块,然后分别独立地加密每个块,会存在一个重要的问题。例如,可能有多个块的内容是完全一致的,比如许多个明文块可能是"HTTP/1.1"。对于这种完全相同的块,块加密当然会产生相同的密文。攻击者这样就有可能猜出明文,并根据协议的相关信息进一步解密整个密文。

为了解决这个问题,可以混合一些随机数使相同的块生成不同的密文。用 $m(i)$ 表示第 i 个明文块,$c(i)$ 表示第 i 个密文块,$a\hat{\ }b$ 表示 a 和 b 的异或,密钥为 S 的块加密和解密算法记为 K_S。基本思路如下:发送方为每个块创建一个随机数 $r(i)$,并计算 $c(i)=K_S(m(i)\hat{\ }r(i))$,然后发送方交替发送密文和随机数,即 $c(1)$,$r(1)$,$c(2)$,$r(2)$,…。接收方收到密文和随机数后就可以还原出明文:$m(i)=K_S(c(i))\hat{\ }r(i)$。需要注意的是,尽管 $r(i)$ 是用明文发送的,并且可以被 Trudy 嗅探到,她也无法获得明文 $m(i)$,因为她没有密钥 K_S。同时应当注意两个相同的明文生成的密文并不相同(只因为对应的随机数不同)。

考虑表 9.1 展示的 3 位块加密示例。假设明文是 010010010。如果 Alice 不添加随机数直接加密,那么密文就会是 101101101。如果 Trudy 获取了密文,由于 3 个密文块是相同的,她就可以知道每个明文块也是相同的。现在考虑如果 Alice 生成了 3 个随机块 001、111 和 100,并使用上面的技术加密,那么密文将是 100010000。可以看到每个密文块都是不同的了。

聪明的读者应该已经发现,这种混合一些随机数的方法在解决上述问题时引入了新问题:Alice 需要传输两倍的数据,即对于每个加密的位,Alice 还需要发送一个随机位,这就额外占用了带宽。为了兼顾两者,块加密通常使用密码分组链接(Cipher Block Chaining,CBC)方法。其基本思想是,在第一个位置上传递一个随机块,之后都用上一个块的内容充当下一个块的随机数。具体而言,CBC 的工作原理如下:

- 在加密前,发送方生成一个随机的 k 位串,这个 k 位串称为初始向量(Initialization Vector,IV),记为 $c(0)$,发送方明文发送 IV。
- 对于第 i 个块,发送方计算 $c(i)=K_S(m(i))\hat{\ }c(i-1)$,并发送该块。

现在考虑这种方法的效果。首先,当接收方收到了 $c(i)$,他可以利用密钥解密得到 $m(i)=K_S(c(i))\hat{\ }c(i-1)$。其次,即使两个明文是相同的,对应的密文也一般不同。再次,尽管发送方明文发送了 IV,只要攻击者不知道密钥 S,就无法解密密文。最后,发送方只需要额外发送一个块(IV),对于长消息而言这种开销可以忽略。

仍使用表 9.1 展示的示例。使用明文 010010010,并使用 IV = 001。发送方首先使用 IV 计算出 $c(1)=100$,进而计算出 $c(2)=000$,$c(3)=101$。读者可以自行验证,接收方可以据此复原出明文。

9.2.2 公钥加密

在长达 2000 多年的历史(从凯撒加密算法开始到 20 世纪 70 年代)中,加密算法都需要交流双方共享一个秘密——加解密需要的对称密钥。然而,双方共享密钥本身也需要传递信息。或许双方需要当面交换密钥,并之后据此加密。然而,在网络世界中,交流双方可能永远不会相互见面,而只在网络上交流。有没有可能让交流双方在没有预先交流的情况下共享一个秘密密钥呢? 1976 年,Diffie 和 Hellman 提出的一种算法(Diffie-Hellman 密钥交换算法)实现了这一点,并开启了公钥加密世界的大门。公钥加密系统具有一些很好的性质,这使得它不只被应用于加密。

公钥加密在概念上非常简单。考虑 Alice 要与 Bob 通信,如图 9.6 所示,Bob 和 Alice 并不共享同一个密钥(对称加密系统中通常共享一个密钥)。相反,Bob(接收方)拥有两个密钥:一个是世界上所有人(包括攻击者)都知道的**公钥**,一个是只有 Bob 知道的私钥。我们用 K_u 和 K_i 分别代表 Bob 的公钥(public key)和私钥(private key)。在与 Bob 的交流中,Alice 首先获取 Bob 的公钥。然后,Alice 使用 Bob 的公钥 K_u 和一个已知的(例如标准化的)算法来加密消息 m,得到 $K_u(m)$。Bob 收到 Alice 发来的加密消息后使用他的私钥 K_i 和一个已知的(例如标准化的)算法来解密,得到 $K_i(K_u(m))$。其中,密钥和加密算法的选择可以保证 $K_i(K_u(m))=m$。通过这种方式,Alice 可以利用 Bob 的公钥来发送加密信息而无须和 Bob 共享任何秘密信息。对于加密方式,还可以交换公私钥在加解密中的位置,即 $K_u(K_i(m))=m$。

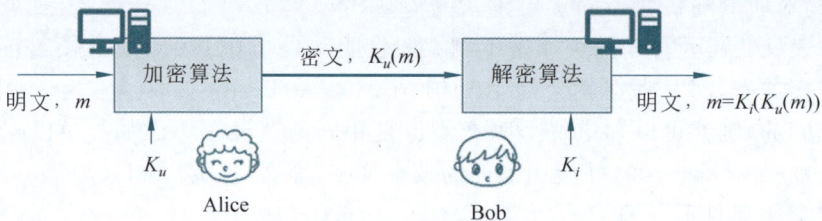

图 9.6　公钥加密

公钥加密算法在概念上非常简单,但有两个很容易想到的担忧。其一是虽然攻击者无法直接读懂密文,但他拥有公钥和加密算法,因此可以进行一个选择明文攻击:Trudy 或许会尝试诱导 Alice 加密一些可能会发送的消息或消息片段,并观察明文和密文的对应关系。鉴于此,要想有效,公钥加密算法必须能保证猜出私钥或明文的代价极高以至于实际上无法实现。其二是既然加密算法和公钥都是公开的,固然 Alice 可以给 Bob 发消息,实际上任何人都可以给 Bob 发加密消息,并号称是 Alice 发送的。在对称加密算法中,知道密钥本身就可以用于鉴别 Alice 的身份。但对于公钥加密算法,任何人都可以用 Bob 的公钥加密,因此必须配合 9.2.4 节介绍的数字签名一起使用。

尽管公钥加密算法有很多,但 **RSA 算法**(以三位创建者 Ron Rivest、Adi Shamir 和 Leonard Adleman 为名)几乎成了公钥加密算法的同义词。我们先观察 RSA 算法是如何工作的,然后再观察它为什么有效。

RSA 算法充分使用了取余这一数学运算,因此我们先简要回顾一下取余运算。$x \bmod n$ 表示计算 x 除以 n 的余数。取余运算有如下性质:

$$[(a \bmod n) + (b \bmod n)] \bmod n = (a + b) \bmod n$$
$$[(a \bmod n) - (b \bmod n)] \bmod n = (a - b) \bmod n$$
$$[(a \bmod n) * (b \bmod n)] \bmod n = (a \times b) \bmod n$$
$$(a \bmod n)^d \bmod n = a^d \bmod n$$

如图 9.6 展示的那样,假设 Alice 想要给 Bob 发送使用 RSA 加密的消息。在我们讨论 RSA 算法的时候,始终记得一条消息只是一组比特,而一组比特又总是能用一些整数来表达。因此,使用 RSA 算法加密一条消息和使用 RSA 算法加密一个整数本质上是一样的。

总体来说,RSA 算法包括:公钥和私钥的选取;加密和解密算法。

为了生成公钥和私钥,Bob 需要进行如下步骤:

(1) 选取两个大质数 p 和 q。这两个数越大,安全性越高,但加解密需要的时间也越长。RSA 算法建议 p 和 q 的乘积在 1024 位左右。

(2) 计算 $n=pq$ 和 $z=(p-1)(q-1)$。

(3) 选取一个比 n 小,与 z 互质且不为 1 的数 e。

(4) 选取一个数 d,使得 $ed-1$ 可以被 z 整除。

(5) 公钥就是 (n,e),私钥就是 (n,d)。

加解密过程如下:

(1) 如果 Alice 想要向 Bob 发送整数 $m(m<n)$,则密文为 $c=m^e \bmod n$。

(2) 对于密文 c,明文为 $m=c^d \bmod n$。

下面举个例子。假设 Bob 选取 $p=5,q=7$,则 $n=35,z=24$。进一步选取 $e=5$,$d=29(5\times29-1=144$ 是 24 的倍数)。对于字母 l、o、v、e,分别用 1~26 的一个整数表示,则 Alice 和 Bob 加解密的过程如表 9.2 和表 9.3 所示。注意在这个例子中,我们将 4 个字母作为 4 条独立的消息。更实际的例子中,可以将 4 个字母用 ASCII 码表示出来,然后将其视为 32 位整数进行加密。

表 9.2 RSA 算法加密过程

明文	m:数字表示	m^e	密文:$c=m^e \bmod n$
l	12	248832	17
o	15	759375	15
v	22	5153632	22
e	5	3125	10

表 9.3 RSA 算法解密过程

密文:c	c^d	$m=c^d \bmod n$	明文
17	4819685721067509150915091411825223071697	12	l
15	127834039403948858939111232757568359375	15	o
22	851643319086537701956194499721106030592	22	v
10	10000000000000000000000000000000	5	e

这样的一个简单的例子已经产生了一些极大的数了,而 p 和 q 通常都是几百位长的数,那么一个人要如何选取大质数呢? 要如何选取 e 和 d 呢? 要如何进行大整数的指数运算呢?

可以看到,由于 RSA 算法中需要指数运算,因此这一算法是非常耗时的。作为对比,DES 算法的运算速度在软件上是 RSA 算法的 100 倍,在硬件上则是 1000~10000 倍。因此,RSA 算法实际中通常和对称加密算法联合使用。例如,Alice 想与 Bob 传输一组大量的加密数据,她可以首先选取一个对称加密密钥,即会话密钥,来于加密数据。Alice 需要通知 Bob 这一会话密钥,因为这一密钥将被用于对称加密算法。她可以用 Bob 的公钥加密会话密钥,Bob 解密之后,两人就能共享同一个会话密钥,从而用它来加密数据了。

RSA 加密和解密算法看起来非常神奇。为什么使用这样的加密和解密算法之后,就可以将明文还原出来? 为了能理解 RSA 算法的工作原理,仍用 $n = pq$,其中 p 和 q 是选取的大质数。

首先,密文的计算方法是 $c = m^e \bmod n$。

进而,解密算法计算了 $(m^e \bmod n)^d \bmod n$。利用之前提到的性质,有

$$(m^e \bmod n)^d \bmod n = m^{ed} \bmod n$$

尽管我们正在尝试理解 RSA 算法的工作原理,我们仍需要利用一些数论中的结论,即对于 $n = pq, z = (p-1)(q-1)$,有 $x^y \bmod n = x^{(y \bmod z)} \bmod n$。由此,有

$$m^{ed} \bmod n = m^{(ed \bmod z)} \bmod n$$

而 ed 的选取使得 $ed \bmod z = 1$。即

$$m^{ed} \bmod n = m^1 \bmod n = m$$

有趣的是,如果将加解密的过程逆转过来,即用解密算法加密,用加密算法解密,仍然可以恢复到原文,即

$$(m^d \bmod n)^e \bmod n = m^{de} \bmod n = m^{ed} \bmod n = (m^e \bmod n)^d \bmod n$$

RSA 算法的安全性是基于当前没有将大整数 n 分解成两个质数 p 和 q 的算法。如果一个人知道了 p 和 q,并知道了公钥 e,可以很容易地计算出私钥 d。由于没有证明是否存在快速分解整数的算法,RSA 算法的安全性并不能被保证。

另一种流行的公钥加密算法是 Diffie-Hellman 密钥交换算法。它不能用于加密一条任意长的消息,但可以用于建立一个对称密钥,进而用对称密钥加密消息。

9.2.3　消息认证

在前面的章节中,我们关注了加密算法,它为通信提供了机密性的保证。然而,即使有了机密性,通信仍然面对着其他安全问题。我们可以探讨一个在线银行转账的场景,假设 Alice 决定向 Bob 转账一笔重要的款项。她登录到她的在线银行账户,输入了转账金额和 Bob 的账户信息,向银行系统发送了转账请求。在这条消息传输的过程中,攻击者可能截获并篡改消息,导致转账金额或者转账对象的信息被修改;此外,攻击者还可能伪装成 Alice,向银行系统发送虚假的转账请求,导致 Alice 的账户资金被转走。这两种攻击都是加密无法防御的。因此,除了机密性,通信数据的真实性和完整性也是安全通信的重要需求。也就是说,当接收方收到消息时,他需要:

(1) 确认这条消息确实是由消息中宣称的发送方发来的。

(2) 确认在整个消息传输过程中,发送方发出的消息内容没有被篡改。

我们把这两个过程称为消息认证。

在本节中,我们将关注一种常用的消息认证技术,即消息认证码。在介绍它之前,我们首先要了解它所使用的一项技术——加密散列函数。

1. 加密散列函数

散列函数(hash function)是一种特殊的数学函数,如图 9.7 所示,它接收任意长度的输入数据,通过一定的算法把这些数据映射为固定长度的输出,该输出通常称为散

列值。例如，$H(m)=m\%10$ 就是一个简单的散列函数，对于任何输入 m，该函数的结果总是一个 $0\sim9$ 的整数。循环冗余校验(CRC)也是一种常用的散列函数，它对任何输入都产生一个固定长度的校验码。

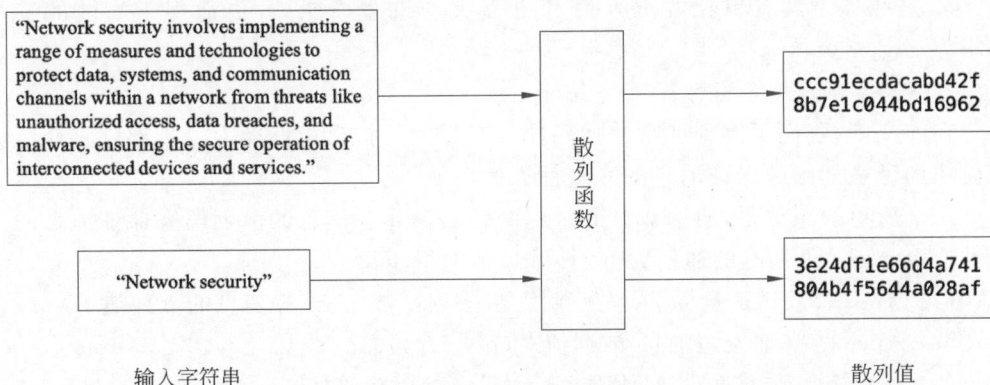

图 9.7　散列函数

对于一个散列函数 $H(m)$，如果有两个不同的输入 x、y，满足 $H(x)=H(y)$，我们称这种情况发生了散列碰撞。显然，散列碰撞对于任何散列函数都是存在的，因为其输出为固定长度，数量是有限的，但输入的数量是无限的。虽然散列碰撞理论上都存在，但对于不同的散列函数，它们的抗碰撞能力是不同的。对于 $H(m)=m\%10$，我们可以很直观地找到散列碰撞的例子，如果输入为 8 和 18，散列值都是 8；但对于循环冗余校验，散列碰撞的情况相对就不那么容易寻找了，因此它有更强的抗碰撞能力。

对于消息认证中要使用的加密散列函数 $H(m)$，我们要求它拥有足够的抗碰撞能力，即在合理的时间范围内，基于给定的计算资源，"找到不同的输入 x、y，使得 $H(x)=H(y)$"这一过程是不可行的。这意味着对于消息发送方产生的消息-散列值对 $(m,H(m)))$，攻击者几乎不可能伪造另一条消息 y 使得 $H(y)$ 与 $H(m)$ 相等。

加密散列函数的设计具有挑战性。一方面，它要保证一定的复杂性，从而实现强大的抗碰撞能力；另一方面，它还需要保证编程简单且高速，避免成为瓶颈。信息-摘要算法 5(Message-Digest algorithm 5，MD5)就是一种广泛使用的加密散列函数，其输出是 128 位(16 字节)的散列值。它最初由 Ron Rivest 于 1991 年提出。该算法大概有如下几个步骤。

(1) 初始化：将 4 个 32 位的寄存器初始化为特定的常数。

(2) 填充：对输入消息进行填充，使其长度(以位为单位)对 512 取模等于 448。填充的方式是在消息的末尾添加一个单一的 1 位，后面跟随若干 0 位。然后再添加一个 64 位的整数表示原始消息长度。

(3) 块处理：将填充后的消息分割成 512 位的块，每个块再分割成 16 个 32 位的子块。

(4) 循环压缩：依次对每个块进行 4 轮的循环压缩。每轮中，使用非线性的函数和位移操作处理 4 个子块来更新寄存器的值。

(5) 输出：将最终的 4 个寄存器值连接在一起，形成 128 位的 MD5 散列值。

除了 MD5 以外，安全哈希算法 1(Secure Hash Algorithm 1，SHA-1)也是一种经典的加密散列函数，其输出是 160 位(20 字节)的散列值，通常以 40 个十六进制字符的形式呈现。但随着计算能力的提高和密码学研究的进步,MD5 和 SHA-1 都逐渐暴露出安全性问题。攻击者能够通过有限的计算资源,生成相同的散列值,对通信安全产生威胁。为应对这个问题,现代安全通信倾向于使用更安全的哈希算法,如 SHA-256 等,这些算法具有更长的散列值和更强大的抗碰撞能力,更适用于当前的安全需求。

2. 消息认证码

在前文中,我们了解到加密散列函数具有强大的抗碰撞性能力。本部分将介绍如何使用加密散列函数保证消息的完整性。

一个简单的想法是,通信双方通过同时传输消息和消息的散列值来保证消息的完整性。以 Alice 和 Bob 的通信为例,具体包括如下步骤。

(1) Alice 要发送消息 m,首先使用加密散列函数 H 计算消息的散列值 $H(m)$。

(2) Alice 向 Bob 发送消息-散列值对 $(m,H(m))$。

(3) Bob 接收到消息-散列值对 (m',H'),然后计算 $H(m')$。如果有 $H(m')=H'$,则 Bob 认为消息是完整的,没有被篡改。

这个流程的确可以在一定程度上防止消息 m 被攻击者修改,但前提是攻击者不修改传输的散列值 $H(m)$。如果攻击者伪装成 Alice,创建一条虚假消息并计算虚假消息散列值发给 Bob,那么也可以通过上述步骤(3)的验证,即 Bob 无法察觉到问题所在。

因此,我们需要在传输的消息中添加一些只有 Alice 和 Bob 知道的信息,来解决攻击者的伪装和篡改。如图 9.8 所示,具体来说,我们让 Alice 和 Bob 共享一个密钥 k,然后通过如下的步骤进行通信。

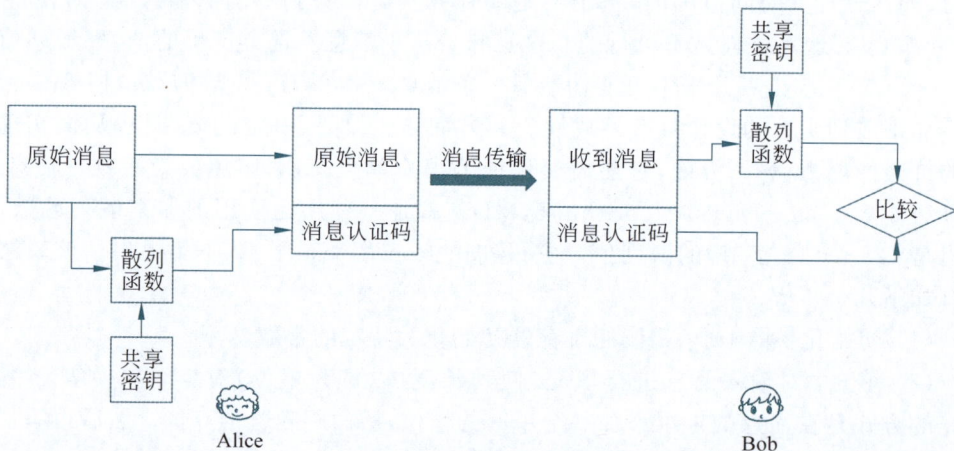

图 9.8 消息认证流程

(1) Alice 要发送消息 m,首先将其与共享密钥 k 连接,得到 $m+k$,然后使用加密散列函数 H 计算散列值 $H(m+k)$。

(2) Alice 向 Bob 发送消息-散列值对 $(m,H(m+k))$。

(3) Bob 接收到消息-散列值对 (m',H'),然后计算 $H(m'+k)$。如果有 $H(m'+k)=H'$,则 Bob 认为消息是完整的,没有被篡改。

我们再次考虑上述攻击者伪装成 Alice 的场景。这次由于攻击者不知道密钥 k,

因此他无法计算 $H(m+k)$，也就无法构造合法的消息-散列值对。我们把每次传输消息时构造的 $H(m+k)$ 称为消息认证码（Message Authentication Code，MAC）。使用消息认证码，我们保证了通信消息在传输过程中的真实性和完整性。

需要注意的是，消息认证码并不依赖加密算法。无论是明文传输还是密文传输，都可以使用消息认证码对消息进行认证。在一些只关注消息完整性和真实性，而不关注消息机密性的场景（如简单网络管理协议）中，就可以只进行认证而不进行加密，从而大大减小了加密开销。

如何将共享密钥 k 分配给通信双方也是一个问题，此问题的关键点在于不能把密钥泄露给第三方。通信双方通过物理接触的方式来协商密钥是一个有效办法；当然，我们完全也可以使用 9.2.2 节介绍的密钥交换算法进行安全且优雅的密钥协商。

9.2.4　数字签名

我们已经使用一些技术保证了通信过程的机密性、真实性和完整性。但这些方法的安全性都是建立在通信双方相互信任的前提之上的。这些方法仅保证了通信过程不被第三方攻击，而如果通信双方自身向对方发起攻击，那么这些方法就束手无策了。我们讨论一个 Alice 和 Bob 进行在线借款的场景，Alice 生成一张固定金额的欠条，使用 9.2.3 节所介绍的消息认证方案发给 Bob，以防止欠条被篡改。然而，由于 Alice 和 Bob 共享一个消息认证的密钥，Bob 可以修改欠条金额，然后重新生成消息认证码，谎称修改后的欠条是 Alice 所发来的；从另一个角度考虑，由于 Bob 具有伪造欠条的能力，Alice 也可以谎称自己从来没有向 Bob 发送过欠条。我们已经介绍的机制无法判断他们的说法是否是真实的，因此，我们需要一种新的机制来保证消息的不可否认性，即对于一条消息，我们能保证该消息确实是且只能是由发送方发送的。

在现实中，我们通常使用手写签名来证明自己承认或同意文件上的内容。在安全通信中，我们使用数字签名技术来保证消息的不可否认性。

我们来考虑如何设计数字签名方案。从手写签名的角度分析，由于手写字迹在一定程度上难以模仿，它独属于签署人，所以手写签名会有不可否认性。而对于消息认证机制，它之所以不能保证消息的不可否认性，是因为生成消息认证码所采用的密钥是通信双方共享的，并不独属于发送方。因此，要保证消息的不可否认性，我们可能需要在消息中添加一些独属于发送方的信息。此时，你可能联想到了前文已经介绍的非对称加密的内容，发送方同时具有公钥和私钥，而私钥不正是独属于发送方的信息吗？的确，我们可以使用非对称加密的方法实现数字签名。我们仍以 Alice 向 Bob 发送消息为例，Alice 具有公钥 K_A^+ 和私钥 K_A^-，Bob 知道 Alice 的公钥 K_A^+，然后通过如下步骤进行通信：

（1）Alice 要发送消息 m，首先对消息进行私钥加密，得到 $K_A^-(m)$。

（2）Alice 向 Bob 发送 $(m, K_A^-(m))$。

（3）Bob 接收到 (m', K')，然后计算 $K_A^+(K')$。如果有 $K_A^+(K')=m'$，则说明消息一定是 Alice 发送的。

为什么我们可以得到这个结论？我们知道 $K_A^+(K_A^-(m))=m$，而 $K'=K_A^-(m)$，这说明发送方一定使用了 Alice 的私钥 K_A^- 对消息 m 进行了加密，然而 K_A^- 只有 Alice 才知道，这条消息只能是 Alice 所发。因此，$K_A^-(m)$ 就是一种能保证消息的不可否认性的数字签名。

我们可以将这里使用的数字签名与前文介绍的消息认证码进行对比。使用 K_A^- (m) 作为数字签名时,如果消息在发送的过程中被中间人篡改,不管是 m 被篡改还是 $K_A^-(m)$ 被篡改,抑或是它们都被篡改了,那么对于 Bob 收到的 (m',K'),一定有 K_A^+ $(K')\neq m$。也就是说,数字签名同时也提供了消息认证码的功能,保证了消息的真实性和完整性。然而,加密散列函数的计算开销要远小于加解密函数的计算开销,这是消息认证码的优势。当没有对消息不可否认性的需求时,使用消息认证码会节省开销。

加解密过程的计算开销一方面与加密算法的复杂性有关,另一方面也与被加密消息的长度有关。因此,当消息 m 过长时,上述使用 $K_A^-(m)$ 作为数字签名的方法可能开销过大。对此,一个有效的解决方案是引入加密散列函数 H,使用 $K_A^-(H(m))$ 作为数字签名。由于 $H(m)$ 一般比 m 要短得多,因此开销会大大减小,那么新的通信过程就变成如下步骤。

(1) Alice 要发送消息 m,首先对消息应用加密散列函数 H,然后使用私钥加密,得到 $K_A^-(H(m))$。

(2) Alice 向 Bob 发送 $(m,K_A^-(H(m)))$。

(3) Bob 接收到 (m',KH'),然后计算 $K_A^+(KH')$ 和 $H(m')$。如果有 $K_A^+(KH')=H(m')$,则说明消息一定是 Alice 发送的。

如图 9.9 所示,到这里,我们就实现了一种开销相对低的数字签名算法。

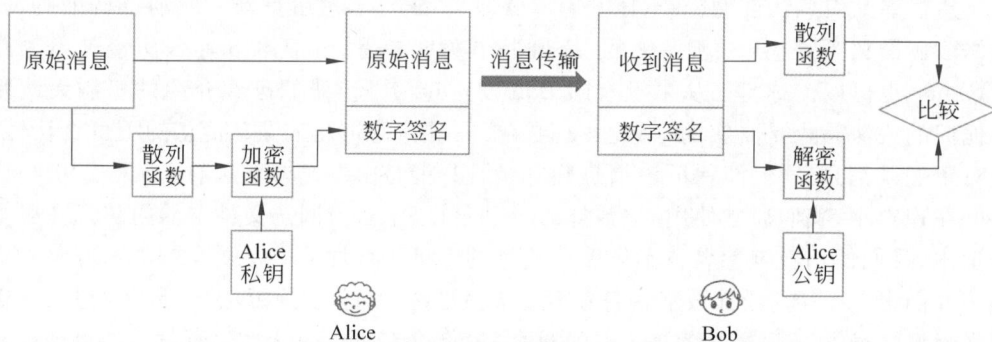

图 9.9   数字签名算法

接下来,我们介绍数字签名的一个重要应用——数字证书。实际上,它不仅是数字签名的一个应用,还是数字签名能够被广泛有效应用的一个保障。当使用数字签名进行安全通信时,一个前提是消息接收方知道发送方的公钥,这样才能进行验证。设想这样的场景,Bob 事先不知道 Alice 的公钥,此时,攻击者冒充 Alice 向 Bob 发送了一条包含攻击者公钥的消息,告知 Bob 这是 Alice 的公钥。如果 Bob 相信了这条消息,那么接下来攻击者就可以肆无忌惮地冒充 Alice 了:攻击者可以使用自己的私钥对消息进行数字签名并发送给 Bob,然后 Bob 使用他认为的 Alice 的公钥(实际上是攻击者的公钥)对消息进行验证,并得出结论,这条消息是由 Alice 发来的,攻击者因此得逞。从这个例子可以看出,在使用数字签名进行安全通信之前,消息接收方必须首先确认自己知道的发送方公钥确实是属于发送方的。

数字证书可以解决上述问题,它负责验证公钥的真实性。数字证书是由证书颁发机构(Certification Authority,CA)所颁发的,证书颁发机构主要有如下工作。

(1) 身份验证:证书颁发机构负责验证数字证书申请者的身份。这通常涉及申请者提交一些身份证明材料。证书颁发机构可能会使用各种方法进行身份验证,包括面对面的验证、电子验证和法定文件的验证等。

(2)签发数字证书:一旦证书颁发机构验证了申请者的身份,它将为申请者生成一份数字证书。数字证书包含申请者的公钥、公钥有效期、签名算法、一些身份信息(如名称、组织)以及 CA 的数字签名(由证书颁发机构的私钥生成)。这里的数字签名保证了证书的完整性和真实性。图 9.10 展示了数字证书的签发过程。

(3)证书吊销:如果证书颁发机构认为某个证书的持有者不再被信任,可以吊销数字证书。吊销后,持有者将不能再使用该证书。

(4)密钥对的生成和管理:证书颁发机构负责生成并管理用于签署数字证书的密钥对。证书颁发机构的私钥是用于签发证书的关键组成部分,必须得到妥善保护。

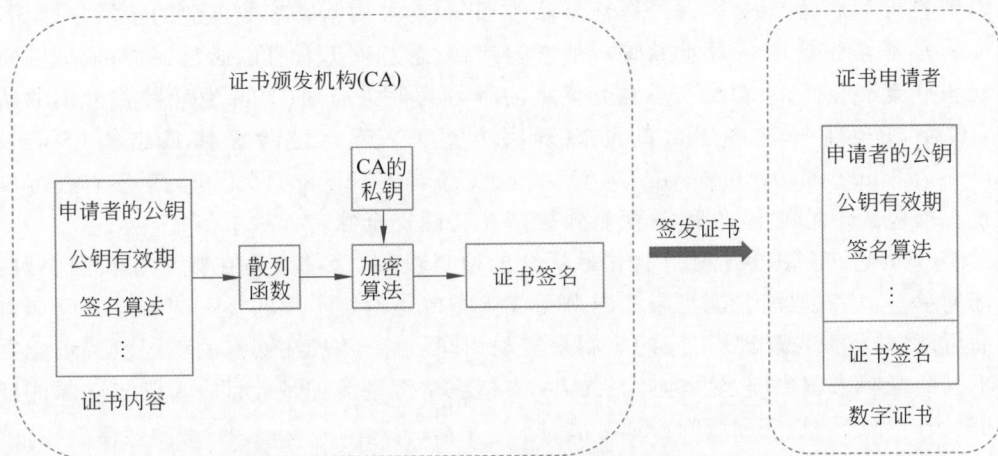

图 9.10　数字证书的签发过程

有了证书和证书颁发机构之后,Bob 就可以安全地获取 Alice 的公钥了。Alice 可以把自己的公钥交给证书颁发机构并申请数字证书,然后把数字证书发给 Bob。然后如图 9.11 所示,Bob 使用证书颁发机构的公钥去验证该数字证书的数字签名,确保证书的真实性和完整性。验证完成之后,Bob 就可以从证书中安全地获得 Alice 的公钥了。

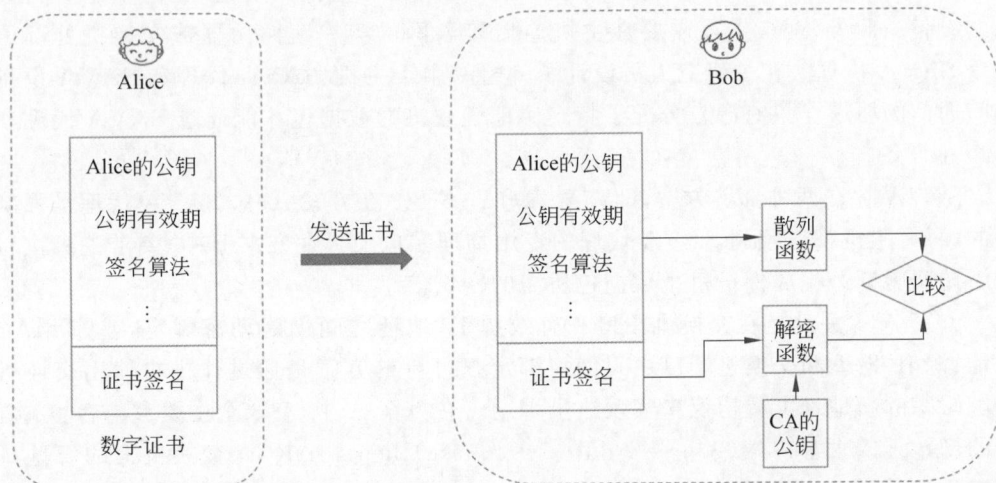

图 9.11　数字证书验证流程

当然,你可能还有疑问,Bob 怎么保证自己知道的证书颁发机构的公钥是真实的?这可以通过建立证书信任链来解决。证书颁发机构的公钥可以由更上级证书颁发机构进行签名,形成一个信任链。最高级的证书颁发机构可以称为根证书颁发机构,操作系统和浏览器等软件通常内置了一组受信任的根证书颁发机构的公钥。由此通过信任链一级一级进行认证,就可以保证自己获取的证书颁发机构的公钥是真实的。

9.3   源地址验证

现有的互联网体系结构中,主机和网络实体使用 IP 源地址来确定数据包的来源以及作为返回数据的目的地。在互联网体系结构设计之初,由于源地址对数据包在互联网中的转发不起作用,因此可以任意修改 IP 源地址而不影响数据包的转发。然而,这样的方案忽略了 IP 源地址欺骗所带来的威胁,恶意攻击者可以通过 IP 源地址欺骗实现恶意流量的冒充、隐藏与恶意流重定向等行为。为应对 IP 源地址欺骗带来的威胁,IETF 规范了一种多层次的防御解决方案——源地址验证体系结构(Source Address Validation Architecture,SAVA)。在部署 SAVA 的网络中,有多个点可以检查数据包源地址的有效性,从而有效提高互联网安全性。

SAVA 允许存在多个独立且松散耦合的检查机制,这是因为在整个互联网中,期望任何单一 IP 源地址验证机制都能得到普遍支持是不切实际的。不同的运营商和供应商可能选择部署或开发不同的机制来实现相同目标,并且在网络的不同位置可能需要不同的机制来解决问题。为此,SAVA 支持三个级别源地址验证:入口节点源地址验证、域内源地址验证和域间源地址验证。

9.3.1   接入网源地址验证

在入口节点处,源地址验证应确保接入网络内的主机无法使用其他主机的源地址,主机地址应为静态或动态分配给主机的有效地址。IETF 最早提出解决入口节点源地址验证问题的方案是 SAVA。实现的方式是在入口节点处部署可用于源地址验证的 SAVA 设备。该设备可以是部署在客户端路由器内部的功能,也可以是一台独立的设备。此外,SAVA 还需要在主机连接接入网的第一跳路由器或交换机处部署一个 SAVA 代理。相关研究人员设计了一组专用于主机、SAVA 代理和 SAVA 设备之间通信的协议。只有源自分配了特定源地址主机的数据包才能通过 SAVA 代理和 SAVA 设备。

SAVA 存在两种部署方案,即方案 A 和方案 B。在方案 A 中,SAVA 代理是强制性的,每台主机都连接到 SAVA 代理的专用物理端口上。在方案 B 中,要求主机执行网络访问验证并生成保护每个数据包所需的密钥信息。

方案 A 的关键是在交换机端口和有效源 IP 地址之间创建动态绑定,或在 MAC 地址、源 IP 地址和交换机端口之间创建绑定。可行的方案是通过让主机使用交换机能够跟踪的新地址配置协议来实现这个绑定。在方案 A 中,有 3 个主要参与者:主机上的源地址请求客户端(Source Address Request Client,SARC)、交换机上的源地址验证代理(Source Address Validation Proxy,SAVP),以及源地址管理服务器(Source Address Management Server,SAMS),如图 9.12 所示。整体方案流程如下:

源地址请求客户端　　　源地址验证代理　　　源地址管理服务器
（SARC）　　　　　　　（SAVP）　　　　　　（SAMS）

图 9.12　接入网中基于绑定的 IP 源地址验证

（1）主机上的 SARC 发送 IP 地址请求。交换机上的 SAVP 将此请求中继到 SAMS，并记录 MAC 地址和传入端口。如果地址已经由终端主机预先确定，终端主机仍需将该地址放入请求消息中，以便由 SAMS 进行验证。

（2）SAMS 接收到 IP 地址请求后，根据接入网络的地址分配和管理政策为该 SARC 分配一个源地址，将 IP 地址的分配存储在 SAMS 历史数据库中以进行溯源，然后向 SARC 发送包含分配地址的响应消息。

（3）接入交换机上的 SAVP 在接收到响应后，将 IP 地址和请求消息中先前存储的 MAC 地址与绑定表上的交换机端口绑定。然后，将分配的地址转发给终端主机上的 SARC。

（4）接入交换机开始过滤从终端主机发送的数据包。不符合元组（IP 地址、交换机端口）的数据包将被丢弃。

方案 B 则利用网络访问验证中的密钥信息进行一些额外的验证过程，其为连接到网络的每台主机派生一个会话密钥，主机发送的每个数据包都使用这个会话密钥进行密码保护。在确定数据包来自哪台主机之后，可以追踪分配给主机的地址是否与主机使用的地址匹配。该过程如下。

（1）当主机建立连接时，执行网络访问验证。

（2）网络访问设备向 SAVA 代理提供会话密钥，这个密钥进一步分发给 SAVA 设备，SAVA 设备将会话密钥与主机的 IP 地址绑定。

（3）当主机将数据包 M 发送到接入网络之外的某个地方时，主机或 SAVA 代理使用密钥 S 为每个数据包 M 生成消息认证码。

（4）SAVA 设备使用会话密钥对数据包中携带的签名进行身份验证，以便验证源地址。

对比以上两种实现方案，方案 A 性能更好，但接入网络中的交换机需要升级。而方案 B 可以在主机和出口路由器之间部署，但在插入和验证签名方面会产生一些额外的成本。为此，IETF 后续提出了源地址验证改进（Source Address Validation Improvements，SAVI）方法用于入口源地址验证。SAVI 将入口过滤与标准化的 IP 源地址验证相结合，以实现细粒度地验证单个 IP 地址。这样，运营商可以通过 SAVI 在不依赖主机支持功能的情况下部署细粒度的 IP 源地址验证。SAVI 根据以下 3 个步骤强制主机使用合法的 IP 源地址。

（1）根据监视主机之间传输的数据包，确定哪些 IP 源地址对于一台主机是合法的。

（2）将一个合法的 IP 地址绑定到主机网络连接的链路层属性上，我们可以将这个链路层属性视为"绑定锚点"。链路层属性必须保证在主机发送的每个数据包中是可验证的，并且比主机的 IP 源地址本身更难伪造。

（3）强制数据包中的 IP 源地址与它们对应的绑定锚点匹配。

在这种情况下，SAVI 功能可部署在与主机相连的任何位置上。例如，通过将 SAVI 部署在距离主机最近的路由器上，可验证经过该路由器数据包中的 IP 源地址，但在本地交换的数据包中的 IP 源地址可能会绕过验证。此外，还可以将 SAVI 部署在主机和其默认路由器之间的交换机中。这样，即使在本地交换的数据包也会经过 IP 源地址验证。实际上，SAVI 的部署位置离主机越近，它的效果就越好，原因有以下 3 点。

（1）在靠近主机的位置，确定主机的合法 IP 源地址效率最高，这是因为主机的数据包绕过 SAVI 实例而无法被监视的可能性会随着 SAVI 实例与主机之间的拓扑距离增加而增加。

（2）在靠近主机的位置，为主机的 IP 源地址选择绑定锚点是最容易的，这是因为对于某主机，许多链路层属性仅在直接连接到主机的链路段上是唯一的。

（3）强制主机使用合法的 IP 源地址在靠近主机的位置进行是最可靠的，这是因为主机的数据包绕过 SAVI 并因此无法进行 IP 源地址验证的可能性随着 SAVI 部署位置与主机之间的拓扑距离增加而增加。

尽管 SAVI 实例的首选位置靠近主机，但将 SAVI 部署在靠近主机的位置意味着必须支持多个共存的 SAVI 实例，以满足大规模链路的需求。然而，这可能导致内存开销显著上升。由于 SAVI 实例为链路上所有主机的 IP 源地址创建绑定，如果在链路上存在多个 SAVI 实例，则绑定会被复制，从而增加内存需求。高内存需求反过来会提高 SAVI 实例的成本。

为降低位于交换机上的 SAVI 实例的内存需求，SAVI 方法允许在具有多个 SAVI 实例的链路上抑制绑定的复制，可通过手动禁用连接到其他运行 SAVI 实例交换机的端口上的源地址验证来实现。每个 SAVI 实例仅在直接连接或通过没有 SAVI 实例的交换机连接的端口上验证源地址。对于连接到运行 SAVI 实例的其他交换机的端口，源地址将不进行验证。因此，运行 SAVI 实例的交换机形成一个“保护范围”。在保护范围内传输的数据包中的源地址由入口交换机上的 SAVI 实例验证，但只要数据包在保护范围内，就不会进一步验证。

图 9.13 阐释了保护范围的概念。图中展示了一个包含 6 台交换机的链路，其中有 4 台被标记为“SAVI 交换机”，这些交换机上运行着 SAVI 实例。由这 4 个 SAVI 实例创建的保护范围在图中以虚线表示。在保护范围内的所有交换机端口上启用了 IP 源地址验证，而在所有其他交换机端口上则禁用了 IP 源地址验证。此图中有 4 台主机连接到保护范围。

在以上示例中，保护范围涵盖了图中展示的链路拓扑中央的一个传统交换机，从而形成一个单一、未分割的保护范围。这种设计最小化了 SAVI 实例的内存需求，这是因为每个绑定仅被缓存一次，即由连接到被验证主机的 SAVI 实例缓存。如果将传统交换机从保护范围中排除，将导致在图中所示链路拓扑的左侧和右侧形成两个较小的保护范围。这样一来，SAVI 实例的内存需求将增加。由于源地址验证会激活连接到传统交换机的两个端口，位于传统交换机一侧的 SAVI 实例将分别从另一个保护范围中复制所有绑定。但是，可以将传统交换机包含在保护范围内的前提是链路拓扑可确保数据包不能通过此传统交换机进入保护范围。如果没有这个前提，就必须将传统交换机排除在保护范围之外，以确保进入保护范围的数据包执行 IP 源地址验证。

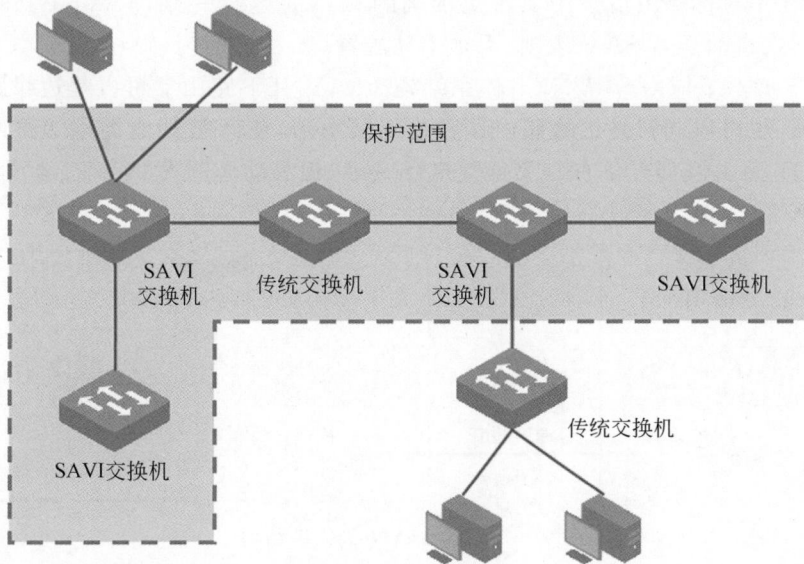
图 9.13 保护范围

9.3.2 域内源地址验证

对于一个名为 A 的自治系统(AS),域内源地址验证机制的主要目的是保护 A 子网的出站数据包,防止它们伪造其源地址为其他子网或其他 AS 的地址,并保护到达 A 的入站数据包,防止它们伪造其源地址为 A 内部的地址。域内源地址验证机制的主要任务是生成源地址(前缀)与有效入站接口之间的正确映射关系,这称为源地址验证(Source Address Validation,SAV)规则。域内源地址验证机制的核心挑战在于如何高效而准确地学习这些映射关系。

其中的一个简单方案是:互联网服务提供商(ISP)可通过丢弃包含不合法源地址的流量来监管客户流量。如图 9.14 所示,攻击者位于由 ISP D 提供互联网连接的204.69.207.0/24 网络内。在路由器 2 的入口链路上设置了输入流量过滤器,该链路提供与攻击者网络的连接,限制了只允许来自 204.69.207.0/24 前缀的源地址的流量,并禁止攻击者使用在该前缀范围之外的"无效"源地址。

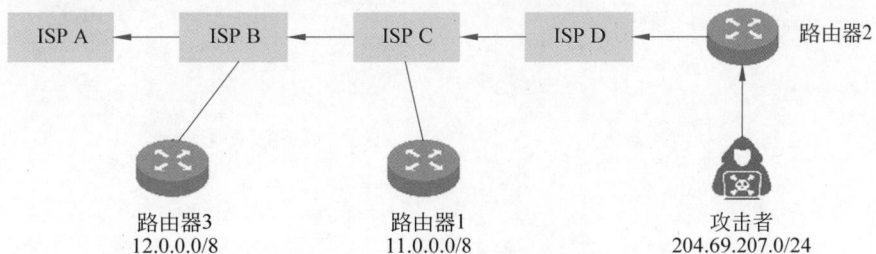
图 9.14 SAVA 域内源地址验证

以上的方案需要手动配置规则对流量进行验证,这使得域内实现源地址验证依赖路由器本地路由信息。为了解决这一问题,新提出的域内和域间网络源地址验证(Source Address Validation in intra-domain and inter-domain Networks,SAVNET)体系结构通过结合本地路由信息和在路由器之间交换的 SAV 特定信息来生成 SAV

规则,从而在不对称路由情景中实现更准确的 SAV。这样一来,SAVNET 路由器以分布式的形式自动学习 SAV 规则,无须手动配置。

图 9.15 展示了域内 SAVNET 体系结构。SAVNET 路由器可以是边缘路由器或边界路由器,也可以同时是边缘路由器和边界路由器,或者是其他类型的路由器。每台 SAVNET 路由器都配备有一个负责执行 SAV 相关动作的 SAVNET 代理。

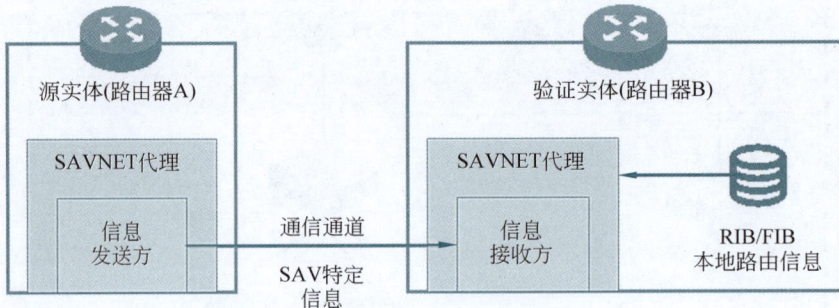

图 9.15   域内 SAVNET 体系结构

图 9.16 是一个实际域内 SAVNET 源地址验证示例。子网 1 具有前缀 10.0.0.0/15,并连接到两台边缘路由器,即路由器 1 和路由器 2。由于子网 1 的入站负载均衡策略,路由器 1 仅从子网 1 学到子前缀 10.1.0.0/16 的路由,而路由器 2 仅从子网 1 学到另一个子前缀 10.0.0.0/16 的路由。然后,路由器 1 和路由器 2 通过域内路由协议学到另一个子前缀的路由。图中显示了路由器 1 和路由器 2 的转发信息库(Forwarding Information Base,FIB)。假设子网 1 可能会把源地址在子前缀 10.0.0.0/16 内的出站数据包发送到路由器 1 以进行出站负载均衡。在这种情况下,部署原有早期 SAVA 方案的路由器 1 会错误地在接口♯上阻止来自子网 1 前缀 10.0.0.0/16 的源地址的合法数据包,因为根据其本地路由信息,它仅接收来自路由器 1 接口♯的源地址在前缀 10.1.0.0/16 内的数据包。

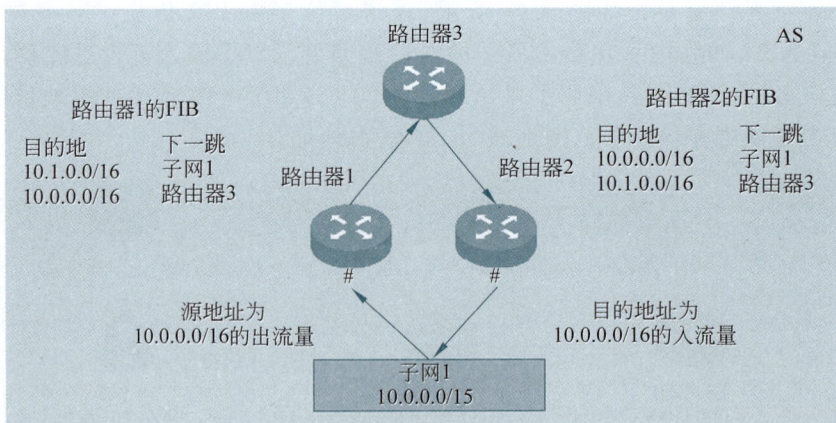

图 9.16   域内 SAVNET 源地址验证示例

如果网络中实施了域内 SAVNET,路由器 2 可以通过向路由器 1 发送 SAV 特定信息来通知路由器 1 前缀 10.0.0.0/16 也属于子网 1。然后,通过结合本地路由信息和接收到的 SAV 特定信息,路由器 1 得知子网 1 拥有前缀 10.1.0.0/16 和前缀 10.0.0.0/16。因此,路由器 1 将在接口♯上接收源地址在前缀 10.1.0.0/16 和 10.0.0.0/16

内的数据包,从而避免了阻止合法数据包。

9.3.3 域间源地址验证

如果欺骗数据包没有在入口节点处被阻止,域内和域间 SAV 机制可帮助在数据包的转发路径上阻止该数据包。一个 AS 的域内源地址验证可以防止该 AS 的一个子网伪造其他子网的地址,也可以防止进入该 AS 的数据包伪造本 AS 的地址,而无须依赖其他 AS 的协作。但在域内源地址验证无法发挥作用的情况下,域间 SAV 机制利用 AS 之间的协作,协助阻止 AS 中伪造其他 AS 源地址的欺骗数据包。

域间源地址验证(inter-AS source address validation)应当具备以下特点:①能够在不同管理机构和不同利益方的自治系统之间发挥作用;②足够轻量级,以支持高吞吐量,不影响转发效率。为此,最早的 SAVA 方案中提出的域间源地址验证考虑了两种情况:①两个兼容 SAVA 的 AS 直接相连,交换流量,即相邻 AS 之间的源地址验证;②两个兼容 SAVA 的 AS 通过不兼容 SAVA 的 AS 相连,即非相邻 AS 之间的源地址验证。

我们首先介绍相邻 AS 之间的源地址验证。相互连接的两个 AS 具有客户到提供商(customer-to-provider)、提供商到客户(provider-to-customer)、对等(peer-to-peer)、同级(sibling-to-sibling)四种关系。在客户到提供商或提供商到客户的关系中,客户通常属于较小的管理域,为了访问互联网的其余部分而向较大的管理域付费。提供商是属于较大管理域的 AS。在对等关系中,两个对等 AS 通常属于规模相当的管理域,并交换各自网络流量。如果两个 AS 属于同一管理域或具有相互传输协议的管理域,则它们具有同级关系。

兼容 SAVA 的相邻 AS 之间使用基于 AS 关系的机制验证数据包源地址,其基本思想是:构建一个验证规则(Validation Rule,VR)表,将路由器的每个传入接口与一组有效的源地址块相关联,然后使用 VR 表验证并过滤伪造的数据包。

图 9.17 展示了一个 IPv6 前缀验证示例。该方案旨在实现 IPv6 网络中的相邻

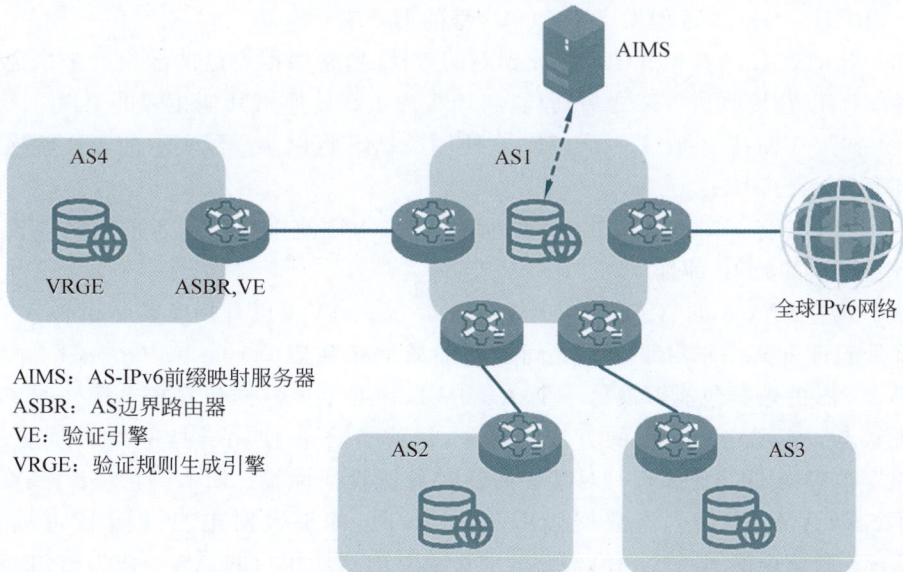

AIMS:AS-IPv6前缀映射服务器
ASBR:AS边界路由器
VE:验证引擎
VRGE:验证规则生成引擎

图 9.17 IPv6 前缀验证示例

AS 源地址验证。该方案分为三个功能模块：验证规则生成引擎（Validation Rule Generating Engine，VRGE）、验证引擎（Validation Engine，VE）和 AS-IPv6 前缀映射服务器（AS-IPv6 prefix Mapping Server，AIMS）。VRGE 生成的验证规则使用 IPv6 地址前缀表示。

　　每个 AS 有一个 VRGE，VRGE 根据表 9.4 生成验证规则。VE 加载 VRGE 生成的验证规则，过滤 AS 之间传输的数据包（如图 9.17 中从相邻 AS 进入 AS1 的数据包）。

表 9.4　基于 AS 关系的域间 AS 过滤规则

目的 AS	源 AS				
	自身地址	客户地址	同级地址	提供商地址	对等地址
提供商	Y	Y	Y		
客户	Y	Y	Y	Y	Y
对等	Y	Y	Y		
同级	Y	Y	Y	Y	Y

　　不同 AS 使用 VRGE 中基于 AS 关系导出的规则交换和传输 VR 信息。根据表 9.4，AS 将自身、客户、提供商、同级和对等 AS 的地址前缀作为有效前缀传输给客户和同级 AS，而仅将自身、客户和同级的地址前缀作为有效前缀传输给提供商和对等 AS。在 AS 之间只需要传输有效地址前缀的 AS 号，在 VRGE 中通过 AS-IPv6 前缀映射服务器将 AS 号映射到地址前缀。

　　当 AS 关系和属于 AS 的 IP 地址前缀发生变化时，需要对 AS 的 VR 进行更新。

　　相应的主要步骤如下（从图 9.17 中的 AS1 开始）。

　　(1) 当 VRGE 初始化后，它读取其兼容 SAVA 的相邻 AS 表，并与自身所在的 AS 内所有 VE 建立连接。

　　(2) VRGE 启动一个 VR 更新。根据导出表，它把自己产生的 VR 发送给相邻 AS 的 VRGE。在这个过程中，VR 以 AS 号的形式表示。

　　(3) 当 VRGE 从其相邻 AS 接收到新的 VR 时，它根据自己的导出表来决定是否接收该 VR，以及接收该 VR 之后，是否将该 VR 重新传递给其他相邻的 AS。

　　(4) 如果 VRGE 接收了一个 VR，它使用 AIMS 将以 AS 号表示的 VR 转换为以 IPv6 前缀表示的 VR。

　　(5) VRGE 将 VR 推送到其 AS 的所有 VE。VE 使用这些基于前缀的 VR 来验证传入数据包的源 IP 地址。

　　两个兼容 SAVA 的 AS 也存在不相邻的情况，SAVA 也有相应的非相邻 AS 之间的源地址验证方案。非相邻 ISP 之间能够形成信任联盟（Trust Alliance，TA），使得离开一个 AS 的数据包能够被另一个 AS 识别，并继承该数据包在离开第一个 AS 时的验证状态。实现这一目标的方法有很多，目前 SAVA 使用了身份验证标签方法：每对兼容 SAVA 的 AS 都有一对唯一的临时身份验证标签。所有兼容 SAVA 的 AS 组成了 SAVA AS 联盟。当数据包离开源 AS 时，如果数据包的目标 IP 地址属于 SAVA AS 联盟中的另一个 AS，源 AS 的边缘路由器使用目的 AS 号作为密钥查找身份验证标签，并将其添加到数据包中。当数据包到达目的 AS 时，如果数据包的源地址属于 SAVA AS 联盟中的 AS,目的 AS 的边缘路由器使用源 AS 号作为密钥在其表中搜索相应的认证标签,并验证和移除数据包携带的认证标签。

与仅开启本地地址验证相比,该方法的好处在于:当在局部网络中使用本地地址验证时,可以确保该网络不会发送伪造的数据包,但其他网络仍有可能这样做;然而,通过上述方法,这种风险被有效消除。如果联盟外的 AS 使用来自联盟内 AS 的源地址来伪造数据包,联盟成员将拒绝接收此类数据包。

接下来我们介绍非相邻 AS 之间的源地址验证。如图 9.18 所示,该系统包含三个核心组件:**注册服务器**(Registration Server,REG)、**AS 控制服务器**(AS Control Server,ASC)和 **AS 边界路由器**(AS Border Router,ASBR)。注册服务器作为信任联盟的中心,负责维护联盟的成员名单,并且执行两大关键功能:①处理来自 AS 控制服务器的请求,提供信任联盟的成员列表信息;②在成员列表发生变更时,它会通知每一个 AS 控制服务器。

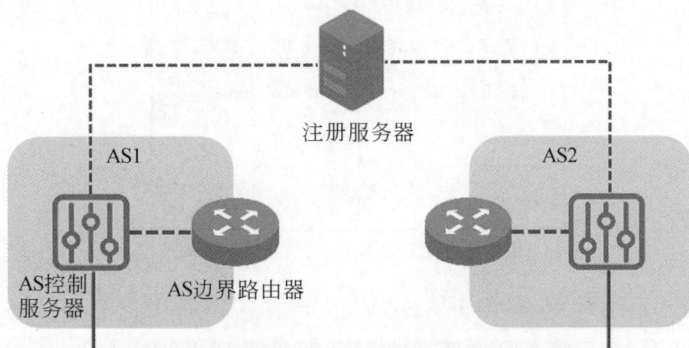

图 9.18　非相邻 AS 之间的源地址验证

每一个采用此方法的 AS 都配备了一个 AS 控制服务器,它承担三大主要功能:①与注册服务器进行通信,以获取信任联盟的最新成员列表;②与其他成员 AS 中的 AS 控制服务器进行交互,以便更新交换前缀所有权信息及身份验证标签;③与本地 AS 中的所有 AS 边界路由器进行通信,在 AS 边界路由器上配置处理组件。

AS 边界路由器在发送 AS 处向数据包中添加认证标签,并在目的 AS 处进行验证及移除认证标签的操作。此设计为了降低注册服务器的负担,大部分的控制流量发生在 AS 控制服务器之间。需要注意的是,身份验证标签需要定期更改。尽管从单一 AS 的视角来看,维护和交换身份验证标签的开销是线性增长($O(N)$),而非指数增长($O(N^2)$),但随着 AS 数量的增加,处理开销仍然会增加。为解决这个问题,引入了自动认证标签更新机制。通过此机制,每个对等 AS 运行相同的算法,自动生成身份验证标记序列,从而实现数据包中身份验证标签的高频自动更改。同时,为提高安全性,该算法利用一个随机种子来生成抗猜测的认证标签序列。因此,对等 AS 仅需以非常低的频率协商和更改种子,这样做降低了频繁协商和更改身份验证标签时所产生的开销,同时确保了足够的安全性。

但是,SAVA 需要手动配置,这会导致部署缺乏灵活性。为解决这一问题,新提出的域间 SAVNET 体系结构自动生成准确的 SAV 规则。图 9.19 中描述了域间 SAVNET 体系结构。它从其他 AS 的 SAV 特定消息(SAV-specific message)中收集 SAV 特定信息(SAV-specific information)。SAV 特定信息由 AS 的前缀及其合法传入接口组成。SAV 特定信息可用于生成 SAV 规则并直接在每个 AS 上构建准确的 SAV 表。当由于增量部署而导致 SAV 特定信息不可用时，域间 SAVNET 体系结构还可以利用通用信息（例如来自路由信息库（Routing Information Base，RIB）的路由信息）来生成 SAV 规则。

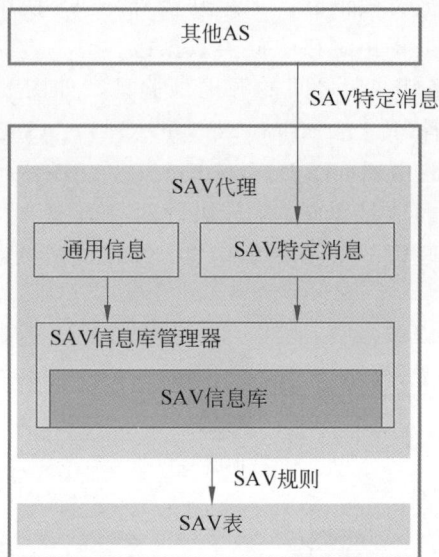

图 9.19　域间 SAVNET 体系结构

SAVNET 体系结构重点考虑了 SAV 特定信息和通用信息。当 SAV 特定信息和通用信息都可用时，它优先采用 SAV 特定信息生成 SAV 规则。SAV 特定信息有助于生成更精确的 SAV 规则，其原理在于 SAV 特定信息专门用于在域间 SAV 中携带前缀及其合法的传入接口信息。

与之前的 SAV 机制相比，域间 SAVNET 体系结构可以在前缀有限传播、隐藏前缀、反射攻击和直接攻击的场景中提高验证准确性。本节以反射攻击场景为例，分别展示客户接口处的源地址验证和提供商/对等接口处的源地址验证示例。

图 9.20 描述了反射攻击场景下客户接口处的源地址验证示例。在 AS4 的客户网络内，攻击者通过源地址欺骗进行了反射攻击。攻击者伪造受害者的 IP 地址（P1），并将请求发送到响应此类请求的服务器 IP 地址（P5）。结果，服务器将大量响应发送回受害者，从而耗尽其网络资源。图中的箭头说明了 AS 之间的商业关系。AS3 是 AS4 和 AS5 的提供商，而 AS4 充当 AS1、AS2 和 AS5 的提供商。此外，AS2 是 AS1 的提供商。假设 AS1 和 AS4 部署了域间 SAV，而其他 AS 则没有。在部署域间 SAVNET 体系结构的情况中，AS1 可以将 SAV 特定信息传输给 AS4，AS4 会知道以 P1 为源地址的流量只能到达面向 AS1 的接口。在 AS4 面向 AS2 的接口，可以阻止欺骗流量。

图 9.21 描述了反射攻击场景下提供商/对等接口处的源地址验证示例。攻击者伪造受害者的 IP 地址（P1），并向响应此类请求的服务器 IP 地址（P2）发送请求。然后，服务器将大量响应发送回受害者，耗尽其网络资源。箭头代表 AS 之间的商业关系。AS3 充当 AS4 的提供商或横向对等接口以及 AS5 的提供商，而 AS4 充当 AS1、AS2 和 AS5 的提供商。此外，AS2 是 AS1 的提供。假设 AS1 和 AS4 部署了域间

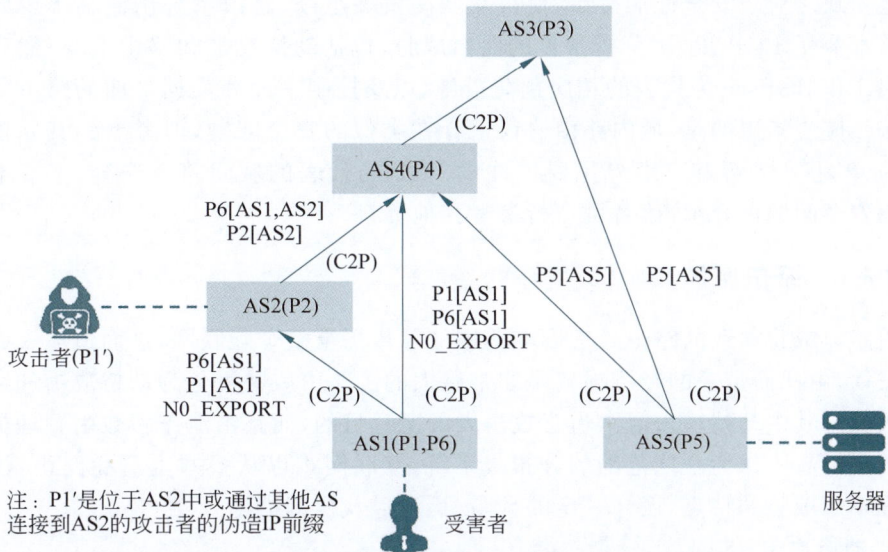

图 9.20　反射攻击场景下客户接口处的源地址验证示例

SAV，其他 AS 尚未部署。AS1 可以将 SAV 特定信息传输给 AS4，AS4 将知道以 P1 为源地址的流量可以到达面向 AS1 和 AS2 的接口。因此，在 AS4 面向 AS3 的接口处，可以阻止欺骗流量。

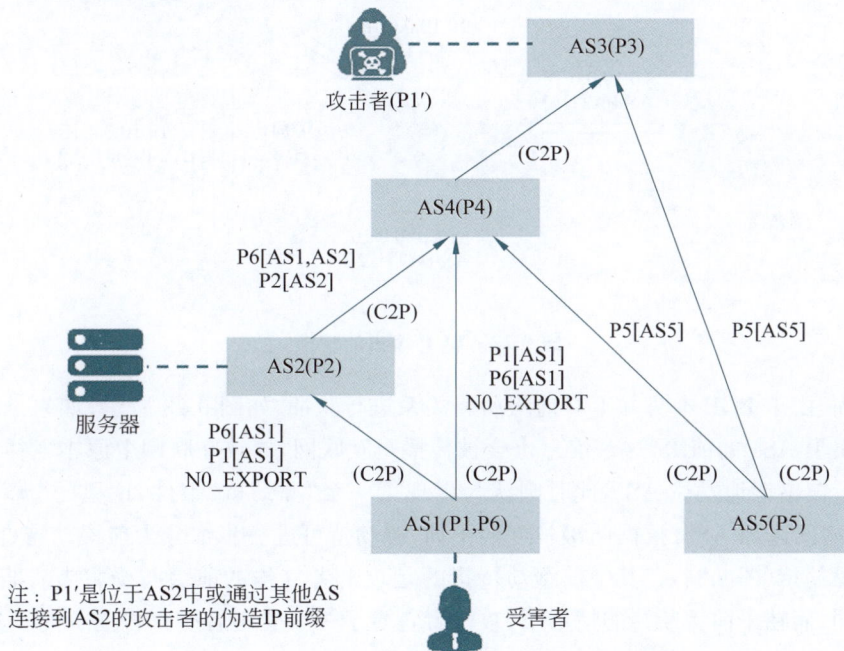

图 9.21　反射攻击场景下提供商/对等接口处的源地址验证示例

9.4　路由安全

在整体的互联网架构中，路由系统直接负责网络的连通性，扮演着至关重要的角色。**边界网关协议**（BGP）是目前唯一应用在互联网域间路由系统的协议。但 BGP 在设计之初缺乏对于安全性的考量,使得互联网发展至今,路由系统仍面临不少的安全威胁。本节从 BGP 出发,分析常见的路由威胁,包括劫持攻击和路由泄露;然后介绍以 RPKI 和 BGPsec 为代表的相应预防措施,以及控制平面和数据平面的路由威胁检测方法。应当指出的是,域内路由协议也存在类似的安全问题,但考虑到其原理远比 BGP 简单,且工业界和学术界主要关注以 BGP 为代表的域间路由安全,本节不对域内路由安全问题做介绍,读者可自行参考其他资料。

9.4.1 路由威胁

由路由威胁导致的路由异常影响范围能够传播至整个互联网,进而造成大面积的网络波动,由此而带来的经济损失是非常巨大的。路由威胁可分为劫持攻击和路由泄露两大类。其中劫持攻击通常包含攻击者的恶意目的,而路由泄露多数由管理员的错误配置所引起。作为全球范围的分布式系统,互联网难以从根本上避免路由威胁,仅能根据不同威胁的特点,设计一定的预防、检测以及缓解措施。

1. 劫持攻击

互联网由数以万计的自治系统(AS)通过 BGP 连接而成,如图 9.22 所示,每个 AS 向其相邻 AS 宣告自己所拥有的前缀信息,这些信息进一步传播到整个互联网,从而达到全网范围互联互通的目的。

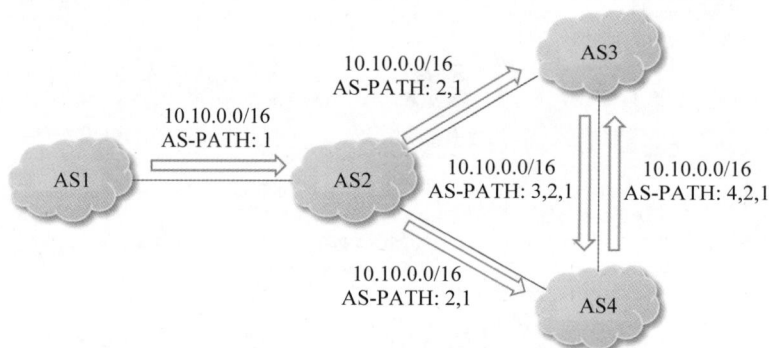

图 9.22　BGP 路由的传播

然而,由于 BGP 本身并不对前缀所属关系进行验证,如图 9.23 所示,如果 AS4 宣告了一个属于 AS1 的前缀,这一信息也会被传播至互联网,导致互联网上原本发往 AS1 的某些流量被错误地发往 AS4,此时则认为出现了一个"源劫持"事件,这里的"源"指的就是 IP 前缀的起源 AS。根据前缀长度的不同,源劫持可进一步细分为前缀劫持(图 9.23)和子前缀劫持(图 9.24)。其中前缀劫持指的是攻击者宣告的前缀与受害者宣告的前缀完全相同;而在子前缀劫持的情形下,攻击者宣告了一个受害者所宣告前缀的子集,由于路由器的路由算法在进行路由匹配时会优先选择更精确即更长的前缀,因此子前缀劫持一经发起,会迅速地在整个互联网上传播,带来的危害十分巨大。

图 9.23　前缀劫持样例

图 9.24 子前缀劫持样例

在源劫持的情形下,攻击者宣告的前缀在互联网上逐跳地向外传播,在传播的过程中,对应的 AS 路径是反映真实的 AS 连接关系的。而在图 9.25 所示的路径劫持的情形下,攻击者伪造一条到达受害者的路径,利用最短路径原则,吸引相邻的 AS 将原本到达受害者的流量发送给它。与源劫持相比,路径劫持的影响范围通常较小,但由于其不改变受害者与其前缀的对应关系,因此隐蔽性更强。

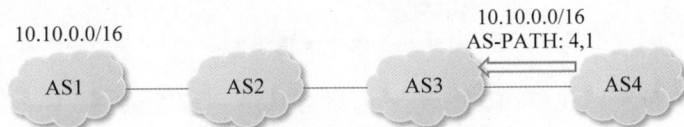

图 9.25 路径劫持样例

劫持攻击造成的后果是流量的重定向。对于攻击者而言,重定向的流量通常有以下 3 种处理方式。

(1) 黑洞(black hole)。攻击者直接丢弃吸引到的流量。带来的后果是受害者的网络在一定范围内的不可达。

(2) 伪造(imposture)。攻击者冒充受害者回复对应的数据包。这一行为难度较大,因为通常需要对收到的数据包进行正确的解密和加密。

(3) 拦截(interception)。攻击者拦截发往受害者的数据包,进行处理或侦听后仍然发回给受害者。这一行为隐蔽性较强。

2. 路由泄露

除了劫持攻击外,路由泄露事件也会导致一定程度的网络波动。RFC 7908 对路由泄露有明确的定义,即路由发生了超出预期范围的传播。BGP 中的路由传播通常遵循着"无谷原则"(valley-free Rule),即路由的传播不能够形成一个山谷的形状。构成互联网的众多 AS 由于彼此之间存在不同的商业关系,造成了它们在功能和结构上是有分层性的。当前 AS 之间的商业关系主要分为三种,即客户到提供商、提供商到客户、对等。在两个构成提供商到客户关系的 AS 中,处于高层的提供商 AS 向处于低层的客户 AS 提供传输服务,而在两个构成对等关系的 AS 中,这两个 AS 彼此之间可以免费交换自身以及其客户的流量,因此处于相同的分层高度。当路由从高层传播到低层之后又传播到了高层,此时就违反了路由传播的"无谷原则",进而发生了路由泄露。

路由泄露示例如图 9.26 所示,AS3 错误地将从 ISP1 即 AS1 处学到的路由信息通告给了 ISP2,即 AS2,此时路由的传播出现了一个"山谷"形状,违反了无谷原则。AS2 不加识别地将这个路由传播给互联网上其他 AS,可能导致本该发往 AS1 的流量被先发送到 AS3,进而引起网络波动以及网络性能下降等异常情况。

导致路由泄露的原因可能是 AS 管理员的错误配置,也可能是攻击者的恶意行为。路由泄露通常会导致网络性能下降甚至出现严重的网络不可达。首先,路由泄露

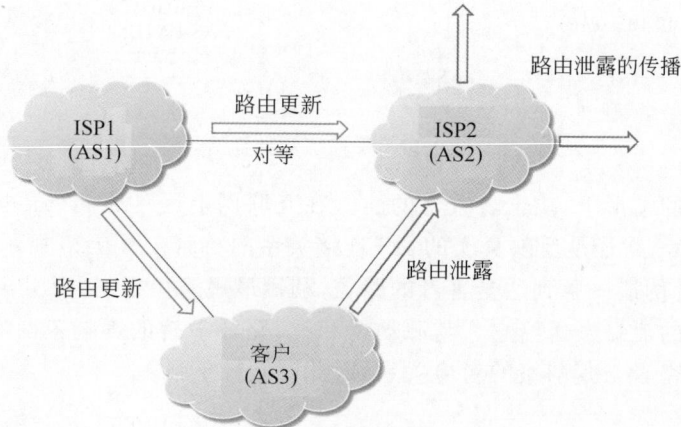

图 9.26   路由泄露示例

导致了一定的流量绕路现象;其次,由于流量被从带宽较大的 AS 导向了带宽较小的 AS,路由泄露通常会引发链路拥塞,进而出现网络性能下降。对于攻击者来说,攻击者可以通过路由泄露吸引本不该发往其的流量,之后对这些流量进行黑洞、伪造和拦截操作。

9.4.2   路由异常预防

BGP 在设计之初,其本身的安全性并没有得到足够重视,路由器在收到 BGP 更新报文时,并不验证报文内容的真实性,导致因错误配置或恶意攻击而产生的非法路由被轻易地传播。一次非法路由的大面积传播可描述为一个路由异常事件,其带来的损失和危害往往是非常巨大的,对此,学术界和工业界提出了许多应对方法。根据路由异常的生命周期,可将这些方法大致分为 3 类,即异常发生之前的预防措施、异常发生时的检测方法和异常发生之后的缓解措施。

异常预防,顾名思义,就是在路由异常发生之前,采取相应的措施预防路由异常的发生。目前普遍被接受的预防措施主要为 IETF 发布的 RPKI(RFC 6480)和 BGPsec(RFC 8205)标准。本节在介绍这两个标准的同时,还会介绍一些学术界提出的优化方案。应当指出的是,路由异常预防还包括对路由泄露事件的预防,该类技术通常与具体的商业模式有关,并不是本节所关心的重点。本节仅关注对 9.4.1 节所提到的劫持攻击的预防。

1. RPKI

在路由异常事件中,最严重且最普遍的是源劫持事件。据统计,全球范围内每年发生的源劫持事件约有一千起,给网络运营商带来了巨大的经济损失。针对路由源劫持问题,早期的解决方案是 BBN 公司于 1997 年提出的 Secure BGP(S-BGP)方案,该方案通过一套记录合法前缀到起源 AS 映射信息的基础设施来验证起源 AS 对其所宣告前缀的合法持有性。

基于 S-BGP 的设计,IETF 提出了资源公钥基础设施(Resource Public Key Infrastructure,RPKI)来解决源劫持问题,前缀和起源 AS 的映射信息以及相关的密码学资料被存储在 RPKI 资料库中。路由器根据资料库中前缀与 AS 的映射关系来验证收到的 BGP 更新报文中的源 AS 是否为前缀的合法起源者。

其中,RPKI体系包括证书签发体系、证书存储系统和证书同步验证机制3部分。其中最重要的证书签发体系如图9.27所示,其信任根为互联网号码分配机构(IANA)。下面分别为五大区域互联网注册机构(Regional Internet Registries,RIRs),分别为非洲网络信息中心(AFRIcan Network Information Centre,AFRINIC)、亚太互联网络信息中心(Asia-Pacific Network Information Centre,APNIC)、美洲互联网号码注册管理机构(American Registry for Internet Numbers,ARIN)、拉丁美洲和加勒比网络信息中心(Latin America and Caribbean Network Information Centre,LACNIC)和欧洲IP资源网络协调中心(Reseaux IP Europeens Network Coordination Centre,RIPE NCC)。这些注册机构下面又分别有国家或地区的互联网注册机构,最终直到具体的互联网号码资源持有者,即互联网服务提供商。RPKI通过由上至下逐级颁发资源证书来进行授权,最下层的资源持有者通过**路由起源授权**(Route Origin Authorization,ROA)来完成IP前缀与AS的绑定。

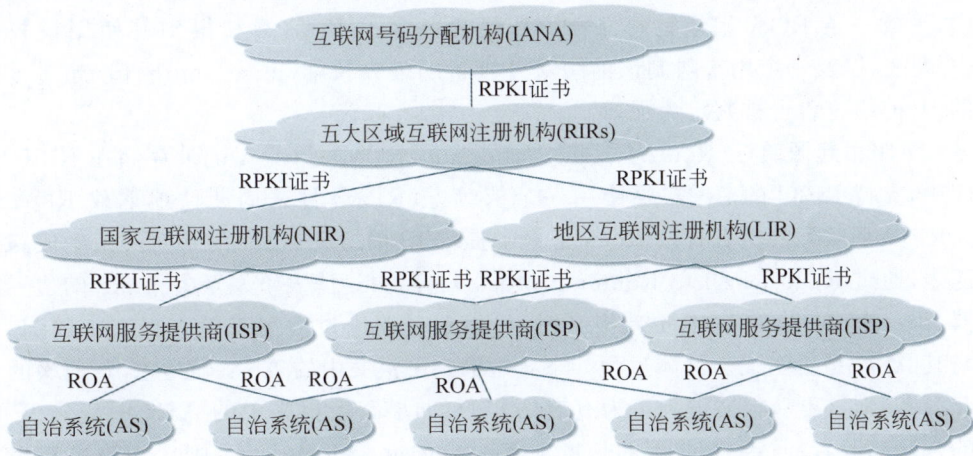

图9.27 RPKI证书签发体系

RPKI证书存储和证书同步验证机制如图9.28所示,RPKI证书存放在RPKI资料库中,资源依赖方(Relying Party,RP)负责从RPKI资料库中周期性地同步下载证书和签名并进行验证,获得IP前缀与AS的绑定关系,然后将验证结果下发给路由器。路由器之后便可根据这些可靠的前缀与AS的绑定关系对收到的BGP更新报文进行验证。如图9.29所示,AS2在获知前缀10.10.0.0/16的合法起源AS为AS1之后,当其收到来自AS3的对前缀10.10.0.0/16的路由宣告之后,便可识别该宣告为非法路由宣告,进而执行管理员配置的后续操作,如丢弃该非法宣告。

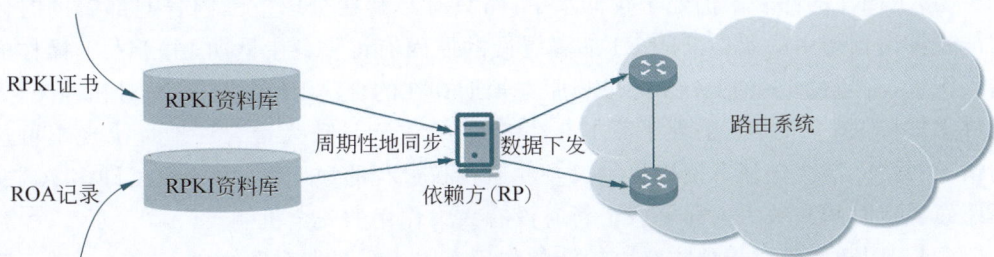

图9.28 RPKI证书存储和证书同步验证机制

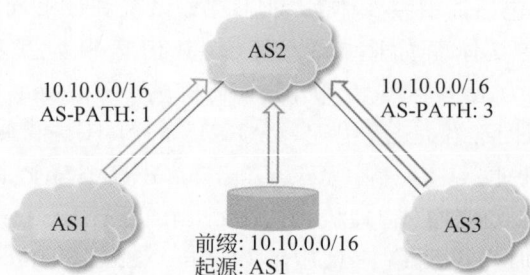

图 9.29　RPKI 预防路由劫持

对于网络运营商而言,部署 RPKI 的主要流程可大致分为如下两步。

(1) **路由起源授权(ROA)**。为了验证 AS 是否可以合法地宣告一个 IP 前缀,AS 需要通过路由起源授权得到对该 IP 前缀的使用授权。授权后的 IP 前缀将与对应的自治系统编号(AS Number,ASN)通过数字签名加以绑定,存储在公共的 RPKI 资料库中,形成一条 ROA 记录。每条 ROA 记录包含了 IP 前缀和得到其使用授权的 ASN 列表,以及一个用来限制该前缀对外宣告的最大长度(max-length)值(超过该长度的 IP 前缀宣告会被判定为无效)。

(2) **路由起源验证(Route Origin Validation,ROV)**。ROA 记录存储在 RPKI 资料库中,支持 RPKI 的 AS 需要使用一个依赖方(RP)软件来周期性地下载 ROA 记录。RP 从下载到的所有有效 ROA 记录中提取 IP 前缀和 ASN 的映射关系生成路由过滤表,通过 RTR(RPKI to Router Protocol)将路由过滤表下发至各个 AS 的边界路由器,当一个 AS 收到 BGP 更新报文时,可以通过路由过滤表来检查报文中的 IP 前缀与其 ASN 是否匹配。具体过程如下:如果路由报文中的 ASN 确为该 IP 前缀的合法起源者,则该更新报文被判定为有效(valid);如果路由报文中的 ASN 不是该 IP 前缀的合法起源者,或者 IP 前缀的长度大于对应的 max-length 值,则认为该更新报文是无效的(invalid);其他情况返回一个 unknown 值,表明无法验证,即不存在该前缀对应的 ROA 记录。

RPKI 最早于 2008 年 4 月被正式提出,直到 2011 年 1 月,所有的**区域互联网注册机构(RIRs)**开始了 RPKI 的部署。其中,ROA 的部署可以通过 RPKI 公开数据库以及分析 BGP 数据来分析,而研究 ROV 的部署情况则需要更复杂的测量方法。假设全球范围内的 AS 都支持 RPKI,那么攻击者发起源路由劫持将会变得非常困难。然而从实际效果来看,RPKI 对于预防路由劫持的效果是有限的,其主要的弱点有如下两个。

(1) RPKI 的部署率仍处于较低水平,而只有当其在全球范围内普遍部署的时候才能发挥出预想中的效果。RPKI 部署缓慢的原因有许多:在早期,由于人工操作的错误配置,有超过 5% 的 ROA 记录与原本长期存在的合法 IP 前缀-ASN 对相冲突,导致许多支持 ROV 的 AS 丢弃了原本合法的路由,进而导致大量合法地址出现不可达的情况;另外,层次化证书授权机制以及注册授权过程的烦琐性,也导致了许多 AS 并不愿意耗费时间和精力去部署一个暂时没有太大作用的安全机制。

(2) RPKI 本身对于预防路由劫持的作用有限。它只能对路由的起源 AS 进行验证,即预防前缀劫持和子前缀劫持组成的源劫持,不能预防一些复杂的劫持攻击(如攻

击者伪造一条通往受害者路径的路径劫持）。另外，ROV 机制需要通过周期性拉取
ROA 记录来获得最新的前缀到起源 AS 的映射关系，Hlavacek 等研究人员指出，攻击
者可以针对 RP 的更新规律，对其数据更新过程进行攻击，从而切断 ROV 过程的可
信数据来源，使得 RPKI 形同虚设。

2. BGPsec

RPKI 只能对源劫持进行防御，并不能防范路径劫持。对此，IETF 基于 S-BGP
中路径验证的设计发布了 BGP 安全（Border Gateway Protocol security，BGPsec）协
议规范，旨在补充 RPKI 的不足。其原理是在路由宣告过程中，AS 对从它的邻居 AS
收到的路由宣告消息进行签名，签名的目的是证明该路径确实是合法存在的而不是伪
造的路径，签名内容作为路由消息的 BGPsec_Path 属性传播给其他邻居 AS，当其他
路由器接收到带有 BGPsec_Path 属性的 BGP 更新报文时，通过检查签名判断该路由
的 AS_Path 路径是否正确，若错误则直接丢弃，并不通告给其他邻居 AS。这种通过
对路径进行逐跳签名和验证来保护路由通告消息路径完整性的方法，能够有效地防范
路径劫持。

BGPsec 工作原理如图 9.30 所示，图中 AS1 至 AS6 都部署了 BGPsec。当 AS1
对 AS2 宣告一条前缀 P，即 10.10.0.0/16 时，AS1 使用自己的私钥对⟨前缀 P，AS1，
SKI1，AS2⟩生成签名 SIG12，其中 SKI（Subject Key Identifier）为主题密钥标识符，用
于查找对应公钥以验证签名。之后 AS1 将生成的 BGPsec 报文包括对应的签名内容
发送给 AS2。AS2 在收到之后，根据 SKI1 找到对应的 AS1 的公钥，对签名 SIG12 进
行验证，发现该签名为有效签名，则增加自己本身的 SKI，以及接收 AS，即 AS3，然后
生成对应的签名，继续向 AS3 传播该路由。AS3 采取类似上述的签名验证过程对
SIG12 以及 SIG23 进行验证，若有效，则之后生成其对应签名 SIG34 发送给 AS4，以
此类推。假设 AS6 此时伪造了它和 AS1 之间的连接，并将此报文发送给 AS5，AS5
在执行签名验证的过程中可以检测到该非法伪造，因为 AS6 无法获得 AS1 的私钥进
行签名，即缺少合法的 SIG16。因此这种洋葱式地逐 AS 层层签名和验证的路径验证
方法可以有效防御 BGP 路径劫持。

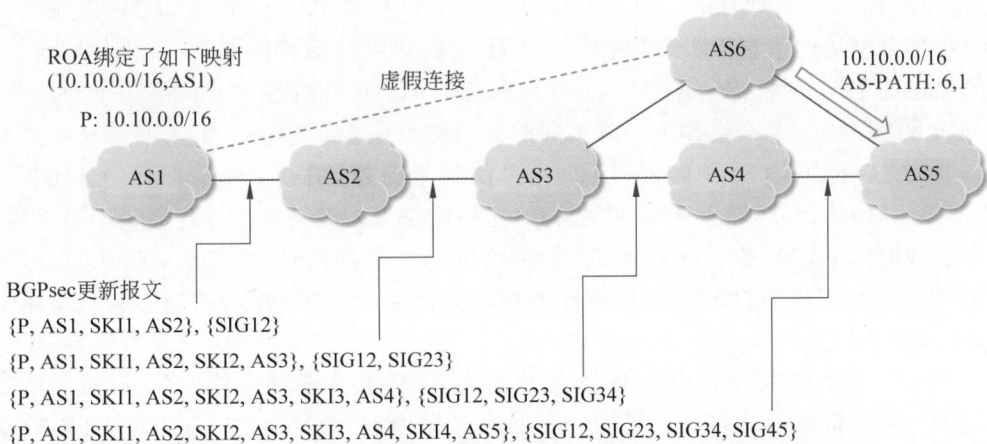

图 9.30 BGPsec 工作原理

同样地，BGPsec 要想发挥原本设计的效果，也需要在全球范围内普遍地部署。一

且在某条路径上存在 AS 没有部署 BGPsec,那么整条路径的安全性都无法得到保证。根据相关调研数据显示,BGPsec 的部署情况并不乐观:57% 的 AS 有意愿去部署 BGPsec,但与设备厂商做过沟通的仅占 23%,只有 14.89% 的运营商做了进一步测试,而真正完成 BGPsec 部署的运营商少之又少。阻碍 BGPsec 部署的原因有许多,比如可扩展性差、收敛速度慢、验证开销大,以及其他的一些未解决的技术问题。

3. 其他工作

针对 RPKI、BGPsec 等机制的缺陷,学术界提出了许多改进方法,主要有如下一些。

Path-End Validation:针对 RPKI 不能预防 next-AS 攻击(攻击者宣称与受害者 AS 直接相连)的问题,Cohen 等提出了一个 Path-End Validation 的策略。该策略通过对现有的 RPKI 进行扩展,在其中增加一类 path-end 记录,允许每个 AS 针对其不同的 IP 前缀指定一个合法的相邻 AS 集合。支持该机制的 AS 可以验证其收到的 BGP 更新报文中路径的最后一跳是否合法,从而能够有效地预防 next-AS 攻击。相比 BGPsec 要求在全球范围内普遍部署才能达到预想效果,Path-End Validation 机制并不要求对 BGP 基础设施做任何修改,并且在部分部署时仍能够起到很好的预防效果。通过分析和实验可证明只验证路径中的最后一跳路径段已经可以极大地保护路径安全。另外,该机制可通过一定的扩展验证更多的路径段,从而进一步提高其保护效果。

DISCO:RPKI 的部署需要网络管理人员手动验证 IP 前缀与其起源 AS 的映射关系,并且指定其 max-length 值。为了解决人工操作的低效以及易出错问题,Hlavacek 等提出了 DISCO(Decentralized Infrastructure for Securing and Certifying Origins)系统。该系统通过在全网自动收集长期合法存在的 IP 前缀和起源 AS 映射对,生成对应的 ROA。

ROV++:由于 ROV 机制并未普遍部署,即便某些 AS 部署了 ROV,但该 AS 在去往某些前缀的路径上如经过了未部署 ROV 的 AS,那么该 AS 去往该前缀的流量依然有可能由路径上未部署 ROV 的 AS 转发至劫持者,这种劫持行为被称为隐蔽劫持(hidden hijack)。针对这一弱点,Morillo 等提出了 ROV++ 作为 ROV 机制的延伸。在部分部署的情况下,该机制提高了 ROV 应对隐蔽劫持的能力。根据对验证无效的路由的不同处理方式,ROV++ 可采取三种不同的工作模式:在第一个模式下,遇到无效的路由,AS 会选择下一跳不同的父前缀路由,若不存在,则丢弃流量形成黑洞,这种方法能够有效地预防数据平面可见的隐蔽劫持;在第二种模式下,AS 向邻居宣告"黑洞"路由更新,吸引其流量并丢弃,这样能够保护其下游的 AS 流量不被劫持;在第三种模式下,AS 基于第一个模式的路由选择情形,向邻居宣告新的路由更新,将其流量转发至正确的目的 AS,这样能够在预防路由劫持的同时,还能够起到路由异常缓解的作用。

SBAS:不论是 RPKI 还是 BGPsec 机制,在未得到普遍部署的情况下,对路由劫持的预防能力都是有限的。对此,Birge-Lee 等提出利用已有的安全的骨干网络(如 SCION(Scalability, Control and Isolation On Next-generation networks))作为保障,将其安全属性延伸到更大范围的网络。其核心思想是将已有的安全骨干网络抽象为一个称为 SBAS(Secure Backbone AS)的虚拟 AS。支持 SBAS 的用户通过一个加密的 VPN 与最近的 SBAS 设施相连以发布其拥有的 IP 前缀,然后由 SBAS 将其对外发布,那么该 SBAS 实际上成为其用户的"代理人",因而可以通过 SBAS 进行安全的路由转发。值得一提的是,SBAS 可以直接建立在已有的安全的骨干网络之上,并且不需要普遍部署便能达到很好地预防路由劫持的效果。对 SBAS 的用户而言,其路由转发过程与原来基本上没有区别,即用户并不需要感知 SBAS 的存在。

9.4.3 路由异常检测

路由异常预防机制由于其部署的局限性难以在实际中较快发挥作用。因此,许多研究者将工作中心放在了路由异常检测上。对于网络的管理者而言,及时了解到正在发生的路由异常事件,并通过检测信息,制定并实施高效的异常缓解策略,往往比部署 RPKI、BGPsec 等预防机制更加直接有效。根据检测所需的信息来源,可将已有方案分为基于数据层面和基于控制层面的异常检测。二者各有利弊,互为补充,通常结合使用会产生较好的检测效果。

1. 数据层面的异常探测

域间路由异常带来的直接影响是部分 AS 的网络不可达,或到达某些 AS 的路径出现突然变化。一个简单有效的办法是主动对不同的 AS 做网络层面的 traceroute 探测,将探测结果与本地保存的探测历史进行比较,从而判断互联网中是否出现了路由异常事件。这类工作能够得到丰富的路径信息,对于异常来源定位、异常事件推演等都是非常有价值的。

2. 控制层面的异常检测

数据层面的异常检测通常存在高开销和高时延的问题,而控制层面的异常检测可以较实时地分析控制层 BGP 更新报文来检测是否发生了路由异常。对此,通过收集一定时间窗口内的 BGP 更新报文,分析其时间序列、统计信息等,结合当前报文的 AS-PATH 信息,综合判断该报文是否为异常报文。而具体的数据特征处理方法也从小波变换等传统算法,发展到了机器学习、深度神经网络等。

通常而言,控制层面的异常检测工作有如下 3 大基本要求。

(1)实时性检测。路由器需要在收到 BGP 更新报文后尽快做出决策,从而避免异常路由可能的传播,同时尽快对异常事件做出处理。

(2)区分不同的异常类型。如前文所述,路由异常可分为劫持攻击和路由泄露,而劫持攻击又可细分为源劫持和路径劫持。不同路由异常事件表现出来的特征不同,相应的应对方式也不尽相同,检测模型应该有能力加以区分。

(3)支持异常来源定位。检测模型在检测到异常报文时,对于源劫持应该定位到具体的前缀;对于路径劫持应该定位到具体的伪造路径;对于路由泄露应该定位到具体的路由泄露位置,以便网络管理员进行针对性处理。

想要同时满足这 3 大基本要求是十分困难的,已有的异常检测模型暂时无法做到。因此对于网络管理者而言,通常需要将数据层面的异常探测技术与控制平面的异常检测技术相结合,比如在控制平面检测出可能的异常报文后,仅针对异常前缀做数据层面的探测,并将探测结果作为最终的判断依据,决定是否需要对该报文进行过滤。

9.4.4 路由异常缓解

路由异常缓解是指在发生路由异常之后,采取相应的措施,使路由异常逐渐消失并恢复到正常状态的过程。相较于路由异常检测,路由异常缓解的相关研究较少,一个很重要的原因是,BGP 为一个通过增量方式配置的协议,即能够对 BGP 采取的策略范围是较为有限的。因此,在路由异常发生之后采取异常的缓解措施是相对困难的。

如图 9.31 所示,已有的路由异常缓解技术大致可分为如下 3 类。

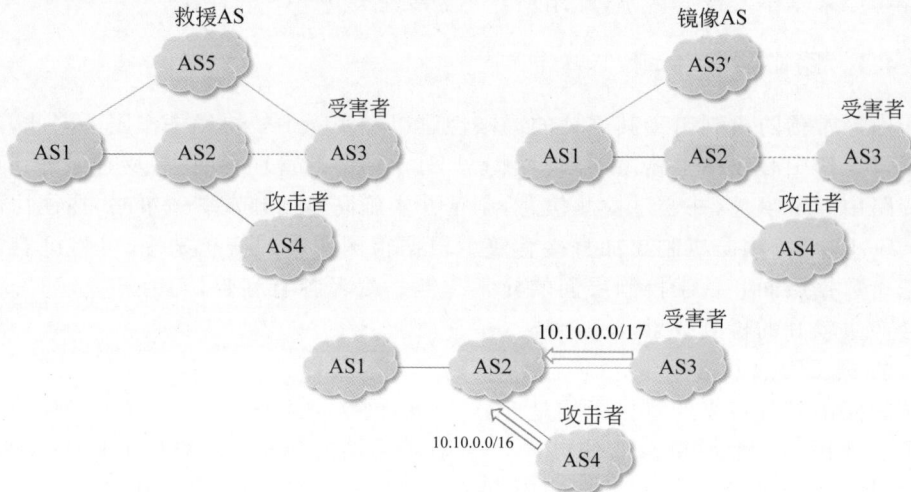

图 9.31   反射、镜像和前缀去聚合

(1) 反射。在反射缓解策略中,需要一个或多个第三方的 AS,将本该传向受害者 AS 的流量导入救援 AS (Lifesaver AS),再将其流量导入受害者 AS。由于救援 AS 需要通过声明更优的路由来吸引流量,它们的位置选取通常是较为关键的。

(2) 镜像。相较于反射策略,镜像策略不需要将吸收的流量再传入受害者 AS,而是在救援 AS 中设立受害者 AS 的镜像站点,从而替代受害者 AS 提供服务。这种方式通常实现难度较大,因此使用较少。

(3) 前缀去聚合。受害者 AS 本身可以声明一个更为精确(更长)的子前缀,使得网络中错误的路由能够被重新更新为正确的路由。由于在实际中,被大部分 AS 所接收的前缀的长度是有限制的(一般为 24),因此这种策略在实际中的使用也是存在较大限制的。

9.5   DNS 安全

域名系统(DNS)负责将网站域名解析为全网 IP 地址,使用户不需要记忆复杂的 IP 地址,就能够访问到目标网站。DNS 是最基础的网络设施和服务之一,能够影响整个网络空间的正常运行。一旦 DNS 遭到攻击,其造成的破坏面也将无法估量。因此,DNS 成了攻击者最"青睐"也最喜欢的攻击对象之一,DNS 也面临着非常严峻的威胁。本节将介绍几种典型的 DNS 威胁类型,以及 DNS 安全增强措施。

9.5.1   DNS 威胁

1. 面向 DNS 系统的攻击

DNS 泛洪:与互联网上许多网络设备一样,提供域名解析服务的 DNS 服务器也容易受到分布式拒绝服务(Distributed Denial of Service,DDoS)攻击,也称为泛洪攻击。如图 9.32 所示,攻击者能够向 DNS 服务器发送大量请求,试图耗尽 DNS 的资源。一般来说,DNS 泛洪能引起受害 DNS 服务器负载过大,导致用户的 DNS 请求响应时延大幅增加。更严重地能引起 DNS 服务器的宕机,导致所有发往该 DNS 服务器的合法请求全都无法得到正常响应,严重破坏用户正常访问互联网。与其他 DDoS 攻击类似,攻击者一般维护了一个由大量节点组成的僵尸网络,通过隐蔽信道向僵尸网络下发指令,让节点同时执行攻击脚本,向 DNS 服务器发送巨大的瞬时流量,大量消耗受害 DNS 服务器的 CPU、内存、带宽等资源,甚至引起 DNS 服务器异常宕机。由于攻击者的僵尸网络分布在全网不同地方,且节点数量过于庞大,DNS 管理者很难短时追踪到所有攻击来源和攻击手段。由于 DNS 泛洪的目标是合法的 DNS 服务器,因此能影响大量用户上网体验,具有很大的破坏性。

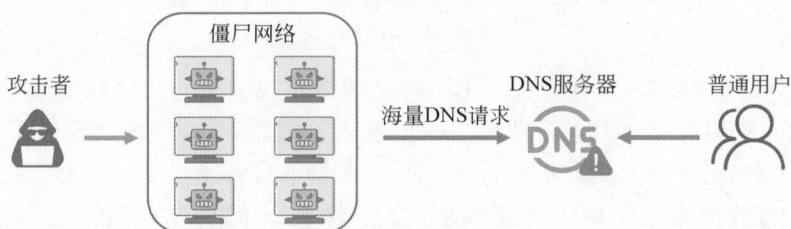

图 9.32　DNS 泛洪攻击

历史上也出现了许多次 DNS 泛洪的攻击案例。其中一个著名的案例是 2016 年发生在美国 Dyn 公司的 DNS 泛洪攻击。Dyn 公司是美国一个主流的 DNS 服务提供商,在本次攻击中,Dyn 公司的 DNS 服务器遭受多轮 DDoS 攻击,造成大量用户无法正常访问互联网。与以往 DDoS 攻击一般采用受控服务器发起攻击流量不同,本次 Dyn 公司遭受的 DDoS 攻击流量来源于数量众多的物联网(Internet of Things,IoT)设备。尽管我们日常生活中使用的 IoT 设备越来越多,但是大部分 IoT 设备的安全防御措施十分脆弱。经过事后分析,攻击者只用了 60 多组密码就攻破了 30 多万台的 IoT 设备。攻破之后,攻击者用这 30 多万台的 IoT 设备作为“肉鸡”,下放指令并最终向 Dyn 公司的 DNS 服务器发起泛洪攻击。本次攻击也敲响警钟:必须完善 IoT 等联网设备的安全认证机制,以免被攻击者用作攻击节点。

2009 年发生在我国的暴风影音事件也是著名的 DNS 泛洪攻击的案例,在当时导致我国大量用户无法正常上网。事件的起因是两家游戏公司由于竞争关系,发起 DDoS 流量互相攻击对方域名。刚好这两家游戏公司与暴风影音软件都使用了 DNSPod 公司提供的 DNS 解析服务。当两家游戏公司发起攻击后,DNSPod 的 DNS 服务器无法正常提供服务。然而,暴风影音软件在遭遇拒绝 DNS 服务后,没有设计更好的机制,而是不断地向更顶层的电信 DNS 服务器重传 DNS 请求。由于当年大量用户计算机都安装了暴风影音,因此这些用户都被迫充当了攻击节点,向电信 DNS 服务器发送了大量的流量,成为实际意义上的 DDoS 流量。这个案例也充分说明了,日常使用的软件也可能有意或无意成为发起攻击的节点,软件开发人员应提高代码质量,共同保护 DNS 的安全。

DNS 劫持:也称为 DNS 重定向攻击,是最常见的攻击手段之一。如图 9.33 所示,DNS 劫持攻击的原理如下:当普通用户想要访问某网站时,攻击者通过欺骗、诱导或强制等方法,将用户的访问请求劫持到攻击者持有的非法域名或 IP 地址下。DNS 劫持攻击非常危险。例如,攻击者能够伪造一个与现有合法网站非常类似的界面,并将用户的请求劫持到该非法网站下。然而,用户不容易发现该界面与合法界面的区别,因此失去了防备之心,可能直接输入本人的敏感信息,例如银行账号密码等个人信息,导致个人账户信息完全泄露给攻击者。

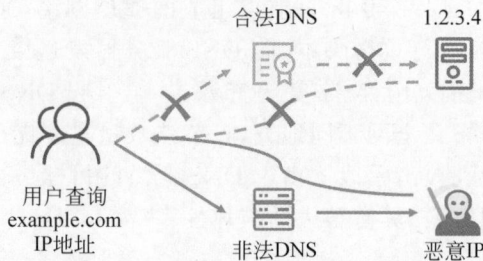

图 9.33   DNS 劫持

DNS 劫持可以有许多种方法。第一种是伪造在视觉上与合法域名非常类似的非法域名,用户肉眼很难将其与合法域名做出区分。例如,曾经有攻击者注册了 paypaI.com 这个域名,将字母 i 设为大写 I,视觉上非常像小写的字母 L。一部分用户在访问时,不加注意就很难察觉到该非法域名,会想当然以为这是合法的 paypal.com。同时,现有的域名系统支持多种语言的字符,攻击者能够利用字符差异性构造非法域名。

第二种是篡改设备的 DNS 设置,包括用户本地终端、接入点设备(例如家用路由器)等。由前文可知,用户在访问一个域名时,如果本地不存在该域名的缓存,那么用户必须先向 DNS 服务器请求该域名的 IP 地址。一般来说,用户本地的 DNS 设置为权威可靠的公共 DNS 地址,例如谷歌的 8.8.8.8、CloudFlare 的 1.1.1.1、电信的 114.114.114.114 等。然而,如果攻击者获得设备的操作权限,就能够更改设备的 DNS 设置,使其不再使用这些公共 DNS 地址,而是改用攻击者控制的 DNS 地址。这样一来,当用户查询某个域名的 IP 地址时,攻击者控制的 DNS 服务器就能够返回恶意网站的 IP 地址,将用户请求劫持到其他钓鱼地址。2012 年,DNSChanger 这款恶意软件就做到了这点,在世界范围内造成了严重的破坏。DNSChanger 能够攻击用户的家用路由器,篡改路由器的 DNS 设置,使得连接到该路由器的所有 DNS 请求被劫持到了攻击者持有的 DNS 服务器。直到现在,DNSChanger 攻击仍然活跃,一直有新的家用路由器被攻破,这需要各大路由器厂商持续关注,修复设备的漏洞。

第三种是面向浏览器的 DNS 劫持攻击。一般来说,现在主流的浏览器都允许开发者设计各种基于 JavaScript 的组件,提升浏览器的可用性。然而,这也给了攻击者可乘之机:能够编写 JavaScript 脚本,或者利用浏览器的一些特性将 URL 栏隐藏,或者构造虚假的 URL 栏,甚至篡改 URL 栏的内容。例如,有一种针对移动端 Chrome 浏览器的攻击"Inception Bar",伪造了一个 URL 栏。当手机用户用 Chrome 浏览器访问一个恶意网站 attacker.com 时,用户无法看到顶部的原始 URL 栏,而只能看到一个攻击者伪造的 URL 栏。这个伪造的 URL 栏可能显示为一个合法的域名,具有很强的欺骗性。

DNS 欺骗:通过伪造 DNS 记录,将用户发往正常节点的请求重定向到一个恶意的网站。DNS 欺骗有若干种攻击手段,包括 DNS 服务器侵入、DNS 缓存投毒等。第一种攻击手段是,攻击者需要通过一系列手段获取 DNS 服务器的条目修改权限,并将合法域名的解析地址篡改为恶意网站的 IP 地址。当用户发起该合法域名地址请求时,DNS 服务器会回复恶意节点的 IP 地址,最终将用户流量重定向到恶意网站。

第二种攻击手段针对 DNS 服务器缓存机制。为了提高 DNS 解析和响应速度,DNS 提供商一般采用了多级缓存的形式:用户在发起 DNS 请求时,请求会先发往本地 DNS 服务器,如果缓存了该域名的解析结果,本地 DNS 服务器就直接返回其缓存的 IP 地址,无须再将解析请求发送给其上级 DNS 服务器;如果不存在缓存记录,本地 DNS 服务器才会继续向其上级 DNS 服务器请求,直到根服务器。在上级 DNS 服务器返回解析结果的过程中,本地 DNS 服务器也会缓存解析结果,以便下次无须再向上级 DNS 服务器请求。虽然这种多层结构能够提高用户响应速度,然而在 2008 年,一位叫 Dan Kaminsky 的攻击者却利用了分布式 DNS 服务器缓存的漏洞,实现了 DNS 缓存投毒攻击,造成了非常严重的影响,这种攻击手段也被称为 Kaminsky 攻击。这种攻击的流程如图 9.34 所示,主要包括以下几个步骤。

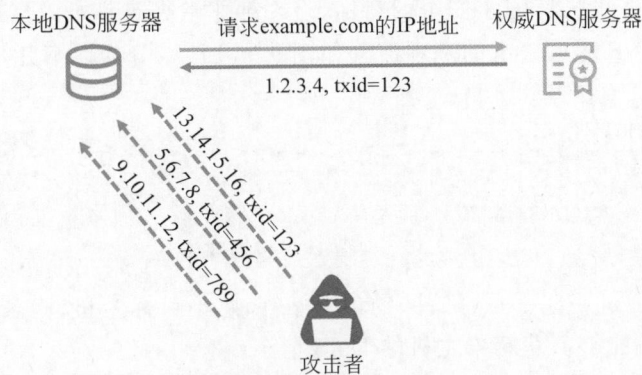

图 9.34　Kaminsky 攻击

(1) **确定攻击目标**:攻击者需要提前确定想要投毒的目标域名,例如 example.com。

(2) **伪造 DNS 响应**:攻击者首先向权威 DNS 服务器发送大量 DNS 查询请求,猜测用户本次 DNS 查询的事务 ID 和 UDP 源端口。如果攻击者猜到 DNS 查询的事务 ID 和 UDP 源端口,攻击者就能将恶意 DNS 解析结果添加到本地 DNS 服务器的缓存中。这样一来,后续用户在向该感染的本地 DNS 服务器请求 example.com 的 IP 地址时,返回的所有结果都会指到恶意网站。

(3) **响应竞争**:想要实现上述的攻击手段,需要保证的一点是:恶意 DNS 解析结果必须比合法的解析结果到达得更早,这样本地 DNS 服务器就会将更快到达的恶意解析结果当作合法的,而把从权威 DNS 服务器发送的合法解析结果视为超时而直接抛弃。因此,在权威 DNS 服务器响应到达之前,攻击者需要不断向递归解析器发送伪造的 DNS 响应,在时间上"战胜"权威 DNS 服务器的解析结果。

2. 利用 DNS 实现其他攻击

除了针对 DNS 服务器或者协议本身的攻击,近年来还发生了利用 DNS 作为载体的攻击手段。利用 DNS 进行攻击有如下好处:DNS 十分重要且使用范围十分广泛,是基础的网络服务,防御系统很少将 DNS 报文作为过滤的对象,因此 DNS 报文能穿透大部分防御工具,具有很高的隐蔽性。受害者计算机与恶意 DNS 服务器的数据交互表面上像是常规的 DNS 请求和响应,这使得传统安全措施很难进行检测和防御。越来越多的攻击者利用 DNS 作为载体,并采用如僵尸网络、APT 等攻击手段。

DNS 隧道：DNS 隧道是一种利用 DNS 协议在网络上进行隐蔽通信的方法。由于 DNS 是基础的网络服务,因此很少有安全措施会禁止 DNS 流量。攻击者利用这一点,将敏感数据等非 DNS 流量封装在 DNS 数据包中,能很好地规避网络安全措施的审查。感染机器会与攻击者建立隐蔽通道,在 DNS 数据包交互时隐蔽地发送和接收各种指令、代码、数据等,实现通信功能。DNS 隧道攻击已经存在了将近 20 年,Morto、Feederbot 等恶意软件都曾被用于 DNS 隧道攻击,也作为 APT 攻击的一种常见通信手段。近年来一些非法地下组织也使用 DNS 隧道进行攻击,对国家安全造成了重大威胁。例如,DarkHydrus 组织利用 DNS 隧道与感染主机通信,实现恶意代码的强制执行。OilRig 黑客组织也一直尝试渗透到各大政府组织,并采用 DNS 隧道与远程服务器进行通信,发起大规模的网络攻击行为。2010 年首次发现的 Stuxnet(也称震网病毒)也利用了 DNS 隧道实现感染主机与攻击者之间的隐蔽通信,旨在实现破坏伊朗核设施等严重损坏国家安全的目标,是一种非常高级且难以发现的攻击手段。

一个典型 DNS 隧道攻击的基本流程如图 9.35 所示,分为以下几步。

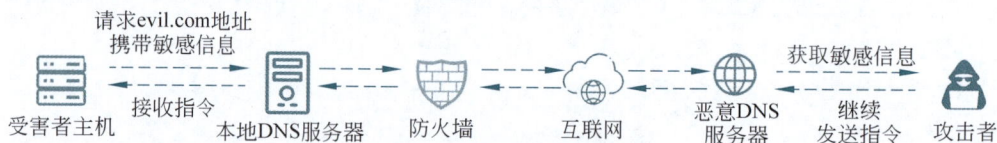

图 9.35　典型 DNS 隧道攻击

(1) 攻击者通过一些手段(邮件、钓鱼网站等)感染目标主机,隐蔽安装 DNS 隧道客户端,该客户端能够截获感染主机的 DNS 请求。

(2) 攻击者注册恶意域名 evil.com,各层 DNS 服务器采用迭代查询方式,不断向更上层的 DNS 服务器请求结果。当该 DNS 请求到达攻击者控制的恶意 DNS 服务器,并转发给攻击者后,就建立了与受害者主机的隐蔽信道。

(3) 当受害者主机发送正常的 DNS 请求时,DNS 隧道客户端将截获数据,并将敏感数据封装到 DNS 报文中,这样一来攻击者能够获取受害者主机的隐私数据;同时,攻击者也能将一些恶意代码、指令等封装到正常的 DNS 响应报文中发送给受害者,告诉受害者主机接下来的行为;感染主机的 DNS 隧道客户端截获 DNS 响应后,就能收到来自 DNS 服务器的指令,执行后续的攻击操作。

DNS 放大：一种利用 DNS 实现 DDoS 反射攻击的手段。与传统的 DDoS 攻击不同,DNS 放大攻击不需要攻击者向目标服务器发起大规模攻击流量,并且 DNS 服务器在其中起到了转发和放大攻击流量的作用。攻击者只需伪造受害者主机,向合法 DNS 服务器发起少量的 DNS 域名请求,就可导致 DNS 服务器向受害者发送大量域名解析结果,起到了 DDoS 攻击并且放大的效果。由于流量都是来自合法的 DNS 服务器,主机或网络内的防火墙机制会认为这些流量是正常的 DNS 查询响应,因此也不会对这类流量进行过滤操作。因此,DNS 放大攻击具有很高的威胁,也常常被攻击者作为 DDoS 攻击的实现方式之一。在 2020 年,CloudFlare 就曾遭遇每秒 1700 万次请求的 DNS 放大攻击,并且持续了几小时,最终导致世界范围内 CloudFlare 的用户无法正常访问网络。在 2018 年,Github 网站也曾遭遇了峰值流量达到 1.35Tb/s 的

DDoS 攻击,这也是历史上最大规模的 DDoS 攻击之一。而经过事后调查,本次攻击采用了多种 DDoS 攻击手段,其中就包括了 DNS 放大攻击。

DNS 放大攻击的流程如图 9.36 所示,通常包括以下几个步骤。

(1) 伪造源 IP 地址:攻击者首先定位受害者主机,获得其 IP 地址。随后攻击者伪造受害者节点发起 DNS 请求,将受害者主机 IP 作为 DNS 请求的源 IP 地址。在 DNS 服务器看来,这些请求就是由受害者主机发起的,因此 DNS 解析结果也会回复给受害者主机。

(2) 发送 DNS 查询:随后攻击者向合法 DNS 服务器发送查询,而 DNS 服务器会向受害者发送地址解析结果。由于 DNS 发送的回复流量要比请求流量大得多,因此这种攻击方式起到了很强的放大作用,攻击者只需发送较少的 DNS 请求流量,就能获得几倍的回复流量发送到受害者主机。

(3) 流量泛洪:大量的 DNS 响应被发送到受害者的 IP 地址,与 DDoS 攻击类似,受害者主机无法瞬时处理如此海量的 DNS 流量,这会严重破坏受害者主机的服务,甚至引起受害者主机宕机。

图 9.36　DNS 放大攻击

Fast Flux:一种隐藏恶意网站真实地址的技术,被攻击者广泛运用到僵尸网络等恶意场景。正常情况下,当用户发起域名 www.flux.com 的 DNS 请求后,DNS 服务器会返回一个固定的 IP 地址,在一段时间内该域名的解析地址不会发生变化。然而在一些高并发的场景,为了缓解某个服务器的负载,DNS 允许为一个域名添加多个 IP 地址,并采用轮询等方法返回 IP 地址。这样一来,用户每次查询 www.flux.com 结果可能都不一样。这本是一种合法的负载均衡技术,但攻击者却利用这种特点开发了 Fast Flux 技术,其基本思想是:攻击者在 DNS 服务器上注册域名,并为其添加了多个不同的 IP 地址,每个地址的生存时间(TTL)都非常短,一般 5 分钟内就失效。这样一来,攻击者能够隐藏僵尸网络的 IP 地址,起到迅速逃逸安全检查的效果。即使安全人员发现了合法网站正在遭受攻击,但由于攻击源一直在变,因此无法迅速定位僵尸网络位置,这对安全人员造成更大的挑战,法律人员和安全组织也很难追溯攻击者的恶意行为。

Fast Flux 攻击的流程如图 9.37 所示。当用户请求 www.flux.com 的 IP 地址后,DNS 服务器会返回一个 TTL 很短的 IP 地址,指向 Flux 网络中的某台代理主机。下一次用户请求时,返回的 IP 地址很可能不同,由不同的代理主机响应。随后,代理主机收到用户的请求后,会将请求重定向到"母船"(mothership),由 mothership 将响应数据返回给代理主机,并最终转发给用户。可以看到,mothership 躲藏在 Flux 网络之外,并通过重定向响应用户请求,使得安全人员很难追踪到背后的 mothership 位置。同时,在 Flux 网络中存在着大量由 mothership 控制的代理节点,而这些节点大多为个人用户的计算机或手机终端。一旦设备下线,攻击者也能通过 TTL 很短、IP 频繁变换的特点,快速替换代理节点,保持 Flux 网络的稳定运行。

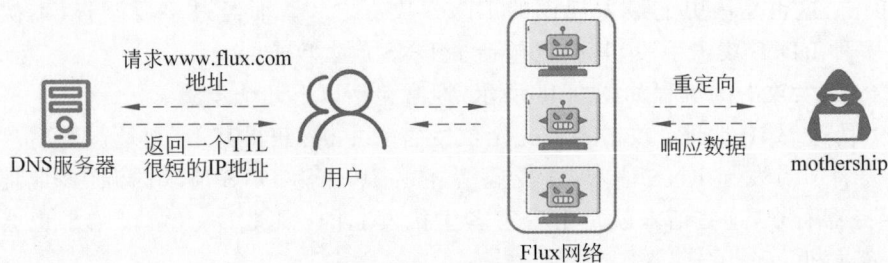

图 9.37　Fast Flux 攻击

Fast Flux 分为 single Flux 和 double Flux 两种。其中，single Flux 指只有一层 Flux，即攻击者只有一个域名，而为该域名注册了多个 IP 地址并实现快速切换。double Flux 指两层 Flux，其授权服务器也由 mothership 控制。因此，在返回用户 IP 地址之前，授权服务器会先将请求重定向到 mothership，由 mothership 回复代理节点的 IP 地址。相比 single Flux 来说，double Flux 使恶意活动的实际位置更加难以追踪。2007 年发生的 Storm Worm 攻击就利用了 Fast Flux 技术：攻击者构建了 Storm 僵尸网络传播钓鱼邮件、恶意软件，以及开展 DDoS 攻击，并利用 Fast Flux 技术隐藏了僵尸网络的位置，使安全人员很难快速定位和破坏目标僵尸网络，造成了重大的损失。

9.5.2　域名系统安全扩展

域名系统设计于 20 世纪 80 年代，在域名系统设计之初，互联网的规模还非常小，导致在域名协议的原始设计中，并不包含任何安全相关的功能，这也为之后域名系统的一系列安全问题埋下了隐患，如前文所述的缓存投毒攻击等，正常用户的访问请求可能会很轻易地被攻击者重定向至恶意的地址。

域名系统安全拓展（DNSSEC）是由 IETF 所提出的一套安全拓展规范，用于为 DNS 提供一定程度的安全保护。DNSSEC 为 DNS 协议添加了如下两个重要的功能。

（1）数据源身份验证。DNSSEC 允许 DNS 解析器验证其收到的数据确实来自被信任的来源。

（2）数据完整性保护。DNSSEC 允许 DNS 解析器验证数据是否在传输的过程中受到篡改。

同时 DNSSEC 并未对以下方面提供保护。

（1）数据的可用性。DNSSEC 并不能直接保证系统不受到 DDoS 攻击，尽管其间接提供了一些好处，如使用签名检查潜在的不可信方。

（2）数据加密。任何人都可以看到 DNSSEC 传输的原始数据。

DNSSEC 旨在保护使用 DNS 的应用程序不接收伪造或是被操纵的 DNS 数据。每个 DNS 区域都有一个公钥/私钥对。区域所有者使用该区域的私钥对区域中的 DNS 数据进行数字签名，并将区域的公钥公开以供任何人检索。任何在区域中查找数据的 DNS 递归解析器也会检索区域的公钥，该公钥用于验证解析器获取的 DNS 数据的真实性。解析器使用公钥确认它收到的 DNS 数据上的数字签名有效。如果是这样，则 DNS 数据是合法的，解析器将其返回给用户。而相反如果签名未通过验证，解析器将认为该数据存在污染，丢弃数据，并向用户返回错误。通过这一系列机制，

DNSSEC 保证了信息的身份合法以及完整性。部分 DNSSEC 支持的安全算法如表 9.5 所示。

表 9.5 部分 DNSSEC 支持的安全算法

算 法 字 段	算　　　法	DNSSEC 签名	DNSSEC 验证
1	RSA/MD5	不应实现	不应实现
3	DSA/SHA-1	不应实现	不应实现
5	RSA/SHA-1	不推荐	必须实现
6	DSA-NSEC3-SHA1	不应实现	不应实现
7	RSASHA1-NSEC3-SHA1	不推荐	必须实现
8	RSA/SHA-256	必须实现	必须实现
10	RSA/SHA-512	不推荐	必须实现
12	GOST R 34.10-2001	不应实现	可选
13	ECDSA/SHA-256	必须实现	必须实现
14	ECDSA/SHA-384	可选	推荐
15	Ed25519	推荐	推荐
16	Ed448	可选	推荐

　　DNSSEC 同样需要保证该区域的公钥本身是真实可信的。为此,DNS 区域同样需要对其公钥进行签名,但是,与其余数据域不同的是,区域的公钥并非使用区域私钥进行签名,而是使用与父区域有关的私钥进行签名。例如,icann.org 区域的公钥由与.org 区域有关的另一把私钥进行签名。正如 DNS 区域的父级负责发布子区域的权威名称服务器列表一样,父级区域也负责保证子区域公钥的真实性。

　　而对于根区域,由于没有更高级别的区域对其进行签名,因此其公钥形成了信任链的锚点。事实上,每隔几个月,就会举行一次全球性的根区域签名仪式,来自 ICANN、互联网社区以及其他相关机构的工作人员会经过严格而机密的流程,共同对根区域进行签名。除了来自根区域的信任锚之外,某些缺少父区域的 DNS 区域也需要信任锚,其建立过程同样需要复杂的程序。每一个 DNS 解析器都配置了信任锚的列表,通过信任这些锚点的公钥,解析器可以在域名空间中建立从上而下的信任链。

　　DNSSEC 在原有的 DNS 记录基础上引入了新的记录类型,主要包括以下几种。

　　(1) 资源记录签名(Resource Record Signature,RRSIG):包含某一个资源记录集合的 DNSSEC 签名。DNS 解析器使用存储在 DNSKEY 记录中的公钥来验证这个签名。

　　(2) DNS 密钥(DNSKEY):包含 DNS 解析器用于验证 RRSIG 记录中 DNSSEC 签名的公钥。

　　(3) 委派签名者(Delegation Signer,DS):包含子区域 DNSKEY 的哈希值等信息。

　　(4) 下一个安全记录(Next Secure Record,NSEC)及其变种:包含指向区域中下一个记录名称的链接,并列出了该记录名称的记录类型。

部署 DNSSEC 的第一步是将所有相同类型和标签的记录存放在一个资源记录集（Resource Record Set，RRSet）中。例如，如果某区域中有 3 个具有相同标签的 AAAA 记录，它们将全部捆绑到一个 AAAA RRSet 中。之后，对整个 RRSet 进行数据签名。这样做的好处是能够减少验证单条记录的成本，因为整个 RRSet 只需做一次验证。

建立 RRSet 之后，区域的权威 DNS 服务器即可对 RRSet 进行签名。使用的密钥被称为区域签名密钥（Zone-Signing Key，ZSK）。ZSK 为非对称密钥，分为公私钥两部分，权威 DNS 服务器使用 ZSK 的私钥对 RRSet 进行签名，将签名存储在 RRSIG 记录中，而将用于验证签名的公钥存储在 DNSKEY 记录中。当部署了 DNSSEC 的解析器向权威 DNS 服务器请求某一特定的记录类型（如 AAAA）时，权威 DNS 服务器会将对应的 RRSIG 与所请求的记录一并返回。此后解析器可以再次请求包含公钥的 DNSKEY 记录，从而验证原记录的来源和完整性。

如此前所述，我们还需要对 DNSKEY 中的公钥进行签名和验证，从而防止攻击者伪造 ZSK 公钥。DNSSEC 使用另一种密钥，即密钥签名密钥（Key-Signing Key，KSK）来解决这一问题。我们需要注意的是 DNSKEY 作为一种记录类型，同样位于某个 RRSet 之中。KSK 对 DNSKEY RRSet 的签名流程与前文 ZSK 对其他 RRSet 的签名流程完全一致，其签名结果同样存储在 RRSIG 记录中，而 KSK 的公钥同样位于一条 DNSKEY 记录中。DNSSEC 区域内验证流程如图 9.38 所示。总结来看，部署 DNSSEC 的解析器对权威 DNS 服务器的一次解析请求流程如下。

（1）解析器请求某一类型（如 AAAA）记录的 RRSet，服务器响应的同时还会返回 RRSet 对应的 RRSIG 记录。

（2）解析器请求包含 ZSK 公钥和 KSK 公钥的 DNSKEY 记录，系统还将返回 DNSKEY RRSet 的 RRSIG 记录。

（3）解析器使用 ZSK 公钥验证所请求 RRSet 的 RRSIG。

（4）解析器使用 KSK 公钥验证 DNSKEY RRSet 的 RRSIG。

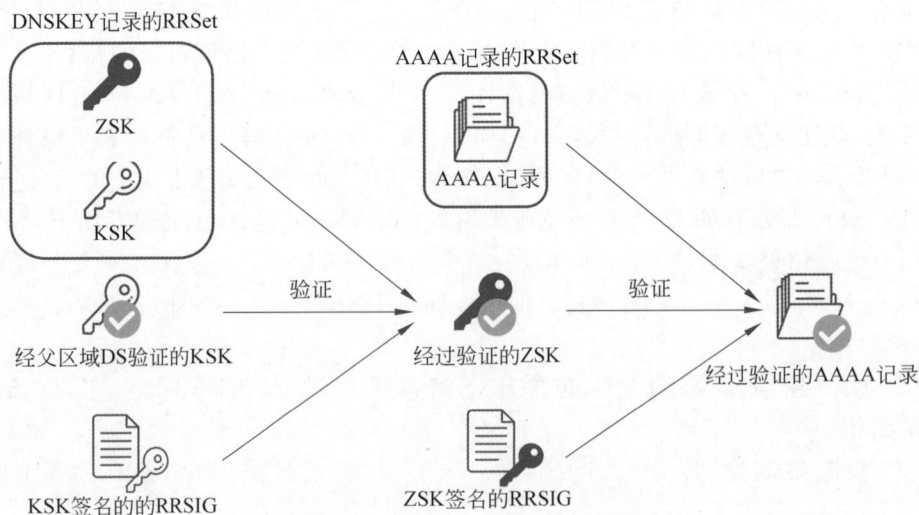

图 9.38　DNSSEC 区域内验证流程

我们注意到，KSK 公钥同样记录在 DNSKEY 中，因此其实际上是被 KSK 的私钥签名的,这并没有为信任链添加额外的锚点。为了解决这个问题,就需要引入父区域来拓展信任链。这在 DNSSEC 中是使用委派签名者(DS)记录来实现的。DS 记录存储在父区域的权威服务器上,包含了子区域 KSK 公钥的哈希值。解析器请求父区域服务器时,父区域的响应中会包含对应子区域的 DS 记录,解析器之后便可以对子区域的 KSK 公钥进行哈希处理并与 DS 记录比较,从而验证 KSK 公钥。这样一来,我们如果可以信任父区域,那我们也就可以信任子区域,信任链得以传递,DNSSEC 信任链由父区域向子区域的拓展如图 9.39 所示。

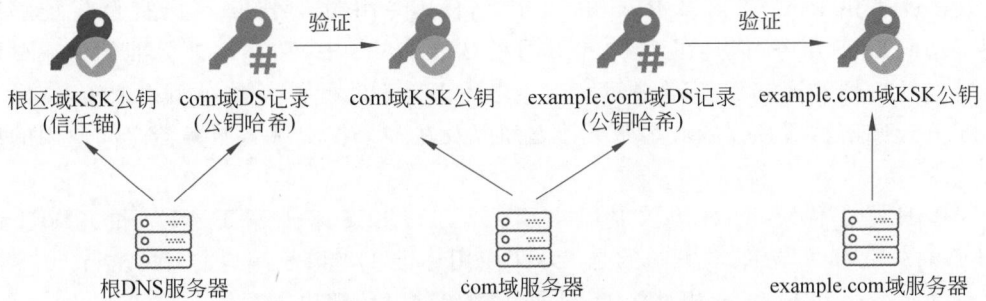

图 9.39 DNSSEC 信任链由父区域向子区域的拓展

NSEC 则通常用来解决不存在域名的验证问题。在传统 DNS 中,如果解析器向 DNS 服务器请求一个不存在的域名,服务器会返回请求告诉解析器该域名不存在。但是在 DNSSEC 中,我们同样需要对这个返回结果进行验证,由于其不包含任何 RRSet,因此不能对其使用前文所述的验证方式。DNSSEC 的解决方案是在域名不存在时,返回一个 NSEC 告诉解析器按照字典排序,以及下一个存在的记录是什么。举个例子,如果服务器上保存有 a.example.com 和 www.example.com,此时解析器请求 c.example.com,则服务器会返回包含 www.example.com 的 NSEC,解析器就可以确定 c.example.com 不存在。同时,由于 NSEC 经过签名,可以很方便地对其合法性做验证。另外,为了解决这一机制可能导致的安全问题(如被攻击者利用来探测存在的合法域),出现了一系列 NSEC 的变种,如 NSEC3 等。

为了保护互联网域名空间的安全,DNSSEC 需要被广泛部署。DNSSEC 的部署需要网络运营商在其递归解析器上启用,同时还需要区域所有者在其所在区域的权威域名服务器上开启。现如今,几乎所有的递归解析器都已经支持 DNSSEC,只需更改配置文件即可启用。而区域所有者要保证自己的区域使用 DNSSEC 签名,则首先要确保信任链的上游(即更高级的区域)已被签名。自 2010 年以来,DNS 的根区域已被签名,标志着域名服务这一互联网基础设施向着高安全性迈出了一大步。除此以外,如前文所述,区域所有者还需要将自己的公钥交给父区域并由其私钥进行签名,从而完成信任链的建立。

随着 DNSSEC 的逐渐部署和大家对其认识的加深,DNSSEC 有望成为一些新的安全协议的基础。例如,基于 DNS 的命名实体身份验证(DNS-based Authentication of Named Entities,DANE)是一种基于 DNSSEC 的数字证书发布协议,它允许在区域中为邮件传输等应用程序通过 DNS 服务发布传送层安全密钥,提供了一种不依赖证书颁发机构来验证公钥真实性的方法。

9.5.3　加密 DNS

在传统的 DNS 协议中,DNS 查询以明文形式传输,任何能够截获数据包的人都能够看到传输的信息。为了增强 DNS 数据传输的机密性,减少信息泄露以及被伪造的风险,出现了两个基于加密协议的 DNS 协议,即基于 **TLS** 的 **DNS**(DNS over TLS,DoT)和基于 **HTTPS** 的 **DNS**(DNS over HTTPS,DoH)。

DoT 在传统 DNS 协议基础上,使用 TLS 来对 DNS 的查询和响应报文进行加密封装。DoT 由 RFC 7858 及 RFC 8310 定义,使用专用端口号 853。虽然 DoT 能够适用于任何 DNS 事务,但是在 2016 年 5 月的 RFC 7858 中,它首次被标准化为在存根或转发解析器和递归解析器之间使用。之后 IETF 进行了一系列相关工作,给出了DoT 在递归解析器和权威域名服务器之间以及在多个权威域名服务器之间使用的相关实现。

DoH 是在传统 DNS 协议基础上引入了 HTTPS 来加密 DNS 流量。DoH 由RFC 8484 定义。与 DoT 不同的是,DoH 使用标准 HTTPS 端口号 443。自 2018 年以来,Chrome 和 Firefox 相继将 DoH 作为内置的默认解决方案。

尽管看上去很相似(HTTPS 同样基于 TLS 加密),但 DoT 和 DoH 实际上是两项单独开发的标准,其 RFC 文档也不同。具体来说其差异性主要体现在以下几点。

(1) 在部署场景方面,由于浏览器往往已经在 HTTPS 层运行,因此实现 DoH 对浏览器更具意义,对于其他一些应用程序级别的 DNS 需求也是如此,这有利于利用现有的 HTTPS 生态。而对于一些更低层的服务,如在操作系统层面启用加密 DNS,则部署 DoT 是更合理的。

(2) 由于 DoH 使用的端口 443 与其余 HTTPS 流量并无区分,因此能够将 DNS交互混淆在其他的 HTTPS 通信中,降低其被发现和监听的概率,进一步提高用户的隐私性,但是另一方面来说,也给网络的管理带来了麻烦。相反,DoT 使用专用端口853,削弱了隐私性,但网络管理员能够更方便地发现和阻止 DNS 查询,进而阻止某些潜在的恶意流量。

(3) DoH 工作于应用层,而 DoT 工作于传送层,这使得二者的工作效率略有区别。DoH 更高的层次意味着它会带来更多的库的需求、更高的编解码成本、更大的数据包大小和更高的时延。尽管 DoH 和 DoT 都需要额外的开销,但是相对来说 DoT是更轻量级的加密 DNS 实现方案。

9.6　防火墙和入侵检测系统

通过学习本章前面的内容,我们已经意识到互联网并不是一个非常安全的地方——互联网上存在着恶意攻击者,他们会对网络进行破坏,造成各种混乱。在存在着攻防对抗的互联网背景下,考虑一个组织的内部网络和从其网络管理员的视角来看,互联网可以被简单地划分为两个阵营——组织内用户(属于组织内部网络,理应能够相对无约束地访问组织网络内的资源)和组织外用户(其他所有人,他们对于网络资源的访问必须仔细审查)。为了进行二者的区分,许多组织会设计一个进出点,进出组织的人都会在进出点进行安全检查。对于企业大楼来说,安全检查在入口的门禁完成;而在计算机网络中,对进出网络的流量进行安全检查、记录、拦截和转发是由如防火墙、入侵检测系统(Intrusion Detection System,IDS)和入侵防御系统(Intrusion Prevention System,IPS)设备完成的。

9.6.1　防火墙

防火墙是硬件和软件的结合体,它将组织的内部网络与外界的公共互联网隔离开来,允许某些数据包通过的同时阻止其他数据包。通过管理进出的流量,防火墙允许网络管理员控制外部世界与网络内部资源之间的访问。防火墙有如下 3 个目标。

(1) 所有从外部到内部,以及从内部到外部的流量,都必须通过防火墙。图 9.40 展示了一个防火墙,防火墙位于内部网络和公共互联网的边界上。虽然大型组织可能使用多层防火墙或分布式防火墙,但如图所示的在网络的单一接入点放置一个防火墙,可以更容易地管理和执行安全访问策略。

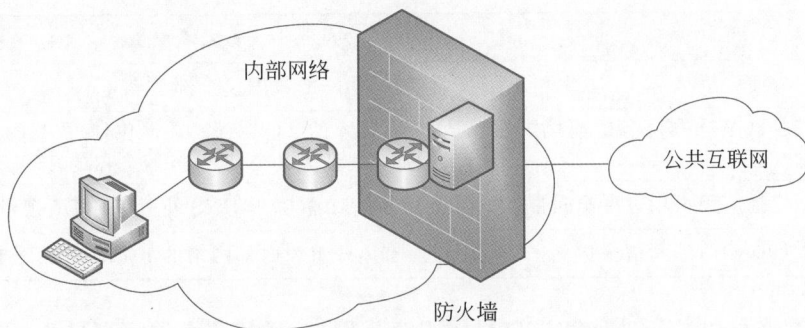

图 9.40　防火墙

(2) 只有被本地安全策略定义为授权的流量才被允许通过。所有进入和离开机构网络的流量都经过防火墙,防火墙可以限制只有被授权的流量才能通过。

(3) 防火墙本身应具备不容易被渗透的特性。防火墙本身是一个连接到网络的设备。如果设计或安装不当,它可能会被破坏,这种情况下,它只能提供虚假的安全感,会比没有防火墙更糟。因此,确保防火墙的健壮性至关重要,可以保护网络免受潜在的威胁。

防火墙可以分为 3 类:传统的数据包过滤器、有状态的数据包过滤器和应用程序网关。我们接下来依次介绍这些。

1. 传统的数据包过滤器

如图 9.40 所示,一个组织通常有一台网关路由器将其内部网络连接到其 ISP(因此连接到更广泛的公共互联网)。所有离开和进入内部网络的流量都会经过这台路由器,并且在这台路由器上进行数据包过滤。数据包过滤器会独立地检查每个数据包,根据管理员设定的规则决定数据包是应该被允许通过还是应该被丢弃。过滤决策通常基于以下因素。

- IP 源地址或目的地址。
- IP 数据报字段中的协议类型:TCP、UDP、ICMP、OSPF 等。
- TCP 或 UDP 源端口和目的端口。
- TCP 标志位:SYN、ACK 等。

- ICMP 消息类型。
- 对离开和进入网络的数据报应用不同规则。
- 对路由器的不同接口应用不同规则。

网络管理员根据组织的策略配置防火墙。这个策略可能会考虑到用户的带宽使用以及组织的安全问题。表 9.6 列出了组织内部网络的策略和相应的过滤规则。例如,如果组织不希望有除了其公共 Web 服务器的连接以外任何传入的 TCP 连接,它可以阻止所有传入的 TCP SYN 数据包,除了目的端口为 80 且目的 IP 地址为其公共 Web 服务器的 TCP SYN 包。如果组织不希望其用户通过互联网广播应用来占用过多访问带宽,它可以阻止所有非关键(如除了 DNS 外所有)UDP 流量(因为互联网广播通常通过 UDP 发送)。如果组织不希望被外部人员探测内部网络拓扑,它可以阻止所有离开组织内部网络的 ICMP TTL 过期消息。

表 9.6   组织内部网络的策略和相应的过滤规则

策　　略	防火墙设置
无外部 Web 访问	所有端口为 80 的数据包全部丢弃
阻止除了其公共 Web 服务器的连接以外任何传入的 TCP 连接	阻止所有传入的 TCP SYN 数据包,除了目的端口为 80 且目的 IP 地址为其公共 Web 服务器的 TCP SYN 包
防止互联网广播应用占用过多访问带宽	阻止所有非关键(除了 DNS 外所有)UDP 流量
防止外部人员探测内部网络拓扑	阻止所有离开组织内部网络的 ICMP TTL 过期消息

过滤策略可以基于地址和端口号的组合。例如,过滤路由器可以转发所有 Telnet 数据包(那些端口号为 23 的),但并不会转发那些来自或发送到特定 IP 地址的 Telnet 数据包。这条策略允许组织网络与特定列表上的主机之间进行 Telnet 连接。但不幸的是,基于外部地址的策略无法防止已经被源地址伪造的数据包。

过滤也可以基于 TCP ACK 位是否被设置。如果一个组织希望其内部客户端可以连接到外部服务器,但想阻止外部客户端连接到内部服务器,这个技巧非常有用。由于每个 TCP 连接的第一个数据包都将 ACK 位设置为 0,而连接中的其他所有数据包都将 ACK 位设置为 1,因此如果一个组织想阻止外部客户端发起到内部服务器的连接,它只需过滤所有传入的数据包,并将 ACK 位设置为 0。这个策略会终止所有从外部发起的 TCP 连接,但允许从内部发起的连接。

防火墙规则通过带有访问控制列表的路由器实现,每个路由器接口都有自己的列表。表 9.7 展示了访问控制列表示例。这个访问控制列表用于连接路由器与组织的外部 ISP 的接口。规则应用于通过接口的每个数据包,规则的匹配从上到下进行。前两个规则组合在一起允许内部用户访问外部网络:第一个规则允许任何目的端口为 80 的 TCP 数据包离开组织的网络;第二个规则允许任何源端口为 80 并且 ACK 位被设置为 1 的 TCP 数据包进入组织的网络。请注意,如果是来自外部的数据包试图与内部主机建立 TCP 连接,即使源端口或目的端口是 80,但由于连接的第一个 TCP 数据包 ACK 为 0,连接会被阻止。接下来的两个规则一起允许 DNS 数据包进出组织的网络。总而言之,这个相当严格的访问控制列表阻止了几乎所有流量,除了从组织内部发起的 Web 流量和 DNS 流量。一些厂商的防火墙的配置文档会提供推荐的端口/

协议包过滤列表,以避免现有网络应用中许多已知的安全漏洞被利用。

表 9.7　一个路由器接口的访问控制列表

允许/拒绝	源　地　址	目的地址	协议	源端口	目的端口	标志位
允许	166.111/16	166.111/16 地址外	TCP	＞1023	80	
允许	166.111/16 地址外	166.111/16	TCP	80	＞1023	ACK
允许	166.111/16	166.111/16 地址外	UDP	＞1023	53	
允许	166.111/16 地址外	166.111/16	UDP	53	＞1023	
拒绝	所有	所有	所有	所有	所有	

2. 有状态的数据包过滤器

在传统的包过滤器中,每个数据包的过滤决策是独立进行的。而状态包过滤器实际上会跟踪 TCP 连接,并使用这些信息来做出过滤决策。

为了理解状态过滤器,让我们重新审视表 9.7 所示的访问控制列表。尽管相当严格,该访问控制列表仍然允许任何从外部到达且 ACK＝1 和源端口为 80 的数据包通过过滤器。这些数据包可能被攻击者用来试图通过畸形数据包使内部系统崩溃、进行拒绝服务攻击,或探测内部网络拓扑。一种简单的解决方案是阻止 TCP ACK 数据包,但这种方法会使组织的内部用户无法上网。

状态包过滤器通过在连接表中跟踪所有正在进行的 TCP 连接来解决这个问题。防火墙可以通过观察三次握手(SYN、SYNACK 和 ACK)来观察新连接的开始;当它看到连接的 FIN 数据包时,它可以观察到连接的结束。当防火墙在某个连接上大约60 秒内没有看到任何活动时,它也可以假设连接已经结束。表 9.8 展示了防火墙的一个连接表示例。这个连接表表明,目前有三个正在进行的 TCP 连接,所有这些连接都是从组织内部发起的。此外,状态包过滤器在其访问控制列表中增加了一个新列,"检查连接",如表 9.9 所示。请注意,表 9.9 与表 9.7 中的访问控制列表相同,只是现在它指出对两个规则应该进行连接检查。

表 9.8　状态包过滤器的连接表

源　地　址	目的地址	源端口	目的端口
166.111.1.7	202.108.22.5	12969	80
166.111.92.12	199.2.205.24	37645	80
166.111.32.45	203.42.241.34	47812	80

表 9.9　状态包过滤器的访问控制列表

允许/拒绝	源　地　址	目的地址	协议	源端口	目的端口	标志位	检查连接
允许	166.111/16	166.111/16 地址外	TCP	＞1023	80		
允许	166.111/16 地址外	166.111/16	TCP	80	＞1023	ACK	检查
允许	166.111/16	166.111/16 地址外	UDP	＞1023	53		

续表

允许/ 拒绝	源　地　址	目 的 地 址	协议	源端口	目的 端口	标志位	检查 连接
允许	166.111/16 地址外	166.111/16	UDP	53	＞1023		检查
拒绝	所有	所有	所有	所有	所有	所有	

让我们通过一些例子来了解连接表和扩展访问控制列表是如何协同工作的。假设一个攻击者试图通过发送一个源端口为 80 且 ACK 位被设置为 1 的数据包来向组织的网络发送一个畸形数据包。不妨假设这个数据包的源端口是 80,源 IP 地址是 151.24.32.94。当这个数据包到达防火墙时,防火墙检查表 9.9 中的访问控制列表,该列表指示在允许这个数据包进入组织的网络之前还必须检查连接表。防火墙据此检查连接表,发现这个数据包不是正在进行的 TCP 连接的一个连接,因此拒绝了这个数据包。作为第二个例子,假设一个内部用户想要浏览一个外部网站。因为这个用户首先发送一个 TCP SYN 段,用户的 TCP 连接被记录在连接表中。当 Web 服务器发送回数据包(ACK 位必然被设置为 1)时,防火墙检查连接表并看到一个相应的连接正在进行中。因此,防火墙会让这些数据包通过,从而不会干扰内部用户的网页浏览活动。

3. 应用程序网关

在上述例子中,我们看到了数据包级别的过滤允许一个组织基于 IP 和 TCP/UDP 头部的内容(包括 IP 地址、端口号和确认位)进行粗粒度过滤。但是,如果一个组织想要向一组限定的内部用户(而不是由 IP 地址划分)提供 Telnet 服务呢? 如果组织希望这些用户在被允许创建到外部世界的 Telnet 会话之前先进行身份验证呢? 这些任务超出了传统的和有状态的数据包过滤器的能力范围。事实上,关于内部用户身份的信息是应用层数据,不包含在 IP/TCP/UDP 头部中。

为了实现更精细的安全级别,防火墙必须将包过滤器与应用网关相结合。应用网关超越了 IP/TCP/UDP 头部,根据应用数据做出策略决策。应用网关是一个特定应用的服务器,所有的应用数据(入站和出站)都必须通过它。可以在同一主机上运行多个应用网关,但每个网关都是一个单独的服务器,拥有自己的进程。

为了深入了解应用网关,让我们来设计一个防火墙,只允许一组限定的内部用户向外 Telnet,阻止所有外部客户端向内部 Telnet。这样的策略可以通过实施包过滤器(在路由器中)和 Telnet 应用网关的组合来实现,如图 9.41 所示。路由器的过滤器被配置为阻止所有 Telnet 连接,除了那些来自应用网关 IP 地址的连接。这样的过滤器配置强制所有向外的 Telnet 连接都必须经过应用网关。现在考虑一个想要向外部世界 Telnet 的内部用户。用户首先必须与应用网关建立一个 Telnet 会话。在网关中运行的应用程序监听传入的 Telnet 会话,并提示用户输入用户 ID 和密码。当用户提供这些信息时,应用网关检查用户是否有权限向外部世界 Telnet。如果没有,网关就终止了内部用户到网关的 Telnet 连接。如果用户有权限,那么网关就会:①提示用户输入他们想要连接的外部主机的主机名;②在网关和外部主机之间建立一个 Telnet 会话;③将从用户那里到达的所有数据中继到外部主机,并将从外部主机到达的所有数据中继给用户。因此,Telnet 应用网关不仅执行用户授权,还充当 Telnet 服务器和

Telnet 客户端,用于中继用户和远程 Telnet 服务器之间的信息。请注意,由于网关发起到外部世界的 Telnet 连接,因此过滤器将允许第②步操作。

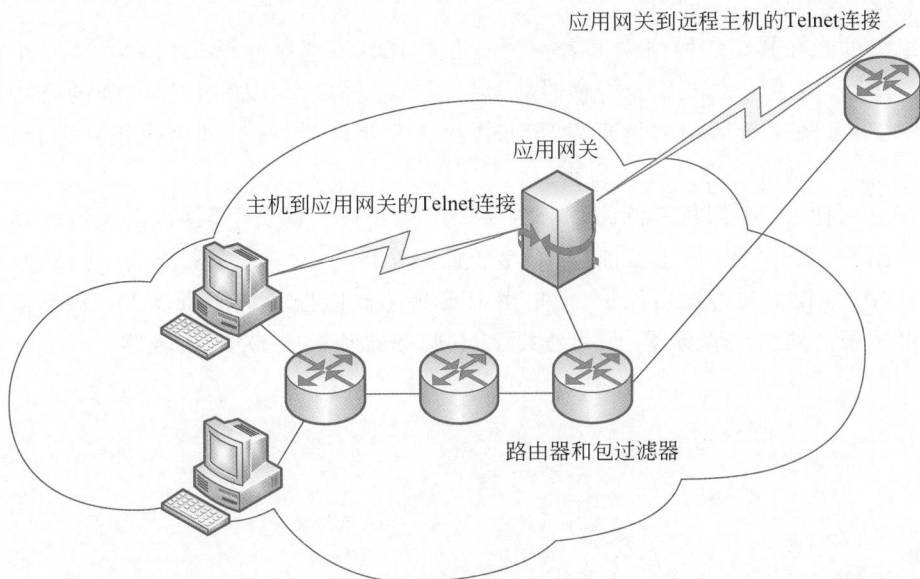

图 9.41 包含应用网关和包过滤器的防火墙

内部网络通常有多个应用网关,例如,用于 Telnet、HTTP、FTP 和电子邮件的网关。实际上,一个组织的邮件服务器和 Web 缓存本质上也可以视为应用网关。

应用网关并非没有缺点。首先,每个应用都需要一个不同的应用网关。其次,所有数据都将通过网关中继,因此会有性能损失。当多个用户或应用使用同一个网关机器时,这个问题尤其突出。最后,客户端软件必须知道如何在用户发出请求时与网关通信,并且必须知道如何告诉应用网关连接到哪个外部服务器。

9.6.2 入侵检测系统

包过滤器(传统的和有状态的)在决定哪些数据包可以通过防火墙时,会检查 IP、TCP、UDP 和 ICMP 头部字段。然而,为了检测许多类型的攻击,我们需要进行深度数据包检查,也就是说,要超越头部字段,查看数据包携带的实际应用数据。应用网关通常会进行深度数据包检查。但应用网关只对特定应用程序执行这种检查。

显然,还有另一种设备的需求——这种设备不仅检查通过它的所有数据包的头部(像包过滤器一样),而且还进行深度数据包检查(不像包过滤器)。当这种设备观察到可疑的数据包或一系列可疑的数据包时,它可以阻止这些数据包进入组织内部网络。或者,由于活动只被视为可疑,设备可以让数据包通过,但向网络管理员发出警报,管理员可以进一步审查流量并采取适当措施。当观察到可能恶意的流量时会产生警报的设备被称为入侵检测系统(IDS),过滤出可疑流量的设备被称为入侵防御系统(IPS)。在本节中,我们将同时研究 IDS 和 IPS,因为这些系统最有趣的技术是它们如何检测可疑流量(而不是它们是发送警报还是丢弃数据包)。从现在开始,我们将 IDS 和 IPS 统称为 IDS。

IDS 可以用来检测广泛的攻击类型,包括网络探测、端口扫描、TCP 堆栈扫描、

DoS 带宽泛洪攻击、蠕虫和病毒、操作系统漏洞攻击和应用漏洞攻击。今天,数千个组织部署了 IDS。这些部署的系统中有许多是专有的,但许多部署的 IDS 是开源系统,例如非常受欢迎的 Snort。

组织可能在其组织网络中部署一个或多个 IDS 传感器。图 9.42 显示了一个部署了包过滤器、应用网关和 IDS 传感器的组织。当部署多个传感器时,它们通常协同工作,将关于可疑流量活动的信息发送到中央 IDS 处理器,该处理器收集和整合信息,并在适当时向网络管理员发送警报。

在图 9.42 中,组织将其网络划分为两个区域:一个高安全区域,由包过滤器和应用网关保护,并由 IDS 传感器监控;一个较低安全区域——称为隔离区(Demilitarized Zone,DMZ),仅由包过滤器保护,但也由 IDS 传感器监控。请注意,DMZ 包括需要与外部世界通信的组织服务器,如其公共 Web 服务器和权威 DNS 服务器。

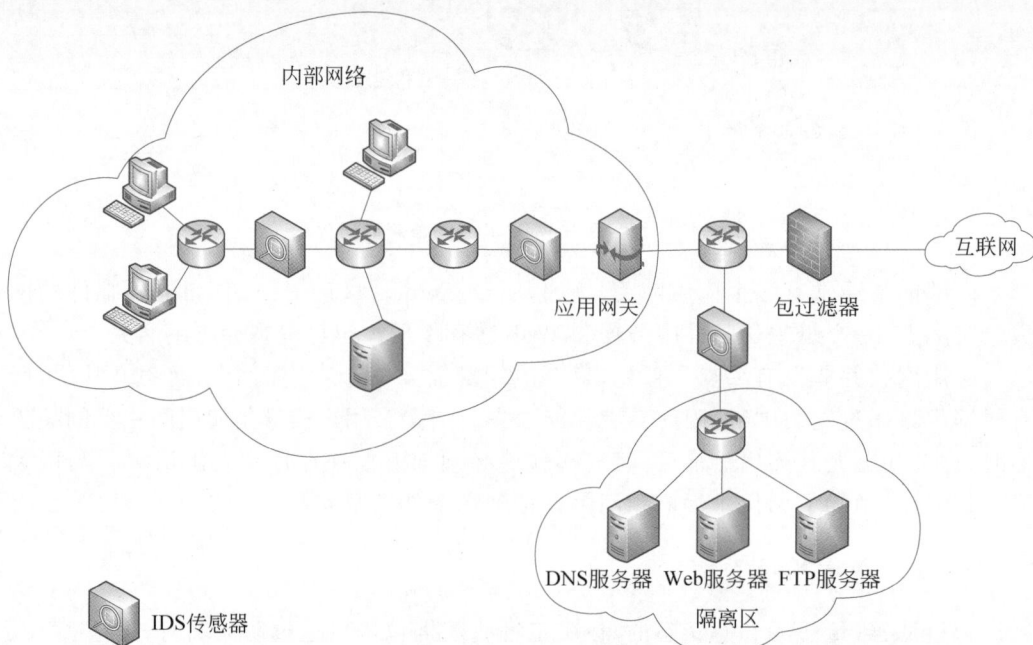

图 9.42　部署了包过滤器、应用网关和 IDS 传感器的组织

此时你可能会想,为什么需要多个 IDS 传感器?为什么不只在图 9.42 中的包过滤器后面(或甚至与包过滤器集成)放置一个 IDS 传感器呢?因为 IDS 不仅需要进行深度数据包检查,而且还必须将每个通过的数据包与成千上万的"签名"进行比较,这可能是一个相当大的处理量,尤其是如果组织从互联网接收 1000 Mb/s 量级的流量。通过将 IDS 传感器放置在下游,每个传感器只能看到组织流量的一小部分,因此可以更容易地跟上流量处理。但是现如今有高性能的 IDS 和 IPS 可用,许多组织实际上只需要一个位于其接入路由器附近的传感器。

IDS 通常被归类为基于签名的系统或基于异常的系统。基于签名的 IDS 维护一个广泛的攻击签名数据库。每个签名是一组与入侵活动有关的规则。签名可能仅仅是关于单个数据包的一系列特征(例如,源和目的端口号、协议类型以及数据包有效载荷中的特定比特串),或者可能与一系列数据包有关。这些签名通常由有经验的网络安全工程师创建,他们通过研究已知的攻击创建这些签名。组织的网络管理员可以定制签名或向数据库中添加自己的签名。

　　在具体操作上,基于签名的 IDS 嗅探经过它的每个数据包,并将每个嗅探到的数据包与其数据库中的签名进行比较。如果一个数据包(或一系列数据包)与数据库中的签名匹配,IDS 会生成一个警报。警报可以通过电子邮件消息发送给网络管理员,也可以发送到网络管理系统,或者仅仅被记录以供将来检查。

　　尽管基于签名的 IDS 被广泛部署,但它们有许多限制。最重要的是,它们需要对攻击有先验知识才能生成准确的签名。换句话说,基于签名的 IDS 对尚未记录的新攻击完全无法识别。另一个缺点是,即使匹配了签名,它也可能不是实际的攻击,因此可能会产生误报。最后,因为每个数据包都必须与大量的签名进行比较,IDS 可能会因为处理过载而无法实际检测到足够多的恶意数据包。

　　基于异常的 IDS 在正常运行中观察流量时会创建一个流量配置文件。然后,它会寻找统计上不寻常的数据包流,例如,ICMP 数据包的比例异常高,或端口扫描的数量突然呈指数级增长。基于异常的 IDS 的一个优点是它们不依赖对现有攻击的先验知识——也就是说,它们可能检测到新的、未记录的攻击。区分正常流量和统计上不寻常的流量是一个极具挑战性的问题。到目前为止,大多数 IDS 部署主要是基于签名的,尽管有些包含了一些基于异常的特性。

　　下面我们简单介绍下 Snort,它是一个开源的 IDS,拥有数以十万计的部署。它可以在 Linux、UNIX 和 Windows 平台上运行。它使用通用嗅探接口 libpcap,这也是 Wireshark 和许多其他数据包嗅探器使用的接口。Snort 可以轻松处理 100Mb/s 的流量;对于 10Gb/s 流量的处理,可能需要多个 Snort 传感器。

　　为了深入了解 Snort,让我们看一个 Snort 签名的例子:

---

alert icmp $ EXTERNAL_NET any -> $ HOME_NET any
（msg："ICMP PING NMAP"；dsize：0；itype：8；)

　　这个签名匹配任何从外部($ EXTERNAL_NET)进入组织网络($ HOME_NET)的 ICMP 数据包,这些数据包的类型为 8(ICMP ping),并且具有空载荷(dsize ＝0)。由于 nmap 生成具有这些特定特征的 ping 数据包,这个签名旨在检测 nmap ping sweep。当一个数据包匹配这个签名时,Snort 会生成一个警报,包含消息"ICMP PING NMAP"。

　　Snort 具有庞大的用户和安全专家社区,他们维护着其签名数据库。通常在新攻击发生后的几小时内,Snort 社区就会编写并发布一个攻击签名,然后由全球数以十万计的 Snort 部署下载。此外,使用 Snort 签名语法,网络管理员可以根据自己组织的需求修改现有签名或创建全新的签名来定制签名。

9.7　本章总结

　　本章扼要介绍了网络空间安全的基本概念和体系,包括网络空间安全基础、密码学及其应用、系统安全、网络安全和应用安全,并重点介绍了网络空间安全中与计算机网络紧密相关的重要安全技术。首先,本章介绍了对称加密、公钥加密、消息认证、数字签名等密码学相关的基础知识,这是众多网络空间安全技术的基础。随后,本章介绍了源地址验证,包括入口节点源地址验证、域内源地址验证和域间源地址验证,这项技术可有效防御源地址伪造对互联网造成的安全威胁。此外,本章还介绍了路由安全,明确了路由这一互联网基础设施对互联网安全稳定的重要性。本章之后也详细介绍了 DNS 这一互联网基础设施的安全性,包括典型的 DNS 威胁和 DNS 安全增强措施。最后本章介绍了防火墙和入侵检测系统,其中防火墙可按照一定规则过滤数据包,而入侵检测系统则通过检查数据包头部和载荷的方式来主动检测和预防可能的攻击。通过对本章内容的深入学习,读者可充分了解网络空间安全的重要性,对网络空间安全的深厚内涵以及其在实际场景中的具体展现和应用有了更为透彻的认识。

习题 9

1. 请阐述网络空间安全体系的 5 个组成部分。

2. 使用图 9.3 中的单字母加密算法,加密报文 "I am Alice",并解密报文 "rak moc wky?"。

3. 使用图 9.5 中的块加密算法,其中每个 T 都是循环左移一位,64 位置换过程是将 64 位的顺序反转,进行 3 次循环,加密 iloveyou 的 64 位 ASCII 码。

4. 使用 RSA 算法,选取 $p=3$,$q=11$,逐字母加密单词"you"。

5. 散列函数与加密算法都可以将原文映射到一段不可读的文字,试分析它们之间的区别。

6. 对于图 9.9 所示的数字签名算法,如果 Alice 的私钥泄露,试分析会出现什么安全问题。

7. 假设局域网中有一组传感器和控制器,它们需要频繁地交换数据以协调操作。这种情况下它们之间的通信应该采用消息认证技术还是数字签名技术?请给出原因。

8. 为什么需要进行源地址验证?源地址验证技术可以划分为哪 3 个层次?每个层次的功能是什么?

9. SAVI 功能的最佳部署位置是在何处?请简要说明理由。

10. 非相邻域间 AS 之间的源地址验证系统的核心组件有哪些?每个组件在系统中承担的功能是什么?

11. 请简述 RPKI 和 BGPsec 未被普遍部署的原因。

12. 如图 9.43 所示,AS1 至 AS6 都部署了 BGPsec 来预防路径劫持。当 AS1 对外宣告 10.10.0.0/16 的前缀,并且此条路由从 AS1 依次传播到 AS2、AS3、AS4、AS5,请分析在此过程中各个 AS 为了预防路径劫持所需执行的签名生成和签名验证次数。

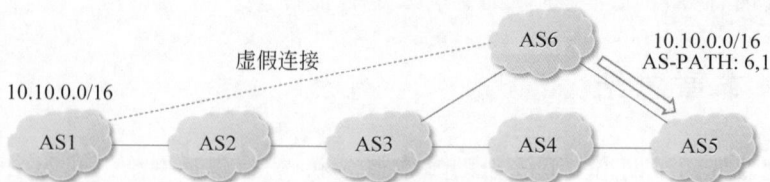

图 9.43   BGPsec 预防路径劫持

13. 请列举路由异常检测工作的 3 大基本要求。

14. 图 9.26 列出了一种路由泄露的情况,请列举出其他 3 种违背无谷原则的路由传播情况。

15. DNS 泛洪攻击与 DNS 放大攻击有什么区别? 试从攻击手段、攻击成本、攻击结果、隐蔽性、实用性等角度对比两者联系和区别。

16. DNS 劫持还有哪些可行的攻击手段? 试根据真实发生的攻击案例,总结出更多的 DNS 劫持手段。

17. 怎么防范 Kaminsky 攻击? 试从缓存机制、响应竞争等角度给出解决方案。

18. 为什么 DNS 容易成为攻击者利用的攻击手段之一? 作为 DNS 服务商,怎么减少和避免利用 DNS 进行其他攻击等事件的发生?

19. 最常见的 DNSSEC 签名形式是在某个中心点对数据进行集中式签名,并将其分发到域内实际的权威域名服务器上。而有一些比较激进的签名形式是将私钥分发到实际权威域名服务器,允许服务器实时地对变化的 DNS 数据进行签名。试利用学到的 DNSSEC 相关原理和网络安全知识,分析这样激进的 DNSSEC 签名形式可能带来哪些问题。

20. 请判断以下关于 DoT 和 DoH 两种 DNS 加密协议的说法的正误。

(1) 两种协议均使用 UDP 作为底层传输协议。　　　　　　　　(　)

(2) DoT 的隐私性要比 DoH 更好。　　　　　　　　　　　(　)

(3) 两种协议均主要用来对 DNS 客户端-递归解析器之间的通信进行加密。

　　　　　　　　　　　　　　　　　　　　　　　　　(　)

(4) 相比 DoT,DoH 更受各大应用程序厂商的欢迎。　　　　　(　)

21. 防火墙在网络安全中占有重要的地位,它可以分为哪几种类型?

22. 简述防火墙和入侵检测系统的区别与联系。